Ai

本书全面适用于Illustrator CS5\CS6\CC版本学习使用

孙启善 周萍萍 胡爱玉 编著

Adobe创意大学运维管理中心推荐

案例大

中文版 Illustrator 图像创意设计与制作300例

随书附赠 2 DVD 高质量近25小时视频教学

超值附赠6.9GB的2DVD光盘，内容包括500多个素材文件和效果文件，以及近25小时的视频教学文件，使读者可享受专家课堂式的讲解，成倍提高学习效率。

- 本书内容全面，以提高读者的动手能力为出发点，通过300个案例全面地讲解了Illustrator图像创意设计与制作过程，帮助读者系统地掌握Illustrator软件的操作技能和相关行业知识。
- 全面介绍软件技术与制作经验的同时，还专门为读者设计了许多知识提示，以方便读者在遇到问题时可以及时得到准确、迅速的解答。
- 每一个完整的案例都有详细的讲解，让读者通过反复的练习，一步步的提升，实现从菜鸟变达人，轻松应对日常的设计工作。

北京希望电子出版社
Beijing Hope Electronic Press
www.bhp.com.cn

内 容 简 介

本书以行业分类为主导，循序渐进地讲解使用 Illustrator 制作和设计专业平面作品所需要的全部知识。

全书共 19 章，用 300 个案例介绍 Illustrator 的使用方法和操作技巧，包括使用 Illustrator 制作网站导航条和按钮、卡通形象和装饰设计、插花绘制、标识设计、企业 VI 设计、产品设计、杂志广告、报纸广告、名片设计、企业宣传类设计、商业海报设计、公益海报设计、电脑美术绘画、照片装饰设计、包装设计、书籍装帧设计以及房地产广告设计等众多 Illustrator 应用领域。

本书实例效果精美，具有较强的趣味性和针对性，适合从事平面设计、包装设计、插画设计、动画设计、网页设计的人员学习使用，同时也可以作为大中专院校相关专业以及社会各类初、中级平面培训班的教学用书。

本书配套光盘包含书中所有案例的多媒体语音教学、素材文件和最终作品效果文件，绘声绘影的讲解让您一学就会、一看就懂。

图书在版编目（CIP）数据

中文版 Illustrator 图像创意设计与制作 300 例 / 孙启善，周萍萍，胡爱玉编著. —北京：北京希望电子出版社，2015.9

ISBN 978-7-83002-195-5

Ⅰ. ①中… Ⅱ. ①孙… ②周… ③胡… Ⅲ. ①图形软件 Ⅳ. ①TP391.41

中国版本图书馆 CIP 数据核字（2015）第 067550 号

出版：北京希望电子出版社
地址：北京市海淀区中关村大街 22 号
中科大厦 A 座 9 层
邮编：100190
网址：www.bhp.com.cn
电话：010-62978181（总机）转发行部
010-82702675（邮购）
传真：010-82702698
经销：各地新华书店

封面：深度文化
编辑：刘秀青
校对：刘　伟
开本：889mm×1194mm　1/16
印张：18（全彩印刷）
字数：689 千字
印刷：北京博图彩色印刷有限公司
版次：2015 年 9 月 1 版 1 次印刷

定价：68.00 元（配 2 张 DVD 光盘）

实例005　圆角矩形按钮

实例013　销售按钮

实例018　卡通雪人

实例021　卡通小海豚

实例022　瓢虫

实例030　卡通气球

实例035　礼品盒

实例039　铃铛

实例041　圣诞蜡烛

实例042　圣诞袜

实例049　樱桃

实例053　果盘

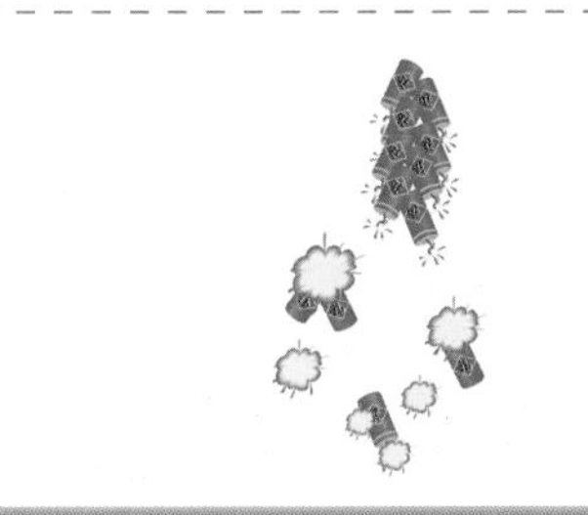

实例054　鞭炮齐鸣

实例063　蛋糕

实例065　都市风景线

实例073　圣诞快乐

实例075　日落剪影

实例080　文字标志设计三

实例084　图形与文字组合标志三

实例107　钥匙扣

实例110　交通工具

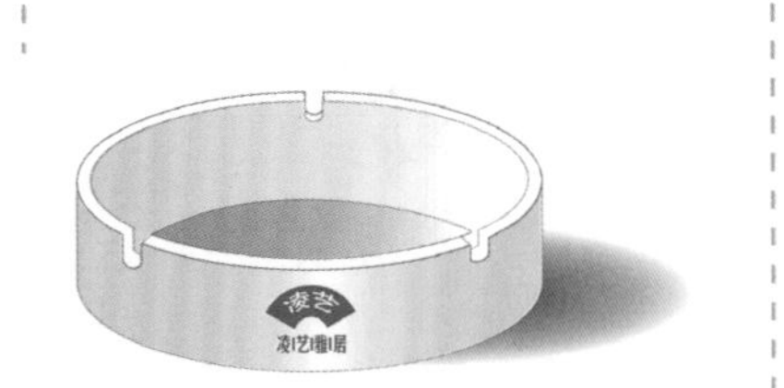

实例116　烟灰缸

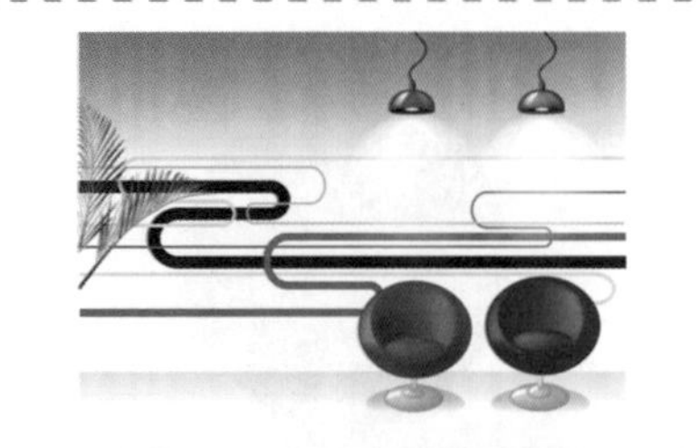

实例125　吧椅

实例126　折扇

实例128　时尚钟表

实例133　热气球

实例155　时尚新娘杂志封面广告

实例160　微波炉杂志内页广告

实例163　家具杂志内页广告

实例167　新加坡旅游广告

实例171　葡萄酒报纸广告

实例197　果汁价目表设计

实例205　鲁菜简介

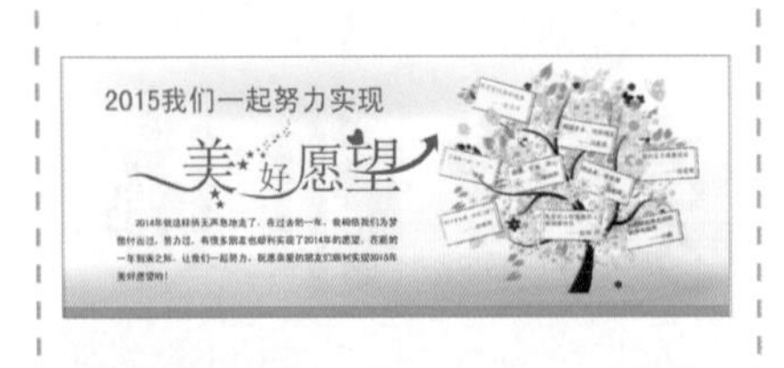

实例207　愿望展板设计

实例217　高尔夫会员手册封底封面

实例218　高尔夫会员手册内页一

实例219　高尔夫会员手册内页二

实例220　高尔夫会员手册内页三

实例226　联合招聘网招聘海报

实例227　高尔夫俱乐部招聘展架

实例228　蓝牙耳机海报

实例237　雪地靴宣传海报

实例238　咖啡厅开业海报

实例243　美容院秀身宣传海报

实例252　尊老敬老公益海报

实例253　食品安全公益海报

实例256　关注自闭症儿童公益海报

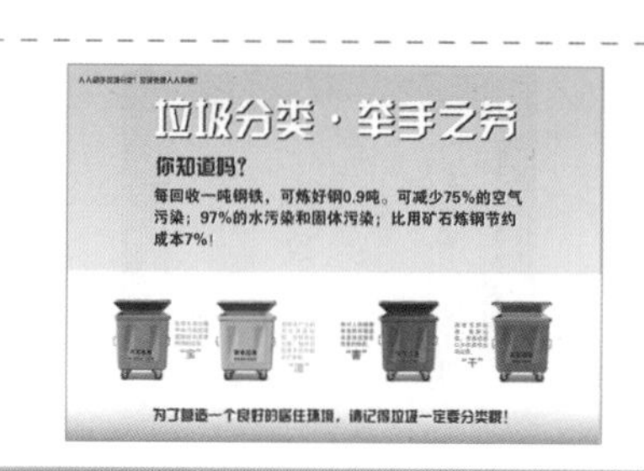

实例257　垃圾分类公益广告

实例258　节约粮食公益海报

实例259　安全驾驶公益海报

实例260　绘制梅花

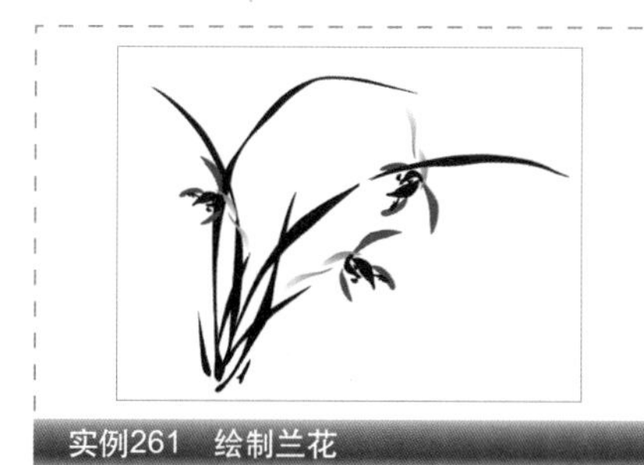

实例261　绘制兰花

实例262　绘制竹子

实例263　绘制菊花

实例264 松鹤延年

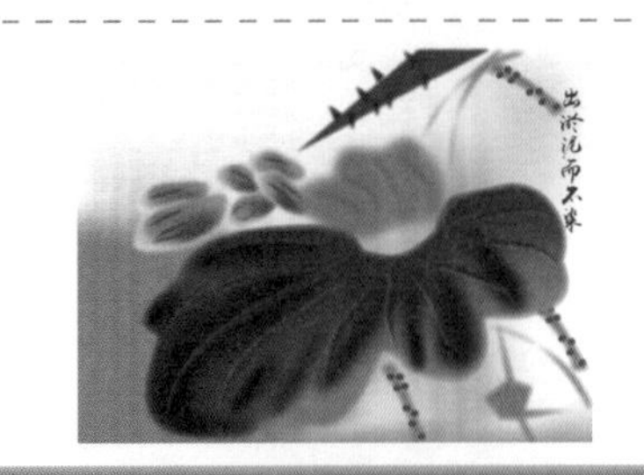
实例266 绘制荷叶

实例270 为照片制作胶卷效果

实例271 为照片制作卷边效果

实例276 香水瓶子包装

实例277 卸妆油瓶子

实例278 面粉包装设计

实例283 甲醛自测盒包装设计

实例286 秋天的树

实例287 竹韵

实例288 家常饭菜谱

实例290 中国茶文化

实例292 历史的记忆图书

实例293 淘金花园地产广告

实例295 山湖国际会馆地产广告

实例298 兰溪堡地产广告

实例299 莲花山城地产广告

实例300 新塘新世界花园地产广告

前 言 PREFACE

Illustrator是一种应用于出版、多媒体和在线图像的工业标准矢量插画软件。作为一款图片处理工具，Illustrator广泛应用于印刷出版、海报书籍排版、专业插画、多媒体图像处理和互联网页面的制作等领域，也可以为线稿提供较高的精度和控制，适合生产各种类型的或简单或复杂的项目。

本书通过Illustrator在网站设计、插画设计、企业VI设计、产品设计、杂志广告设计、电脑美术绘画设计、包装设计以及房地产广告设计等各行各业的应用实例，完整讲述了Illustrator在现实操作中的具体应用方式和技巧，使读者在制作实例的过程中掌握绘制图像的基本知识。

本书属于实例教程类图书，共 19章。每章的开始部分为行业基础知识讲解，后接具体实例应用。本书各章的主要内容如下。

第1章，网页导航条及按钮：网页导航条和按钮是网页设计中不可缺少的部分，是用户和网站进行交互的重要桥梁。

第2章，卡通形象绘制：卡通形象充满亲和力和互动性，能够生动地诠释企业品牌的魅力。卡通形象具有无限的生命力和可塑性，作为品牌的虚拟代言，具有巨大的市场效益。本章通过各种动物、人物、表情等卡通形象的绘制，使读者进一步巩固编辑图形对象命令的使用。

第3章，卡通装饰图案设计：卡通装饰图案的表达方式很多，一般都是将实物图形简化、变形、联想、抽象。经过设计的图案更有个性，作为装饰图形设计素材，方便设计师运用到实际设计之中。本章通过卡通气球、卡通星星、圣诞帽、手套、袜子、溜冰鞋、雪花等实例的设计制作，使读者进一步巩固基本绘图工具的使用。

第4章，插画绘制：插画是运用图案表现的形象，本着审美、实用统一的原则，尽量使线条、形态清晰明快，制作方便。本章通过都市风景线、郊外风光、田园风光、绿草茵茵、潮流背景、秋天的树、梦幻城堡、荷塘春色、日落剪影、夏日椰树等实例的设计制作，使读者进一步巩固Illustrator基本工具的使用方法。

第5章，标志设计：标志以单纯、显著、易识别的物象、图形或文字符号为直观语言，除了能表示、代替实物外，还具有表达意义、情感和指令行动等作用。标志设计不仅是实用物的设计，也是一种图形艺术的设计。本章通过文字标志设计、图形标志设计、图形与文字组合标志设计等实例，详细讲解了标志设计在Illustrator中的应用，同时也可以使读者进一步巩固Illustrator基本工具的使用方法。

第6章，企业VI设计：VI是最外在、最直接、最具有传播力和感染力的标志。VI设计能传达企业的精神与经营理念，有效地推广企业及其产品的知名度和形象，以利于规范化管理和增强员工归属感。本章通过各类报表、票据、办公用品、参观证、旗帜、手提袋、礼品设计以及企业的工装设计等方面，详细讲解了Illustrator在制作该类图形时所应用到的操作技巧。

第7章，产品设计：产品设计是一个创造性的综合信息处理过程，它将人的某种目的或需要转换为一个具体的物体或工具，把一种计划、规划设想、问题解决的方法，通过具体的载体，以美好的形式表达出来。本章通过便利贴、吧椅、折扇、时尚钟表、电源开关、卷纸、热气球、温度计、指南针等产品的制作过程，详细介绍了路径、钢笔工具组、路径编辑命令，使读者进一步掌握各类工具的使用。

第8章，杂志广告设计：刊登在各类杂志上的广告就是杂志广告。杂志广告可以用较多的篇幅来传递关于商品的详尽信息，既利于消费者理解和记忆，也有更高的保存价值。本章通过各类杂志封面广告、杂志内页广告的制作过程，讲解了Illustrator在杂志广告设计中的具体应用方法。

第9章，报纸广告设计：报纸广告的特点是发行频率高、发行量大、信息传递快。报纸广告以文字和图画为主要视觉刺激，而且可以反复阅读，便于保存。本章通过各类报纸广告的设计制作，详细介绍了报纸广告各个版面的设计制作，以及它们的优缺点和注意事项等。

第10章，名片设计：名片在大多情况下不是用于引起人的专注和追求，而是便于记忆，具有很强的识别性，让人在最短的时间内获得所需要的信息。因此名片设计必须做到文字简明扼要、字体层次分明，强调设计意识，艺术风格要新颖。本章通过美容院、保洁公司、珠宝鉴定师、出租车、美容美发、茶业、美甲师和纺织企业类名片设计，详细讲解各行各业名片设计的注意事项。

第11章，企业宣传类设计：对于企业来说，宣传工作的好坏，直接关系到企业良好形象的树立，关系到企业社会知名度的提高。本章通过车辆通行证、套餐券、代金券、美容预约卡、生日卡片、邀请函、企业折页、优惠券、产品插卡、企业文化墙、愿望展板、吊旗等实例的制作，讲解了Illustrator软件在企业宣传类设计中的具体应用。

第12章，企业宣传画册设计：企业宣传画册以企业文化、企业产品为传播内容，是企业对外最直接、最形象、最有效的宣传形式。本章通过汽车行业、休闲娱乐、机械公司以及经济公司企业画册的设计，强调说明了行业不同，宣传册设计的着眼点也会有所不同。

第13章，商业海报设计：商业海报是指宣传商品或商业服务的商业广告性海报。本章讲解了招聘网海报、俱乐部海报、父亲节海报、产品海报、开业海报等的设计制作，使读者进一步巩固之前所学的知识。

第14章，公益海报设计：传播观念和思想的主题是公益海报设计的核心及灵魂，其本身就蕴含着深刻的文化内涵和哲理。本章讲解了节约用水、文明出行、尊老敬老、食品安全、保护森林、关爱动物、关注自闭症儿童、垃圾分类、节约粮食、安全驾驶等公益海报的设计制作方法，使读者进一步了解该类海报和其他类海报的区别。

第15章，电脑美术绘画：创作电脑绘画，要有积极向上的创意，能表现日常丰富多彩的生活。在表现手法上，要努力捕捉最感人、最美的镜头，充分发挥大胆的想象，尽量让画面充实、感人、鲜艳。本章通过7个绘画案例，讲述了梅、兰、竹、菊、松树、荷花、荷叶等工笔画的制作方法和技巧。

第16章，照片装饰设计：可以为照片加上高质量的相框和点缀性贴纸，也可以为照片进行各种风格的转换。本章通过8个案例，展示了各种风格照片的处理方法。

第17章，包装设计：包装作为实现商品价值和使用价值的手段，在生产、流通、销售和消费领域中发挥着极其重要的作用。包装的功能是保护商品、传达商品信息、方便使用、方便运输、促进销售、提高产品附加值。本章通过11个包装案例的讲解，展示了纸质包装、透明袋包装、茶业罐、塑料瓶包装以及布袋包装的制作方法和注意事项等。

第18章，书籍装帧设计：书籍装帧包含3部分，即封面设计，包括封面、封底、书脊设计，精装书还有护封设计；版式设计，包括扉页、环衬、字体、开本等；插图，包括题头、尾花和插图创作等。本章通过7个书籍装帧设计的案例，讲解了书籍装帧设计的制作方法，也说明了书籍的受众不同，其装帧的风格也会有所不同。

第19章，房地产广告设计：一幅优秀的广告作品由4个要素组成，即图像、文字、颜色和版式。房地产广告在这一方面作了很好的诠释。本章通过8个房地产广告实例，详细介绍了各种类型房地产广告的创意思路及制作流程、制作方法和设计技巧，使读者进一步巩固Illustrator的绘图工具和命令的使用。

本书内容简单明了，丰富实用，通过Illustrator制作在各行各业中的300个具体应用实例，帮助读者在最短的时间内掌握Illustrator图形制作的知识与技能。

由于作者学识水平有限，本书不可避免地存在这样那样的不足，希望专家、同行、学者给予批评指正。

本书由无限空间工作室总策划，由孙启善、周萍萍、胡爱玉编写。其他参与编写的还有王玉梅、王梅君、王梅强、孙启彦、孙玉雪、戴江宏、徐丽、宋海生、杨丙政、孙贤君、姜杰、况军业、孔令起、李秀华、王保财、陈俊霞、孙美娟、杨立颂等。

在编写的过程中，承蒙广大业内同仁的不吝赐教，使得本书的内容更贴近实际，谨在此一并表示由衷的感谢。如对本书有何意见和建议，请您告诉我们，也可以与本书作者直接联系。

E-mail：qdqishan@sina.com，bhpbangzhu@163.com。

编著者

目 录 CONTENTS

第4章 插画绘制

第5章 标志设计

第6章 企业VI设计

第7章 产品设计

第8章 杂志广告设计

第9章 报纸广告设计

第10章 名片设计

第11章 企业宣传类设计

第12章 企业宣传画册设计

第13章 商业海报设计

第14章 公益海报设计

第15章 电脑美术绘画

第16章 照片装饰设计

第17章 包装设计

第18章 书籍装帧设计

第19章 房地产广告设计

第 1 章 网页导航条及按钮

网页导航条是网页设计中不可缺少的部分，它是指通过一定的技术手段，为网站的访问者提供一定的途径，使其可以方便地访问到所需的内容，是人们浏览网站时可以快速从一个页面转到另一个页面的快速通道。按钮是网页最重要的组成元素之一，是用户和网站进行交互的重要桥梁。要设计出优秀的按钮是一件非常困难的事情，因为设计师们需要从整体设计的角度考虑按钮的设计风格，才能和页面的其他部分很好的融合。

实例001 网页制作类——网页导航条一

本实例主要讲解网页导航条的设计制作，使读者掌握圆角矩形工具、渐变工具以及文字工具等的使用方法。

案例设计分析

设计思路

在制作网页导航条之前，需要对设计的思路进行分析，不仅需要考虑该导航条的网站风格，还需要从消费者的角度出发，考虑怎样制作才能吸引消费者的关注，从而达到我们想要的效果。本例中设计的网页导航条，注重体现的是导航条的简约、时尚特色。首先使用圆角矩形工具和渐变工具制作出单个的导航条，然后通过复制的方式制作出导航条的整体效果。

案例效果剖析

如图1-1所示为网页导航条部分效果展示。

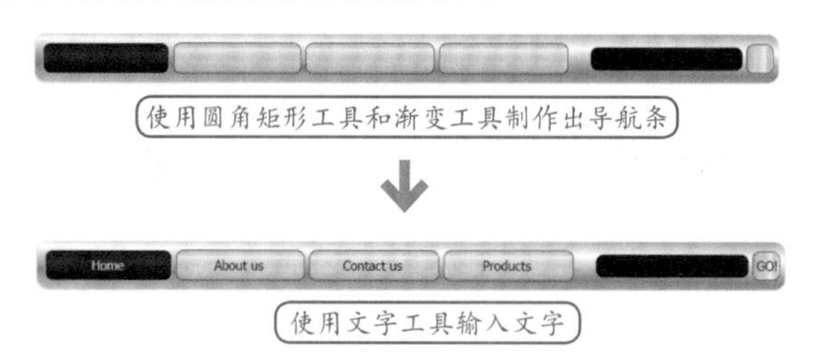

图1-1 效果展示

案例技术要点

本例中主要用到的功能及技术要点如下。

- 圆角矩形工具：使用圆角矩形工具绘制出导航条的小按钮。
- 渐变工具：使用渐变工具绘制出图形的渐变效果。
- 文字工具：使用文字工具输入网页需要的文字。

案例制作步骤

源文件路径	效果文件\第1章\实例001.ai		
视频路径	视频\第1章\实例001.avi		
难易程度	★	学习时间	7分06秒

❶ 启动Illustrator，新建一个文档。使用（圆角矩形工具）绘制一个“宽度”为205mm、“高度”为13mm、“圆角半径”为3mm的圆角矩形，通过“颜色”面板和“渐变”面板设置图形的填充属性，如图1-2所示。

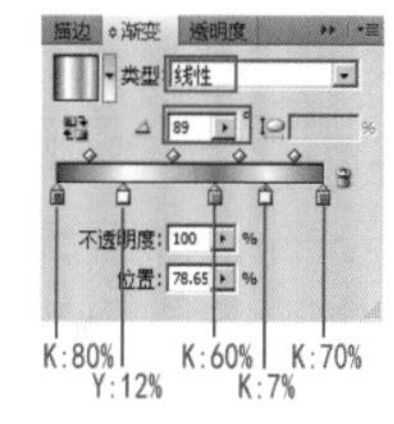

图1-2 渐变属性设置

❷ 设置好渐变属性后，设置描边属性为（C：5%、Y：90%），图形效果如图1-3所示。

图1-3 图形填充效果

❸ 使用（圆角矩形工具）绘制一个“宽度”为35mm、“高度”为8mm、“圆角半径”为2mm的圆角矩形，通过“颜色”面板和“渐变”面板为其施加一个黑→灰（K：90%）→黑的线性渐变，然后将其以黄色（C：5%、Y：90%）描边，描边粗细为0.5pt，如图1-4所示。

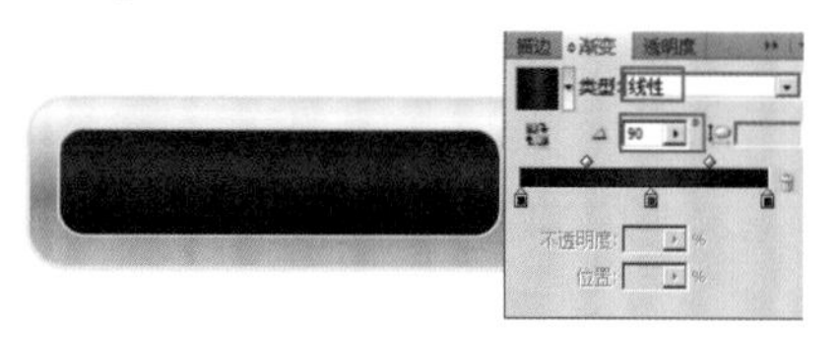

图1-4 设置渐变属性

❹ 按住Shift+Alt键将黑色按钮向右移动复制一个，通过“颜色”面板和“渐变”面板设置图形的填充属性，然后将其以黑色描边，描边粗细为0.5pt，如图1-5所示。

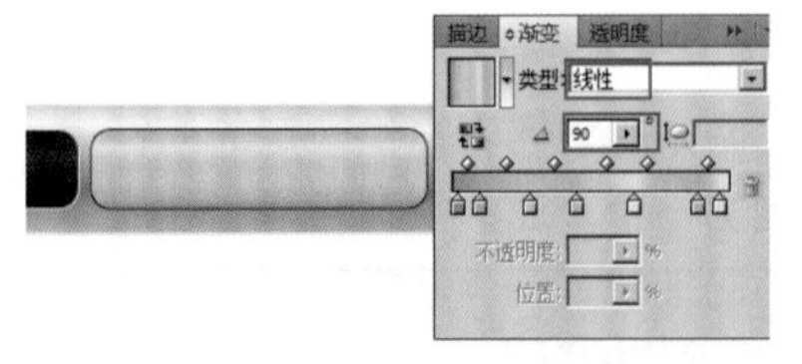

图1-5　渐变属性设置

提　示

在复制时按住Shift键可以水平或垂直移动复制。

❺ 按住Shift+Alt键将黄色按钮向右移动复制2个，效果如图1-6所示。

图1-6　复制图形效果

❻ 使用▢（圆角矩形工具）绘制一个“宽度”为7.5mm、“高度”为7.5mm、“圆角半径”为2mm的圆角矩形，为其施加刚才的黄色渐变。再使用▢（圆角矩形工具）绘制一个“宽度”为42mm、“高度”为6mm、“圆角半径”为2mm的圆角矩形，以黑色填充，调整它们的位置如图1-7所示。

图1-7　制作图形

❼ 使用T（文字工具）输入文字，通过“字符”面板设置文字的字体、字号，通过“颜色”面板设置文字的颜色，从而完成本实例的制作，如图1-8所示。

Home　About us　Contact us　Products　GO!

图1-8　最终效果

实例002　网页制作类——网页导航条二

本实例主要讲解网页导航条的设计制作，使读者掌握矩形工具、渐变工具以及文字工具等的使用方法。

案例设计分析

设计思路

本例中设计的网页导航条，用的黑白渐变颜色，比较适合简约、时尚的网站风格。先使用矩形工具和渐变工具制作出单个的导航条按钮，然后通过复制的方式制作出多个导航条按钮，最后使用文字工具输入按钮的类别，从而完成本实例的制作。

案例效果剖析

如图1-9所示为导航条部分效果展示。

home　about us　news　contact

使用矩形工具和渐变工具制作导航条　复制导航条并使用文字工具输入文字

图1-9　效果展示

案例技术要点

本例中主要用到的功能及技术要点如下。

- 矩形工具：使用矩形工具绘制出单个导航按钮的长度。
- 渐变工具：使用渐变工具绘制出图形的渐变效果。
- 文字工具：使用文字工具输入网页需要的文字。

源文件路径	效果文件\第1章\实例002.ai		
视频路径	视频\第1章\实例002.avi		
难易程度	★★	学习时间	2分56秒

实例003　网页制作类——闹钟按钮

本实例主要讲解闹钟按钮的设计制作，使读者掌握椭圆工具、渐变工具、圆角矩形工具以及文字工具等的使用方法。

案例设计分析

设计思路

本例中设计的闹钟按钮，应用在钟表类网站，既形象又贴切，而且还可以当做限时消费按钮使用，非常实用。在制作该实例时，先制作出闹钟按钮的主体，再制作出其他辅助部分，最后输入文字，制作出闹钟按钮效果。

案例效果剖析

如图1-10所示为闹钟按钮部分效果展示。

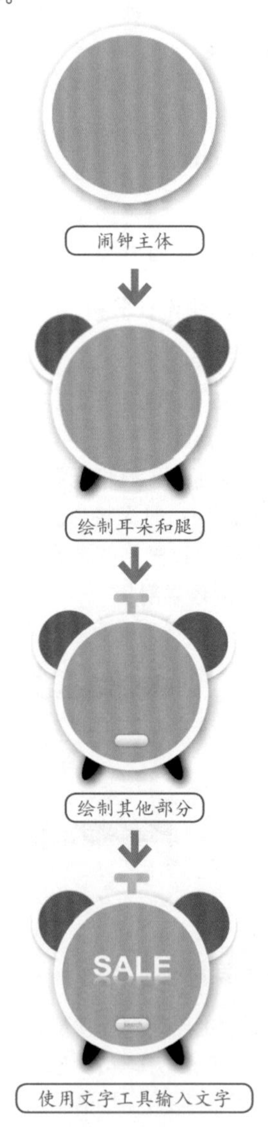

图1-10　效果展示

案例技术要点

本例中主要用到的功能及技术要点如下。

- 椭圆工具：使用椭圆工具绘制出闹钟按钮的主要形态。
- 圆角矩形工具：使用圆角矩形工具绘制出带有圆角的矩形。
- 渐变工具：使用渐变工具制作出图形的渐变效果。
- 文字工具：使用文字工具输入合适的文字。

案例制作步骤

源文件路径	效果文件\第1章\实例003.ai		
视频路径	视频\第1章\实例003. avi		
难易程度	★★	学习时间	7分03秒

❶ 启动Illustrator，新建一个文档。使用（椭圆工具）绘制一个“宽度”为75mm、“高度”为75mm的正圆图形，设置填充属性为（C：15%、M：30%、Y：70%）。将其原位复制一个，贴在后面，以白色描边，描边粗细为25pt。将描边后的矩形在原位再复制一个，贴在后面，以黑色填充，设置描边属性为“无”，然后将其稍微向下移动位置。

❷ 选择菜单栏中的“效果”|“模糊”|“高斯模糊”命令，在弹出的“高斯模糊”对话框中设置模糊“半径”为60像素，图形效果如图1-11所示。

图1-11 图形模糊效果

❸ 使用（椭圆工具）绘制一个“宽度”为33mm、“高度”为33mm的正圆图形，设置填充属性为（C：20%、M：70%、Y：100%）。将其原位复制一个，贴在后面，以白色描边，描边粗细为20pt。将描边后的矩形原位再复制一个，贴在后面，以黑色填充，设置描边属性为“无”，然后将其稍微向下移动位置。

❹ 选择菜单栏中的“效果”|“模糊”|“高斯模糊”命令，在弹出的“高斯模糊”对话框中设置“半径”为30像素，图形效果如图1-12所示。

❺ 将小圆形及复制图形编组，并将其复制一个，分别放在如图1-13所示的位置。

图1-12 图形效果

图1-13 制作图形效果

❻ 使用（椭圆工具）绘制一个“宽度”为15mm、“高度”为27mm的椭圆图形，以黑色填充，将其旋转下方向，然后镜像复制一个，放在如图1-14所示的位置。使用同样的方法，为它们制作投影效果。

图1-14 制作图形效果

❼ 使用（圆角矩形工具）绘制一个“宽度”为18mm、“高度”为6mm、“圆角半径”为4mm的圆角矩形，为其施加一个白到灰（K：70%）的渐变，如图1-15所示。

❽ 将圆角矩形原位复制一个，贴在后面，以黑色填充，然后选择菜单栏中的“效果”|“模糊”|“高斯模糊”命令，在弹出的“高斯模糊”对话框中设置模糊“半径”为10像素，图形效果如图1-16所示。

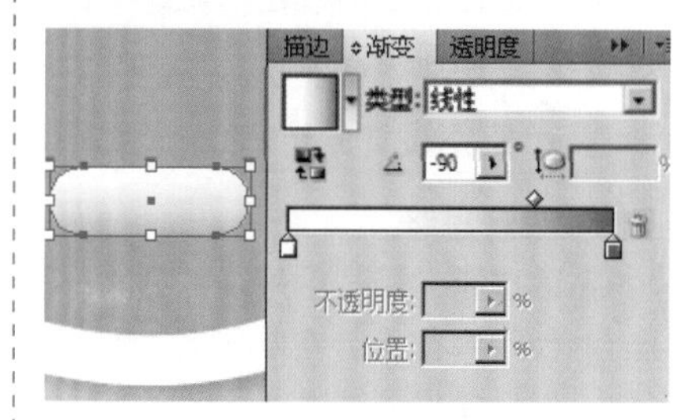

图1-15 设置渐变

图1-16 复制图形效果

> **提 示**
>
> 原位复制的快捷键是Ctrl+C，贴在后面的快捷键是Ctrl+B。

❾ 使用（圆角矩形工具）制作闹钟按钮顶部的构造，设置填充属性为（C：10%、M：20%、Y：75%），如图1-17所示。

图1-17 制作图形

❿ 使用（文字工具）输入合适的文字，通过“字符”面板设置文字的字体、字号，通过“颜色”面板设置文字的颜色等，从而完成本实例的制作，如图1-18所示。

图1-18 最终效果

实例004 网页制作类——会话按钮

本实例通过会话按钮的设计制作，主要使读者掌握椭圆工具、渐变工具、钢笔工具等的使用方法。

案例设计分析

设计思路

会话按钮在网页中是很常见的一种按钮，其设计简单还出效果，因此在网站上的使用率很大。在制作该实例时，先使用椭圆工具制作出会话按钮的主体形象，然后使用钢笔工具绘制出辅助图形，从而完成本实例的制作。

案例效果剖析

如图1-19所示为会话按钮部分效果展示。

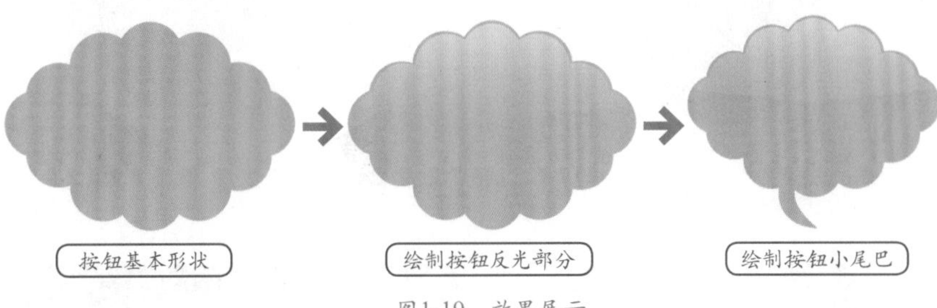

图1-19 效果展示

案例技术要点

本例中主要用到的功能及技术要点如下。

- 钢笔工具：使用钢笔工具绘制出路径。
- 椭圆工具：使用椭圆工具绘制圆形。
- 渐变工具：使用渐变工具制作出图形的渐变效果。

案例制作步骤

源文件路径	效果文件\第1章\实例004.ai		
视频路径	视频\第1章\实例004. avi		
难易程度	★★	学习时间	5分32秒

❶ 启动Illustrator，新建一个文档。使用（椭圆工具）在页面中绘制多个圆形图形，使它们互相交叉，排列成如图1-20所示的形状。

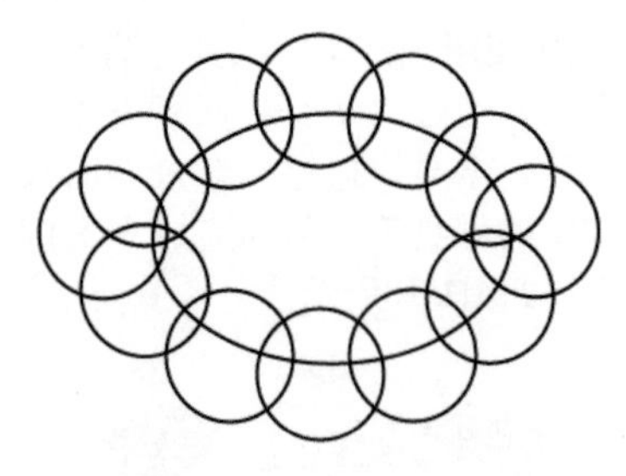
图1-20 绘制图形

❷ 选择所有图形，打开“路径查找器”面板，单击其中的（联集）按钮，将图形编辑成一个整体，设置填充属性为（C：30%、M：10%、Y：100%），设置描边属性为“无”，如图1-21所示。

图1-21 编辑图形效果

❸ 将图形原位复制一个，贴在前面，将其稍微缩小，然后绘制一个矩形，放在如图1-22所示的位置。

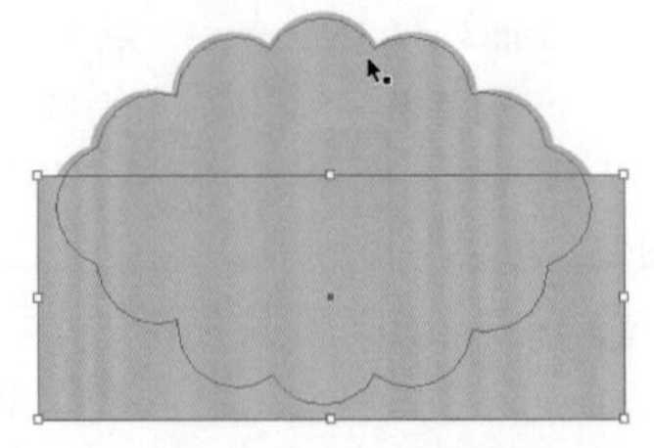
图1-22 图形位置

提 示

原位复制的快捷键是Ctrl+C，贴在前面的快捷键是Ctrl+F。

❹ 选择两个图形，使用“路径查找器”面板中的（减去顶层）功能将图形处理成如图1-23所示的效果。

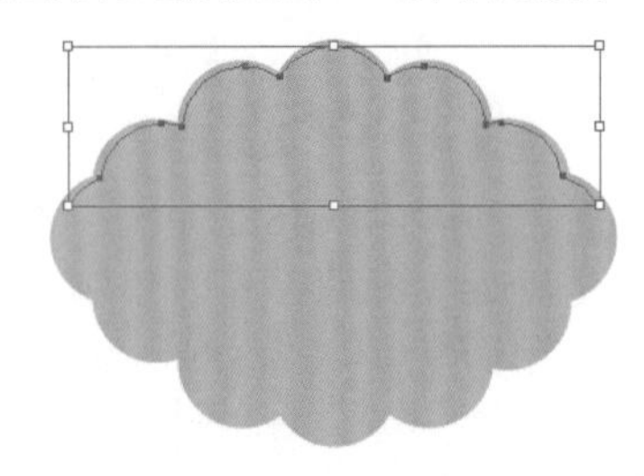
图1-23 减去顶层效果

❺ 使用（钢笔工具）在底部加上一个锚点，然后使用（直接选择工具）将锚点向下调整位置，如图1-24所示。

图1-24 编辑图形效果

❻ 通过“颜色”面板和“渐变”面板设置图形的填充属性，如图1-25所示。

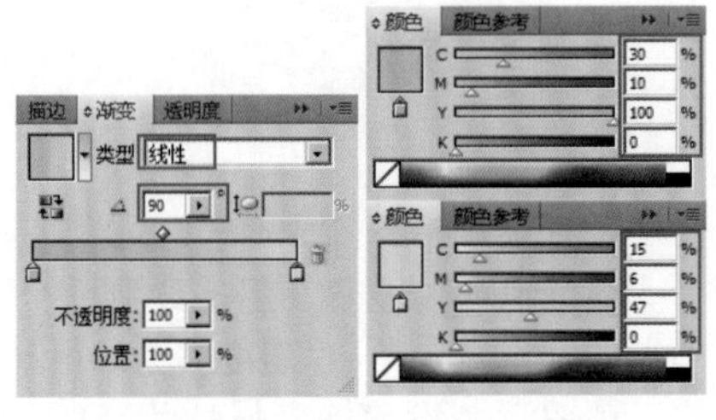
图1-25 设置属性

❼ 设置好渐变色后，圆形填充效果如图1-26所示。

图1-26 渐变效果

❽ 使用（钢笔工具）在下端绘制如图1-27所示的图形。

图1-27 绘制图形

❾ 设置其填充属性为（C：30%、M：10%、Y：100%），设置描边属性为“无”，使其位于最底层。然后全选所有图形，按Ctrl+G快捷键编组，完成本实例的制作，如图1-28所示。

图1-28 最终效果

实例005 网页制作类——圆角矩形按钮

本实例通过圆角矩形按钮的设计制作，主要讲解圆角矩形工具、混合工具、渐变工具以及文字工具等的使用。

案例设计分析

设计思路

该按钮的制作方法不是很难，主要是注意混合工具的使用就可以了。在制作该实例时，先使用圆角矩形工具绘制出按钮的尺寸，再使用渐变工具和混合工具制作出按钮的明暗变化，完成本实例的制作。

案例效果剖析

如图1-29所示为圆角矩形按钮部分效果展示。

图1-29 效果展示

案例技术要点

本例中主要用到的功能及技术要点如下。

- 圆角矩形工具：使用圆角矩形工具可以绘制出带有圆角的矩形。
- 混合工具：使用混合工具制作出图形之间的融合效果。
- 渐变工具：使用渐变工具制作出图形的渐变效果。
- 文字工具：使用文字工具输入按钮的文字。

案例制作步骤

源文件路径	效果文件\第1章\实例005.ai		
视频路径	视频\第1章\实例005. avi		
难易程度	★	学习时间	5分41秒

❶ 启动Illustrator，新建一个文档。使用（矩形工具）绘制一个“宽度”为210mm、“高度”为110mm的矩形，以黑色填充，然后将其锁定，作为底色。

❷ 使用（圆角矩形工具）绘制一个“宽度”为170mm、“高度”为60mm、“圆角半径”为40mm的圆角矩形，设置填充属性为（K：90%），然后选择菜单栏中的“效果”|“模糊”|“高斯模糊”命令，在弹出的“高斯模糊”对话框中设置模糊“半径”为40像素，图形效果如图1-30所示。

图1-30 图形模糊效果

❸ 使用（圆角矩形工具）绘制一个“宽度”为174mm、“高度”为56mm、“圆角半径”为40mm的圆角矩形，使用（渐变工具）为其施加一个灰（K：66%）白渐变，效果如图1-31所示。

图1-31 绘制图形

❹ 将圆角矩形原位复制一个，贴在前面，设置其“宽度”为170mm、“高度”为52mm，以黑色填充，如图1-32所示。

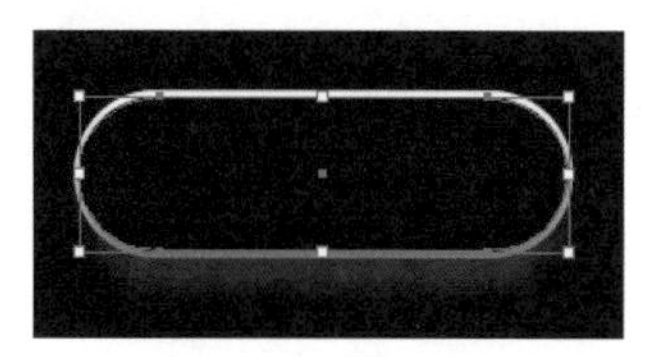

图1-32 复制图形

提 示

原位复制的快捷键是Ctrl+C，贴在前面的快捷键是Ctrl+F。

❺ 使用（圆角矩形工具）绘制一个“宽度”为147mm、“高度”为31mm、“圆角半径”为10mm的圆角矩形，使用（渐变工具）为其施加一个黑到白的渐变，效果如图1-33所示。

图1-33 绘制图形

❻ 选择最上面这两个圆角矩形，选择菜单栏中的“对象”|“混合”|“建立”命令，效果如图1-34所示。

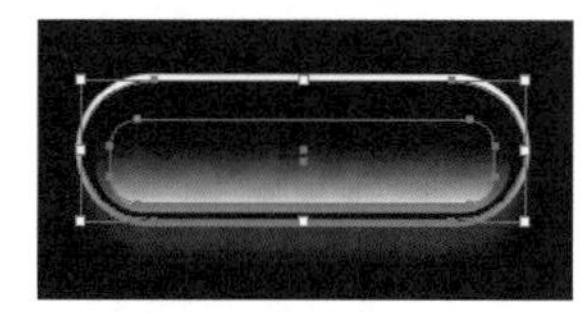

图1-34 混合图形

❼ 双击（混合工具）按钮，在弹出的"混合选项"对话框中设置参数，如图1-35所示。

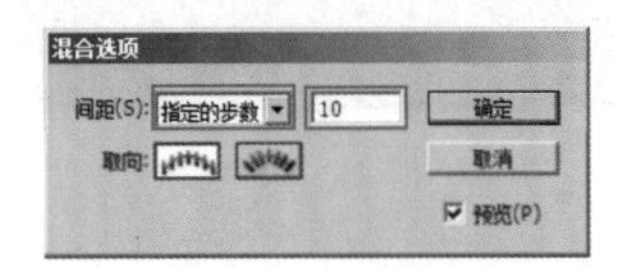

图1-35　参数设置

提　示

在设置步数时，勾选"预览"复选框，可以随时观察设置步数后的混合效果。

❽ 设置好"混合选项"参数后，图形的混合效果如图1-36所示。

图1-36　混合效果

❾ 使用（圆角矩形工具）绘制一个"宽度"为135mm、"高度"为15mm、"圆角半径"为10mm的圆角矩形，使用（渐变工具）为其施加一个灰（K：66%）白渐变，效果如图1-37所示。

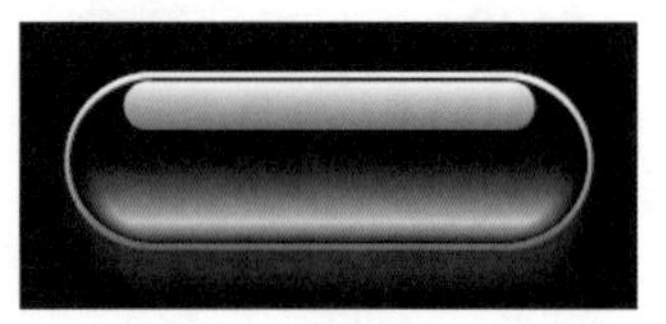

图1-37　渐变填充效果

❿ 使用（文字工具）输入文字，通过"字符"面板设置文字的字体、字号，通过"颜色"面板设置文字的填充属性，完成本实例的制作，如图1-38所示。

图1-38　最终效果

实例006　网页制作类——圆形按钮

本实例通过圆形按钮的设计制作，使读者进一步掌握基本绘图工具和钢笔工具等的使用。

案例设计分析

设计思路

在制作该按钮时，需要注意的是渐变工具和钢笔工具的使用方法。在制作该实例时，先使用椭圆工具和渐变工具绘制出圆形按钮的初始效果，再使用钢笔工具绘制出高光部分，最后输入合适的文字完成本实例的制作。

案例效果剖析

如图1-39所示为圆形按钮部分效果展示。

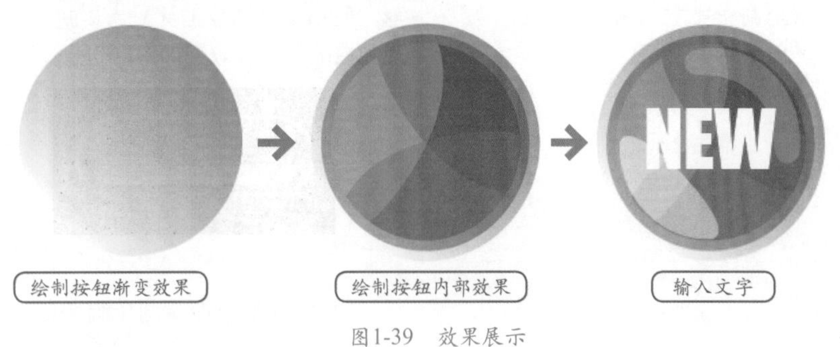

图1-39　效果展示

案例技术要点

本例中主要用到的功能及技术要点如下。

- 钢笔工具：使用钢笔工具绘制出路径。
- 椭圆工具：使用椭圆工具绘制出圆形按钮的大小。
- 渐变工具：使用渐变工具制作出图形的渐变效果。
- 文字工具：使用文字工具创建需要的文字。

源文件路径	效果文件\第1章\实例006.ai
视频路径	视频\第1章\实例006. avi
难易程度	★★★
学习时间	6分43秒

实例007　网页制作类——方形按钮

本实例通过方形按钮的设计制作，主要讲解圆角矩形工具的使用，了解"透明度"面板和"渐变"面板的使用等。

案例设计分析

设计思路

方形按钮和圆形按钮的制作方法一样，只是形状不一样而已，在制作时也需要注意渐变工具和钢笔工具的使用。制作该实例时，先使用圆角矩形工具和渐变工具制作出方形按钮的初始效果，然后使用钢笔工具绘制出按钮的高光部分，最后再输入合适的文字，从而完成本实例的制作。

案例效果剖析

如图1-40所示为方形按钮部分效果展示。

图1-40　效果展示

案例技术要点

本例中主要用到的功能及技术要点如下。

- 圆角矩形工具：使用圆角矩形工具绘制出方形按钮的大小。
- 渐变工具：使用渐变工具制作出图形的渐变效果。
- 钢笔工具：使用钢笔工具绘制出按钮的高光部分。
- 文字工具：使用文字工具输入合适的文字。

案例制作步骤

源文件路径	效果文件\第1章\实例007.ai		
视频路径	视频\第1章\实例007. avi		
难易程度	★★★	学习时间	6分01秒

❶ 启动Illustrator，新建一个文档。使用（圆角矩形工具）绘制一个“宽度”和“高度”均为95mm、“圆角半径”为20mm的圆角圆形，通过“颜色”面板和“渐变”面板设置图形的填充属性，如图1-41所示。

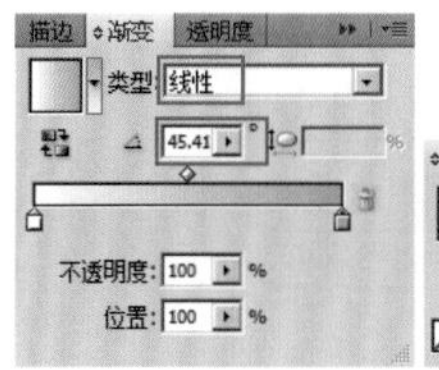

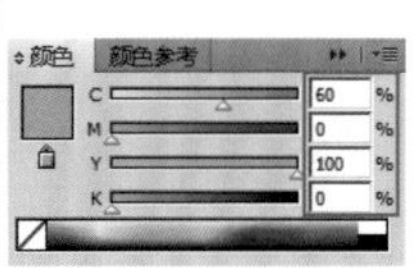

图1-41 设置属性

❷ 设置好渐变属性后，图形的填充效果如图1-42所示。

图1-42 渐变填充效果

❸ 将圆角矩形原位复制一个，贴在前面，更改其“宽度”和“高度”均为83mm，通过“颜色”面板和“渐变”面板设置图形的填充属性，如图1-43所示。

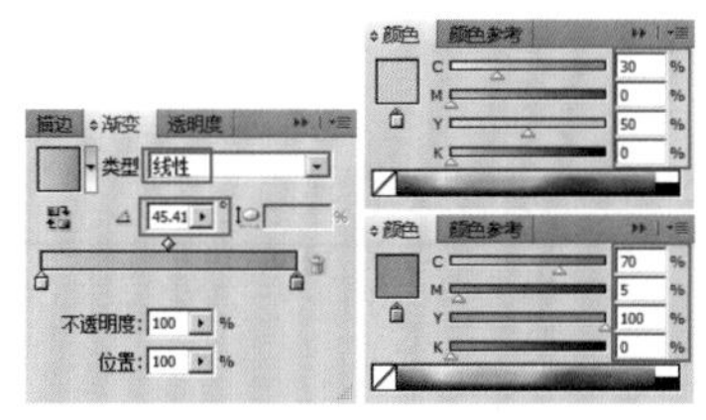

图1-43 设置属性

提 示

原位复制的快捷键是Ctrl+C，贴在前面的快捷键是Ctrl+F。

❹ 设置好渐变属性后，图形的填充效果如图1-44所示。

图1-44 渐变填充效果

❺ 将上方的圆角矩形原位复制一个，贴在前面，更改其“宽度”和“高度”均为72mm，设置填充属性为（C：80%、M：25%、Y：100%），然后使用（钢笔工具）绘制图形，将左侧部分遮盖住，如图1-45所示。

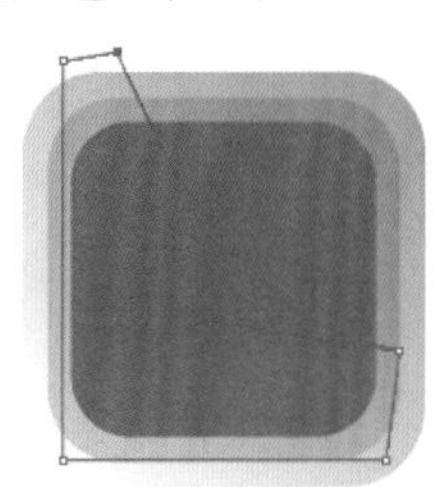

图1-45 绘制图形

❻ 选择绿色圆角矩形和绘制的线形，使用“路径查找器”面板中的（减去顶层）功能将图形处理成如图1-46所示的形态。

图1-46 减去顶层效果

❼ 将处理后的图形旋转复制一个，贴在前面，设置填充属性为（C：70%、M：5%、Y：100%），在“透明度”面板中设置其“不透明度”数值为70%，效果如图1-47所示。

图1-47 复制图形效果

❽ 将处理后的图形再旋转复制一个，贴在前面，以白色填充，在“透明度”面板中设置其“不透明度”数值为30%，效果如图1-48所示。

图1-48 复制图形效果

❾ 将处理后的图形再旋转复制一个，贴在前面，以白色填充，在“透明度”面板中设置其“不透明度”数值为40%，效果如图1-49所示。

图1-49 复制图形效果

❿ 将左下角的图形原位复制一个，贴在前面，将它缩小一些，以白色填充，在“透明度”面板中设置其“不透明度”数值为60%，效果如图1-50所示。

图1-50 复制图形效果

⓫ 再将其旋转复制一个，贴在前面，在“透明度”面板中设置其“不透明度”数值为30%，效果如图1-51所示。

图1-51　复制图形效果

⑫ 使用T（文字工具）输入文字，通过“字符”面板设置文字的字体、字号，通过“颜色”面板设置文字的填充属性，完成本实例的制作，效果如图1-52所示。

图1-52　最终效果

实例008　网页制作类——星形按钮

本实例通过星形按钮的设计制作，使读者掌握基本绘图工具、钢笔工具、渐变工具以及文字工具的使用等。

案例设计分析

设计思路

在制作星形按钮时，要注意星形图形参数的设置，还有就是要把部分锚点转换成平滑点，这样才能得到本例的效果。在制作该实例时，先使用星形工具、渐变工具制作出星形按钮的初始形状，再使用钢笔工具、“路径查找器”面板制作出星形按钮的高光部分，最后输入文字，从而完成本实例的制作。

案例效果剖析

如图1-53所示为星形按钮部分效果展示。

图1-53　效果展示

案例技术要点

本例中主要用到的功能及技术要点如下。

- 星形工具：使用星形工具制作星形图形。
- 钢笔工具：使用钢笔工具绘制出路径。
- 渐变工具：使用渐变工具制作出图形的渐变效果。
- 文字工具：使用文字工具输入文字。

源文件路径	效果文件\第1章\实例008.ai		
视频路径	视频\第1章\实例008. avi		
难易程度	★★	学习时间	7分08秒

实例009　网页制作类——心形按钮

本实例通过心形按钮的设计制作，使读者掌握钢笔工具、椭圆工具以及渐变工具等的使用，进一步掌握通过“渐变”面板和“颜色”面板设置图形的填充属性等。

案例设计分析

设计思路

心形按钮比较适合婚礼等比较喜庆的网站，它的制作较前面的按钮稍微复杂些，难点是在心形路径的绘制上。制作该实例时，先使用钢笔工具、“路径查找器”面板和渐变工具制作出心形按钮的初始形状，然后使用钢笔工具、椭圆工具以及渐变工具制作出按钮的高光部分，最后制作按钮的投影效果，从而完成本实例的制作。

案例效果剖析

如图1-54所示为心形按钮部分效果展示。

图1-54　效果展示

案例技术要点

本例中主要用到的功能及技术要点如下。

- 椭圆工具：使用椭圆工具制作出按钮的高光。
- 钢笔工具：使用钢笔工具制作出心形按钮的形状。
- 渐变工具：使用渐变工具制作出图形的渐变效果。

案例制作步骤

源文件路径	效果文件\第1章\实例009.ai		
视频路径	视频\第1章\实例009. avi		
难易程度	★★★★★	学习时间	10分20秒

❶ 启动Illustrator，新建一个文档。使用（钢笔工具）在一个“宽度”为36mm、“高度”为56mm的矩形内绘制如图1-55所示的图形。

图1-55 绘制路径

提 示

在进行绘制线形时，为了效果比较精确，可以事先绘制一个矩形，然后在矩形内进行绘制。

❷ 将图形镜像复制一个，然后使用“路径查找器”对话框中的（联集）功能将图形合并为一个整体，如图1-56所示。

图1-56 联集效果

❸ 通过“颜色”面板和“渐变”面板设置图形的填充属性，描边属性设置为“无”，如图1-57所示。

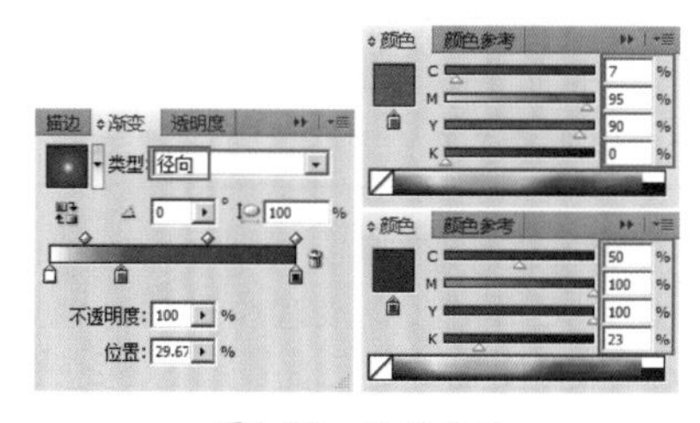

图1-57 设置属性

❹ 设置好渐变属性后，调整渐变范围框的大小和位置，图形的填充效果如图1-58所示。

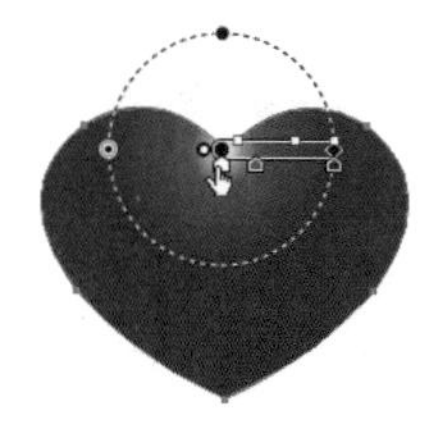

图1-58 渐变填充效果

❺ 将心形图形原位复制一个，贴在前面，并将它缩小一些，然后通过“颜色”面板和“渐变”面板设置图形的填充属性，如图1-59所示。

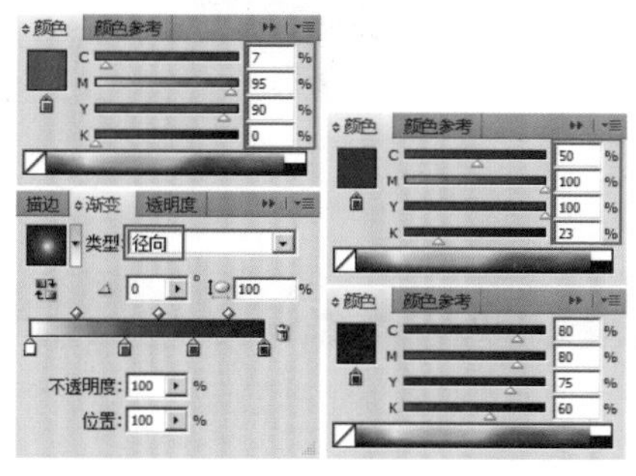

图1-59 设置属性

提 示

原位复制的快捷键是Ctrl+C，贴在前面的快捷键是Ctrl+F。

❻ 设置好渐变属性后，调整渐变范围框的大小和位置，图形的填充效果如图1-60所示。

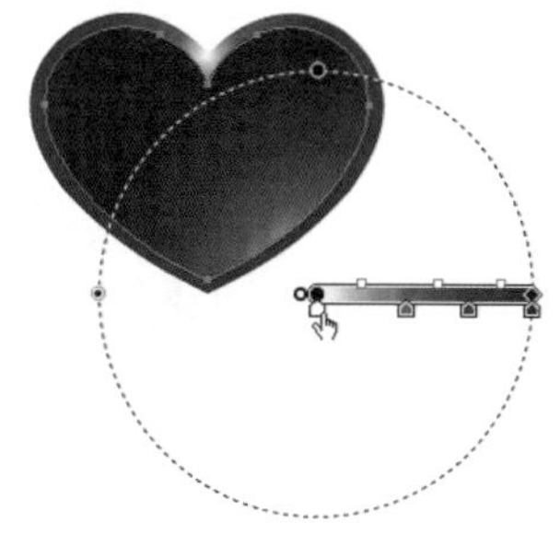

图1-60 渐变填充效果

❼ 将心形图形原位复制一个，贴在前面，调整它的大小。调整渐变范围框的大小和位置，图形的填充效果如图1-61所示。

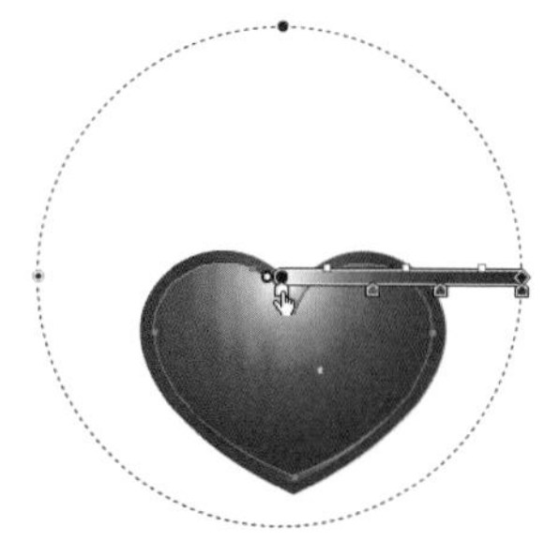

图1-61 渐变效果

❽ 使用（钢笔工具）绘制一个一半的图形，然后将图形镜像复制一个，再使用“路径查找器”对话框中的（联集）功能将图形合并为一个整体，如图1-62所示。

图1-62 绘制图形

❾ 通过“颜色”面板和“渐变”面板设置图形的填充属性为白色到红色（C：7%、M：95%、Y：90%）的径向渐变，描边属性设置为“无”。然后再调整渐变范围框的大小和位置，图形的填充效果如图1-63所示。

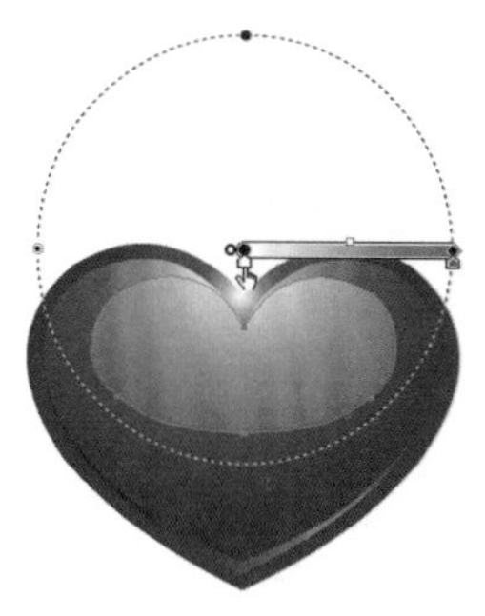

图1-63 渐变填充效果

❿ 使用（钢笔工具）在底部绘制图形，设置填充属性为（C：7%、M：95%、Y：90%），在“透明度”面板中设置混合模式为“柔光”，描边属性设置为“无”，如图1-64所示。

图1-64 绘制高光

⓫ 使用（椭圆工具）绘制两个椭圆图形，设置填充属性为（M：60%、Y：55%），在“透明度”面板中设置混合模式为“滤色”，描边属性设置为“无”，如图1-65所示。

图1-65 绘制高光

⑫ 使用 （钢笔工具）绘制图形，设置填充属性为（C：7%、M：95%、Y：90%），在“透明度”面板中设置混合模式为“滤色”，描边属性设置为“无”，如图1-66所示。

图1-66 绘制高光

⑬ 使用 （椭圆工具）绘制一个椭圆图形，放在心形的底部，然后为其施加一个红色（C：30%、M：100%、Y：90%）到白色的径向渐变，完成本实例的制作，如图1-67所示。

图1-67 最终效果

实例010 网页制作类——不规则按钮一

本实例通过不规则按钮的设计制作，主要使读者掌握矩形工具、直接选择工具以及渐变工具等的使用方法。

案例设计分析

设计思路

该按钮一般用于学术类网站，是属于比较理性的按钮。在制作该按钮时，先通过矩形工具、钢笔工具以及渐变工具绘制出不规则按钮的基本形状，并通过“颜色”和“渐变”面板设置图形的填充和描边属性。然后输入文字，从而完成本实例的制作。

案例效果剖析

如图1-68所示为不规则按钮部分效果展示。

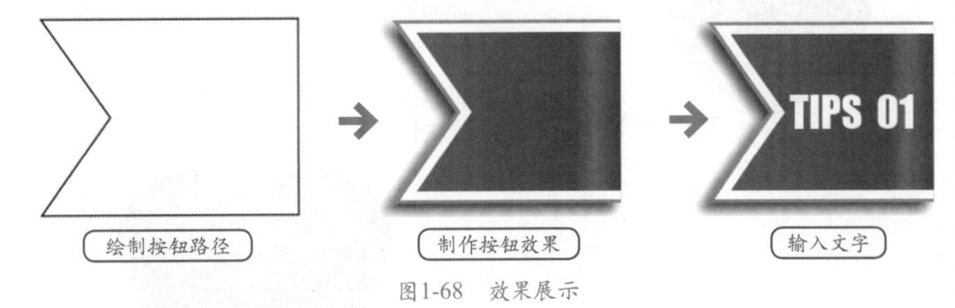

图1-68 效果展示

案例技术要点

本例中主要用到的功能及技术要点如下。

- 矩形工具：使用矩形工具创建出按钮的大小。
- 渐变工具：使用渐变工具制作出图形的渐变效果。
- 文字工具：使用文字工具输入合适的文字。

案例制作步骤

源文件路径	效果文件\第1章\实例010.ai		
视频路径	视频\第1章\实例010. avi		
难易程度	★★	学习时间	5分08秒

❶ 启动Illustrator，新建一个文档。使用 （矩形工具）绘制一个“宽度”为67mm、“高度”为50mm的矩形，然后使用 （钢笔工具）在左侧边上单击添加一个锚点，再使用 （直接选择工具）将添加的锚点调整到如图1-69所示的位置。

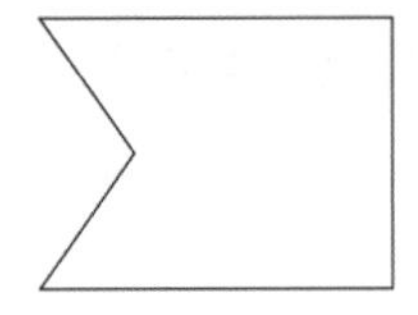

图1-69 绘制图形效果

❷ 通过“颜色”面板和“渐变”面板设置图形的填充属性，如图1-70所示。

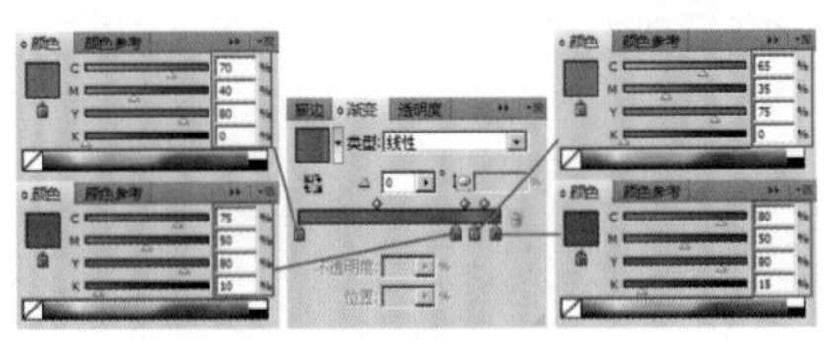

图1-70 属性设置

❸ 设置好渐变属性后，图形的填充效果如图1-71所示。

图1-71 渐变填充效果

❹ 将图形原位复制一个，贴在后面，使用 （直接选择工具）调整各锚点的位置，然后将图形以白色填充，如图1-72所示。

图1-72 复制图形

提 示

原位复制的快捷键是Ctrl+C，贴在后面的快捷键是Ctrl+B。

❺ 再将图形原位复制一个，贴在后面，使用 （直接选择工具）调整各锚点的位置，然后将图形以深灰色（K：50%）填充，如图1-73所示。

图1-73 复制图形

❻ 全选所有图形，按Ctrl+G快捷键编组。再将其原位复制一个，贴在后面，以深灰色（K：80%）填充，

并调整它的位置。然后再选择菜单栏中的“效果”|“模糊”|“高斯模糊”命令，在弹出的“高斯模糊”对话框中，设置“半径”为20像素，图形效果如图1-74所示。

图1-74 复制图形

❼ 使用T（文字工具）输入文字，通过“字符”面板设置文字的字体、字号，通过“颜色”面板设置文字的填充属性，完成本实例的制作，如图1-75所示。

图1-75 最终效果

实例011 网页制作类——不规则按钮二

本实例通过不规则按钮的设计制作，主要使读者掌握钢笔工具、直接选择工具以及渐变工具等的使用方法。

案例设计分析

设计思路

本按钮主要考察的是钢笔工具和渐变工具的熟练应用程度。在制作该按钮时，要注意锚点位置的调整方法。先使用钢笔工具和渐变工具制作出按钮的初始形状，然后输入文字，从而完成本实例的制作。

案例效果剖析

如图1-76所示为不规则按钮部分效果展示。

图1-76 效果展示

案例技术要点

本例中主要用到的功能及技术要点如下。

- 钢笔工具：使用钢笔工具绘制出图形的外观。
- 渐变工具：使用渐变工具制作出图形的渐变效果。
- 文字工具：使用文字工具输入合适的文字。

源文件路径	效果文件\第1章\实例011.ai		
视频路径	视频\第1章\实例011. avi		
难易程度	★	学习时间	1分45秒

实例012 网页设计类——新品按钮

本实例通过新品按钮的绘制，主要讲解椭圆工具、钢笔工具、渐变工具以及文字工具等的使用方法。

案例设计分析

设计思路

该新品按钮的设计效果非常有喜感，弯弯的线形像嘴巴，好像在欢迎人们来购买。制作该实例时，先使用椭圆工具和渐变工具等制作出新品按钮的大小，再使用钢笔工具和渐变工具制作出高光部分，最后输入文字，完成本实例的制作。

案例效果剖析

如图1-77所示为新品按钮部分效果展示。

图1-77 效果展示

案例技术要点

本例中主要用到的功能及技术要点如下。

- 椭圆工具：使用椭圆工具绘制出按钮的形状。
- 渐变工具：使用渐变工具制作出图形的明暗变化。
- 钢笔工具：使用钢笔工具制作出按钮的高光部分。
- 文字工具：使用文字工具输入合适的文字。

案例制作步骤

源文件路径	效果文件\第1章\实例012.ai
视频路径	视频\第1章\实例012. avi
难易程度	★★★
学习时间	8分10秒

❶ 启动Illustrator，新建一个文档。使用（椭圆工具）在页面中绘制一个“宽度”为72mm、“高度”为72mm的圆形。在“颜色”面板和“渐变”面板中设置圆形的填充属性，如图1-78所示。

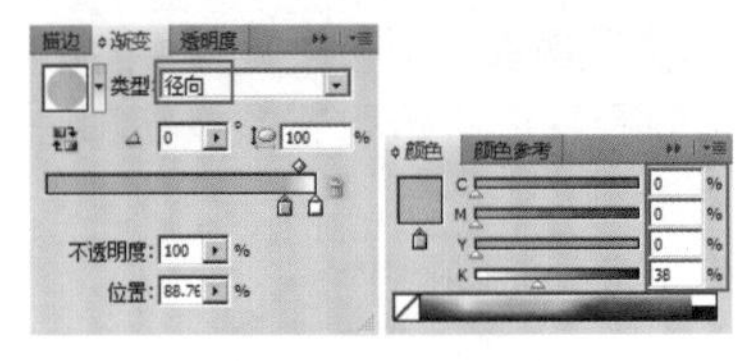
图1-78 属性设置

❷ 设置好渐变色后，圆形填充效果如图1-79所示。

图1-79 渐变效果

❸ 将圆形原位复制一个，贴在前面，设置填充属性为（M：100%、Y：100%、K：30%），并改变其“宽度”和“高度”均为67mm，如图1-80所示。

图1-80 图形填充效果

提 示

原位复制的快捷键是Ctrl+C，贴在前面的快捷键是Ctrl+F。

❹ 将圆形原位复制一个，贴在前面，并改变其“宽度”和“高度”均为64mm，在“颜色”面板和“渐变”面板中设置圆形的填充属性，描边属性设置为“无”，如图1-81所示。

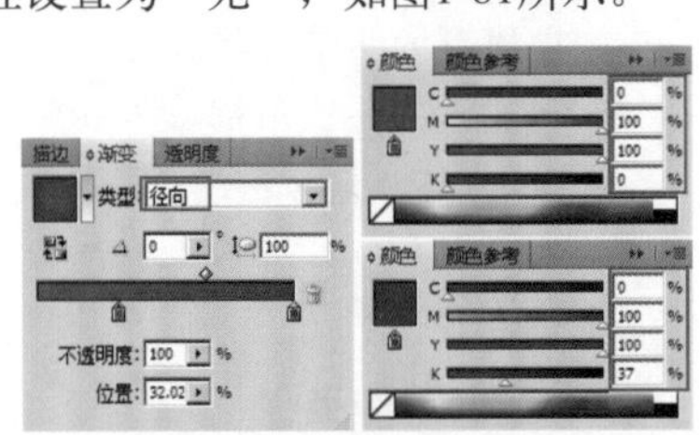
图1-81 属性设置

❺ 设置好渐变色后，圆形填充效果如图1-82所示。

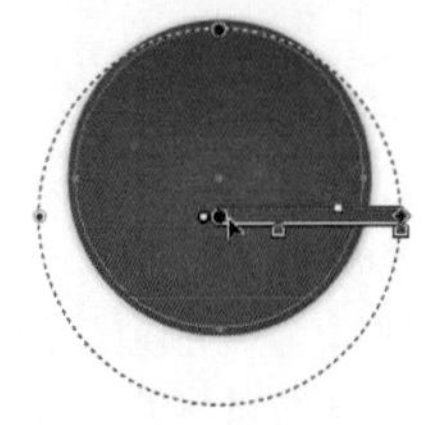
图1-82 渐变填充效果

❻ 使用（钢笔工具）绘制如图1-83所示的线形。

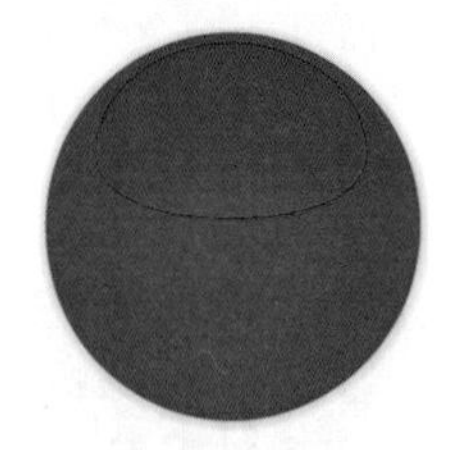
图1-83 绘制图形

❼ 在“颜色”面板和“渐变”面板中设置圆形的填充属性，描边属性设置为“无”，如图1-84所示。

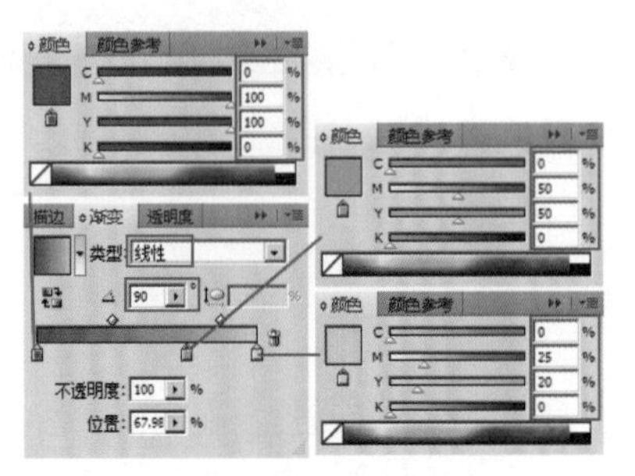
图1-84 属性设置

❽ 设置好渐变色后，图形的填充效果如图1-85所示。

图1-85 渐变效果

❾ 使用（椭圆工具）绘制一个椭圆图形，设置填充属性为（Y：10%），放在如图1-86所示的位置。

图1-86 高光效果

❿ 使用（椭圆工具）绘制两个椭圆图形，尺寸分别为50mm×50mm和45mm×45mm。然后使用（钢笔工具）再绘制一条线形，如图1-87所示。

⓫ 同时选择这3个图形，使用“路径查找器”面板中的（减去顶层）功能将位于顶层的图形减掉，设置填充属性为（Y：100%），如图1-88所示。

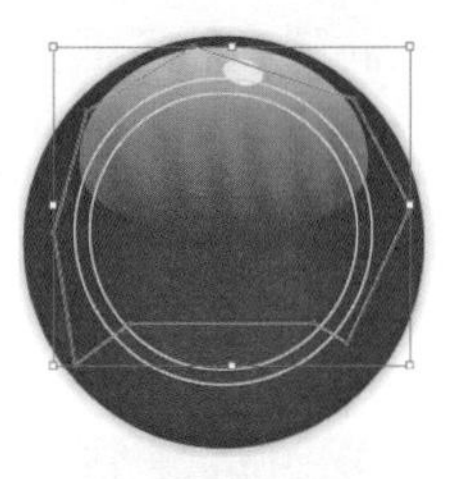
图1-87 绘制图形形态

图1-88 编辑图形

⓬ 使用T（文字工具）输入文字，通过“字符”面板设置文字的字体、字号，以白色填充，如图1-89所示。

图1-89 输入文字

⓭ 为文字创建轮廓，然后将文字和上方的高光部分图形同时选择并复制一个，贴在前面，再将高光部分图层提到最上面，如图1-90所示。

图1-90 图形位置

⓮ 将它们两个同时选择，使用“路径查找器”面板中的（减去顶层）功能将位于顶层的图形减掉，设置填充属性为（Y：100%），如图1-91所示。

图1-91 最终效果

⓯ 全选所有图形，按Ctrl+G快捷键编组，完成本实例的制作。

实例013 网页制作类——销售按钮

本实例通过销售按钮的设计制作，使读者掌握椭圆工具、渐变工具、钢笔工具以及文字工具的使用，进一步巩固“渐变”面板和“颜色”面板设置填充和描边属性等的方法。

案例设计分析

设计思路

制作该按钮，难点是按钮卷边部分的制作。先使用椭圆工具、钢笔工具以及渐变工具制作出按钮的基本形状，再输入文字，从而完成本实例的制作。

案例效果剖析

如图1-92所示为销售按钮部分效果展示。

图1-92 效果展示

案例技术要点

本例中主要用到的功能及技术要点如下。

- 椭圆工具：使用椭圆工具绘制出按钮的形状。
- 钢笔工具：使用钢笔工具绘制出按钮的卷页效果。
- 渐变工具：使用渐变工具制作出图形的渐变效果。
- 文字工具：使用文字工具输入合适的文字。

源文件路径	效果文件\第1章\实例013.ai		
视频路径	视频\第1章\实例013. avi		
难易程度	★★★	学习时间	5分59秒

实例014 网页制作类——提示按钮

本实例通过提示按钮的设计制作，了解基本绘图工具的使用、复制等命令的使用等。

案例设计分析

设计思路

在制作该按钮时，需要特别注意按钮外轮廓的绘制方法，以及渐变变形框大小的调整等。先使用椭圆工具、钢笔工具以及渐变工具制作出提示按钮的大体形状，然后使用椭圆工具和渐变工具制作出内部区域的形状，最后输入文字，从而完成本实例的制作。

案例效果剖析

如图1-93所示为提示按钮部分效果展示。

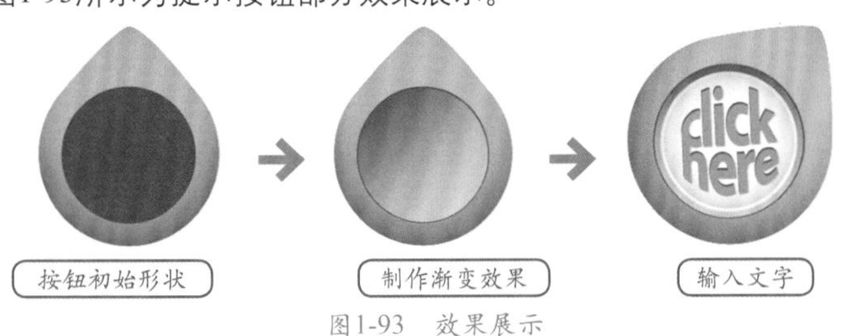

图1-93 效果展示

案例技术要点

本例中主要用到的功能及技术要点如下。

- 椭圆工具：使用椭圆工具制作出按钮的大小。
- 钢笔工具：使用钢笔工具制作出按钮的形状。
- 渐变工具：使用渐变工具制作出图形的明暗效果。
- 文字工具：使用文字工具输入合适的文字。

案例制作步骤

源文件路径	效果文件\第1章\实例014.ai
视频路径	视频\第1章\实例014. avi
难易程度	★★★
学习时间	7分23秒

❶ 启动Illustrator，新建一个文档。使用（椭圆工具）在页面中绘制一个“宽度”为125mm、“高度”为125mm的圆形。再使用（钢笔工具）绘制一个三角形，如图1-94所示。

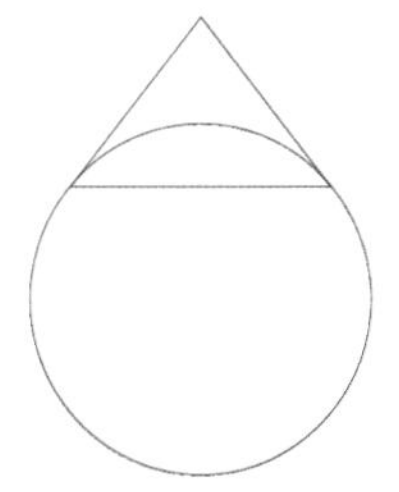

图1-94 绘制图形

❷ 全选所有图形，使用“路径查找器”面板中的（联集）功能将图形合并为一个图形，然后使用（直接选择工具）选择顶部的锚点，将其转换为平滑点，并调整它的形态，设置填充属性为（C：10%、M：95%、Y：100%），描边属性设置为“无”，如图1-95所示。

图1-95 填充效果

❸ 将图形原位复制一个，贴在前面，在“颜色”面板和“渐变”面板中设置图形的填充属性，如图1-96所示。

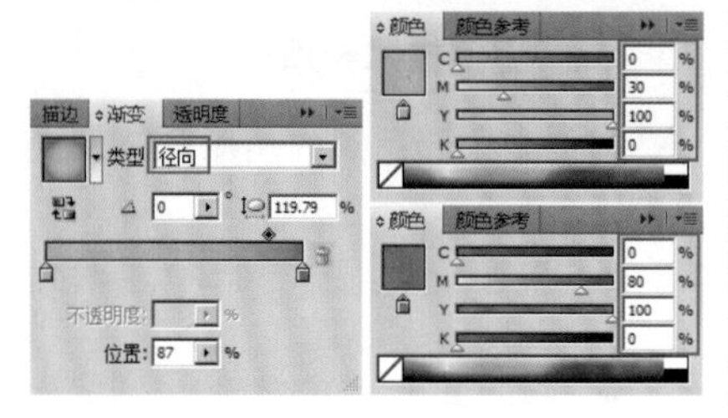
图1-96　属性设置

❹ 设置好渐变色后，调整渐变范围框的形态，如图1-97所示。

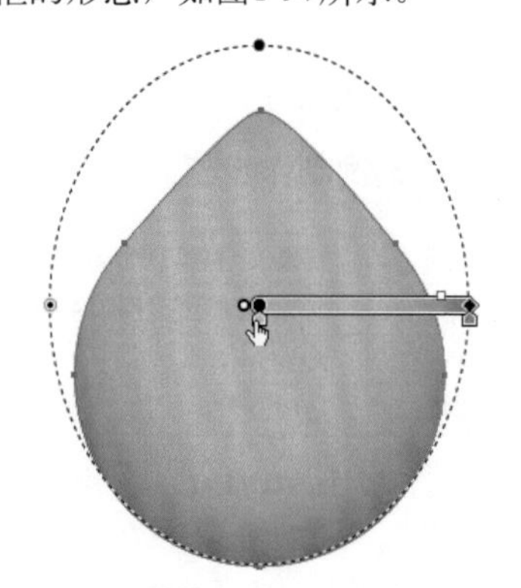
图1-97　渐变效果

❺ 使用（椭圆工具）在页面中绘制一个“宽度”为93mm、“高度”为93mm的圆形，设置填充属性为（C：10%、M：95%、Y：100%），描边属性设置为“无”，如图1-98所示。

图1-98　绘制图形

❻ 将圆形原位复制一个，贴在前面，更改“宽度”为91mm、“高度”为91mm，在“颜色”面板和“渐变”面板中设置图形的填充属性，如图1-99所示。

❼ 设置好渐变色后，图形的填充效果如图1-100所示。

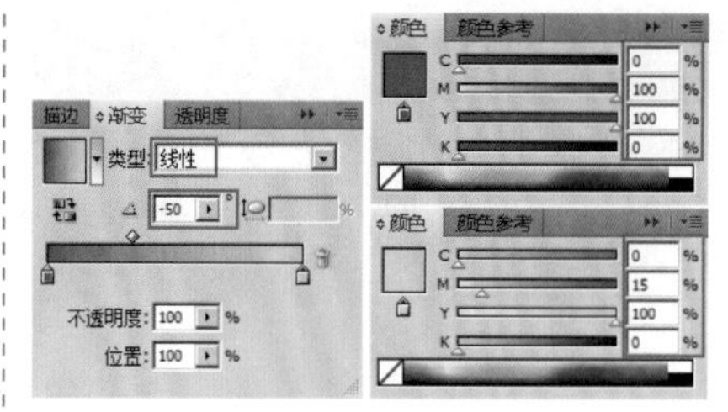
图1-99　设置属性

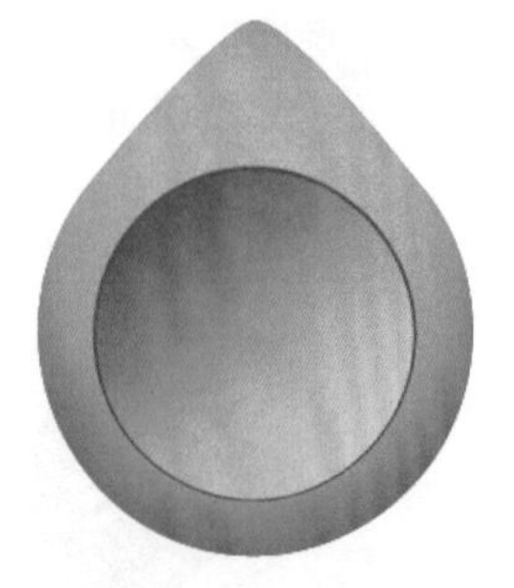
图1-100　渐变填充效果

❽ 将圆形原位复制一个，贴在前面，更改“宽度”为84mm、“高度”为84mm，在“颜色”面板和“渐变”面板中设置图形的填充属性，如图1-101所示。

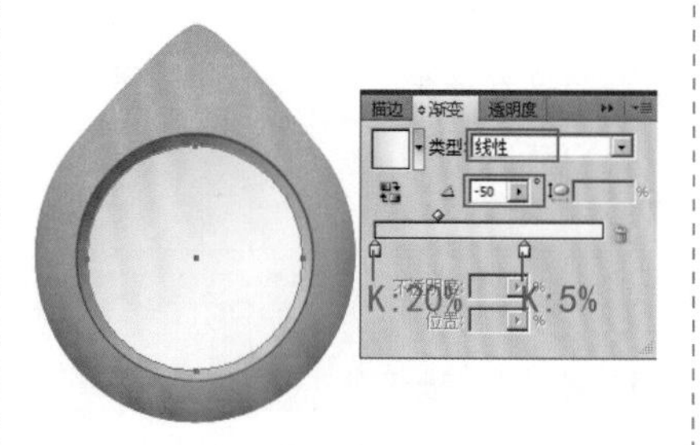

图1-101　渐变效果

❾ 将圆形再原位复制一个，贴在前面，更改“宽度”为80mm、“高度”为80mm，在和“渐变”面板中设置图形的填充属性，如图1-102所示。

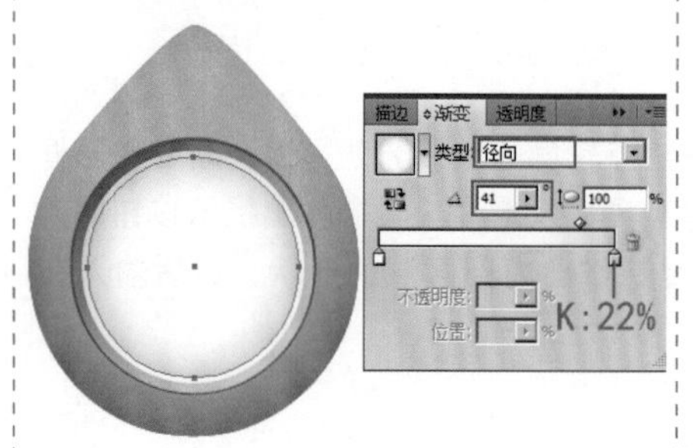

图1-102　渐变效果

❿ 使用（文字工具）输入文字，通过“字符”面板设置文字的字体、字号，设置填充属性为（M：50%、Y：100%），然后将文字转曲，调整文字的形态，如图1-103所示。

图1-103　输入文字

⓫ 将文字原位复制一个，贴在后面，设置填充属性为（C：10%、M：95%、Y：100%），然后使用键盘上的方向键调整它的位置，如图1-104所示。

图1-104　复制文字

⓬ 全选所有图形，按Ctrl+G快捷键编组，然后旋转图形的角度，完成本实例的制作，如图1-105所示。

图1-105　最终效果

第2章 卡通形象绘制

任何品牌都可以塑造极具个性的卡通形象，卡通形象充满亲和力和互动空间，能够更加生动地诠释品牌魅力。中国早期的卡通品牌"海尔兄弟"成功塑造经典，家喻户晓；国内著名互联网公司腾讯的"QQ企鹅"更是耳熟能详；国外著名餐饮连锁麦当劳的麦当劳大叔卡通形象遍布全球，成为美式快餐的图腾。卡通形象具有无限的生命力和可塑造性，作为品牌的虚拟代言具有巨大的市场效益。

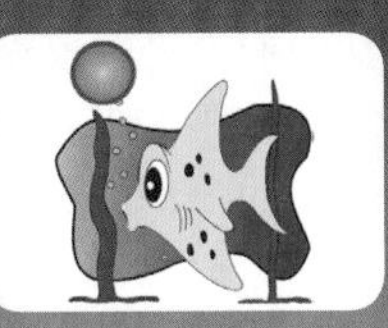

实例015 人物角色类——卡通小孩

本实例主要讲解卡通小孩的设计制作，使读者掌握钢笔工具、椭圆工具的使用方法，以及如何通过"颜色"面板设置图形的填充属性等。

案例设计分析

设计思路

绘制卡通小孩，就是运用夸张变形等拟人手段，把自己心目中的小孩设计成卡通形象。先制作出卡通小孩的脸部，再制作出身体，然后绘制上配饰，完成本实例的制作。

案例效果剖析

如图2-1所示为卡通小孩部分效果展示。

图2-1 效果展示

案例技术要点

本例中主要用到的功能及技术要点如下。

- 钢笔工具：使用钢笔工具绘制出卡通小孩的外廓。
- 椭圆工具：使用椭圆工具绘制出卡通小孩的眼睛等部位。

案例制作步骤

源文件路径	效果文件\第2章\实例015.ai		
视频路径	视频\第2章\实例015. avi		
难易程度	★★★	学习时间	9分30秒

❶ 启动Illustrator，新建一个文档。使用（钢笔工具）绘制图形，设置填充属性为（C：5%、M：5%、Y：20%）。然后将其原位复制一个，贴在后面，以黑色填充，并将其放大些，如图2-2所示。

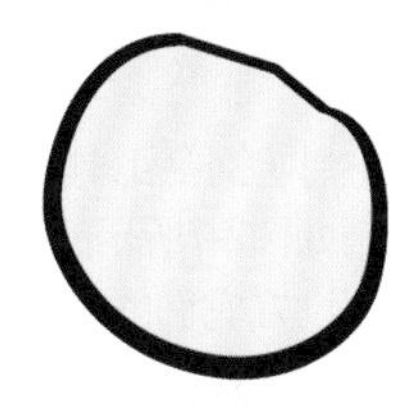

图2-2 绘制图形

提 示

复制的快捷键是Ctrl+C，贴在后面的快捷键是Ctrl+B。

❷ 使用（椭圆工具）绘制两个小圆形，以黑色填充，放在眼睛的位置，如图2-3所示。

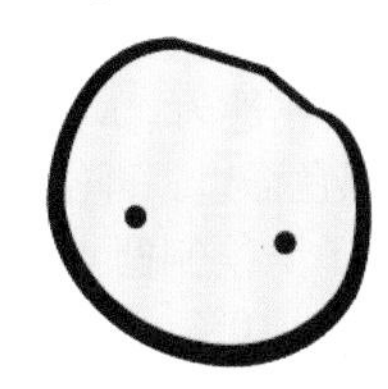

图2-3 绘制眼睛

❸ 使用（钢笔工具）绘制一条开放的线形，以黑色描边，如图2-4所示。

图2-4 绘制嘴巴

④ 使用（椭圆工具）绘制两个小圆形，为其施加红色（C：5%、M：80%）到白色的径向渐变，描边颜色为“无”，如图2-5所示。

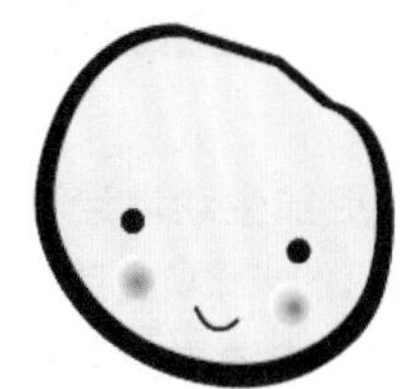

图2-5　绘制腮红

⑤ 使用（钢笔工具）绘制蝴蝶结线形，设置填充属性为（C：85%、M：35%、Y：100%），以黑色描边，如图2-6所示。

图2-6　蝴蝶结外框

⑥ 使用（钢笔工具）和（椭圆工具）绘制如图2-7所示的图形，通过“颜色”面板设置它们的填充属性。

图2-7　绘制蝴蝶结

⑦ 使用（钢笔工具）绘制小裙子，设置填充属性为（M：95%、Y：95%），以黑色描边。再使用（椭圆工具）在裙子上绘制圆点，设置其填充属性为（C：10%、Y：80%），描边属性设置为“无”，如图2-8所示。

图2-8　绘制衣服

⑧ 使用（钢笔工具）绘制脚部线形，以黑色填充，如图2-9所示。

图2-9　绘制脚部

⑨ 使用（钢笔工具）绘制手臂的线形，以黑色填充，如图2-10所示。

图2-10　绘制手臂

⑩ 使用（椭圆工具）绘制手部圆形，设置填充属性为（C：5%、M：95%、Y：20%），以黑色描边，如图2-11所示。

⑪ 使用（钢笔工具）绘制跳绳线形，以黑色描边，如图2-12所示。

图2-11　绘制手部

图2-12　绘制跳绳

⑫ 使用同样的方法绘制一个卡通小男孩图形，按Ctrl+G快捷快捷键编组，完成本实例的制作，如图2-13所示。

图2-13　最终效果

实例016　蔬菜角色类——卡通水蜜桃

本实例主要讲解卡通水蜜桃的设计制作，使读者掌握钢笔工具、椭圆工具的使用方法，以及如何通过“颜色”面板设置图形的填充属性等。

案例设计分析

设计思路

卡通水蜜桃，就是将现实中的水蜜桃进行变形，给它配上五官，使它拟人化。方法是先绘制出水蜜桃的外轮廓，再绘制五官，最后绘制叶子，完成本实例的制作。

案例效果剖析

如图2-14所示为水蜜桃部分效果展示。

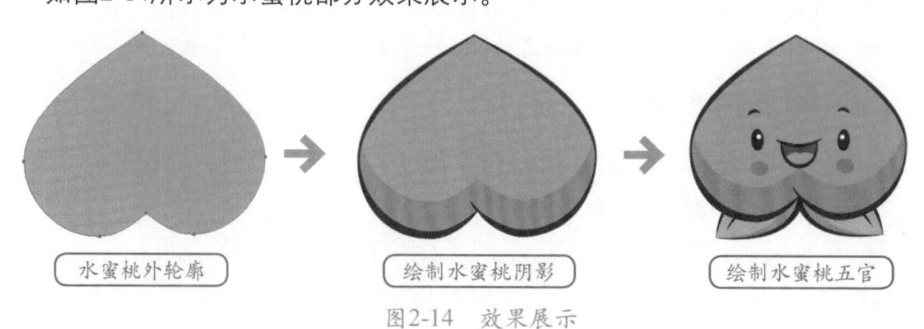

图2-14　效果展示

案例技术要点

本例中主要用到的功能及技术要点如下。

- 钢笔工具：使用钢笔工具绘制出水蜜桃的外轮廓。
- 椭圆工具：使用椭圆工具绘制出水蜜桃的五官。

源文件路径	效果文件\第2章\实例016.ai		
视频路径	视频\第2章\实例016. avi		
难易程度	★★	学习时间	6分56秒

实例017 动物角色类——卡通蝴蝶

本实例主要讲解卡通蝴蝶的设计制作，使读者掌握钢笔工具、椭圆工具的使用方法，以及如何通过“颜色”面板设置图形的填充属性等。

案例设计分析

设计思路

蝴蝶具有鲜明的颜色，美丽的双翅，因此在很多的风景图画中经常见到它的影子。在制作该卡通蝴蝶时，先制作出蝴蝶腹部，再制作出蝴蝶的翅膀以及翅膀上的纹理，最后绘制上触须，完成本实例的制作。

案例效果剖析

如图2-15所示为卡通蝴蝶部分效果展示。

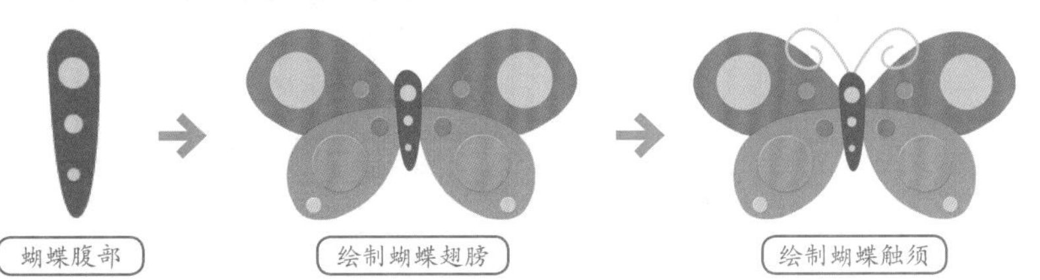

图2-15 效果展示

案例技术要点

本例中主要用到的功能及技术要点如下。

- 钢笔工具：使用钢笔工具绘制出蝴蝶的翅膀和触须等。
- 椭圆工具：使用椭圆工具绘制出蝴蝶翅膀上的图案。

案例制作步骤

源文件路径	效果文件\第2章\实例017.ai		
视频路径	视频\第2章\实例017. avi		
难易程度	★★	学习时间	5分01秒

❶ 启动Illustrator，新建一个文档。使用（钢笔工具）绘制图形，设置填充属性为（C：85%、M：50%、Y：40%），描边属性设置为“无”，如图2-16所示。

图2-16 绘制图形

❷ 使用（椭圆工具）绘制3个小圆形，设置填充属性为（C：45%），描边属性设置为“无”，如图2-17所示。

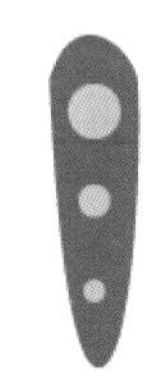

图2-17 绘制圆形

❸ 使用（钢笔工具）绘制蝴蝶翅膀造型，设置填充属性为（C：75%、M：25%、Y：20%），描边属性为“无”，如图2-18所示。

图2-18 绘制翅膀

❹ 将图形复制一个，调整它的大小和方向，设置填充属性为（M：50%、Y：90%），如图2-19所示。

图2-19 复制翅膀

❺ 使用（椭圆工具）绘制翅膀上的花纹，通过“颜色”面板设置填充属性，描边属性设置为“无”，如图2-20所示。

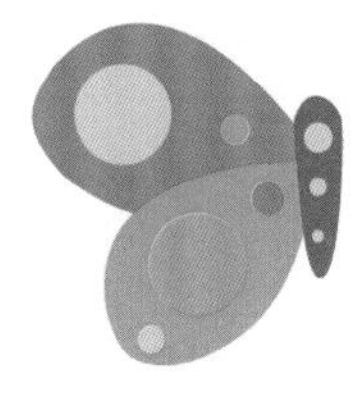

图2-20 绘制图案

❻ 将翅膀全选，将它们镜像复制一组，放在右侧如图2-21所示的位置。

图2-21 复制翅膀

❼ 使用（钢笔工具）绘制蝴蝶的触须，设置描边属性为（C：45%），如图2-22所示。

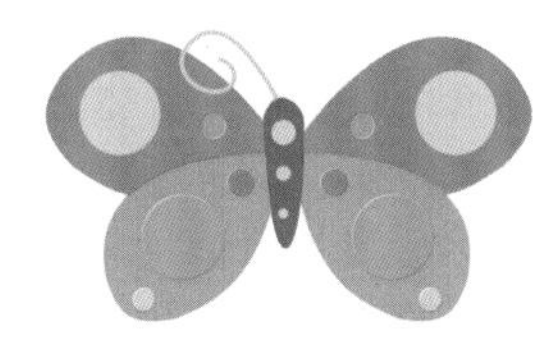

图2-22 绘制触须

❽ 将触须镜像复制一个，放在右侧，从而完成本实例的制作，如图2-23所示。

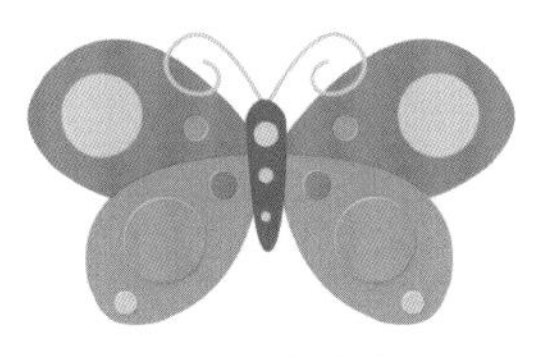

图2-23 最终效果

实例018 动物角色类——卡通雪人

本实例通过卡通雪人的设计制作，主要使读者掌握椭圆工具、渐变工具以及钢笔工具等的使用方法。

案例设计分析

设计思路

卡通雪人，就是以卡通人物和动物为主题制作的雪人雕塑，可爱的形象栩栩如生。在制作该实例时，先使用椭圆工具制作出雪人的主体形象，然后使用钢笔工具、椭圆工具绘制出围巾、帽子以及五官等辅助图形，从而完成本实例的制作。

案例效果剖析

如图2-24所示为卡通雪人部分效果展示。

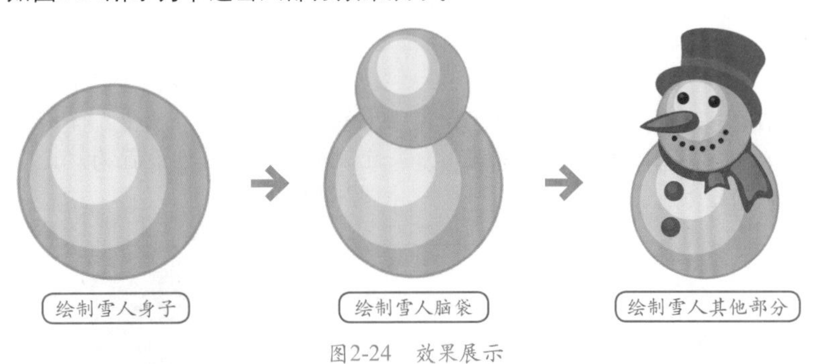

图2-24 效果展示

案例技术要点

本例中主要用到的功能及技术要点如下。

- 钢笔工具：使用钢笔工具绘制辅助图形。
- 椭圆工具：使用椭圆工具绘制雪人轮廓。
- 渐变工具：使用渐变工具制作出图形的渐变效果。

案例制作步骤

源文件路径	效果文件\第2章\实例018.ai		
视频路径	视频\第2章\实例018. avi		
难易程度	★★	学习时间	8分23秒

❶ 启动Illustrator，新建一个文档。使用（椭圆工具）绘制一个“宽度”和“高度”均为95mm的圆形，设置填充属性为（C：30%、M：35%、Y：45%），描边属性设置为“无”。然后将其原位复制一个，贴在前面，更改“宽度”和“高度”为92mm，设置填充属性为（C：20%、M：25%、Y：30%），如图2-25所示。

图2-25 绘制图形

提 示

复制的快捷键是Ctrl+C，贴在前面的快捷键是Ctrl+F。

❷ 将图形原位复制2个，贴在前面，“宽度”和“高度”分别设置为67 mm×67mm、43 mm×43mm，设置填充属性分别为（C：15%、M：15%、Y：20%）、（C：7%、M：8%、Y：10%），如图2-26所示。

图2-26 复制图形效果

❸ 将所有图形全选并复制一个，贴在前面，调整下它的大小，放在如图2-27所示的位置。

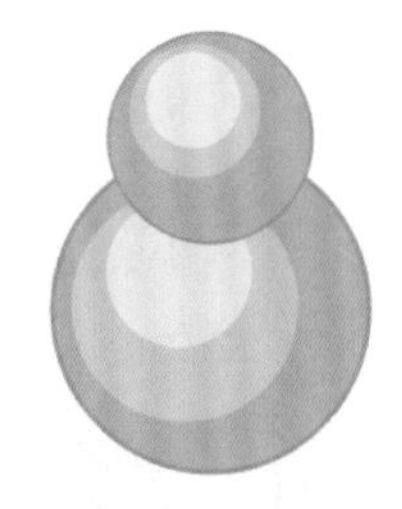

图2-27 复制图形效果

❹ 使用（钢笔工具）绘制围巾，设置填充属性为（M：95%、Y：90%），描边属性设置为“无”，如图2-28所示。

图2-28 绘制围巾

提 示

在这里，雪人围巾的形状和颜色可以根据自己的喜好来绘制。

❺ 使用（钢笔工具）绘制围巾高光部分，设置填充属性为（M：65%、Y：35%），描边属性为“无”，如图2-29所示。

图2-29 绘制围巾高光

❻ 使用（钢笔工具）绘制雪人的鼻子以及鼻子的高光部分，如图2-30所示。

图2-30 绘制鼻子

❼ 使用（椭圆工具）绘制圆形，通过“颜色”面板设置它们的填充属性，制作雪人的纽扣、眼睛以及嘴巴造型，如图2-31所示。

图2-31 绘制图形效果

❽ 使用（钢笔工具）绘制帽檐部分，设置填充属性为（C：85%、M：35%、Y：100%），设置描边属性为“无”，如图2-32所示。

图2-32 绘制帽檐

❾ 使用（钢笔工具）绘制帽子的顶部造型，设置填充属性为（C：85%、M：35%、Y：100%），设置描边属性为“无”，如图2-33所示。

图2-33 绘制帽子

❿ 使用（钢笔工具）绘制帽子的装饰部分，设置填充属性为（C：75%、M：25%、Y：100%），设置描边属性为“无”，如图2-34所示。

图2-34 最终效果

⓫ 全选所有图形，按Ctrl+G快捷键编组，从而完成本实例的制作。

实例019 动物角色类——卡通豆豆鱼

本实例通过卡通豆豆鱼形象的设计制作，主要讲解钢笔工具以及椭圆工具等的使用方法。

案例设计分析

设计思路

绘制卡通鱼，要掌握住画鱼的技巧。一般卡通鱼都是胖胖的、圆圆的身子，这样比较可爱。眼睛大大的，圆圆的，可以根据眼睛体现表情和神态。尾巴和鳍也都是圆嘟嘟的感觉，再绘上漂亮的颜色就可以了。制作该实例时，先使用钢笔工具绘制出豆豆鱼的外轮廓，再使用钢笔工具和椭圆工具制作出内部纹理，完成本实例的制作。

案例效果剖析

如图2-35所示为豆豆鱼部分效果展示。

图2-35 效果展示

案例技术要点

本例中主要用到的功能及技术要点如下。

- 钢笔工具：使用钢笔工具绘制鱼身。
- 椭圆工具：使用椭圆工具绘制眼睛。

案例制作步骤

源文件路径	效果文件\第2章\实例019.ai
视频路径	视频\第2章\实例019. avi
难易程度	★★
学习时间	5分56秒

❶ 启动Illustrator，新建一个文档。使用（钢笔工具）绘制豆豆鱼的外形线条，设置填充属性为（M：80%、Y：95%），如图2-36所示。

图2-36 图形外轮廓

❷ 使用（椭圆工具）绘制一大一小两个正圆形，当做豆豆鱼的眼睛，分别以白色和桔色（M：80%、Y：95%）填充，描边属性设置为“无”，如图2-37所示。

图2-37 绘制眼睛

❸ 使用（钢笔工具）绘制豆豆鱼身上的纹理结构，以白色填充，如图2-38所示。

图2-38 绘制身上纹理

❹ 使用（钢笔工具）为豆豆鱼绘制一个心形的嘴巴，以白色填充，如图2-39所示。

图2-39　绘制嘴巴

⑤ 最后，使用(椭圆工具)绘制3个圆形的小泡泡，完成本实例的制作，如图2-40所示。

图2-40　最终结果

实例020　动物角色类——卡通绿豆蛙

本实例通过卡通绿豆蛙形象的设计制作，使读者进一步掌握基本绘图工具、钢笔工具以及渐变工具等的使用。

案例设计分析

设计思路

绿豆蛙以其可爱的形象、活泼的性格一下子就吸引住了很多网友的心。制作该实例时，先使用椭圆工具、钢笔工具和渐变工具绘制出绿豆蛙的头和身体造型效果，然后再制作出绿豆蛙的腿和手部分，完成本实例的制作。

案例效果剖析

如图2-41所示为绿豆蛙部分效果展示。

图2-41　效果展示

案例技术要点

本例中主要用到的功能及技术要点如下。

- 钢笔工具：使用钢笔工具绘制绿豆蛙四肢。
- 椭圆工具：使用椭圆工具绘制绿豆蛙的身体和眼睛。
- 渐变工具：使用渐变工具制作出图形的渐变效果。

源文件路径	效果文件\第2章\实例020.ai		
视频路径	视频\第2章\实例020. avi		
难易程度	★★★	学习时间	10分00秒

实例021　动物角色类——卡通小海豚

本实例通过小海豚的设计制作，使读者掌握钢笔工具和直接选择工具的使用方法，并进一步掌握通过“渐变”面板和“颜色”面板设置图形的填充和描边属性等。

案例设计分析

设计思路

海豚有着看起来友善的形态和爱嬉闹性格，在人类文化中一向十分受欢迎。在制作该实例时，先使用钢笔工具绘制出海豚的背部形状，然后绘制出肚皮、眼睛、鳍等部位，最后在海豚合适的位置制作描边效果，从而完成本实例的制作。

案例效果剖析

如图2-42所示为卡通小海豚部分效果展示。

图2-42　效果展示

案例技术要点

本例中主要用到的功能及技术要点如下。

- 钢笔工具：使用钢笔工具绘制出海豚的形状。
- 椭圆工具：使用椭圆工具绘制海豚的眼睛。

源文件路径	效果文件\第2章\实例021.ai
视频路径	视频\第2章\实例021. avi
难易程度	★★★
学习时间	10分18秒

实例022 动物角色类——瓢虫

本实例通过瓢虫卡通形象的设计制作，使读者掌握基本绘图工具、钢笔工具以及渐变工具等的使用。

案例设计分析

设计思路

瓢虫是体色鲜艳的小型昆虫，常有红、黑或黄色斑点，身体圆圆的，极具喜感。先使用椭圆工具、渐变工具制作出瓢虫的背部，再使用钢笔工具、渐变工具制作出瓢虫的头部，最后制作出瓢虫中间分割部分，并画上圆点，从而完成本实例的制作。

案例效果剖析

如图2-43所示为瓢虫部分效果展示。

图2-43 效果展示

案例技术要点

本例中主要用到的功能及技术要点如下。

- 钢笔工具：使用钢笔工具绘制出瓢虫头部。
- 渐变工具：使用渐变工具制作出图形的渐变效果。
- 椭圆工具：使用椭圆工具制作出瓢虫的肚子形状。

案例制作步骤

源文件路径	效果文件\第2章\实例022.ai		
视频路径	视频\第2章\实例022. avi		
难易程度	★★	学习时间	7分36秒

❶ 启动Illustrator，新建一个文档。使用（椭圆工具）绘制一个“宽度”、“高度”均为60mm的圆形，设置描边属性为“无”，通过“颜色”面板和“渐变”面板设置图形的填充属性，如图2-44所示。

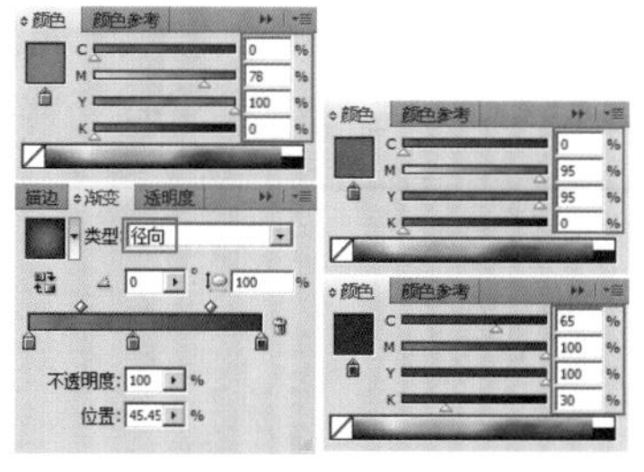

图2-44 属性设置

❷ 设置好渐变属性后，选择菜单栏中的“效果”|“风格化”|“投影”命令，在弹出的“投影”对话框中设置各项参数，如图2-45所示。

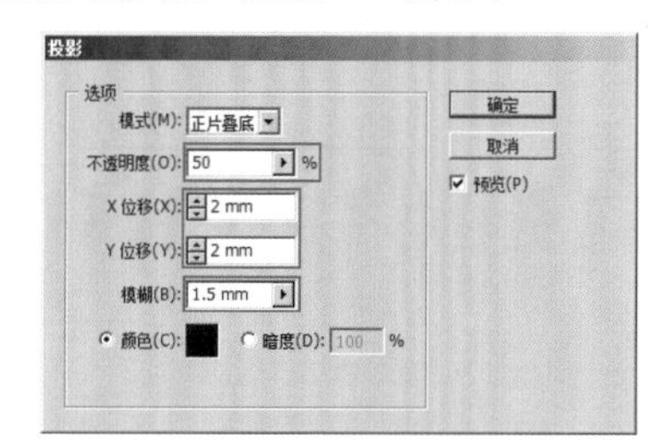

图2-45 参数设置

❸ 为图形设置好投影后，效果如图2-46所示。

图2-46 投影效果

❹ 使用（钢笔工具）绘制一个半圆图形，为其施加一个白色到黑色的径向渐变，如图2-47所示。

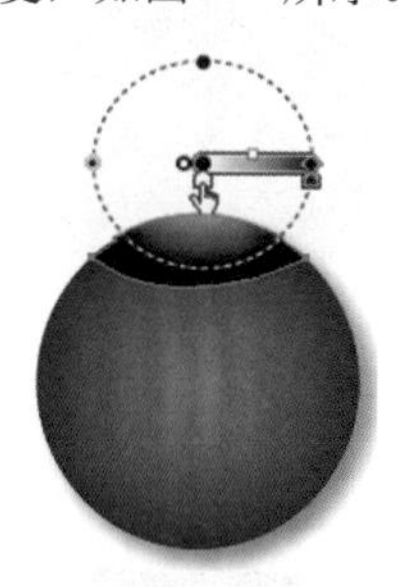

图2-47 渐变填充

❺ 再使用（钢笔工具）绘制一个小半圆，通过“颜色”面板和“渐变”面板设置图形的填充属性，如图2-48所示。

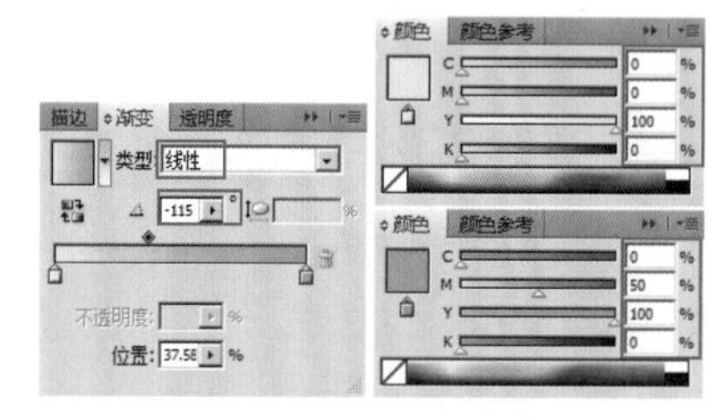

图2-48 属性设置

❻ 设置好渐变属性后，将小半圆镜像复制一个，放在另一侧，如图2-49所示。

图2-49 渐变填充效果

❼ 使用（钢笔工具）绘制一个小半圆，填充黑色，当做瓢虫的头部；再绘制两条触须，填充黑色，如图2-50所示。

图2-50 绘制头部

❽ 使用（钢笔工具）在瓢虫的背部绘制图形，以黑色填充，如图2-51所示。

❾ 再使用（椭圆工具）和（钢笔工具）绘制瓢虫背部的圆点，

以黑色填充，如图2-52所示。

图2-51　绘制分割部位

图2-52　绘制圆点

⑩ 使用（椭圆工具）绘制一个椭圆图形，以白色填充，选择菜单栏中的“效果”|“模糊”|“高斯模糊”命令，在弹出的对话框中，设置模糊“半径”为20像素，图形效果如图2-53所示。

图2-53　最终效果

⑪ 全选图形，按Ctrl+G快捷键编组，完成本实例的制作。

实例023　动物角色类——鸡宝宝

本实例通过卡通鸡宝宝的设计制作，使读者进一步掌握使用椭圆工具和钢笔工具绘制图形的方法。

案例设计分析

设计思路

本例制作的卡通鸡宝宝圆圆的身体，嫩黄的颜色，憨态可掬。先使用椭圆工具绘制出鸡宝宝的身子，然后使用钢笔工具、椭圆工具绘制出鸡宝宝的嘴巴、眼睛等部位，最后使用钢笔工具绘制出鸡宝宝的脚、翅膀等，从而完成本实例的制作。

案例效果剖析

如图2-54所示为鸡宝宝部分效果展示。

图2-54　效果展示

案例技术要点

本例中主要用到的功能及技术要点如下。

- 椭圆工具：使用椭圆工具制作出鸡宝宝的身子和眼睛。
- 钢笔工具：使用钢笔工具制作出鸡宝宝的嘴巴、脚、翅膀等部位。

案例制作步骤

源文件路径	效果文件\第2章\实例023.ai		
视频路径	视频\第2章\实例023. avi		
难易程度	★	学习时间	4分28秒

❶ 启动Illustrator，新建一个文档。使用（椭圆工具）绘制一个“宽度”为62mm、“高度”为73mm的椭圆图形，设置填充属性为（C：5%、M：15%、Y：70%）。再使用（钢笔工具）绘制一个闭合图形，作为鸡宝宝的嘴巴，设置填充属性为（M：50%、Y：90%），描边属性设置为“无”，如图2-55所示。

图2-55　绘制嘴巴

提　示

在绘制鸡宝宝的嘴巴时，要注意它安放的位置要准确。

❷ 使用（椭圆工具）绘制两个小圆形，作为鸡宝宝的眼睛，设置填充属性为（C：60%、M：70%、Y：100%、K：40%），如图2-56所示。

图2-56　绘制眼睛

❸ 使用（钢笔工具）绘制一个闭合图形，作为鸡宝宝的翅膀，设置填充属性为（M：50%、Y：90%），描边属性为“无”。然后将其镜像复制一个放在另一侧，如图2-57所示。

图2-57　绘制翅膀

❹ 使用（钢笔工具）绘制一个闭合图形，作为鸡宝宝的脚，设置填充属性为（C：40%、M：60%、Y：65%），描边属性为“无”。然后将其镜像复制一个放在另一侧，如图2-58所示。

图2-58　绘制脚

❺ 使用（钢笔工具）绘制闭合图形，作为鸡宝宝头顶上的毛，设置填充属性为（C：45%），描边属性为“无”，如图2-59所示。

❻ 全选图形，按Ctrl+G快捷键编组，完成本实例的制作。

图2-59　最终效果

实例024　动物角色类——海绵宝宝

本实例通过海绵宝宝形象的设计制作，主要使读者掌握矩形工具、椭圆工具以及钢笔工具等的使用方法。

案例设计分析

设计思路

海绵宝宝是美国著名的电视动画卡通形象，黄色长方形海绵，具有不死之身，无论身体如何被破坏皆可恢复原状。为人乐观并开朗，却相当神经质，故时常惹出麻烦。在制作该实例时，先制作出海绵宝宝的脸部区域，使用椭圆工具制作出它的眼睛，再使用钢笔工具绘制出嘴巴、鼻子以及睫毛等，最后绘制上衣领和领带等部位，从而完成本实例的制作。

案例效果剖析

如图2-60所示为海绵宝宝部分效果展示。

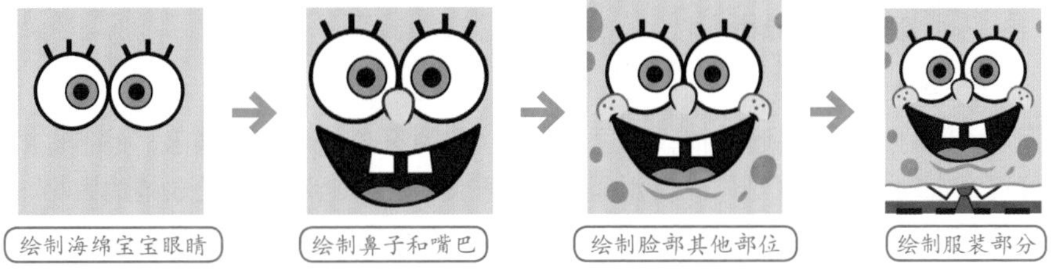

图2-60　效果展示

案例技术要点

本例中主要用到的功能及技术要点如下。

- 矩形工具：使用矩形工具创建出海绵宝宝头部的大小。
- 钢笔工具：使用钢笔工具绘制出海绵宝宝的脸部构造。

源文件路径	效果文件\第2章\实例024.ai		
视频路径	视频\第2章\实例024. avi		
难易程度	★★	学习时间	8分25秒

实例025　动物角色类——卡通鱼

本实例通过卡通鱼的设计制作，主要使读者掌握钢笔工具、直接选择工具以及椭圆工具等的使用方法。

案例设计分析

设计思路

本例制作卡通鱼形象，小鱼尖尖的嘴巴、大大的眼睛，非常可爱。制作该实例时，先使用钢笔工具绘制出卡通鱼的外轮廓，然后使用椭圆工具绘制上眼睛以及身上的斑点，从而完成本实例的制作。

案例效果剖析

如图2-61所示为卡通鱼部分效果展示。

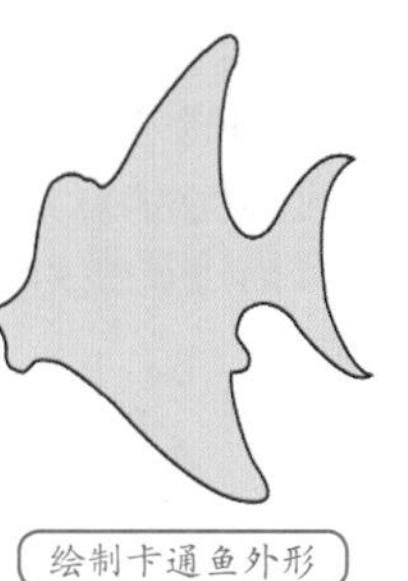

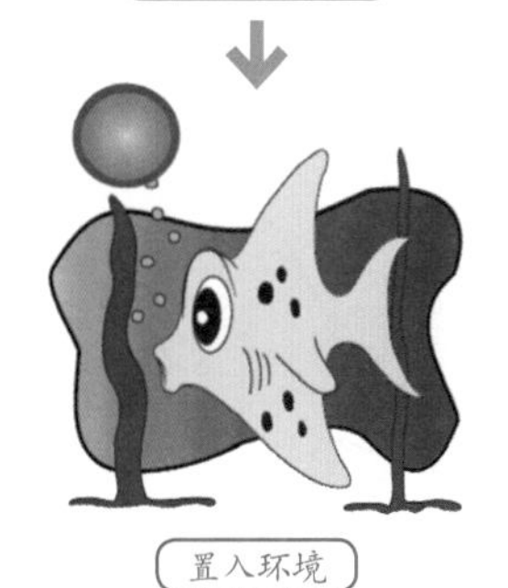

图2-61　效果展示

案例技术要点

本例中主要用到的功能及技术要点如下。

- 钢笔工具：使用钢笔工具绘制出卡通鱼的外轮廓。
- 椭圆工具：使用椭圆工具绘制出卡通鱼的眼睛等部位。

案例制作步骤

源文件路径	效果文件\第2章\实例025.ai
调用路径	素材文件\第2章\实例025.ai
视频路径	视频\第2章\实例025. avi
难易程度	★★
学习时间	6分09秒

❶ 启动Illustrator，新建一个文档。使用（钢笔工具）绘制闭合线形，设置填充属性为（C：10%、Y：85%），设置描边属性为“黑色”，如图2-62所示。

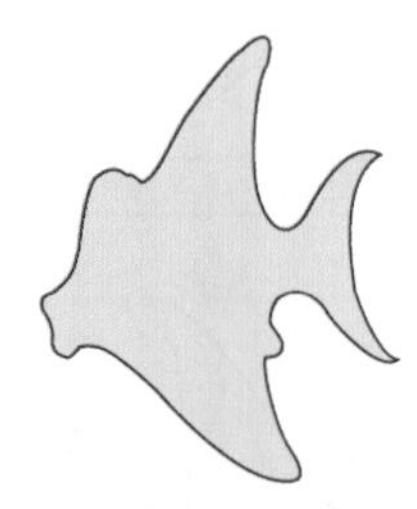

图2-62　绘制外轮廓

❷ 使用（椭圆工具）绘制椭圆图形，分别以黑色和白色填充，作为鱼的眼睛，如图2-63所示。

图2-63　绘制眼睛

❸ 使用（钢笔工具）绘制线条，以黑色描边，分别放在如图2-64所示的位置。

图2-64　绘制内部线条

❹ 使用（钢笔工具）绘制鱼身上的装饰点，以黑色填充，分别放在如图2-65所示的位置。

图2-65　绘制斑点

❺ 使用（钢笔工具）在鱼嘴巴的位置绘制如图2-66所示的线形。

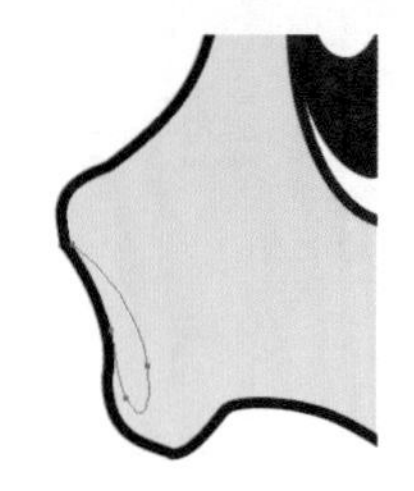

图2-66　绘制线形

❻ 为线形施加一个黑色到白色的线性渐变，如图2-67所示。

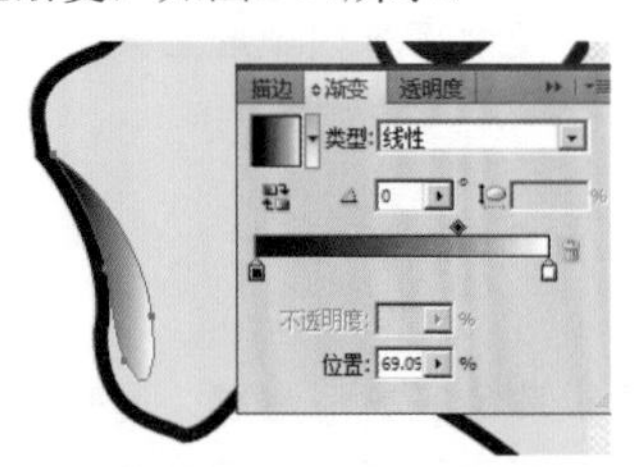

图2-67　渐变填充效果

❼ 选择菜单栏中的“文件”|“打开”命令，打开随书光盘“素材文件\第2章\实例025.ai”文件，将背景复制到当前文件中。调整图层顺序和位置，完成本实例的制作，如图2-68所示。

图2-68　最终效果

实例026　角色表情类——笑脸

本实例通过笑脸表情的绘制，主要讲解椭圆工具、钢笔工具以及渐变工具等的使用方法。

案例设计分析

设计思路

本例制作的是笑脸表情，秀逗的眼睛，像月牙似的弯弯的嘴巴，是不是很好玩？在制作该实例时，先使用椭圆工具和渐变工具绘制出笑脸表情的大小，再使用钢笔工具、渐变工具以及椭圆工具制作出表情部分，完成本实例的制作。

案例效果剖析

如图2-69所示为笑脸表情部分效果展示。

图2-69　效果展示

案例技术要点

本例中主要用到的功能及技术要点如下。

- 椭圆工具：使用椭圆工具绘制出表情。
- 渐变工具：使用渐变工具制作出图形的明暗变化。
- 钢笔工具：使用钢笔工具制作出嘴巴形状。

案例制作步骤

源文件路径	效果文件\第2章\实例026.ai		
视频路径	视频\第2章\实例026. avi		
难易程度	★★	学习时间	6分12秒

❶ 启动Illustrator，新建一个文档。使用（椭圆工具）绘制一个“宽度”、“高度”均为250mm的圆形，通过“颜色”面板和“渐变”面板设置图形的填充属性，如图2-70所示。

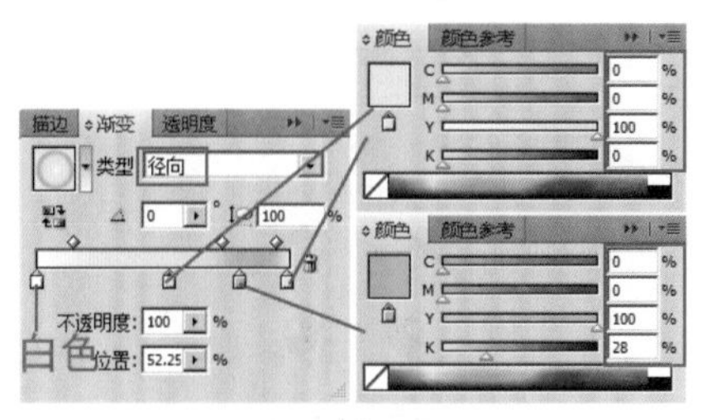

图2-70 属性设置

❷ 设置好渐变属性后，调整渐变范围框的大小、形态及位置，然后设置描边颜色为“无”，图形效果如图2-71所示。

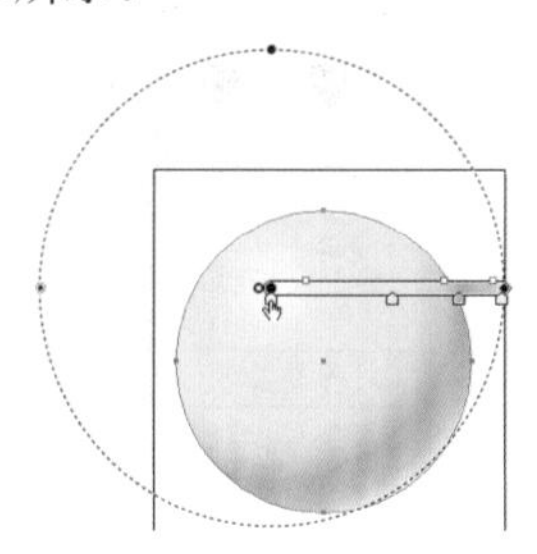

图2-71 渐变效果

❸ 使用（钢笔工具）绘制笑脸的嘴巴，为其施加一个灰色（K：30%）到黑色的径向渐变，然后调整渐变范围框的大小、形态及位置，设置描边颜色为“无”，图形效果如图2-72所示。

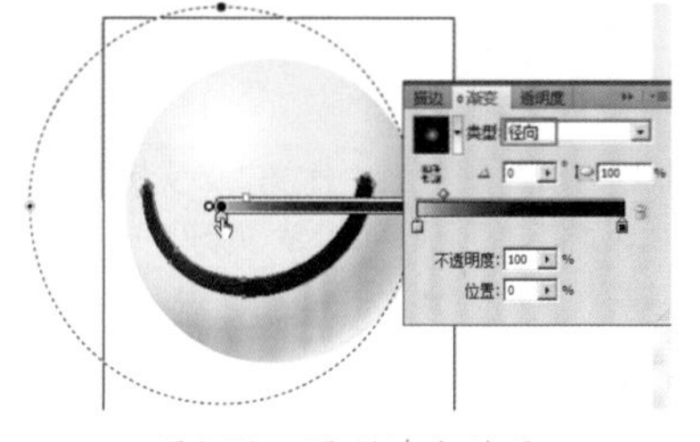

图2-72 图形填充效果

❹ 使用（椭圆工具）绘制2个椭圆作为笑脸的眼睛，为它们施加灰色（K：30%）到黑色的径向渐变，如图2-73所示。

图2-73 绘制眼睛

❺ 将两个眼睛选中，单击鼠标右键，选择“建立复合路径”命令，图形效果如图2-74所示。

图2-74 建立复合路径效果

❻ 使用（椭圆工具）绘制一个椭圆作为笑脸的投影，为其施加一个径向渐变，从而完成本实例的制作，如图2-75所示。

图2-75 最终效果

实例027 角色表情类——苦脸

本实例通过苦脸的设计制作，主要讲解椭圆工具、钢笔工具以及渐变工具等的使用方法。

案例设计分析

设计思路

本例制作的是苦脸表情，紧皱的眉头，下弯的嘴角，给人一种眼泪马上就要流出来的感觉。制作该实例时，先使用椭圆工具和渐变工具绘制出苦脸表情的大小，再使用钢笔工具、渐变工具以及椭圆工具制作出表情部分，完成本实例的制作。

案例效果剖析

如图2-76所示为苦脸表情部分效果展示。

图2-76 效果展示

案例技术要点

本例中主要用到的功能及技术要点如下。

- 椭圆工具：使用椭圆工具绘制出表情。
- 渐变工具：使用渐变工具制作出图形的明暗变化。
- 钢笔工具：使用钢笔工具制作出嘴巴形状。

源文件路径	效果文件\第2章\实例027.ai		
视频路径	视频\第2章\实例027. avi		
难易程度	★★	学习时间	5分27秒

实例028 角色表情类——吐舌头

本实例通过吐舌头表情的设计制作，主要讲解椭圆工具、钢笔工具以及渐变工具等的使用方法。

案例设计分析

设计思路

本例要制作的是非常可爱、搞笑的吐舌头表情，嬉笑的眼睛、吐出的舌头，让人喜不自禁。制作该实例时，先使用椭圆工具和渐变工具绘制出吐舌头表情的大小，再使用钢笔工具、渐变工具以及椭圆工具制作出表情部分，完成本实例的制作。

案例效果剖析

如图2-77所示为吐舌头表情部分效果展示。

图2-77 效果展示

案例技术要点

本例中主要用到的功能及技术要点如下。

- 椭圆工具：使用椭圆工具绘制出表情。
- 渐变工具：使用渐变工具制作出图形的明暗变化。
- 钢笔工具：使用钢笔工具制作出嘴巴形状。

源文件路径	效果文件\第2章\实例028.ai		
视频路径	视频\第2章\实例028. avi		
难易程度	★★★	学习时间	5分34秒

实例029 角色表情类——委屈

本实例通过委屈表情的设计制作，主要讲解椭圆工具、钢笔工具以及渐变工具等的使用方法。

案例设计分析

设计思路

委屈是指受到不应有的指责或待遇，心里很难过。在绘制该表情时，把五官的形态刻画对了，委屈的逼真表情也就呼之欲出了。本例先使用椭圆工具和渐变工具绘制出委屈表情的大小，再使用钢笔工具、渐变工具以及椭圆工具制作出表情部分，完成本实例的制作。

案例效果剖析

如图2-78所示为委屈表情部分效果展示。

图2-78 效果展示

案例技术要点

本例中主要用到的功能及技术要点如下。

- 椭圆工具：使用椭圆工具绘制出表情。
- 渐变工具：使用渐变工具制作出图形的明暗变化。
- 钢笔工具：使用钢笔工具制作出嘴巴形状。

源文件路径	效果文件\第2章\实例029.ai
视频路径	视频\第2章\实例029. avi
难易程度	★★
学习时间	5分20秒

第3章 卡通装饰图案设计

卡通装饰图案是用艺术手法将世间万物设计成抽象的装饰图案图片，使其更加方便地运用到实际装饰之中。卡通装饰图形的表达方式很多，一般都是采用实物图形简化、变形、联想、抽象等。经过设计过的图案更加有个性，更能让其作为装饰图形设计素材，方便设计师运用到实际设计之中。

实例030 装饰设计类——卡通气球

本实例主要讲解卡通气球的设计制作，使读者掌握钢笔工具、椭圆工具的使用方法，以及如何通过“颜色”面板设置图形的填充属性等。

案例设计分析

设计思路

气球是充满空气或某种别的气体的一种密封袋。气球不但可作为玩具、装饰品，还可以作为运输工具。制作该实例时，先制作出卡通气球的外框，再使用混合工具制作出气球的渐变颜色，最后绘制气球的高光、扎口以及绳子等部分，完成本实例的制作。

案例效果剖析

如图3-1所示为卡通气球部分效果展示。

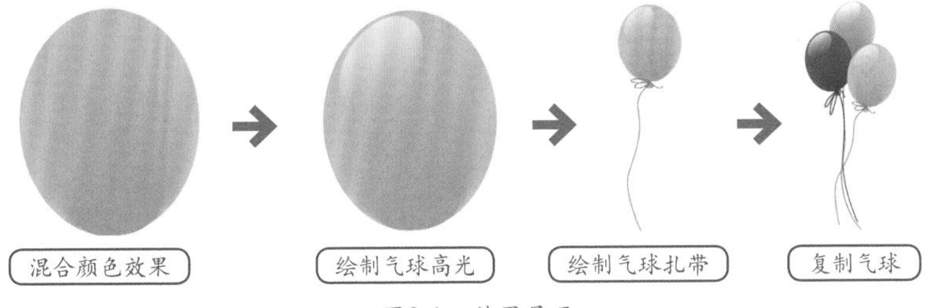

图3-1 效果展示

案例技术要点

本例中主要用到的功能及技术要点如下。

- 钢笔工具：使用钢笔工具绘制出卡通气球的扎口和绳子部分。
- 椭圆工具：使用椭圆工具绘制出卡通气球的外框。

案例制作步骤

源文件路径	效果文件\第3章\实例030.ai		
视频路径	视频\第3章\实例030. avi		
难易程度	★★	学习时间	6分41秒

❶ 启动Illustrator，新建一个文档。使用（椭圆工具）绘制一个“宽度”为43mm、“高度”为53mm的椭圆，设置填充属性为（M：25%、Y：100%）。然后使用（钢笔工具）绘制一个图形，放在椭圆图形的底部，设置填充属性为（M：50%、Y：100%），如图3-2所示。

图3-2 绘制图形

❷ 同时选择两个图形，选择菜单栏中的“对象”|“混合”|“建立”命令，图形效果如图3-3所示。

图3-3 混合效果

提 示

在这里对两个图形之间进行混合操作，使两个颜色过渡得非常自然。

❸ 使用（椭圆工具）绘制一个“宽度”为17mm、“高度”为26mm的椭圆，将其旋转角度后放在如图3-4所示的位置。

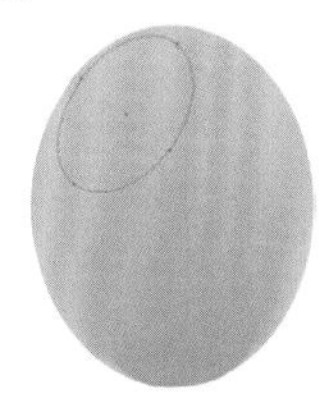

图3-4 绘制图形

❹ 通过“颜色”面板和“渐变”面板设置小椭圆的填充属性，如图3-5所示。

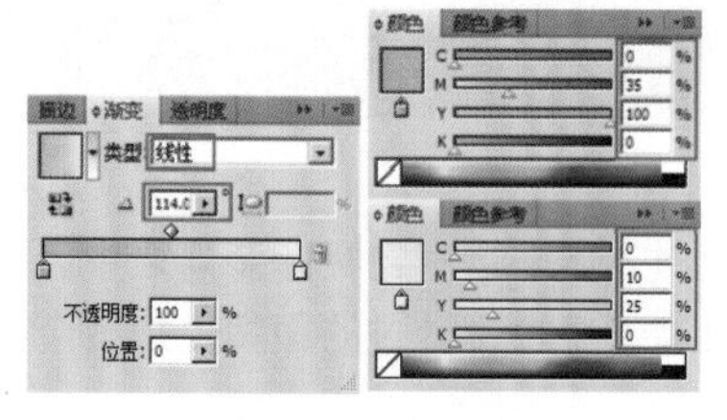

图3-5 属性设置

❺ 设置好渐变填充属性后，图形的填充效果如图3-6所示。

图3-6 渐变填充效果

❻ 使用（钢笔工具）绘制出气球的扎口部分，并分别设置它们的弹出属性，如图3-7所示。

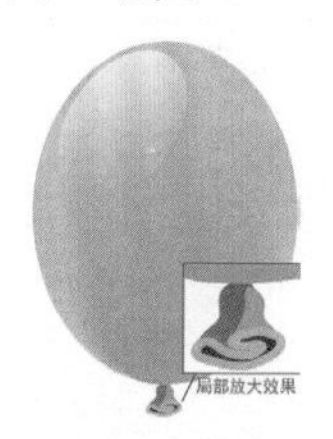

图3-7 扎口效果

❼ 使用（钢笔工具）绘制气球的扎绳图形，设置填充属性为（C：30%、M：50%、Y：75%、K：20%），描边属性设置为“无”，如图3-8所示。

图3-8 绘制系绳

❽ 使用同样的方法，再绘制两个气球，使用（钢笔工具）绘制线形，以黑色填充，如图3-9所示。

图3-9 最终效果

实例031 装饰设计类——卡通星星

本实例主要讲解卡通星星的设计制作，使读者掌握星形工具、钢笔工具的使用方法，以及如何通过“颜色”面板设置图形的填充属性等。

案例设计分析

设计思路

卡通星星作为节日的装饰品，特别是圣诞节，是非常容易烘托气氛的。在制作该实例时，先绘制出星星的大小，再绘制上高光部分，完成本实例的制作。

案例效果剖析

如图3-10所示为卡通星星部分效果展示。

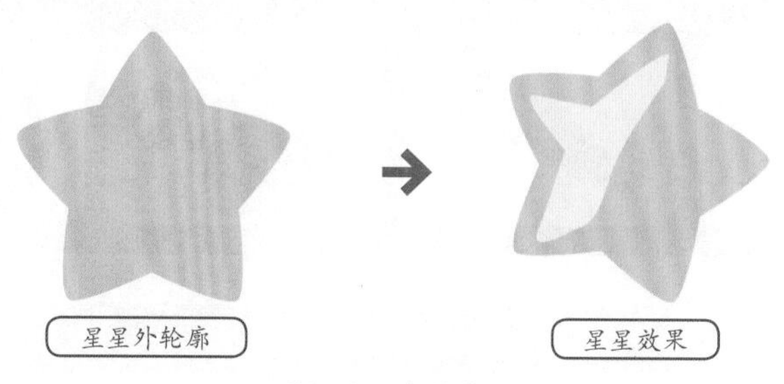

图3-10 效果展示

案例技术要点

本例中主要用到的功能及技术要点如下。

- 钢笔工具：使用钢笔工具绘制出星星的高光部分。
- 星形工具：使用星形工具绘制出星星的轮廓。

源文件路径	效果文件\第3章\实例031.ai		
视频路径	视频\第3章\实例031. avi		
难易程度	★★	学习时间	1分35秒

实例032 装饰设计类——卡通圣诞树

本实例主要讲解卡通圣诞树的设计制作，使读者掌握钢笔工具、椭圆工具以及星形工具等的使用方法。

案例设计分析

设计思路

圣诞树是用灯烛和装饰品把枞树或洋松装点起来的常青树，作为圣诞节庆祝活动的一部分。在制作本实例时，先制作出圣诞树的外框，再通过层层复制的方式制作出圣诞树的层叠效果，最后绘制上配饰，完成本实例的制作。

案例效果剖析

如图3-11所示为卡通圣诞树部分效果展示。

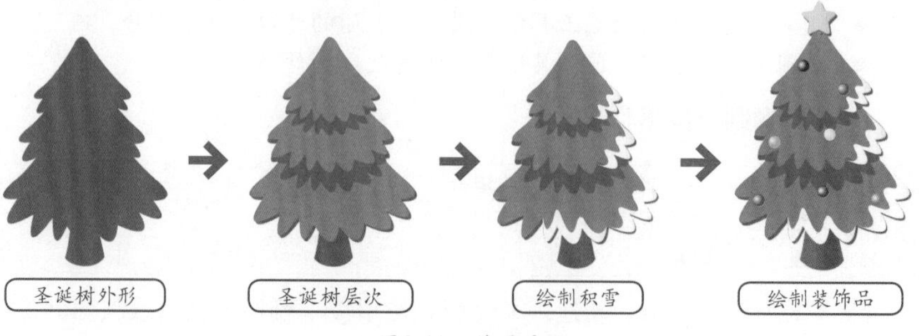

图3-11 效果展示

案例技术要点

本例中主要用到的功能及技术要点如下。

- 钢笔工具：使用钢笔工具绘制出卡通圣诞树的外框及主体造型等。
- 椭圆工具：使用椭圆工具绘制出卡通圣诞树上的圆球造型。
- 星形工具：使用星形工具绘制出星星造型。

案例制作步骤

源文件路径	效果文件\第3章\实例032.ai		
视频路径	视频\第3章\实例032. avi		
难易程度	★★★	学习时间	8分11秒

❶ 启动Illustrator，新建一个文档。使用（钢笔工具）绘制圣诞树的外形，设置填充属性为（C：30%、M：70%、Y：95%、K：15%），描边属性设置为“无”，如图3-12所示。

图3-12 绘制外框

❷ 使用（钢笔工具）绘制图形，设置填充属性为（C：85%、Y：100%），描边属性设置为“无”，如图3-13所示。

图3-13 绘制图形

❸ 将图形原位复制一个，贴在前面，设置填充属性为（C：95%、M：25%、Y：100%、K：10%），描边属性设置为“无”，并将它缩小，放在如图3-14所示的位置。

图3-14 复制图形

提 示

复制的快捷键是Ctrl+C，贴在前面的快捷键是Ctrl+F。

❹ 将两层绿树图形同时选中并原位复制一个，调整它们的大小和位置，如图3-15所示。

图3-15 复制图形

❺ 将浅绿色的树原位复制一个，贴在最前面，然后调整它的大小和位置，如图3-16所示。

图3-16 复制图形

❻ 使用（钢笔工具）绘制图形作为白雪部分，以白色填充，如图3-17所示。

图3-17 绘制白雪

❼ 使用（星形工具）和（椭圆工具）绘制星星和小球，并通过“颜色”面板和“渐变”面板为它们设置填充属性，如图3-18所示。

图3-18 绘制图形

❽ 使用（钢笔工具）绘制图形，为其施加一个浅褐色（C：30%、M：50%、Y：95%、K：15%）到深褐色（C：40%、M：50%、Y：95%、K：35%）的线性渐变，调整它的位置，如图3-19所示。

图3-19 最终效果

❾ 将图形全选，并按Ctrl+G快捷键编组，从而完成本实例的制作。

实例033 装饰设计类——卡通圣诞帽

本实例通过卡通圣诞帽的设计制作，主要使读者掌握钢笔工具的使用方法，以及如何使用“颜色”面板设置图形的填充属性等。

案例设计分析

设计思路

圣诞帽与圣诞树、圣诞袜一样，是圣诞节不可或缺的物品之一。它是一顶红色帽子，在狂欢夜它更是全场的主角。本例先使用钢笔工具制作出圣诞帽的外框，然后再绘制出其褶皱部分，最后绘制出帽子的毛圈部分，从而完成本实例的制作。

案例效果剖析

如图3-20所示为卡通圣诞帽的部分效果展示。

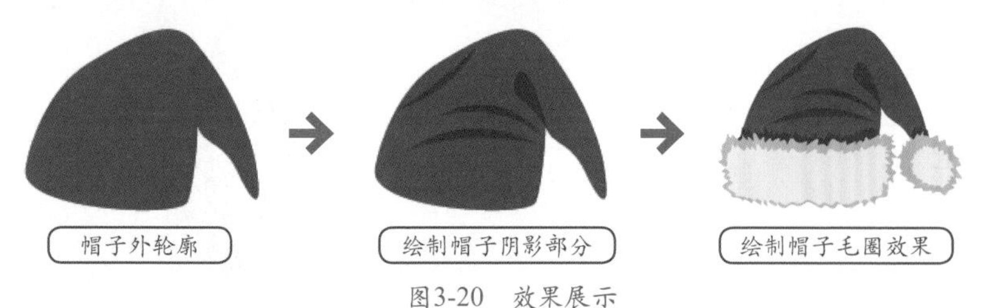

图3-20 效果展示

案例技术要点

本例中主要用到的功能及技术要点如下。

- 钢笔工具：使用钢笔工具绘制出圣诞帽的外部轮。

源文件路径	效果文件\第3章\实例033.ai		
视频路径	视频\第3章\实例033. avi		
难易程度	★★	学习时间	5分20秒

实例034 装饰设计类——蝴蝶结

本实例通过蝴蝶结的设计制作，主要讲解钢笔工具的使用方法，以及如何使用“颜色”面板设置图形的填充属性等。

案例设计分析

设计思路

蝴蝶结外形酷似蝴蝶，形状大小不一，但外形美观大方。本例先使用钢笔工具绘制出蝴蝶结的一侧形状，然后使用镜像复制的方式制作出另一侧图形，完成本实例的制作。

案例效果剖析

如图3-21所示为蝴蝶结部分效果展示。

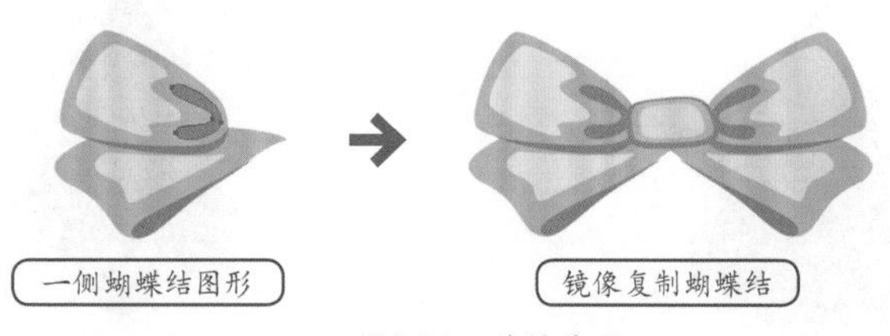

图3-21 效果展示

案例技术要点

本例中主要用到的功能及技术要点如下。

- 钢笔工具：使用钢笔工具绘制出路径。

案例制作步骤

源文件路径	效果文件\第3章\实例034.ai		
视频路径	视频\第3章\实例034. avi		
难易程度	★★	学习时间	6分19秒

❶ 启动Illustrator，新建一个文档。使用（钢笔工具）绘制图形，设置填充属性为（C：7%、M：30%、Y：55%），如图3-22所示。

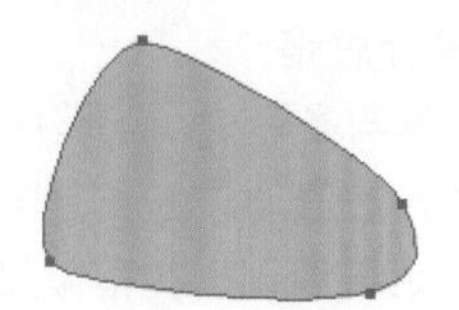

图3-22 绘制图形

❷ 选择图形，将其原位复制一个，贴在后面，设置填充属性为（C：20%、M：50%、Y：85%）。使用（直接选择工具）调整锚点的位置，如图3-23所示。

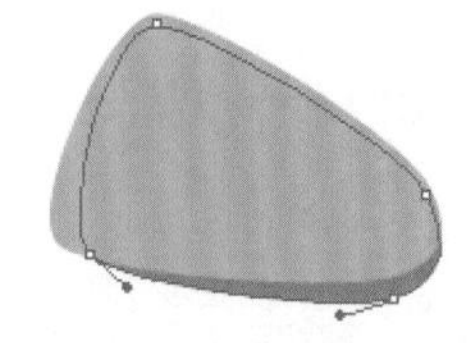

图3-23 复制图形

提 示

复制的快捷键是Ctrl+C，贴在前面的快捷键是Ctrl+F。

❸ 使用（钢笔工具）绘制图形，设置填充属性为（C：7%、M：30%、Y：55%），如图3-24所示。

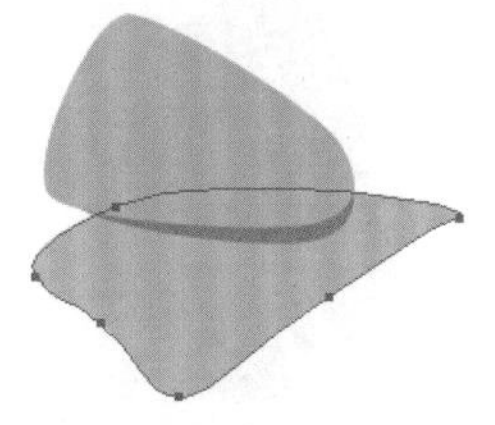

图3-24 绘制图形

❹ 再次使用（钢笔工具）绘制图形，设置填充属性为（C：20%、M：50%、Y：85%），如图3-25所示。

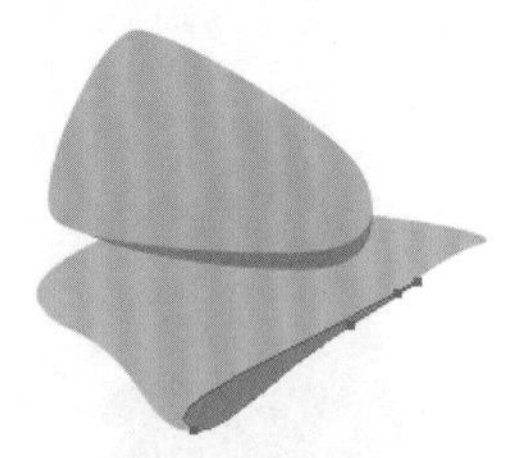

图3-25 绘制图形

❺ 使用（钢笔工具）绘制图形，设置填充属性为（M：15%、Y：35%），作为蝴蝶结的高光部分，如图3-26所示。

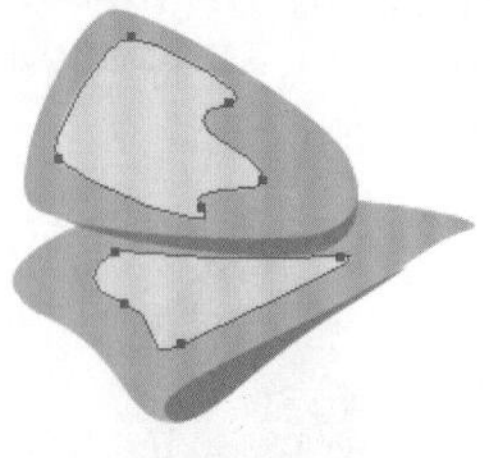

图3-26 绘制图形

❻ 再次使用（钢笔工具）绘制图形，设置填充属性为（C：20%、M：50%、Y：85%），如图3-27所示。

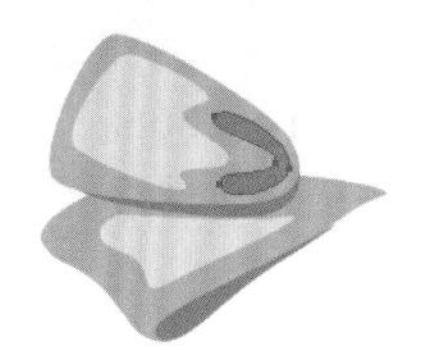

图3-27　绘制阴影

❼ 全选图形，将它们镜像复制一组，放在如图3-28所示的位置。

图3-28　镜像复制

❽ 使用（钢笔工具）绘制出蝴蝶结的接口部分造型，并根据“颜色”面板设置它们的填充属性，如图3-29所示。

图3-29　最终效果

❾ 全选所有图形，按Ctrl+G快捷键编组，完成本实例的制作。

实例035　装饰设计类——礼品盒

本实例通过礼品盒的设计制作，主要讲解钢笔工具的使用方法，以及如何使用“颜色”面板设置图形的填充属性等。

案例设计分析

设计思路

礼品盒是以馈赠亲友礼物、表达情意为主要目的的配套的实用礼品包装，是一种包装方式。礼品盒是心意的体现，当你慢慢打开它时，就犹如打开你心中的秘密森林，展示给他你要表达的不一样的心意，这就是礼品盒的意义所在。制作该实例时，先使用钢笔工具制作出礼品盒的外形，然后再制作出礼品盒上的装饰丝带等，完成本实例的制作。

案例效果剖析

如图3-30所示为礼品盒部分效果展示。

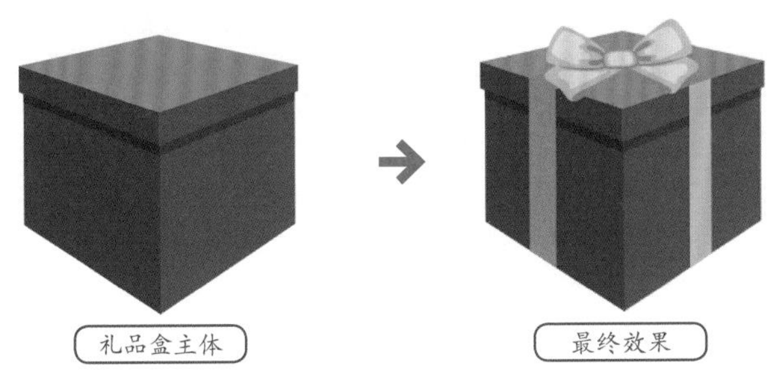

图3-30　效果展示

案例技术要点

本例中主要用到的功能及技术要点如下。

- 钢笔工具：使用钢笔工具绘制出装饰丝带。

源文件路径	效果文件\第3章\实例035.ai		
视频路径	视频\第3章\实例035. avi		
难易程度	★★★	学习时间	5分16秒

实例036　装饰设计类——小房子

本实例通过小房子的设计制作，使读者掌握钢笔工具、矩形工具和直接选择工具的使用，进一步掌握通过“颜色”面板设置图形的填充和描边属性等。

案例设计分析

设计思路

制作本例需要注意的是图形的比例，否则画出来的房子会很难看。本例先绘制出地面部分，再绘制出单面墙体，然后镜像复制出另一面墙体，接着绘制门窗造型，最后制作屋顶造型，完成本实例的制作。

案例效果剖析

如图3-31所示为小房子部分效果展示。

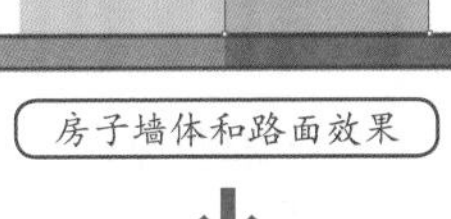

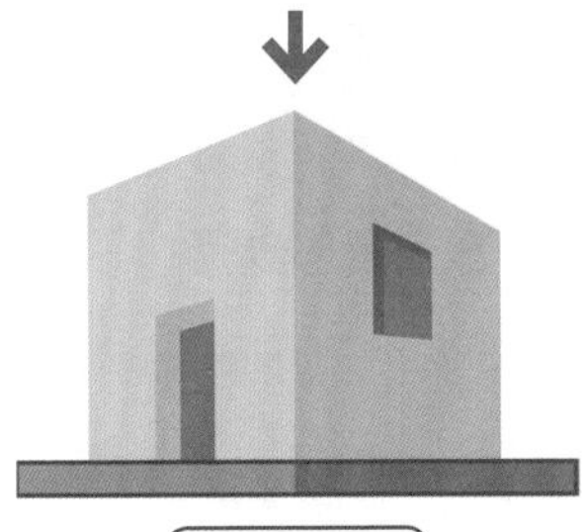

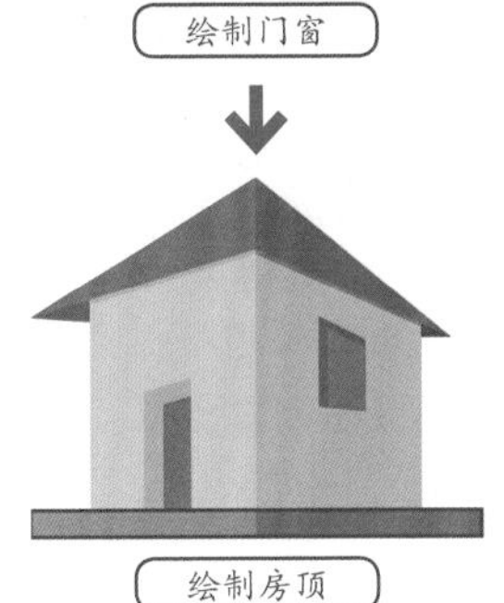

图3-31　效果展示

案例技术要点

本例中主要用到的功能及技术要点如下。

- 钢笔工具：使用钢笔工具绘制出屋顶。
- 矩形工具：使用矩形工具绘制出墙面。

源文件路径	效果文件\第3章\实例036.ai
视频路径	视频\第3章\实例036. avi
难易程度	★★★
学习时间	6分18秒

实例037 装饰设计类——围巾

本实例通过围巾的设计制作，使读者掌握钢笔工具的使用方法，以及如何通过“颜色”面板设置图形的填充属性等。

案例设计分析

设计思路

围巾是寒冷季节人们围在脖子上的物品，通常用于保暖。本例先绘制出围巾的围脖部分，再绘制出阴影部分，最后绘制出穗头部分，从而完成本实例的制作。

案例效果剖析

如图3-32所示为围巾部分效果展示。

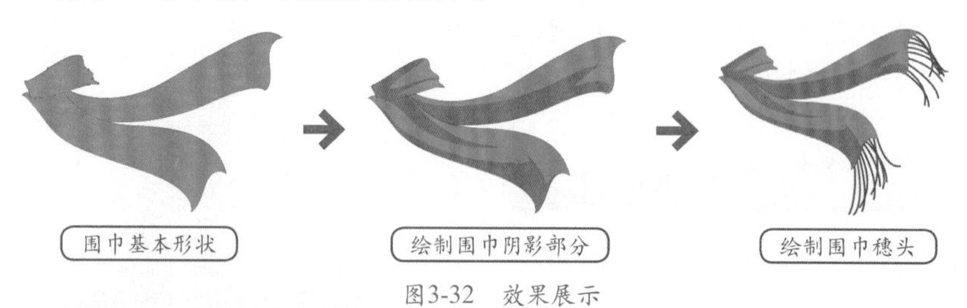

图3-32 效果展示

案例技术要点

本例中主要用到的功能及技术要点如下。

- 钢笔工具：使用钢笔工具绘制出图形的轮廓。

案例制作步骤

源文件路径	效果文件\第3章\实例037.ai		
视频路径	视频\第3章\实例037. avi		
难易程度	★★★	学习时间	5分27秒

❶ 启动Illustrator，新建一个文档。使用（钢笔工具）在页面中单击绘制图形，通过（直接选择工具）对相应的节点进行移动或修改，设置填充属性为（M：70%、Y：10%），设置描边属性为（C：40%、M：90%、Y：45%、K：20%），描边粗细为0.5pt，如图3-33所示。

图3-33 绘制图形

❷ 使用（钢笔工具）绘制图形，通过（直接选择工具）对相应的节点进行移动或修改，设置填充属性为（M：70%、Y：10%），设置描边属性为（C：40%、M：90%、Y：45%、K：20%），描边粗细为0.5pt，如图3-34所示。

❸ 使用（钢笔工具）绘制图形，通过（直接选择工具）对相应的节点进行移动或修改，设置填充属性为（M：70%、Y：10%），设置描边属性为（C：40%、M：90%、Y：45%、K：20%），描边粗细为0.5pt，如图3-35所示。

图3-34 绘制图形

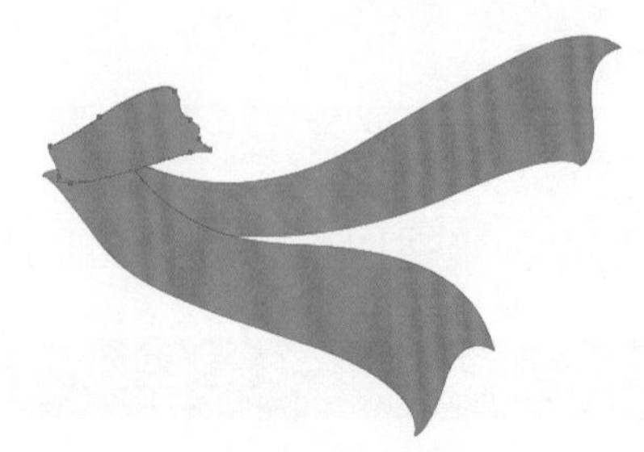

图3-35 绘制图形

❹ 使用（钢笔工具）绘制出围巾的阴影部分，设置填充属性为（C：30%、M：100%、Y：65%、K：35%），描边属性设置为“无”，如图3-36所示。

图3-36 绘制阴影区域

❺ 在“透明度”面板中设置围巾阴影部分的混合模式为“正片叠底”、“不透明度”数值为30%，如图3-37所示。

图3-37 阴影效果

> **提 示**
>
> 有时候借助更改图形的混合模式和不透明度数值，可以制作出意想不到的效果。

❻ 再使用（钢笔工具）绘制多条闭合路径，设置填充属性（C：40%、M：90%、Y：45%、K：20%），描边属性设置为“无”，如图3-38所示。

图3-38 最终效果

❼ 全选图形，按Ctrl+G快捷键编组，完成本实例的制作。

实例038 装饰设计类——溜冰鞋

本实例通过溜冰鞋的设计制作，使读者进一步掌握钢笔工具以及圆角矩形工具等的使用方法。

案例设计分析

设计思路

本例制作的是圣诞老人穿的溜冰鞋，他好穿上给大家送礼物。本例先绘制出鞋子的上部，再绘制出鞋筒部分，最后绘制出鞋子的溜冰刀和系带部分，从而完成本实例的制作。

案例效果剖析

如图3-39所示为溜冰鞋部分效果展示。

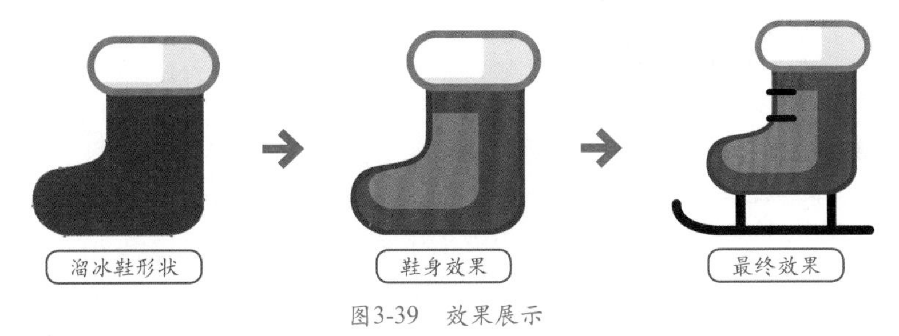

图3-39 效果展示

案例技术要点

本例中主要用到的功能及技术要点如下。

- 圆角矩形工具：使用圆角矩形工具制作出溜冰鞋上部造型。
- 钢笔工具：使用钢笔工具制作出溜冰鞋的鞋筒造型。

源文件路径	效果文件\第3章\实例038.ai		
视频路径	视频\第3章\实例038. avi		
难易程度	★★★	学习时间	6分35秒

实例039 装饰设计类——铃铛

本实例通过铃铛的设计制作，主要使读者掌握钢笔工具的使用方法，以及如何通过“颜色”面板设置图形的填充属性等。

案例设计分析

设计思路

本例制作的是圣诞树上的装饰铃铛。圣诞老人手提着铃铛转村过市，为的就是为人们带来安宁。圣诞老人的麋鹿听惯了铃铛声，家里挂个铃铛就容易把圣诞老人引渡过来，好收礼物。本例首先制作出铃铛的外框，再绘制上反光部分，最后调入素材，完成本实例的制作。

案例效果剖析

如图3-40所示为铃铛部分效果展示。

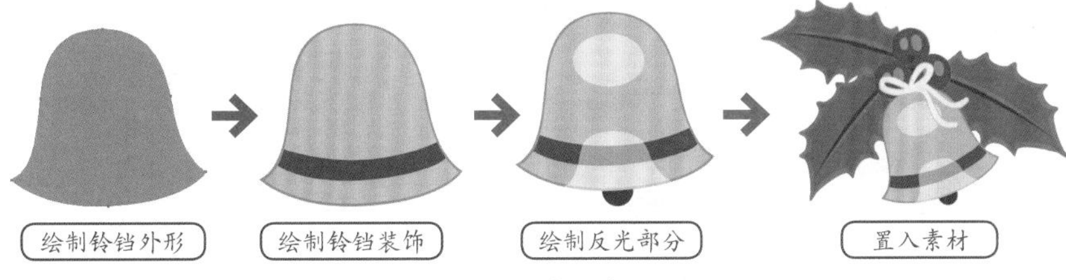

图3-40 效果展示

案例技术要点

本例中主要用到的功能及技术要点如下。

- 钢笔工具：使用钢笔工具绘制出铃铛的外形构造。

源文件路径	效果文件\第3章\实例039.ai
视频路径	视频\第3章\实例039. avi
难易程度	★★
学习时间	6分31秒

实例040 装饰设计类——雪花

本实例通过雪花的设计制作，主要使读者掌握多边形工具、旋转工具以及矩形工具等的使用方法。

案例设计分析

设计思路

雪花是一种美丽的结晶体，它是严寒送给人们的礼物。本例先绘制出雪花中间部分，再绘制出雪花的分支部分，然后通过旋转复制的方式制作出雪花其他分支，完成本实例的制作。

案例效果剖析

如图3-41所示为雪花部分效果展示。

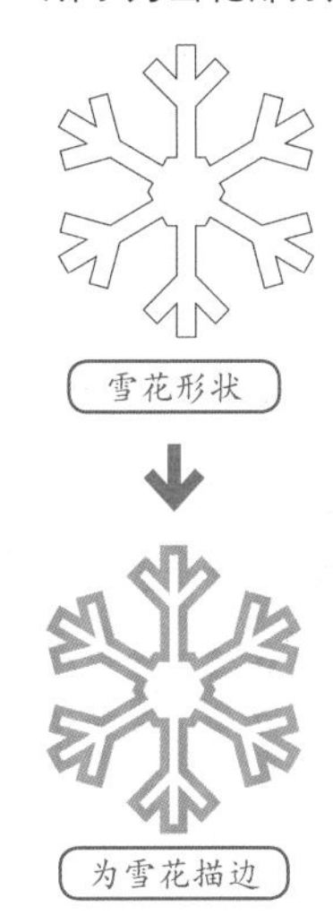

图3-41 效果展示

案例技术要点

本例中主要用到的功能及技术要点如下。

- 钢笔工具：使用钢笔工具绘制出雪花的形状。
- 旋转工具：使用旋转工具旋转复制出图形。

案例制作步骤

源文件路径	效果文件\第3章\实例040.ai		
视频路径	视频\第3章\实例040. avi		
难易程度	★★	学习时间	3分25秒

❶ 启动Illustrator，新建一个文档。使用（矩形工具）绘制一个"宽度"为6mm、"高度"为35mm的矩形，再绘制一个"宽度"为6mm、"高度"为15mm的矩形，将其旋转45°，然后将其再镜像复制一个，分别调整它们的位置，如图3-42所示。

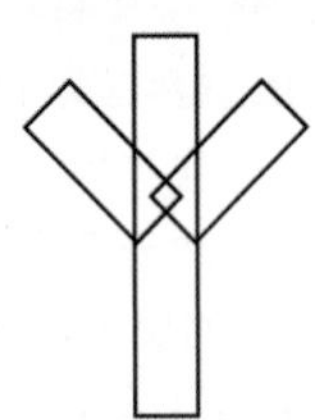

图3-42　绘制图形

❷ 全选所有图形，使用"路径查找器"面板中的（联集）功能将图形处理成如图3-43所示的形态。

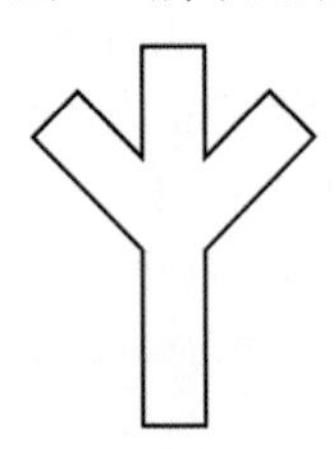

图3-43　编辑图形

❸ 使用（多边形工具）绘制一个"半径"为12mm、"边数"为6的多边形，如图3-44所示。

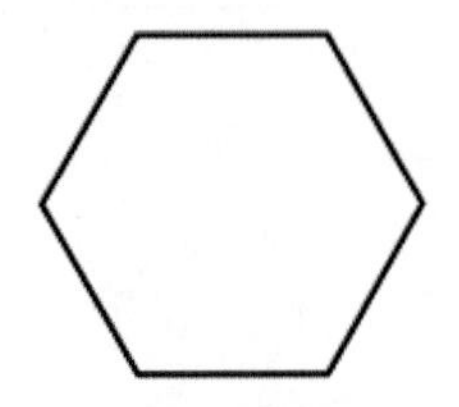

图3-44　绘制六边形

❹ 使用（选择工具）将这两组图形的位置调整成如图3-45所示的形态。

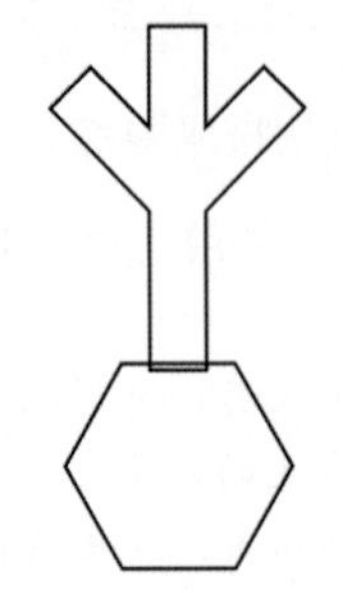

图3-45　编辑图形位置

❺ 按Ctrl+R快捷键调出标尺，使用（选择工具）拖出两条辅助线，确认出多边形的中心点，如图3-46所示。

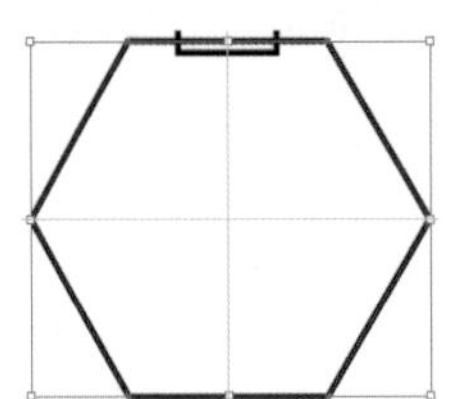

图3-46　确认中心点

❻ 选择上方的图形，单击（旋转工具），按住Alt键单击多边形的中心点，确认下旋转点，在随后弹出的"旋转"对话框中设置旋转"角度"为60°。然后单击 复制(C) 按钮，将图形旋转复制一个，再连续按Ctrl+D快捷键4次重复复制，效果如图3-47所示。

提　示

在沿着一个原点旋转复制时，旋转角度和旋转中心点的设置非常重要。

图3-47　旋转复制效果

❼ 选择所有图形，使用"路径查找器"面板中的（联集）功能将图形处理成如图3-48所示的形态。

图3-48　编辑图形效果

❽ 选择图形，设置图形的描边属性为（C：70%、M：10%），描边粗细为9pt，完成本实例的制作，如图3-49所示。

图3-49　最终效果

实例041　装饰设计类——圣诞蜡烛

本实例通过圣诞蜡烛的绘制，主要讲解椭圆工具、钢笔工具、矩形工具以及渐变工具等的使用方法。

案例设计分析

设计思路

蜡烛是圣诞节装饰圣诞树的一个装饰品，颜色明朗丰富，给人们带来节日的欢快。本例先制作出蜡烛的形状，再制作出蜡烛上的花纹，最后制作出烛光造型，从而完成本实例的制作。

案例效果剖析

如图3-50所示为圣诞蜡烛部分效果展示。

图3-50　效果展示

案例技术要点

本例中主要用到的功能及技术要点如下。

- 矩形工具：使用矩形工具绘制出蜡烛上部造型。
- 渐变工具：使用渐变工具制作出图形的明暗变化。
- 钢笔工具：使用钢笔工具制作出蜡烛上的花纹。

源文件路径	效果文件\第3章\实例041.ai		
调用路径	素材文件\第3章\实例041.ai		
视频路径	视频\第3章\实例041. avi		
难易程度	★★★★	学习时间	8分40秒

实例042 装饰设计类——圣诞袜

本实例通过圣诞袜的设计制作，主要讲解矩形工具、钢笔工具以及渐变工具等的使用方法。

案例设计分析

设计思路

圣诞袜和圣诞帽一样，也是圣诞节特有的物品。颜色是红色的，大小不拘。本例先制作出袜子的外轮廓，再制作出袜筒图案，然后制作出袜子头和袜底效果，完成本实例的制作。

案例效果剖析

如图3-51所示为圣诞袜部分效果展示。

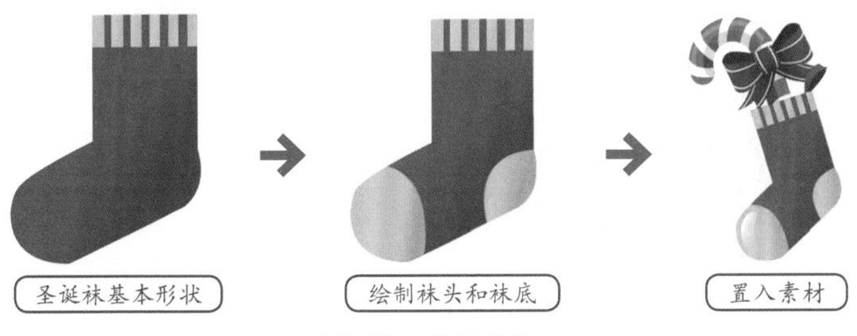

图3-51 效果展示

案例技术要点

本例中主要用到的功能及技术要点如下。

- 矩形工具：使用矩形工具制作袜筒图案。
- 渐变工具：使用渐变工具制作出图形的明暗变化。
- 钢笔工具：使用钢笔工具绘制袜子的外轮廓。

源文件路径	效果文件\第3章\实例042.ai		
调用路径	素材文件\第3章\实例042.ai		
视频路径	视频\第3章\实例042. avi		
难易程度	★★	学习时间	8分48秒

实例043 装饰设计类——手套

本实例通过手套的设计制作，主要讲解钢笔工具以及直线段工具的使用方法。

案例设计分析

设计思路

手套是手部保暖或劳动保护用品，也有装饰作用。本例先制作出手套的外轮廓，再绘制出手套的图案，从而完成本实例的制作。

案例效果剖析

如图3-52所示为手套部分效果展示。

图3-52 效果展示

案例技术要点

本例中主要用到的功能及技术要点如下。

- 钢笔工具：使用钢笔工具制作出图形的形状。
- 直线段工具：使用直线段工具绘制出手套上的图案。

源文件路径	效果文件\第3章\实例043.ai
视频路径	视频\第3章\实例043.avi
难易程度	★★★
学习时间	3分47秒

实例044 装饰设计类——糖果

本实例通过糖果的设计制作，主要讲解圆角矩形工具以及钢笔工具的使用方法。

案例设计分析

设计思路

糖果是指使用白砂糖或麦芽糖制作的产品。本例先制作出糖果主体造型，然后制作出糖果两头拧起来的效果，完成本实例的制作。

案例效果剖析

如图3-53所示为糖果部分效果展示。

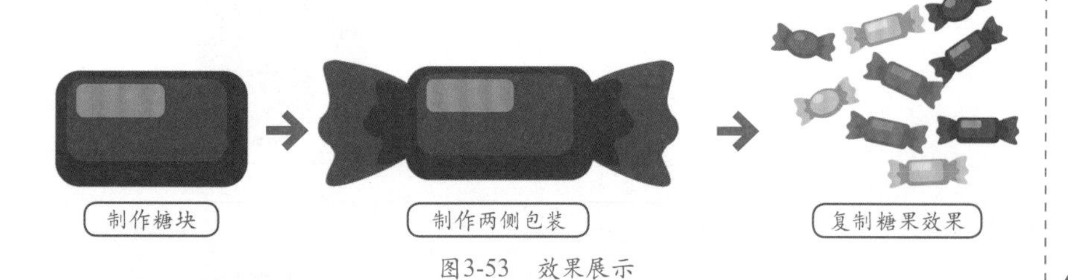

图3-53　效果展示

案例技术要点

本例中主要用到的功能及技术要点如下。

- 钢笔工具：使用钢笔工具制作出糖块两侧形状。
- 圆角矩形工具：使用圆角矩形工具绘制出糖块的外形。

案例制作步骤

源文件路径	效果文件\第3章\实例044.ai		
视频路径	视频\第3章\实例044. avi		
难易程度	★★	学习时间	3分57秒

❶ 启动Illustrator，新建一个文档。使用（圆角矩形工具）绘制一个“宽度”为24mm、“高度”为14mm、“圆角半径”为3mm的圆角矩形，设置填充属性为（C：45%、M：100%、Y：100%、K：10%）。再将其原位复制一个，贴在前面，更改其“宽度”为20mm、“高度”为10mm，设置填充属性为（C：20%、M：100%、Y：100%），如图3-54所示。

图3-54　绘制图形

提　示

复制的快捷键是Ctrl+C，贴在前面的快捷键是Ctrl+F。

❷ 使用（圆角矩形工具）绘制一个“宽度”为11mm、“高度”为4mm、“圆角半径”为1mm的圆角矩形，设置填充属性为（M：65%、Y：40%），如图3-55所示。

图3-55　绘制图形

❸ 使用（钢笔工具）绘制图形，设置填充属性为（C：20%、M：100%、Y：100%），如图3-56所示。

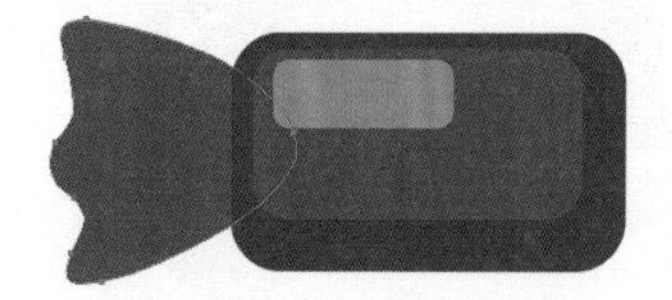

图3-56　绘制图形

❹ 将左侧图形原位复制一个，贴在前面，更改其大小和形态，设置填充属性为（C：45%、M：100%、Y：100%、K：10%），如图3-57所示。

图3-57　绘制阴影区域

❺ 将左侧的图形全选，然后将它们沿Y轴镜像复制一个，放在如图3-58所示的位置。

图3-58　镜像复制效果

❻ 使用同样的方法制作上其他颜色的糖果，完成本实例的制作，如图3-59所示。

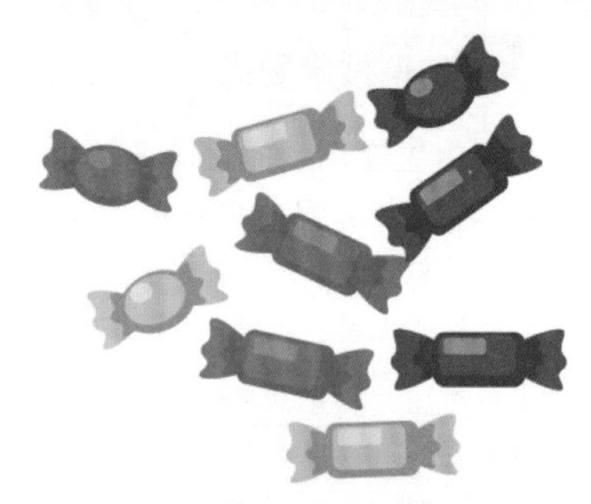

图3-59　最终效果

实例045
装饰设计类——雪糕

本实例通过雪糕的设计制作，主要讲解圆角矩形工具、钢笔工具、直接选择工具以及渐变工具等的使用方法。

案例设计分析

设计思路

其实，在绘制雪糕时，用的最多的是渐变工具和钢笔工具，其中渐变属性的设置尤为重要。

案例效果剖析

如图3-60所示为雪糕部分效果展示。

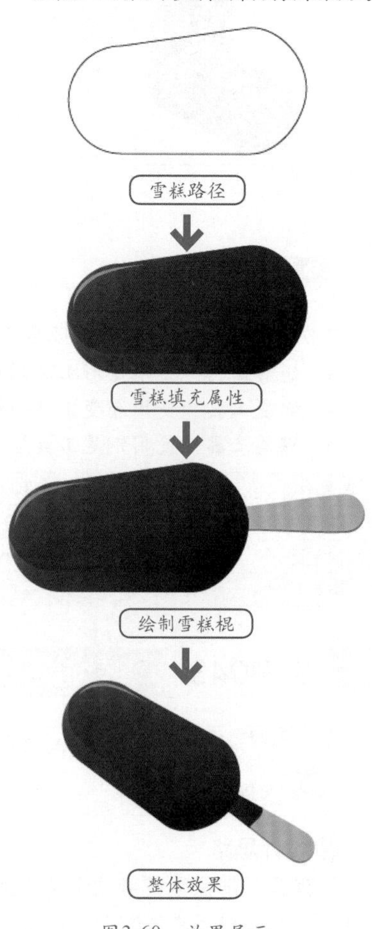

图3-60　效果展示

案例技术要点

本例中主要用到的功能及技术要点如下。

- 圆角矩形工具：使用圆角矩形工具绘制出雪糕外框。
- 渐变工具：使用渐变工具制作出雪糕糕体图形的明暗变化。
- 钢笔工具：使用钢笔工具绘制出雪糕棍的形状。

源文件路径	效果文件\第3章\实例045.ai		
视频路径	视频\第3章\实例045. avi		
难易程度	★★★	学习时间	6分06秒

实例046 装饰设计类——卡通太阳

本实例通过卡通太阳的设计制作，主要讲解椭圆工具、钢笔工具、旋转工具以及渐变工具的使用方法。

案例设计分析

设计思路

本例制作的是那种比较卡通的太阳图形，先使用椭圆工具和渐变工具制作出太阳的主体形状，再使用钢笔工具、渐变工具以及旋转工具制作出周围的光芒效果。

案例效果剖析

如图3-61所示为卡通太阳部分效果展示。

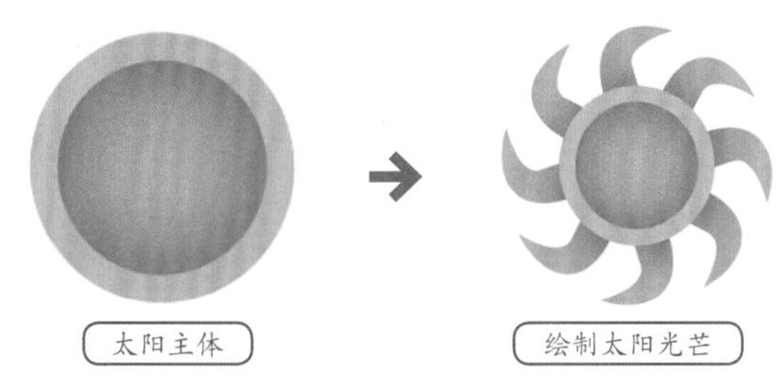

图3-61 效果展示

案例技术要点

本例中主要用到的功能及技术要点如下。

- 椭圆工具：使用椭圆工具绘制出太阳的主体形状。
- 渐变工具：使用渐变工具制作出图形的明暗变化。
- 钢笔工具：使用钢笔工具绘制出太阳的光芒形状。

案例制作步骤

源文件路径	效果文件\第3章\实例046.ai		
视频路径	视频\第3章\实例046. avi		
难易程度	★★★	学习时间	2分37秒

❶ 启动Illustrator，新建一个文档。使用（椭圆工具）在页面中绘制一个“宽度”、“高度”均为53mm的圆形，设置填充属性为（M：35%、Y：80%）。将圆形原位复制一个，贴在前面，更改其“宽度”、“高度”均为42mm，通过“渐变”和“颜色”面板设置图形的填充属性，描边属性设置为“无”，如图3-62所示。

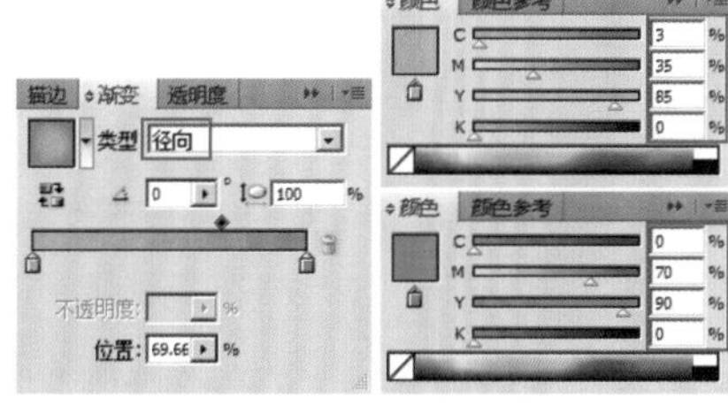

图3-62 属性设置

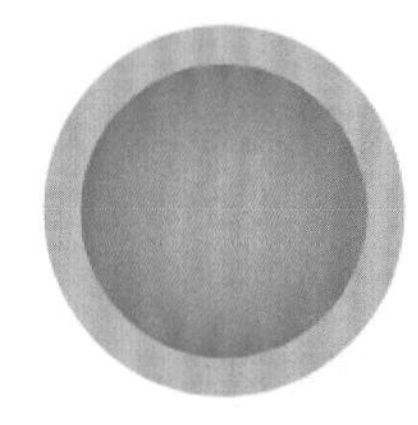

图3-63 渐变填充效果

> **提 示**
>
> 复制的快捷键是Ctrl+C，贴在前面的快捷键是Ctrl+F。

❷ 设置好渐变属性后，图形的填充效果如图3-63所示。

❸ 使用（钢笔工具）绘制图形，为其施加图3-62所示的渐变属性，效果如图3-64所示。

图3-64 绘制图形

❹ 选择图形，单击（旋转工具）按钮，按住Alt键在圆形的中心点上单击确认旋转点，在随后弹出的“旋转”对话框中设置“角度”为45°，然后单击 复制(C) 按钮，如图3-65所示。

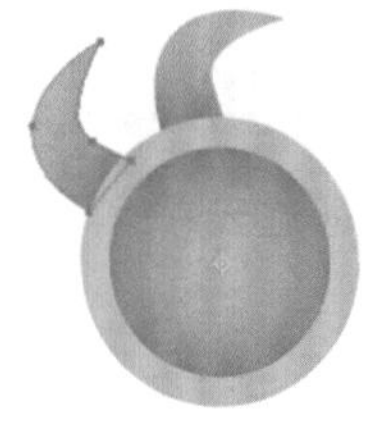

图3-65 旋转复制

❺ 连续按Ctrl+D快捷键6次，重复复制图形，完成本实例的制作，如图3-66所示。

图3-66 最终效果

> **提 示**
>
> 按Ctrl+D快捷键，可以重复执行上次的操作。

实例047 装饰设计类——太阳花

本实例通过太阳花的设计制作，主要讲解椭圆工具以及旋转工具的使用方法等。

案例设计分析

设计思路

制作太阳花图形，最难的是确定旋转中心点，以及设置旋转的角度等。本例先制作出太阳花的花心造型，再使用旋转复制的方法制作出花瓣造型，完成本实例的制作。

案例效果剖析

如图3-67所示为太阳花部分效果展示。

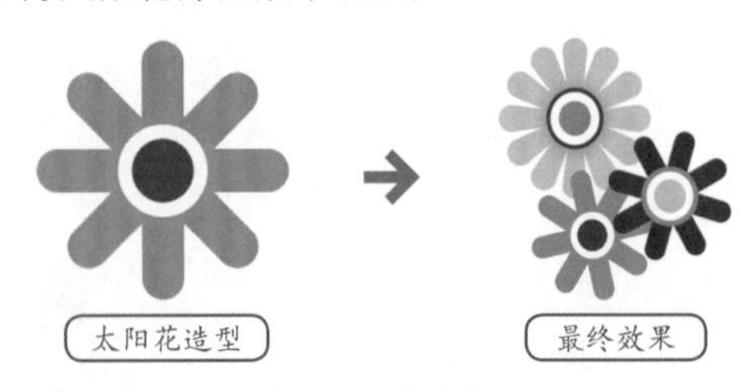

图3-67 效果展示

案例技术要点

本例中主要用到的功能及技术要点如下。

- 椭圆工具：使用椭圆工具绘制出太阳花花心形状。
- 旋转工具：使用旋转工具制作出花瓣造型。

源文件路径	效果文件\第3章\实例047.ai		
视频路径	视频\第3章\实例047. avi		
难易程度	★	学习时间	2分27秒

实例048 装饰设计类——云彩

本实例通过云彩图案的设计制作，主要讲解椭圆工具以及渐变工具的使用方法。

案例设计分析

设计思路

在制作云彩图形时，难点是云彩形状的绘制。本例先使用椭圆工具复制出云彩的外框，再使用渐变工具制作出透视效果，完成本实例的制作。

案例效果剖析

如图3-68所示为云彩图案部分效果展示。

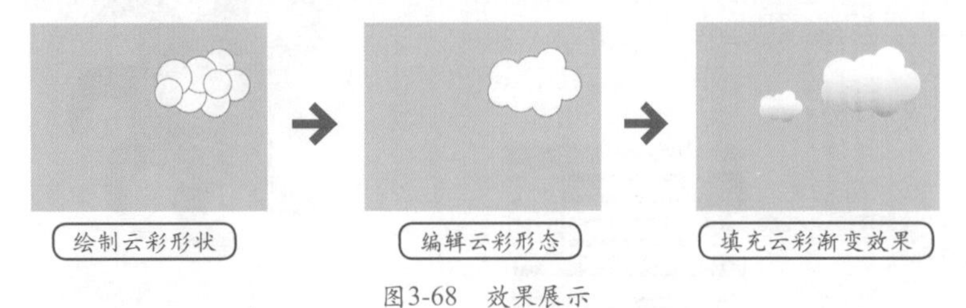

图3-68 效果展示

案例技术要点

本例中主要用到的功能及技术要点如下。

- 椭圆工具：使用椭圆工具绘制出云彩的形状。
- 渐变工具：使用渐变工具制作出图形的明暗变化。

案例制作步骤

源文件路径	效果文件\第3章\实例048.ai
视频路径	视频\第3章\实例048.avi
难易程度	★★
学习时间	2分24秒

❶ 启动Illustrator，新建一个文档。使用（矩形工具）绘制一个矩形，设置填充属性为（C：40%、Y：10%），如图3-69所示。

图3-69 绘制背景

❷ 使用“椭圆工具”按住Shift键绘制出多个不同大小的圆形，如图3-70所示。

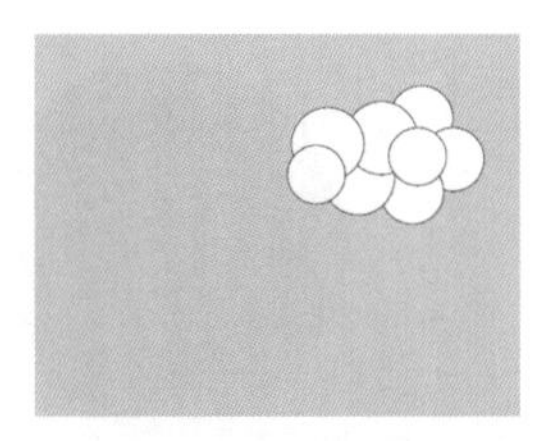

图3-70 基本形状

❸ 选择所有圆形，使用“路径查找器”面板的（联集）功能将它们合并在一起，设置描边属性为“无”，效果如图3-71所示。

图3-71 云彩形状

❹ 为云彩图形施加一个白色到灰色（K：40%）的线性渐变，再将其复制一个，调整它的大小和位置，完成本实例的制作，如图3-72所示。

图3-72 最终效果

实例049 装饰设计类——樱桃

本实例通过樱桃的设计制作，主要讲解椭圆工具、钢笔工具以及渐变工具的使用方法等。

案例设计分析

设计思路

本例先使用钢笔工具绘制出樱桃的外框，然后使用渐变工具制作出明暗变化，再使用椭圆工具制作出高光部分，最后使用钢笔工具制作出樱桃把造型，从而完成本实例的制作。

案例效果剖析

如图3-73所示为樱桃部分效果展示。

图3-73 效果展示

案例技术要点

本例中主要用到的功能及技术要点如下。

- 椭圆工具：使用椭圆工具绘制出樱桃的高光部分。
- 渐变工具：使用渐变工具制作出图形的明暗变化。
- 钢笔工具：使用钢笔工具制作出樱桃的形状。

源文件路径	效果文件\第3章\实例049.ai		
视频路径	视频\第3章\实例049. avi		
难易程度	★★★	学习时间	12分25秒

实例050 装饰设计类——精美边框

本实例通过精美边框的设计制作，主要讲解钢笔工具、直线段工具和文字工具的使用方法，以及如何通过“颜色”面板设置图形的填充属性等。

案例设计分析

设计思路

边框是为了陪衬主体的，因此不要太花哨。在制作该精美边框时，先使用钢笔工具绘制出边框的外框，然后通过原位复制的方法制作出内部的形状，再绘制上直线段，最后使用文字工具输入合适的文字，完成本实例的制作。

案例效果剖析

如图3-74所示为精美边框部分效果展示。

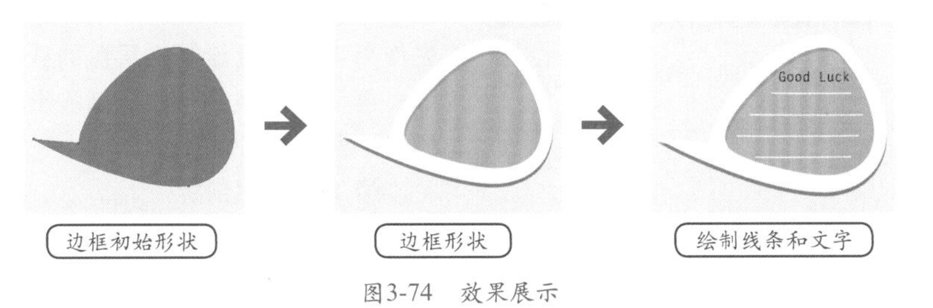

图3-74 效果展示

案例技术要点

本例中主要用到的功能及技术要点如下。

- 钢笔工具：使用钢笔工具制作出边框的形状。
- 直线段工具：使用直线段工具制作出边框内部的线段。
- 文字工具：使用文字工具输入需要的文字。

案例制作步骤

源文件路径	效果文件\第3章\实例050.ai
视频路径	视频\第3章\实例050. avi
难易程度	★★
学习时间	3分56秒

❶ 启动Illustrator，新建一个文档。使用（矩形工具）在页面中绘制一个“宽度”为190mm、“高度”为160mm的矩形，设置填充属性为（C：15%、Y：5%），然后使用（钢笔工具）绘制路径，设置填充属性为（C：50%、M：40%、Y：40%、K：5%），如图3-75所示。

图3-75 绘制外形

❷ 将图形原位复制一个，贴在前面，以白色填充，将它向上移动位置，然后使用（钢笔工具）绘制一个路径，设置填充属性为（C：25%、M：30%、Y：80%），如图3-76所示。

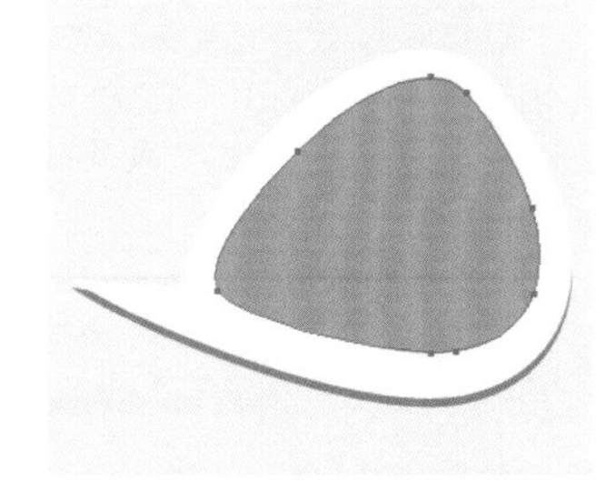

图3-76 绘制图形

提 示

复制的快捷键是Ctrl+C，贴在前面的快捷键是Ctrl+F。

❸ 将图形原位复制一个，贴在前面，将它向下移动位置，设置填充属性为（C：10%、M：20%、Y：80%），如图3-77所示。

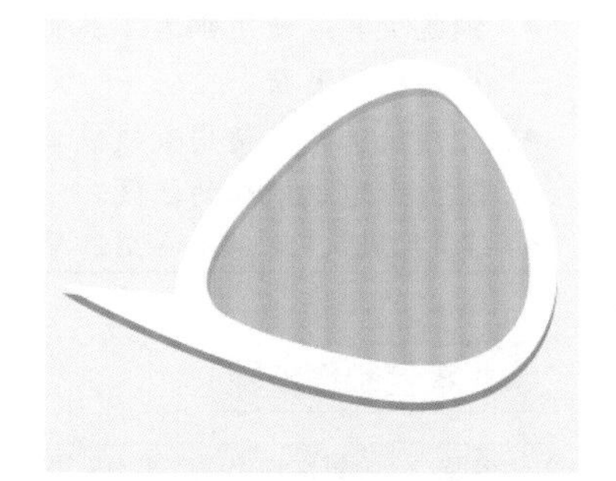

图3-77 复制图形

❹ 使用（直线段工具）绘制直线段，以白色描边，然后使用（文字工具）输入文字，通过“字符”面板设置文字的字体、字号等，完成本实例的制作，如图3-78所示。

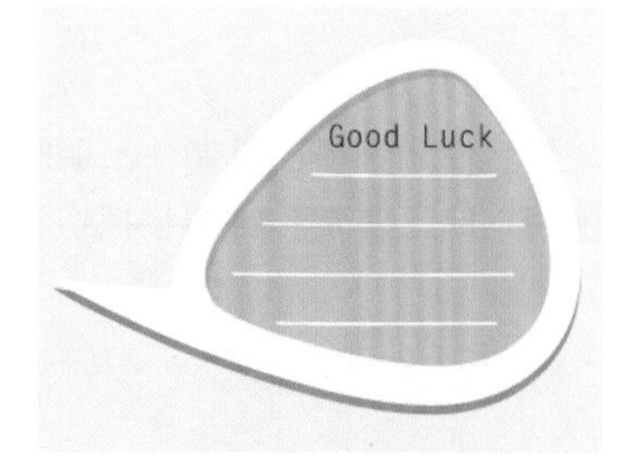

图3-78 最终效果

实例051 装饰设计类——火焰足球

本实例通过火焰足球的设计制作，主要讲解钢笔工具的使用方法。

案例设计分析

设计思路

该图形的难点是火焰图形的绘制，先使用钢笔工具绘制出火焰最外侧的形状，然后依次绘制内部形状，最后置入素材，完成本实例的制作。

案例效果剖析

如图3-79所示为火焰足球部分效果展示。

图3-79 效果展示

案例技术要点

本例中主要用到的功能及技术要点如下。

- 钢笔工具：使用钢笔工具制作出火焰的形状。

源文件路径	效果文件\第3章\实例051.ai		
调用路径	素材文件\第3章\实例051.ai		
视频路径	视频\第3章\实例051. avi		
难易程度	★★★★	学习时间	6分18秒

实例052 装饰设计类——苹果

本实例通过苹果的设计制作，主要讲解椭圆工具以及“绕转”命令的使用方法。

案例设计分析

设计思路

本例苹果绘制的方法很简单，先使用椭圆工具绘制出苹果的一个小面，再使用“绕转”命令制作出苹果形状，完成本实例的制作。

案例效果剖析

如图3-80所示为苹果部分效果展示。

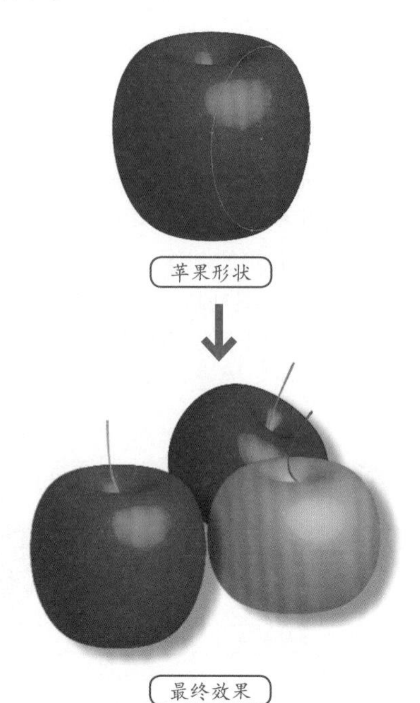

图3-80 效果展示

案例技术要点

本例中主要用到的功能及技术要点如下。

- 椭圆工具：使用椭圆工具绘制出苹果的侧面。

源文件路径	效果文件\第3章\实例052.ai
视频路径	视频\第3章\实例052. avi
难易程度	★★
学习时间	1分41秒

实例053 装饰设计类——果盘

本实例通过果盘的设计制作，主要讲解钢笔工具以及“绕转”命令的使用方法。

案例设计分析

设计思路

果盘的制作方法和苹果差不多，先使用钢笔工具绘制出果盘的截面线形，再使用“绕转”命令制作出果盘形状，完成本实例的制作。

案例效果剖析

如图3-81所示为果盘部分效果展示。

图3-81 效果展示

案例技术要点

本例中主要用到的功能及技术要点如下。

● 钢笔工具：使用钢笔工具制作出果盘的截面形状。

案例制作步骤

源文件路径	效果文件\第3章\实例053.ai		
调用路径	素材文件\第3章\实例053.ai		
视频路径	视频\第3章\实例053. avi		
难易程度	★★	学习时间	2分18秒

❶ 启动Illustrator，新建一个文档。使用（钢笔工具）在页面中绘制图形，通过（转换锚点工具）和（直接选择工具）可对相应的节点进行修改，设置填充属性为黄色（Y：100%），设置描边属性为“无”，图形形态如图3-82所示。

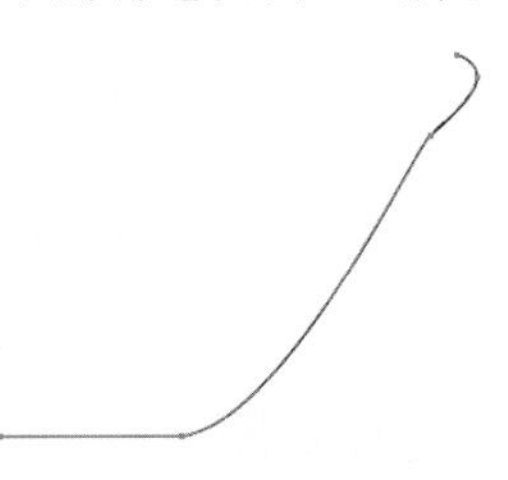
图3-82 绘制截面

❷ 选择“效果”|“3D”|“绕转”命令，在弹出的“3D绕转选项”对话框中设置各项参数，如图3-83所示。

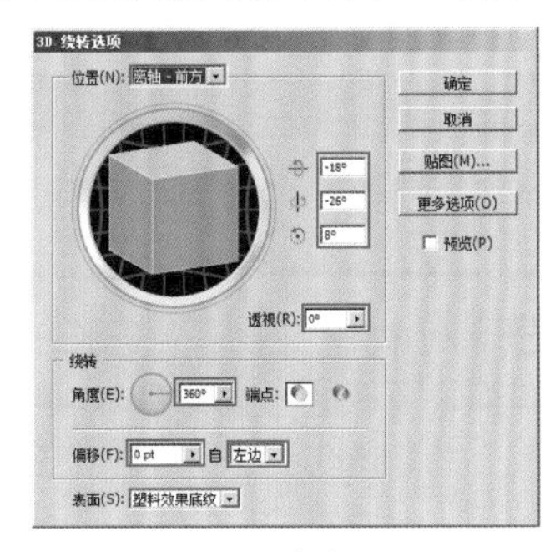
图3-83 参数设置

❸ 单击“3D绕转选项”对话框中的确定按钮，图形的填充效果如图3-84所示。

❹ 打开随书光盘“效果文件\第3章\实例052.ai”文件，将苹果复制到当前文件中，调整它的大小和位置，如图3-85所示。

图3-84 果盘效果

图3-85 置入素材

❺ 使用（椭圆工具）绘制一个椭圆图形，放在如图3-86所示的位置。

图3-86 绘制图形

❻ 将椭圆和苹果同时选择，单击鼠标右键，选择“建立剪切蒙版”命令，为苹果建立剪切蒙版，如图3-87所示。

提 示

要为图片建立剪切蒙版，绘制的剪切路径必须位于图片的上方才能进行操作。

❼ 将图形全选，按Ctrl+G快捷键编组，完成本实例的制作。

图3-87 最终效果

实例054 装饰设计类——鞭炮齐鸣

本实例通过鞭炮齐鸣图案的设计制作，主要讲解椭圆工具、钢笔工具和渐变工具的使用方法，以及如何使用混合工具进行图形混合效果的制作等。

案例设计分析

设计思路

在现代的传统节日、婚礼喜庆、各类庆典、庙会活动等场合几乎都会燃放爆竹，特别是在春节期间，华灯璀璨，锣鼓齐鸣，鞭炮声此起彼伏，流光异彩，百花争艳，为佳节谱出了快乐篇章。制作该实例时，先使用椭圆工具和渐变工具绘制出鞭炮的形状，再使用钢笔工具、渐变工具制作出引信部分，完成本实例的制作。

案例效果剖析

如图3-88所示为鞭炮齐鸣部分效果展示。

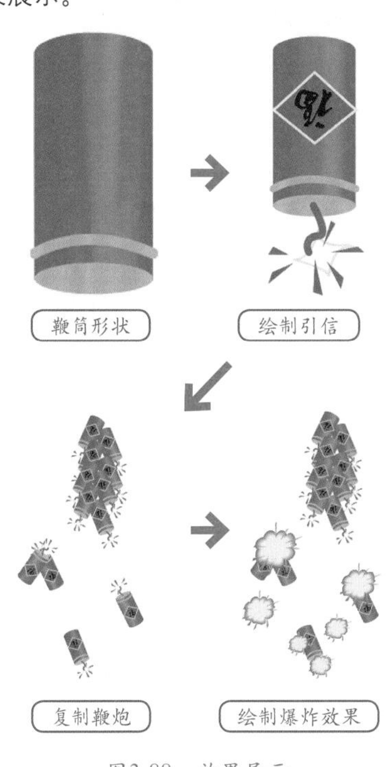

图3-88 效果展示

案例技术要点

本例中主要用到的功能及技术要点如下。

- 椭圆工具：使用椭圆工具绘制出椭圆图形。
- 渐变工具：使用渐变工具制作出图形的明暗变化。
- 钢笔工具：使用钢笔工具绘制出图形的形状。

源文件路径	效果文件\第3章\实例054.ai		
视频路径	视频\第3章\实例054. avi		
难易程度	★★★	学习时间	8分22秒

实例055 装饰设计类——露珠

本实例通过露珠图形的设计制作，主要讲解椭圆工具以及渐变工具的使用方法。

案例设计分析

设计思路

露珠，即降落在树叶、花朵、草丛中的雨水，闪亮，透明，圆润。本例先使用椭圆工具制作出露珠的基本形状，再使用渐变工具制作出露珠效果，完成本实例的制作。

案例效果剖析

如图3-89所示为露珠部分效果展示。

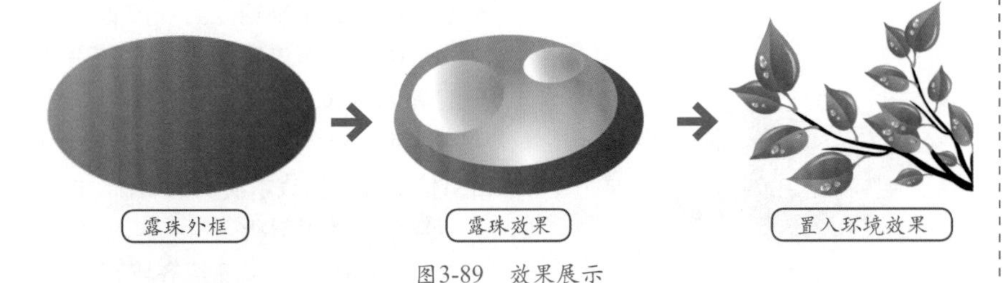

图3-89 效果展示

案例技术要点

本例中主要用到的功能及技术要点如下。

- 椭圆工具：使用椭圆工具绘制出露珠形状。
- 渐变工具：使用渐变工具制作出图形的明暗变化。

案例制作步骤

源文件路径	效果文件\第3章\实例055.ai		
调用路径	素材文件\第3章\实例055.ai		
视频路径	视频\第3章\实例055. avi		
难易程度	★★	学习时间	4分08秒

❶ 启动Illustrator，新建一个文档。使用（椭圆工具）在页面中绘制一个“宽度”为73mm、“高度”为42mm的椭圆，为其施加一个粉绿（C：60%、M：5%、Y：100%）到深绿（C：85%、M：50%、Y：100%、K：25%）的线性渐变，设置其渐变的角度为-34°，效果如图3-90所示。

图3-90 绘制外形

提 示

在这里也可以不用设置渐变的角度，设置旋转渐变范围框的角度也可以达到同样的效果。

❷ 将椭圆图形原位复制一个，贴在前面，更改其“宽度”为64mm、“高度”为37mm，然后通过“渐变”面板和“颜色”面板设置图形的填充属性，描边属性设置为“无”，如图3-91所示。

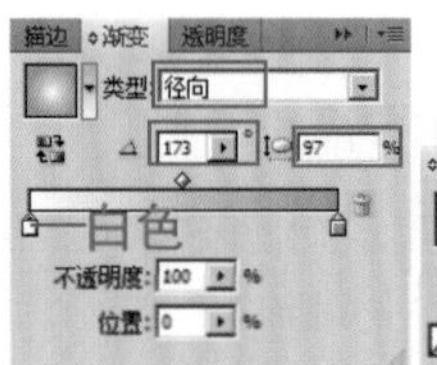

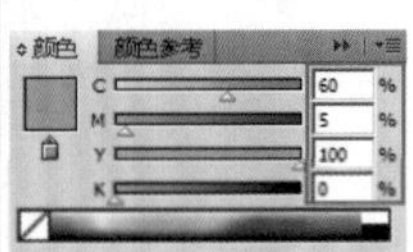

图3-91 属性设置

❸ 设置好渐变属性后，调整渐变范围框的位置，图形的填充效果如图3-92所示。

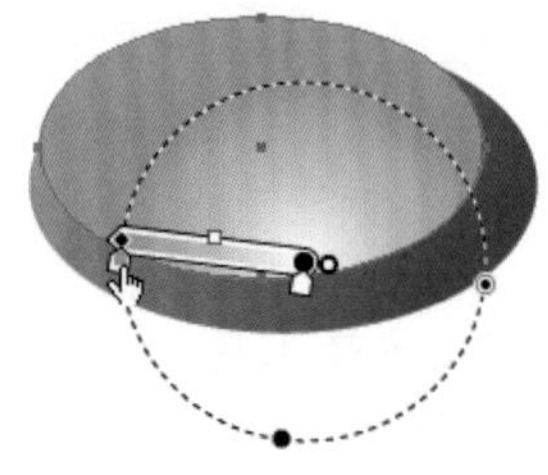

图3-92 渐变填充效果

❹ 将上面的椭圆图形原位复制一个，贴在前面，更改其“宽度”为27mm、“高度”为20mm，然后调整渐变范围框的位置，图形的填充效果如图3-93所示。

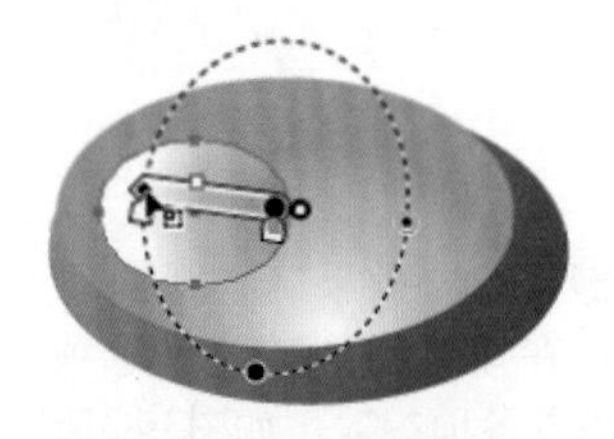

图3-93 复制图形效果

提 示

复制的快捷键是Ctrl+C，贴在前面的快捷键是Ctrl+F。

❺ 将小椭圆图形原位复制一个，贴在前面，更改其“宽度”为18mm、“高度”为10mm，然后调整渐变范围框的位置，图形的填充效果如图3-94所示。

图3-94 复制图形效果

❻ 全选所有图形，按Ctrl+G快捷键编组。打开随书光盘“素材文件\第3章\实例055.ai”文件，将素材复制到当前文件中，然后将制作的露珠图形移动复制多个，放在合适的位置，完成本实例的制作，如图3-95所示。

图3-95 最终效果

实例056 装饰设计类——盆花

本实例通过盆花的设计制作，主要讲解矩形工具、椭圆工具以及钢笔工具的使用方法。

案例设计分析

设计思路

在制作该实例时，先制作出花盆造型，然后使用钢笔工具制作上花卉图案，完成本实例的制作。

案例效果剖析

如图3-96所示为盆花部分效果展示。

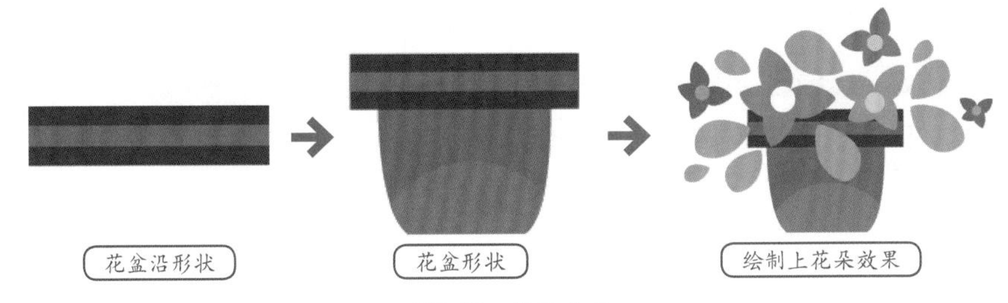

图3-96 效果展示

案例技术要点

本例中主要用到的功能及技术要点如下。

- 椭圆工具：使用椭圆工具绘制出花卉图形。
- 钢笔工具：使用钢笔工具绘制出花卉形状。
- 矩形工具：使用矩形工具制作出花盆沿造型。

案例制作步骤

源文件路径	效果文件\第3章\实例056.ai		
视频路径	视频\第3章\实例056. avi		
难易程度	★★	学习时间	3分19秒

❶ 启动Illustrator，新建一个文档。使用（矩形工具）在页面中绘制一个“宽度”为55mm、“高度”为13mm的矩形，设置填充属性为（C：60%、M：70%、Y：100%、K：40），描边属性设置为“无”。将矩形原位复制一个，贴在前面，更改其尺寸为55mm×4.5mm，设置填充属性为（C：50%、M：60%、Y：70%、K：5），如图3-97所示。

图3-97 绘制矩形

❷ 使用（钢笔工具）绘制花盆底部图形，设置填充属性为（C：50%、M：60%、Y：70%、K：5），描边属性设置为“无”，如图3-98所示。

图3-98 绘制图形

❸ 使用（钢笔工具）绘制图形，设置填充属性为（C：40%、M：55%、Y：60%），描边属性设置为“无”，如图3-99所示。

图3-99 绘制图形

❹ 使用（钢笔工具）以及（椭圆工具）制作出花卉图案，分别设置它们的填充属性，如图3-100所示。

图3-100 最终效果

❺ 全选图形，按Ctrl+G快捷键编组，完成本实例的制作。

实例057 装饰设计类——栅栏

本实例通过栅栏图形的设计制作，主要讲解矩形工具、椭圆工具以及钢笔工具的使用方法。

案例设计分析

设计思路

栅栏在日常的生产和生活中应用十分广泛，多以木制板材为主，由栅栏板、横带板、栅栏柱3部分组成，造型各异，一般以装饰、简易防护为主要目的，在欧美十分流行。在制作该实例时，先制作出栅栏横带板图形，然后制作竖栏图形，最后制作栅栏固定件，完成本实例的制作。

案例效果剖析

如图3-101所示为栅栏部分效果展示。

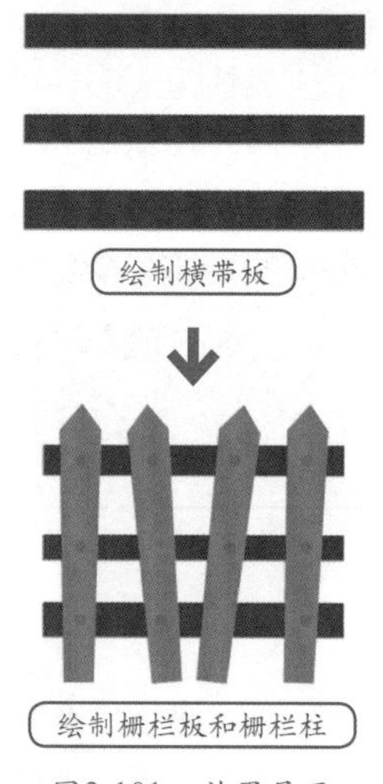

图3-101　效果展示

案例技术要点

本例中主要用到的功能及技术要点如下。

- 椭圆工具：使用椭圆工具绘制出栅栏固定件。
- 矩形工具：使用矩形工具绘制出栅栏横栏图形。
- 钢笔工具：使用钢笔工具绘制出栅栏竖栏形状。

案例制作步骤

源文件路径	效果文件\第3章\实例057.ai
视频路径	视频\第3章\实例057. avi
难易程度	★★
学习时间	2分57秒

❶ 启动Illustrator，新建一个文档。使用（矩形工具）在页面中绘制3个矩形，设置填充属性均为（C：60%、M：70%、Y：100%、K：40%），调整它们的位置，如图3-102所示。

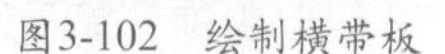

图3-102　绘制横带板

❷ 使用（钢笔工具）绘制图形，设置填充属性为（C：40%、M：60%、Y：65%），然后将其移动复制3个，分别调整它们的位置和旋转角度，如图3-103所示。

❸ 使用（椭圆工具）按住Shift键绘制正圆，设置填充属性为（C：50%、M：60%、Y：70%、K：10%），然后将圆形移动复制多个，完成本实例的制作，如图3-104所示。

图3-103　绘制栅栏板

图3-104　绘制栅栏柱

实例058

装饰设计类——面包

本实例通过面包图形的设计制作，主要讲解钢笔工具和直接选择工具的使用方法，以及如何用“颜色”面板设置图形的填充属性等。

案例设计分析

设计思路

面包是一种用五谷（一般是麦类）磨粉制作并加热而制成的食品。在制作该实例时，先制作出面包的外框，然后绘制出面包的内部图形，完成本实例的制作。

案例效果剖析

如图3-105所示为面包部分效果展示。

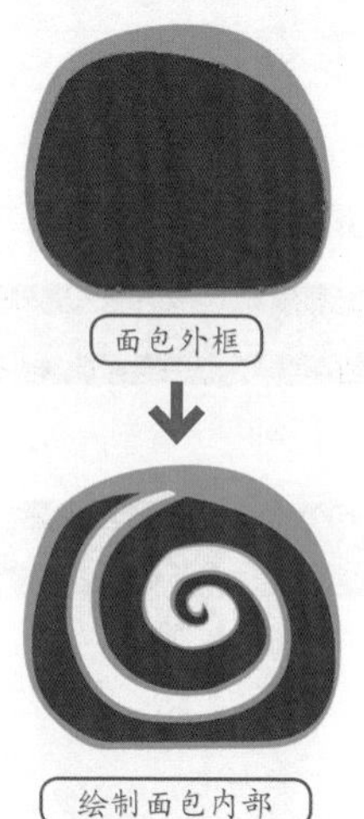

图3-105　效果展示

案例技术要点

本例中主要用到的功能及技术要点如下。

- 钢笔工具：使用钢笔工具绘制出面包的形状。

案例制作步骤

源文件路径	效果文件\第3章\实例058.ai
视频路径	视频\第3章\实例058. avi
难易程度	★★
学习时间	3分44秒

❶ 启动Illustrator，新建一个文档。使用（钢笔工具）绘制面包的外轮廓，使用（直接选择工具）调整锚点的位置，设置填充属性为（C：5%、M：50%、Y：70%），设置描边属性为“无”，如图3-106所示。

图3-106　绘制面包外框

❷ 将图形原位复制一个，贴在前面，使用（直接选择工具）调整锚点的位置，设置填充属性为（C：50%、M：85%、Y：100%、K：30%），如图3-107所示。

图3-107　绘制内部图形

> **提　示**
>
> 复制的快捷键是Ctrl+C，贴在前面的快捷键是Ctrl+F。

❸ 使用（钢笔工具）绘制面包馅图形，为其施加一个白色到黄色（Y：30%）的线性渐变，设置描边属性为“无”，如图3-108所示。

图3-108　绘制图形

❹ 将图形原位复制一个，贴在前面，使用▶（直接选择工具）调整锚点的位置，设置填充属性为（C：5%、M：50%、Y：70%），如图3-109所示。

❺ 全选图形，按Ctrl+G快捷键编组，完成本实例的制作。

图3-109　最终效果

实例059　装饰设计类——棒棒糖

本实例通过棒棒糖图形的设计制作，主要讲解椭圆工具、钢笔工具、矩形工具、旋转工具以及渐变工具等的使用方法。

案例设计分析

设计思路

孩子们都喜欢棒棒糖，要想让他们喜欢你，那就用好吃的棒棒糖来讨好他们吧。本例先使用椭圆工具和渐变工具绘制出棒棒糖的主体造型，再使用钢笔工具和旋转工具制作出棒棒糖上的图案，最后使用矩形工具制作出棒棒糖棒图形，完成本实例的制作。

案例效果剖析

如图3-110所示为棒棒糖部分效果展示。

图3-110　效果展示

案例技术要点

本例中主要用到的功能及技术要点如下。

- 椭圆工具：使用椭圆工具绘制出棒棒糖的形状。
- 渐变工具：使用渐变工具制作出图形的明暗变化。
- 钢笔工具：使用钢笔工具绘制出棒棒糖图案形状。
- 矩形工具：使用矩形工具绘制出棒棒糖棒图形。

源文件路径	效果文件\第3章\实例059.ai		
视频路径	视频\第3章\实例059. avi		
难易程度	★★	学习时间	5分03秒

实例060　装饰设计类——巧克力

本实例通过巧克力图形的设计制作，主要讲解矩形工具、钢笔工具以及渐变工具等的使用方法。

案例设计分析

设计思路

巧克力是一种高热量食物，食用巧克力有提神的功效。在制作该实例时，先使用矩形工具制作出巧克力的外框，再使用矩形工具、钢笔工具以及渐变工具绘制出巧克力其他部分，完成本实例的制作。

案例效果剖析

如图3-111所示为巧克力部分效果展示。

巧克力外框

巧克力块

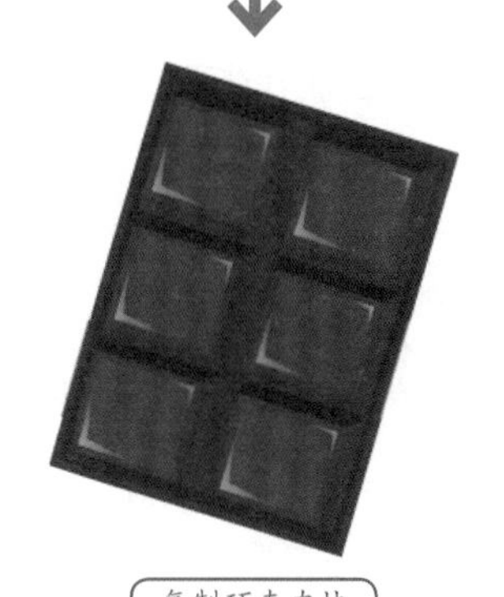

复制巧克力块

图3-111　效果展示

案例技术要点

本例中主要用到的功能及技术要点如下。

- 渐变工具：使用渐变工具制作出图形的明暗变化。
- 钢笔工具：使用钢笔工具绘制出巧克力的反光部分形状。
- 矩形工具：使用矩形工具绘制出巧克力的形状。

源文件路径	效果文件\第3章\实例060.ai
视频路径	视频\第3章\实例060. avi
难易程度	★★
学习时间	5分33秒

实例061 装饰设计类——饼干

本实例通过饼干图形的设计制作，主要讲解椭圆工具、圆角矩形工具等的使用方法。

案例设计分析

设计思路

饼干是用面粉和水或牛奶不放酵母而烤出来的，可作为旅行、航海、登山时的储存食品，特别是战争时期用于军人们的备用食品是非常方便适用的。制作该实例时，先使用圆角矩形工具制作出饼干的形状，再使用椭圆工具制作出图案部分，完成本实例的制作。

案例效果剖析

如图3-112所示为饼干图形部分效果展示。

图3-112 效果展示

案例技术要点

本例中主要用到的功能及技术要点如下。

- 椭圆工具：使用椭圆工具绘制出饼干上的图形。
- 圆角矩形工具：使用圆角矩形工具绘制出饼干形状。

案例制作步骤

源文件路径	效果文件\第3章\实例061.ai		
视频路径	视频\第3章\实例061. avi		
难易程度	★★	学习时间	2分54秒

❶ 启动Illustrator，新建一个文档。使用（圆角矩形工具）在页面中绘制一个“宽度”为110mm、“高度”为80mm、“圆角半径”为15mm的圆角矩形，设置填充属性为（M：65%、Y：85%），设置描边属性为“无”。然后将其原位复制一个，贴在前面，更改其“宽度”为107mm、“高度”为77mm，设置填充属性为（M：45%、Y：85%），如图3-113所示。

图3-113 绘制外框

> **提 示**
>
> 复制的快捷键是Ctrl+C，贴在前面的快捷键是Ctrl+F。

❷ 将里面的圆角矩形再原位复制一个，贴在前面，填充属性为（C：3%、M：30%、Y：60%），然后使用（钢笔工具）绘制如图3-114所示的图形。

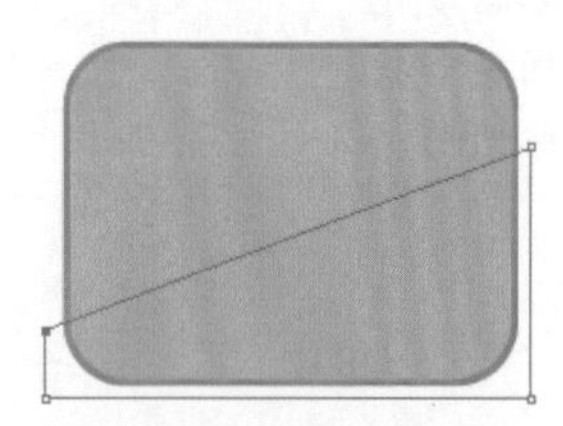

图3-114 绘制图形

> **提 示**
>
> 这里绘制的图形大小和形态随意，只要能把右下角的部分包裹起来就可以。

❸ 同时选择最上面的圆角矩形和刚绘制的图形，单击右键，选择快捷菜单中的“建立剪切蒙版”命令，在“透明度”面板中设置混合模式为滤色，不透明度为20%，效果如图3-115所示。

图3-115 建立蒙版效果

❹ 使用（椭圆工具）绘制一个“宽度”、“高度”均为11mm的圆形，设置填充属性为（C：5%、M：5%、Y：45%），描边属性设置为“无”，然后将其移动复制5个，放在如图3-116所示的位置。

图3-116 绘制图形

❺ 将所有圆形原位复制一个，贴在前面，然后将它们向上移动些位置，完成本实例的制作，如图3-117所示。

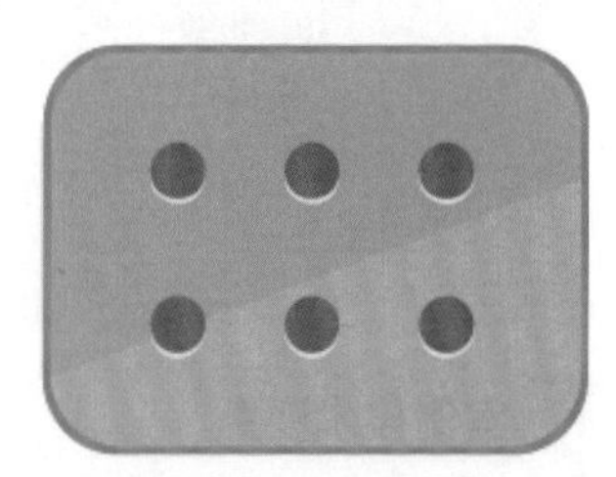

图3-117 最终效果

实例062 装饰设计类——卡通树

本实例通过卡通树图形的设计制作，主要讲解椭圆工具、多边形工具以及直接选择工具等的使用方法。

案例设计分析

设计思路

卡通树的绘制很简单，先使用多边形工具制作出树干造型，再使用椭圆工具制作出树冠造型，完成本实例的制作。

案例效果剖析

如图3-118所示为卡通树图形部分效果展示。

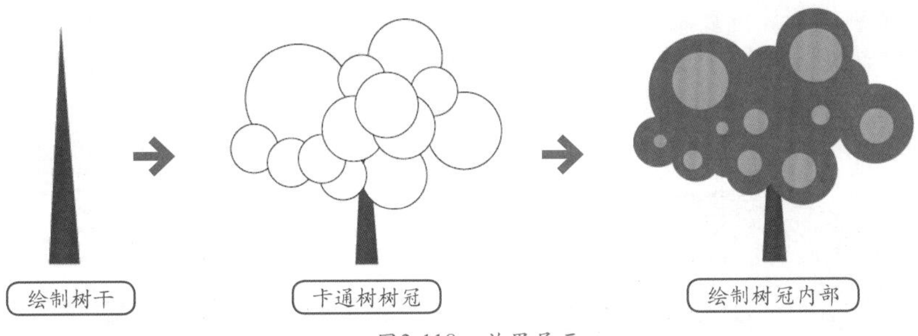

图3-118 效果展示

案例技术要点

本例中主要用到的功能及技术要点如下。

- 椭圆工具：使用椭圆工具绘制出树冠图形。
- 多边形工具：使用多边形工具制作出树干形状。

案例制作步骤

源文件路径	效果文件\第3章\实例062.ai		
视频路径	视频\第3章\实例062. avi		
难易程度	★★	学习时间	3分43秒

❶ 启动Illustrator，新建一个文档。使用 （多边形工具）在页面中绘制一个三角形，设置填充属性为（C：50%、M：80%、Y：100%、K：15%），然后使用 （直接选择工具）将中间的锚点向上移动，如图3-119所示。

图3-119 绘制树干图形

❷ 使用 （椭圆工具）按住Shift键绘制出多个不同大小的圆形，如图3-120所示。

图3-120 绘制树干图形

❸ 选择所有圆形，使用"路径查找器"面板的 （联集）功能将它们合并在一起，设置填充属性为（C：70%、M：45%、Y：100%、K：5%），设置描边属性为"无"，效果如图3-121所示。

图3-121 编辑图形效果

> **提 示**
>
> 使用"路径查找器"面板的联集命令将多个相交的图形合并为一个整体，便于进行下一步的操作。

❹ 使用 （椭圆工具）按住Shift键绘制出多个不同大小的圆形，设置填充属性为（C：55%、M：5%、Y：100%），设置描边属性为"无"，效果如图3-122所示。

图3-122 最终效果

❺ 全选所有图形，按Ctrl+G快捷键编组，完成本实例的制作。

实例063 装饰设计类——蛋糕

本实例通过蛋糕图形的设计制作，主要讲解椭圆工具、钢笔工具以及渐变工具等的使用方法。

案例设计分析

设计思路

蛋糕是一种面食，通常是甜的，典型的蛋糕是以烤的方式制作出来。本例制作的是一个巧克力蛋糕，先使用椭圆工具和钢笔工具绘制出蛋糕图形的形状，再使用钢笔工具、渐变工具制作出蛋糕的反光部分，完成本实例的制作。

案例效果剖析

如图3-123所示为蛋糕图形部分效果展示。

图3-123 效果展示

案例技术要点

本例中主要用到的功能及技术要点如下。

- 椭圆工具：使用椭圆工具绘制出蛋糕的形状。
- 渐变工具：使用渐变工具制作出图形的明暗变化。

- 钢笔工具：使用钢笔工具绘制出蛋糕的反光部分。

案例制作步骤

源文件路径	效果文件\第3章\实例063.ai
视频路径	视频\第3章\实例063. avi
难易程度	★★★★
学习时间	7分48秒

❶ 启动Illustrator，新建一个文档。使用（椭圆工具）绘制一个“宽度”为145mm、“高度”为105mm的椭圆，设置填充属性为（M：32%、Y：73%），描边属性设置为“无”。然后将其原位复制一个，贴在前面，更改其“宽度”为145mm、“高度”为90mm，如图3-124所示。

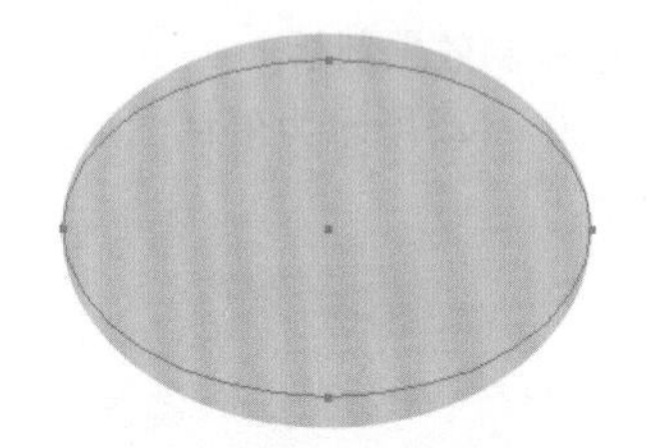

图3-124　绘制图形

提　示

复制的快捷键是Ctrl+C，贴在前面的快捷键是Ctrl+F。

❷ 通过“渐变”面板和“颜色”面板设置图形的填充属性，如图3-125所示。

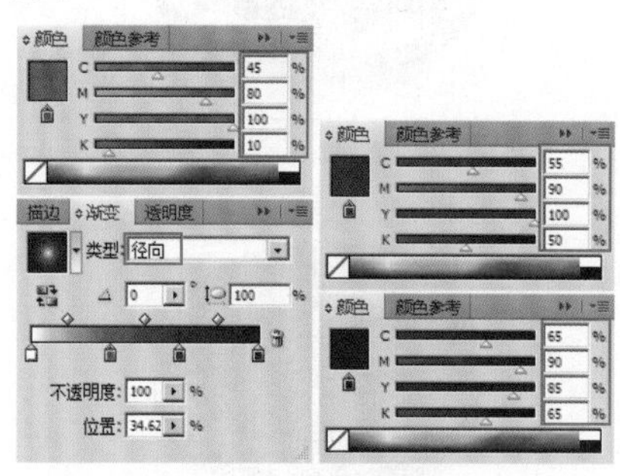

图3-125　属性设置

❸ 设置好渐变属性后，调整渐变范围框的大小，图形的填充效果如图3-126所示。

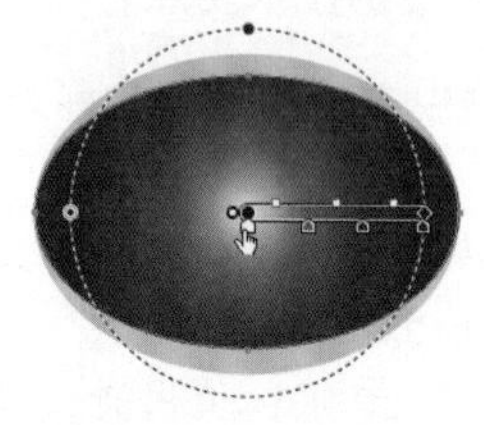

图3-126　渐变填充效果

❹ 将图形原位复制一个，贴在前面，设置填充属性为（C：50%、M：90%、Y：100%、K：35%），将它向上调整位置，如图3-127所示。

图3-127　复制图形效果

❺ 将图形原位复制一个，贴在前面，为其施加图3-125所示的填充属性，将它向上调整位置，如图3-128所示。

图3-128　复制图形

❻ 将图形原位复制一个，贴在前面，设置填充属性为（M：32%、Y：73%），将它向上调整位置，如图3-129所示。

图3-129　复制图形

❼ 使用（钢笔工具）绘制巧克力图形，设置填充属性为（C：65%、M：90%、Y：85%、K：65%），描边属性设置为“无”，如图3-130所示。

图3-130　绘制图形

❽ 将图形原位复制一个，贴在前面，将其向上移动，然后通过“渐变”面板和“颜色”面板设置图形的填充属性，如图3-131所示。

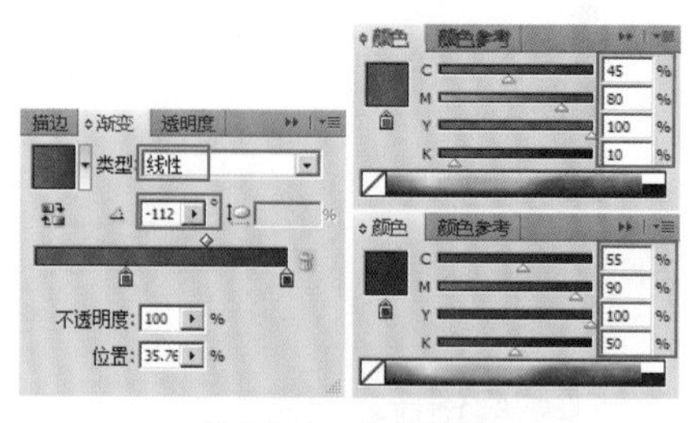

图3-131　属性设置

提　示

这里移动图形的距离手动不好控制，可以使用键盘上的方向键进行操作。

❾ 设置好渐变属性后，调整渐变范围框的大小，如图3-132所示。

图3-132　渐变填充效果

❿ 使用（钢笔工具）绘制图形，为其施加白色到褐色（C：45%、M：80%、Y：100%、K：10%）的渐变，设置渐变框的旋转角度为-30°，然后在“透明度”面板中设置不透明度数值为35%，效果如图3-133所示。

图3-133　绘制图形

⓫ 使用（钢笔工具）绘制图形，为其施加白色到褐色（C：45%、M：80%、Y：100%、K：10%）的渐变，设置渐变框的旋转角度为-30°，然后在“透明度”面板

中设置不透明度数值为20%，效果如图3-134所示。

图3-134 绘制图形

⑫ 使用（钢笔工具）绘制图形，为它们施加白色到褐色（C：45%、M：80%、Y：100%、K：10%）的渐变，设置渐变框的旋转角度为-30°，然后在“透明度”面板中设置不透明度数值为35%，效果如图3-135所示。

图3-135 最终效果

⑬ 全选图形，按Ctrl+G快捷键编组，完成本实例的制作。

实例064 装饰设计类——喷壶

本实例通过喷壶的设计制作，主要讲解椭圆工具、钢笔工具以及矩形工具的使用方法等。

案例设计分析

设计思路

本例制作的喷壶是用来盛水浇花的壶，喷水的部分像莲蓬，有许多小孔。在制作该实例时，先制作出喷壶的壶身部分，再制作出壶嘴和壶的提手部分，最后制作上花卉图案，完成本实例的制作。

案例效果剖析

如图3-136所示为喷绘图形部分效果展示。

图3-136 效果展示

案例技术要点

本例中主要用到的功能及技术要点如下。

- 椭圆工具：使用椭圆工具绘制出连接件。
- 钢笔工具：使用钢笔工具绘制出壶把和壶嘴图形。
- 矩形工具：使用矩形工具制作出壶嘴形状。

源文件路径	效果文件\第3章\实例064.ai		
视频路径	视频\第3章\实例064. avi		
难易程度	★★	学习时间	4分44秒

第4章 插画绘制

插画俗称插图，今天通行于国外市场的商业插画包括出版物插图、卡通吉祥物、影视与游戏美术设计和广告插画4种形式。实际在中国，插画已经遍布于平面和电子媒体、商业场馆、商品包装、影视演艺海报、企业广告甚至T恤、日记本、贺年片等。

实例065 室外场景类——都市风景线

本实例主要讲解都市风景线插画的设计制作，使读者掌握钢笔工具、椭圆工具以及矩形工具等的使用方法。

案例设计分析

设计思路

本例制作的都市风景线插画，从城市风景的角度出发，体现了城市的人文景观。在制作该实例时，先用钢笔工具绘制曲线路径制作出插画的背景，在绘制曲线路径时，注意一定要尽量调整得圆滑些，这样画面看起来流畅。然后使用矩形工具绘制出建筑主体，最后再使用椭圆工具绘制多个同心圆图形来充实整个画面。

案例效果剖析

本例制作的都市风景线插画包括了多个步骤，如图4-1所示为部分效果展示。

图4-1 效果展示

案例技术要点

本例中主要用到的功能及技术要点如下。

- 钢笔工具：使用钢笔工具绘制路径，填充颜色后制作动感背景。
- 矩形工具：使用矩形工具绘制楼体建筑，制作城市建筑。
- 椭圆工具：使用椭圆工具绘制多个同心圆，用来充实画面。
- 文字工具：使用文字工具创建需要的文字。

案例制作步骤

源文件路径	效果文件\第4章\实例065.ai		
视频路径	视频\第4章\实例065. avi		
难易程度	★★	学习时间	5分35秒

❶ 启动Illustrator，新建一个“宽度”为210mm、“高度”为150mm的文档。

❷ 选择（矩形工具），创建一个和画布一样大的矩形，填充上黄色（C：5%、M：10%、Y：30%）。

❸ 使用（钢笔工具）在画面的下方绘制一条闭合的曲线路径，并为其填充浅蓝色（C：35%、M：5%、Y：15%），如图4-2所示。

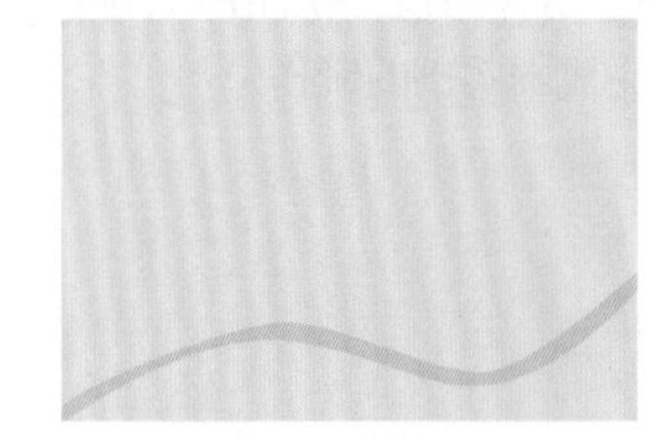

图4-2 绘制路径

❹ 按住Alt键，使用（选择工具）将绘制的路径向上移动复制一条，将其以玫红色（C：15%、M：80%、Y：10%）填充，然后调整它的形态，如图4-3所示。

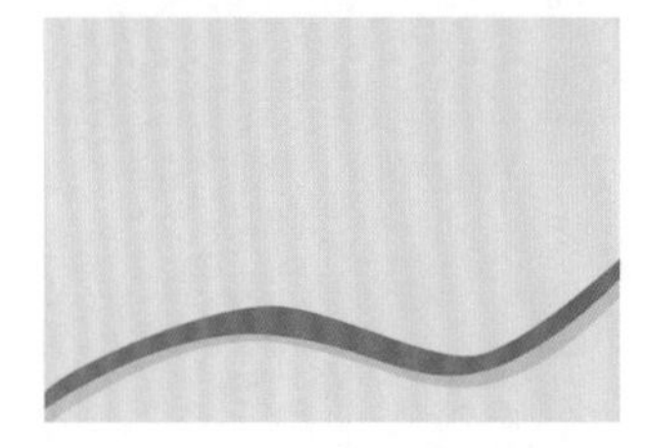

图4-3 复制路径形态

❺ 使用同样的方法，再将路径向上移动复制4条，并填充上不同的颜色，如图4-4所示。

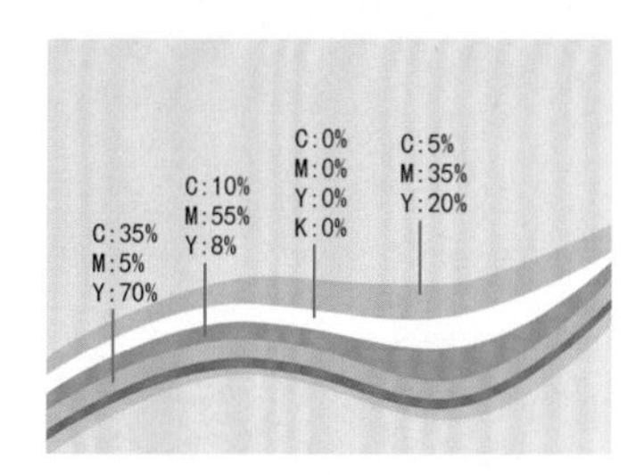

图4-4 复制路径形态

提 示

在绘制路径时，可以自由绘制，不必要和本例一致。

❻ 使用（矩形工具）和（钢笔工具）绘制城市楼体建筑，并以桔色（C：15%、M：85%、Y：100%）和白色填充，然后将其调整到曲线路径的下方，如图4-5所示。

图4-5 绘制楼体图形效果

提 示

按Ctrl+ [快捷键，可以将所选择的图形对象向下调整图层顺序。

❼ 将楼体建筑图形移动复制一组，将它们缩小并适当旋转角度，放置在画面的左侧，如图4-6所示。

图4-6 复制及调整图形效果

❽ 使用（椭圆工具）绘制几个同心圆，颜色使用曲线路径的颜色即可，如图4-7所示。

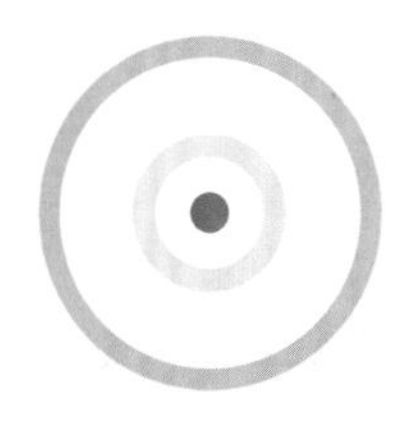
图4-7 绘制同心圆图形效果

❾ 选择绘制的同心圆图形，按住Alt键将其移动复制多个，并分别调整它们的大小、形态和位置，如图4-8所示。

图4-8 绘制同心圆

❿ 在画面中合适的位置输入“城市风景线”文字，调整它的字体、大小和位置，完成本实例的制作，效果如图4-9所示。

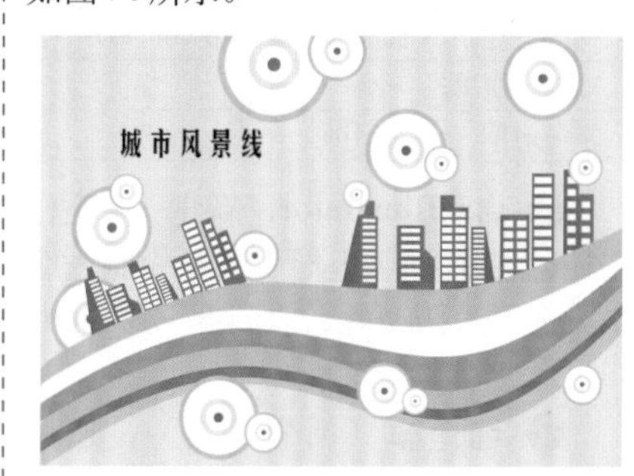

图4-9 最终效果

实例066 自然场景类——郊外风光

本实例主要讲解郊外风光插画的设计制作，使读者掌握钢笔工具、渐变工具、椭圆工具以及矩形工具等的使用方法。

案例设计分析

设计思路

若厌倦了城市的钢筋混凝土，找个阳光明媚的午后，换上一身轻松舒适的行头，背上行囊，远离城市的喧嚣，投身到郊外的自然风光中，感受下鸟语花香。本例制作的郊外风光插画，先使用渐变工具绘制出画面的蓝色背景，再使用钢笔工具绘制出路面效果，然后使用椭圆工具绘制出云彩效果，最后调入花草素材，完成本实例的制作。

案例效果剖析

本例制作的郊外风光很简单，如图4-10所示为部分效果展示。

图4-10 效果展示

案例技术要点

本例中主要用到的功能及技术要点如下。

- 渐变工具：使用渐变工具创建路面和背景的渐变效果。
- 钢笔工具：使用钢笔工具绘制线条流畅的路面和树木等图形。
- 椭圆工具：使用椭圆工具绘制多个圆形，然后使用联集命令合并为一个图形，模拟云彩效果。

案例制作步骤

源文件路径	效果文件\第4章\实例066.ai
调用路径	素材文件\第4章\实例066.ai
视频路径	视频\第4章\实例066. avi
难易程度	★★
学习时间	7分10秒

❶ 启动Illustrator，新建一个空白文档。使用▣（矩形工具）绘制一个“宽度”为200mm、“高度”为55mm的矩形。

❷ 选择▣（渐变工具），通过“渐变”面板和“颜色”面板设置所选图形的填充属性，描边属性设置为“无”，如图4-11所示。

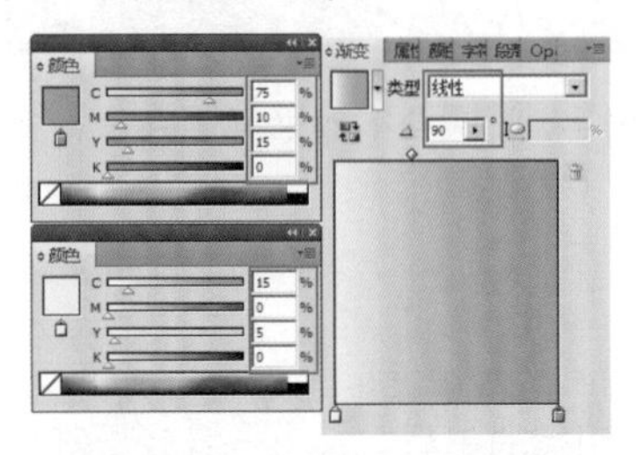

图4-11　设置渐变属性和渐变效果

❸ 使用✎（钢笔工具）在画面的右下角绘制一条闭合路径，绘制草地图形。通过“渐变”面板和“颜色”面板设置所选图形的填充属性，描边属性设置为“无”，如图4-12所示。

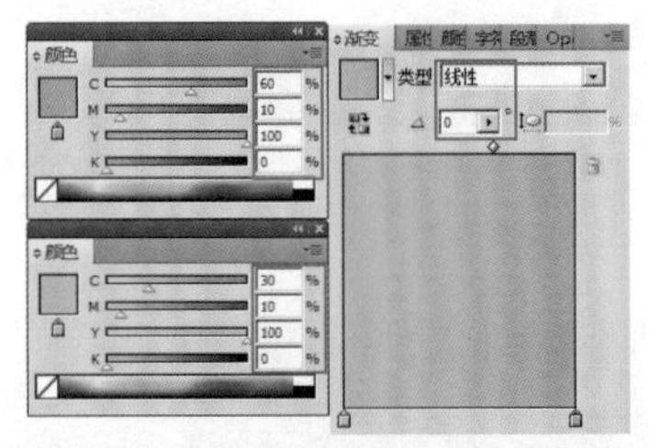

图4-12　设置渐变属性和渐变效果

❹ 将草地图形复制一个，使用▸（直接选择工具）调整锚点的位置和形态，如图4-13所示。

图4-13　复制草地形态

❺ 使用✎（钢笔工具）绘制一条闭合路径，以白色填充，绘制路面图形，如图4-14所示。

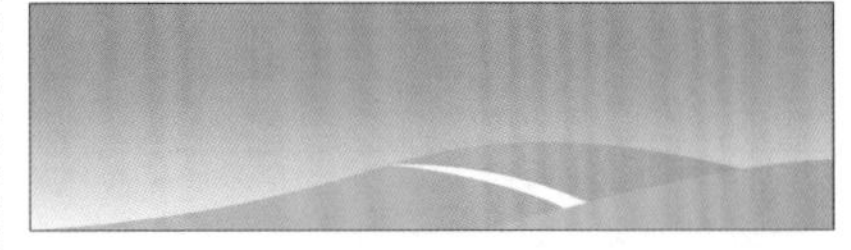

图4-14　绘制路面形态及位置

❻ 下面绘制云彩图形。选择◯（椭圆工具），按住Shift键绘制出多个不同大小的圆形，如图4-15所示。

图4-15　复制草地形态

> **提　示**
>
> 绘制圆形的大小、多少以及组成的形状，可以根据自己的需要自由设置。

❼ 选择所有绘制的圆形，使用“路径查找器”中联集按钮将它们合并为一个图形，以白色填充。然后将其调整到草地图层的下方，并将其“不透明”数值调整为75%，如图4-16所示。

❽ 将云彩图形复制2个，分别调整它们的大小、不透明度以及位置，如图4-17所示。

❾ 使用✎（钢笔工具）绘制松树图形，为其填充颜色，如图4-18所示。

图4-16　编辑云彩效果

图4-17　复制云彩效果

图4-18　绘制松树图形

❿ 将松树图形移动复制多个，分别调整它们的大小和位置，如图4-19所示。

图4-19　复制对象效果

⓫ 打开配套光盘“素材文件\第4章\实例066.ai”素材文件，将它调入到场景中，完成本实例的制作，如图4-20所示。

图4-20　最终效果

实例067　自然场景类——田园风光

本实例主要讲解田园风光插画的设计制作，使读者掌握钢笔工具、渐变工具、椭圆工具以及矩形工具等的使用方法。

案例设计分析

设计思路

阳春三月，草长莺飞，正是踏春的好时节，本例将制作一幅清新的田园风光插画。在制作本例时，先围绕一个顶点使用旋转复制的方法制作出大的背景，再使用联集方法绘制出云彩效果、使用星形工具绘制太阳图形、使用移动复制的方法绘制彩虹图形，最后调入草地素材，完成场景的制作。

案例效果剖析

本例制作的田园风光插画包括了多个步骤，如图4-21所示为部分效果展示。

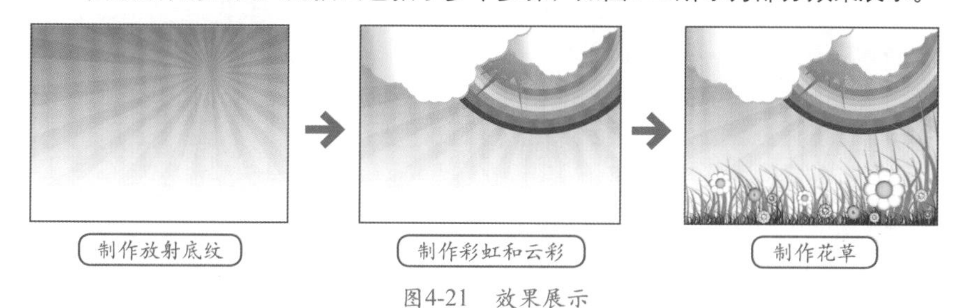

图4-21 效果展示

案例技术要点

本例中主要用到的功能及技术要点如下。

- 旋转复制：先创建旋转点，然后多次旋转复制。
- 创建剪切蒙版命令：使用创建剪切蒙版命令将蒙版外的图形隐藏，便于图形的管理。
- 联集命令：使用联集命令，可以将互相重叠的几个图形合并为一个图形，以便于进行下一步的操作。
- 直接选择工具：使用直接选择工具，可以单独调整单个锚点的位置和形态，自由控制图形的形态。

案例制作步骤

源文件路径	效果文件\第4章\实例067.ai		
调用路径	素材文件\第4章\实例067.ai		
视频路径	视频\第4章\实例067. avi		
难易程度	★★★	学习时间	8分50秒

❶ 启动Illustrator，创建一个“宽度”为200mm、“高度”为150mm的新文档。然后使用“矩形工具”创建一个同样大小的矩形，放置在画布中间。

❷ 选择菜单栏“窗口”|“渐变”命令（快捷键：Ctrl+F9），显示“渐变”面板。通过“渐变”面板和“颜色”面板设置所选图形的填充属性，描边属性设置为“无”，如图4-22所示。

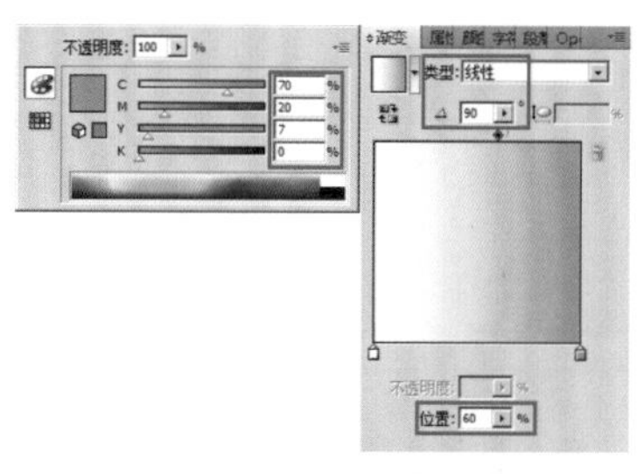

图4-22 颜色设置及编辑的背景效果

❸ 选择（钢笔工具），在画布中绘制一个闭合路径，如图4-23所示。

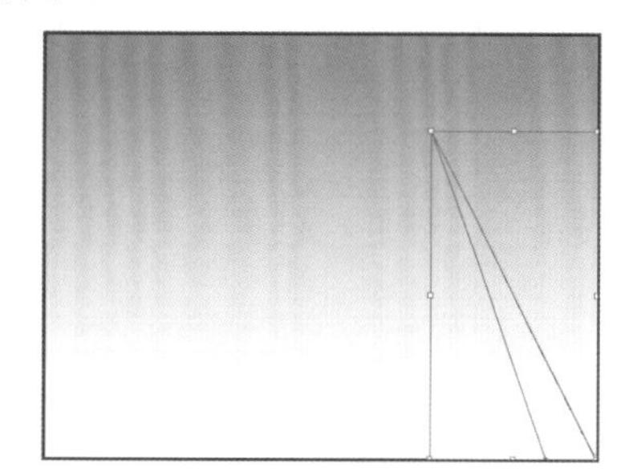

图4-23 绘制闭合路径

❹ 选择（选择工具），选择绘制的闭合路径，然后选择（旋转工具），按住Alt键单击顶点，定下旋转点，如图4-24所示。

图4-24 确定旋转点

提 示

在定旋转的顶点时，必须按住Alt键，否则旋转就不是围绕着一个顶点复制。

❺ 同时弹出“旋转”对话框，设置“角度”为15°，如图4-25所示。

图4-25 设置旋转角度

❻ 单击“旋转”对话框中的复制(C)按钮，复制后的效果如图4-26所示。

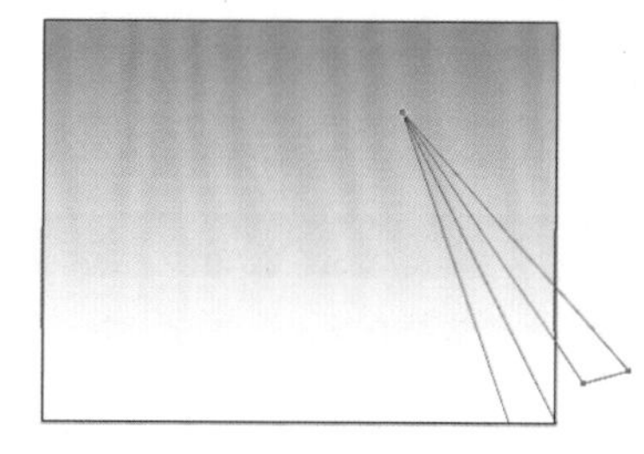

图4-26 复制图形对象效果

❼ 多次按Ctrl+D快捷键，将图形对象多次复制，效果如图4-27所示。

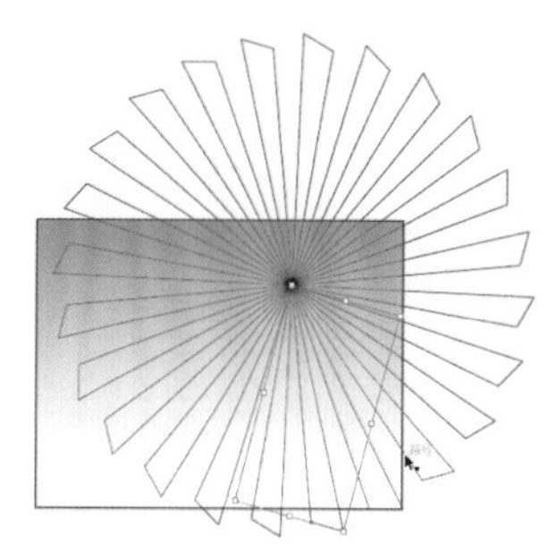

图4-27 复制对象效果

❽ 选择（直接选择工具），将左侧的部分路径调整成如图4-28所示的形态。

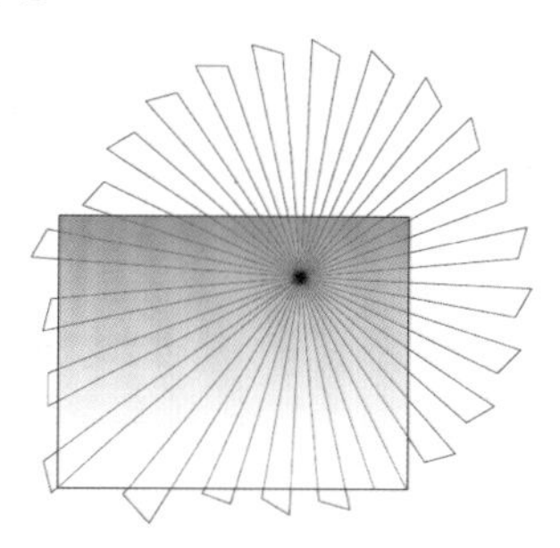

图4-28 调整图形对象效果

❾ 选择所有的闭合路径，单击鼠标右键，选择“建立复合路径”命令。

❿ 选择制作了渐变色的矩形，按Ctrl+C快捷键将其复制，再按Ctrl+F快捷键将其粘贴在前。然后按住Shift键选择建立的复合路径，单击鼠标右键，选择“建立剪切蒙版”命令，只保留蒙版内部的图形。

⓫ 单击“路径查找器”中的按钮，将剪切蒙版多余的线条去掉。然后打开“透明度”面板，设置混合模式为“正片叠底”，“不透明度”为20%，图形效果如图4-29所示。

图4-29 建立剪切蒙版效果

提 示

单击“路径查找器”中的按钮，可以将蒙版外多余的线条彻底去掉，这样在选择图形时就不会因为多余的线条而影响我们的视觉。

⓬ 接下来绘制云彩。选择（椭圆工具），按住Shift键绘制出多个不同大小的圆形，如图4-30所示。

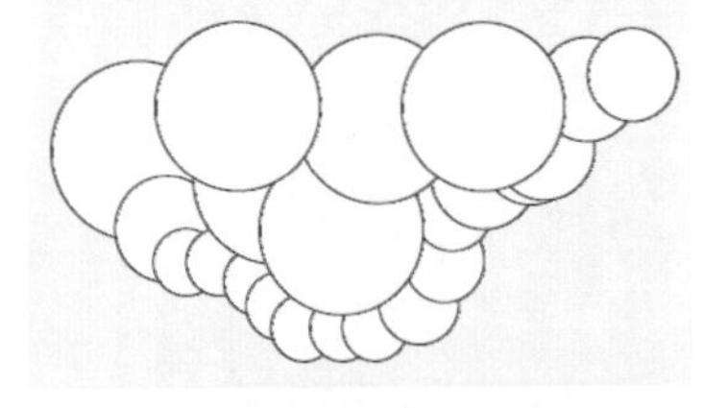

图4-30 绘制的圆形

提 示

绘制圆形的大小、多少以及组成的形状，可以根据自己的需要自由设置。

⓭ 选择所有绘制的圆形，在“路径查找器”中单击按钮，图形效果如图4-31所示。

图4-31 将图形合并处理

⓮ 为云彩制作渐变效果，如图4-32所示。

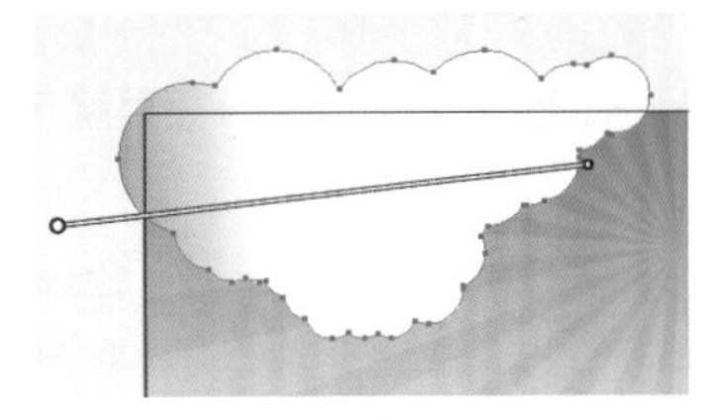

图4-32 制作渐变效果

⓯ 按Ctrl+C快捷键将云彩复制，再按Ctrl+B快捷键将其粘贴到后面，并将复制的云彩以蓝色（C：55%）填充，然后将其向下和向右分别移动，效果如图4-33所示。

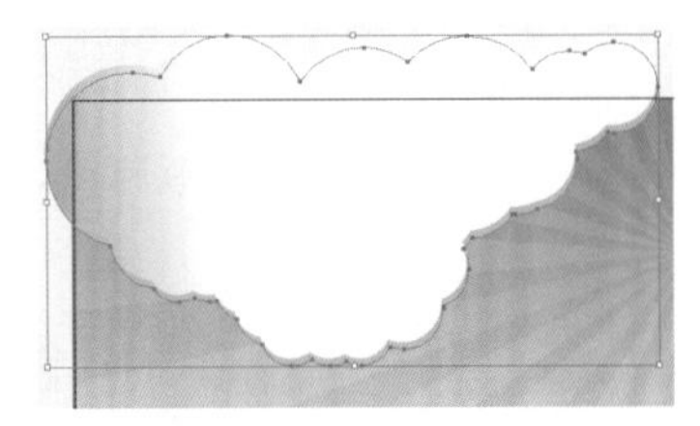

图4-33 复制云彩图形效果

⓰ 绘制一个矩形，为云彩图层建立剪切蒙版，然后再按住Alt键，将制作好的云彩向右移动复制一个，并调整它的大小和位置，如图4-34所示。

图4-34 建立剪切蒙版并复制云彩效果

⓱ 接下来绘制太阳。选择（星形工具），在画布空白处单击鼠标左键，弹出“星形”对话框，设置参数如图4-35所示。

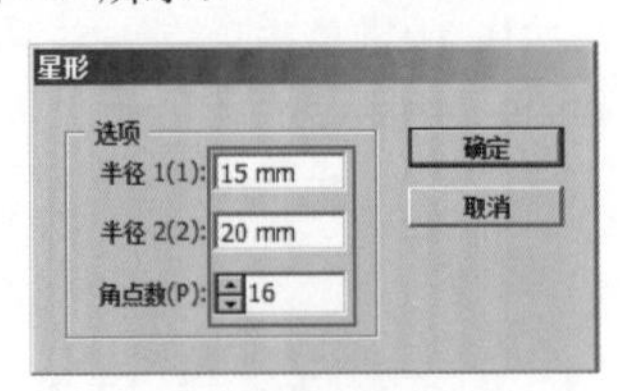

图4-35 对话框设置

⓲ 按Enter键创建星形图形。选择（直接选择工具），将位于内部的所有顶点选中，然后单击属性栏上的按钮，将锚点转换为平滑，如图4-36所示。

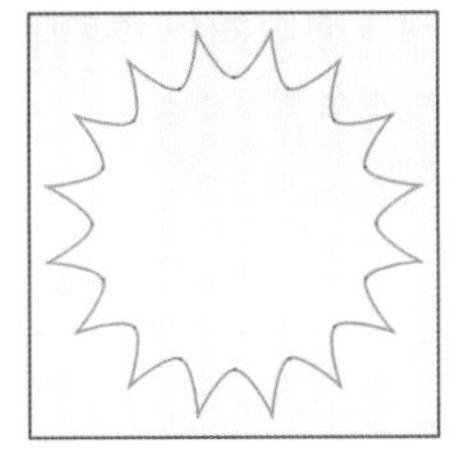

图4-36 圆滑锚点效果

⓳ 单个调整外侧锚点的位置，将图形调整成如图4-37所示的形态。

图4-37 调整锚点形态

⓴ 为其填充橘黄色（M：70%、Y：70%）到黄色（C：10%、Y：77%）的渐变色，并调整渐变色的角度，效果如图4-38所示。

图4-38 太阳效果

㉑ 同样的方法为其制作剪切蒙版，放置在如图4-39所示的位置。

图4-39 太阳在场景中的位置

㉒ 接下来绘制彩虹图形。彩虹的绘制方法很简单，就是绘制多个不同颜色的圆环套在一起。绘制两个大小不一样的圆形，将它们重叠在一起并同时选中，然后使用“路径查找器”里面的减去顶层功能制作出圆环，将圆环以绿色（C：75%、M：10%、Y：90%）填充，如图4-40所示。

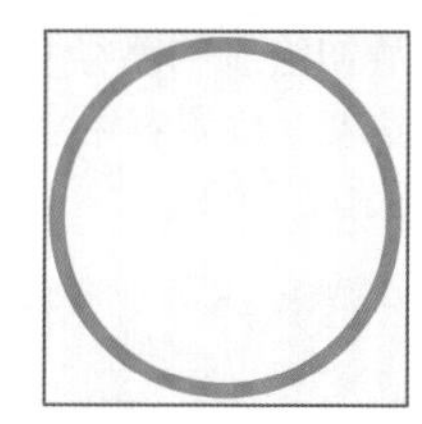
图4-40 制作的圆环效果

㉓ 将圆环向外移动复制6个，并分别调整它们的填充颜色，如图4-41所示。

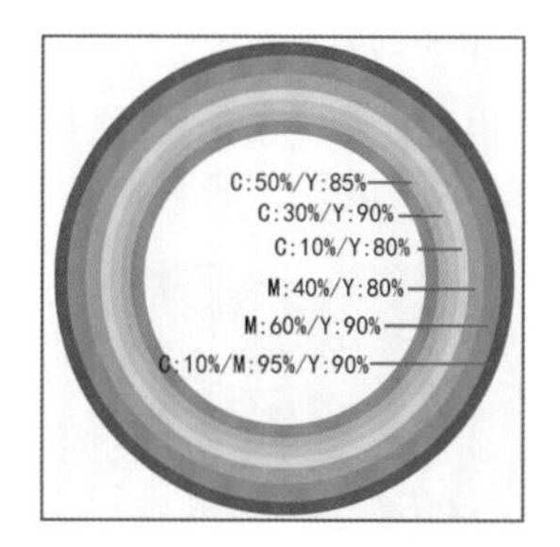

图4-41 彩虹效果

㉔ 同样的方法为其制作剪切蒙版，放置在如图4-42所示的位置。

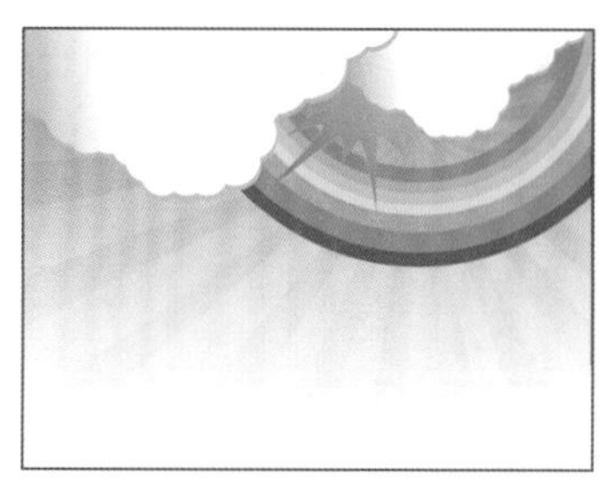
图4-42 彩虹的位置

㉕ 打开配套光盘"素材文件\第4章\实例67.ai"文件，如图4-43所示。

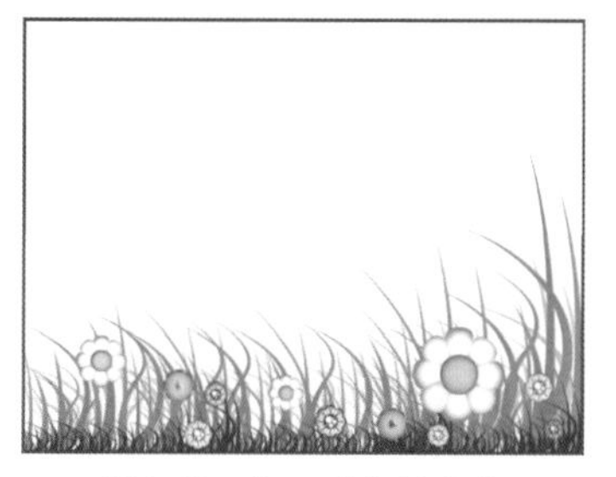
图4-43 打开的素材文件

㉖ 将素材文件复制到制作的场景中，调整好位置，如图4-44所示。

图4-44 最终效果

㉗ 将制作的文件通过"存储为"命令进行保存，从而完成本实例的最终制作。

实例068 自然场景类——绿草茵茵

本实例主要讲解绿草茵茵风景插画的设计制作，使读者掌握钢笔工具、网格工具等的使用方法。

案例设计分析

设计思路

绿草茵茵，给人一种生机勃勃、充满生命活力的氛围。本例将绘制一幅带有绿草茵茵、清新景色的插画。首先使用网格工具绘制出插画比较梦幻的背景，这步比较重要，一定要做好。然后就是简单的绘制路径填充渐变色。

案例效果剖析

如图4-45所示为绿草茵茵部分效果展示。

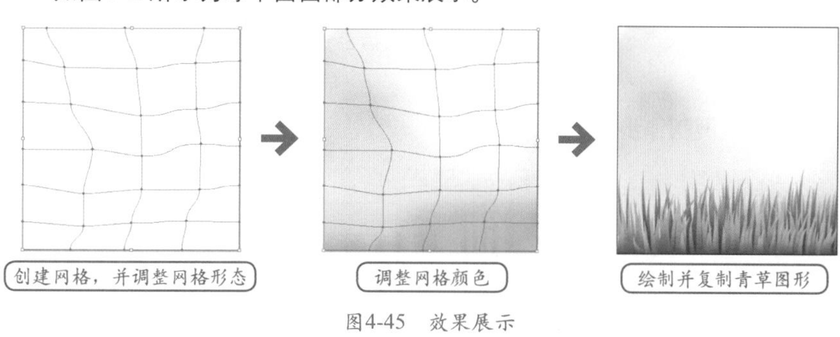

图4-45 效果展示

案例技术要点

本例中主要用到的功能及技术要点如下。

- 网格工具：使用网格工具创建合适的网格。
- 直接选择工具：使用直接选择工具调整网格中各个锚点的形态和位置，然后再单个选择锚点并更改不同的颜色，制作出梦幻的背景。
- 钢笔工具：使用钢笔工具绘制青草路径，填充渐变色模拟青草效果。

源文件路径	素材文件\第4章\实例068.ai		
视频路径	视频\第4章\实例068. avi		
难易程度	★★	学习时间	5分17秒

实例069 装饰景物类——可爱南瓜

本实例主要讲解可爱南瓜插画的设计制作，使读者掌握钢笔工具、渐变工具以及矩形工具等的使用方法。

案例设计分析

设计思路

南瓜长得胖乎乎的，看上去特别可爱，无论是摆着当装饰还是当做食物，都能带给人好心情。本例将制作一幅可爱南瓜插画。先使用钢笔工具绘制出南瓜的每个部分，然后填充上合适的渐变色，完成南瓜的绘制。然后为南瓜图形应用上合适的图形样式，以制作出可爱南瓜的背景和边框，完成本实例的制作。

案例效果剖析

本例制作的可爱南瓜插画包括了多个步骤，如图4-46所示为部分效果展示。

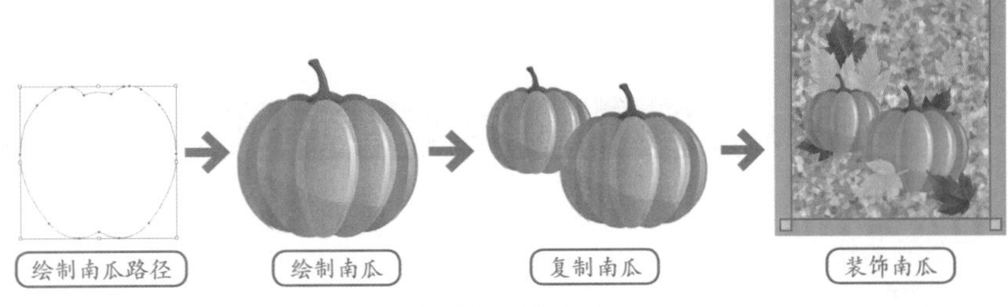

图4-46　效果展示

案例技术要点

本例中主要用到的功能及技术要点如下。

- 钢笔工具：使用钢笔工具绘制可爱南瓜的路径。
- 渐变工具：使用"渐变"面板为可爱南瓜调整合适的渐变色，使其更加逼真。
- 图形样式：使用"图形样式库"为可爱南瓜制作上背景。
- 边框：从"画笔库"中为可爱南瓜插画选择一个边框，使其画面更加美观。

案例制作步骤

源文件路径	效果文件\第4章\实例069.ai		
调用路径	素材文件\第4章\实例069.ai		
视频路径	视频\第4章\实例069. avi		
难易程度	★★★	学习时间	8分43秒

❶ 启动Illustrator，创建一个新文档。

❷ 使用（钢笔工具）绘制一条闭合路径，通过通过"渐变"面板和"颜色"面板设置所选图形的填充属性，描边属性设置为"无"，如图4-47所示。

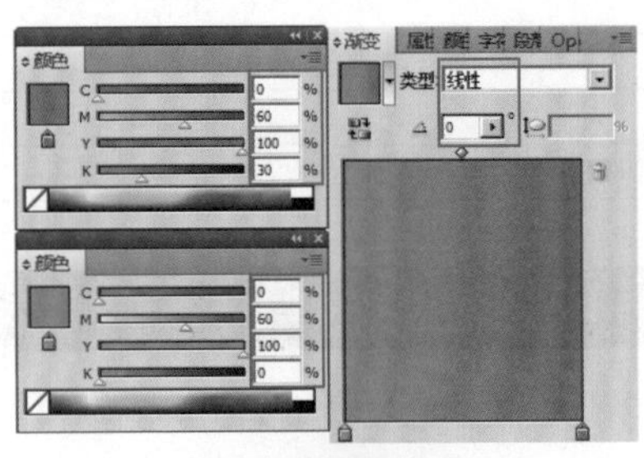

图4-47　颜色设置及编辑效果

> **提　示**
>
> 绘制路径时，注意要尽量调整得圆滑些。

❸ 使用（钢笔工具）绘制一条闭合路径，如图4-48所示。

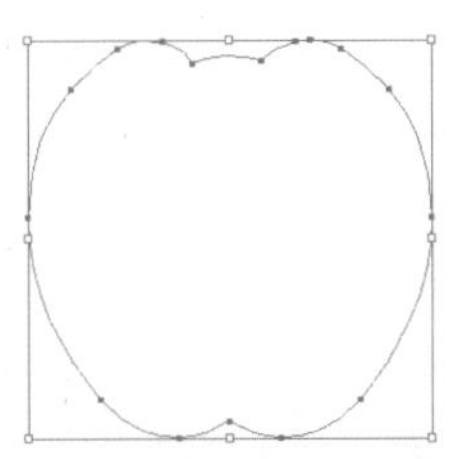

图4-48　绘制闭合路径

❹ 通过"渐变"面板和"颜色"面板设置所选图形的填充属性，描边属性设置为"无"，如图4-49所示。

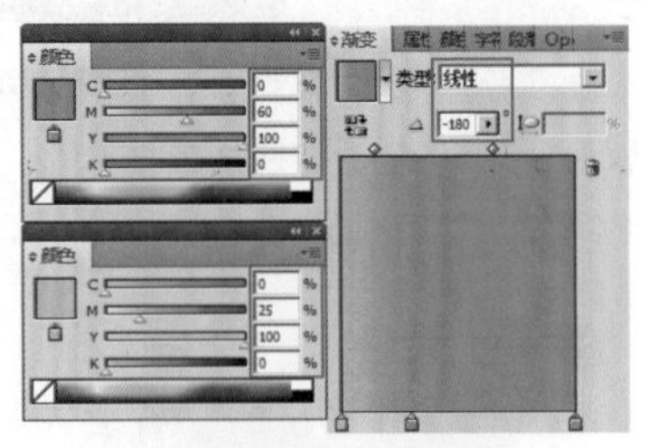

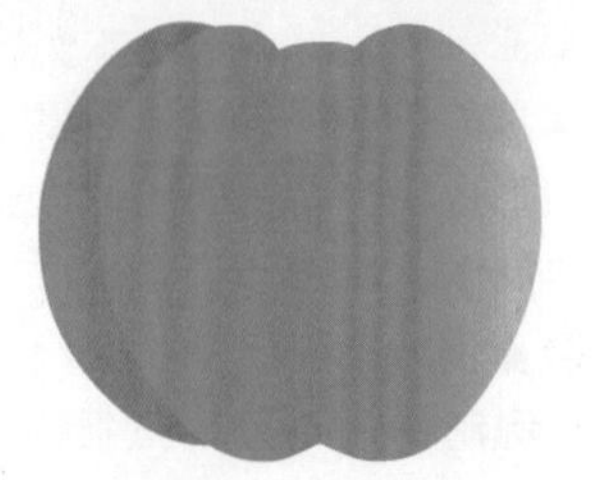

图4-49　颜色设置及编辑效果

❺ 将最初绘制的路径复制一条，将它左右镜像，放置在右侧如图4-50所示的位置。

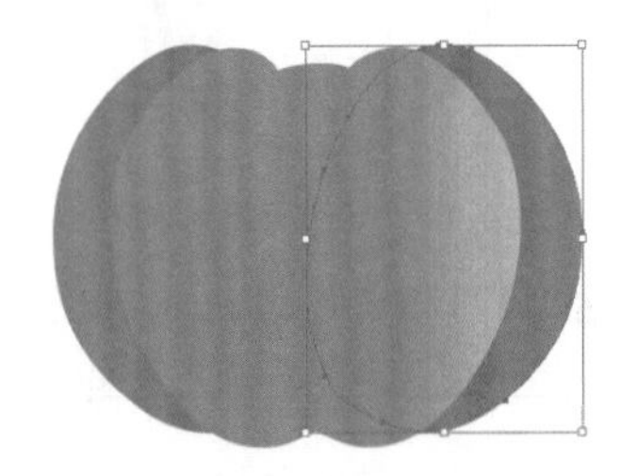

图4-50　复制闭合路径

❻ 再次绘制一条闭合路径，放置在南瓜的中间位置，如图4-51所示。

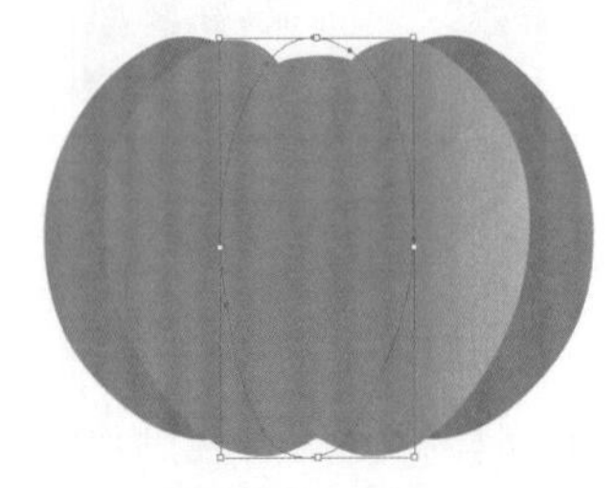

图4-51　绘制的路径

❼ 为其填充上和中间的闭合路径一样的渐变颜色，如图4-52所示。

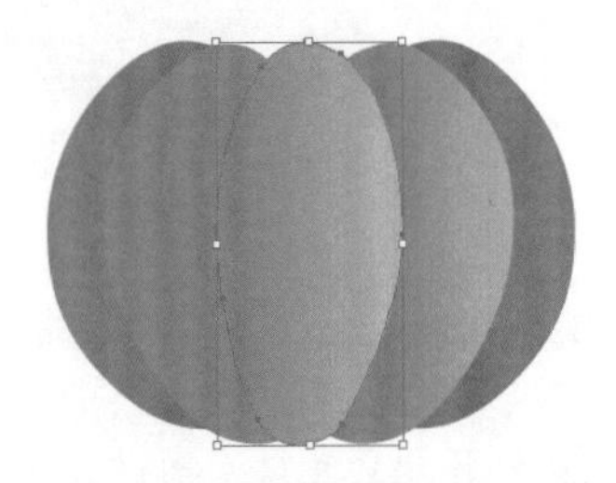

图4-52　填充渐变颜色

❽ 下面为南瓜制作高光和反光部分。使用（钢笔工具）绘制多条闭合路径，并根据光的照射原理为它们填充上不同的渐变颜色，如图4-53所示。

图4-53　制作南瓜的高光和反光部分

> **提　示**
>
> 南瓜的高光部分的大小和形态可以根据自己的需要绘制。

❾ 在南瓜的底部使用（钢笔工具）绘制一条闭合路径，以黄色（M：50%、Y：100%）填充。然后

在“透明度”面板中将它的混合模式更改为“正片叠底”、“不透明度”为30%，如图4-54所示。

图4-54 绘制底部阴影

⑩ 在南瓜顶部使用（钢笔工具）绘制一条闭合路径，以深黄色（M：65%、Y：100%、K：25%）填充，如图4-55所示。

图4-55 绘制南瓜蒂图形

⑪ 使用同样的方法，为南瓜绘制南瓜把造型，如图4-56所示。

图4-56 制作南瓜把部分

⑫ 将南瓜编组并复制一个，然后等比例缩小，放置在如图4-57所示的位置。

图4-57 复制南瓜

⑬ 使用（矩形工具）在页面中合适的位置拖曳鼠标绘制一个矩形，并按Ctrl+Shift+[快捷键使其位于画布的最低层，如图4-58所示。

图4-58 绘制矩形

⑭ 选择矩形，选择菜单栏“窗口”|“图形样式库”|“艺术效果”命令，应用“薄纸拼贴画”样式，如图4-59所示。

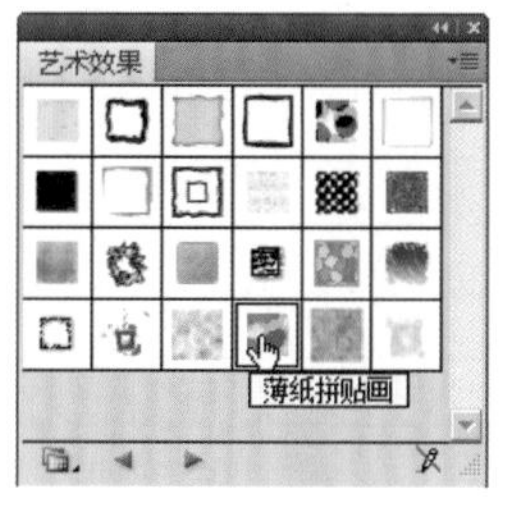

图4-59 应用样式

⑮ 选择菜单栏“窗口”|“画笔库”|“边框”|“边框-装饰”命令，应用“矩形1”边框效果，如图4-60所示。

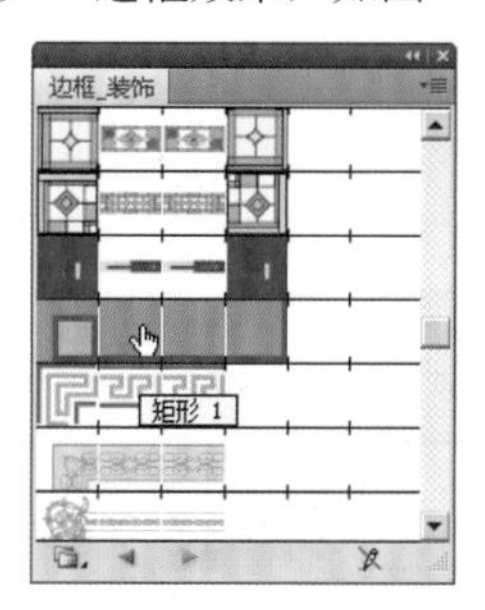

图4-60 应用边框

⑯ 通过工具属性栏设置描边的粗细为1.5pt，效果如图4-61所示。

图4-61 制作底纹和边框

⑰ 打开配套光盘“素材文件\第4章\实例069.ai”文件，将素材调入到场景中，调整图层顺序，完成本实例的制作。效果如图4-62所示。

图4-62 最终效果

实例070 装饰背景类——潮流背景

本实例主要讲解潮流背景插画的设计制作，使读者掌握渐变工具、椭圆工具以及矩形工具等的使用方法。

案例设计分析

设计思路

在制作室外招贴、海报等广告宣传单时，经常会用到一些比较个性、新潮的背景，以刺激广大消费者的购买欲望。本例将制作一幅非常具有现代感的潮流背景插画。先为一个圆形制作上不透明蒙版，然后将其复制多个，并调整大小和不透明度，再为场景调入一个墨迹素材，为其填充上合适的颜色，完成插画的制作。

案例效果剖析

本例制作的潮流背景插画包括了多个步骤，如图4-63所示为部分效果展示。

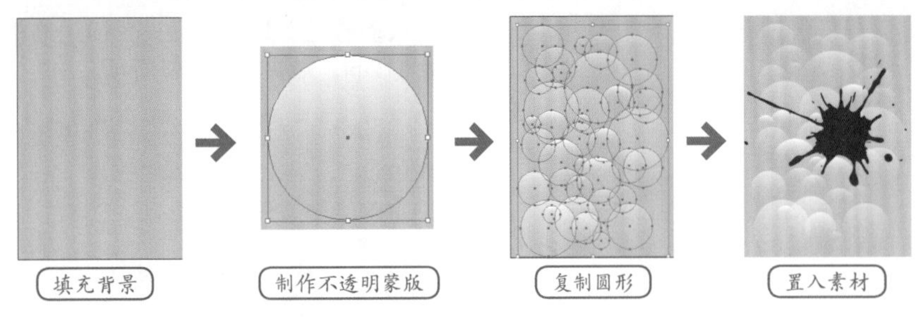

图4-63　效果展示

案例技术要点

本例中主要用到的功能及技术要点如下。

- 椭圆工具：使用椭圆工具绘制圆形图形。
- 创建不透明蒙版：使用“透明度”面板创建不透明蒙版。

案例制作步骤

源文件路径	效果文件\第4章\实例070.ai		
调用路径	素材文件\第4章\实例070.ai		
视频路径	视频\第4章\实例070. avi		
难易程度	★★★	学习时间	2分15秒

❶ 启动Illustrator，创建一个新文档。然后使用矩形工具在图画布中绘制一个矩形，使其铺满整个画面，然后以灰色（K：30%）填充。

❷ 使用（椭圆工具）绘制一个正圆，并填充白色。将其再复制一个，并将复制的圆形填充为由黑到白的渐变，如图4-64所示。

图4-64　制作渐变效果

❸ 将复制的圆形与原对象重合，同时选中。打开“透明度”面板，单面面板右上角的小三角按钮，在弹出的下拉菜单中选择“建立不透明蒙版”命令。

❹ 建立不透明蒙版后的图像和“透明度”面板效果如图4-65所示。

❺ 复制已经建立了不透明蒙版的圆，对复制的圆进行大小和位置的改变，然后适当调整透明度，得到如图4-66所示的效果。

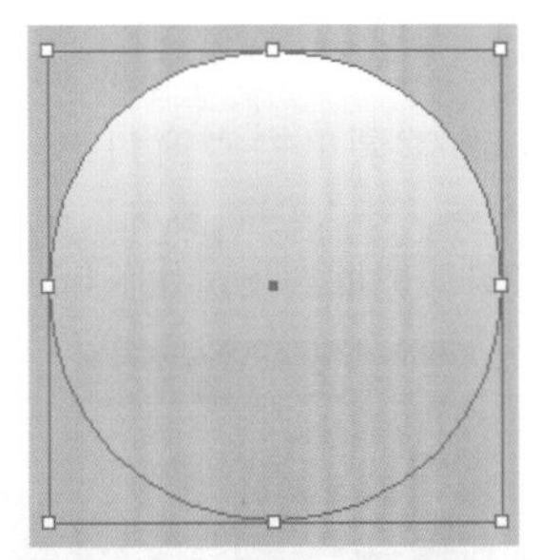

图4-65　建立不透明蒙版

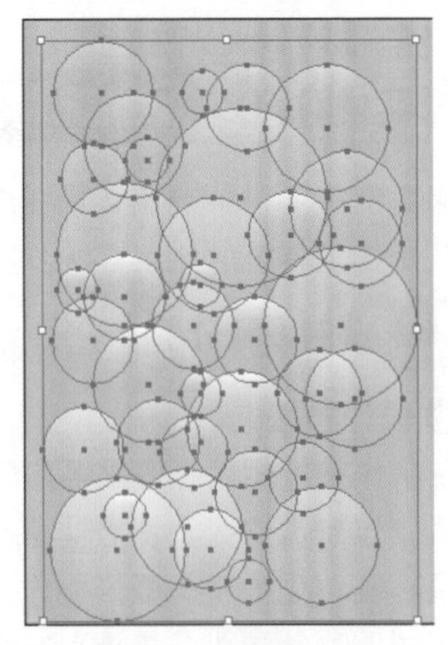

图4-66　复制圆形效果

提　示

复制及调整圆形的大小和位置，不必拘泥于本例的效果，可以自由发挥。

❻ 打开配套光盘“素材文件\第4章\实例070.ai”文件，将素材调入到场景中，调整图形的大小和位置，如图4-67所示。

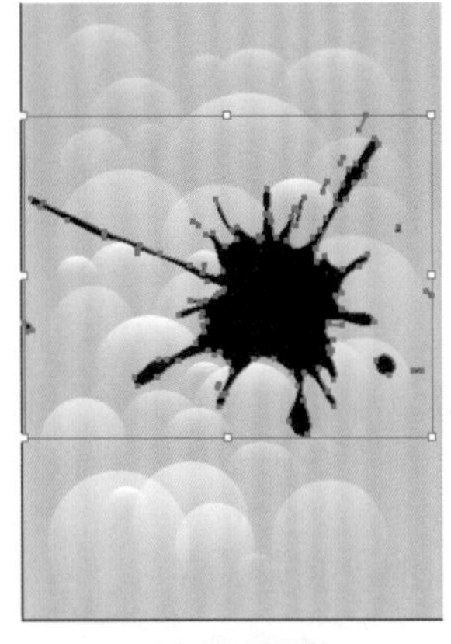

图4-67　调入素材效果

❼ 选中墨迹素材，为其填充深红色（C：40%、M：100%、Y：100%、K：50%），从而完成本实例的制作。效果如图4-68所示。

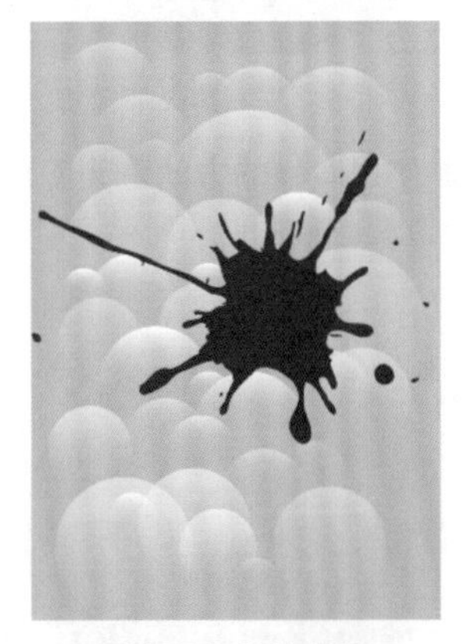

图4-68　最终效果

实例071

自然景物类——秋天的树

本实例主要讲解秋天的树插画的设计制作，使读者掌握钢笔工具、椭圆工具以及文字工具等的使用方法。

案例设计分析

设计思路

秋天是果实成熟、收获的季节。北方的落叶树开始落叶，秋天的树也是落叶争艳的地方。在制作本插画时，先使用钢笔工具绘制出树干和树叶，并填充上颜色，再使用矩形工具绘制出路面，最后输入合适的文字，完成本实例的制作。

案例效果剖析

本例制作的秋天的树插画很简单，如图4-69所示为部分效果展示。

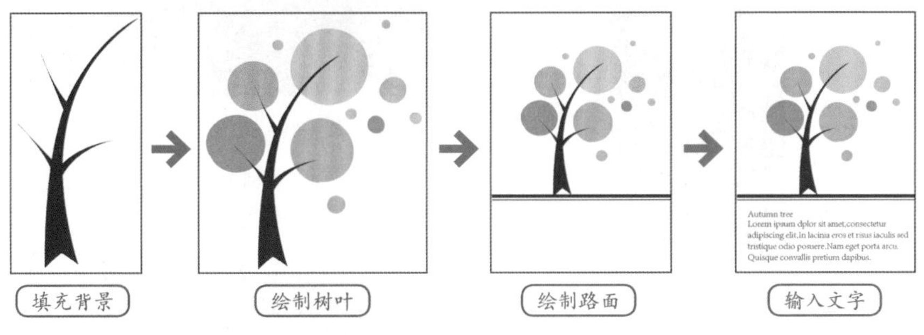

图4-69 效果展示

案例技术要点

本例中主要用到的功能及技术要点如下。

- 钢笔工具：使用钢笔工具绘制线条流畅的路面和树木等图形。
- 椭圆工具：通过使用椭圆工具绘制多个圆形，然后通过“颜色”面板设置图形的填充属性。
- 文字工具：使用文字工具输入合适的文字，使插图效果更丰满。

源文件路径	效果文件\第4章\实例071.ai		
视频路径	视频\第4章\实例071. avi		
难易程度	★	学习时间	3分45秒

实例072 室外场景类——梦幻城堡

本实例主要讲解梦幻城堡插画的设计制作，使读者掌握钢笔工具、椭圆工具以及矩形工具等的使用方法。

案例设计分析

设计思路

每个少女心中都有一个王子公主的情节，公主住在城堡中，等着王子骑着白马来迎接她，从此以后两个人幸福地生活在一起。本例将制作一幅梦幻城堡插画。在制作本插画时，先绘制多个矩形，然后使用联集命令将它们合并成一个整体；再使用椭圆工具、矩形工具以及钢笔工具绘制出城堡的局部图形，最后调入合适的素材，完成场景的制作。

案例效果剖析

本例制作的梦幻城堡插画包括了多个步骤，如图4-70所示为部分效果展示。

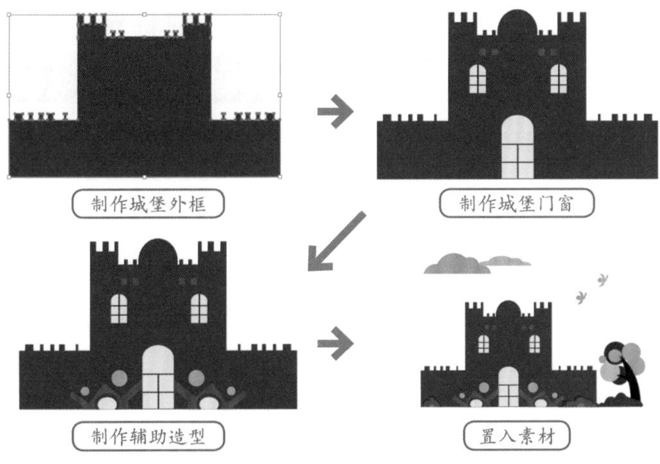

图4-70 效果展示

案例技术要点

本例中主要用到的功能及技术要点如下。

- 联集命令：使用联集命令，可以将互相重叠的几个图形合并为一个图形，以便于进行下一步的操作。
- 钢笔工具：使用钢笔工具绘制出图形的形状，然后进行颜色填充，完成图形的制作。

案例制作步骤

源文件路径	效果文件\第4章\实例072.ai
调用路径	素材文件\第4章\实例072.ai
视频路径	视频\第4章\实例072. avi
难易程度	★★★
学习时间	6分09秒

❶ 启动Illustrator，创建一个新文档。

❷ 使用（矩形工具）在画布中创建多个矩形，使它们组成如图4-71所示的形状（图中标注数字为主要矩形的大小）。

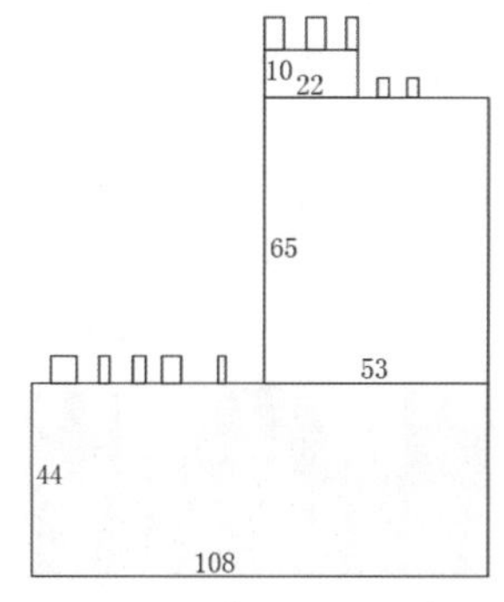

图4-71 绘制矩形图形效果

提 示

为了便于将矩形合并为一个图形，可以将矩形之间重叠一部分，如图4-72所示。

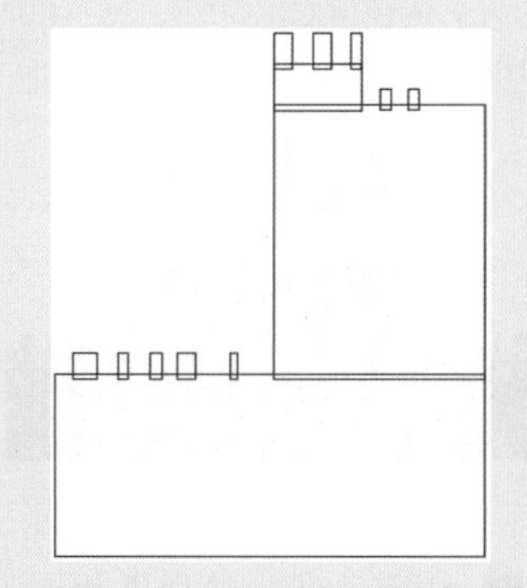

图4-72 调整矩形的形态

❸ 选择所有的矩形，单击“路径查找器”面板中的按钮，使它们合并为一个图形，并使其以深红色（C：20%、M：100%、Y：80%、K：40%）填充，如图4-73所示。

图4-73　填充图形

❹ 将图形垂直镜像复制一个，放置在右边，并使它们稍微重叠一部分，然后使用联集命令合并为一个整体，如图4-74所示。

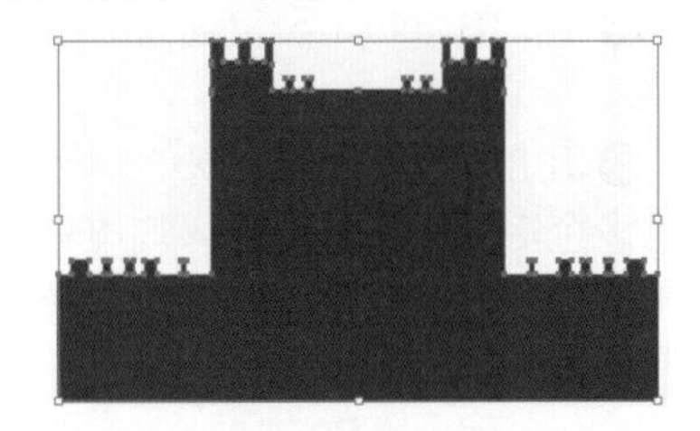

图4-74　联集效果

❺ 在城堡的上方居中的位置绘制一个椭圆，模拟城堡的穹顶造型，然后使它和城堡图形合并一个整体，如图4-75所示。

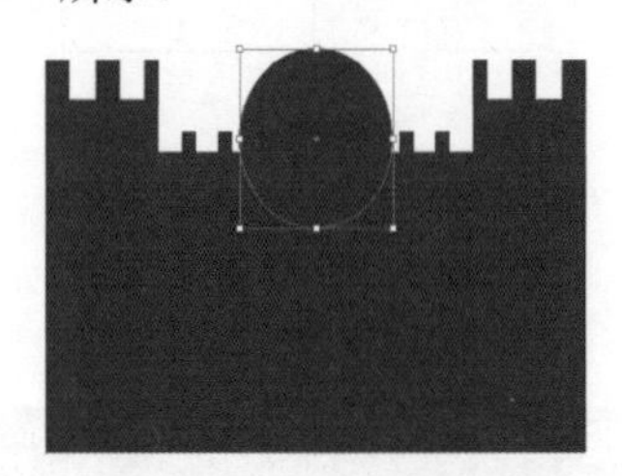

图4-75　绘制穹顶路径

❻ 下面绘制城堡的门窗等造型。使用（矩形工具）绘制4个矩形，并填充上土黄色（C：50%、M：80%、Y：100%），如图4-76所示。

图4-76　绘制矩形

❼ 分别绘制一个矩形和一个椭圆，将它们合并为一个整体，以浅蓝色（C：20%、M：5%、Y：5%）填充，如图4-77所示。

图4-77　绘制窗户闭合路径

❽ 再绘制几个矩形，放置在窗户内，作为窗棂造型，以深红色（C：55%、M：95%、Y：90%、K：60%）填充，如图4-78所示。

图4-78　绘制窗棂图形

❾ 将窗户复制一个，放置在城堡的右边，然后使用同样的方法再绘制上一个门洞，如图4-79所示。

图4-79　复制窗户及绘制门洞图形

❿ 再次使用（钢笔工具）绘制一条闭合路径，以土黄色填充，如图4-80所示。

图4-80　绘制闭合路径

⓫ 再次绘制几个图形，放在如图4-81所示的位置。

图4-81　绘制闭合路径

⓬ 将门洞边的这些图形全部选择，然后将它们垂直镜像复制一组，放置在门洞的另一侧，如图4-82所示。

图4-82　镜像复制图形

⓭ 打开配套光盘“素材文件\第4章\实例072.ai”文件，将素材调入到场景中，调整图层顺序，完成本实例的制作。效果如图4-83所示。

图4-83　最终效果

实例073　自然景物类——圣诞快乐

本实例主要讲解圣诞快乐插画的设计制作，使读者掌握钢笔工具、椭圆工具等的使用方法。

案例设计分析

设计思路

圣诞节是西方国家全家团聚的日子，和中国的春节一样是重要的节日，那一天，分散在五湖四海的人都奔向同一个目的地——家。本例制作的圣诞快乐插画，先使用椭圆工具和高斯模糊命令结合绘制出雪花飞舞的效果，再使用钢笔工具绘制出山丘等背景，最后调入合适的圣诞素材、输入文字，完成场景的制作。

案例效果剖析

本例制作的圣诞快乐插画包括了多个步骤，如图4-84所示为部分效果展示。

图4-84 效果展示

案例技术要点

本例中主要用到的功能及技术要点如下。

- 钢笔工具：使用钢笔工具绘制路径，在绘制时要注意线条平滑度的调整。
- 高斯模糊命令：使用高斯模糊命令可以创造出比较柔和的画面效果。
- 联集命令：使用联集命令，可以将互相重叠的几个图形合并为一个图形，以便于进行下一步的操作。

案例制作步骤

源文件路径	效果文件\第4章\实例073.ai		
调用路径	素材文件\第4章\实例073.ai		
视频路径	视频\第4章\实例073. avi		
难易程度	★★★	学习时间	5分48秒

❶ 启动Illustrator，创建一个新文档。使用（矩形工具）在画布中创建一个“宽度”为250mm、“高度”为210mm的矩形，将它以浅绿色（C：25%、M：5%、Y：20%）填充。

❷ 使用（椭圆工具）在画布中绘制多个圆形，分别调整它们的大小和位置，并以白色填充。然后选择菜单栏中的“效果”|“模糊”|“高斯模糊”命令，在弹出的“高斯模糊”对话框中，设置模糊“半径”为2像素，图像效果如图4-85所示。

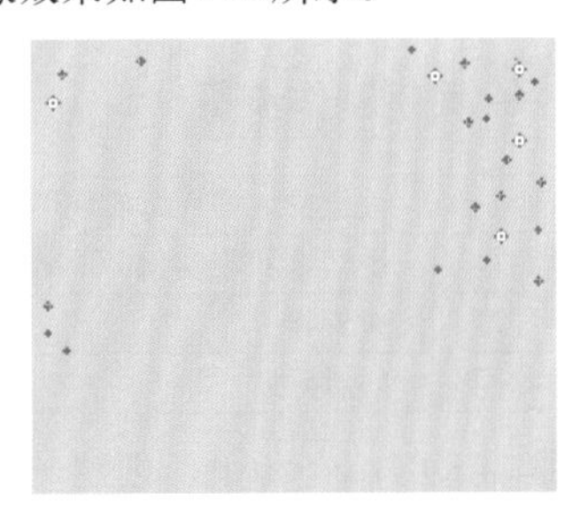

图4-85 绘制圆形效果

提 示

为雪花加上“高斯模糊”效果，可以使制作出来的雪花造型更加朦胧。

❸ 使用（钢笔工具）绘制一条闭合路径，以浅绿色（C：15%、M：5%、Y：10%）填充，如图4-86所示。

图4-86 绘制闭合路径

❹ 将这条闭合路径复制一条，并使其位于图层的上方。选择“窗口”|“画笔”命令，打开“画笔”面板，然后选中如图4-87所示的艺术效果，这样路径就转换成了粉笔-涂抹图形，最后再将描边的颜色设置为白色、粗细设置为0.75pt。

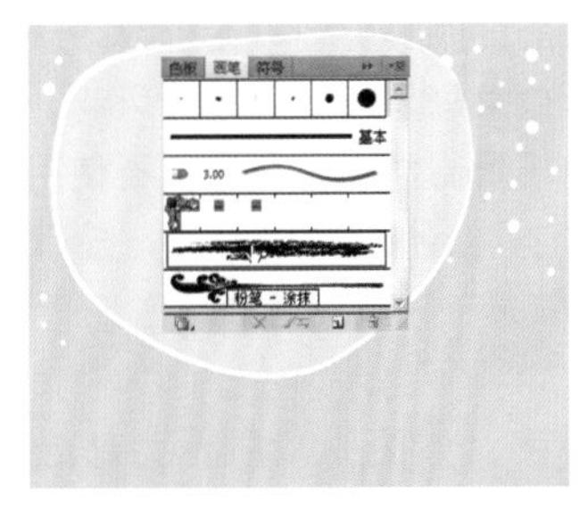

图4-87 描边路径

❺ 使用同样的方法，在画布的下方也绘制上一条闭合路径，并为其填充上橄榄绿色（C：40%、M：25%、Y：40%）。在最下方空白区域绘制一条闭合路径，以白色填充，模拟雪地效果。效果如图4-88所示。

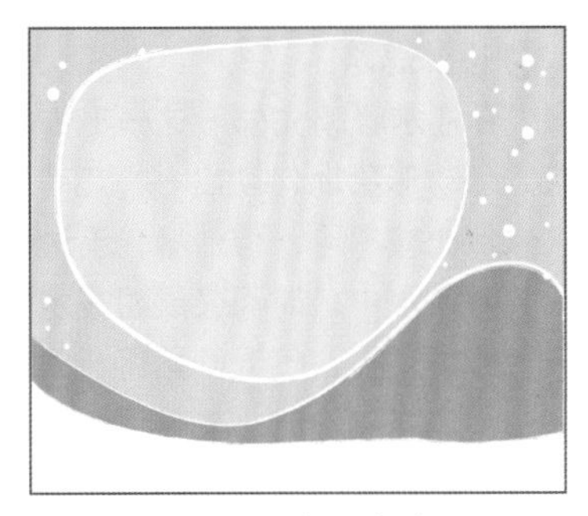

图4-88 绘制闭合路径

❻ 打开配套光盘“素材文件\第4章\实例073.ai”文件，将素材调入到场景中，放置在图层的最上方，效果如图4-89所示。

图4-89 调入素材效果

提 示

这些素材的具体绘制方法在前面的章节中都做了详细介绍，为了节约篇幅，在这里直接调用了。

❼ 使用（钢笔工具）在白色的雪地上绘制几条弯曲的线条，模拟雪地上的痕迹。然后为插画输入合适的文字，完成本实例的制作。效果如图4-90所示。

图4-90 最终效果

实例074 自然景物类——荷塘春色

本实例主要讲解荷塘春色插画的设计制作，使读者掌握钢笔工具、椭圆工具的使用方法，以及图形的载入等。

案例设计分析

设计思路

“春江水暖鸭先知”这一千古名句细致逼真地抓住了大自然中的节气变化特点，生动形象地勾勒出一幅江南早春的秀丽景色。江南水乡冬末初春时节，天气依然比较寒冷，但池塘、溪边时有三五成群的鸭子在冰冷的水中戏游，时而把头潜入水中，时而又展翅在水中“高唱”。这种物候迹象，告示人们寒冷的天气即将过去，气温开始逐渐回升，江河溪水中的水温也随之变暖，春天来了。在制作本实例时，先使用椭圆工具和钢笔工具绘制出鸭子的大体形态，并分别填充上相应的颜色；然后将鸭子复制两个，调整大小；最后调入素材，完成本实例的制作。

案例效果剖析

本例制作的荷塘春色插画很简单，如图4-91所示为部分效果展示。

图4-91 效果展示

案例技术要点

本例中主要用到的功能及技术要点如下。

- 钢笔工具：使用钢笔工具绘制线条流畅的鸭子形状。
- 椭圆工具：使用椭圆工具绘制鸭子的眼睛。

源文件路径	效果文件\第4章\实例074.ai		
调用路径	素材文件\第4章\实例074.ai		
视频路径	视频\第4章\实例074. avi		
难易程度	★	学习时间	4分38秒

实例075 自然景物类——日落剪影

本实例主要讲解日落剪影插画的设计制作，使读者掌握钢笔工具、渐变工具、椭圆工具、铅笔工具以及矩形工具等的使用方法。

案例设计分析

设计思路

在众多风景片中，给人印象深刻的景象，落日剪影类型不在少数。从视觉冲击上来说，这种高对比加上逆光造成的剪影效果总是有一种特殊风韵。本例制作的日落剪影插画，先使用“渐变”面板为场景制作一个背景，再使用椭圆工具绘制出太阳图形，使用钢笔工具和铅笔工具绘制出枯树图形，最后使用“涂抹”命令为画面制作上太阳和枯树的倒影效果，完成场景的制作。

案例效果剖析

本例制作的日落剪影插画包括了多个步骤，如图4-92所示为部分效果展示。

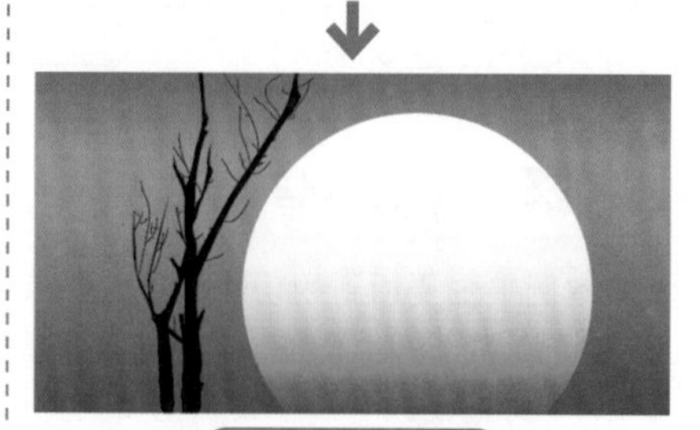

图4-92 效果展示

案例技术要点

本例中主要用到的功能及技术要点如下。

- 钢笔工具：使用钢笔工具绘制路径，在绘制时要注意线条平滑度的调整。
- 涂抹命令：使用“涂抹”命令，可以创造出水波荡漾的效果，在调整时要注意参数的设置。

案例制作步骤

源文件路径	效果文件\第4章\实例075.ai
视频路径	视频\第4章\实例075. avi
难易程度	★★★
学习时间	5分15秒

❶ 启动Illustrator，创建一个新文档。

❷ 使用（矩形工具）在画布中创建一个“宽度”为210mm、“高度”为110mm的矩形。通过“渐变”面板和“颜色”面板设置所选图形的填充属性，描边属性设置为“无”，如图4-93所示。

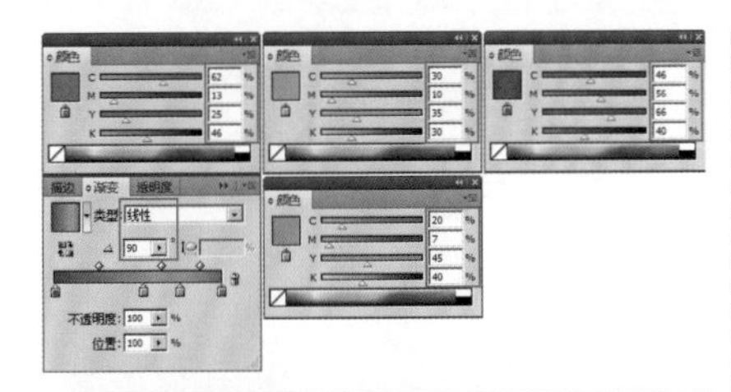

图4-93 颜色设置及渐变效果

❸ 使用 （椭圆工具）在画布中绘制一个圆形，为其建立剪切蒙版，如图4-94所示。

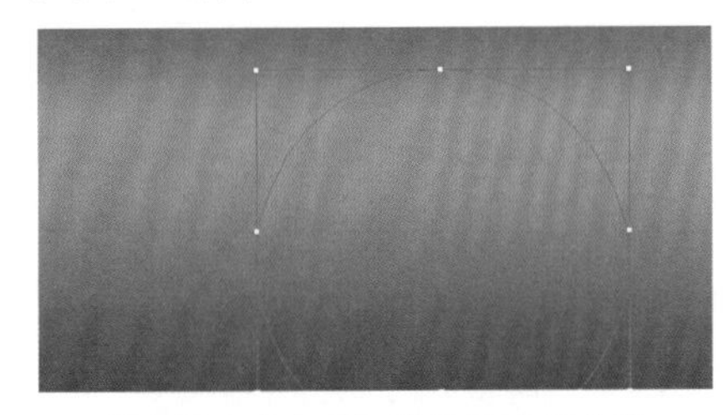

图4-94 建立剪切蒙版的圆形效果

❹ 通过“渐变”面板和“颜色”面板设置所选图形的填充属性，描边属性设置为“无”，如图4-95所示。

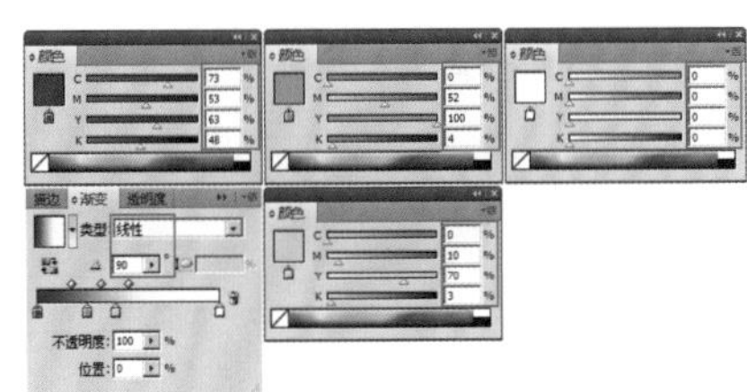

图4-95 颜色设置

❺ 设置渐变色后，图形效果如图4-96所示。

图4-96 设置渐变效果

❻ 使用 （钢笔工具）和 （铅笔工具）结合着绘制如图4-97所示的枯树造型，将其以黑色填充和描边。

❼ 将制作的渐变色背景复制一个，调整图形上方海平面的形态，如图4-98所示。

图4-97 绘制枯树图形

图4-98 海平面形态

❽ 调整最左侧渐变滑块的色值，其他滑块色值同图4-95所示，如图4-99所示。

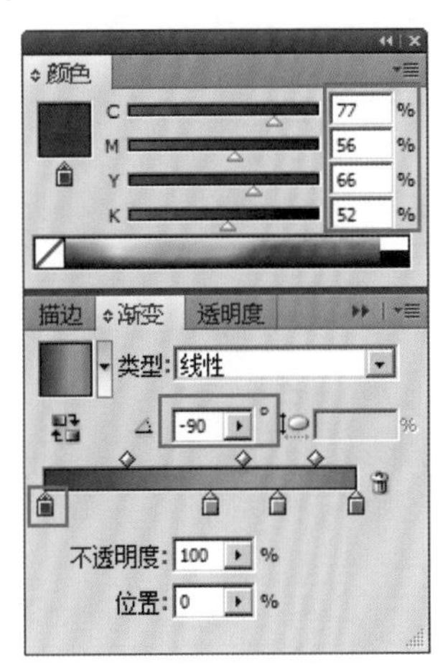

图4-99 设置渐变属性

❾ 将制作的太阳图形旋转180°复制一个，然后选择菜单栏中的“效果”|“风格化”|“涂抹”命令，在弹出的“涂抹选项”对话框中设置参数，如图4-100所示。

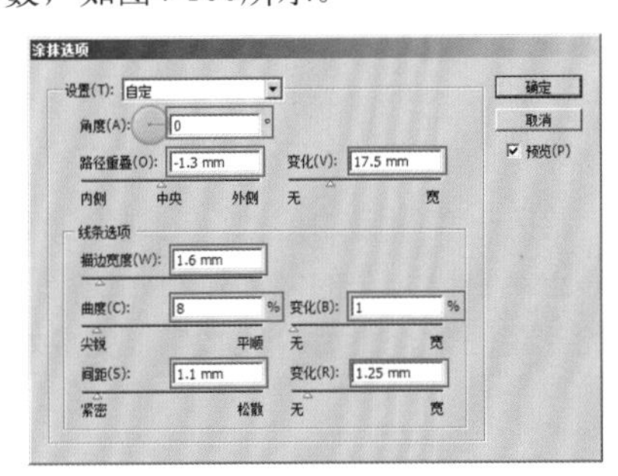

图4-100 参数设置

❿ 执行涂抹操作后，图形效果如图4-101所示。

图4-101 涂抹效果

提 示

这些参数设置可以根据图形的大小和习惯设置。另外，在制作倒影时，也可以使用钢笔工具或铅笔工具绘制出大体形状路径，然后填充上颜色。

⓫ 使用同样的方法，为枯树制作倒影效果，如图4-102所示。

图4-102 制作树木倒影效果

⓬ 最后，为海面画上一些碎的小波纹，完成本实例的制作，如图4-103所示。

图4-103 最终效果

实例076 自然景物类——夏日椰树

本实例主要讲解夏日椰树插画的设计制作，使读者掌握钢笔工具、渐变工具、椭圆工具以及矩形工具等的使用方法。

案例设计分析

设计思路

夏日的海边，一株株椰子树，高耸挺拔，长矛似的阔叶向四周伸展，仿佛一柄巨大的绿伞，一簇簇的椰子垂悬在树干上，椰树迎风摇曳，婆娑多姿。在制作本例时，先使用钢笔工具绘制出树干和树叶，并填充上颜色，再使用矩形工具绘制出海平面，最后输入合适的文字，完成本实例的制作。

案例效果剖析

本例制作的夏日椰树插画很简单，如图4-104所示为部分效果展示。

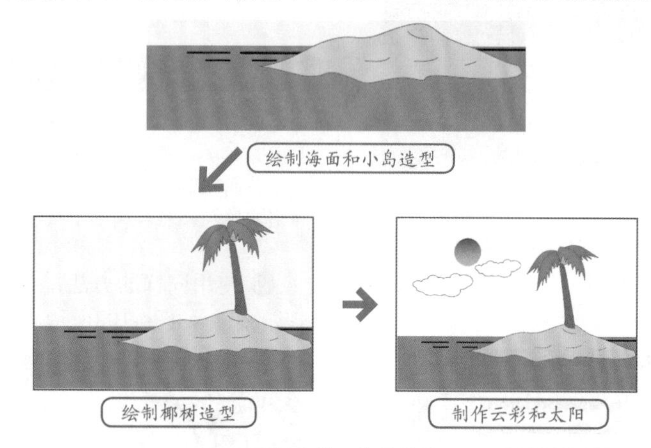

图4-104 效果展示

案例技术要点

本例中主要用到的功能及技术要点如下。

- 矩形工具：使用矩形工具绘制出海平面。
- 钢笔工具：使用钢笔工具绘制线条流畅的路面和树木等图形。
- 椭圆工具：通过使用椭圆工具绘制多个圆形，然后通过“颜色”面板设置图形的填充属性。

源文件路径	效果文件\第4章\实例076.ai		
视频路径	视频\第4章\实例076. avi		
难易程度	★	学习时间	4分51秒

实例077 装饰背景类——It's a girl

本例将绘制一幅类似贺卡样式的插画，使读者掌握钢笔工具、渐变工具以及矩形工具等的使用方法。

案例设计分析

设计思路

本插画中一架粉色花朵的婴儿小推车，给人一种暖暖的感觉。在制作该实例时，先制作出插画背景，再使用钢笔工具绘制出婴儿车的外部轮廓，使用干画笔为其描边；然后为婴儿车装饰上粉色的花朵图案，最后输入文字，完成本实例的制作。

案例效果剖析

本例制作的插画很简单，如图4-105所示为部分效果展示。

使用渐变工具制作背景

绘制推车路径

填充图案

输入文字

图4-105 效果展示

案例技术要点

本例中主要用到的功能及技术要点如下。

- 钢笔工具：使用钢笔工具绘制线条婴儿车造型。
- 渐变工具：使用渐变工具制作出图案的颜色变化。
- 矩形工具：使用矩形工具绘制路面造型。

源文件路径	效果文件\第4章\实例077.ai
视频路径	视频\第4章\实例077. avi
难易程度	★★★
学习时间	3分34秒

第5章 标志设计

标志（Logo），是表明事物特征的记号。它以单纯、显著、易识别的物象、图形或文字符号为直观语言，除表示什么、代替什么之外，还具有表达意义、情感和指令行动等作用。标志设计不仅是实用物的设计，也是一种图形艺术的设计。它与其他图形艺术表现手段既有相同之处，又有自己的艺术规律。

实例078 标志设计类——文字标志设计一

所谓的文字标志，是直接用中文、外文或汉语拼音的单词构成的，也有用汉语拼音或外文单词的字首进行组合的。主要以文字为主，通过文字字体、颜色或者是变形设计出来。本例将制作一个英文和中文结合的文字标志。

案例设计分析

设计思路

本例制作的标志，有一个大大的底色作为陪衬，标志的文字进行了变形处理，使其比较有动感，并在文字的尾部位置放上中文字母，这样中英文结合的标志非常通俗易懂。在制作该实例时，先输入文字，然后使用直接选择工具调整主体字母的形态，使用钢笔工具绘制出底色，并为字母制作上效果，最后输入中文文字，同时制作效果即可。

案例效果剖析

如图5-1所示为文字标志设计部分效果展示。

图5-1 效果展示

案例技术要点

本例中主要用到的功能及技术要点如下。

- 钢笔工具：使用钢笔工具绘制出底色。
- 直接选择工具：使用直接选择工具修改文字的路径形态。
- 文字工具：使用文字工具创建需要的文字。

案例制作步骤

源文件路径	效果文件\第5章\实例078.ai		
视频路径	视频\第5章\实例078. avi		
难易程度	★★	学习时间	5分38秒

❶ 启动Illustrator，新建一个空白文档。使用T（文字工具）在左侧输入Coopy英文文字，如图5-2所示。

图5-2 输入文字

❷ 按Ctrl+Shift+O快捷键，将文字创建轮廓，并取消编组。选择（直接选择工具），使用该工具将第一个字母编辑成如图5-3所示的效果。

图5-3 编辑路径

❸ 将第一个字母以黄色（Y：100%）填充，描边为蓝色（C：100%、M：100%），如图5-4所示。

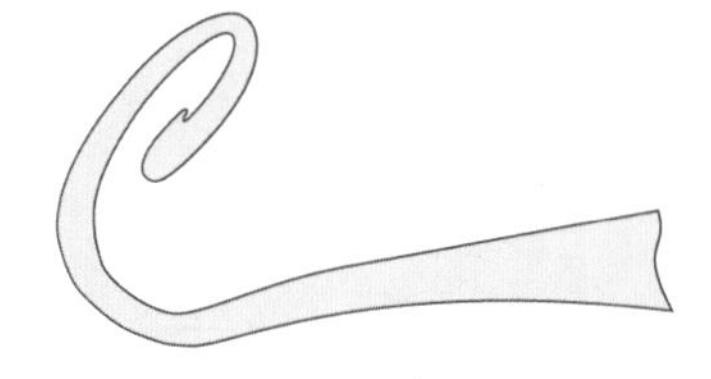

图5-4 设置填充属性

❹ 将其他字母使用（直接选择工具）编辑形态，并以黄色填充，以蓝色描边，然后移动到如图5-5所示的位置。

图5-5　字母组合

❺ 全选所有字母图形，在“路径查找器”面板中单击按钮，将字母合并为一个整体。

❻ 使用（钢笔工具）绘制闭合路径，以蓝色（C：100%、M：100%）填充，放在字母的下方，如图5-6所示。

图5-6　绘制蓝色

❼ 将蓝色图形原位复制一个，填充湖蓝色（C：35%），调整此图形的大小，放置在蓝色图形的上方，如图5-7所示。

图5-7　复制蓝色

❽ 选择字母，选择菜单栏中的“效果”|“风格化”|“投影”命令，“投影”对话框参数设置如图5-8所示。

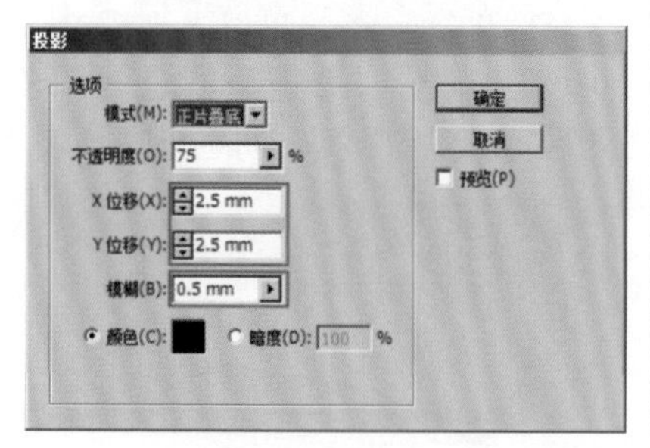

图5-8　参数设置

提　示

在为图形制作投影效果时，投影的参数设置可以根据自己建立图形的大小自行调整。

❾ 添加投影后，图形效果如图5-9所示。

图5-9　投影效果

❿ 使用（文字工具）输入文字“酷派一族”，设置字体，填充颜色为白色，描边颜色为蓝色。然后为文字制作上投影效果，完成本实例的最终制作，如图5-10所示。

图5-10　最终效果

实例079　标志设计类——文字标志设计二

本例将制作一个比较简单的英文标志，主要用到钢笔工具和文字工具。

案例设计分析

设计思路

这个标志主要使用的是对文字变形的处理方法，以及文字和图块的结合等。制作该实例时，先输入文字，然后使用钢笔工具绘制出路径，制作出断开的效果，最后填充上颜色即可。

案例效果剖析

如图5-11所示为文字标志设计部分效果展示。

图5-11　效果展示

案例技术要点

本例中主要用到的功能及技术要点如下。

- 钢笔工具：使用钢笔工具绘制出路径。
- 文字工具：使用文字工具创建需要的文字。

源文件路径	效果文件\第5章\实例079.ai		
视频路径	视频\第5章\实例079. avi		
难易程度	★	学习时间	1分25秒

实例080　标志设计类——文字标志设计三

本例制作的标志是将文字进行了变形而来的，这种设计标志的方法比较多见，而且出来的效果很好。

案例设计分析

设计思路

本标志主要讲述的是文字的变形操作，把文字中的点笔画全部用爱心来代替，切合了爱的主题，再制作上一个小脚丫图形，吻合了印迹主题思想，该标志的意境很好。制作该实例时，先输入文字，然后使用直接选择工具将部分锚点删除，并用心形代替，最后画上小脚丫造型，填充颜色即可。

案例效果剖析

如图5-12所示为文字标志部分效果展示。

输入文字

标志效果

图5-12 效果展示

案例技术要点

本例中主要用到的功能及技术要点如下。

- 钢笔工具：使用钢笔工具绘制出路径。
- 直接选择工具：使用直接选择工具修改文字的路径形态。
- 文字工具：使用文字工具创建需要的文字。

案例制作步骤

源文件路径	效果文件\第5章\实例080.ai
视频路径	视频\第5章\实例080. avi
难易程度	★★★
学习时间	4分41秒

❶ 启动Illustrator，新建一个空白文档。使用T（文字工具）在左侧输入“爱之印迹”文字，设置字体和字号，如图5-13所示。

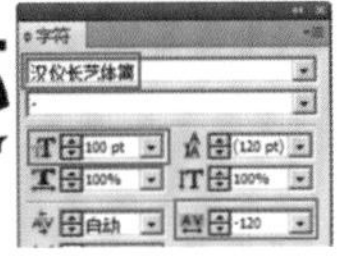

图5-13 输入文字

❷ 按Ctrl+Shift+O快捷键，将文字创建轮廓，并取消编组。选择（直接选择工具），使用该工具将文字中部分锚点选中并删除掉，如图5-14所示。

图5-14 删除部分路径

❸ 使用（钢笔工具）绘制一个心形图形，将其填充红色，分别调整它们的大小，放置在如图5-15所示的位置。

图5-15 心形图形的位置

❹ 通过使用（直接选择工具）调整各锚点的位置，将“爱”字和“之”字交叉在一起，如图5-16所示。

图5-16 编辑文字效果

提 示

调整锚点的位置时，因为字的锚点较多，可以将一些不必要的锚点删除，这样利于图形的调整。

❺ 使用（钢笔工具）绘制脚掌图形，以红色填充，再使用（椭圆工具）绘制脚趾图形，并填充红色。然后将脚趾复制4个，并分别调整大小，如图5-17所示。

图5-17 脚丫图形

❻ 选择脚丫图形，按Ctrl+G快捷键将它们编组，然后调整其大小，放在如图5-18所示的位置。

图5-18 脚丫图形的位置

❼ 通过使用（直接选择工具）调整各锚点的位置，将“印”字和“迹”字交叉在一起，如图5-19所示。

图5-19 编辑文字效果

❽ 选择所有图形，按Ctrl+G快捷键将图形编组，完成本实例的制作，如图5-20所示。

图5-20 最终效果

实例081 标志设计类——图形标志设计

图形标志从字面意思上看就是图形设计的标志，它主要是通过几何图案或象形图案来表示。一般分为具象图形标志、抽象图形标志与具象抽象相结合的标志3种。

案例设计分析

设计思路

该标志以燕子这种鸟类为原型，把它的外形进行简化，从而达到想要的效果。制作该实例时，先使用钢笔工具绘制路径，复制制作出标志的主体造型，最后输入合适的文字完成本例的制作。

案例效果剖析

如图5-21所示为图形标志部分效果展示。

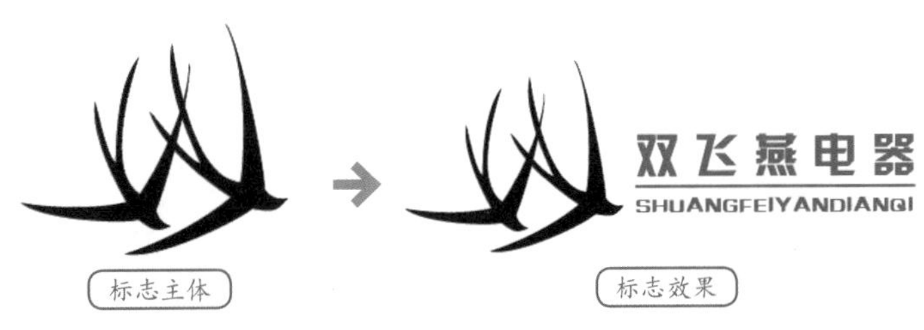

图5-21 效果展示

案例技术要点

本例中主要用到的功能及技术要点如下。

- 钢笔工具：使用钢笔工具绘制出路径。
- 矩形工具，使用矩形工具绘制线段。
- 文字工具：使用文字工具创建需要的文字。

源文件路径	效果文件\第5章\实例081.ai		
视频路径	视频\第5章\实例081. avi		
难易程度	★★	学习时间	3分26秒

实例082 标志设计类——图形与文字组合标志一

图文组合标志简单来看就是将图形和文字相组合，集中了文字标志和图形标志的长处，克服了两者的不足。

案例设计分析

设计思路

标志颜色采用的是红黄蓝，色彩鲜亮、活泼。为了避免儿童磕碰，家具的边角就要圆滑处理，因此该标志的图形采用的是圆形。制作该实例时，先制作出图形，然后使用路径查找器编辑出图形的效果，最后输入文字即可。

案例效果剖析

如图5-22所示为图形与文字组合标志部分效果展示。

图5-22　效果展示

案例技术要点

本例中主要用到的功能及技术要点如下。

- 椭圆工具：使用椭圆工具制作出标志的主要造型。
- 矩形工具：使用矩形工具绘制出矩形图形。
- 文字工具：使用文字工具创建需要的文字。

案例制作步骤

源文件路径	效果文件\第5章\实例082.ai		
视频路径	视频\第5章\实例082. avi		
难易程度	★★	学习时间	1分59秒

❶ 启动Illustrator，新建一个空白文档。使用（椭圆工具）在页面内绘制一个正圆，填充红色，如图5-23所示。

图5-23　绘制图形

❷ 按Ctrl+C快捷键将圆形复制，再按Ctrl+B快捷键将其粘贴到红色圆形的后面，将其放大，然后填充上黄色，如图5-24所示。

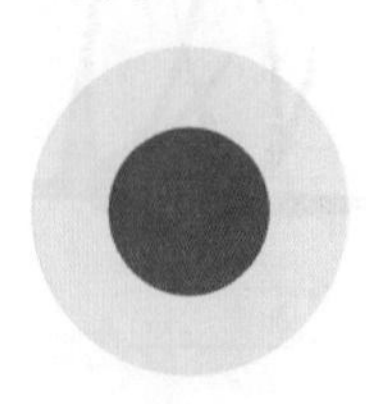

图5-24　复制图形

❸ 按Ctrl+C快捷键将黄色圆形复制，再按Ctrl+B快捷键将其粘贴到黄色圆形的后面，将其放大，然后填充上蓝色，如图5-25所示。

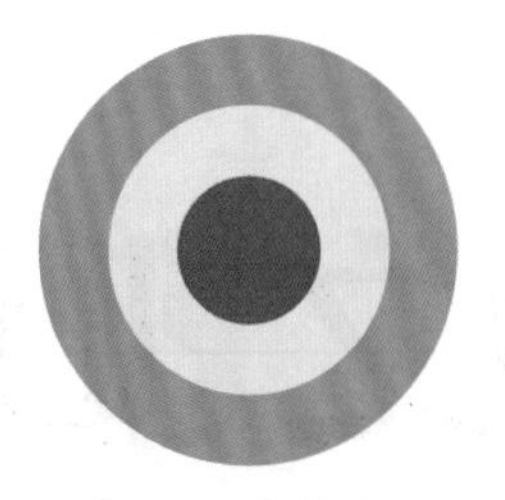

图5-25　复制图形

❹ 选择这3个图形，在“路径查找器”面板中单击按钮，将它们合并为一个图形。

❺ 使用（矩形工具）绘制一个矩形，使其和图形充分重叠，如图5-26所示。

图5-26　绘制图形

> **提　示**
>
> 想要将图形进行剪切，图形与图形之间必须充分重叠，否则完不成操作。

❻ 选择矩形和圆形，在“路径查找器”面板中单击按钮，为其修边，然后将矩形删除，如图5-27所示。

图5-27　修边效果

❼ 使用（文字工具）在左侧输入“红黄蓝家具”字样，设置字体和字号，如图5-28所示，完成本例的制作。

图5-28　最终效果

实例083 标志设计类——图形与文字组合标志二

本例制作的标志是图形与英文文字的组合，它的制作方法也很简单，主要考虑的是图形和文字排列的问题。

案例设计分析

设计思路

该标志以圆形为主体，中间配企业名称的第一个字母，简单明了。在制作该实例时，先使用椭圆工具绘制出圆形，然后输入文字，调整文字的位置，使用路径查找器编辑出标志的主体造型，最后输入文字即可。

案例效果剖析

如图5-29所示为图形与文字组合标志部分效果展示。

图5-29 效果展示

案例技术要点

本例中主要用到的功能及技术要点如下。

- 椭圆工具：使用椭圆工具绘制出标志的主体造型。
- 文字工具：使用文字工具创建需要的文字。

案例制作步骤

源文件路径	效果文件\第5章\实例083.ai		
视频路径	视频\第5章\实例083. avi		
难易程度	★★	学习时间	2分14秒

❶ 启动Illustrator，新建一个空白文档。使用（椭圆工具）在页面内绘制一个正圆，并填充桔色（M：60%、Y：100%）。

❷ 使用T（文字工具）在左侧输入h字样，设置字体和字号，并放在如图5-30所示的位置。

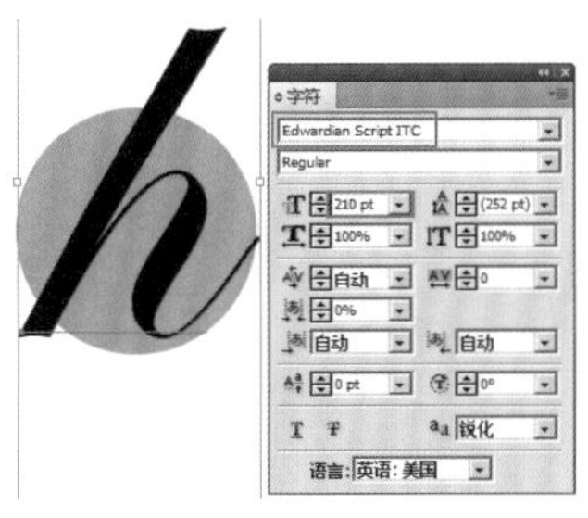

图5-30 输入文字

❸ 按Ctrl+Shift+O快捷键，将文字创建成轮廓。然后选择文字和圆形，在“路径查找器”面板中单击按钮，将顶层的图形减去，如图5-31所示。

图5-31 编辑效果

❹ 双击编辑后的图形，将左上角的图形以蓝色填充，如图5-32所示。

图5-32 删除部分路径

❺ 使用T（文字工具）输入英文文字，调整文字的大小和位置。全选图形，按Ctrl+G快捷键编组，完成本实例的制作，如图5-33所示。

图5-33 最终效果

实例084 标志设计类——图形与文字组合标志三

图文标志除了左右结构外，还有上下结构。本例将制作一个上下结构的图文标志。

案例设计分析

设计思路

该标志的主体形象有点类似于纺织业内羊毛的图标，只是对它进行了简化、变形；另外，在图形的下方加上中英文，使标志的属性更加突出。制作该实例时，先使用椭圆工具编辑出标志的主体造型，然后输入中文和英文文字即可。

案例效果剖析

如图5-34所示为图形与文字组合标志部分效果展示。

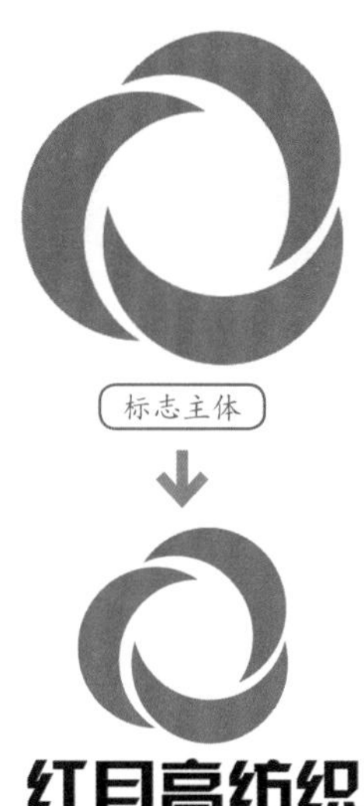

标志效果

图5-34 效果展示

案例技术要点

本例中主要用到的功能及技术要点如下。

- 椭圆工具：使用椭圆工具组合出标志的主体造型。

- 文字工具：使用文字工具创建需要的文字。

案例制作步骤

源文件路径	效果文件\第5章\实例084.ai
视频路径	视频\第5章\实例084. avi
难易程度	★★
学习时间	2分04秒

❶ 启动Illustrator，新建一个空白文档。使用 （椭圆工具）在页面内绘制一个正圆，填充红色（M：100%）。复制正圆，填充任意色，调整位置，如图5-35所示。

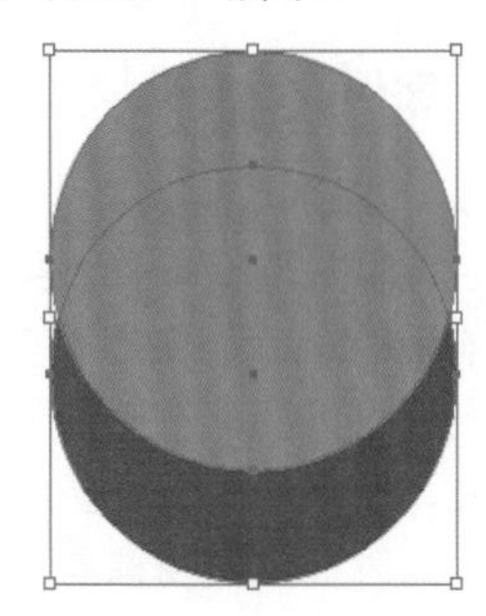

图5-35　绘制图形

❷ 选择全部图形，在“路径查找器”面板中单击 按钮，将位于顶层的图形减去，如图5-36所示。

图5-36　编辑图形

❸ 将图形选择并复制2个，分别调整它们的形态和位置，如图5-37所示。

图5-37　复制图形

❹ 使用 （文字工具）在左侧输入“红月亮纺织”文字，设置字体和字号，如图5-38所示。

图5-38　文字设置

❺ 使用 （文字工具）在左侧输入The red moon textile文字，设置字体和字号，如图5-39所示。

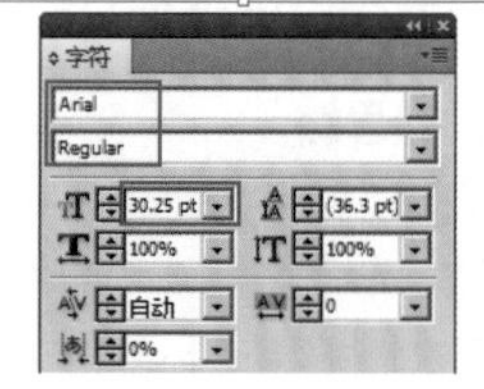

图5-39　文字设置

❻ 全选图形，按Ctrl+G快捷键编组，完成本实例的制作，如图5-40所示。

图5-40　最终效果

第6章 企业VI设计

视觉识别设计（VI）是最外在、最直接、最具有传播力和感染力的部分。VI设计是将企业标志的基本要素，以强力方针及管理系统有效地展开，形成企业固有的视觉形象，是通过视觉符号的设计统一化来传达精神与经营理念，有效地推广企业及其产品的知名度和形象，以利于规范化管理和增强员工归属感。

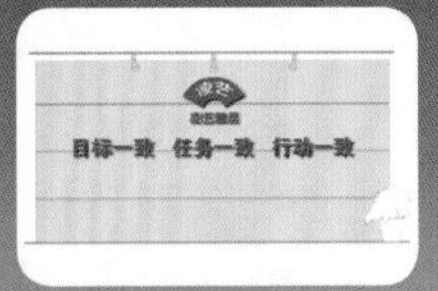

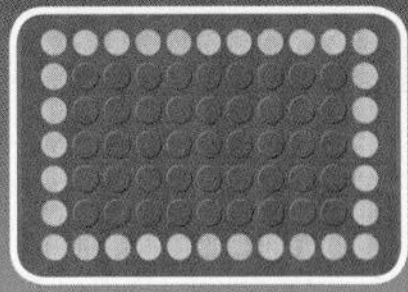

实例085 事务用品类——借款单

本实例通过借款单的设计制作，使读者掌握矩形网格工具、文字工具及对象的基本操作命令等。

案例设计分析

设计思路

本例要制作的是一般单位的内部借款单格式，单位内部人员有时候需要预借现金，可以用这个表格。在制作该实例时，先制作出基本网格，然后调整网格的大小，最后输入文字，完成本实例的制作。

案例效果剖析

如图6-1所示为借款单部分效果展示。

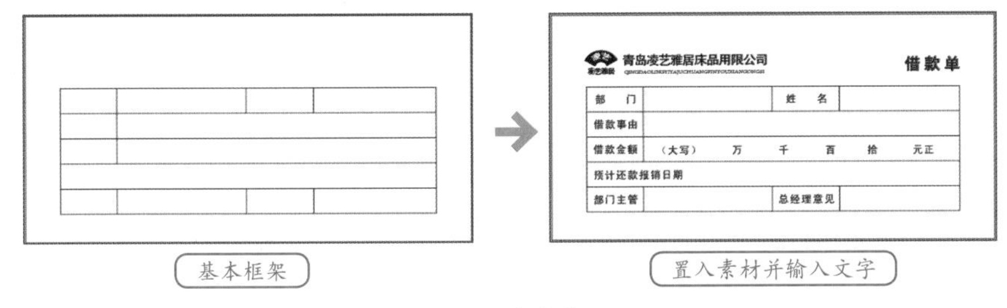

图6-1 效果展示

案例技术要点

本例中主要用到的功能及技术要点如下。

- 矩形工具：使用矩形工具绘制出借款单的尺寸。
- 矩形网格工具：使用矩形网格工具制作出网格的数量。
- 文字工具：使用文字工具输入借款单需要记录的项目。

案例制作步骤

源文件路径	效果文件\第6章\实例085.ai		
调用路径	素材文件\第6章\实例085.ai		
视频路径	视频\第6章\实例085. avi		
难易程度	★	学习时间	2分48秒

❶ 启动Illustrator，新建一个文档。使用（矩形工具）绘制一个“宽度”为95mm、“高度”为47mm的矩形。单击（矩形网格工具）按钮，在页面中单击，弹出“矩形网格工具选项”对话框，进行相应的参数设置。设置完成后，单击确定按钮，如图6-2所示。

图6-2 参数设置

❷ 使用（选择工具）将绘制的矩形网格移动到合适的位置，再选择菜单栏中的“对象”|“取消编组”命令，将图形解组，然后选择单条直线，将其移到合适的位置，如图6-3所示。

图6-3 调整线段的位置

> **提 示**
>
> 在这里也可以不解组，双击进入隔离状态进行修改。

❸ 使用 （选择工具）选择直线，通过范围框调整长度，并根据需要按住Alt键复制对象，如图6-4所示。

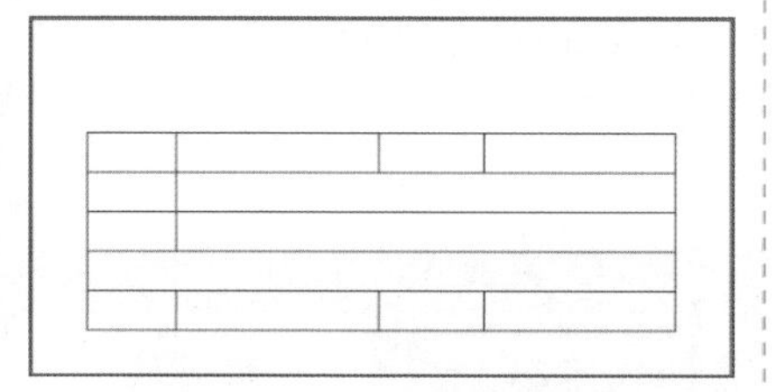

图6-4　调整线段的长度

❹ 打开随书光盘“素材文件\第6章\实例085.ai”文件，将文件中的标志复制到当前文件中，如图6-5所示。

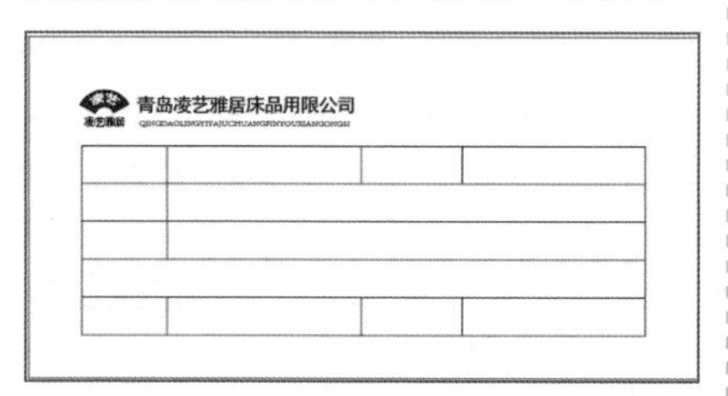

图6-5　置入标志

❺ 使用T（文字工具）在页面中输入文字，通过“字符”面板设置文字的字体、字号及行间距等，如图6-6所示。

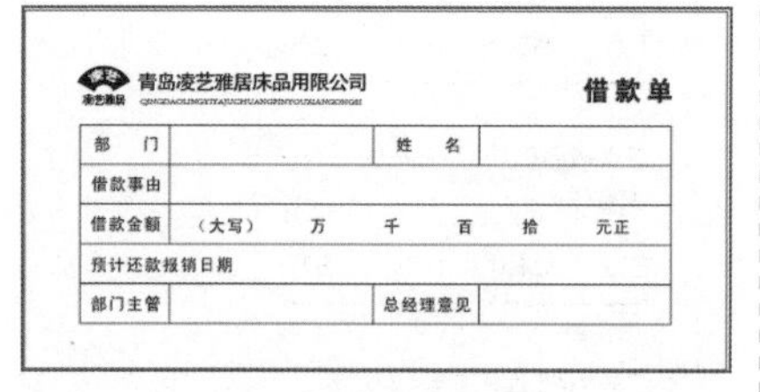

图6-6　最终效果

实例086　事务用品类——报销单

本实例通过报销单的设计制作，使读者掌握矩形网格工具、文字工具及对象的基本操作命令等。

案例设计分析

设计思路

本例要制作的是一般单位的内部报销单格式，单位内部人员有时外出买了办公用品，自己先垫付上资金买回来东西，然后填写报销单实报实销。在制作该实例时，先制作出基本网格，然后调整网格的大小，最后输入文字，完成本实例的制作。

案例效果剖析

如图6-7所示为报销单部分效果展示。

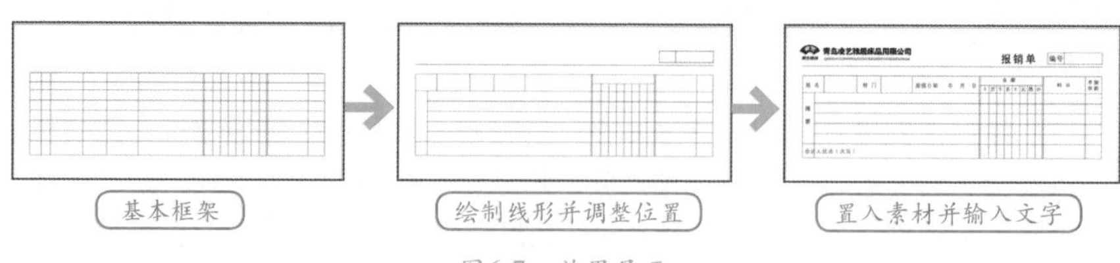

图6-7　效果展示

案例技术要点

本例中主要用到的功能及技术要点如下。

- 矩形工具：使用矩形工具绘制出报销单的尺寸。
- 矩形网格工具：使用矩形网格工具制作出网格的数量。
- 文字工具：使用文字工具输入报销单需要记录的项目。

源文件路径	效果文件\第6章\实例086.ai		
调用路径	素材文件\第6章\实例086.ai		
视频路径	视频\第6章\实例086. avi		
难易程度	★★	学习时间	4分42秒

实例087　事务用品类——报表

本实例通过报表的设计制作，使读者掌握矩形网格工具、文字工具及对象的基本操作命令等。

案例设计分析

设计思路

报表就是向上级报告情况的表格，简单地说，报表就是用表格、图表等格式来动态显示数据。本例要制作的就是一般单位内部的列表式的报表。在制作该实例时，先制作出基本网格，然后调整网格的大小，最后输入文字，完成本实例的制作。

案例效果剖析

如图6-8所示为报表部分效果展示。

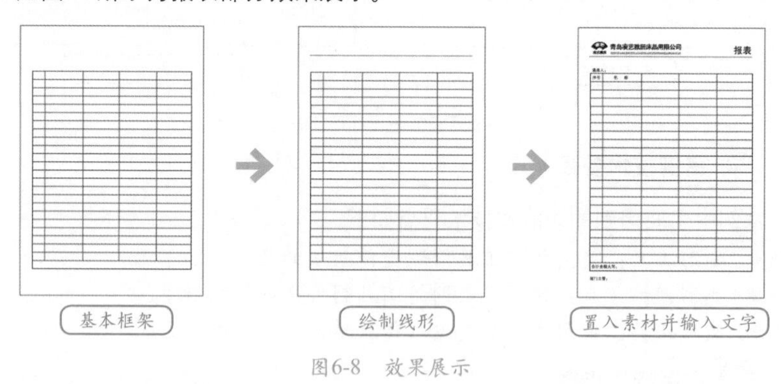

图6-8　效果展示

案例技术要点

本例中主要用到的功能及技术要点如下。

- 矩形工具：使用矩形工具绘制出报表的尺寸。
- 矩形网格工具：使用矩形网格工具制作出网格的数量。
- 文字工具：使用文字工具输入报表需要记录的项目。

- 直线段工具：使用直线段工具可以绘制任意长度的直线段。

案例制作步骤

源文件路径	效果文件\第6章\实例087.ai
调用路径	素材文件\第6章\实例087.ai
视频路径	视频\第6章\实例087. avi
难易程度	★
学习时间	2分25秒

❶ 启动Illustrator，新建一个文档。使用（矩形工具）绘制一个“宽度”为98mm、“高度”为138mm的矩形。单击（矩形网格工具）按钮，在页面中单击，弹出“矩形网格工具选项”对话框，进行相应的参数设置。设置完成后，单击确定按钮，如图6-9所示。

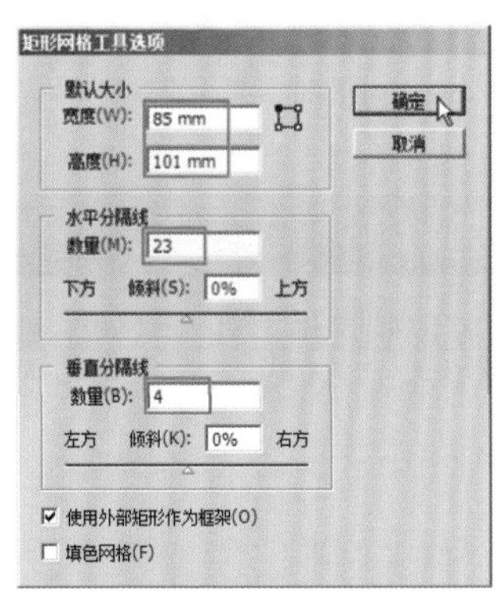

图6-9 参数设置

❷ 使用（选择工具）将绘制的矩形网格移动到合适的位置，再选择菜单栏中的“对象”|“取消编组”命令，将图形解组，然后选择单条直线，将其移到合适的位置，如图6-10所示。

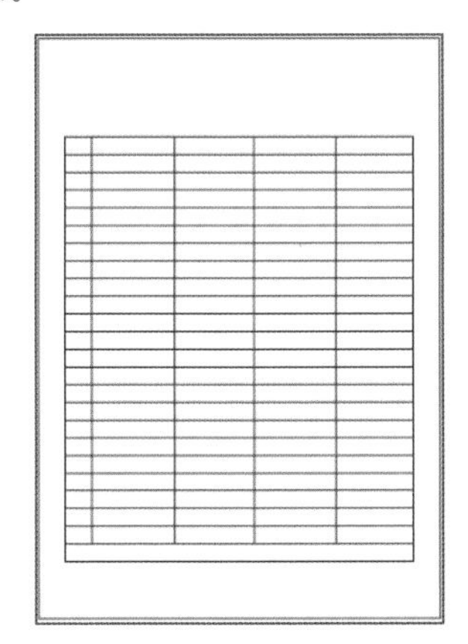

图6-10 调整线段形态

提 示

在这里也可以不解组，双击进入隔离状态进行修改。

❸ 使用（直线段工具）绘制如图6-11所示的线形。

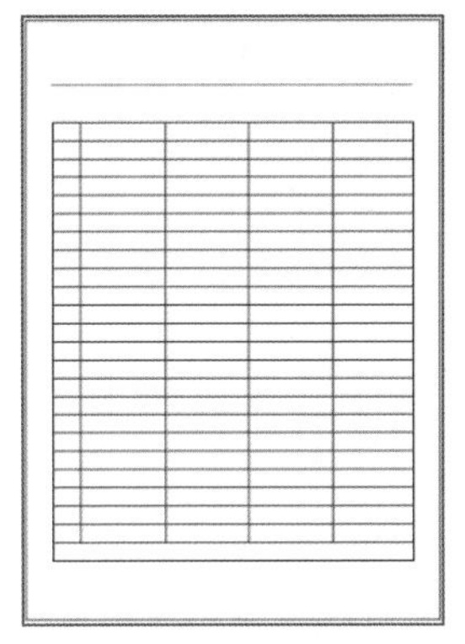

图6-11 绘制线形

❹ 打开随书光盘“素材文件\第6章\实例087.ai”文件，将文件中的标志复制到当前文件中，然后使用T（文字工具）输入文字，效果如图6-12所示。

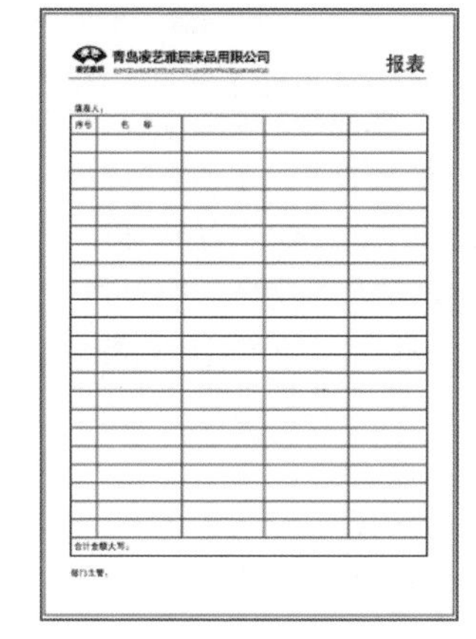

图6-12 最终效果

实例088 事务用品类——订货单

本实例通过订货单的设计制作，使读者掌握矩形网格工具、文字工具、直线段工具及对象的基本操作命令等。

案例设计分析

设计思路

订货单有多种样式，卖方依据所出售产品和货物的特点制作订货单，由买卖双方填写。在填写订货单时，要语言准确，表达清楚，并忠实于洽谈内容。在制作该实例时，先制作出基本网格，然后调整网格的大小，最后输入文字，完成本实例的制作。

案例效果剖析

如图6-13所示为订货单部分效果展示。

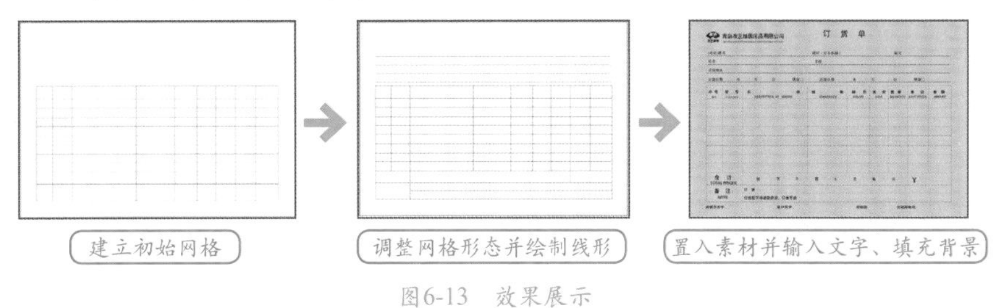

图6-13 效果展示

案例技术要点

本例中主要用到的功能及技术要点如下。

- 矩形工具：使用矩形工具绘制出订货单的尺寸。
- 矩形网格工具：使用矩形网格工具制作出网格的数量。
- 文字工具：使用文字工具输入订货单需要记录的项目。
- 直线段工具：使用直线段工具可以绘制任意长度的直线段。

案例制作步骤

源文件路径	效果文件\第6章\实例088.ai		
调用路径	素材文件\第6章\实例088.ai		
视频路径	视频\第6章\实例088. avi		
难易程度	★★	学习时间	4分02秒

❶ 启动Illustrator，新建一个文档。使用▭（矩形工具）绘制一个“宽度”为210mm、“高度”为145mm的矩形。单击▦（矩形网格工具）按钮，在页面中单击，弹出“矩形网格工具选项”对话框，可以进行相应的参数设置。设置完成后，单击 确定 按钮，如图6-14所示。

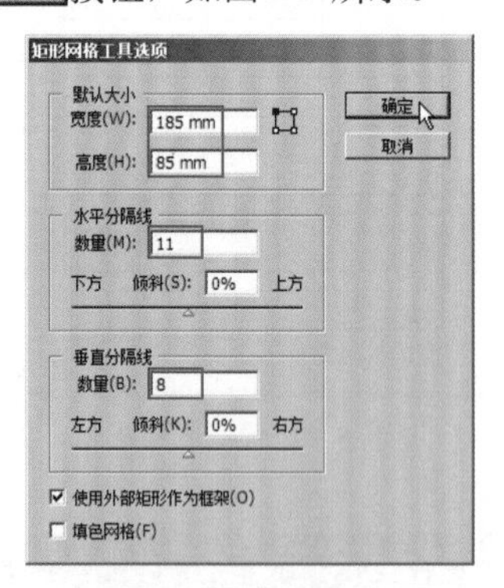

图6-14 参数设置

❷ 使用▸（选择工具）将绘制的矩形网格移动到合适的位置，再选择菜单栏中的“对象”|“取消编组”命令，将图形解组。然后选择单条直线，将其移动到合适的位置，如图6-15所示。

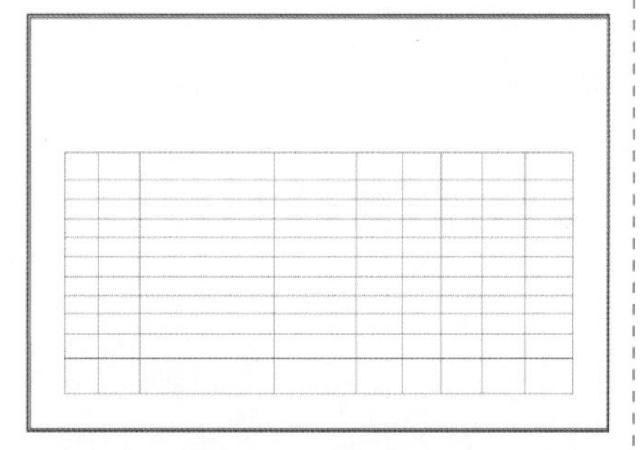

图6-15 调整线段形态

提 示

在这里也可以不解组，双击进入隔离状态进行修改。

❸ 使用▸（选择工具）选择直线，通过范围框调整长度，如图6-16所示。

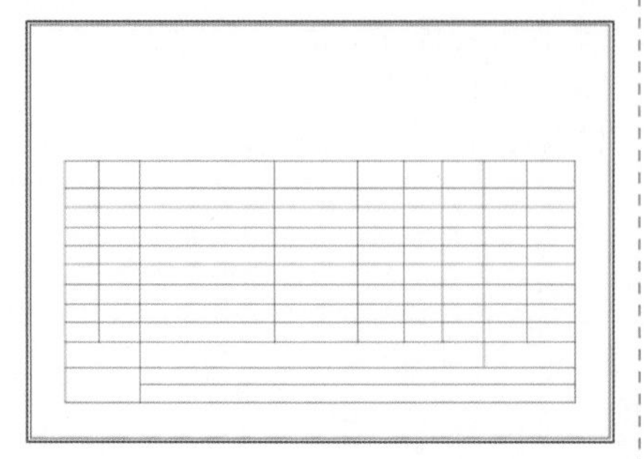

图6-16 调整线段长度

❹ 使用╲（直线段工具）绘制如图6-17所示的线形，并设置成虚线。

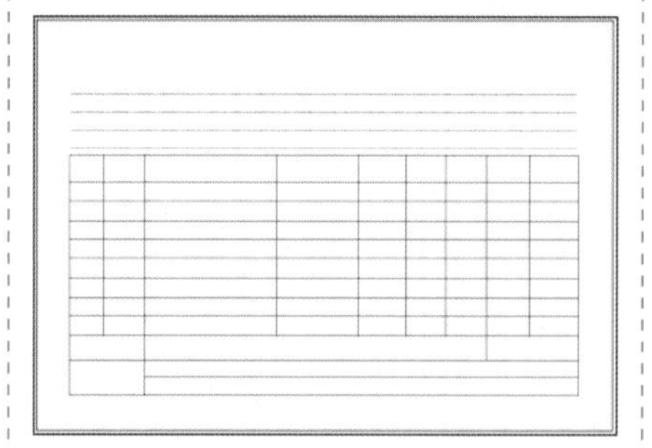

图6-17 绘制线形

❺ 打开随书光盘“素材文件\第6章\实例088.ai”文件，将文件中的标志复制到当前文件中，然后使用T（文字工具）输入文字，如图6-18所示。

❻ 将最底下的矩形的填充属性设置为（M：40%），完成本实例的制作，效果如图6-19所示。

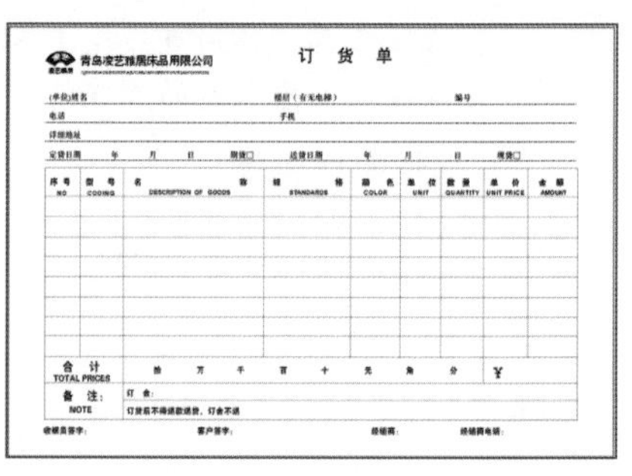

图6-18 输入文字

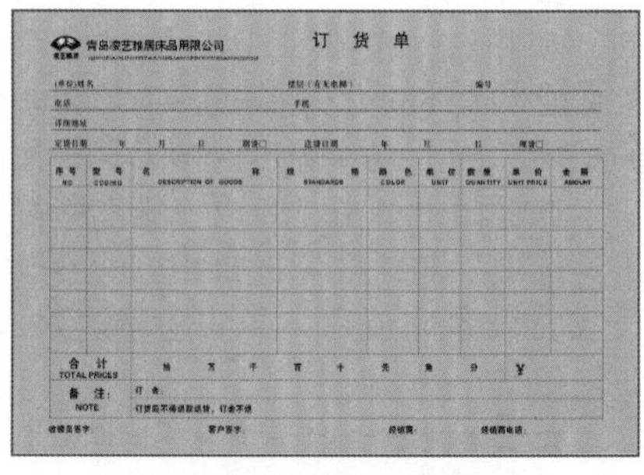

图6-19 最终效果

实例089 事务用品类——送货单

本实例通过送货单的设计制作，使读者掌握矩形网格工具、文字工具、直线段工具及对象的基本操作命令等。

案例设计分析

设计思路

送货单其实就是销售方与买货方（客户）之间的销售物品凭证，是证明收货人签收货物的重要凭证，是合同欠款案件中可以决定诉讼胜败的关键证据。在制作该实例时，先制作出基本网格，然后调整网格的大小，最后输入文字。

案例效果剖析

如图6-20所示为送货单部分效果展示。

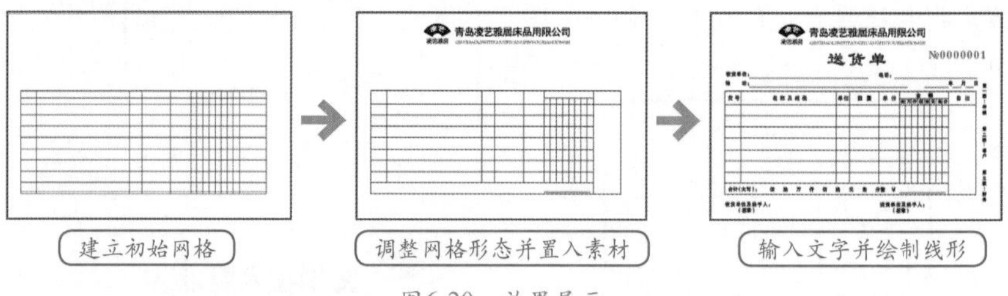

图6-20 效果展示

案例技术要点

本例中主要用到的功能及技术要点如下。

- 矩形工具：使用矩形工具绘制出送货单的尺寸。
- 矩形网格工具：使用矩形网格工具制作出网格的数量。
- 文字工具：使用文字工具输入送货单需要记录的项目。
- 直线段工具：使用直线段工具可以绘制任意长度的直线段。

源文件路径	效果文件\第6章\实例089.ai		
调用路径	素材文件\第6章\实例089.ai		
视频路径	视频\第6章\实例089. avi		
难易程度	★	学习时间	3分42秒

实例090 事务用品类——收款收据

本实例通过送货单的设计制作，使读者掌握矩形网格工具、文字工具及对象的基本操作命令等。

案例设计分析

设计思路

收款收据是企事业单位在经济活动中使用的原始凭证，主要是指财政部门印制的盖有财政票据监制章的收付款凭证，用于行政事业性收入，即非应税业务。在制作该实例时，先制作出基本网格，然后调整网格的大小，最后输入文字。

案例效果剖析

如图6-21所示为收款收据部分效果展示。

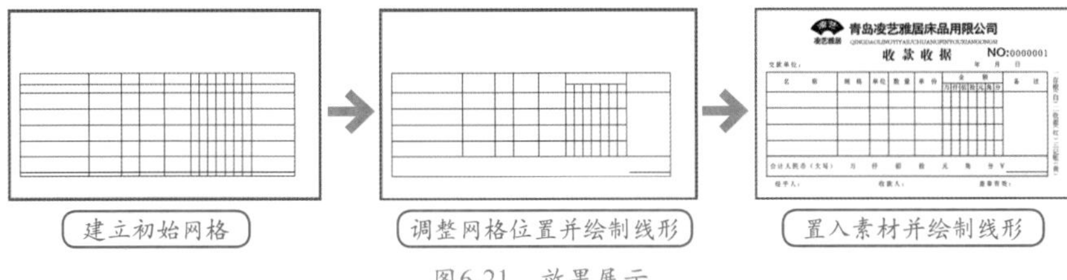

图6-21 效果展示

案例技术要点

本例中主要用到的功能及技术要点如下。

- 矩形工具：使用矩形工具绘制出收款收据的尺寸。
- 矩形网格工具：使用矩形网格工具制作出网格的数量。
- 文字工具：使用文字工具输入收款收据需要记录的项目。

源文件路径	效果文件\第6章\实例090.ai		
调用路径	素材文件\第6章\实例090.ai		
视频路径	视频\第6章\实例090. avi		
难易程度	★	学习时间	3分07秒

实例091 事务用品类——提货单

本实例通过提货单的设计制作，使读者掌握矩形网格工具、文字工具、直线段工具及对象的基本操作命令等。

案例设计分析

设计思路

提货单是收货人凭正本提单或副本提单随同有效的担保向承运人或其代理人换取的，可向港口装卸部门提取货物的凭证。在制作该实例时，先制作出基本网格，然后调整网格的大小，最后输入文字，完成本实例的制作。

案例效果剖析

如图6-22所示为提货单部分效果展示。

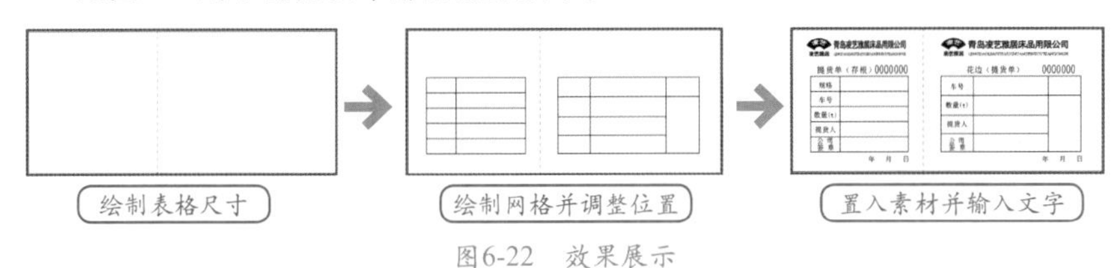

图6-22 效果展示

案例技术要点

本例中主要用到的功能及技术要点如下。

- 矩形工具：使用矩形工具绘制出提货单的尺寸。
- 矩形网格工具：使用矩形网格工具制作出网格的数量。
- 文字工具：使用文字工具输入提货单需要记录的项目。
- 直线段工具：使用直线段工具可以绘制任意长度的直线段。

案例制作步骤

源文件路径	效果文件\第6章\实例091.ai
调用路径	素材文件\第6章\实例091.ai
视频路径	视频\第6章\实例091. avi
难易程度	★
学习时间	3分32秒

❶ 启动Illustrator，新建一个文档。使用（矩形工具）绘制一个“宽度”为190mm、“高度”为85mm的矩形。使用（直线段工具）在最左侧绘制一条“高度”为85mm的直线段，将其向右移动80mm，然后以虚线描边，如图6-23所示。

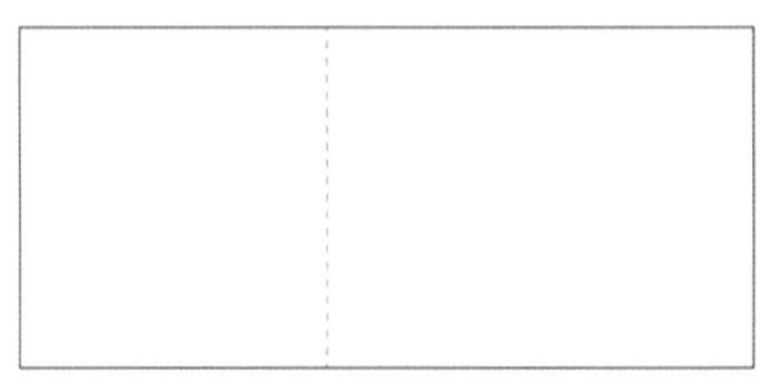

图6-23 绘制线形

❷ 单击（矩形网格工具）按钮，在页面中单击，弹出“矩形网格工具选项”对话框，可以进行相应的参数设置。设置完成后，单击 确定 按钮，如图6-24所示。

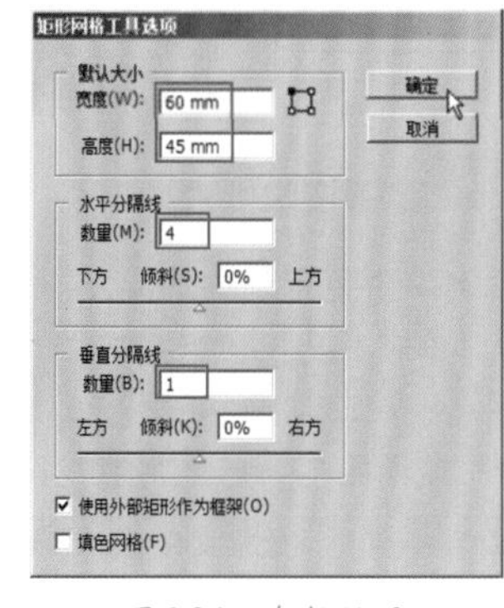

图6-24 参数设置

❸ 使用（选择工具）将绘制的矩形网格移动到合适的位置，再选择菜单栏中的“对象”|“取消编组”命令，将图形解组，然后选择单条直线，将其移到合适的位置，如图6-25所示。

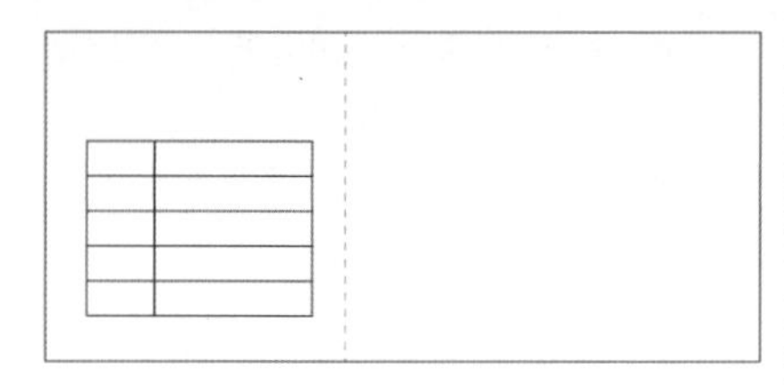

图6-25　绘制网格

> **提　示**
>
> 在这里也可以不解组，双击进入隔离状态进行修改。

❹ 按住Shift+Alt键，将左侧的矩形网格向右移动复制一个，并修改网格的大小和数量，如图6-26所示。

❺ 打开随书光盘“素材文件\第6章\实例091.ai”文件，将文件中的标志复制到当前文件中，使用T（文字工具）输入文字，如图6-27所示，完成本实例的制作。

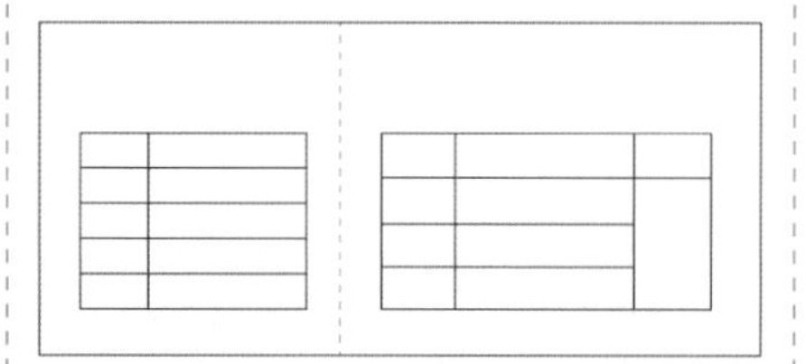

图6-26　复制网格

图6-27　最终效果

实例092　事务用品类——付款凭证

本实例通过付款凭证的设计制作，使读者掌握矩形工具、文字工具、直线段工具及对象的基本操作命令等。

案例设计分析

设计思路

付款凭证是根据现金和银行存款付出业务的原始凭证编制、专门用来填列付款业务会计分录的记账凭证。在制作该实例时，先制作出基本框架，然后输入文字，完成本实例的制作。

案例效果剖析

如图6-28所示为付款凭证部分效果展示。

图6-28　效果展示

案例技术要点

本例中主要用到的功能及技术要点如下。

- 矩形工具：使用矩形工具绘制出付款凭证的尺寸。
- 文字工具：使用文字工具输入付款凭证需要记录的项目。
- 直线段工具：使用直线段工具可以绘制任意长度的直线段。

源文件路径	效果文件\第6章\实例092.ai		
调用路径	素材文件\第6章\实例092.ai		
视频路径	视频\第6章\实例092. avi		
难易程度	★	学习时间	2分20秒

实例093　事务用品类——资料袋

本实例通过资料袋的设计制作，使读者掌握矩形工具、圆角矩形工具、文字工具、直线段工具的使用方法等。

案例设计分析

设计思路

资料袋的用途，顾名思义就是装一些资料文件，里面可以写些资料。在制作该实例时，先制作出资料袋的大框，再制作出辅助图形，最后输入相关文字，完成本实例的制作。

案例效果剖析

如图6-29所示为资料袋部分效果展示。

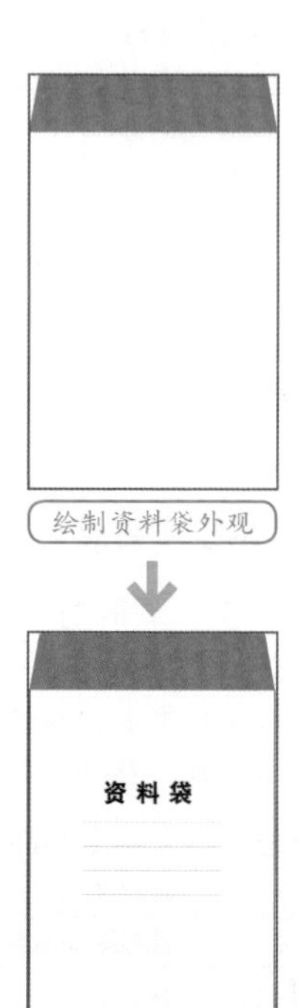

图6-29　效果展示

案例技术要点

本例中主要用到的功能及技术要点如下。

- 矩形工具：使用矩形工具绘制出资料袋的尺寸。
- 圆角矩形工具：使用圆角矩形工具绘制出资料袋的封口部分。

案例制作步骤

源文件路径	效果文件\第6章\实例093.ai
调用路径	素材文件\第6章\实例093.ai
视频路径	视频\第6章\实例093. avi
难易程度	★★
学习时间	4分10秒

❶ 启动Illustrator，新建一个文档。使用▭（矩形工具）绘制一个“宽度”为92mm、“高度”为130mm的矩形，以黑色描边。再使用▢（圆角矩形工具）绘制一个“宽度”为92mm、“高度”为23mm、“圆角半径”为1mm的圆角矩形，以红色（M：100%）填充，使其与矩形有一部分交叉，如图6-30所示。

图6-30 绘制图形

提 示

使两个图形交叉，是为了便于后面进一步的操作。

❷ 绘制一个小矩形，放在圆角矩形的上方，然后选择小矩形和圆角矩形，使用“路径查找器”面板中的▣（减去顶层）功能，将它们交叉部分减掉。最后使用▸（直接选择工具）移动上方的锚点，将图形处理成如图6-31所示的效果。

图6-31 编辑图形

❸ 使用T（文字工具）输入文字，通过“字符”面板设置文字的字体、字号等，然后使用╲（直线段工具）绘制上4条直线段，如图6-32所示。

❹ 使用▭（矩形工具）绘制多个矩形，分别设置它们的填充属性，如图6-33所示。

图6-32 输入文字

图6-33 绘制辅助图形

❺ 打开随书光盘“素材文件\第6章\实例093.ai”文件，将文件中的标志复制到当前文件中，使用T（文字工具）输入文字，如图6-34所示。

图6-34 置入标志输入文字

❻ 全选所有图形，按Ctrl+G快捷键将图形编组，完成本实例的制作，如图6-35所示。

图6-35 最终效果

实例094 事务用品类——文件夹

本实例通过文件夹的设计制作，使读者掌握矩形工具以及文字工具等的使用方法。

案例设计分析

设计思路

文件夹是专门装整页文件用的，主要目的是为了更好地保存文件，使其整齐规范。在制作该实例时，先制作出文件夹的大框架，再制作出辅助图形，最后输入相关文字，完成本实例的制作。

案例效果剖析

如图6-36所示为文件夹部分效果展示。

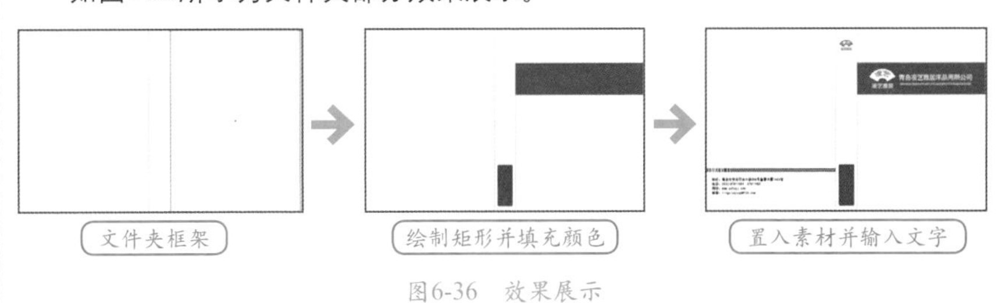

图6-36 效果展示

案例技术要点

本例中主要用到的功能及技术要点如下。

- 矩形工具：使用矩形工具绘制出文件夹的尺寸。

源文件路径	效果文件\第6章\实例094.ai		
调用路径	素材文件\第6章\实例094.ai		
视频路径	视频\第6章\实例094. avi		
难易程度	★	学习时间	3分15秒

实例095 事务用品类——信封

本实例通过信封的设计制作，使读者进一步掌握文字工具的使用，重点掌握设置文字的字体及字号，进一步巩固基本绘图工具和图形对象的基本操作命令的使用。

案例设计分析

设计思路

信封，是人们用于邮递信件、保守信件内容的一种交流文件信息的袋状装置，一般做成长方形的纸袋。在制作该实例时，先制作出信封的正面部分，再制作出信封的背面部分，从而完成本实例的制作。

案例效果剖析

如图6-37所示为信封部分效果展示。

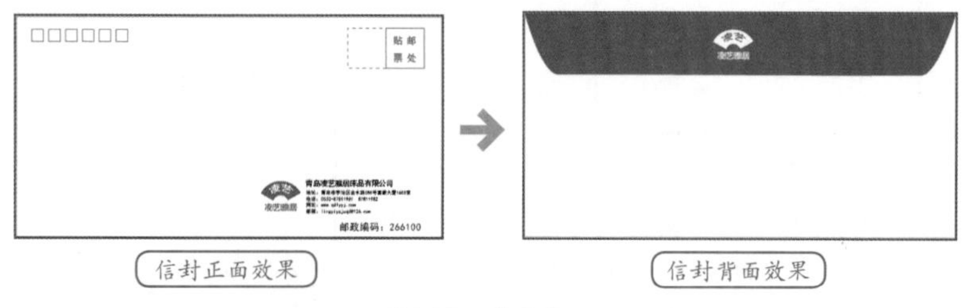

图6-37 效果展示

案例技术要点

本例中主要用到的功能及技术要点如下。

- 矩形工具：使用矩形工具绘制出信封的尺寸。
- 转换点工具：可以更改锚点的形态。
- 文字工具：使用文字工具可以输入相应的文字。

案例制作步骤

源文件路径	效果文件\第6章\实例095.ai		
调用路径	素材文件\第6章\实例095.ai		
视频路径	视频\第6章\实例095. avi		
难易程度	★★	学习时间	4分25秒

❶ 启动Illustrator，新建一个文档。使用（矩形工具）绘制一个“宽度”为220mm、“高度”为110mm的矩形，以黑色描边。再绘制一个“宽度”和“高度”均为6mm的矩形，并按住Shift+Alt键将其向右复制一个，再按Ctrl+D快捷键4次，将其重复复制，放在如图6-38所示的位置。

图6-38 绘制矩形

❷ 使用（矩形工具）绘制一个“宽度”和“高度”均为20mm的矩形，然后按住Shift+Alt键将其移动复制一个，通过“描边”面板将矩形的轮廓属性设置为虚线样式，放在如图6-39所示的位置。

图6-39 绘制矩形

❸ 打开随书光盘“素材文件\第6章\实例095.ai”文件，将文件中的标志复制到当前文件中，然后使用T.（文字工具）输入文字，通过“字符”面板设置文字的字体、字号、行间距和字间距，如图6-40所示。

图6-40 正面效果

❹ 使用（矩形工具）绘制一个“宽度”为220mm、“高度”为110mm的矩形，以黑色描边。再绘制一个“宽度”为220mm、“高度”为30mm的矩形，放在如图6-41所示的位置。

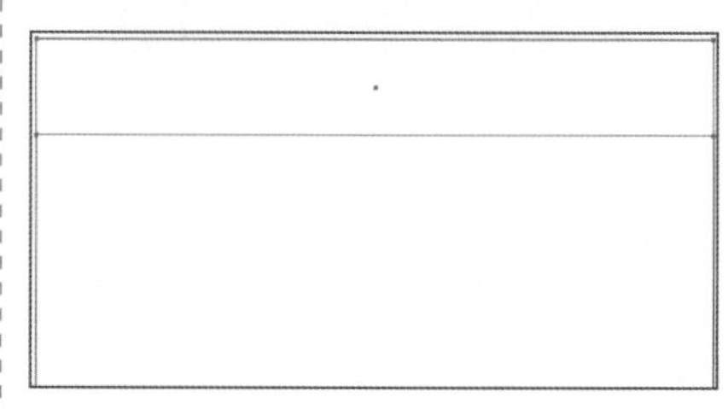
图6-41 绘制图形

❺ 使用（直接选择工具）分别调整节点的位置，再使用（转换点工具）指向角点，按住鼠标左键不松手拖曳鼠标，将尖角点转换为平滑点，如图6-42所示。

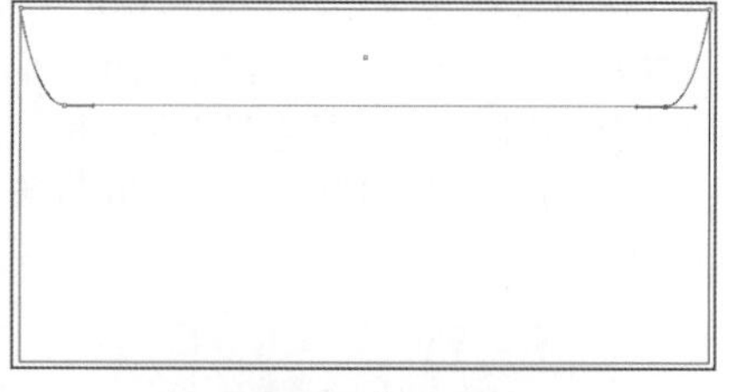
图6-42 编辑图形

❻ 设置小矩形的填充属性为（M：100%），然后使用（选择工具）选择标志，并按住Alt键拖曳鼠标将其复制一份，放在如图6-43所示的位置，从而完成本实例的制作。

图6-43 背面效果

实例096 事务用品类——信纸

本实例通过信纸的设计制作，使读者进一步掌握文字工具的使用，重点掌握文字的字体及字号的设置等。

案例设计分析

设计思路

信纸是一种切割成一定大小、适于书信规格的书写纸张，可以用做从业人士写报告总结等时所需的用品，适用于各年龄段人士使用。在制作该实例时，先制作出信纸的大体尺寸，然后绘制上辅助图形，最后输入相应的文字，完成本实例的制作。

案例效果剖析

如图6-44所示为信纸部分效果展示。

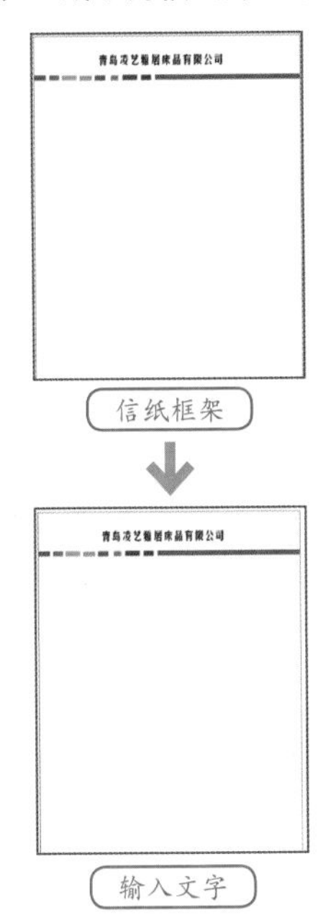

图6-44 效果展示

案例技术要点

本例中主要用到的功能及技术要点如下。

- 矩形工具：使用矩形工具绘制出信纸的辅助图形。
- 文字工具：使用文字工具可以输入相应的文字。

源文件路径	效果文件\第6章\实例096.ai
调用路径	素材文件\第6章\实例096.ai
视频路径	视频\第6章\实例096. avi
难易程度	★
学习时间	2分52秒

实例097 事务用品类——介绍信

本实例通过介绍信的设计制作，使读者进一步掌握矩形网格工具、矩形工具以及文字工具的使用方法等。

案例设计分析

设计思路

介绍信是用来介绍联系接洽事宜的一种应用文体，是机关团体、企事业单位派人到其他单位联系工作、了解情况或参加各种社会活动时用的函件，具有介绍、证明的双重作用。使用介绍信，可以使对方了解来人的身份和目的，以便得到对方的信任和支持。本实例先制作出介绍信左侧网格，并输上文字，然后在介绍信右侧输入文字，从而完成本实例的制作。

案例效果剖析

如图6-45所示为介绍信部分效果展示。

图6-45 效果展示

案例技术要点

本例中主要用到的功能及技术要点如下。

- 矩形工具：使用矩形工具绘制出介绍信的尺寸。
- 矩形网格工具：使用矩形网格工具制作出网格的数量。
- 文字工具：使用文字工具输入相应的文字。

源文件路径	效果文件\第6章\实例097.ai		
调用路径	素材文件\第6章\实例097.ai		
视频路径	视频\第6章\实例097. avi		
难易程度	★★	学习时间	3分21秒

实例098 事务用品类——便签纸

本实例通过便签纸的设计制作，使读者进一步掌握矩形工具以及文字工具的使用方法等。

案例设计分析

设计思路

便签纸是一种小型的便于携带的纸，用来随时记下一些内容，如行程、电话号码等。在制作该实例时，先制作出便签纸的辅助图形，然后输入文字，完成本实例的制作。

案例效果剖析

如图6-46所示为便签纸部分效果展示。

图6-46 效果展示

案例技术要点

本例中主要用到的功能及技术要点如下。

- 矩形工具：使用矩形工具绘制出便签纸的尺寸。
- 文字工具：使用文字工具输入相应的文字。

源文件路径	效果文件\第6章\实例098.ai
调用路径	素材文件\第6章\实例098.ai
视频路径	视频\第6章\实例098. avi
难易程度	★
学习时间	2分39秒

实例099 事务用品类——参观证

本实例通过参观证的设计制作，使读者进一步掌握文字工具的使用，重点掌握设置文字的字体及字号等。

案例设计分析

设计思路

参观证，字面意义上就是参观某地方的凭证，也就是说要有此凭证才允许进行参观。在制作该实例时，先制作出参观证的辅助图形，然后输入文字，完成本实例的制作。

案例效果剖析

如图6-47所示为参观证部分效果展示。

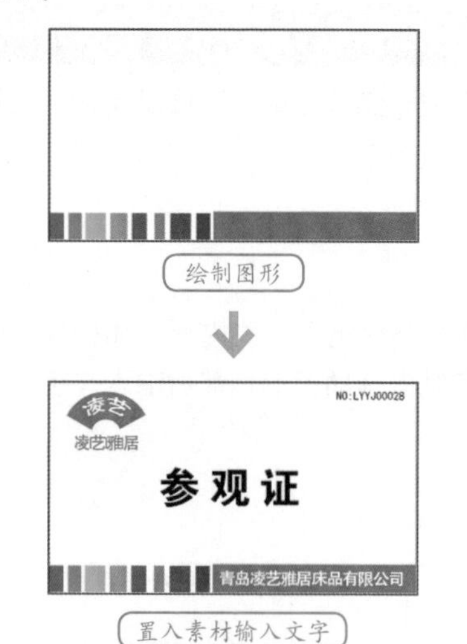

图6-47 效果展示

案例技术要点

本例中主要用到的功能及技术要点如下。

- 矩形工具：使用矩形工具绘制出参观证的尺寸。
- 文字工具：使用文字工具输入相应的文字。

案例制作步骤

源文件路径	效果文件\第6章\实例099.ai
调用路径	素材文件\第6章\实例099.ai
视频路径	视频\第6章\实例099. avi
难易程度	★
学习时间	1分29秒

❶ 启动Illustrator，新建一个空白文档。使用▭（矩形工具）绘制一个“宽度”为90mm、“高度”为50mm的矩形。再使用▭（矩形工具）绘制一个“宽度”为50mm、“高度”为7mm的矩形，设置填充属性为（M：100%），放在如图6-48所示的位置。

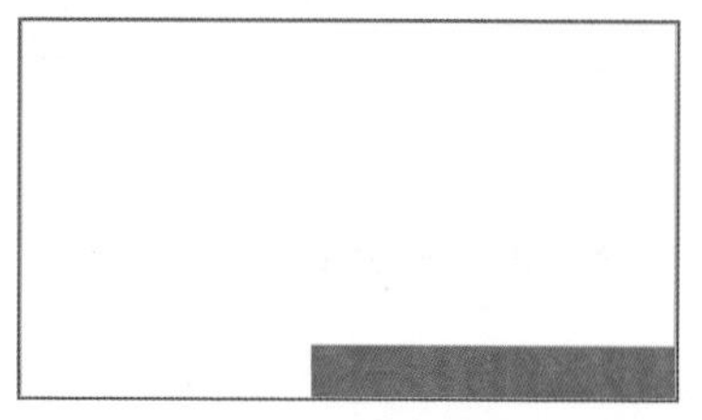

图6-48 绘制图形

❷ 使用▭（矩形工具）在页面中再拖曳鼠标绘制多个矩形，通过“颜色”面板分别设置矩形的填充属性，如图6-49所示。

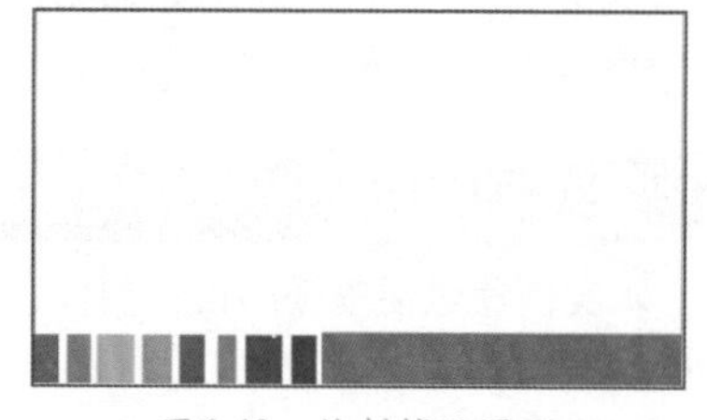

图6-49 绘制辅助图形

❸ 打开随书光盘“素材文件\第6章\实例099.ai”文件，将其中的标志复制到当前文件中，并移动到合适的位置。再使用T（文字工具）输入文字，通过“字符”面板设置文字的字体、字号、行间距和字间距，完成本实例的制作，如图6-50所示。

图6-50 最终效果

实例100 事务用品类——工作证

本实例通过工作证的设计制作，使读者进一步掌握文字工具的使用，重点掌握设置文字的字体及字号等。

案例设计分析

设计思路

工作证是表示一个人在某单位工作的证件，是一个公司形象和认证的一种标志。在制作该实例时，先制作出工作证的辅助图形，然后输入文字，完成本实例的制作。

案例效果剖析

如图6-51所示为工作证部分效果展示。

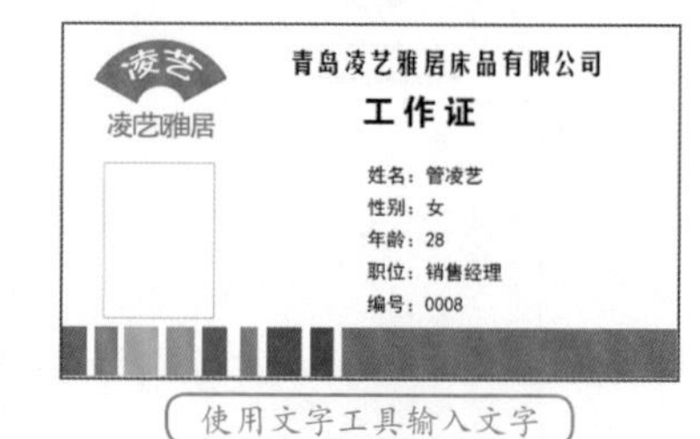

图6-51 效果展示

案例技术要点

本例中主要用到的功能及技术要点如下。

- 矩形工具：使用矩形工具绘制出工作证的尺寸。
- 文字工具：使用文字工具输入相应的文字。

源文件路径	效果文件\第6章\实例100.ai
调用路径	素材文件\第6章\实例100.ai
视频路径	视频\第6章\实例100. avi
难易程度	★
学习时间	2分43秒

实例101 旗帜规划类——桌旗

本实例通过桌旗的设计制作，主要使读者掌握矩形工具、直线段工具的使用，以及通过“渐变”面板和“颜色”面板设置图形对象的填充属性等。

案例设计分析

设计思路

桌旗是摆放在桌子上的装饰品，一般是织物。桌旗有两种：一种是办公桌旗，另一种是家居装饰桌旗。本例制作的是放在办公桌或会议桌上的办公桌旗。它不仅代表国家、单位或个人的立场，而且起到装饰作用。在制作该实例时，先制作出桌旗的基本框架，再制作上旗子，最后置入标志，完成本实例的制作。

案例效果剖析

如图6-52所示为桌旗部分效果展示。

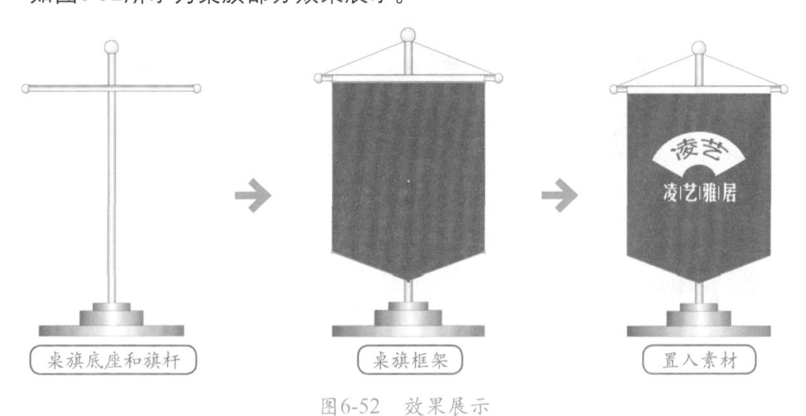

图6-52 效果展示

案例技术要点

本例中主要用到的功能及技术要点如下。

- 矩形工具：使用矩形工具绘制出图形的尺寸。
- 椭圆工具：使用椭圆工具绘制圆形。
- 直线段工具：通过直线段工具绘制线段。
- 钢笔工具：通过钢笔工具添加锚点。

源文件路径	效果文件\第6章\实例101.ai		
调用路径	素材文件\第6章\实例101.ai		
视频路径	视频\第6章\实例101. avi		
难易程度	★★	学习时间	5分41秒

实例102 旗帜规划类——谈判旗帜

本实例通过谈判旗帜的设计制作，主要使读者掌握矩形工具和直接选择工具的使用，以及通过“渐变”面板和“颜色”面板设置图形对象的填充属性等。

案例设计分析

设计思路

谈判旗属于桌旗的一种，是指用于正式谈判场合、签约仪式的旗帜。谈判旗通常是摆放在谈判桌、会议桌上的小型国旗、司旗、队旗等机构组织用旗，是代表谈判双方或多方的标志旗。在制作该实例时，先制作出旗帜的底座，再制作出旗帜杆，最后制作上旗子，完成本实例的制作。

案例效果剖析

如图6-53所示为谈判旗帜部分效果展示。

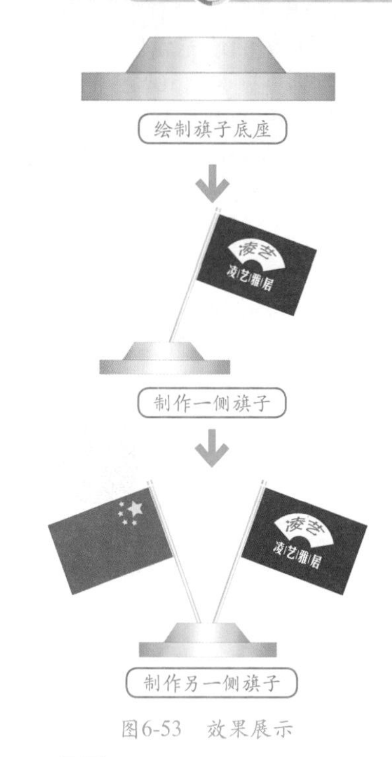

图6-53 效果展示

案例技术要点

本例中主要用到的功能及技术要点如下。

- 矩形工具：使用矩形工具绘制出谈判旗帜的尺寸。
- 渐变工具：使用渐变工具绘制渐变效果。

案例制作步骤

源文件路径	效果文件\第6章\实例102.ai
调用路径	素材文件\第6章\实例102.ai
视频路径	视频\第6章\实例102. avi
难易程度	★
学习时间	3分46秒

❶ 启动Illustrator，新建一个文档。使用（矩形工具）在页面中绘制一个“宽度”为67mm、“高度”为7mm的矩形。再绘制一个“宽度”为42mm、“高度”为9mm的矩形，使用（直接选择工具）调整上面两个锚点的位置。通过“渐变”面板设置这两个对象的填充属性为灰（K：50%）到白灰（K：50%）的线性渐变，如图6-54所示。

图6-54 绘制图形

❷ 使用（矩形工具）在页面中绘制一个“宽度”为2mm、“高度”为70mm的矩形，通过“渐变”面板

设置这个对象的填充属性为灰（K：50%）到白灰（K：50%）的线性渐变。按住Alt键再将其复制一个，更改“宽度”为2.5mm、“高度”为2mm，调整它们的位置，如图6-55所示。

❸ 使用▢（矩形工具）在页面中绘制一个“宽度”为53mm、“高度”为35mm的矩形，设置填充属性为（C：80%、M：100%、Y：30%），放在如图6-56所示的位置。

图6-55　绘制旗杆　　图6-56　绘制旗帜

❹ 打开随书光盘“素材文件\第6章\实例102.ai”文件，将其中的标志复制到当前文件中，并移动到合适的位置，如图6-57所示。

图6-57　置入标志

❺ 将旗帜及配件全选编组，单击鼠标右键，选择“变换”|“旋转”命令，在弹出的“旋转”对话框中，设置旋转角度为-20°，再将图形移动到如图6-58所示的位置。

图6-58　旋转旗帜角度

❻ 同样的方法制作国旗旗帜，调整它的位置，完成本实例的制作，如图6-59所示。

图6-59　最终效果

实例103　旗帜规划类——吊旗

本实例通过吊旗的设计制作，主要使读者掌握矩形工具以及椭圆工具的使用，以及通过“渐变”面板和“颜色”面板设置图形对象的填充属性等。

案例设计分析

设计思路

吊旗是旗帜的一种，是指悬挂在室内、室外、路边、广场，商场、店面门口、大楼等场所，用于展示企业文化或用于广告宣传的旗帜画面。在本例中，先绘制出吊旗的基本形状，然后置入合适的素材，为图片制作上剪切蒙版效果，完成制作。

案例效果剖析

如图6-60所示为吊旗部分效果展示。

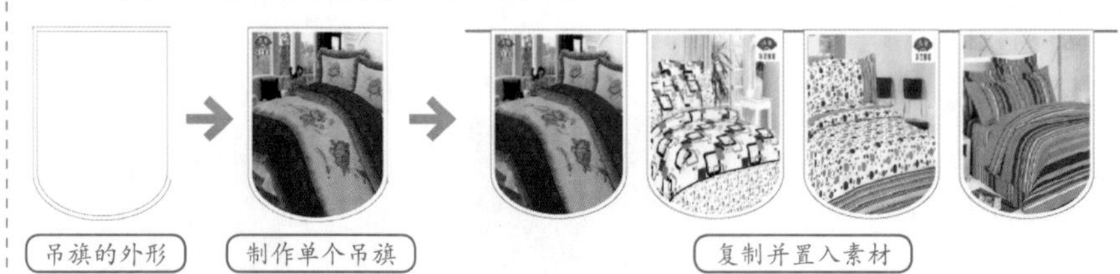

图6-60　效果展示

案例技术要点

本例中主要用到的功能及技术要点如下。

- 矩形工具：使用矩形工具绘制出吊旗的尺寸。
- 椭圆工具：使用椭圆工具绘制圆形。

案例制作步骤

源文件路径	效果文件\第6章\实例103.ai		
调用路径	素材文件\第6章\实例103.ai		
视频路径	视频\第6章\实例103. avi		
难易程度	★★★	学习时间	3分00秒

❶ 启动Illustrator，新建一个文档。使用▢（矩形工具）在页面中绘制一个“宽度”为34mm、“高度”为35mm的矩形。再使用◯（椭圆工具）绘制一个“宽度”为34mm、“高度”为22mm的椭圆，调整它们的位置，如图6-61所示。

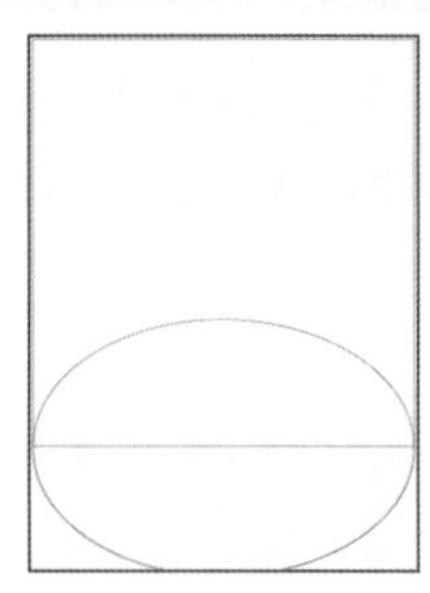

图6-61　绘制图形

❷ 全选所有图形，使用“路径查找器”面板中的▢（联集）功能将图形编辑成如图6-62所示的效果。

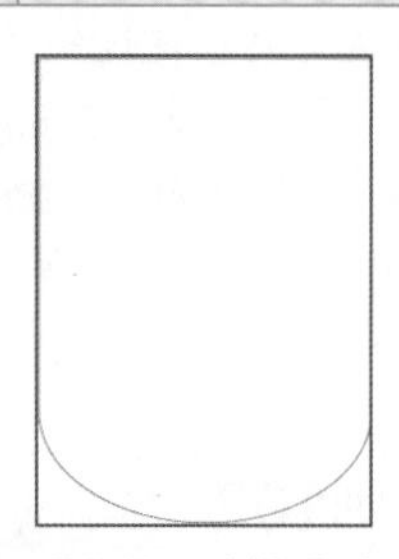

图6-62　编辑图形

❸ 将其原位复制1个，贴在前面，更改其“宽度”为32mm、“高度”为44mm，如图6-63所示。

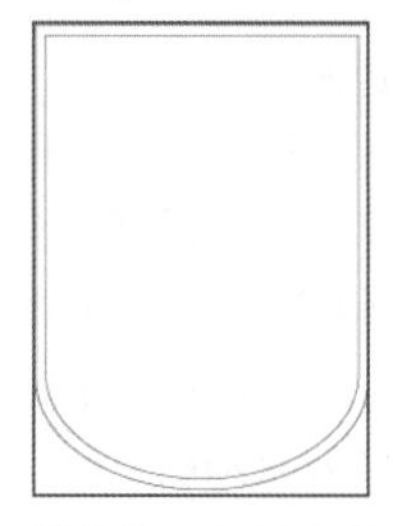

图6-63　复制图形

❹ 打开随书光盘“素材文件\第6章\实例103.ai”文件，将其中的一幅图片复制到当前文件中，使其位于两个图形的中间，如图6-64所示。

❺ 选择图片和小的图形，单击鼠标右键，选择“建立剪切蒙版”命令，图形效果如图6-65所示。

图6-64 置入素材

图6-65 建立蒙版效果

❻ 将吊旗复制3个，将随书光盘“素材文件\第6章\实例103.ai”文件中的其他图片复制到当前文件中，并根据前面的方法放到吊旗上，最后再使用▭（矩形工具）绘制一个吊旗的杆，完成本实例的制作，如图6-66所示。

图6-66 最终效果

实例104 包装产品类——手提袋

本实例通过手提袋的设计制作，主要使读者掌握矩形工具以及文字工具等的使用方法。

案例设计分析

设计思路

手提袋设计一般要求简洁大方，正面一般以公司的Logo和公司名称为主，或者加上公司的经营理念，能加深消费者对公司或产品的印象，获得好的宣传效果。在制作该实例时，先制作出手提袋的展开效果，然后制作出立体效果，从而完成本实例的制作。

案例效果剖析

如图6-67所示为手提袋部分效果展示。

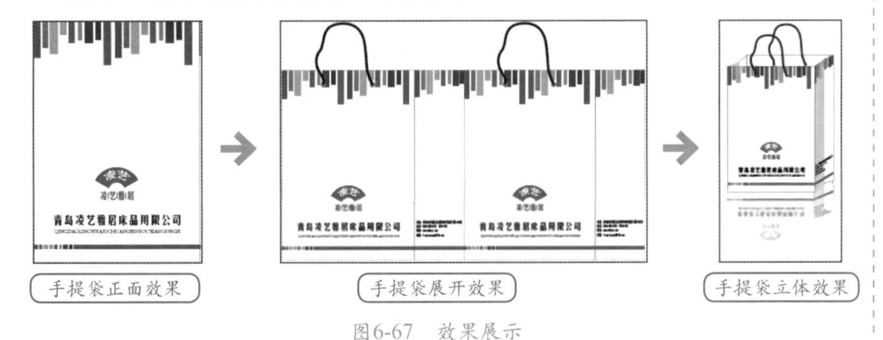

图6-67 效果展示

案例技术要点

本例中主要用到的功能及技术要点如下。

- 矩形工具：使用矩形工具绘制出手提袋的大小。
- 文字工具：通过文字工具输入相应的文字。

源文件路径	效果文件\第6章\实例104.ai
调用路径	素材文件\第6章\实例104.ai
视频路径	视频\第6章\实例104. avi
难易程度	★★★
学习时间	4分14秒

实例105 包装产品类——纸杯

本实例通过纸杯的设计制作，主要使读者掌握矩形工具以及圆角矩形工具的使用方法等。

案例设计分析

设计思路

纸杯是一种方便携带和使用、价格低廉的纸质杯子，是许多家庭和公共场所常见的喝水工具。在制作该实例时，先制作出纸杯的外框，然后将标志复制并贴到前面或后面进行投影，完成本实例的制作。

案例效果剖析

如图6-68所示为纸杯部分效果展示。

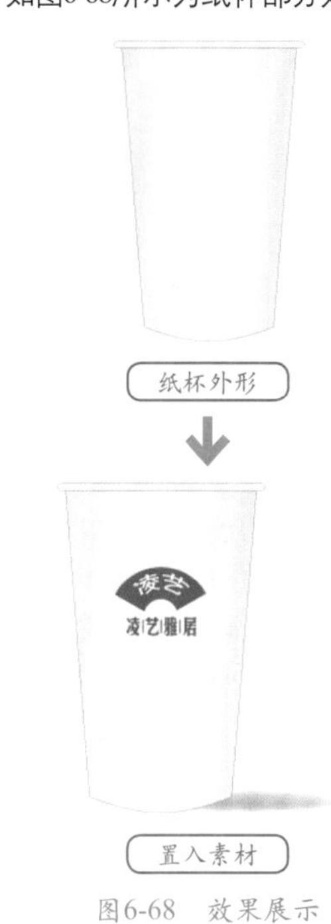

图6-68 效果展示

案例技术要点

本例中主要用到的功能及技术要点如下。

- 矩形工具：使用矩形工具绘制出纸杯的尺寸。
- 圆角矩形工具：使用圆角矩形工具绘制带有圆角的矩形。

案例制作步骤

源文件路径	效果文件\第6章\实例105.ai
调用路径	素材文件\第6章\实例105.ai
视频路径	视频\第6章\实例105. avi
难易程度	★★
学习时间	3分07秒

❶ 启动Illustrator，新建一个文档。使用（矩形工具）绘制一个“宽度”为55mm、“高度”为85mm的矩形，通过“颜色”面板和“渐变”面板设置矩形的填充属性，以黑色描边，描边粗细为0.2pt，如图6-69所示。

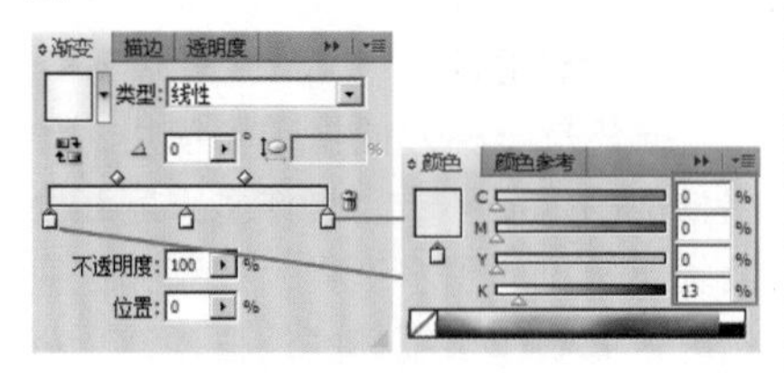

图6-69　渐变属性设置

❷ 设置好渐变属性后，图形的填充效果如图6-70所示。

图6-70　渐变效果

❸ 选择矩形，按住Shift键，使用（直接选择工具）将底部两侧的锚点向内移动2次。再使用（钢笔工具）在底边的中点位置单击加个锚点，然后将锚点转换为平滑，并移动它的位置，如图6-71所示。

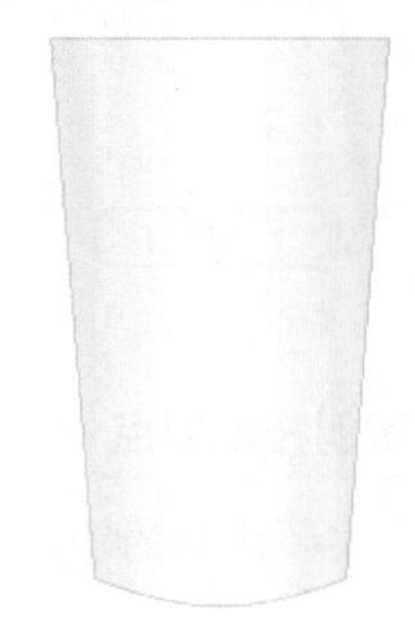

图6-71　调整锚点位置

❹ 使用（圆角矩形工具）绘制一个“宽度”为60mm、“高度”为2mm、“圆角半径”为2mm的圆角矩形，为其施加一个（Y：6%、K：6%）到（Y：5%、K：4%）的径向渐变，以黑色描边，描边粗细为0.2pt，如图6-72所示。

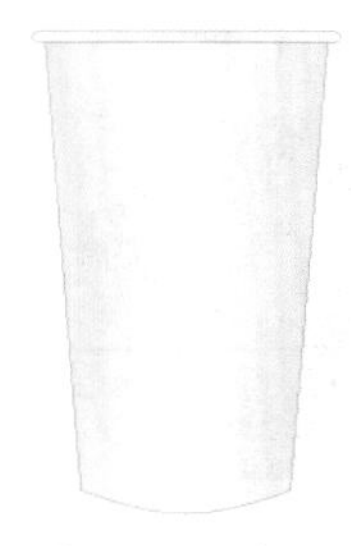

图6-72　纸杯沿

❺ 打开随书光盘“素材文件\第6章\实例105.ai”文件，将标志素材复制到当前文件中，如图6-73所示。

❻ 为纸杯制作上投影效果，完成本实例的制作，如图6-74所示。

图6-73　置入标志

图6-74　最终效果

实例106　公务礼品类——打火机

本实例通过打火机的设计制作，主要使读者掌握矩形工具绘制图形，通过“渐变”面板和“颜色”面板设置图形对象的填充属性等。

案例设计分析

设计思路

打火机主要用于吸烟取火，也用于炊事及其他取火。企业用来当做公务礼品，也是不错的选择。在制作该实例时，先绘制出打火机的基本图形工具，然后通过“颜色”面板和“渐变”面板设置所选图形的填充属性，从而完成本实例的制作。

案例效果剖析

如图6-75所示为打火机部分效果展示。

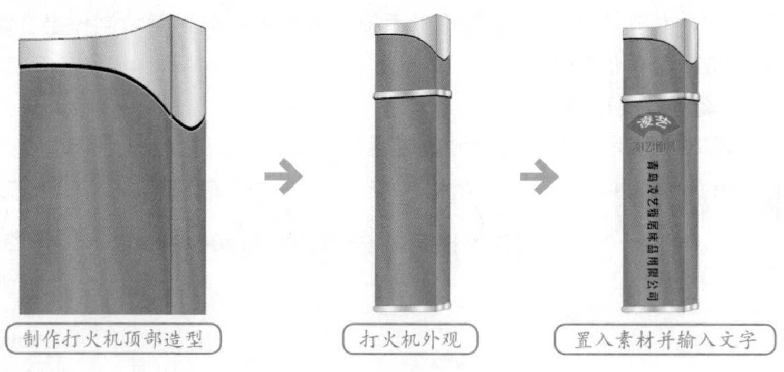

图6-75　效果展示

案例技术要点

本例中主要用到的功能及技术要点如下。

- 矩形工具：使用矩形工具绘制出打火机的尺寸。

源文件路径	效果文件\第6章\实例106.ai		
调用路径	素材文件\第6章\实例106.ai		
视频路径	视频\第6章\实例106. avi		
难易程度	★★★★	学习时间	5分54秒

实例107 公务礼品类——钥匙扣

本实例通过钥匙扣的设计制作，主要使读者掌握圆角矩形工具、椭圆工具的使用方法，通过“渐变”面板和“颜色”面板设置图形对象的填充属性等。

案例设计分析

设计思路

钥匙扣是挂在钥匙圈上的一种装饰物品。给钥匙选择搭配自己喜欢的钥匙扣，不仅可以体现出个人的心情与个性，更能展现自己的品位，同时也给自己带来愉快的心情。钥匙扣目前已经成为一种馈赠小礼品。在制作该实例时，先绘制出钥匙扣的基本图形工具，然后通过“颜色”面板和“渐变”面板设置所选图形的填充属性，从而完成本实例的制作。

案例效果剖析

如图6-76所示为钥匙扣部分效果展示。

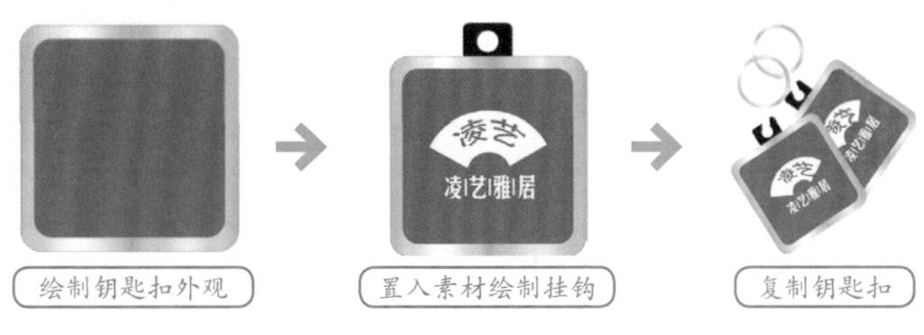

图6-76 效果展示

案例技术要点

本例中主要用到的功能及技术要点如下。

- 圆角矩形工具：使用圆角矩形工具绘制出带有圆角的矩形。
- 椭圆工具：使用椭圆工具绘制钥匙环。

源文件路径	效果文件\第6章\实例107.ai		
调用路径	素材文件\第6章\实例107.ai		
视频路径	视频\第6章\实例107. avi		
难易程度	★★	学习时间	5分25秒

实例108 公务礼品类——雨伞

本实例主要讲解雨伞的设计制作，使读者掌握椭圆工具、矩形工具、多边形工具以及钢笔工具的绘图方法。

案例设计分析

设计思路

雨伞是一种遮阳或遮蔽雨、雪的工具。对于企业来说，在雨伞上印上企业的Logo和名称，无形中起到了对外宣传的作用。在制作该实例时，先制作出伞的外观，然后制作出伞把，并置入标志，从而完成本实例的制作。

案例效果剖析

如图6-77所示为雨伞部分效果展示。

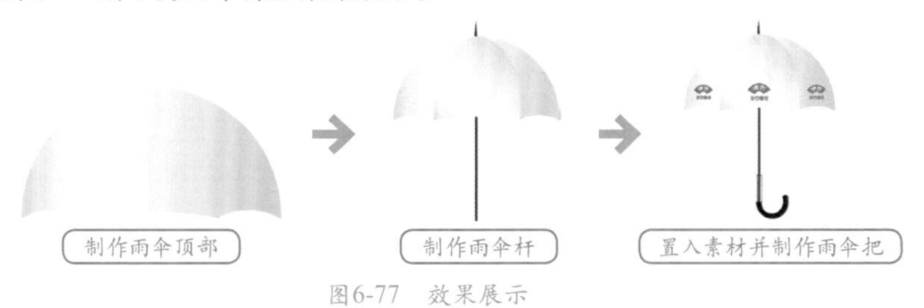

图6-77 效果展示

案例技术要点

本例中主要用到的功能及技术要点如下。

- 椭圆工具：使用椭圆工具绘制出雨伞的外观。
- 钢笔工具：使用钢笔工具绘制出伞把造型。

源文件路径	效果文件\第6章\实例108.ai
调用路径	素材文件\第6章\实例108.ai
视频路径	视频\第6章\实例108. avi
难易程度	★★★
学习时间	5分21秒

实例109 公务礼品类——台历

本实例通过台历的设计制作，主要使读者掌握基本图形的绘制，通过“颜色”面板设置图形对象的填充属性及文字工具的使用等。

案例设计分析

设计思路

台历指放在桌几上的桌面台历和电子台历，本例要制作的是礼品台历。在制作该实例时，先通过钢笔工具和基本图形工具在页面中绘制图形，然后通过“颜色”面板设置所选图形的填充属性，最后置入素材。

案例效果剖析

如图6-78所示为台历部分效果展示。

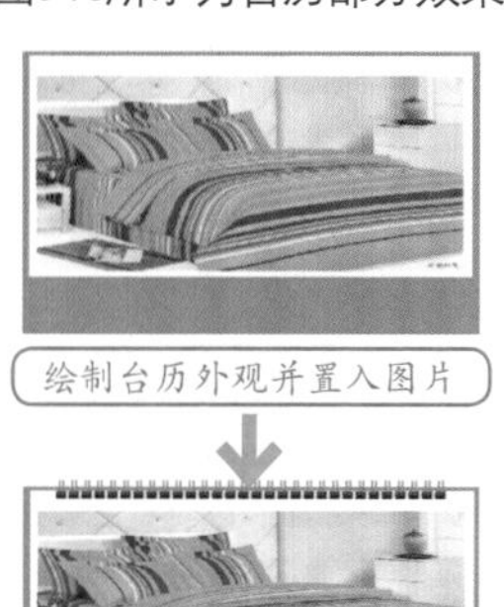

置入素材并输入文字

图6-78 效果展示

案例技术要点

本例中主要用到的功能及技术要点如下。

- 矩形工具：使用矩形工具绘制出台历的尺寸。
- 文字工具：使用文字工具输入相应的文字。

案例制作步骤

源文件路径	效果文件\第6章\实例109.ai
调用路径	素材文件\第6章\实例109.ai
视频路径	视频\第6章\实例109. avi
难易程度	★★
学习时间	3分17秒

❶ 启动Illustrator，新建一个文档。使用（矩形工具）绘制一个“宽度”为93mm、“高度”为55mm的矩形，设置填充属性为（C：50%、M：45%、Y：65%），描边颜色设置为“无”，如图6-79所示。

图6-79　绘制矩形

❷ 将矩形原位复制一个，贴在前面，以白色填充，更改其“宽度”为90mm、“高度”为43mm，放在如图6-80所示的位置。

图6-80　复制矩形

❸ 打开随书光盘“素材文件\第6章\实例109.ai”文件，将床品图片复制到当前文件中，如图6-81所示。

图6-81　置入素材

❹ 使用（矩形工具）绘制一个“宽度”为2mm、“高度”为1.5mm的矩形放在台历的左上角，以深灰色（K：95%）填充，然后按住Shift+Alt键向右移动复制一个，再按Ctrl+D快捷键重复复制多个，如图6-82所示。

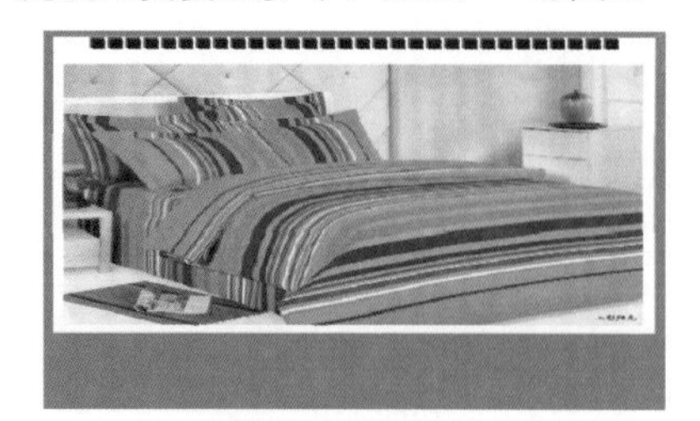

图6-82　复制矩形

❺ 使用（矩形工具）绘制多个“宽度”为0.3mm、“高度”为3mm的矩形，以灰色（K：70%）填充，放在如图6-83所示的位置。

❻ 将随书光盘“素材文件\第6章\实例109.ai”文件中的标志复制到当前文件中，再使用T（文字工具）输入合适的文字，完成本实例的制作，如图6-84所示。

图6-83　制作台历环

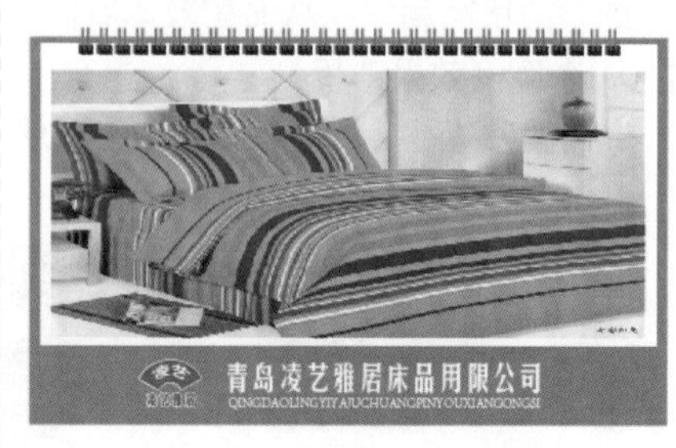

图6-84　最终效果

实例110　交通类——交通工具

本实例通过交通工具的设计制作，主要使读者掌握钢笔工具绘制图形，通过“渐变”面板和“颜色”面板设置图形对象的填充属性等。

案例设计分析

设计思路

交通工具是现代人的生活中不可缺少的一个部分。本例制作的是一辆企业交通工具的装饰，在车体喷上企业的颜色、Logo等，汽车奔驰在城市的大街小巷，无形之中就给企业做了活广告。在制作该实例时，先绘制出交通工具的外观，然后绘制细节，最后置入标志，完成本实例的制作。

案例效果剖析

如图6-85所示为交通工具部分效果展示。

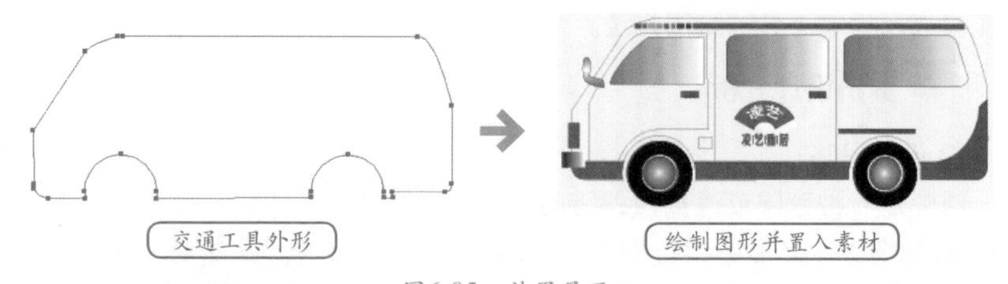

图6-85　效果展示

案例技术要点

本例中主要用到的功能及技术要点如下。

- 矩形工具：使用矩形工具绘制出交通工具的辅助部分。
- 钢笔工具：使用钢笔工具绘制交通工具的外观。

源文件路径	效果文件\第6章\实例110.ai		
调用路径	素材文件\第6章\实例110.ai		
视频路径	视频\第6章\实例110. avi		
难易程度	★★★★	学习时间	12分06秒

实例111 环境风格类——导向牌

本实例通过导向牌的设计制作，使读者掌握矩形工具、文字工具、钢笔工具等的使用。

案例设计分析

设计思路

导向牌，顾名思义就是指示方向的牌子。导向牌可以放在公司的附近，以方便别人很快地找到该公司。在制作该实例时，先制作出导向牌的外观，然后置入标志、输入文字，完成本实例的制作。

案例效果剖析

如图6-86所示为导向牌部分效果展示。

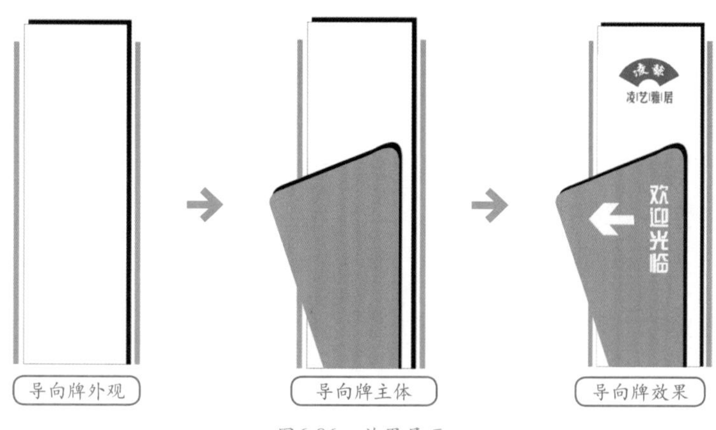

图6-86 效果展示

案例技术要点

本例中主要用到的功能及技术要点如下。

- 矩形工具：使用矩形工具绘制出导向牌的外观尺寸。
- 钢笔工具：使用钢笔工具绘制出导向牌的主体造型。
- 文字工具：使用文字工具输入合适的文字。

案例制作步骤

源文件路径	效果文件\第6章\实例111.ai		
调用路径	素材文件\第6章\实例111.ai		
视频路径	视频\第6章\实例111. avi		
难易程度	★★	学习时间	3分39秒

❶ 启动Illustrator，新建一个文档。使用（矩形工具）绘制一个“宽度”为48mm、“高度”为155mm的矩形，以白色填充，描边颜色设置为黑色，描边粗细为0.5pt。将矩形原位复制一个，贴在后面，以黑色填充，修改它的“高度”为157mm，然后将它向右移动位置，如图6-87所示。

❷ 使用（矩形工具）绘制一个“宽度”为2.3mm、“高度”为147mm的矩形，设置填充属性为（C：60%、Y：95%），描边颜色设置为“无”。将其再移动复制一个，放在如图6-88所示的位置。

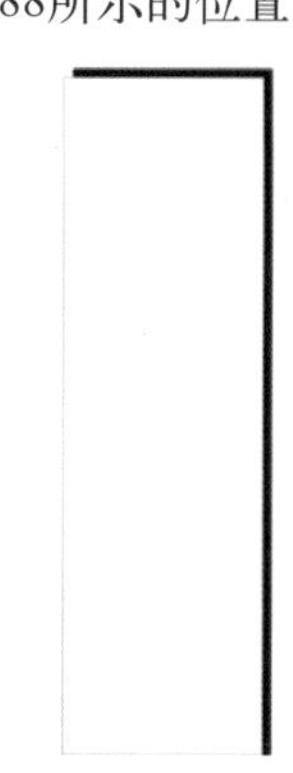

图6-87 复制图形

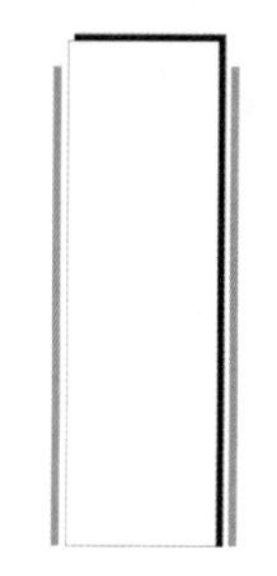

图6-88 绘制矩形

❸ 使用（钢笔工具）在页面中绘制图形，设置其填充属性为（C：60%、Y：95%），描边颜色设置为“无”，如图6-89所示。

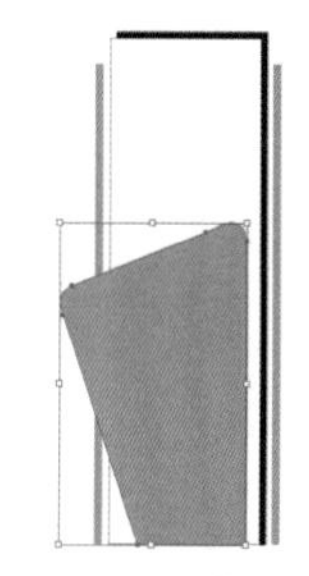

图6-89 绘制图形

❹ 将图形原位复制一个，贴在后面，以黑色填充，然后调整图形的位置，如图6-90所示。

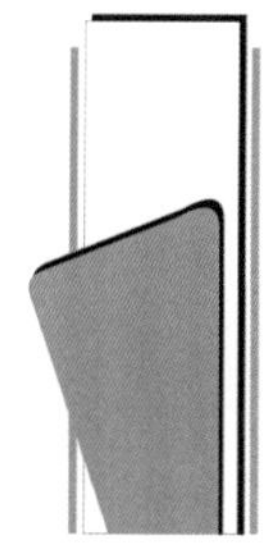

图6-90 设置填充属性

❺ 选择菜单栏中的“文件”|“打开”命令，打开随书光盘“素材文件\第6章\实例111.ai”文件，将文件中的标志复制到当前文件中。然后再使用（钢笔工具）绘制箭头图形，使用（文字工具）输入合适的文字，通过“字符”面板设置字体及字号，完成本实例的制作，如图6-91所示。

图6-91 最终效果

实例112 环境风格类——玻璃防撞条

本实例主要讲解玻璃防撞条的设计制作，使读者掌握矩形工具以及文字工具的使用方法。

案例设计分析

设计思路

玻璃防撞条是粘在玻璃上的条状物品，它的主要作用就是提醒人们注意玻璃，小心碰撞；另外，它还有有广告的作用。在制作该实例时，先制作出玻璃门，然后制作出防撞条效果，完成本实例的制作。

案例效果剖析

如图6-92所示为玻璃防撞条部分效果展示。

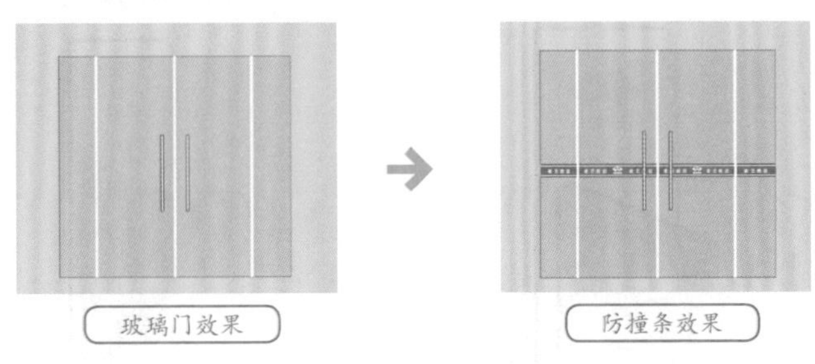

图6-92 效果展示

案例技术要点

本例中主要用到的功能及技术要点如下。

- 矩形工具：使用矩形工具绘制出玻璃防撞条的尺寸。
- 文字工具：使用文字工具输入合适的文字

源文件路径	效果文件\第6章\实例112.ai		
调用路径	素材文件\第6章\实例112.ai		
视频路径	视频\第6章\实例112. avi		
难易程度	★★	学习时间	8分11秒

实例113 环境风格类——标语墙

本实例主要讲解标语墙的设计制作，使读者掌握矩形工具、直线段工具以及文字工具等的使用方法。

案例设计分析

设计思路

标语墙可以说是企业文化的缩影，它上面一般有企业标识和企业宣传语。在制作该实例时，先制作出标语墙的外观，然后置入标志，最后输入文字，并为文字和标志制作上效果，完成本实例的制作。

案例效果剖析

如图6-93所示为标语墙部分效果展示。

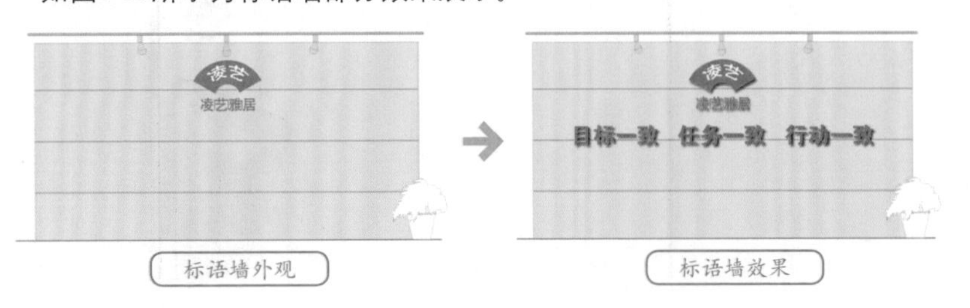

图6-93 效果展示

案例技术要点

本例中主要用到的功能及技术要点如下。

- 矩形工具：使用矩形工具绘制出标语墙的尺寸。
- 直线段工具：使用直线段工具绘制出线段。

案例制作步骤

源文件路径	效果文件\第6章\实例113.ai
调用路径	素材文件\第6章\实例113.ai
视频路径	视频\第6章\实例113. avi
难易程度	★★
学习时间	3分35秒

❶ 启动Illustrator，新建一个文档。使用（矩形工具）绘制一个“宽度”为180mm、“高度”为90mm的矩形，以灰色（K：20%）填充，描边颜色设置为黑色，描边粗细为0.3pt。使用（直线段工具）绘制3条“宽度”为180mm的直线段，以灰色（K：50%）描边，描边粗细为2pt，如图6-94所示。

图6-94 绘制图形

❷ 再使用（直线段工具）绘制一条“宽度”为200mm的直线段，以黑色描边，描边粗细为1pt，放在底部当做地面。然后打开随书光盘“素材文件\第6章\实例113.ai”文件，将素材复制到当前文件中，如图6-95所示。

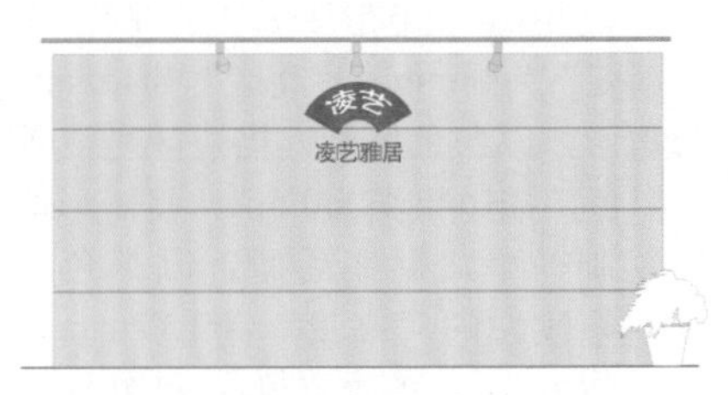

图6-95 置入素材

❸ 选择标志图形，将其原位复制一个，贴在后面，以黑色填充，然后再将其向右、向下移动位置，如图6-96所示。

图6-96 制作投影

❹ 选择菜单栏中的“效果”|“模糊”|“高斯模糊”命令，在弹出的对话框中设置模糊“半径”为5像素，效果如图6-97所示。

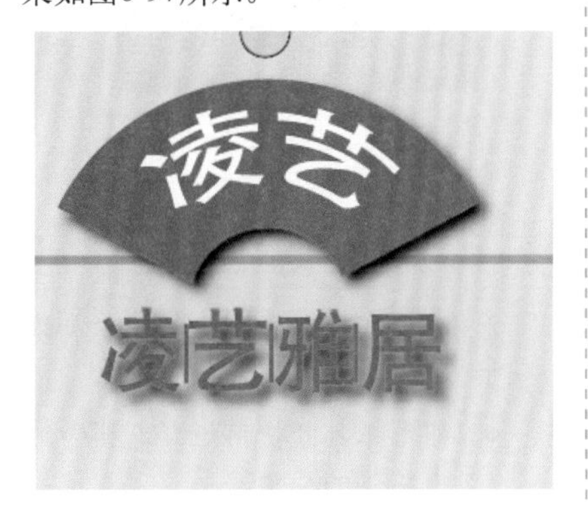

图6-97 投影效果

❺ 使用T（文字工具）输入合适的文字，设置填充属性为（M：100%），通过“字符”面板设置文字的字体、字号等，如图6-98所示。

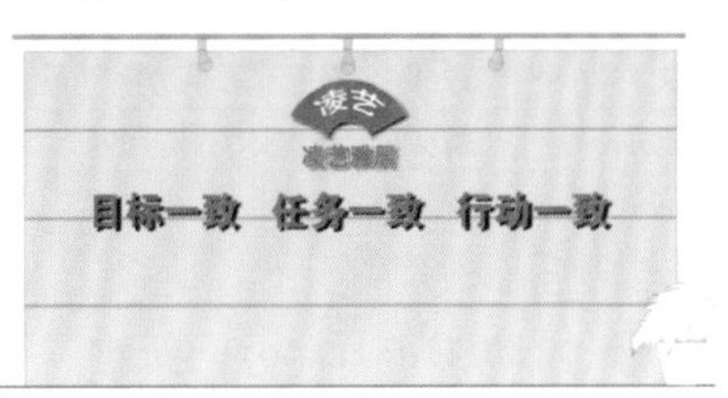

图6-98 输入文字

❻ 将文字原位复制一个，贴在后面，并将其向右向下移动些位置。选择菜单栏中的“效果”|“模糊”|“高斯模糊”命令，在弹出的对话框中设置模糊“半径”为5像素，完成本实例的制作，如图6-99所示。

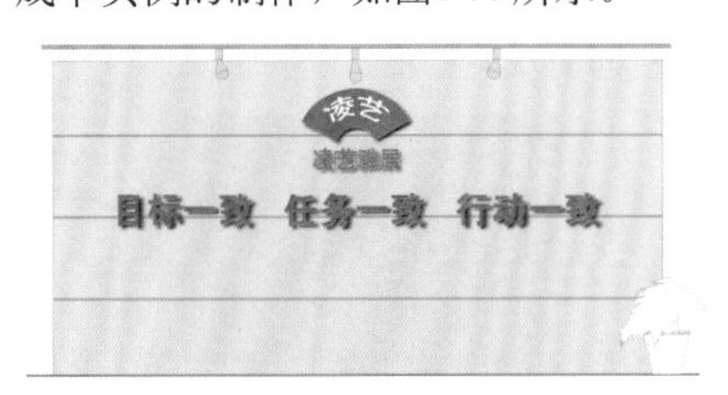

图6-99 最终效果

实例114 环境风格类——公告牌

本实例主要讲解公告牌的设计制作，使读者掌握矩形网格工具、矩形工具以及文字工具的绘制方法。

案例设计分析

设计思路

公告牌就是企业发布公告的牌子，不管是什么内容，只要是对外公开的、要让人们知晓的，都可以出现在公告牌上。在制作该实例时，先制作出公告牌的大体结构，然后置入标志，输入文字，完成本实例的制作。

案例效果剖析

如图6-100所示为公告牌部分效果展示。

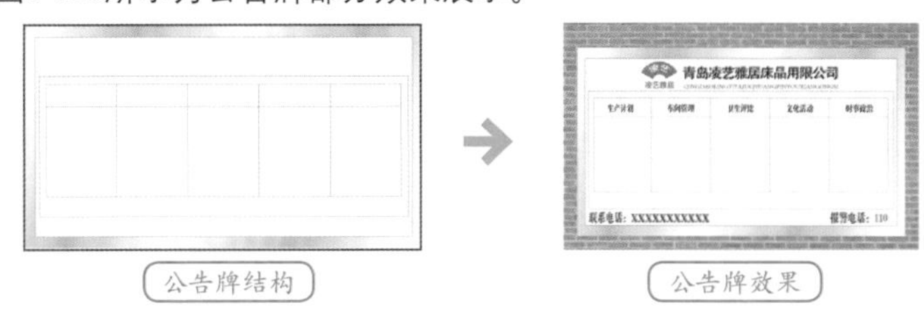

图6-100 效果展示

案例技术要点

本例中主要用到的功能及技术要点如下。

- 矩形工具：使用矩形工具绘制出公告牌的尺寸。
- 矩形网格工具：使用矩形网格工具绘制出网格的数量。
- 文字工具：使用文字工具输入合适的文字。

源文件路径	效果文件\第6章\实例114.ai		
调用路径	素材文件\第6章\实例114.ai		
视频路径	视频\第6章\实例114. avi		
难易程度	★★	学习时间	3分16秒

实例115 环境风格类——垃圾桶

本实例主要讲解垃圾桶的设计制作，使读者掌握矩形工具、圆角矩形工具以及文字工具的使用方法。

案例设计分析

设计思路

本例要制作的是一个广告式垃圾箱，在传统的户外垃圾箱上面增加广告位置，在大家丢垃圾或出门看见垃圾箱的同时就可以看到广告宣传。制作该例时，先制作出垃圾桶的外观，然后制作出垃圾桶口效果，最后置入标志，完成本实例的制作。

案例效果剖析

如图6-101所示为垃圾桶部分效果展示。

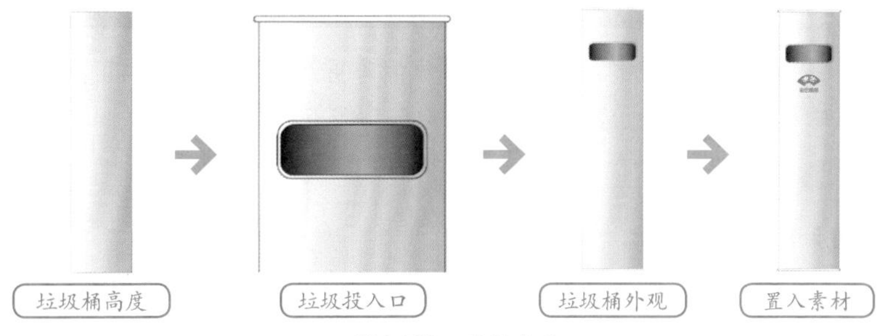

图6-101 效果展示

案例技术要点

本例中主要用到的功能及技术要点如下。

- 矩形工具：使用矩形工具绘制出垃圾桶的大小。
- 圆角矩形工具：使用圆角矩形工具绘制出带有圆角的矩形。

源文件路径	效果文件\第6章\实例115.ai		
调用路径	素材文件\第6章\实例115.ai		
视频路径	视频\第6章\实例115. avi		
难易程度	★★	学习时间	3分01秒

实例116 公务礼品类——烟灰缸

本实例主要讲解烟灰缸的设计制作，使读者掌握椭圆工具以及钢笔工具的使用方法。

案例设计分析

设计思路

烟灰缸是盛烟灰、烟蒂的工具，上有几道烟支粗细的槽，是专为放置烟卷而设计的。烟灰缸还是一种极佳的广告宣传品，企业可以把公司的名称印在烟灰缸上。在制作该实例时，先制作出烟灰缸的初始外观，然后制作出烟灰缸的底部，最后置入标志，完成本实例的制作。

案例效果剖析

如图6-102所示为烟灰缸部分效果展示。

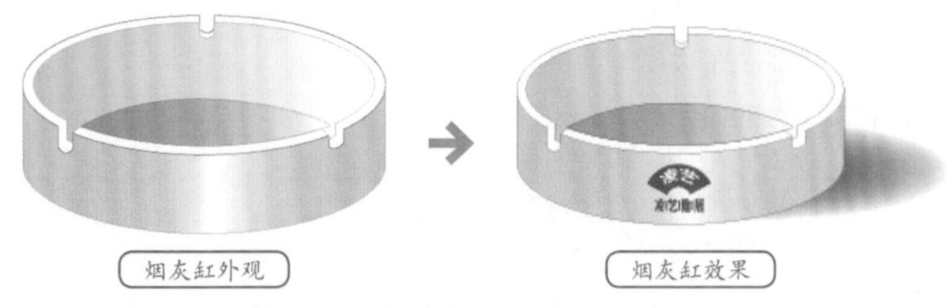

图6-102 效果展示

案例技术要点

本例中主要用到的功能及技术要点如下。

- 椭圆工具：使用椭圆工具绘制出烟灰缸的外观。
- 钢笔工具：使用钢笔工具绘制出烟灰缸的豁口部分。

源文件路径	效果文件\第6章\实例116.ai		
调用路径	素材文件\第6章\实例116.ai		
视频路径	视频\第6章\实例116. avi		
难易程度	★★★	学习时间	6分58秒

实例117 环境风格类——踏垫

本实例主要讲解踏垫的设计制作，使读者掌握矩形工具、椭圆工具的绘制方法，重点掌握混合工具、复制命令、投影命令等的使用。

案例设计分析

设计思路

踏垫是放在房间门口，用以除去鞋上尘土的垫子。本例先制作出踏垫的外框，然后制作内部细节，最后通过复制粘贴的方法完成本实例的制作。

案例效果剖析

如图6-103所示为踏垫部分效果展示。

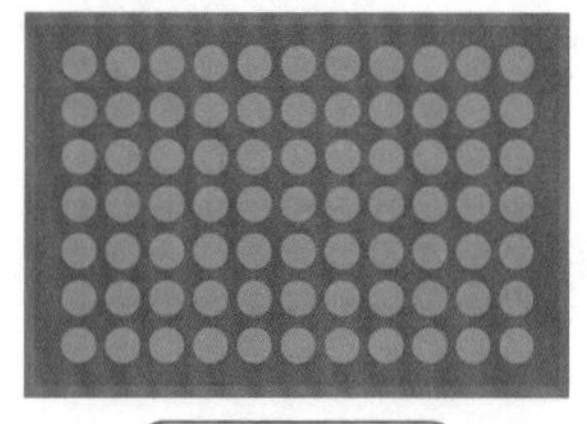

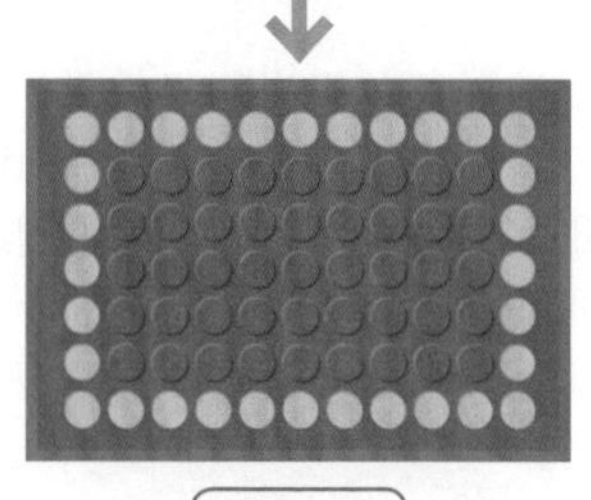

图6-103 效果展示

案例技术要点

本例中主要用到的功能及技术要点如下。

- 矩形工具：使用矩形工具绘制出踏垫的尺寸。
- 椭圆工具：使用椭圆工具绘制正圆图形。
- 混合工具：使用混合工具制作出踏垫的圆形分布。

案例制作步骤

源文件路径	效果文件\第6章\实例117.ai
视频路径	视频\第6章\实例117. avi
难易程度	★★
学习时间	3分46秒

❶ 启动Illustrator，新建一个文档。使用（矩形工具）绘制一个“宽度”为160mm、“高度”为110mm的矩形，设置填充属性为（M：80%、Y：100%），描边颜色设置为“无”。然后将矩形原位复制一个，贴在前面，更改其“宽度”为153mm、“高度”为103mm，设置填充属性为（M：90%、Y：100%），如图6-104所示。

图6-104 绘制图形

❷ 使用（椭圆工具）在页面内绘制一个“宽度”为7mm、“高度”为7mm的正圆，设置填充属性为（M：50%、Y：100%），然后将其再复制1个，放置在如图6-105所示的位置。

图6-105　圆形的位置

❸ 使用（选择工具）选择上面两端的两个圆形，选择菜单栏中的“对象”|“混合”|“建立”命令，将两个圆形进行混合，如图6-106所示。

图6-106　混合图形

❹ 双击工具箱中的（混合工具）按钮，弹出“混合选项”对话框，如图6-107所示。

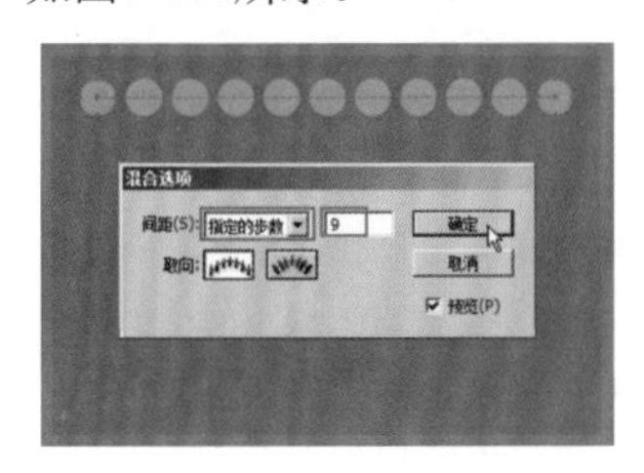

图6-107　混合参数设置

提　示

指定间距的步数与圆形的大小以及距离有关，只要目测看着合适即可。

❺ 使用（选择工具）选择圆形，按住Shift+Alt键将其向下复制6行，如图6-108所示。

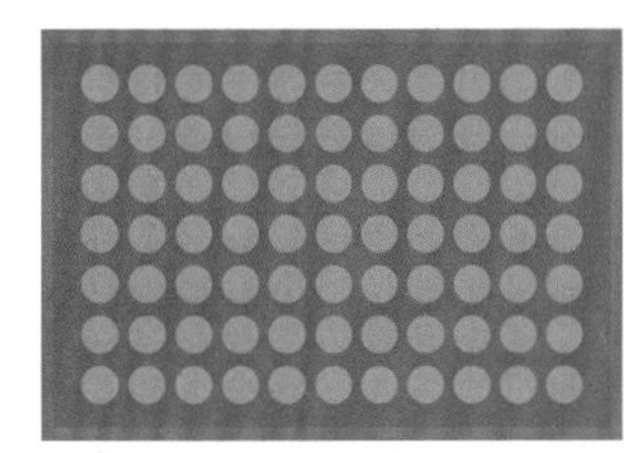

图6-108　复制效果

❻ 选择所有圆形，将它们原位复制一个，贴在前面，选择菜单栏中的“对象”|“扩展”命令，将图形扩展开，并然后将它们解散编组。使用（选择工具）选择四周的圆形，设置填充属性为（M：20%、Y：100%），如图6-109所示。

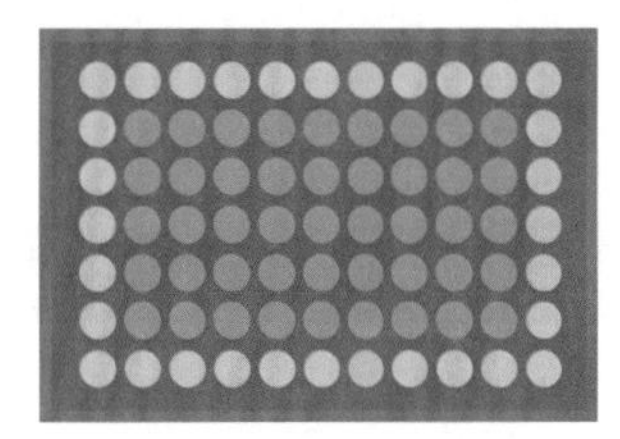

图6-109　设置填充属性

❼ 使用（选择工具）选择中间的圆形，设置填充属性为（M：90%、Y：100%），然后按向下和向右的方向键各1次，如图6-110所示。

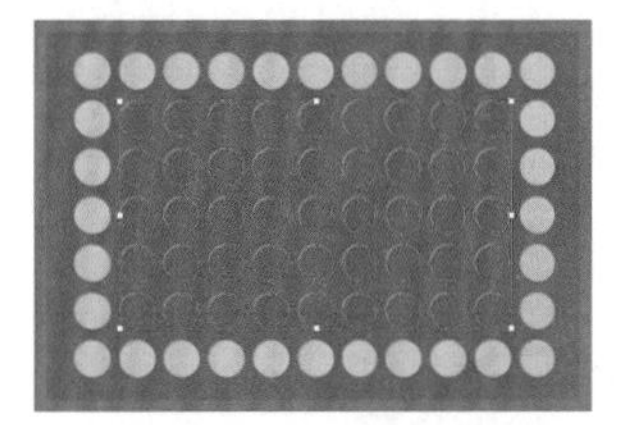

图6-110　设置填充属性

❽ 选择菜单栏中的“效果”|“风格化”|“投影”命令，在弹出的对话框中设置各项参数，如图6-111所示。

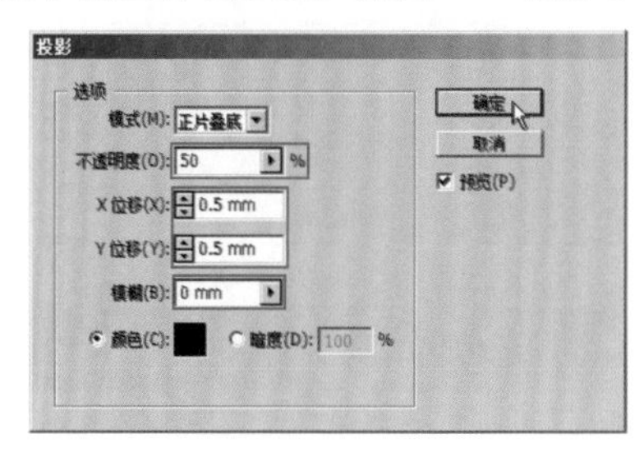

图6-111　参数设置

❾ 设置好“投影”参数后，效果如图6-112所示，从而完成本实例的最终制作。

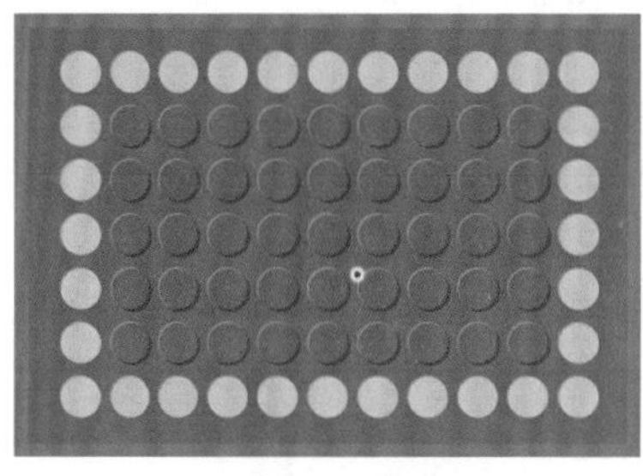

图6-112　最终效果

实例118　环境风格类——前台接待台

本实例通过前台接待台的设计制作，主要使读者掌握矩形工具、椭圆工具和文字工具的使用，以及通过“渐变”面板和“颜色”面板设置图形对象的填充属性等。

案例设计分析

设计思路

前台接待台可以称为公司的第一张脸，客户进入公司最先看见的就是前台接待台，因此它的装修非常重要。前台接待台的装修风格不仅要和公司的整体风格一致，而且还要有文化气息。在制作该实例时，先制作出接待台背景墙效果，再制作出接待台的大体效果，最后置入标志、输入文字，从而完成本实例的制作。

案例效果剖析

如图6-113所示为接待台部分效果展示。

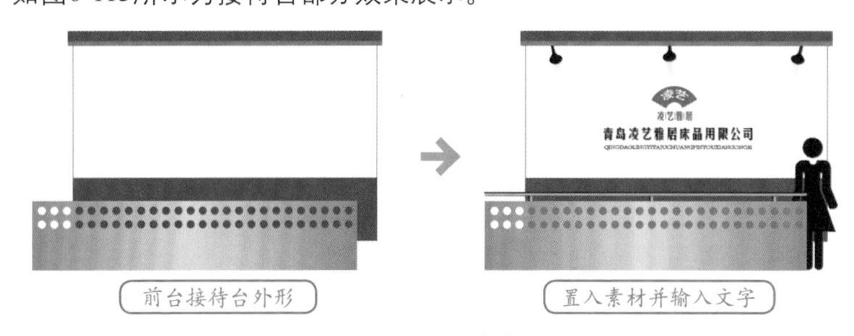

图6-113　效果展示

案例技术要点

本例中主要用到的功能及技术要点如下。

- 矩形工具：使用矩形工具绘制出接待台的尺寸。
- 椭圆工具：使用椭圆工具绘制出接待台的圆形孔。
- 文字工具：使用文字工具输入合适的文字。

源文件路径	效果文件\第6章\实例118.ai		
调用路径	素材文件\第6章\实例118.ai		
视频路径	视频\第6章\实例118. avi		
难易程度	★★	学习时间	7分43秒

实例119 环境风格类——户外灯箱

本实例主要讲解户外灯箱的设计制作，使读者掌握矩形工具、椭圆工具以及蒙版工具的使用方法等。

案例设计分析

设计思路

户外灯箱是指商家基于广告或宣传的目的而设置在户外的广告物，常出现在交通流量较高的地区。在制作该实例时，先制作出户外灯箱的灯箱杆造型，然后制作出灯箱造型，置入素材，完成本实例的制作。

案例效果剖析

如图6-114所示为户外灯箱部分效果展示。

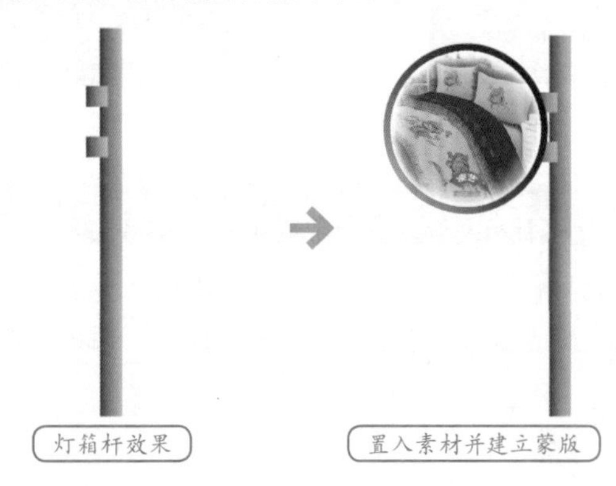

图6-114　效果展示

案例技术要点

本例中主要用到的功能及技术要点如下。

- 矩形工具：使用矩形工具绘制出灯箱杆的尺寸。
- 椭圆工具：使用椭圆工具制作出灯箱造型。

源文件路径	效果文件\第6章\实例119.ai		
调用路径	素材文件\第6章\实例119.ai		
视频路径	视频\第6章\实例119. avi		
难易程度	★★★	学习时间	4分52秒

实例120 服装类——男工装设计

本实例通过男工装的设计制作，主要使读者掌握钢笔工具绘制图形，通过“颜色”面板设置图形对象的填充属性等。

案例设计分析

设计思路

工装是为工作需要而特制的服装，有男工装和女工装，本例要制作的是男工装。在制作该实例时，先通过钢笔工具在页面中绘制图形，然后通过“颜色”面板和“渐变”面板设置所选图形的填充属性，从而完成本例的制作。

案例效果剖析

如图6-115所示为男工装部分效果展示。

图6-115　效果展示

案例技术要点

本例中主要用到的功能及技术要点如下。

- 圆角矩形工具：使用圆角矩形工具绘制工装的口袋部分。
- 钢笔工具：使用钢笔工具绘制工装的图形。

源文件路径	效果文件\第6章\实例120.ai
调用路径	素材文件\第6章\实例120.ai
视频路径	视频\第6章\实例120. avi
难易程度	★★★
学习时间	9分46秒

实例121 服装类——女工装设计

本实例通过女工装的设计制作，主要使读者掌握钢笔工具绘制图形，通过“颜色”面板设置图形对象的填充属性等。

案例设计分析

设计思路

工装是为工作需要而特制的服

装，有男工装和女工装，本例要制作的是女工装。在制作该实例时，先通过钢笔工具在页面中绘制图形，然后通过“颜色”面板和“渐变”面板设置所选图形的填充属性，从而完成本例的制作。

案例效果剖析

如图6-116所示为女工装部分效果展示。

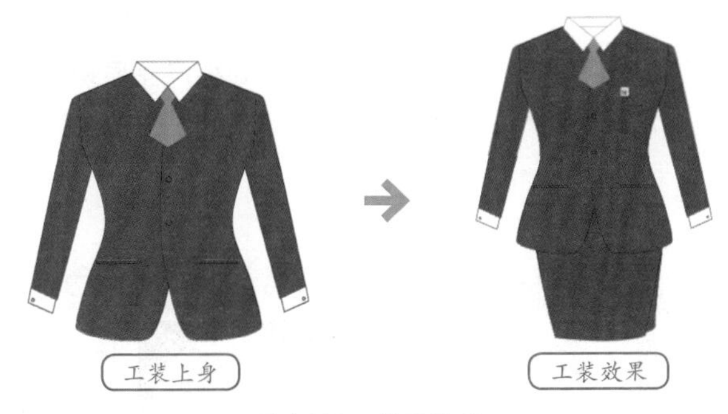

图6-116 效果展示

案例技术要点

本例中主要用到的功能及技术要点如下。

- 矩形工具：使用矩形工具绘制工装的口袋部分。
- 钢笔工具：使用钢笔工具绘制工装的图形。
- 椭圆工具：使用椭圆工具绘制工装的纽扣部分。

源文件路径	效果文件\第6章\实例121.ai		
调用路径	素材文件\第6章\实例121.ai		
视频路径	视频\第6章\实例121. avi		
难易程度	★★★	学习时间	7分49秒

实例122 服装类——帽子

本实例主要讲解帽子的设计制作，使读者掌钢笔工具的绘制方法。

案例设计分析

设计思路

帽子别看它不起眼，有时也能起到广告的作用。像旅行社集体旅游时，都会戴着统一的帽子，如果不小心掉了队，也便于寻找。本例先绘制出帽子的大体轮廓，设置填充属性，然后绘制出帽子的缝线，最后置入标志，完成本实例的制作。

案例效果剖析

如图6-117所示为帽子部分效果展示。

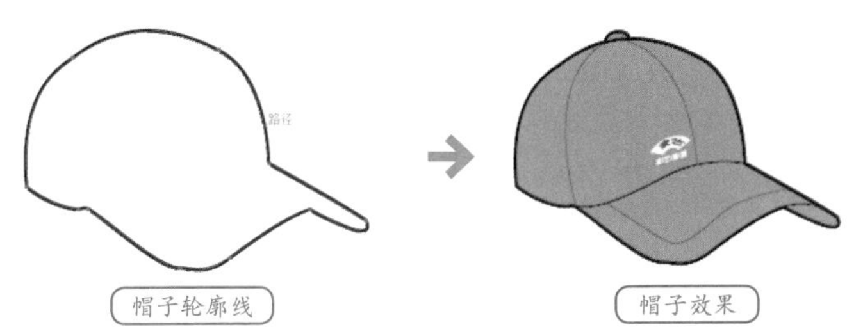

图6-117 效果展示

案例技术要点

本例中主要用到的功能及技术要点如下。

- 钢笔工具：使用钢笔工具绘制出帽子的轮廓。

源文件路径	效果文件\第6章\实例122.ai
调用路径	素材文件\第6章\实例122.ai
视频路径	视频\第6章\实例122. avi
难易程度	★★★
学习时间	3分49秒

实例123 服装类——手表

本实例通过手表的设计制作，主要使读者掌握圆角矩形工具、矩形工具以及椭圆工具等的使用方法。

案例设计分析

设计思路

手表是指戴在手腕上用以计时和显示时间的仪器。手表是人类所发明的最小、最坚固、最精密的机械之一，现在也作为企业的礼品赠送给客户。制作该实例时，先制作出表带部分，然后制作出表盘，最后置入标志，完成本实例的制作。

案例效果剖析

如图6-118所示为手表部分效果展示。

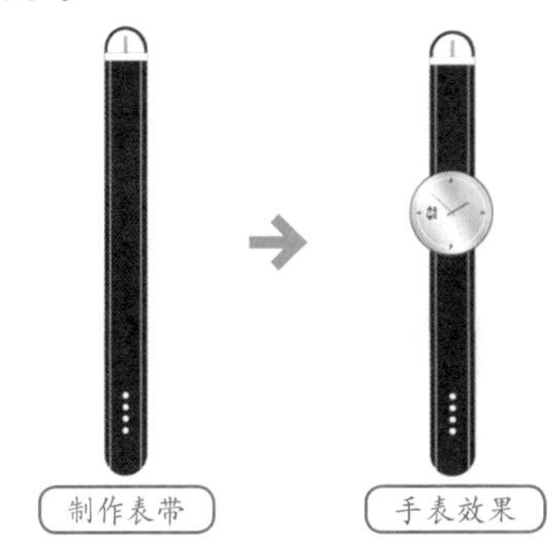

图6-118 效果展示

案例技术要点

本例中主要用到的功能及技术要点如下。

- 圆角矩形工具：使用矩形工具绘制出手表表带的尺寸。
- 矩形工具：使用矩形工具绘制出手表的表针、表扣等部分。
- 椭圆工具：使用椭圆工具绘制出手表的表盘部分。

源文件路径	效果文件\第6章\实例123.ai
调用路径	素材文件\第6章\实例123.ai
视频路径	视频\第6章\实例123. avi
难易程度	★★
学习时间	7分42秒

第7章 产品设计

产品设计是一个创造性的综合信息处理过程，通过线条、符号、数字、色彩等方式把产品显现人们面前。它将人的某种目的或需要转换为一个具体的物理或工具的过程，把一种计划、规划设想、问题解决的方法，通过具体的载体，以美好的形式表达出来。

实例124 学习用品类——便利贴

本实例主要讲解便利贴的设计制作，使读者掌握矩形工具的绘制方法、通过范围框旋转图形对象，重点掌握复制、贴到后面命令等的使用。

案例设计分析

设计思路

便利贴因为使用起来方便顺手，是办公室很常见的一种办公用品，本例将制作一个便利贴。先制作出一个便利贴，然后将便利贴复制并贴到前面或后面进行旋转，完成本实例的制作。

案例效果剖析

如图7-1所示为便利贴部分效果展示。

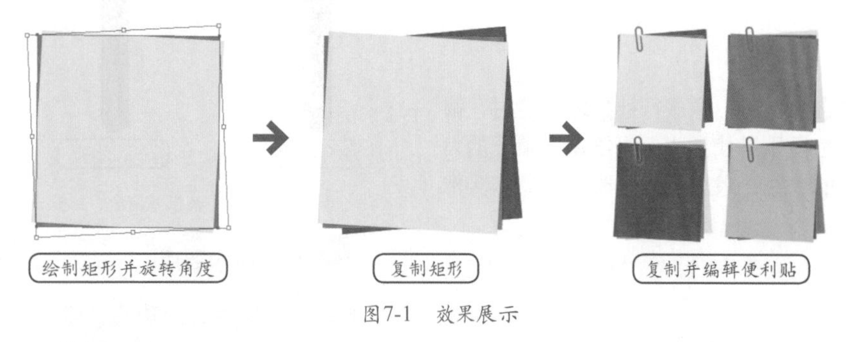

图7-1 效果展示

案例技术要点

本例中主要用到的功能及技术要点如下。

- 矩形工具：使用矩形工具绘制出便利贴的尺寸。

案例制作步骤

源文件路径	效果文件\第7章\实例124.ai		
调用路径	素材文件\第7章\实例124.ai		
视频路径	视频\第7章\实例124. avi		
难易程度	★	学习时间	2分06秒

❶ 启动Illustrator，新建一个文档。使用▭（矩形工具）绘制一个“宽度”为60mm、“高度”为60mm的矩形，以蓝色（C：100%）填充，描边颜色设置为“无”。

❷ 将矩形原位复制一个，贴在前面，以黄色（Y：100%）填充。然后选择黄色矩形，通过范围框将矩形旋转一定的角度，如图7-2所示。

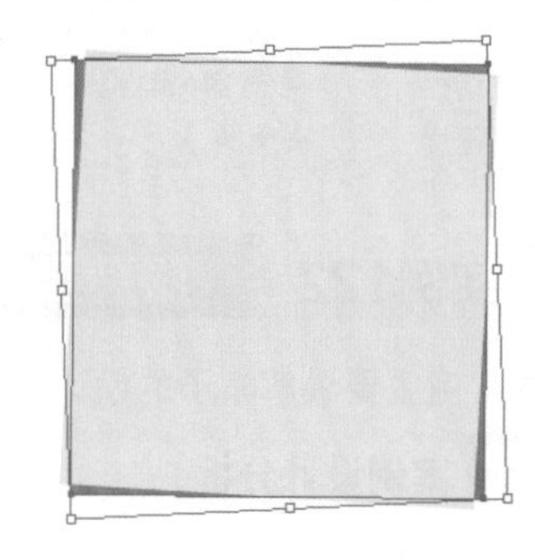

图7-2 旋转角度

❸ 将蓝色矩形原位复制一个，贴在后面，以玫红色（M：100%）填充，通过范围框将矩形旋转一定的角度，如图7-3所示。

图7-3 设置填充属性

提 示

在旋转时，可以设置角度进行精确旋转，也可以用范围框进行大体旋转。

❹ 将便利贴再复制3个，分别调整它们的颜色。然后打开配套光盘"素材文件\第7章\实例124.ai"文件，将素材复制到当前文件中，如图7-4所示。

❺ 选择所有图形对象，按Ctrl+G快捷键编组，完成本实例的制作。

图7-4 最终效果

图7-6 编辑网格效果

提 示

设置颜色后，图形会呈现一种自然过渡的效果。

实例125 家居用品类——吧椅

本实例主要讲解吧椅的设计制作，使读者掌握椭圆工具、钢笔工具以及网格工具的使用方法。

案例设计分析

设计思路

吧椅最初主要使用在酒吧，现在吧椅的使用已经越来越多，被广泛使用在快餐厅、茶餐厅、咖啡厅、珠宝卖场、化妆品卖场等场地，代表了激情、时尚和流行。越来越多的人喜欢在家里摆上这样几个吧椅，让家的现代气息更加浓郁。在制作该实例时，先使用椭圆工具和网格工具制作出吧椅的椅面效果，然后使用钢笔工具和渐变工具制作出吧椅的底座部分效果，最后置入到合适的环境中，完成本实例的制作。

案例效果剖析

如图7-5所示为吧椅部分效果展示。

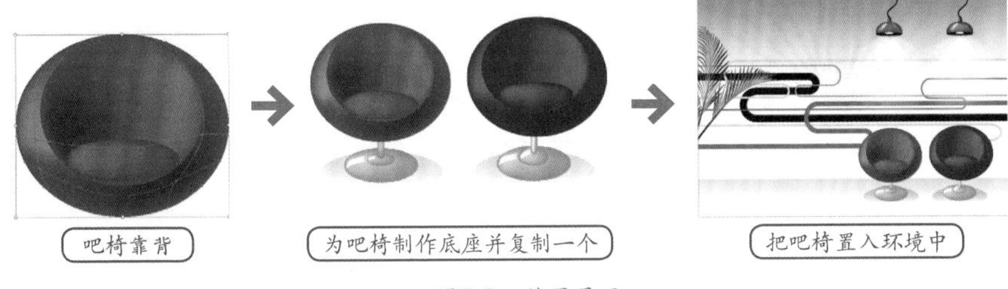

图7-5 效果展示

案例技术要点

本例中主要用到的功能及技术要点如下。

- 椭圆工具：使用椭圆工具绘制出吧椅的椅面部分造型。
- 网格工具：使用网格工具绘制出吧椅的厚度效果。
- 钢笔工具：使用钢笔工具制作出吧椅的高光部分效果。

案例制作步骤

源文件路径	效果文件\第7章\实例125.ai		
调用路径	素材文件\第7章\实例125.ai		
视频路径	视频\第7章\实例125. avi		
难易程度	★★	学习时间	8分10秒

❶ 启动Illustrator，新建一个文档。使用（椭圆工具）绘制一个"宽度"为28mm、"高度"为10mm的椭圆，描边设置为"无"。使用（网格工具）在椭圆图形内绘制两条网格，然后使用（直接选择工具）全选锚点，设置颜色为深红色（C：40%、M：100%、Y：100%、K：3%），再选择中间的锚点，设置颜色为桔色（C：15%、M：75%、Y：95%），效果如图7-6所示。

❷ 使用（椭圆工具）绘制一个"宽度"为40mm、"高度"为35mm的椭圆，描边设置为"无"。使用（网格工具）绘制网格，然后使用（直接选择工具）调整网格的形态，最后使用（直接选择工具）选择锚点并设置不同的颜色，效果如图7-7所示。

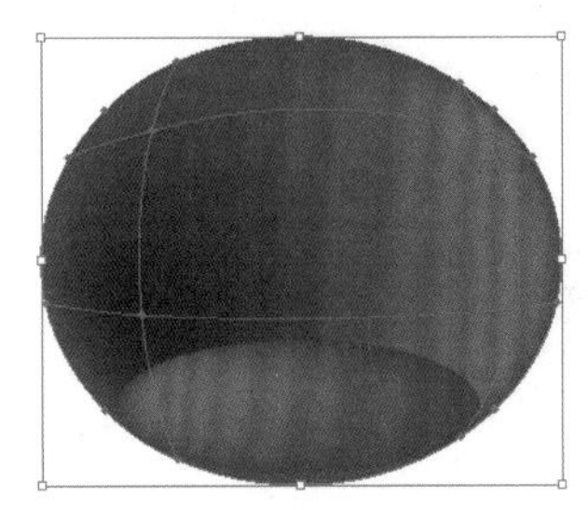

图7-7 编辑网格效果

❸ 使用（椭圆工具）绘制一个"宽度"为52mm、"高度"为43mm的椭圆，描边设置为"无"。使用（网格工具）绘制网格，然后使用（直接选择工具）调整网格的形态，最后使用（直接选择工具）选择锚点并设置不同的颜色，效果如图7-8所示。

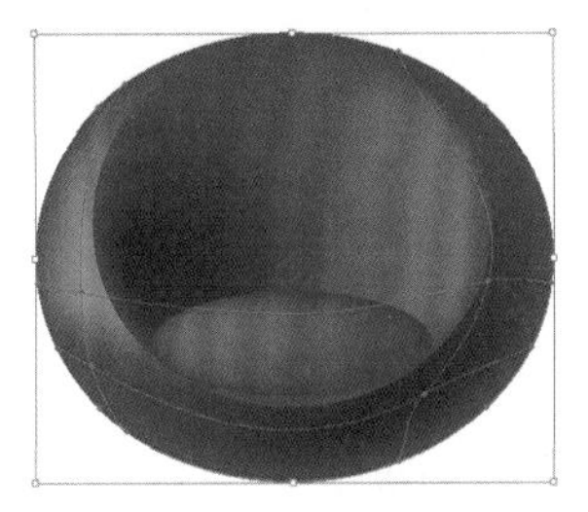

图7-8 编辑网格效果

❹ 使用（圆角矩形工具）绘制一个"宽度"为2.5mm、"高度"为8.5mm、"圆角半径"为2mm的圆角矩形，描边设置为"无"。使用（网格工具）绘制网格，然后使用（直接选择工具）调整网格的形态，最后使用（直接选择工具）选择锚点并设置不同的颜色，效果如图7-9所示。

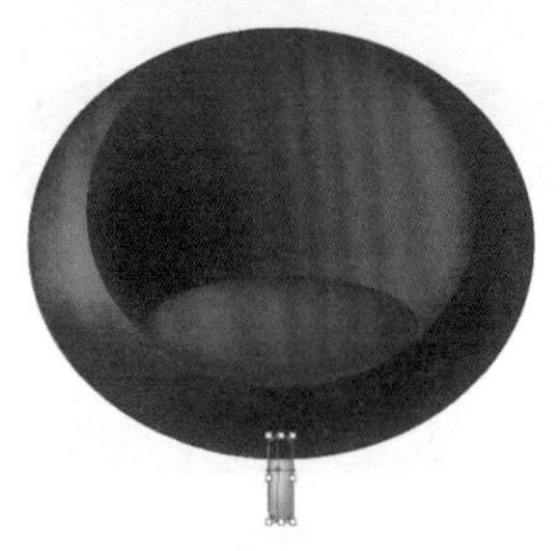

图7-9　编辑网格效果

❺ 使用（椭圆工具）绘制一个“宽度”为27.5mm、“高度”为12.5mm的椭圆，描边设置为“无”。使用（网格工具）绘制网格，然后使用（直接选择工具）调整网格的形态，最后使用（直接选择工具）选择锚点并设置不同的颜色，效果如图7-10所示。

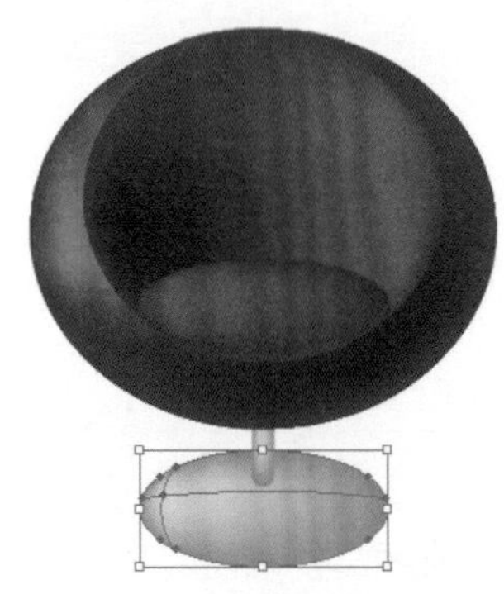

图7-10　编辑网格效果

❻ 使用（钢笔工具）在底座的左侧绘制一个闭合路径，填充白色，模拟底座的高光效果，如图7-11所示。

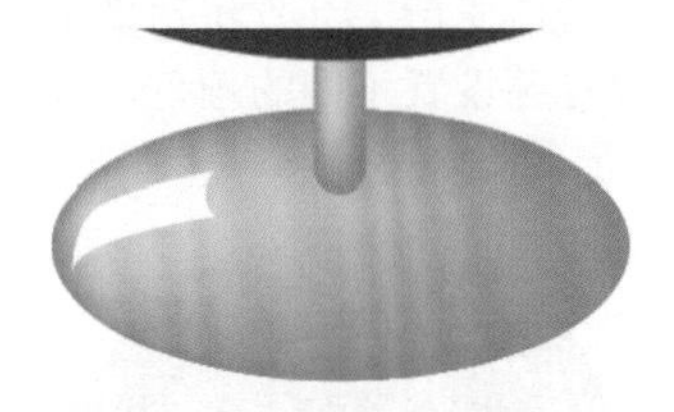

图7-11　绘制高光效果

❼ 将底座选择并原位复制一个，贴在前面，将其等比例缩小，放在如图7-12所示的位置。

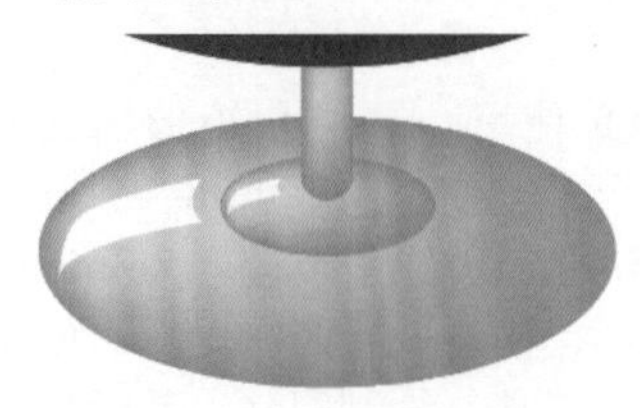

图7-12　复制底座效果

❽ 使用同样的方法，再制作一个蓝色的吧椅，然后为它们制作上倒影效果，如图7-13所示。

图7-13　制作蓝色吧椅造型

❾ 打开配套光盘“素材文件\第7章\实例125.ai”文件，将背景素材复制到当前文档中，并调整背景的位置，如图7-14所示。

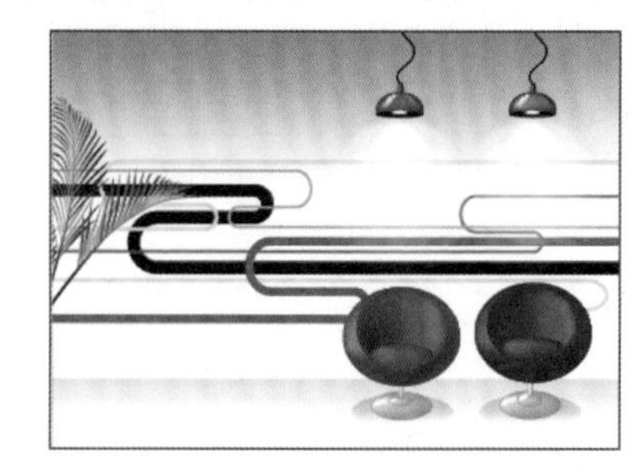

图7-14　最终效果

实例126　家居用品类——折扇

本实例通过折扇的制作，使读者掌握矩形工具、旋转工具、镜像工具和钢笔工具等的使用，进一步巩固复制、再次变换等命令的使用。

案例设计分析

设计思路

折扇是一种用竹木或象牙做扇骨、韧纸或绫绢做扇面的能折叠的扇子；用时须撤开，呈半规形，聚头散尾，扇面上还要题诗作画，最早起源于中国。折扇表现出了中华柔情氤氲的诗画美境。在制作该实例时，先使用旋转复制的方法制作出折扇龙骨，最后置入合适的场景中，完成本实例的制作。

案例效果剖析

如图7-15所示为折扇部分效果展示。

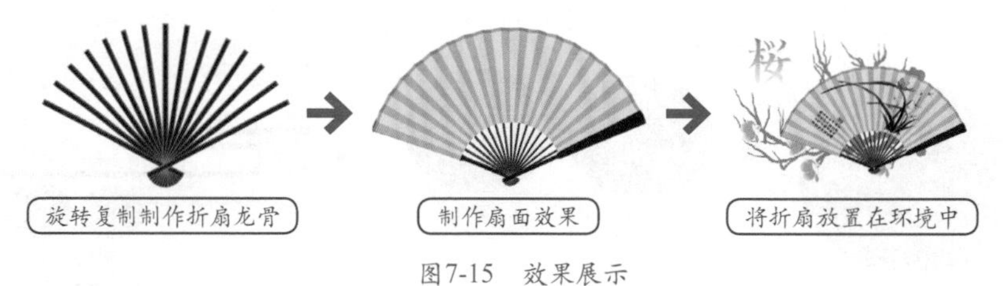

图7-15　效果展示

案例技术要点

本例中主要用到的功能及技术要点如下。

- 钢笔工具：使用钢笔工具绘制出路径。
- 矩形工具：使用矩形工具绘制出折扇的龙骨部分。

案例制作步骤

源文件路径	效果文件\第7章\实例126.ai		
调用路径	素材文件\第7章\实例126.ai		
视频路径	视频\第7章\实例126. avi		
难易程度	★★	学习时间	7分51秒

❶ 启动Illustrator，新建一个文档。使用（矩形工具）绘制一个“宽度”为1.7mm、“高度”为58.7mm的矩形，在“颜色”面板中设置其填充颜色和描边颜色，如图7-16所示。

图7-16　填充属性设置

❷ 单击（选择工具）按钮，按住Alt键在如图7-17所示的位置单击鼠

标左键，确认旋转的点。

图7-17　确认旋转点

> **提　示**
>
> 一定要按住Alt键单击确认旋转点，否则完不成旋转复制的目的。

❸ 在随后弹出的“旋转”对话框中设置角度为9°，单击 复制(C) 按钮，如图7-18所示。

图7-18　旋转复制

❹ 按Ctrl+D快捷键多次复制图形，效果如图7-19所示。

图7-19　旋转复制效果

❺ 全选所有图形，按Ctrl+G快捷键编组，然后沿垂直方向镜像复制一组，调整它们的位置，如图7-20所示。

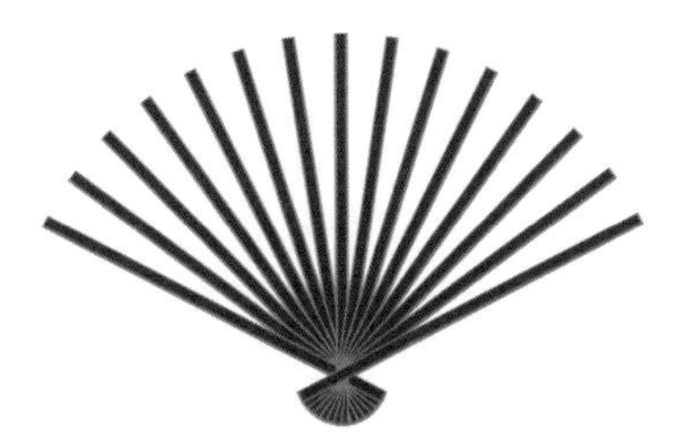

图7-20　镜像复制效果

❻ 使用（钢笔工具）在页面中绘制图形，通过“颜色”面板分别设置图形的填充属性为（K：40%）和（K：20%），描边属性设置为“无”，如图7-21所示。

图7-21　绘制图形效果

❼ 将这两个图形同时选中并原位复制一个，贴在后面，通过键盘上向上键调整位置。通过“颜色”面板分别设置矩形的填充属性为（K：60%）和K：45%），描边属性设置为“无”，如图7-22所示。

图7-22　复制图形效果

❽ 选择（旋转工具），按住Alt键单击旋转的点，在随后弹出的“旋转”对话框中设置角度为7.5°，单击 复制(C) 按钮，按Ctrl+D快捷键重复复制旋转对象，效果如图7-23所示。

❾ 使用（钢笔工具）在页面中单击绘制图形，以深红色（C：70%、M：100%、Y：100%、K：55%）填充，描边属性设置为“无”，如图7-24所示。

图7-23　复制图形效果

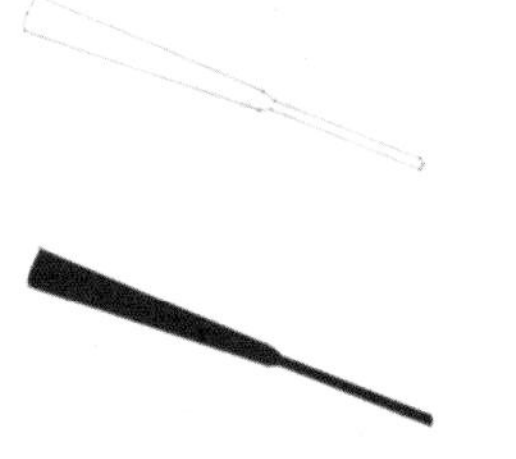

图7-24　绘制图形效果

❿ 将该图形沿垂直方向复制一个，放在右侧，然后调整图层的顺序，效果如图7-25所示。

图7-25　复制图形效果

⓫ 打开配套光盘“素材文件\第7章\实例126.ai”文件，将背景素材复制到当前文档中，并调整背景的位置，完成本实例的制作，如图7-26所示。

图7-26　最终效果

实例127　家居用品类——衣柜

本实例主要讲解椭圆工具、矩形工具及渐变工具的使用，进一步巩固对象排列命令的使用。

案例设计分析

设计思路

衣柜是存放衣物的柜式家具，一般分为单门、双门、嵌入式等，是家庭常用的家具之一。在制作该实例时，先使用矩形工具绘制出衣柜的柜顶部分，然后使用矩形工具和渐变工具制作出柜门以及镜子等造型，最后使用矩形工具和椭圆工具制作出衣柜的抽屉造型，从而完成本实例的制作。

案例效果剖析

如图7-27所示为衣柜部分效果展示。

图7-27 效果展示

案例技术要点

本例中主要用到的功能及技术要点如下。

- 矩形工具：使用矩形工具绘制出衣柜的高度和宽度等。
- 椭圆工具：使用椭圆工具绘制出衣柜的抽屉把手造型。
- 渐变工具：使用渐变工具制作出衣柜的明暗变化。

源文件路径	效果文件\第7章\实例127.ai		
视频路径	视频\第7章\实例127. avi		
难易程度	★	学习时间	6分47秒

实例128 家居用品类——时尚钟表

本实例通过时尚钟表的设计制作，主要使读者掌握椭圆工具和渐变工具的使用，通过“渐变”面板和“颜色”面板设置填充和描边属性，进一步巩固图形对象的基本操作命令等。

案例设计分析

设计思路

钟表是钟和表的统称，钟和表都是计量和指示时间的精密仪器。在制作该实例时，先使用椭圆工具制作出钟表的尺寸，再多次复制、粘贴椭圆图形，并为其施加合适的渐变色，最后调入表盘素材，完成本实例的制作。

案例效果剖析

如图7-28所示为时尚钟表部分效果展示。

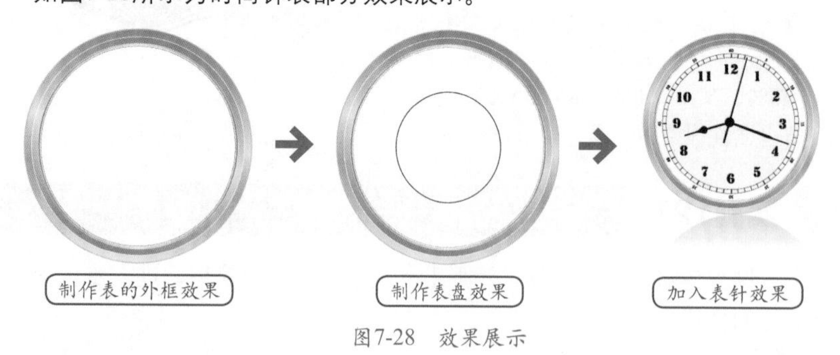

图7-28 效果展示

案例技术要点

本例中主要用到的功能及技术要点如下。

- 椭圆工具：使用椭圆工具绘制出钟表的外轮廓。
- 渐变工具：使用渐变工具模拟出钟表的质感。

案例制作步骤

源文件路径	效果文件\第7章\实例128.ai
调用路径	素材文件\第7章\实例128.ai
视频路径	视频\第7章\实例128. avi
难易程度	★★
学习时间	5分25秒

❶ 启动Illustrator，新建一个文档。使用（椭圆工具）在页面中绘制一个“宽度”和“宽度”均为60.5mm的正圆图形，在“颜色”面板中设置颜色属性为（C：25%、M：20%、Y：20%）。再将圆形原位复制一个，贴在前面，并改变其“宽度”和“高度”均为60mm，在“颜色”面板和“渐变”面板中设置圆形的填充属性，描边属性设置为“无”，如图7-29所示。

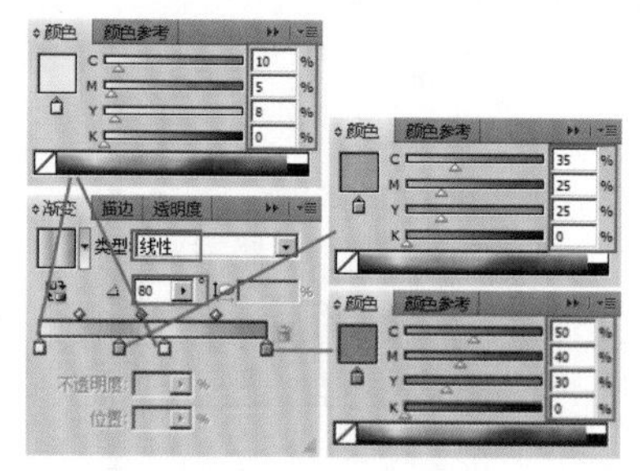

图7-29 设置属性

❷ 设置好渐变色后，圆形填充效果如图7-30所示。

图7-30 渐变效果

❸ 将圆形原位复制一个，贴在前面，并改变其“宽度”和“高度”均为56.5mm，以白色填充，如图7-31所示。

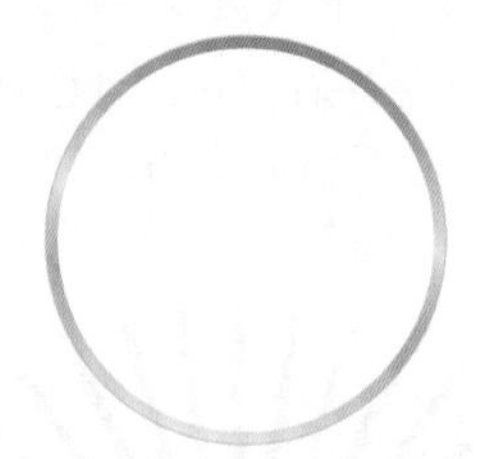

图7-31 复制图形效果

提 示

原位复制的快捷键是Ctrl+C，贴在前面的快捷键是Ctrl+F。

❹ 将圆形原位复制一个，贴在前面，并改变其“宽度”和“高度”均为56.2mm，在“颜色”面板和“渐变”面板中设置圆形的填充属性，描边属性设置为“无”，如图7-32所示。

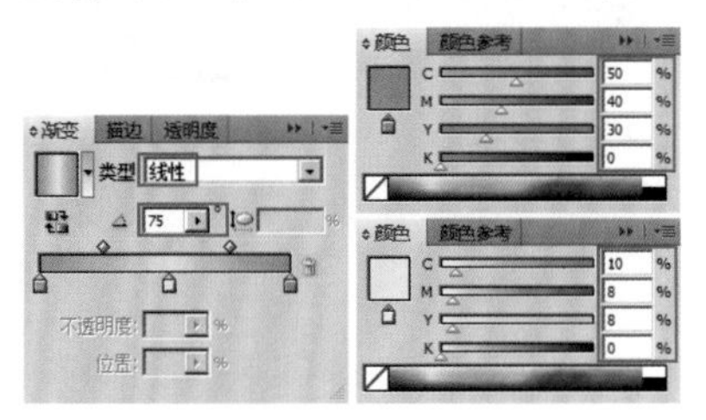

图7-32 设置渐变属性

❺ 设置好渐变色后，圆形填充效果如图7-33所示。

图7-33 渐变效果

❻ 将圆形原位复制一个，贴在前面，并改变其“宽度”和“高度”均为53mm，以白色填充。再将圆形原位复制一个，贴在前面，改变其“宽度”和“高度”均为52.8mm，为其施加如图7-29所示的渐变属性，更改其角度为0°，描边属性设置为“无”，如图7-34所示。

图7-34 复制图形效果

❼ 将圆形原位复制一个，贴在前面，并改变其“宽度”和“高度”均为52mm，以白色填充。再将圆形原位复制一个，贴在前面，改变其“宽度”和“高度”均为51.5mm，设置描边颜色为（C：70%、M：55%、Y：55%），描边粗细为0.2pt，如图7-35所示。

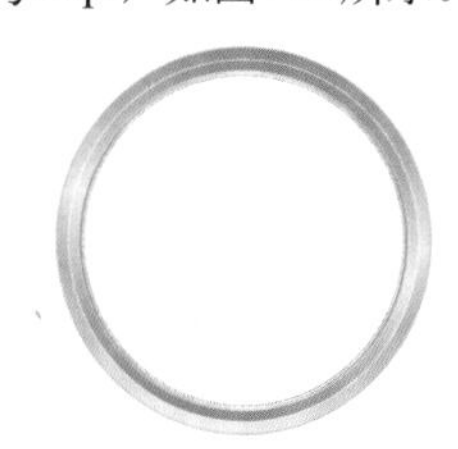

图7-35 复制图形效果

❽ 将圆形原位复制一个，贴在前面，并改变其“宽度”和“高度”均为28.5mm，设置描边颜色为黑色，描边粗细为0.5pt，如图7-36所示。

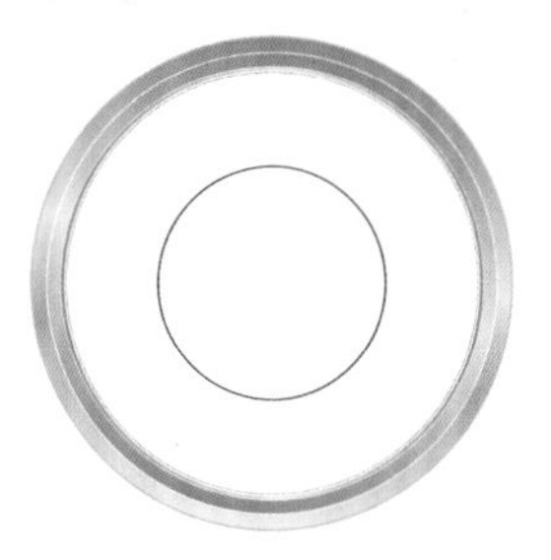

图7-36 复制图形形态

❾ 打开配套光盘“素材文件\第7章\实例128.ai”文件，将素材复制到当前文档中，调整它们的位置和图层顺序，完成本实例的制作，如图7-37所示。

图7-37 最终效果

实例129 日用品类——电源开关

本实例通过电源开关的设计制作，主要讲解圆角矩形工具以及渐变工具的使用，了解使用“渐变”面板设置填充属性方法。

案例设计分析

设计思路

开关电源是利用现代电力电子技术控制开关开通和关断的时间比率，维持稳定输出电压的一种电源。目前，开关电源以小型、轻量和高效率的特点被广泛应用于几乎所有的电子设备，是当今电子信息产业飞速发展不可缺少的一种电源方式。在制作该实例时，先使用圆角矩形工具绘制出开关的尺寸，再使用渐变工具制作出开关的明暗变化，完成本实例的制作。

案例效果剖析

如图7-38所示为电源开关部分效果展示。

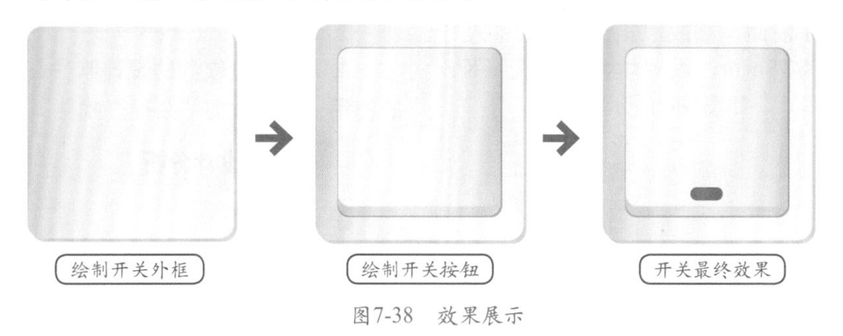

图7-38 效果展示

案例技术要点

本例中主要用到的功能及技术要点如下。

- 圆角矩形工具：使用圆角矩形工具可以绘制出带有圆角的矩形。

案例制作步骤

源文件路径	效果文件\第7章\实例129.ai		
视频路径	视频\第7章\实例129. avi		
难易程度	★	学习时间	3分41秒

❶ 启动Illustrator，新建一个文档。使用（圆角矩形工具）绘制一个“宽度”和“高度”均为42mm、“圆角半径”为3mm的圆角矩形，设置填充属性为（C：20%、M：15%、Y：15%），如图7-39所示。

图7-39　绘制图形

❷ 将圆角矩形原位复制一个，贴在前面，按键盘向上键和向左键各2次，通过“颜色”面板和“渐变”面板设置渐变属性，如图7-40所示。

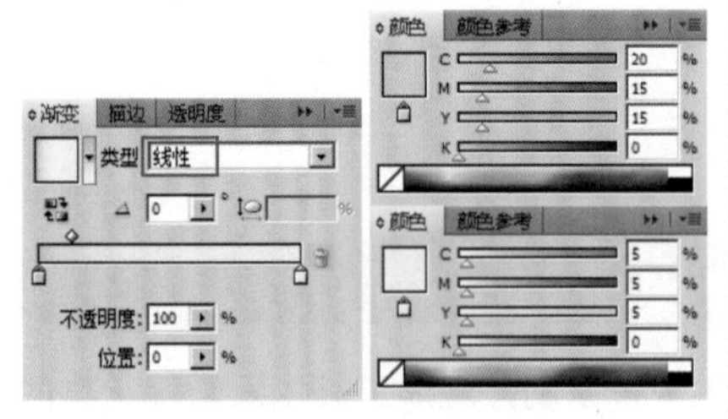

图7-40　渐变属性设置

❸ 设置好渐变属性后，图形的填充效果如图7-41所示。

图7-41　复制图形

❹ 将圆角矩形原位复制一个，贴在前面，修改“宽度”和“高度”均为33mm，设置填充属性为（K：45%），如图7-42所示。

图7-42　复制图形

提　示

原位复制的快捷键是Ctrl+C，贴在前面的快捷键是Ctrl+F。

❺ 将圆角矩形原位复制一个，贴在前面，修改“宽度”和“高度”均为32.5mm，将其向上和向左移动下位置，再为其施加图7-40所示的渐变属性，然后将渐变渐变方向调转一下，如图7-43所示。

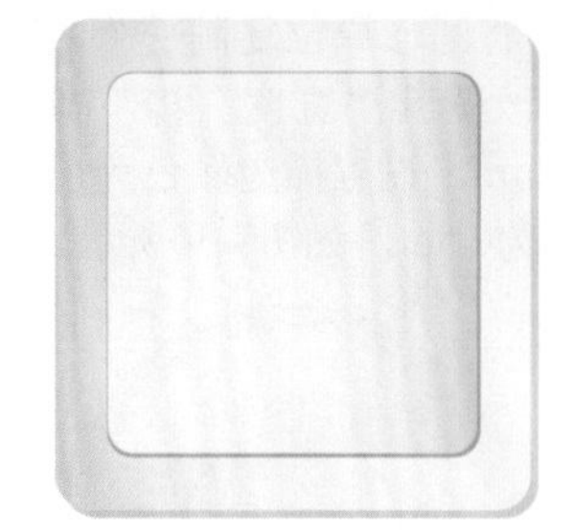

图7-43　复制图形

❻ 将圆角矩形原位复制两个，贴在前面，并将上面的图形向上移动下位置。然后将它们两个同时选中，使用“路径查找器”面板中的（减去顶层）功能将图形编辑成如图7-44所示的效果。

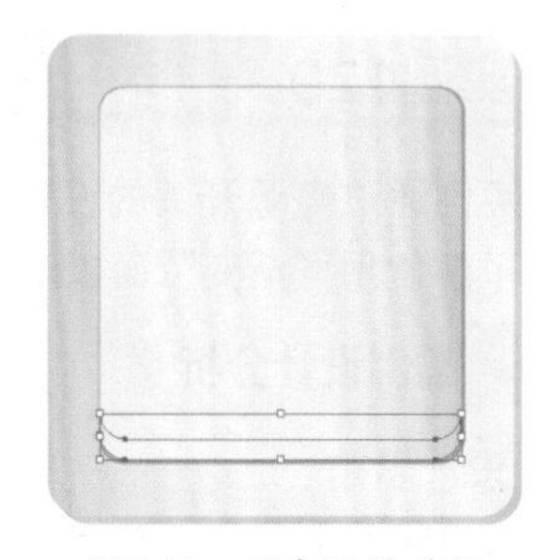

图7-44　减去顶层效果

❼ 通过“颜色”面板和“渐变”面板设置渐变属性，如图7-45所示。

❽ 设置好渐变后，图形的填充效果如图7-46所示。

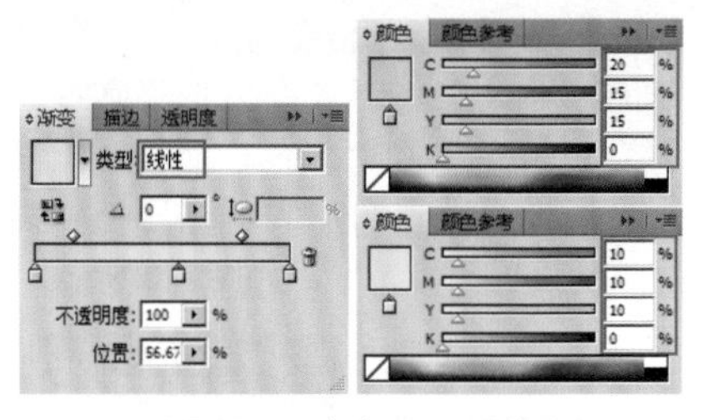

图7-45　渐变属性设置

图7-46　渐变填充效果

❾ 使用（圆角矩形工具）绘制一个“宽度”为6.5mm、“高度”为2.5mm、“圆角半径”为3mm的圆角矩形，设置填充属性为（M：80%、Y：95%），如图7-47所示。

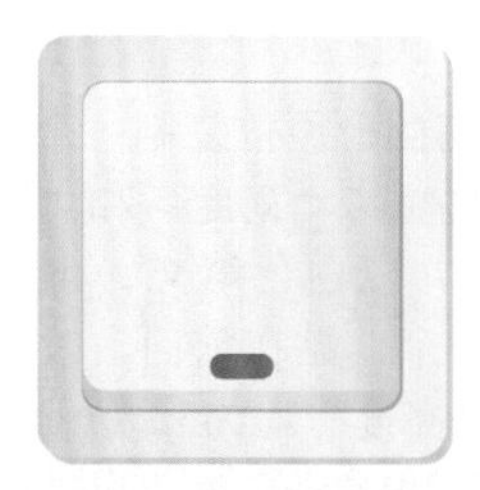

图7-47　最终效果

实例130　学习用品类——软盘

本实例通过软盘的设计制作，使读者进一步掌握基本绘图工具和钢笔工具的使用，重点掌握“路径查找器”面板中各命令的使用方法。

案例设计分析

设计思路

软盘是个人计算机中最早使用的可移动介质。软盘存取速度慢，容量也小，但可装可卸、携带方便。作为一种可移动存储方法，它是需要被物理移动的小文件的理想选择。在制作该实例时，先使用圆角矩形工具和钢笔工具制作出软盘的大体形状，再使用圆角矩形工具和渐变工具等制作出盘面内容，最后输入合适的文字完成本实例的制作。

案例效果剖析

如图7-48所示为软盘部分效果展示。

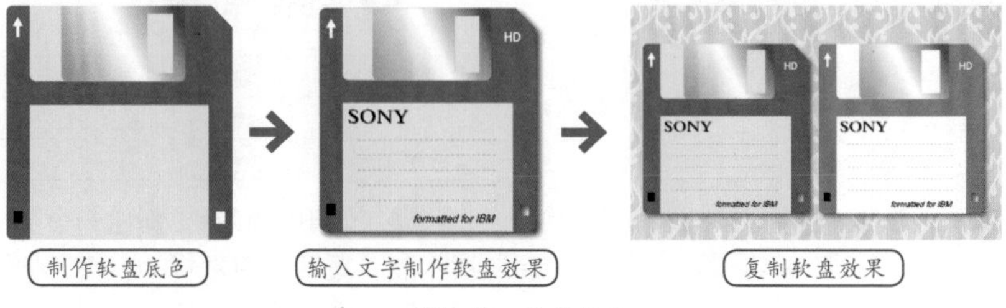

图7-48　效果展示

案例技术要点

本例中主要用到的功能及技术要点如下。

- 钢笔工具：使用钢笔工具绘制出大体形状。
- 圆角矩形工具：使用圆角矩形工具绘制出软盘的外框。
- 文字工具：使用文字工具创建需要的文字。

案例制作步骤

源文件路径	效果文件\第7章\实例130.ai		
调用路径	素材文件\第7章\实例130.ai		
视频路径	视频\第7章\实例130. avi		
难易程度	★★★	学习时间	6分49秒

❶ 启动Illustrator，新建一个文档。使用（圆角矩形工具）绘制一个“宽度”和“高度”均为146mm、“圆角半径”为4mm的圆角矩形，以深灰色（K：75%）填充。然后使用（钢笔工具）在右上角的位置绘制一个三角形，使其与圆角矩形部分重叠，如图7-49所示。

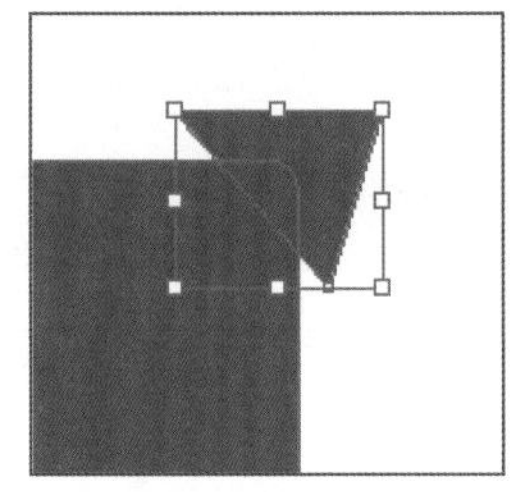

图7-49 绘制图形效果

❷ 将图形全选，打开“路径查找器”面板，单击（减去顶层）按钮，图形编辑效果如图7-50所示。

图7-50 减去顶层效果

❸ 使用（矩形工具）绘制一个“宽度”为115mm、“高度”为84mm的矩形，再使用（圆角矩形工具）绘制一个“宽度”为100mm、“高度”为60mm、“圆角半径”为4mm的圆角矩形，两者均以黄色（Y：100%）填充，分别放置在如图7-51所示的位置。

❹ 绘制一个矩形，使其与上面的黄色圆角矩形交叉，然后使用“路径查找器”面板中的（减去顶层）功能将图形编辑成如图7-52所示的效果。

图7-51 绘制图形

图7-52 减去顶层效果

❺ 将上方的黄色图形原位复制一个，更改它的“宽度”为80mm，然后将其与黄色图形右侧对齐。再使用（矩形工具）绘制一个“宽度”为16.5mm、“高度”为37mm的矩形，调整它的位置。然后将这两个图形同时选择，使用“路径查找器”面板中的（差集）功能将图形编辑成如图7-53所示的效果。

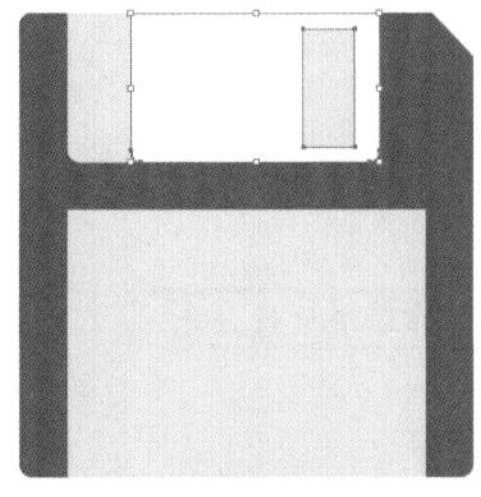

图7-53 差集效果

❻ 通过“颜色”面板和“渐变”面板调整图形的填充属性，如图7-54所示。

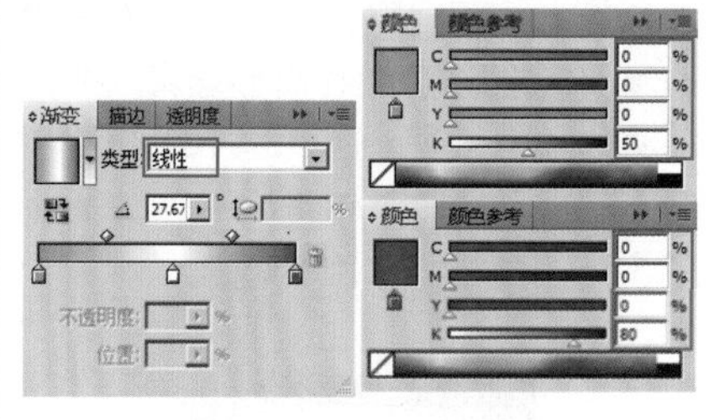

图7-54 渐变属性设置

❼ 设置好渐变属性后，将图形的渐变框旋转角度，效果如图7-55所示。

图7-55 渐变效果

提 示

旋转渐变的范围框，可以灵活调整渐变的显示效果。

❽ 使用（矩形工具）绘制一个“宽度”为1.8mm、“高度”为7mm的矩形，使用（多边形工具）绘制一个“半径”为3.5mm、“边数”为3的三角形。将它们一部分交叉，然后使用“路径查找器”面板中的（联集）功能处理成如图7-56所示的形态，放在软盘的左上角的位置。

图7-56 绘制图形效果

❾ 使用（矩形工具）绘制两个“宽度”为6mm、“高度”为7.5mm的矩形，放在软盘的两侧如图7-57所示的位置。

图7-57 绘制矩形

⑩ 将右侧的小矩形和灰色底色一起选择，使用“路径查找器”面板中的（差集）功能将图形编辑，并以深灰色（K：75%）填充，使其位于图层的最下方，如图7-58所示。

图7-58　编辑图形效果

⑪ 使用（直线段工具）为软盘绘制上直线段，以黑色填充，在“描边”面板中设置为虚线样式。使用（文字工具）输入相应的文字，然后为软盘制作上投影效果，如图7-59所示。

图7-59　制作软盘效果

⑫ 使用同样的方法，再绘制一个绿色的软盘。打开配套光盘“素材文件\第7章\实例130.ai”文件，将背景素材复制到当前文档中，完成本实例的制作，如图7-60所示。

图7-60　最终效果

实例131 家电类——电视机

本实例通过电视机的设计制作，主要讲解矩形工具和圆角矩形工具的使用，了解直接选择工具和渐变面板的使用方法。

案例设计分析

设计思路

电视机有黑白电视机和彩色电视机两种，随着科技的进步，电视机发展越来越先进，各种功能的电视机层出不穷。在制作该实例时，先使用圆角矩形工具和矩形工具制作出电视机的屏幕，最后再制作出电视机的底座部分，从而完成本实例的制作。

案例效果剖析

如图7-61所示为电视机部分效果展示。

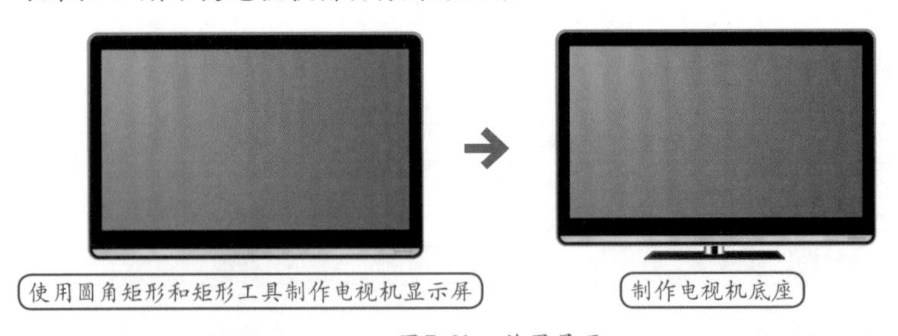

图7-61　效果展示

案例技术要点

本例中主要用到的功能及技术要点如下。

- 圆角矩形工具：使用圆角矩形工具绘制出带有圆角的矩形。
- 矩形工具：使用矩形工具绘制出电视机的显示屏。

源文件路径	效果文件\第7章\实例131.ai		
视频路径	视频\第7章\实例131. avi		
难易程度	★★★	学习时间	9分01秒

实例132 家居用品类——卷纸

本实例通过卷纸的设计制作，使读者掌握基本绘图工具、钢笔工具的使用，进一步掌握“路径查找器”面板中命令的使用。

案例设计分析

设计思路

卷成滚筒形状的卫生纸叫卷纸，主要是供人们生活日常卫生之用，是人民群众不可缺少的纸种之一。它跟一般纸的制造流程差不多，只是要求制造成极薄极脆弱，这样的目的是遇到水就会烂掉，达到环保的目的。在制作该实例时，先使用矩形工具、椭圆工具以及“路径查找器”面板，制作出卷纸的大致轮廓，然后使用钢笔工具和椭圆工具结合制作出卷纸的芯，最后制作出撕开的纸张效果，从而完成本实例的制作。

案例效果剖析

如图7-62所示为卷纸部分效果展示。

图7-62　效果展示

案例技术要点

本例中主要用到的功能及技术要点如下。

- 钢笔工具：使用钢笔工具绘制出路径。

- 矩形工具：使用矩形工具绘制出卷纸的高度。
- 椭圆工具：使用椭圆工具制作出卷纸的芯。

案例制作步骤

源文件路径	效果文件\第7章\实例132.ai		
视频路径	视频\第7章\实例132. avi		
难易程度	★★★★	学习时间	6分28秒

❶ 启动Illustrator，新建一个文档。使用 （矩形工具）绘制一个“宽度”为37mm、“高度”为27mm的矩形。再使用 （椭圆工具）绘制一个“宽度”为37mm、“高度”为23mm的椭圆，然后再将椭圆图形移动复制一个，调整它们的位置，如图7-63所示。

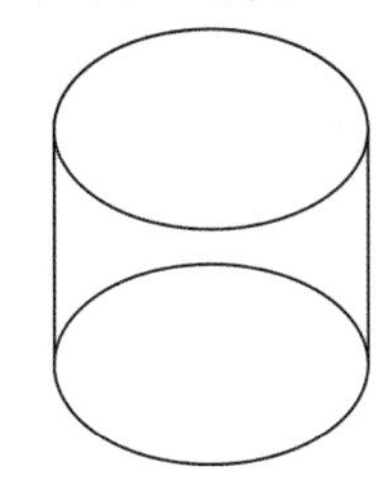

图7-63　绘制图形

❷ 选择下方的两个图形，打开“路径查找器”面板，单击 （联集）按钮，生成新的图形，如图7-64所示。

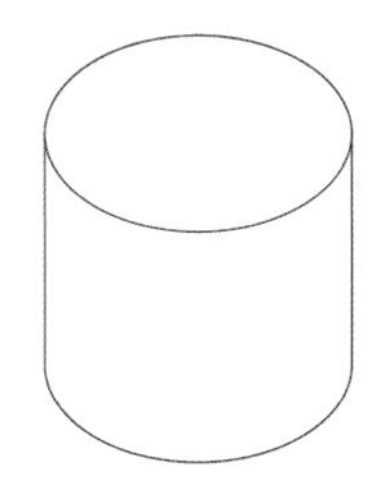

图7-64　联集效果

提　示

在这里是对下面的两个图形进行合成，不要选择上面的图形，否则出不来想要的结果。

❸ 使用 （选择工具）选择图形，通过“渐变”面板和“颜色”面板设置图形的填充属性，描边属性设置为“无”，如图7-65所示。

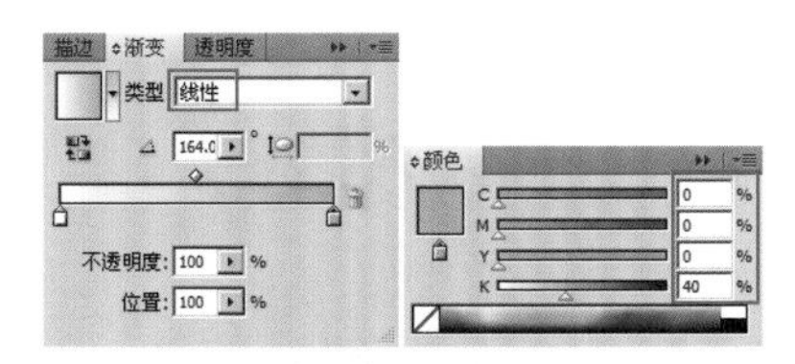

图7-65　渐变属性设置

❹ 设置好渐变后，分别旋转渐变框的角度，如图7-66所示。

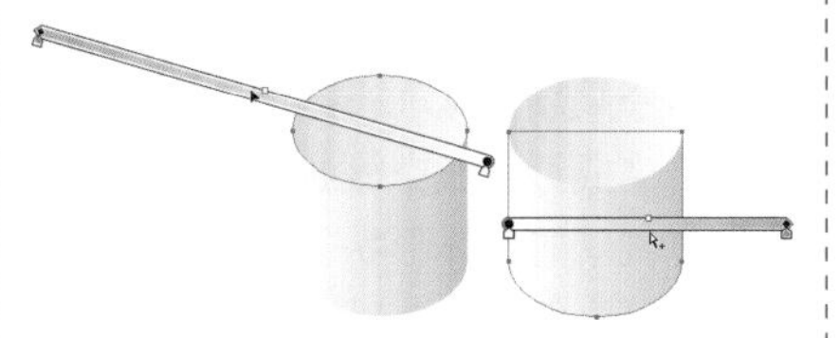

图7-66　旋转渐变框

❺ 使用 （椭圆工具）绘制两个椭圆，分别为14mm×9mm、9mm×6mm，如图7-67所示。

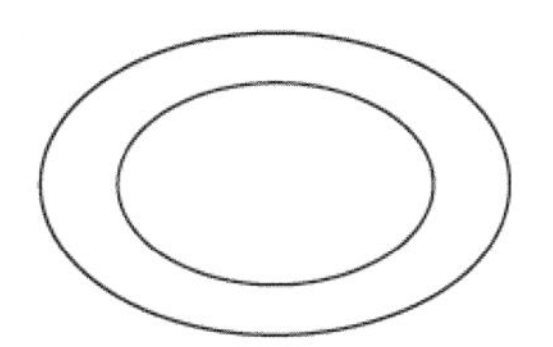

图7-67　绘制椭圆

❻ 使用 （选择工具）选择图形，通过“渐变”面板和“颜色”面板设置图形的填充属性，描边属性设置为“无”，如图7-68所示。

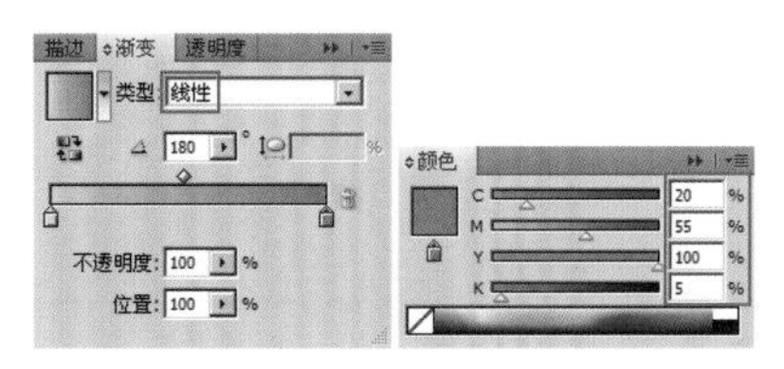

图7-68　渐变属性设置

❼ 设置好渐变后，分别旋转渐变框的角度，如图7-69所示。

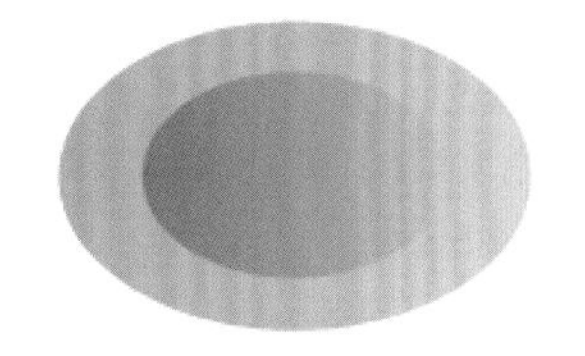

图7-69　渐变效果

❽ 使用 （钢笔工具）在页面中绘制图形，如图7-70所示。

图7-70　绘制图形

❾ 为图形填充上渐变色，并将其移动到如图7-71所示的位置。

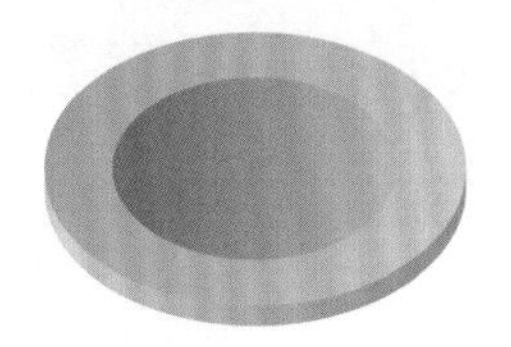

图7-71　图形的效果及位置

❿ 将图形编组，然后移动到如图7-72所示的位置。

图7-72　图形的位置

⓫ 使用 （钢笔工具）在页面中绘制图形，并为其填充上灰色到白色的渐变色，如图7-73所示。

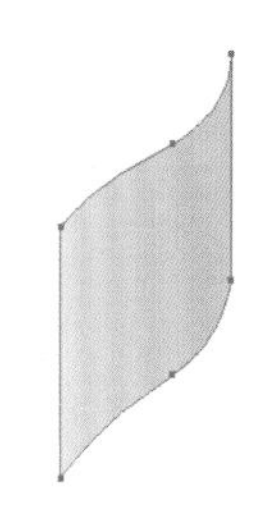

图7-73　绘制图形

⓬ 单击 （选择工具）按钮，选择图形，将其移到如图7-74所示的位置。

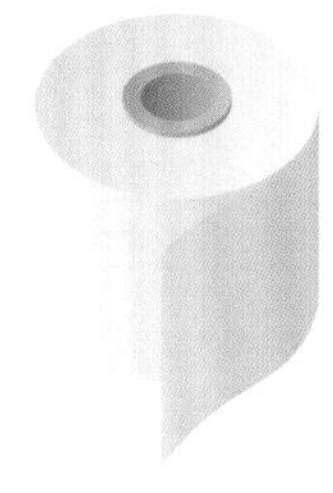

图7-74　图形位置

⓭ 全选图形并编组，然后复制多个，分别调整它们的位置。最后制作一个背景，完成本实例的制作，如图7-75所示。

图7-75　最终效果

实例133 工业设计类——热气球

本实例通过热气球的设计制作，使读者掌握钢笔工具、椭圆工具、圆角矩形工具等的使用，进一步掌握通过“渐变”面板和“颜色”面板设置图形的填充属性方法。

案例设计分析

设计思路

热气球是用热空气作为浮升气体的气球，当今乘热气球飞行已成为人们喜爱的一种航空体育运动。此外，热气球还常用于航空摄影和航空旅游。在制作该实例时，先使用椭圆工具和直接选择工具制作出热气球的大体形状，并制作上渐变效果，然后通过多次复制并更改大小的方法制作出热气球的外观，最后使用钢笔工具、圆角矩形工具等制作出热气球的大筐造型，从而完成本实例的制作。

案例效果剖析

如图7-76所示为热气球部分效果展示。

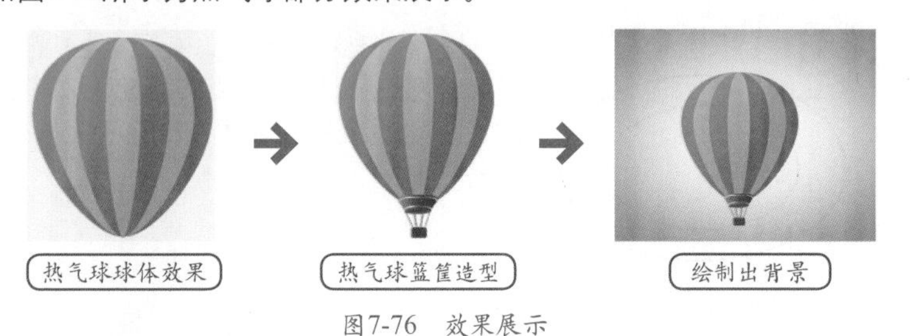

图7-76 效果展示

案例技术要点

本例中主要用到的功能及技术要点如下。

- 椭圆工具：使用椭圆工具制作出热气球的外框。
- 圆角矩形工具：使用圆角矩形工具制作出热气球的大筐造型。
- 直线段工具：使用直线段工具制作出热气球的缆绳部分。

案例制作步骤

源文件路径	效果文件\第7章\实例133.ai		
视频路径	视频\第7章\实例133. avi		
难易程度	★★★	学习时间	11分33秒

❶ 启动Illustrator，新建一个文档。使用（椭圆工具）在页面中绘制一个“宽度”为78mm、“高度”为65mm的椭圆图形，并以深黄色（C：10%、M：80%、Y：95%）到浅黄色（M：46%、Y：73%）的渐变色填充，描边色设置为“无”。然后使用（直接选择工具）拖动椭圆图形下方的锚点，修改椭圆图形的形状，直到得到如图7-77所示的气球外形。

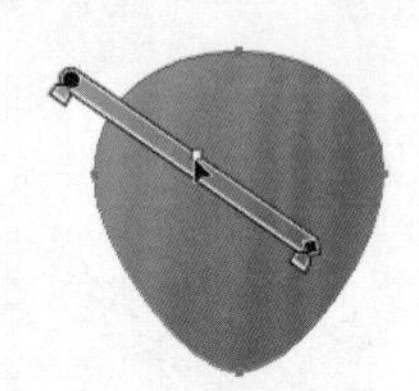

图7-77 渐变效果

❷ 将气球形状原位复制一个，贴在前面，并改变其大小，将渐变色更改为黄色（M：46%、Y：73%）到明黄色（C：10%、M：10%、Y：95%），如图7-78所示。

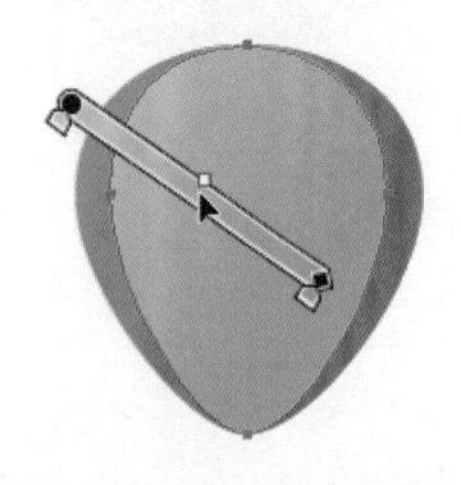

图7-78 复制图形效果

提 示

原位复制的快捷键是Ctrl+C，贴在前面的快捷键是Ctrl+F。

❸ 再将气球原位复制一个，贴在前面，然后调整其大小，使其比第2个更小一些，如图7-79所示。

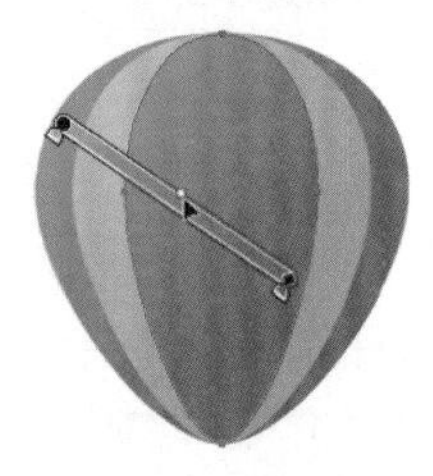

图7-79 复制图形效果

❹ 用同样的方法制作一个比第3个更小的图形，并放置到第3个的上方，如图7-80所示。

图7-80 复制图形效果

❺ 使用（钢笔工具）在气球的底部绘制如图7-81所示的图形。

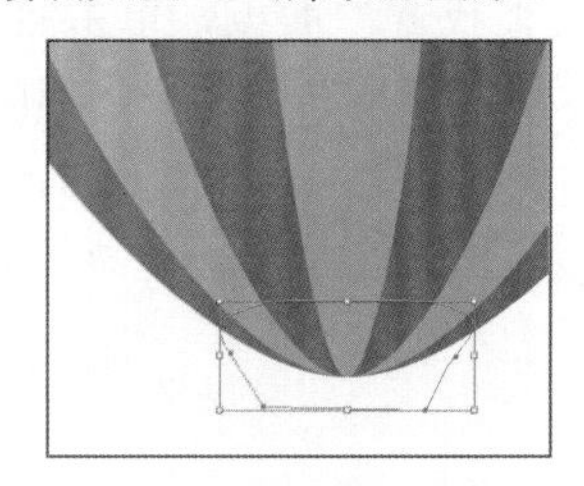

图7-81 绘制图形形态

❻ 通过“颜色”面板和“渐变”面板设置图形的填充属性，描边属性设置为“无”，如图7-82所示。

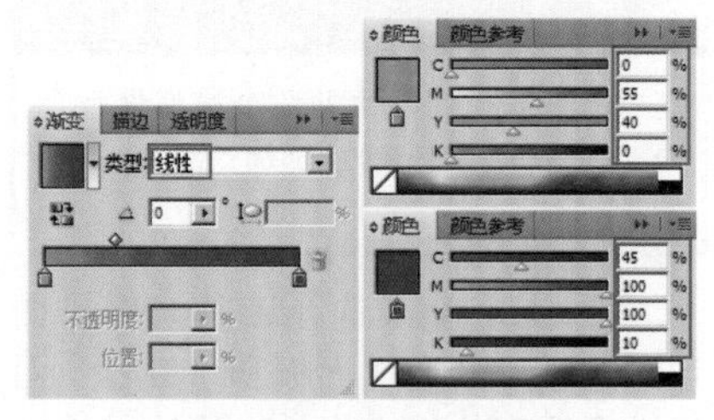

图7-82 渐变属性设置

❼ 设置好渐变色后，图形的填充效果如图7-83所示。

图7-83 渐变效果

❽ 使用（椭圆工具）和（钢笔工具你）在气球的底部作图，通过“颜色”面板设置图形的填充属性，描边属性设置为“无”，如图7-84所示。

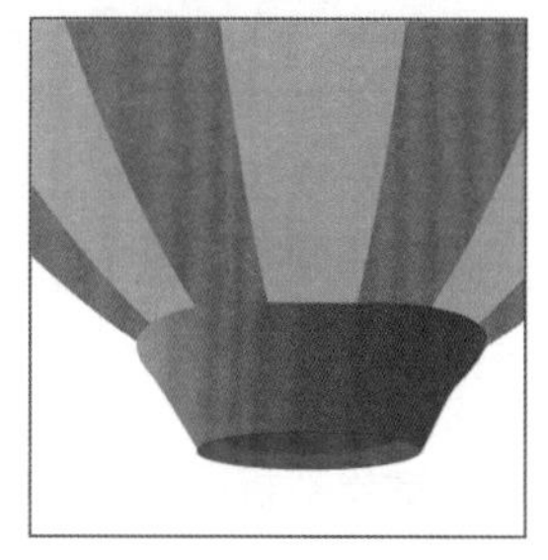

图7-84　绘制图形形态

❾ 使用（钢笔工具）在页面中绘制图形，在绘制过程中可使用（直接选择工具）对相应的节点进行移动或修改，如图7-85所示。

图7-85　绘制图形形态

❿ 通过“颜色”面板和“渐变”面板设置图形的填充属性，描边属性设置为“无”，如图7-86所示。

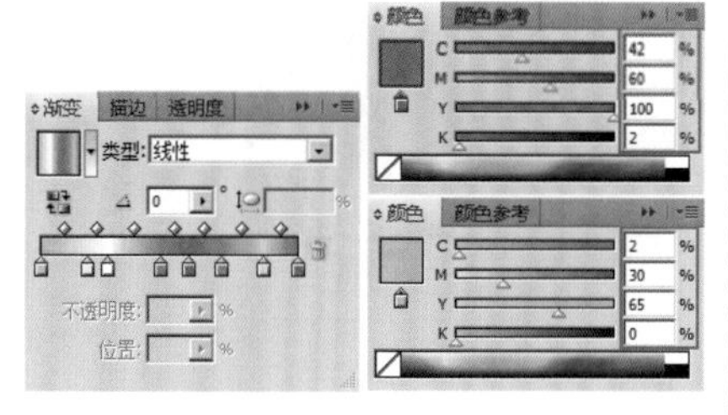

图7-86　渐变属性设置

⓫ 设置好渐变色后，图形的填充效果如图7-87所示。

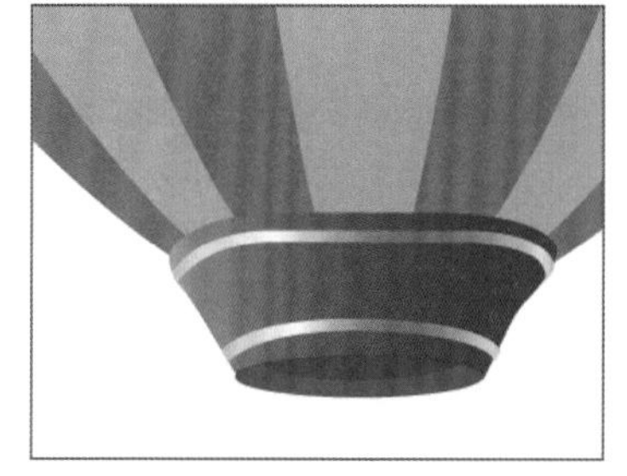

图7-87　渐变效果

⓬ 使用（直线段工具）绘制多条直线，通过“颜色”面板设置图形的描边属性，如图7-88所示。

图7-88　绘制直线段效果

⓭ 使用（圆角矩形工具）在气球底部绘制一个“宽度”为7.5mm、“高度”为5mm、“圆角半径”为0.5mm的圆角矩形，设置填充属性为（C：50%、M：65%、Y：90%、K：35%），如图7-89所示。

图7-89　绘制圆角矩形形态

⓮ 使用（选择工具）全选所有图形，按Ctrl+G快捷键将它们组合为一个整体，如图7-90所示。

图7-90　热气球造型

⓯ 制作一个蓝色到白色的渐变背景，然后将热气球放到一个合适的位置，完成本实例的制作，如图7-91所示。

图7-91　最终效果

实例134　日用品类——温度计

本实例通过温度计的设计制作，主要使读者掌握圆角矩形工具的绘制方法，了解使用“渐变”面板设置填充属性方法。

案例设计分析

设计思路

温度计是可以准确地判断和测量温度的工具，分为指针温度计和数字温度计。本例要制作的是数字温度计。在制作该实例时，首先通过矩形工具、圆角矩形工具、椭圆工具分别在页面中合适的位置绘制图形，并通过“颜色”面板和“渐变”面板设置图形的填充和描边属性。然后将图形编组，再按住Alt键拖曳鼠标复制图形，从而完成本实例的制作。

案例效果剖析

如图7-92所示为温度计部分效果展示。

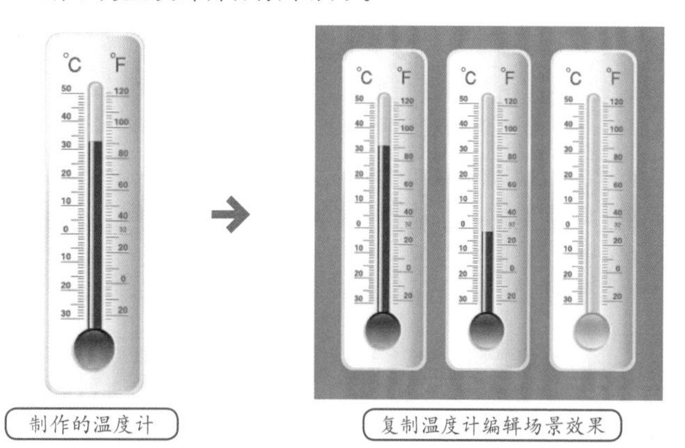

图7-92　效果展示

案例技术要点

本例中主要用到的功能及技术要点如下。

- 圆角矩形工具：使用圆角矩形工具创建温度计的大小。
- 椭圆工具：使用椭圆工具绘制出水银效果。
- 渐变工具：使用渐变工具制作出图形的渐变效果。
- 文字工具：使用文字工具输入合适的文字。

源文件路径	效果文件\第7章\实例134.ai		
调用路径	素材文件\第7章\实例134.ai		
视频路径	视频\第7章\实例134. avi		
难易程度	★★	学习时间	10分08秒

实例135 工业设计类——垃圾桶

本实例通过垃圾桶的设计制作，使读者掌握钢笔工具组和直接选择工具的使用，进一步掌握通过“渐变”面板和“颜色”面板设置图形的填充和描边属性等，巩固图形对象的基本操作命令。

案例设计分析

设计思路

顾名思义，垃圾箱就是装放垃圾的地方。垃圾桶是人们生活中“藏污纳垢”的容器，也是社会文化的一种折射。家居的垃圾桶多数放于厨房，以便放置厨余；有些游乐场的垃圾桶会特别设计成可爱的人物。在制作该实例时，先制作出垃圾桶的大桶体，然后逐个制作出桶盖、桶把以及轮子等部分造型，从而完成本实例的制作。

案例效果剖析

如图7-93所示为垃圾桶部分效果展示。

图7-93　效果展示

案例技术要点

本例中主要用到的功能及技术要点如下。

- 钢笔工具：使用钢笔工具绘制出垃圾桶的外观。
- 圆角矩形工具：使用圆角矩形工具创建出垃圾桶的装饰部分。
- 椭圆工具：使用椭圆工具制作出垃圾桶的轮子部分。

源文件路径	效果文件\第7章\实例135.ai		
调用路径	素材文件\第7章\实例135.ai		
视频路径	视频\第7章\实例135. avi		
难易程度	★★★★	学习时间	16分38秒

实例136 工业设计类——指南针

本实例通过指南针的绘制，主要讲解基本图形的绘制，复制、粘贴命令及“渐变”面板的使用等。

案例设计分析

设计思路

指南针是一种判别方位的简单仪器，常用于航海、大地测量、旅行及军事等方面。在制作该实例时，先使用椭圆工具和渐变工具制作出指南针的外框，再使用矩形工具和旋转工具制作出指针部分，最后调入素材，完成本实例的制作。

案例效果剖析

如图7-94所示为指南针部分效果展示。

图7-94　效果展示

案例技术要点

本例中主要用到的功能及技术要点如下。

- 椭圆工具：使用椭圆工具绘制出指南针的外框部分。
- 渐变工具：使用渐变工具制作出指南针的明暗变化。

案例制作步骤

源文件路径	效果文件\第7章\实例136.ai
调用路径	素材文件\第7章\实例136.ai
视频路径	视频\第7章\实例136. avi
难易程度	★★★
学习时间	8分07秒

❶ 启动Illustrator，新建一个文档。使用（椭圆工具）在页面中绘制一个“宽度”为97mm、“高度”为97mm的正圆图形。在“颜色”面板和“渐变”面板中设置圆形的填充属性，如图7-95所示。

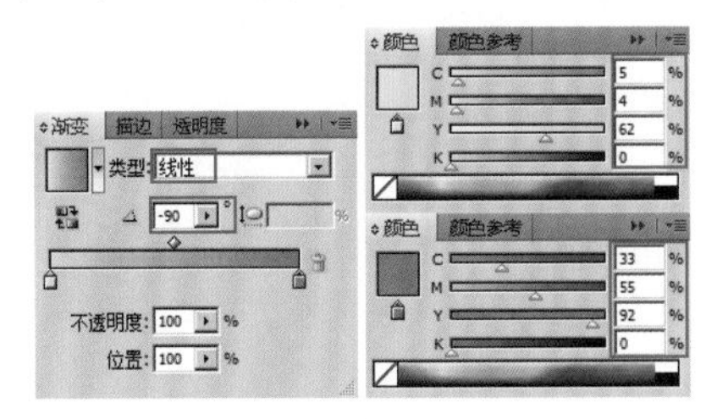

图7-95 渐变属性设置

❷ 设置好渐变色后，圆形填充效果如图7-96所示。

图7-96 渐变效果

❸ 将圆形原位复制一个，贴在前面，并改变其“宽度”和“高度”均为91mm，在“颜色”面板和“渐变”面板中设置圆形的填充属性，描边属性设置为“无”，如图7-97所示。

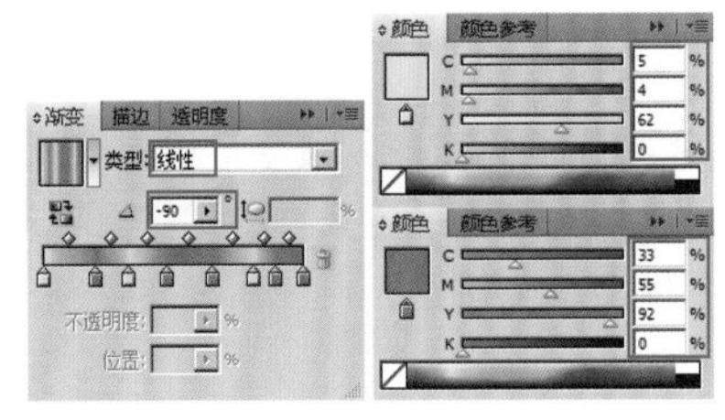

图7-97 渐变属性设置

❹ 设置好渐变色后，圆形填充效果如图7-98所示。

图7-98 渐变效果

❺ 将圆形原位复制一个，贴在前面，并改变其“宽度”和“高度”均为86.5mm，在“颜色”面板和“渐变”面板中设置圆形的填充属性，描边属性设置为“无”，如图7-99所示。

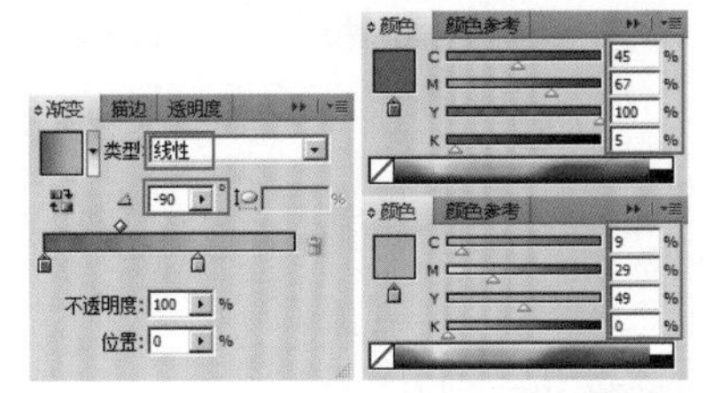

图7-99 渐变属性设置

❻ 设置好渐变色后，圆形填充效果如图7-100所示。

图7-100 渐变效果

❼ 将圆形原位复制一个，贴在前面，并改变其“宽度”和“高度”均为80.5mm，在“颜色”面板和“渐变”面板中设置圆形的填充属性，描边属性设置为“无”，如图7-101所示。

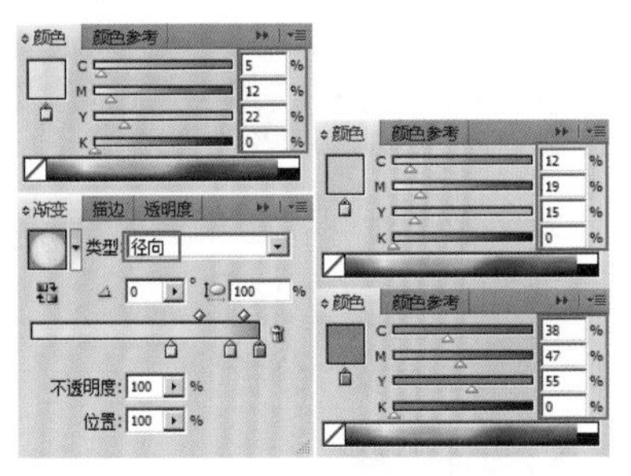

图7-101 渐变属性设置

提 示

原位复制的快捷键是Ctrl+C，贴在前面的快捷键是Ctrl+F。

❽ 设置好渐变色后，圆形填充效果如图7-102所示。

图7-102 渐变效果

❾ 使用（矩形工具）在页面中绘制一个“宽度”为2.5mm、“高度”为23mm的矩形，使用（直接选择工具）更改锚点的位置，调整矩形的形态，设置填充属性为（C：9%、M：22%、Y：35%），如图7-103所示。

图7-103 绘制图形形态

❿ 将该图形沿垂直方向镜像复制一个，设置渐变属性为（C：25%、M：44%、Y：57%），如图7-104所示。

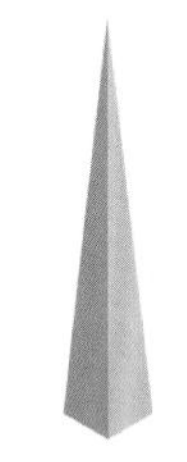

图7-104 复制图形

⓫ 将两个图形全选，然后沿90°旋转复制3个，如图7-105所示。

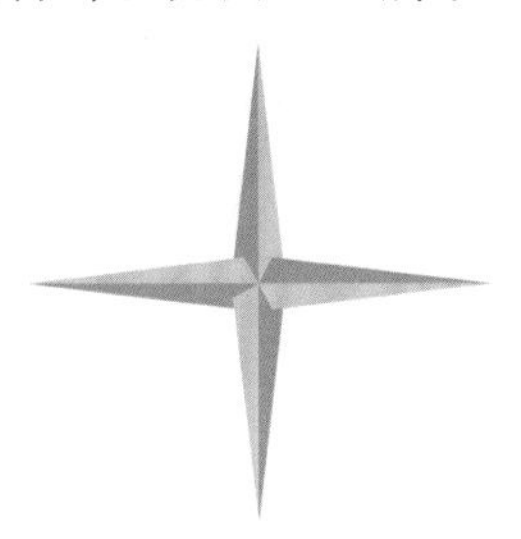

图7-105 旋转复制

⓬ 将这几个图形全选，沿45°旋转复制1个，然后将它们适当缩小，如图7-106所示。

图7-106 复制图形

⓭ 将上面绘制的图形放置到如图7-107所示的位置。

图7-107 图形的位置

⑭ 将指针再复制一个，调整下旋转角度，然后通过“颜色”面板设置图形的填充和描边属性，如图7-108所示。

图7-108 旋转复制图形

⑮ 使用（选择工具）全选所有图形，按Ctrl+G快捷键将它们组合为一个整体。打开配套光盘“素材文件\第7章\实例136.ai”文件，将素材复制到当前文档中，调整它们的位置和图层顺序，完成本实例的制作，如图7-109所示。

图7-109 最终效果

实例137 日用品类——高脚杯

本实例通过高脚杯的设计制作，使读者掌握基本绘图工具和钢笔工具的使用，进一步巩固“路径查找器”面板中各命令的使用，以及“渐变”面板和“颜色”面板设置填充和描边属性等。

案例设计分析

设计思路

因其有一个细长的底座而被大众形象的称为高脚杯。在葡萄酒文化中，酒杯是其不可缺失的一个重要环节，在西方传统观点中，为葡萄酒选择正确的酒杯，能帮助更好地品味美酒。在制作该实例时，先使用椭圆工具、钢笔工具以及渐变工具制作出酒杯的杯体部分，再使用钢笔工具和渐变工具制作出酒杯的其他部分，最后置入合适的环境，从而完成本实例的制作。

案例效果剖析

如图7-110所示为高脚杯部分效果展示。

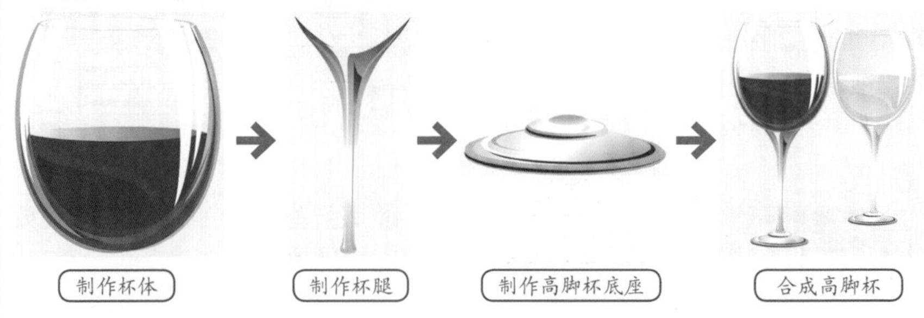

图7-110 效果展示

案例技术要点

本例中主要用到的功能及技术要点如下。

- 椭圆工具：使用椭圆工具绘制出酒杯杯体部分的造型。
- 钢笔工具：使用钢笔工具绘制出酒杯腿的形状。
- 渐变工具：使用渐变工具制作出酒杯的质感。

源文件路径	效果文件\第7章\实例137.ai		
调用路径	素材文件\第7章\实例137.ai		
视频路径	视频\第7章\实例137. avi		
难易程度	★★★★	学习时间	11分56秒

实例138 休闲娱乐类——飞行棋棋盘

本实例通过飞行棋棋盘的设计制作，了解基本绘图工具的使用、复制命令、旋转复制命令的使用。

案例设计分析

设计思路

飞行棋棋盘是由4种颜色组成的，上面画有飞机的图形，最多可以有4个人各拿一种颜色一起玩。在制作该实例时，先使用圆角矩形工具、椭圆工具以及矩形工具制作出飞行棋棋盘的大框，然后制作出单个棋盘，再使用旋转复制的方法制作出其他棋盘，从而完成本实例的制作。

案例效果剖析

如图7-111所示为飞行棋棋盘部分效果展示。

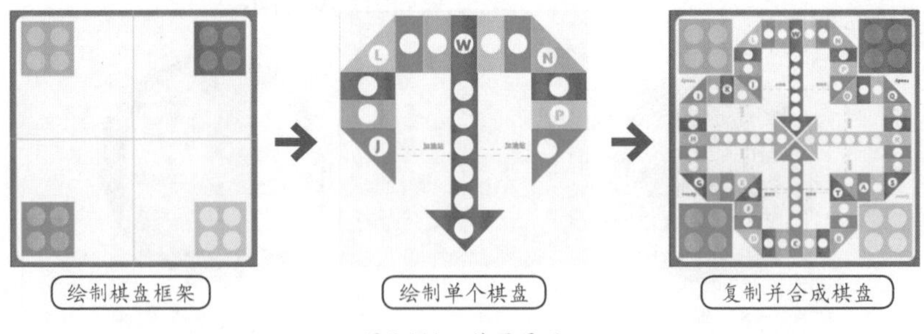

图7-111 效果展示

案例技术要点

本例中主要用到的功能及技术要点如下。

- 圆角矩形工具：使用圆角矩形工具制作出飞行棋棋盘的框架。
- 椭圆工具：使用椭圆工具绘制出圆形图形。

案例制作步骤

源文件路径	效果文件\第7章\实例138.ai
视频路径	视频\第7章\实例138. avi
难易程度	★★★
学习时间	5分17秒

❶ 启动Illustrator，新建一个“宽度”为452mm、“高度”为448mm的空白文档。使用（矩形工具）绘制一个和页面同样大小的矩形，设置填充属性为（C：60%、M：40%），设置描边属性为“无”。

❷ 使用（圆角矩形工具）绘制一个“宽度”和“高度”均为430mm、“圆角半径”为15mm的圆角矩形，设置填充属性为（Y：20%），居中放置，如图7-112所示。

图7-112 绘制图形

❸ 使用（矩形工具）绘制一个“宽度”和“高度”均为95mm的正方形，设置填充属性为（C：40%、Y：100%），再使用（椭圆工具）绘制4个“宽度”和“高度”均为33.5mm圆形，设置填充属性为（C：20%、Y：100%），然后将它们编组，放在左上角的位置，如图7-113所示。

图7-113 绘制图形效果

❹ 按Ctrl+R快捷键打开标尺，在棋盘的中心点创建两条辅助线，使它们在中心点相交，如图7-114所示。

❺ 选择左上角的图形，选择（旋转工具），按住Alt键在中心点的位置单击鼠标左键，自定义旋转对象的中心点，在“旋转”对话框中设置旋转的角度为90°，然后单击 复制(C) 按钮，如图7-115所示。

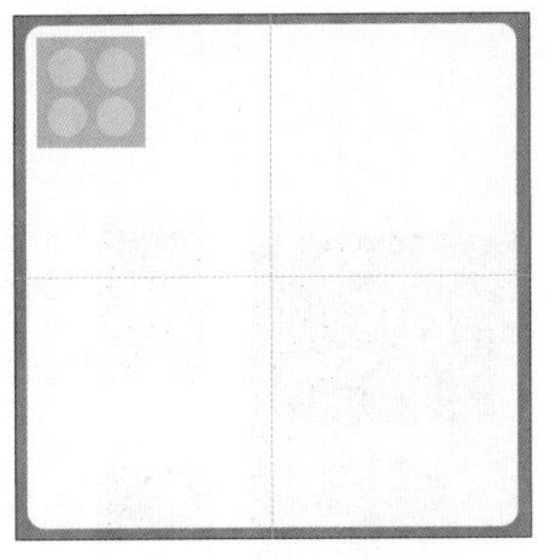

图7-114 建立参考线

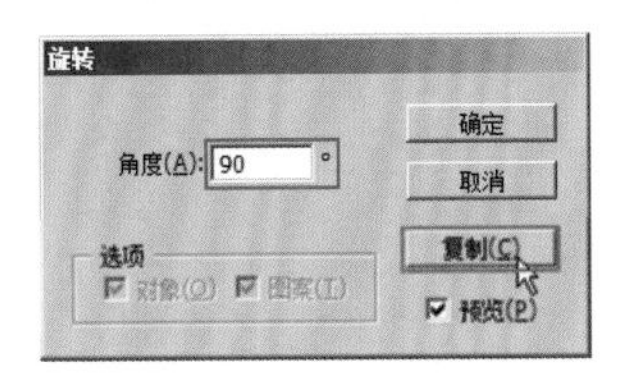

图7-115 设置旋转角度

❻ 旋转复制的图形效果如图7-116所示。

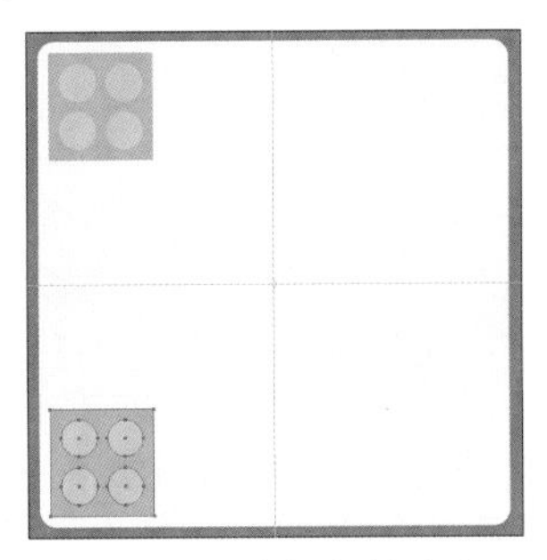

图7-116 旋转复制效果

❼ 按Ctrl+D快捷键再复制两个图形，然后使用（选择工具）分别选择图形，通过“颜色”面板更改图形的填充属性，效果如图7-117所示。

> **提 示**
>
> 按Ctrl+D快捷键，可以重复执行上次的命令。

❽ 通过基本图形工具绘制图形，通过“颜色”面板设置图形的填充和描边属性，如图7-118所示。

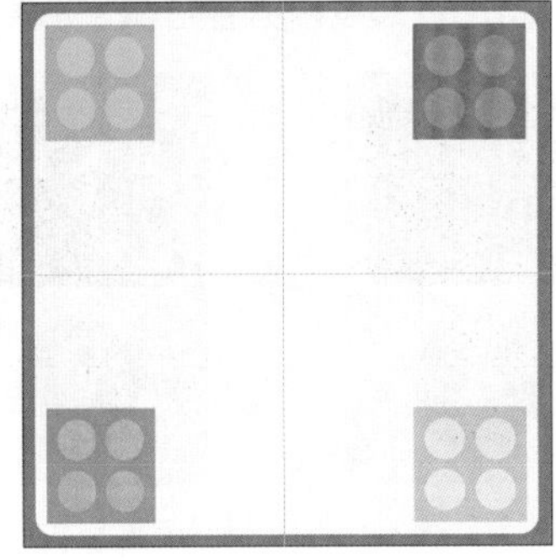

图7-117 更改图形填充属性

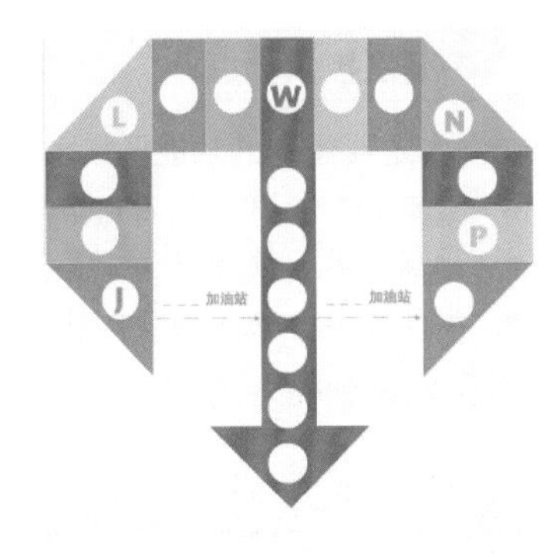

图7-118 绘制棋盘图形

❾ 使用旋转复制方法，将其旋转90°复制3个，并通过“颜色”面板设置图形的填充和描边属性，最终效果如图7-119所示。

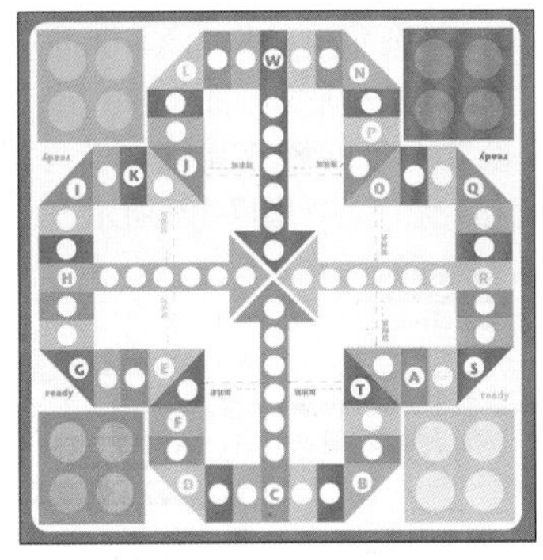

图7-119 最终效果

实例139 家电类——音箱

本实例通过音箱的设计制作，使读者掌握钢笔工具、基本绘图工具、“渐变”面板和“颜色”面板的使用，进一步巩固“路径查找器”面板中各命令的使用，了解“透明度”面板的使用。

案例设计分析

设计思路

音箱就是声音输出设备、喇叭、低音炮等，因其功能齐全、使用方便、外观华丽而备受音乐发烧友的喜爱。在制作该实例时，先使用圆角矩形工具和渐变工具制作出音箱的外观，然后制作出音箱播放，最后置入素材，完成本实例的制作。

案例效果剖析

如图7-120所示为音箱部分效果展示。

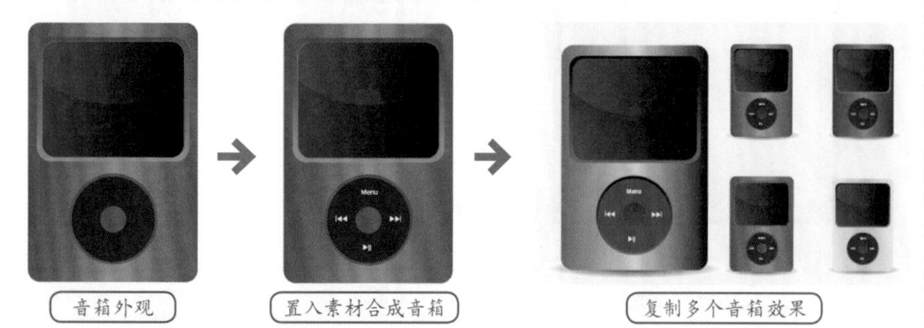

图7-120 效果展示

案例技术要点

本例中主要用到的功能及技术要点如下。

- 圆角矩形工具：使用圆角矩形工具绘制出带有圆角的矩形。
- 椭圆工具：使用椭圆工具绘制圆形。
- 渐变工具：使用渐变工具制作出音箱的明暗变化。

案例制作步骤

源文件路径	效果文件\第7章\实例139.ai		
调用路径	素材文件\第7章\实例139.ai		
视频路径	视频\第7章\实例139. avi		
难易程度	★★★	学习时间	5分23秒

❶ 启动Illustrator，新建一个空白文档。使用（圆角矩形工具）绘制一个“宽度”为49mm、“高度”为73mm、“圆角半径”为3.5mm的圆角矩形，通过“渐变”面板和“颜色”面板设置对象的填充属性，描边属性设置为“无”，如图7-121所示。

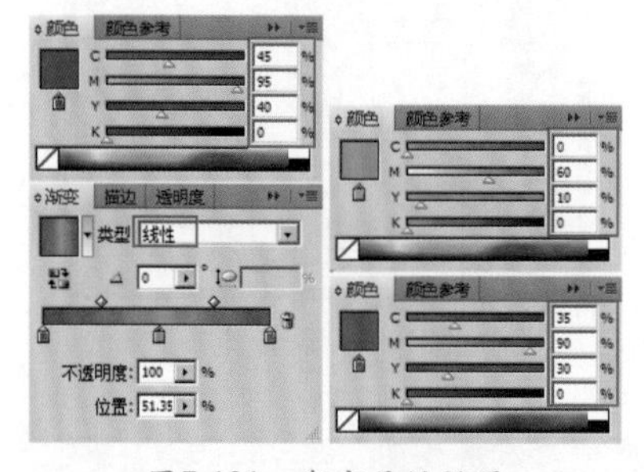

图7-121 渐变属性设置

❷ 设置好渐变属性后，图形效果如图7-122所示。

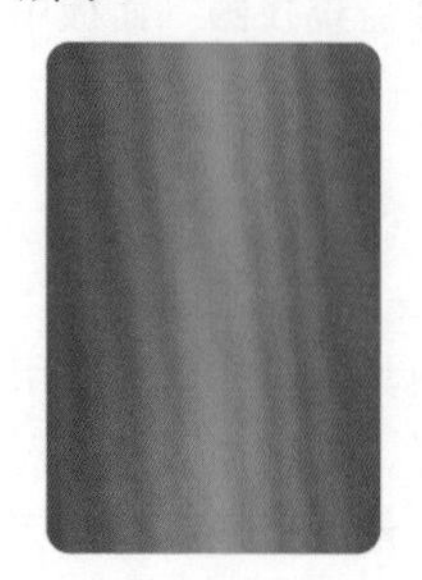

图7-122 渐变效果

❸ 使用（圆角矩形工具）绘制一个“宽度”为44mm、“高度”为35mm、“圆角半径”为3.5mm的圆角矩形，通过“渐变”面板和“颜色”面板设置对象的填充属性，描边属性设置为“无”，如图7-123所示。

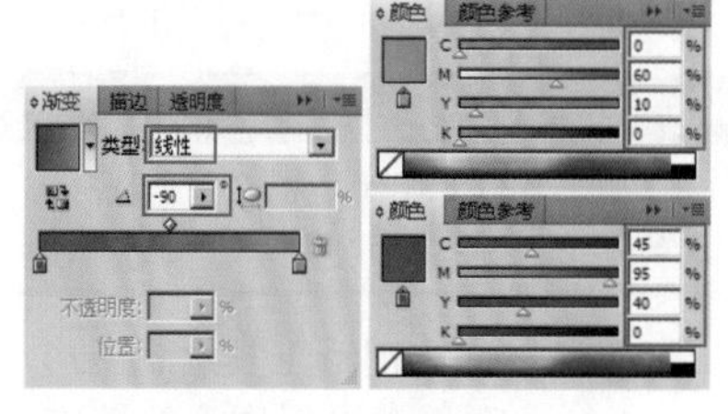

图7-123 渐变属性设置

❹ 设置好渐变属性后，图形效果如图7-124所示。

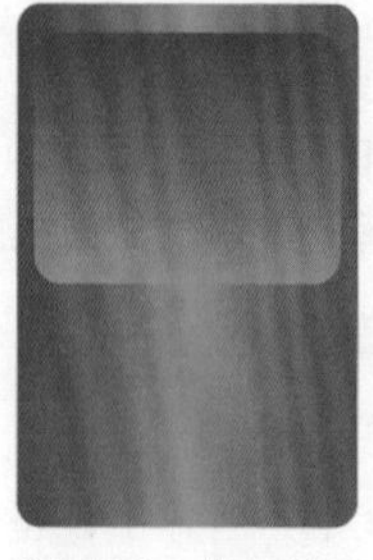

图7-124 渐变效果

❺ 将圆角矩形原位复制一个，贴在前面，更改其“宽度”为41mm、“高度”为32.5mm，然后更改渐变属性为黑色（K：100%）到深灰色（K：80%），如图7-125所示。

图7-125 复制图形

提 示

原位复制的快捷键是Ctrl+C，贴在前面的快捷键是Ctrl+F。

❻ 将圆角矩形再原位复制一个，贴在前面。使用（椭圆工具）绘制一个“宽度”为55mm、“高度”为42mm的椭圆，放在如图7-126所示的位置。

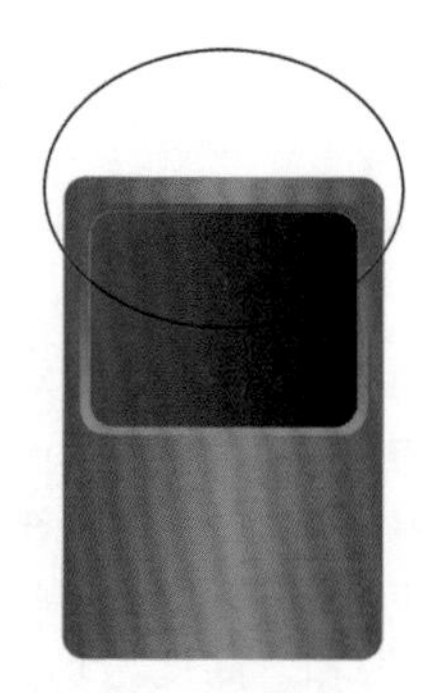

图7-126 图形位置

❼ 将椭圆图形和复制后的圆角矩形同时选中，使用“路径查找器”面板中的（减去顶层）功能将圆角矩形的上半部分减去，然后在“透明度”面板中更改混合模式为“正片叠底”、“不透明度”数值为30%，效果如图7-127所示。

图7-127 图形效果

❽ 使用（椭圆工具）绘制一个“宽度”和“高度”均为25.5mm的圆形，设置填充属性为（C：35%、M：

90%、Y：30%），放在如图7-128所示的位置。

图7-128 绘制图形

❾ 将圆形原位复制一个，贴在前面，更改“宽度”和“高度”均为24mm。再原位复制一个，贴在前面，更改“宽度”和“高度”均为7.5mm。将这两个圆形同时选中，使用“路径查找器”面板中的（减去顶层）功能将最小的圆形减掉，然后设置填充属性为（C：80%、M：75%、Y：70%、K：50%），如图7-129所示。

图7-129 编辑图形效果

❿ 通过（多边形工具）、（直线段工具）和（文字工具），在页面中分别绘制图形和输入文字，并将其移到合适的位置，如图7-130所示。

图7-130 绘制图形效果

⓫ 打开配套光盘“素材文件\第7章\实例139.ai”文件，将其中的苹果标志复制到当前文档中，在“透明度”面板中更改混合模式为“叠加”、“不透明度”数值为25%，如图7-131所示。

图7-131 置入素材效果

⓬ 使用同样的方法分别绘制其他的音箱效果，完成本实例的制作，如图7-132所示。

图7-132 最终效果

实例140 电器类——灯泡

本实例通过灯泡的设计制作，使读者掌握钢笔工具和直接选择工具的使用，进一步掌握通过“渐变”面板和“颜色”面板设置图形的填充属性，巩固图形对象的基本操作。

案例设计分析

设计思路

灯泡是通过电能而发光发热的照明源，最常见的功能是照明。随着社会的进步，开始有了不同用途的功能性用灯。在制作该实例时，先制作出灯泡的灯头部分，再制作出灯泡的螺丝部分，最后制作出灯泡的钨丝部分。

案例效果剖析

如图7-133所示为灯泡部分效果展示。

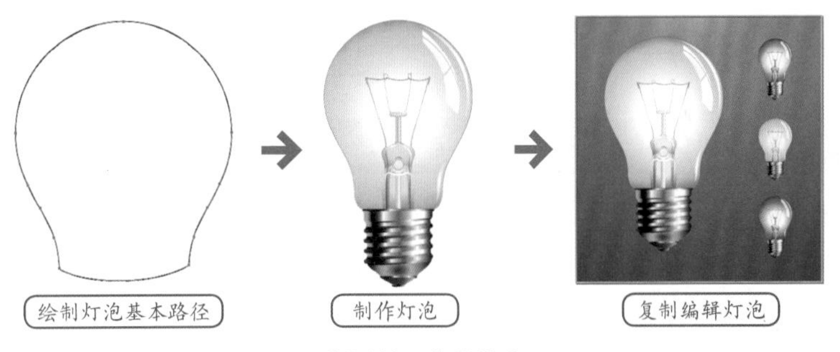

图7-133 效果展示

案例技术要点

本例中主要用到的功能及技术要点如下。

- 椭圆工具：使用椭圆工具绘制出灯泡的灯头部分。
- 渐变工具：使用渐变工具制作出灯泡的明暗效果。
- 钢笔工具：使用钢笔工具绘制出灯泡的钨丝造型。

源文件路径	效果文件\第7章\实例140.ai		
调用路径	素材文件\第7章\实例140.ai		
视频路径	视频\第7章\实例140. avi		
难易程度	★★★	学习时间	9分12秒

实例141 电器类——壁灯

本实例通过壁灯的设计制作，使读者掌握基本绘图工具和钢笔工具的使用，进一步掌握“路径查找器”面板中各命令的使用。

案例设计分析

设计思路

壁灯是安装在室内墙壁上的辅助照明装饰灯具，一般多配用乳白色的玻璃灯罩。光线淡雅和谐，可把环境点缀得优雅、富丽。在制作该实例时，先使用矩形工具、钢笔工具和椭圆工具在页面中绘制图形，然后通过选择工具选择图形对象，通过“颜色”面板和“渐变”面板设置所选图形的填充属性，最后通过“路径查找器”面板中的命令生成新的图形对象。

案例效果剖析

如图7-134所示为壁灯部分效果展示。

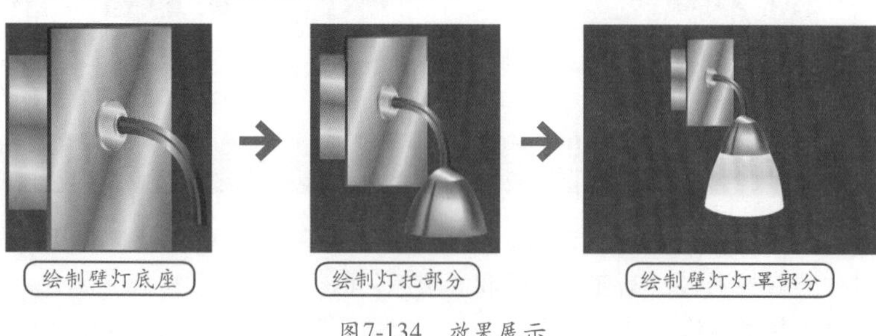

图7-134　效果展示

案例技术要点

本例中主要用到的功能及技术要点如下。

- 矩形工具：使用矩形工具创建壁灯的灯座部分。
- 钢笔工具：使用钢笔工具绘制路径。
- 渐变工具：使用渐变工具编辑壁灯的明暗效果。

源文件路径	效果文件\第7章\实例141.ai		
调用路径	素材文件\第7章\实例141.ai		
视频路径	视频\第7章\实例141. avi		
难易程度	★★★	学习时间	10分22秒

实例142　休闲娱乐类——扑克牌

本实例通过扑克牌的设计制作，使读者掌握基本绘图工具和“路径查找器”面板的使用，巩固使用镜像工具镜像复制图形对象方法。

案例设计分析

设计思路

扑克是流行全世界的一种可娱乐可赌博的纸质工具。在制作该实例时，先通过圆角矩形工具、钢笔工具和椭圆工具在页面中绘制图形。通过选择工具选择图形对象，通过“颜色”面板设置所选图形的填充属性，通过“路径查找器”面板中的命令生成新的图形对象，通过镜像工具镜像复制图形对象，完成本实例的制作。

案例效果剖析

如图7-135所示为扑克牌部分效果展示。

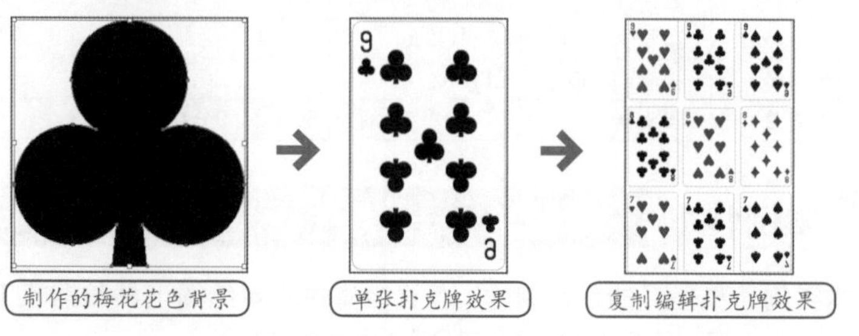

图7-135　效果展示

案例技术要点

本例中主要用到的功能及技术要点如下。

- 椭圆工具：使用椭圆工具绘制正圆图形。
- 多边形工具：使用多边形工具绘制梅花的托。
- 文字工具：使用文字工具输入合适的文字。

案例制作步骤

源文件路径	效果文件\第7章\实例142.ai
视频路径	视频\第7章\实例142. avi
难易程度	★★★
学习时间	2分31秒

❶ 启动Illustrator，新建一个空白文档。使用（多边形工具）在页面中绘制一个“半径”为15mm、“边数”为3的黑色三角形，如图7-136所示。

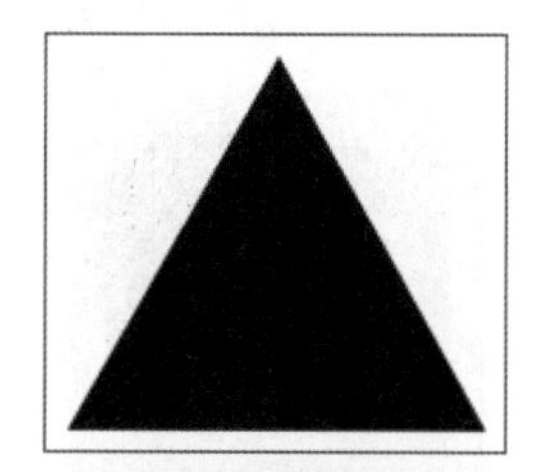

图7-136　绘制图形

❷ 使用（椭圆工具）绘制一个“宽度”和“高度”均为24mm的椭圆，放在三角形的正上方，如图7-137所示。

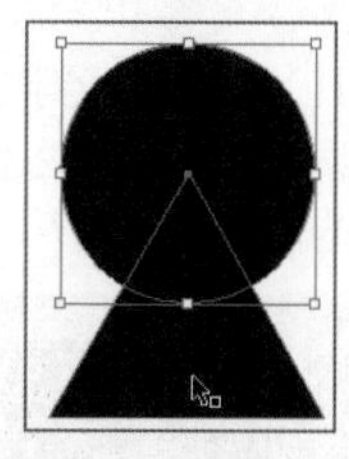

图7-137　圆形的位置

❸ 将黑色正圆选中，按住Alt键移动复制出两个黑色正圆，分别放在三角形的另两端，如图7-138所示。

图7-138　复制圆形效果

❹ 选中全部图形，使用“路径查找器”面板中的（联集）功能将图形处理成一个整体，如图7-139所示。

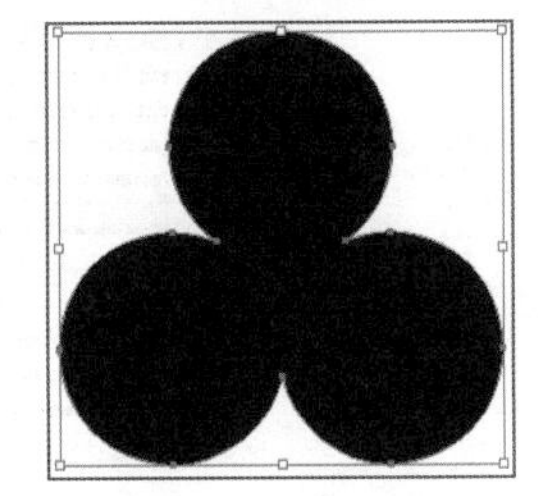

图7-139 联集效果

❺ 使用（多边形工具）在页面中绘制一个黑色三角形，并将其压扁压小些，放在如图7-140所示的位置。

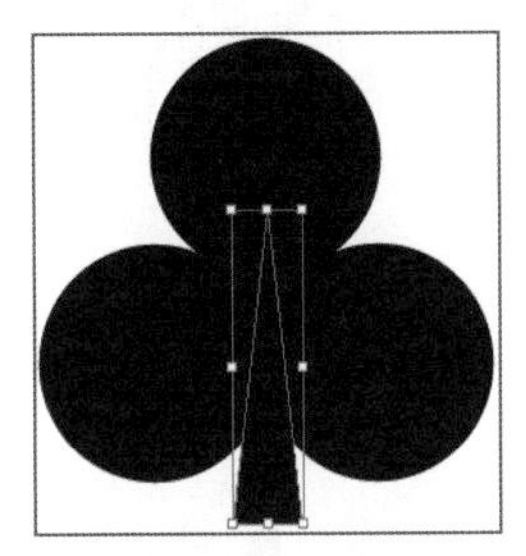

图7-140 绘制三角形的形态

❻ 选中全部图形，再次使用“路径查找器”面板中的（联集）功能将图形处理成一个整体，如图7-141所示。

图7-141 联集效果

❼ 使用（圆角矩形工具）绘制一个“宽度”为57mm、“高度”为88mm、“圆角半径”为3mm的圆角矩形，将刚才制作的梅花图案缩小并放在如图7-142所示的位置。

图7-142 梅花的位置

❽ 根据扑克牌的样子将梅花图案排列好，并使用（文字工具）输入文字，如图7-143所示。

图7-143 单张扑克牌

❾ 使用同样的方法，绘制出其他花色的扑克牌，完成本实例的制作，如图7-144所示。

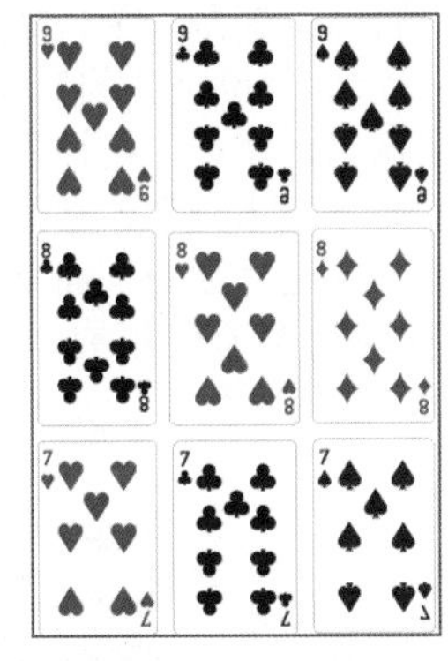

图7-144 最终效果

实例143 运动类——羽毛球拍

本实例通过羽毛球拍的设计制作，使读者掌握钢笔工具、再次变换命令、创建蒙版等命令的使用。

案例设计分析

设计思路

羽毛球拍一般由拍头、拍杆、拍柄及拍框与拍杆的接头构成。随着科学技术的发展，球拍的发展向着重量越来越轻、拍框越来越硬、拍杆弹性越来越好的方向发展。在制作该实例时，先制作出羽毛球拍的外框，再使用矩形网格工具制作出羽毛球拍的网格部分，最后使用钢笔工具制作出羽毛球把部分，完成本实例的制作。

案例效果剖析

如图7-145所示为羽毛球拍部分效果展示。

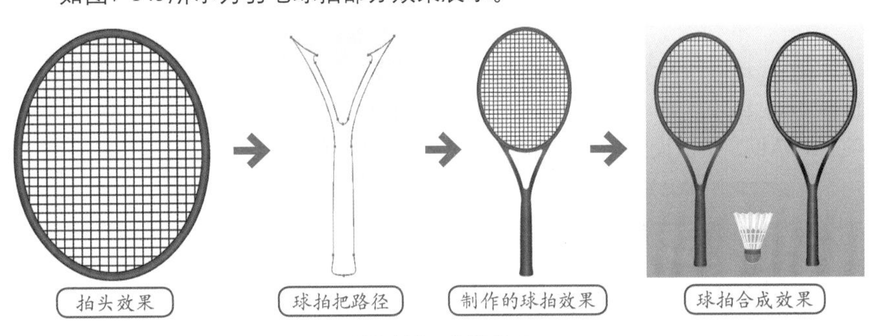

图7-145 效果展示

案例技术要点

本例中主要用到的功能及技术要点如下。

- 椭圆工具：使用椭圆工具绘制羽毛球拍的主体部分。
- 矩形网格工具：使用矩形网格工具制作出羽毛球拍的网格部分。
- 钢笔工具：使用钢笔工具制作出羽毛球拍的把手部分。

案例制作步骤

源文件路径	效果文件\第7章\实例143.ai		
调用路径	素材文件\第7章\实例143.ai		
视频路径	视频\第7章\实例143. avi		
难易程度	★★★	学习时间	6分31秒

❶ 启动Illustrator，新建一个空白文档。使用（椭圆工具）绘制一个“宽度”为65mm、“高度”为82mm的椭圆，再原位复制一个，更改“宽度”为60mm、“高度”为77mm。选择这两个椭圆，使用“路径查找器”面板中的（减去顶层）功能，生成新的对象。通过“渐变”面板和“颜色”面板设置图形的填充属性，描边属性设置为“无”，如图7-146所示。

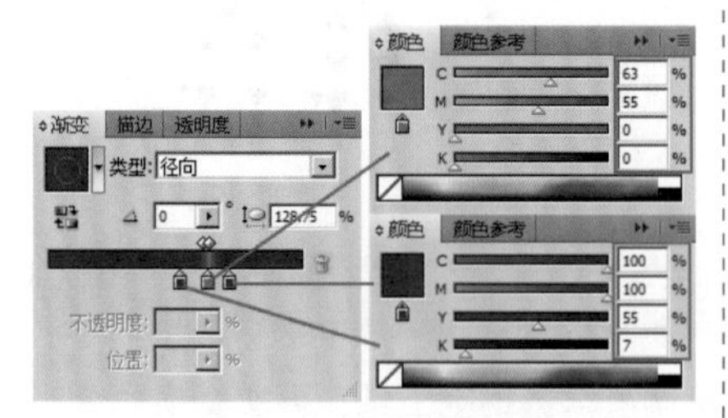

图7-146 渐变属性设置

❷ 设置好渐变属性后，调整渐变框的大小和位置，如图7-147所示。

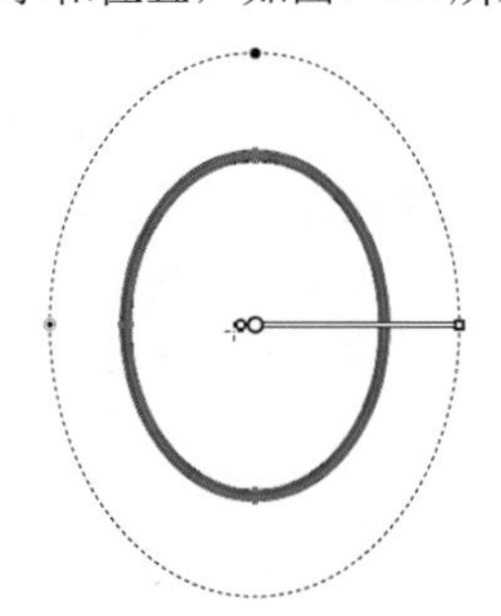
图7-147 渐变效果

❸ 选择（矩形网格工具），在页面中单击，弹出“矩形网格工具选项”对话框，参数设置如图7-148所示。

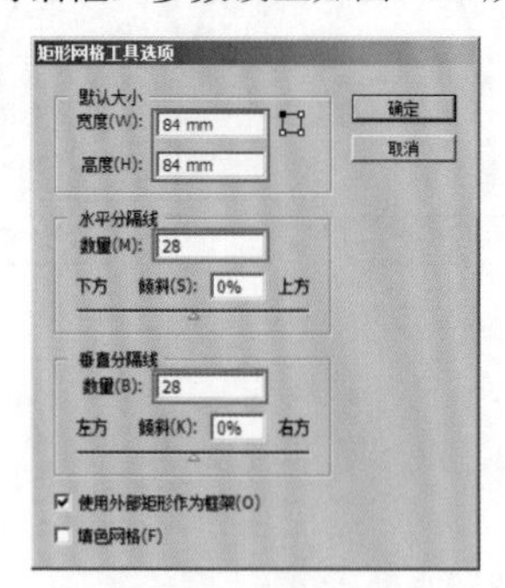

图7-148 参数设置

❹ 单击 确定 按钮后，图形效果如图7-149所示。

❺ 使用（椭圆工具）绘制一个“宽度”为61mm、“高度”为78mm的椭圆，放在矩形网格的上方，建立剪切蒙版，然后将其放到如图7-150所示的位置。

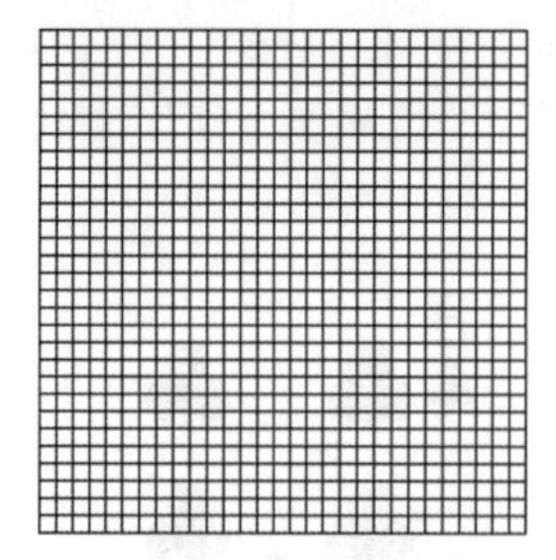
图7-149 矩形网格效果

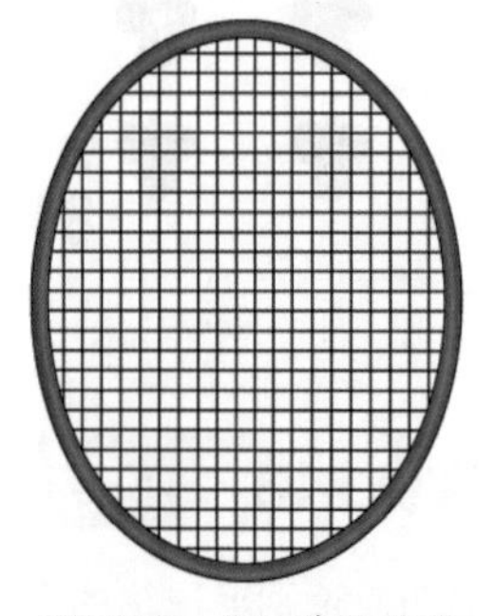
图7-150 剪切蒙版效果

提 示

在为图片建立剪切蒙版时，路径必须位于图片的上方才能完成操作。

❻ 使用（钢笔工具）在页面中绘制图形，在绘制过程中可通过（直接选择工具）对相应的节点进行移动或修改，如图7-151所示。

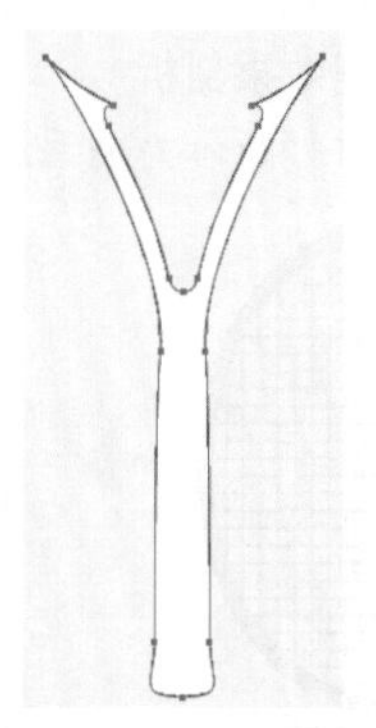
图7-151 绘制图形

❼ 通过“渐变”面板和“颜色”面板设置图形的填充属性，描边属性设置为“无”，如图7-152所示。

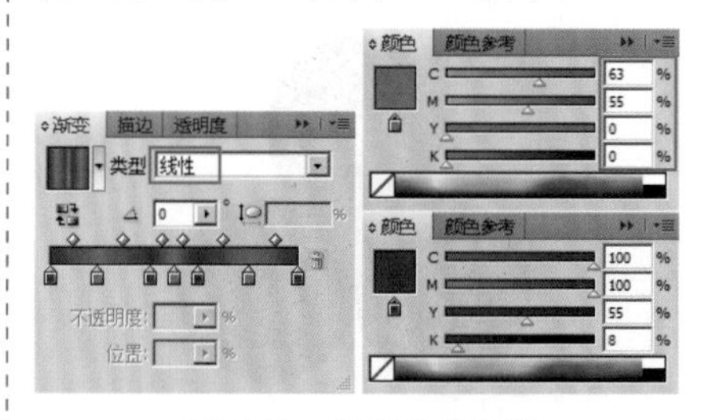

图7-152 渐变属性设置

❽ 设置好渐变属性后，图形效果如图7-153所示。

图7-153 制作的球拍

❾ 打开配套光盘“素材文件\第7章\实例143.ai”文件，将所有素材复制到当前文档中，并位于底层，完成本实例的制作，如图7-154所示。

图7-154 最终效果

实例144 学习用品类——光盘

本实例通过光盘的设计制作，使读者进一步巩固直线段工具的使用，掌握混合工具的使用及混合选项的使用。

案例设计分析

设计思路

光盘是以光信息做为存储物的载体，是用来存储数据的一种物品，分不可擦写光盘和可擦写光盘两种，是非常方便实用的一种办公用品。在制作该实例时，先使用椭圆工具绘制一个正圆，制作光盘的大小，然后使用渐变工具制作出光盘的效果。

案例效果剖析

如图7-155所示为光盘部分效果展示。

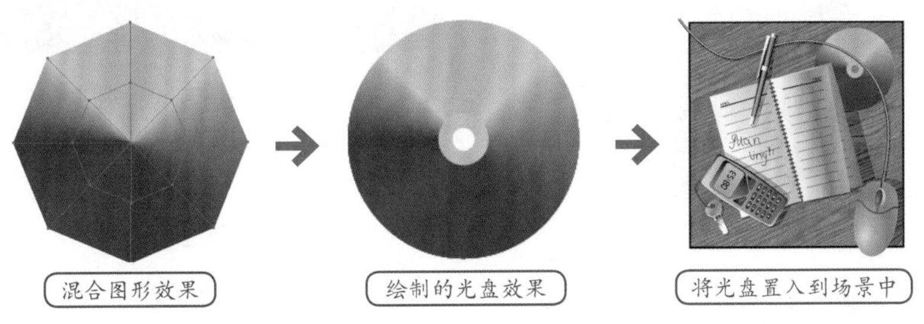

图7-155 效果展示

案例技术要点

本例中主要用到的功能及技术要点如下。

- 椭圆工具：使用椭圆工具绘制圆形。
- 混合工具：使用混合工具为图形制作渐变效果。

案例制作步骤

源文件路径	效果文件\第7章\实例144.ai		
调用路径	素材文件\第7章\实例144.ai		
视频路径	视频\第7章\实例144. avi		
难易程度	★★	学习时间	4分10秒

❶ 启动Illustrator，新建一个空白文档。使用（直线段工具）绘制一条垂直的直线段，更改其“宽度”为44mm，然后将其以底部的端点为旋转中心，沿45°角旋转复制7个，如图7-156所示。

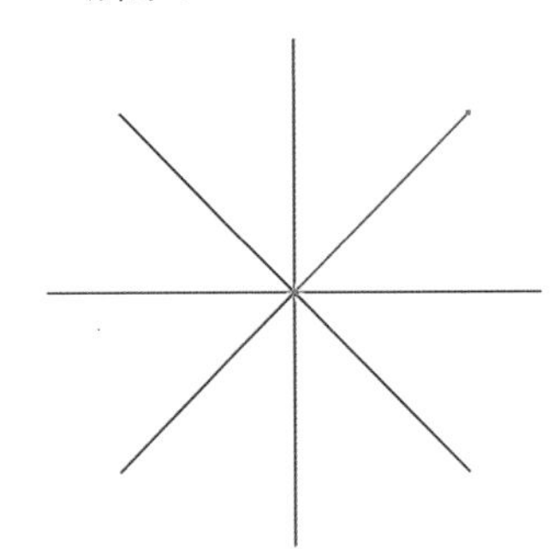

图7-156 复制图形

❷ 通过“颜色”面板分设置直线的颜色为淡蓝（C：45%、M：10%、Y：20%），淡黄（C：20%、M：15%、Y：25%），深灰（C：75%、M：65%、Y：70%、K：25%），深绿（C：75%、M：55%、Y：80%、K：15%），深灰（C：75%、M：70%、Y：60%、K：20%），深红（C：50%、M：75%、Y：100%、K：20%），青色（C：65%、M：45%、Y：35%），浅灰（C：23%、M：15%、Y：15%），如图7-157所示。

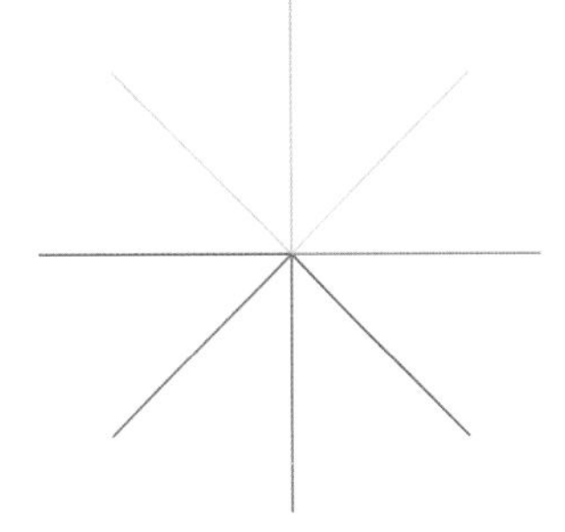

图7-157 设置填充属性

❸ 选择（混合工具），将光标移到第一条直线上单击鼠标，此时不会有任何效果。将光标移到相邻的另一条直线上，直到光标出现+号时再次单击直线，图形效果如图7-158所示。

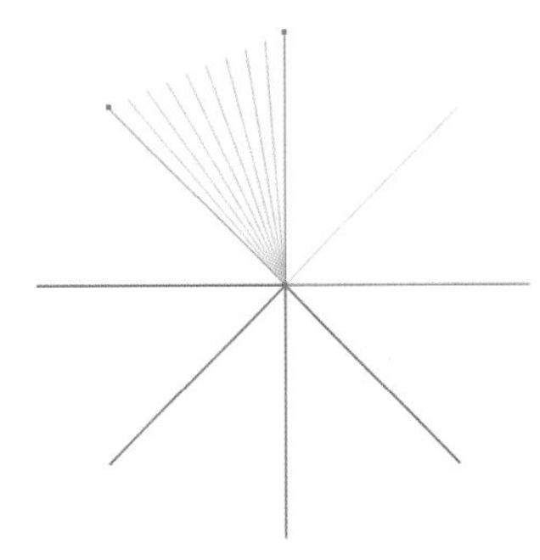

图7-158 混合效果

❹ 继续靠近相邻的直线并单击，依次下去，当鼠标移到初始的那条直线时，工具末稍出现的是小圆圈，这表示闭合了，如图7-159所示。

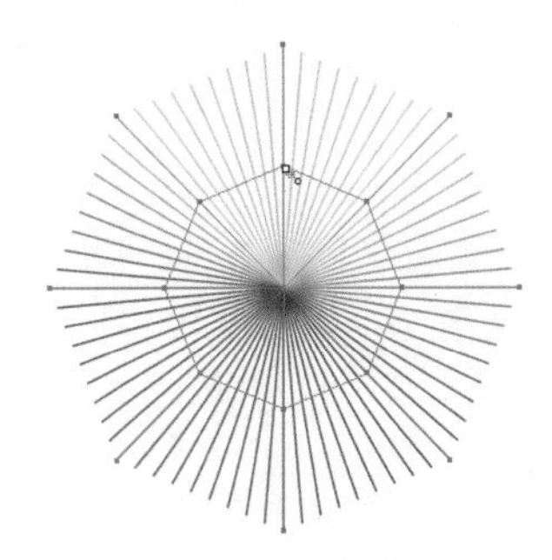

图7-159 混合效果

❺ 双击（混合工具），此时弹出“混合选项”对话框，参数设置如图7-160所示。

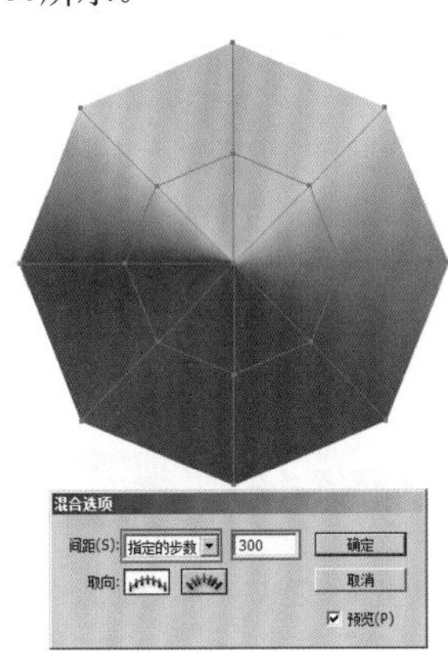

图7-160 混合设置

提 示

在这里步数设置的数量越大，混合越细腻，同时文件占硬盘的空间也会相应的变大。

❻ 使用（椭圆工具）绘制一个“宽度”、“高度”均为70mm的圆形，放在图形的中间。然后将圆形原位复制一个，贴在前面，更改其“宽度”、“高度”均为15mm。再同时选中这两个圆形，使用“路径查找器”面板中的（减去顶层）功能将图形处理成如图7-161所示的效果。

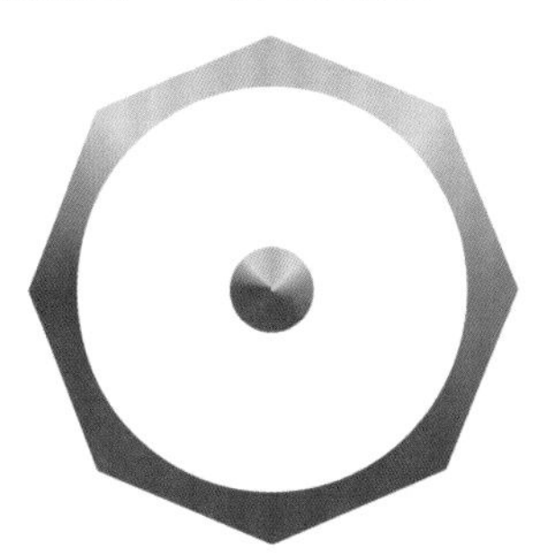

图7-161 减去顶层效果

❼ 选择所有图形，单击右键，选择“建立剪切蒙版”命令，效果如图7-162所示。

图7-162　建立蒙版效果

❽ 使用 （椭圆工具）在光盘中间绘制一个“宽度”、“高度”均为11mm的正圆，以灰色（K：30%）描边，设置描边粗细为12pt，如图7-163所示。

❾ 打开配套光盘“素材文件\第7章\实例144.ai”文件，将所有素材复制到当前文档中，并位于底层，完成本实例的制作，如图7-164所示。

图7-163　制作的光盘

图7-164　最终效果

实例145　运动类——乒乓球拍

本实例通过乒乓球拍的设计制作，使读者进一步巩固钢笔工具、椭圆工具、“渐变”面板和“颜色”面板等的使用。

案例设计分析

设计思路

乒乓球拍由底板、胶皮和海绵3部分组成，三者的合理搭配决定了一块球拍的质量。在制作该实例时，先制作出球拍的底板部分，再制作出球拍的把手部分，最后置入合适的环境，完成本实例的制作。

案例效果剖析

如图7-165所示为乒乓球拍部分效果展示。

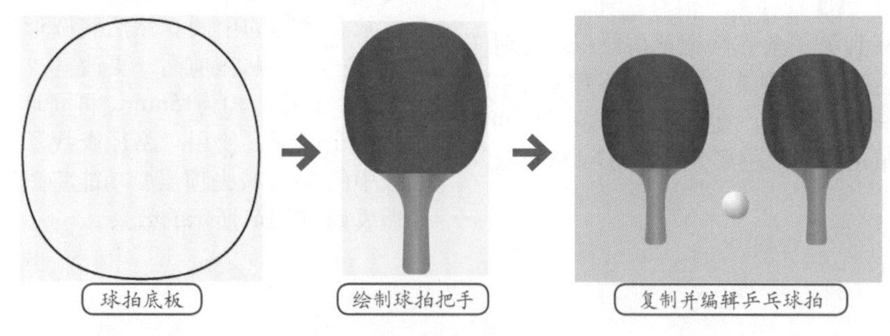

图7-165　效果展示

案例技术要点

本例中主要用到的功能及技术要点如下。

- 椭圆工具：使用椭圆工具绘制出乒乓球拍的底板部分。
- 钢笔工具：使用钢笔工具绘制出球拍的把手部分。

源文件路径	效果文件\第7章\实例145.ai		
视频路径	视频\第7章\实例145. avi		
难易程度	★★★	学习时间	4分41秒

实例146　日用品类——水杯

本实例主要讲解使用圆角矩形工具、钢笔工具以及渐变工具制作水杯造型，进一步巩固通过渐变工具设置图形对象的填充属性。

案例设计分析

设计思路

水杯通常是人们盛装液体的容器，平时可用来喝茶、喝水、喝咖啡、喝饮料等。杯子多呈圆柱形，上面开口，中空，以供盛物。盛载热饮的杯有手柄，这样方便使用。在制作该实例时，先制作出水杯的杯体造型，然后用相应的工具制作出杯子把造型，最后再为杯子制作上倒影效果，完成本实例的制作。

案例效果剖析

如图7-166所示为水杯部分效果展示。

图7-166　效果展示

案例技术要点

本例中主要用到的功能及技术要点如下。

- 圆角矩形工具：使用圆角矩形工具绘制水杯杯身。
- 钢笔工具：使用钢笔工具绘制水杯把。

源文件路径	效果文件\第7章\实例146.ai		
视频路径	视频\第7章\实例146. avi		
难易程度	★★★	学习时间	9分20秒

实例147 家居用品类——炖锅

本实例主要讲解使用选择工具选择图形对象，通过“渐变”面板和“颜色”面板设置填充属性等。

案例设计分析

设计思路

炖锅是一种厨房用品，通常用来炖汤、煮稀饭等。在制作该实例时，先选择对象，然后使用渐变工具设置图形的填充属性，从而完成本例的制作。

案例效果剖析

如图7-167所示为炖锅部分效果展示。

图7-167 效果展示

案例技术要点

本例中主要用到的功能及技术要点如下。

- 渐变工具：使用渐变工具设置图形的填充属性。
- 选择工具：使用选择工具自由选择对象。

案例制作步骤

源文件路径	效果文件\第7章\实例147.ai		
调用路径	素材文件\第7章\实例147.ai		
视频路径	视频\第7章\实例147. avi		
难易程度	★★	学习时间	10分07秒

❶ 启动Illustrator，新建一个空白文档。选择“文件”|“打开”命令，打开配套光盘“素材文件\第7章\实例147.ai”文件，使用（选择工具）选择如图7-168所示的图形对象。

❷ 通过“颜色”面板和“渐变”面板设置图形的填充属性，如图7-169所示。

图7-168 渐变属性设置

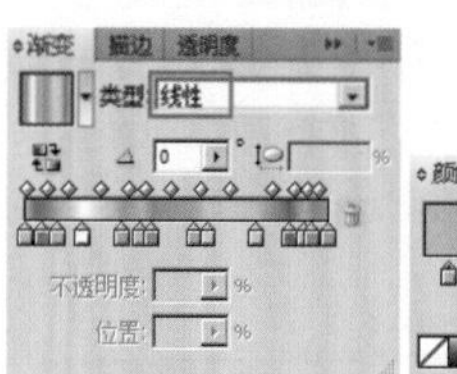
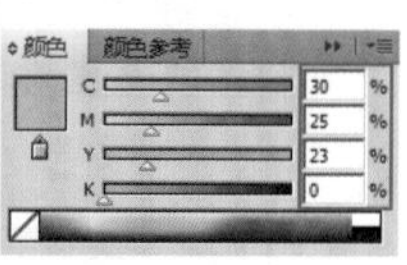

图7-169 渐变效果

❸ 设置好填充属性后，设置描边属性为“无”，图形的填充效果如图7-170所示。

图7-170 渐变填充

❹ 使用（选择工具）选择下部图形对象，通过“颜色”面板和“渐变”面板设置填充属性，如图7-171所示。

图7-171 设置图形渐变填充属性

❺ 使用（选择工具）选择底部图形对象，通过“颜色”面板设置填充属性为黑色，设置描边属性为“无”，如图7-172所示。

图7-172 设置图形的填充颜色

❻ 使用（选择工具）选择图形对象，通过“颜色”面板和“渐变”面板设置填充属性，如图7-173所示。

图7-173 渐变属性设置

❼ 使用（选择工具）选择图形对象，通过“颜色”面板和“渐变”面板设置填充属性，如图7-174所示。

图7-174 渐变效果

❽ 使用（选择工具）选择图形对象，通过“颜色”面板和“渐变”面板设置填充属性，如图7-175所示。

❾ 使用（选择工具）选择图形对象，通过“颜色”面板和“渐变”面板设置图形的填充属性，然后为场景制作一个背景，完成本实例的制作，如图7-176所示。

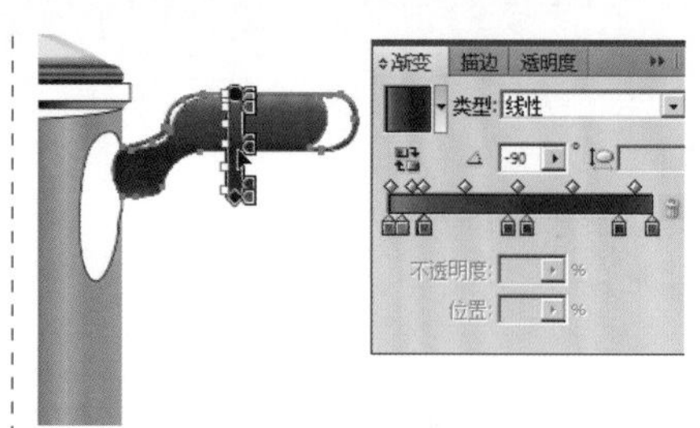

图7-175 渐变效果

图7-176 最终效果

实例148 学习用品类——色卡

本实例通过色卡的设计制作，使读者进一步巩固基本绘图工具的使用，掌握混合工具的使用及混合选项的设置等。

案例设计分析

设计思路

色卡是设计师和产品之间的桥梁，是一种预设工具。设计师们选取色彩交给印刷厂家进行实物生产，从而按照设计师对色彩选择的初衷制造出产品。在制作该实例时，先制作出色卡的外框，再制作出颜色块，再旋转复制图形，设置填充属性，最后置入素材，完成本实例的制作。

案例效果剖析

如图7-177所示为色卡部分效果展示。

图7-177 效果展示

案例技术要点

本例中主要用到的功能及技术要点如下。

- 矩形工具：使用矩形工具创建色卡的大小。
- 圆角矩形工具：使用圆角矩形工具绘制出带有圆角的矩形。

案例制作步骤

源文件路径	效果文件\第7章\实例148.ai		
调用路径	素材文件\第7章\实例148.ai		
视频路径	视频\第7章\实例148. avi		
难易程度	★★	学习时间	5分28秒

❶ 启动Illustrator，新建一个空白文档。使用（圆角矩形工具）绘制一个“宽度”为240mm、“高度”为85mm、“圆角半径”为15mm的圆角矩形，通过“颜色”面板和“渐变”面板设置图形的填充属性，如图7-178所示。

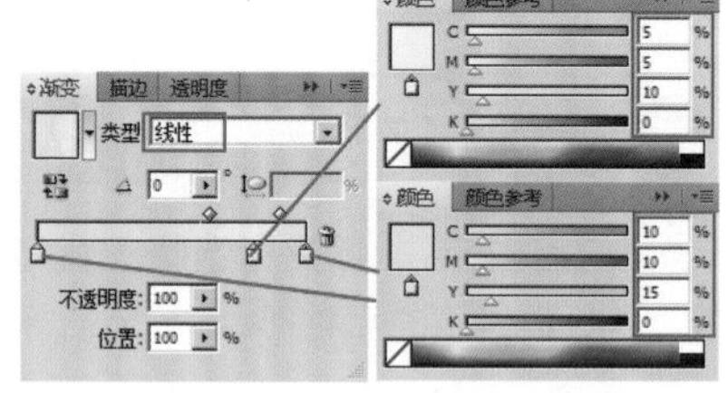

图7-178 渐变属性设置

❷ 设置好填充属性后，设置描边属性为“无”，圆角矩形的填充效果如图7-179所示。

图7-179 渐变效果

❸ 使用（矩形工具）绘制一个“宽度”为43mm、“高度”为85mm的矩形，通过“颜色”面板和“渐变”面板设置图形的填充属性，如图7-180所示。

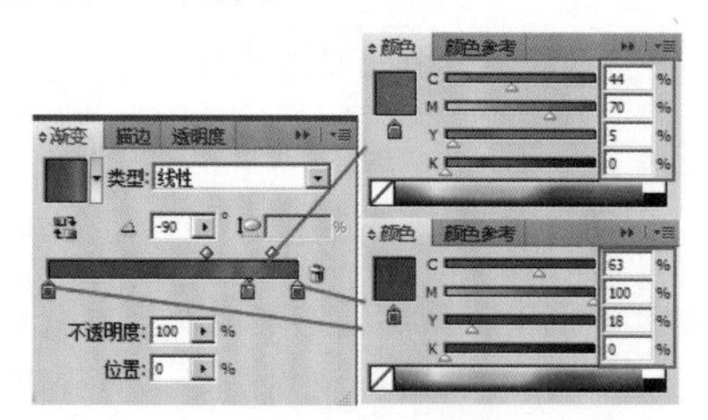

图7-180 渐变属性设置

❹ 设置好填充属性后，设置描边属性为“无”，将图形调整到如图7-181所示的位置。

图7-181 图形的位置

❺ 按住Shift+Alt键将矩形向右移动复制3个，然后将中间的两个删除，如图7-182所示。

图7-182 复制图形效果

❻ 通过“渐变”面板和“颜色”面板修改复制后矩形的填充属性，如图7-183所示。

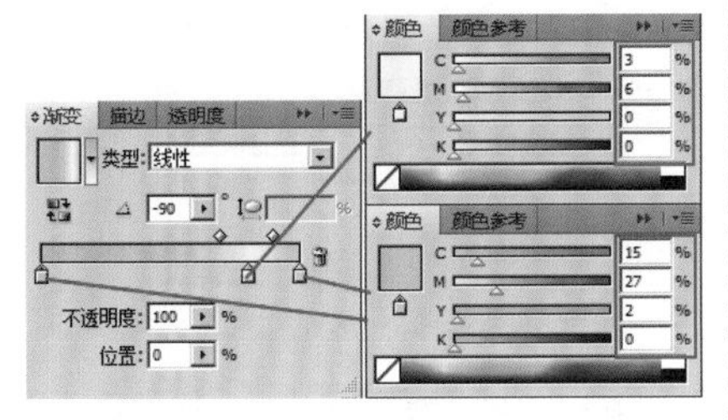

图7-183 渐变属性设置

❼ 按住Shift键，使用（选择工具）选择如图7-184所示的两个图形。

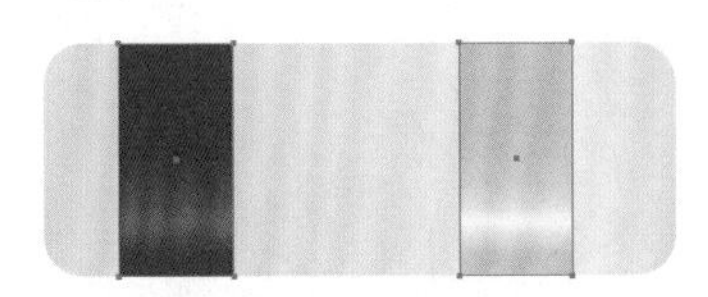

图7-184 渐变效果

提 示

在选择对象时，按住Shift键可以进行加选。

❽ 选择菜单栏中的“对象”|“混合”|“建立”命令，为两个矩形进行混合操作，如图7-185所示。

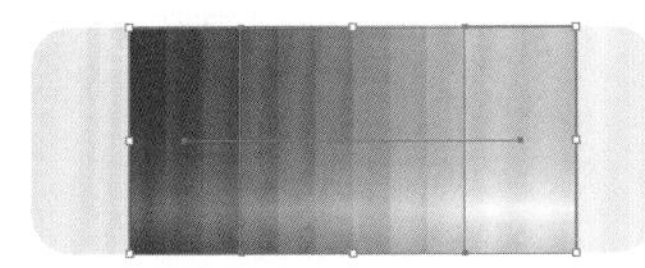

图7-185 混合图形

❾ 双击（混合工具）按钮，弹出“混合选项”对话框，设置各项参数，如图7-186所示。

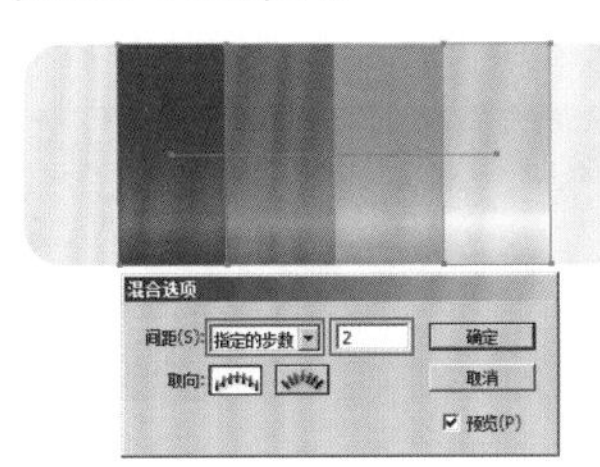

图7-186 混合选项设置

❿ 将圆角矩形原位复制一个，设置填充属性为（K：50%），然后使用键盘上向右键和向下键移动位置，如图7-187所示。

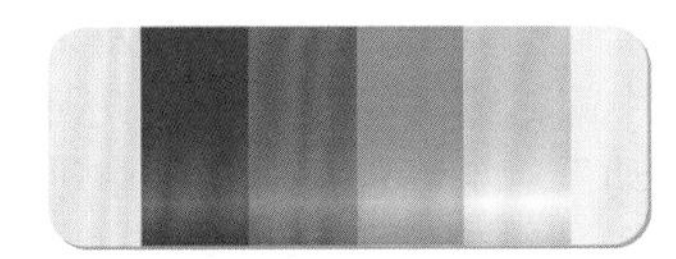

图7-187 复制图形的位置

⓫ 使用（椭圆工具）绘制一个“宽度”和“高度”均为17mm的圆形，以白色填充，放在色卡的右上角。再打开配套光盘“素材文件\第7章\实例148.ai”文件，将所有素材复制到当前文档中，调整蝴蝶图形到如图7-188所示的位置。

图7-188 置入素材效果

⓬ 将所有图形选中并编组，选择（旋转工具），按住Alt键单击小圆形的中心点，确认旋转中心，此时弹出“旋转”对话框，如图7-189所示。

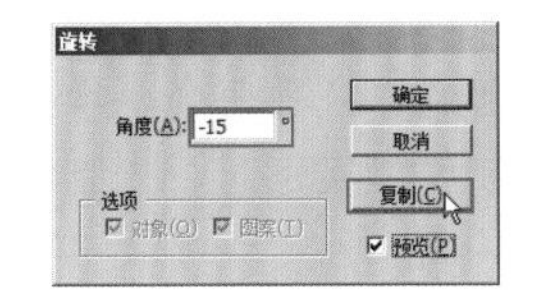

图7-189 旋转设置

⓭ 在对话框中设置参数后，单击复制(C)按钮，图形效果如图7-190所示。

图7-190 旋转复制

⓮ 多次按Ctrl+D快捷键重复旋转复制，图形效果如图7-191所示。

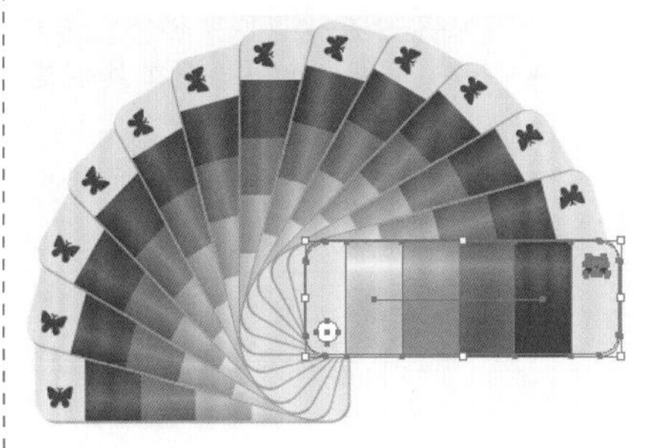

图7-191 旋转复制效果

⓯ 使用（选择工具）将调入的辅助图形分别移到合适的位置。通过矩形工具和椭圆工具在页面中合适的位置绘制基本图形，通过“渐变”面板和“颜色”面板分别设置其填充属性，完成本实例的制作，如图7-192所示。

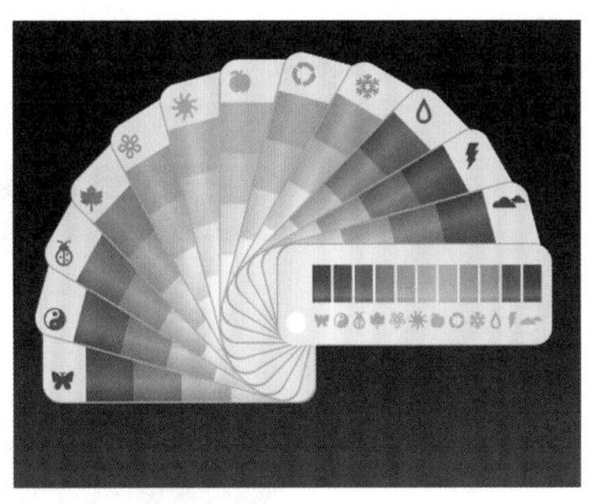

图7-192 最终效果

实例149 学习用品类——铅笔

本实例通过铅笔的设计制作，使读者进一步巩固基本绘图工具、渐变网格工具的使用，掌握混合工具的使用及混合选项的设置等。

案例设计分析

设计思路

铅笔是一种用来书写以及绘画素描专用的笔类，本例要绘制的是那种小学生写字用的顶端带有橡皮的铅笔。在制作该实例时，先制作出铅笔杆部分，再制作出笔头部分，最后制作出橡皮部分，从而完成本实例的制作。

案例效果剖析

如图7-193所示为铅笔部分效果展示。

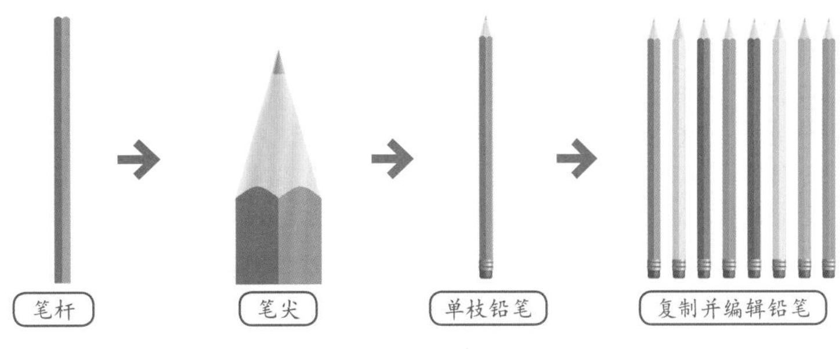

图7-193 效果展示

案例技术要点

本例中主要用到的功能及技术要点如下。

- 矩形工具：使用矩形工具创建矩形。
- 混合工具：使用混合工具制作出铅笔头部分。
- 圆角矩形工具：使用圆角矩形工具制作出橡皮部分造型。

源文件路径	效果文件\第7章\实例149.ai		
视频路径	视频\第7章\实例149. avi		
难易程度	★★	学习时间	7分05秒

实例150 学习用品类——直尺

本实例主要讲解椭圆工具、矩形工具的使用。

案例设计分析

设计思路

直尺是一种常用的计量长度仪器，使用极为普遍，几乎每个小学生都人手一把，通常用于量度较短的距离或画出直线。在制作该实例时，先制作出直尺的外框，再制作上刻度部分，从而完成本实例的制作。

案例效果剖析

如图7-194所示为直尺部分效果展示。

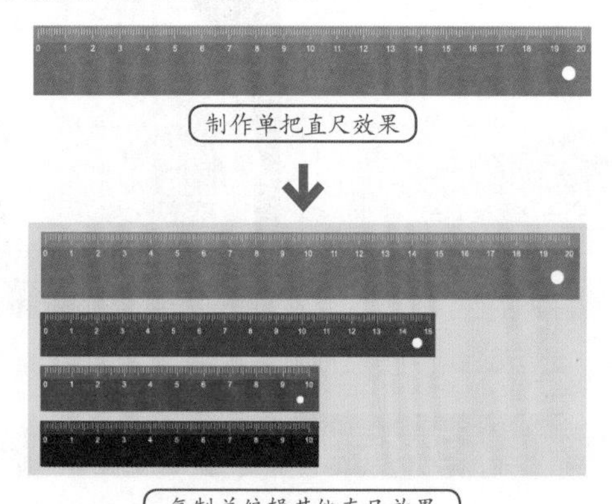

图7-194 效果展示

案例技术要点

本例中主要用到的功能及技术要点如下。

- 矩形工具：使用矩形工具创建矩形。
- 文字工具：使用文字工具输入合适的文字。

案例制作步骤

源文件路径	效果文件\第7章\实例150.ai		
视频路径	视频\第7章\实例150. avi		
难易程度	★★★	学习时间	4分56秒

❶ 启动Illustrator，新建一个空白文档。使用（矩形工具）绘制一个“宽度”为370mm、“高度”为44mm的矩形，设置填充属性为（C：100%、Y：100%、K：15%）。再将其原位复制一个，修改“高度”为10mm，设置填充属性为（C：90%、Y：100%），调整它们的位置，如图7-195所示。

图7-195 图形的位置

❷ 选择（直线段工具），在页面中需要的位置单击，弹出“直线段工具选项”对话框，设置线段的“长度”和“角度”，如图7-196所示。

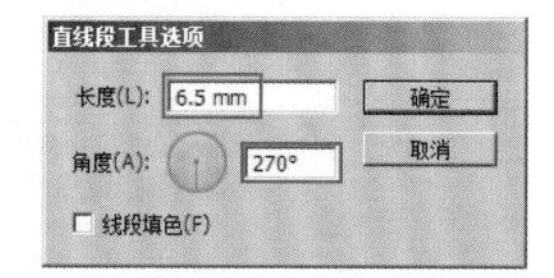

图7-196 参数设置

❸ 单击 确定 按钮，使用（选择工具）选择直线，将其移到距离左边边缘3mm的位置，如图7-197所示。

图7-197 直线的位置

❹ 使用（选择工具）选择直线段，按Enter键，此时弹出“移动”对话框，进行相应的参数设置。设置完成后，单击 复制(C) 按钮，如图7-198所示。

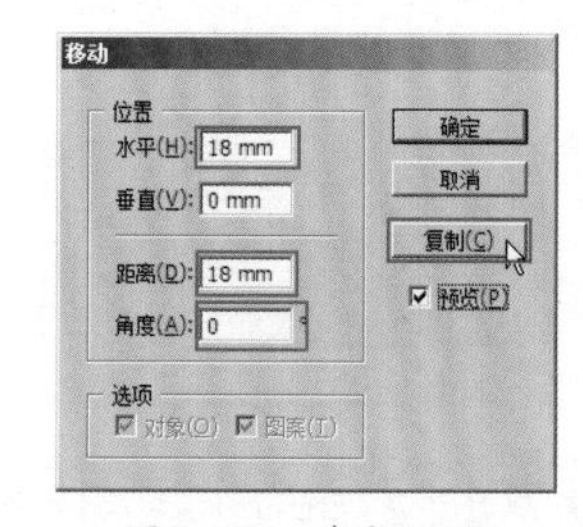

图7-198 参数设置

❺ 多次按Ctrl+D快捷键执行“再次变换”命令，效果如图7-199所示。

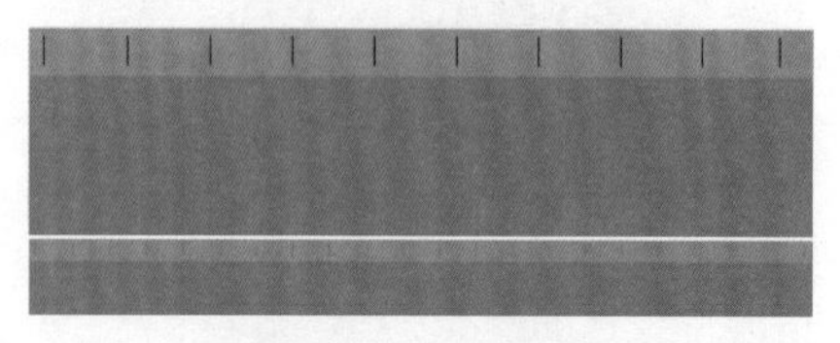

图7-199 复制图形

> **提 示**
>
> 按Ctrl+D快捷键，可以重复执行上次的命令。

❻ 把直线段原位复制一个，更改“高度”为5mm，将其放在两条直线段的中间，然后按Enter键，此时弹出“移动”对话框，在对话框中进行相应的参数设置（参数设置见图7-198所示）。单击 复制(C) 按钮后，多次按Ctrl+D快捷键执行“再次变换”命

令，效果如图7-200所示。

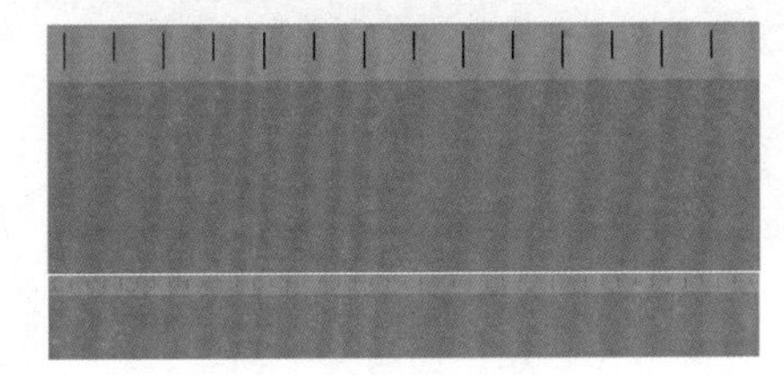
图7-200 复制线段

❼ 重复以上的操作绘制小的刻度线，并将线段的填充属性改为白色，如图7-201所示。

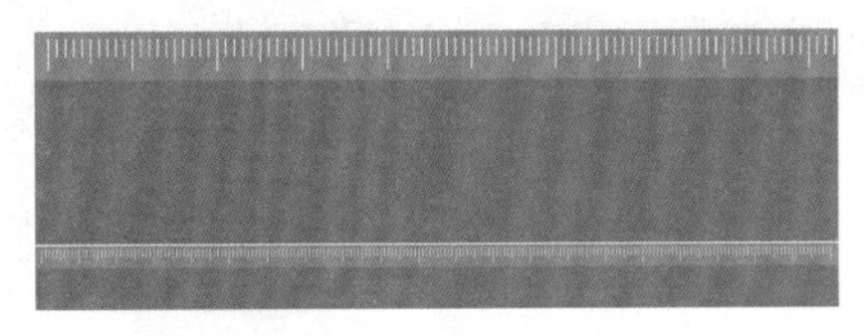
图7-201 制作刻度效果

❽ 使用T（文字工具）在页面中合适的位置单击鼠标左键，输入直尺的刻度，然后使用（椭圆工具）绘制一个“宽度”和“高度”均为9mm的正圆，以白色填充，如图7-202所示。

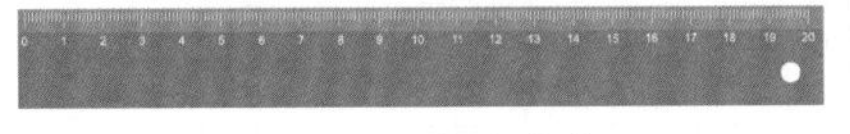
图7-202 输入文字

❾ 使用同样的方法，再绘制3根直尺，完成本实例的制作，如图7-203所示。

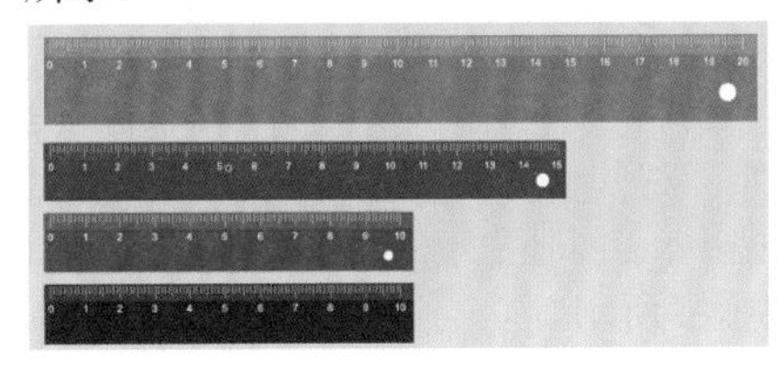
图7-203 最终效果

实例151 休闲娱乐类——魔方

本实例通过魔方的设计制作，主要讲解圆角矩形工具、缩放工具和倾斜工具的使用等，进一步使读者掌握通过数值精确复制图形对象方法。

案例设计分析

设计思路

魔方是一种非常受欢迎的智力玩具，三阶魔方是当前最普遍的魔方种类，它每个边有3个方块，是由富有弹性的硬塑料制成的。本例要制作的就是三阶魔方。在制作该实例时，先制作出魔方的一个面，使用变换方法制作出其他两个面。

案例效果剖析

如图7-204所示为魔方部分效果展示。

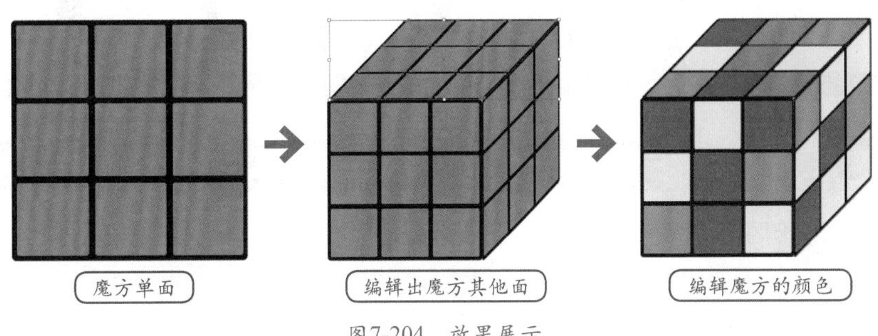

图7-204 效果展示

案例技术要点

本例中主要用到的功能及技术要点如下。

- 圆角矩形工具：使用圆角矩形工具创建带有圆角的矩形。
- 选择工具：使用选择工具可以选择图形对象。

源文件路径	效果文件\第7章\实例151.ai		
视频路径	视频\第7章\实例151. avi		
难易程度	★★	学习时间	3分20秒

第 8 章 杂志广告设计

杂志广告即刊登在杂志上的广告。由于各类杂志读者比较明确，是各类专业商品广告的良好媒介。刊登在封二、封三、封四和中间双面的杂志广告一般用彩色印刷，纸质也较好，因此表现力较强，是报纸广告难以比拟的。杂志广告还可以用较多的篇幅来传递关于商品的详尽信息，既利于消费者理解和记忆，也有更高的保存价值。杂志广告的缺点是影响范围较窄，因杂志出版周期长，经济信息不易及时传递。

实例152 大众传播类——萌童世界杂志封面广告

本实例主要讲解萌童世界杂志封面广告的设计制作。通过该实例的制作，使读者掌握矩形工具、文字工具的使用方法，以及如何设置文字的填充属性等。

案例设计分析

设计思路

封面的色彩处理是杂志封面设计的重要一关。得体的色彩表现和艺术处理，能在读者的视觉中产生夺目的效果。一般来说，设计幼儿刊物的色彩，要针对幼儿娇嫩、单纯、天真、可爱的特点，色调往往处理成高调，减弱各种对比的力度，强调柔和的感觉。在制作本例时，先置入广告需要的素材，再使用文字工具输入合适的文字，完成本实例的制作。

案例效果剖析

本例制作的萌童世界杂志封面广告包括了多个步骤，如图8-1所示为部分效果展示。

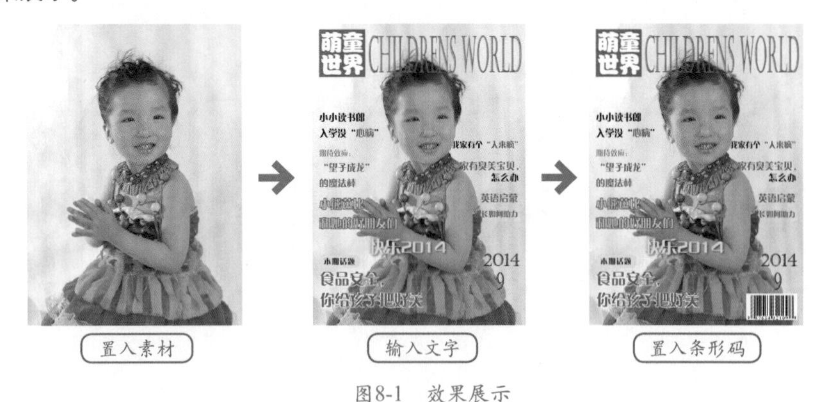

图8-1 效果展示

案例技术要点

本例中主要用到的功能及技术要点如下。

- 矩形工具：使用矩形工具为图片制作剪切蒙版。
- 文字工具：使用文字工具创建需要的文字。

案例制作步骤

源文件路径	效果文件\第8章\实例152.ai
调用路径	素材文件\第8章\实例152.ai
视频路径	视频\第8章\实例152. avi
难易程度	★★
学习时间	3分08秒

❶ 启动Illustrator，新建一个“宽度”为210mm、“高度”为285mm的文档。选择菜单栏中的“文件”|“打开”命令，打开随书光盘“素材文件\第8章\实例152.ai”文件，将其中的人物素材复制到当前文档中，并将它调整到合适的位置，如图8-2所示。

图8-2 置入素材

❷ 使用▭（矩形工具）在页面内绘制一个“宽度”为210mm、“高度”为285mm的矩形，放在图片的上方，然后将它们全部选中，为图片建立剪切蒙版，如图8-3所示。

图8-3 建立剪切蒙版

> **提 示**
>
> 矩形图层要位于图片的上方，才能完成剪切蒙版的操作。

❸ 使用▭（矩形工具）在页面内绘制一个“宽度”为45mm、“高度”为45mm的矩形，填充枚红色（M：100%）。再使用T（文字工具）在页面中输入文字，填充白色，通过“字符”面板设置文字的字体及字号，如图8-4所示。

图8-4 设置文字

❹ 使用T（文字工具）在页面中输入文字，填充枚红色（M：100%），通过“字符”面板设置文字的字体及字号，如图8-5所示。

图8-5 文字设置

❺ 使用T（文字工具）在页面中输入其他文字，通过“字符”面板设置文字的字体及字号，通过“颜色”面板设置文字的颜色，如图8-6所示。

图8-6 输入文字

❻ 将随书光盘“素材文件\第8章\实例152.ai”文件中的条形码素材复制到当前文档中，并将它调整到合适的位置，如图8-7所示。

图8-7 最终效果

❼ 选择▶（选择工具），拖曳鼠标选择所有图形对象，按Ctrl+G快捷键将图形编组，完成本实例的制作。

实例153 大众传播类——消费杂志封面广告

本实例主要讲解消费杂志封面广告的设计制作。通过该实例的制作，使读者掌握选择工具、钢笔工具以及文字工具等的使用方法。

案例设计分析

设计思路

杂志作为一种重要的平面媒体，被各行各业看好。一本好的杂志，它的宣传力度是很强大的。一本杂志是否被人接受，杂志封面占有很大的成分。因此，杂志封面该如何设计、如何排版配色显得尤为重要。在制作本实例时，先置入广告需要的素材，再使用文字工具输入文字，然后使用直接选择工具对文字进行变形处理，最后使用文字工具输入其他需要的文字，完成本实例的制作。

案例效果剖析

本例制作的消费杂志封面广告包括了多个步骤，如图8-8所示为部分效果展示。

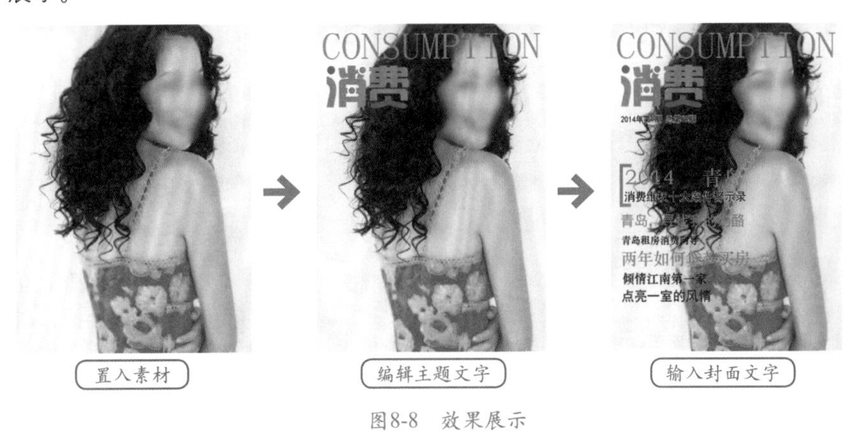

图8-8 效果展示

案例技术要点

本例中主要用到的功能及技术要点如下。

- 选择工具：使用选择工具可以自由选择图形，调整图形的位置。

- 直接选择工具：使用直接选择工具可以调整图形的单个锚点，从而对其形态进行调整。
- 钢笔工具：使用钢笔工具绘制路径形态。
- 文字工具：使用文字工具创建需要的文字。

案例制作步骤

源文件路径	效果文件\第8章\实例153.ai
调用路径	素材文件\第8章\实例153.ai
视频路径	视频\第8章\实例153. avi
难易程度	★★★
学习时间	6分15秒

❶ 启动Illustrator，新建一个“宽度”为210mm、“高度”为285mm的文档。选择菜单栏中的“文件”|“打开”命令，打开随书光盘“素材文件\第8章\实例153.ai”文件，将其中的素材复制到当前文档中，将其调整到合适的位置，如图8-9所示。

图8-9 置入素材

❷ 使用T（文字工具）在页面中输入英文字母，填充黄色（C：30%、M：55%、Y：100%），通过“字符”面板设置文字的字体及字号，如图8-10所示。

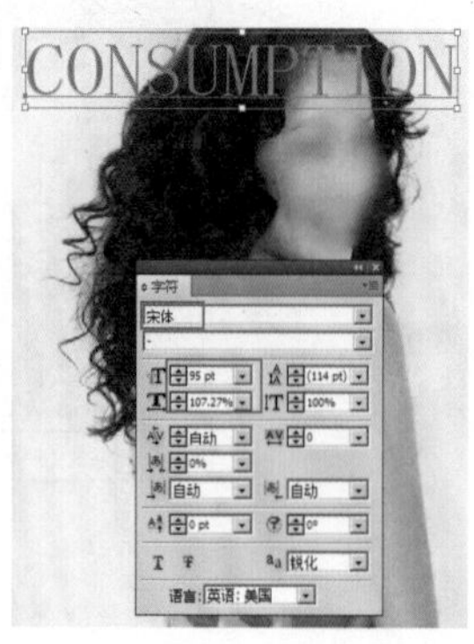

图8-10 输入文字

❸ 使用T（文字工具）在页面中输入“消费”文字，填充黄色（C：30%、M：55%、Y：100%），通过“字符”面板设置文字的字体及字号，如图8-11所示。

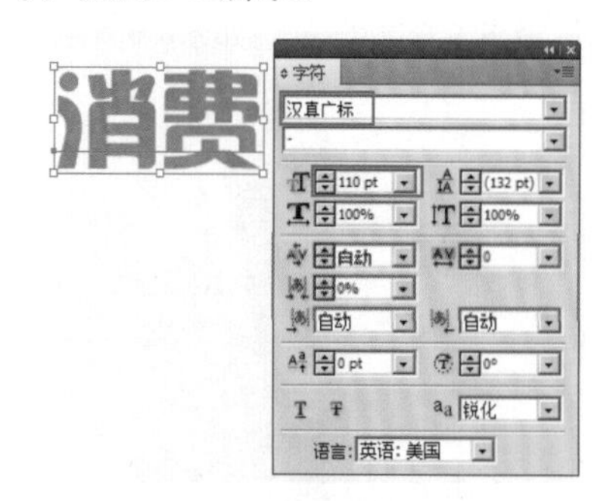

图8-11 输入文字

❹ 选择文字，按Ctrl+Shift+O快捷键，将文字创建轮廓。然后使用（直接选择工具）将“消”字的点选中，并按Ctrl+X快捷键将其剪切，再按Ctrl+V快捷键将其粘贴到页面内，使用（选择工具）将其移动到合适的位置，然后将它的填充颜色更改为红色，如图8-12所示。

图8-12 修改图形

> **提 示**
>
> 在这里一定要将图形剪切复制粘贴，否则没法完成操作。

❺ 将点图形再复制2个，填充颜色设置为黄色（C：30%、M：55%、Y：100%），设置描边颜色为白色，描边粗细为3pt，然后放置到如图8-13所示的位置。

图8-13 复制图形

❻ 使用（直接选择工具）将“费”最下面的人字部首删除掉，然后使用（钢笔工具）绘制一个闭合路径，填充上红色，如图8-14所示。

图8-14 绘制图形

> **提 示**
>
> 这里既可以将图形删掉，重新用钢笔工具绘制一个图形，也可以不删除，使用直接选择工具逐个调整锚点的位置。

❼ 使用（选择工具）拖曳鼠标选择图形，将文字图形编组，然后将编组后的图形移到合适的位置，如图8-15所示。

图8-15 调整图形的位置

❽ 使用（钢笔工具）在页面内绘制路径，设置描边颜色为黄色（C：30%、M：55%、Y：100%），粗细为8pt，调整它的位置，如图8-16所示。

图8-16 编辑路径

❾ 使用T（文字工具）在页面中输入其他文字，通过“字符”面板设置文字的字体及字号，通过“颜色”面板设置文字的颜色，如图8-17所示。

图8-17 最终效果

❿ 选择（选择工具），拖曳鼠标选择所有图形对象，按Ctrl+G快捷键将图形编组，完成本实例的制作。

实例154 大众传播类——时尚健康杂志封面广告

本实例主要讲解时尚健康杂志封面广告的设计制作。通过该实例的制作，使读者掌握钢笔工具、文字工具的使用方法，以及如何设置文字的填充属性等。

案例设计分析

设计思路

在当今琳琅满目的书海中，书籍的封面起到一个无声推销员的作用，它的好坏在一定程度上将会直接影响人们的购买欲。封面还有美化书刊和保护书芯的作用。在制作本实例时，先置入广告需要的素材，再使用钢笔工具绘制出辅助图形，为图片建立剪切蒙版，最后使用文字工具输入合适的文字，从而完成本实例的制作。

案例效果剖析

本例制作的时尚健康杂志封面广告包括了多个步骤，如图8-18所示为部分效果展示。

图8-18 效果展示

案例技术要点

本例中主要用到的功能及技术要点如下。

- 选择工具：使用选择工具可以自由选择图形，调整图形的位置。
- 直接选择工具：使用直接选择工具可以调整图形的单个锚点，从而对其形态进行调整。
- 钢笔工具：使用钢笔工具绘制路径形态。
- 文字工具：使用文字工具创建需要的文字。

案例制作步骤

源文件路径	效果文件\第8章\实例154.ai		
调用路径	素材文件\第8章\实例154.ai		
视频路径	视频\第8章\实例154. avi		
难易程度	★★★	学习时间	3分30秒

❶ 启动Illustrator，新建一个“宽度”为210mm、“高度”为285mm的文档。选择菜单栏中的“文件”|“打开”命令，打开随书光盘“素材文件\第8章\实例154.ai”文件，将其中的人物素材复制到当前文档中，并将它调整到合适的位置，如图8-19所示。

图8-19 置入素材

❷ 使用（矩形工具）在页面内绘制一个“宽度”为210mm、“高度”为285mm的矩形，放在图片的上方，然后将它们全部选择，为图片建立剪切蒙版，如图8-20所示。

图8-20 建立剪切蒙版

> **提 示**
>
> 矩形图层要位于图片的上方，才能完成剪切蒙版的操作。

❸ 使用T（文字工具）在页面中输入“时尚健康”文字，填充颜色为红色（C：15%、M：88%、Y：100%），通过“字符”面板设置文字的字体及字号，如图8-21所示。

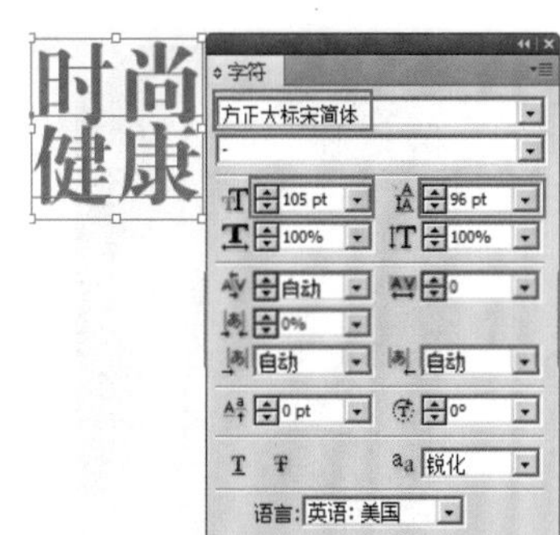

图8-21 文字设置

❹ 选择文字，按Ctrl+Shift+O快捷键，将文字创建为轮廓。然后使用（直接选择工具）将“时”字的点选中，并按Ctrl+X快捷键将其剪切，再按Ctrl+V快捷键将其粘贴到页面内，使用（选择工具）将其移动到合适的位置，然后将其适当放大一些，最后将它的填充颜色更改为黄色，如图8-22所示。

时尚
健康

图8-22 调整图形

提 示

将图形剪切复制粘贴，便于为图形更改颜色。

❺ 将点图形再复制一个，并贴在后面，通过“颜色”面板设置粘贴后图形的填充属性为白色，通过光标移动键将粘贴后的图形向右向下移动一些，如图8-23所示。

图8-23 编辑图形

❻ 使用（选择工具）拖曳鼠标选择图形，将4个字编组，然后将编组后的图形移到合适的位置，如图8-24所示。

图8-24 图形的位置

❼ 使用T（文字工具）在页面中分别输入文字，通过“字符”面板分别设置文字的字体及字号，如图8-25所示。

图8-25 设置文字

❽ 使用T（文字工具）在页面中分别输入其他文字，通过“字符”面板分别设置文字的字体及字号，如图8-26所示。

图8-26 输入其他文字

❾ 将随书光盘“素材文件\第8章\实例154.ai”文件中的条形码素材复制到当前文档中，调整到合适的位置，如图8-27所示。

图8-27 最终效果

❿ 选择（选择工具），拖曳鼠标选择所有图形对象，按Ctrl+G快捷键将图形编组，完成本实例的制作。

实例155 大众传播类——都市丽人杂志封面广告

本实例主要讲解都市丽人杂志封面广告的设计制作。通过该实例的制作，使读者掌握钢笔工具、文字工具的使用方法，以及如何设置图形和文字的填充属性等。

案例设计分析

设计思路

封面是一本期刊、杂志的面容和外形，直接展现着这本期刊的精神风貌。本例制作的杂志封面主题文字采用枚红色，和背景的蓝色正好相呼应，因此非常自然。

案例效果剖析

本例制作的都市丽人杂志封面广告包括了多个步骤，如图8-28所示为部分效果展示。

图8-28 效果展示

案例技术要点

本例中主要用到的功能及技术要点如下。

- 选择工具：使用选择工具可以自由选择图形，调整图形的位置。
- 钢笔工具：使用钢笔工具绘制路径形态。
- 文字工具：使用文字工具创建需要的文字。

案例制作步骤

源文件路径	效果文件\第8章\实例155.ai
调用路径	素材文件\第8章\实例155.ai
视频路径	视频\第8章\实例155. avi
难易程度	★★★
学习时间	5分10秒

❶ 启动Illustrator，新建一个“宽度”为210mm、“高度”为285mm的文档。选择菜单栏中的“文件”|“打开”命令，打开随书光盘“素材文件\第8章\实例155.ai”文件，将其中的素材复制到当前文档中，并将它们调整到合适的位置，如图8-29所示。

图8-29 置入素材

❷ 使用 （矩形工具）在页面内绘制一个“宽度”为210mm、“高度”为285mm的矩形，放在人物图片的上方，然后将它们全部选中，为人物图片建立剪切蒙版，如图8-30所示。

图8-30 建立剪切蒙版

提 示

矩形图层要位于图片的上方，才能完成剪切蒙版的操作。

❸ 使用T.（文字工具）在页面中输入“都市丽人”文字，填充颜色为玫红色（M：100%），通过“字符”面板设置文字的字体及字号，如图8-31所示。

图8-31 文字设置

❹ 选择文字，将其沿水平方向倾斜25°。然后按Ctrl+Shift+O键，将文字创建为轮廓。再使用 （直接选择工具）将“丽”字中间的部首选择并删除掉，如图8-32所示。

图8-32 删除部首

❺ 使用 （钢笔工具）在页面内绘制路径，分别填充枚红色和白色，如图8-33所示。

图8-33 绘制图形

❻ 使用 （选择工具）拖曳鼠标选择图形，将4个字编组，然后将编组后的图形移到合适的位置，如图8-34所示。

图8-34 图形的位置

❼ 使用T.（文字工具）在页面中分别输入文字，通过“字符”面板分别设置文字的字体及字号，如图8-35所示。

图8-35 设置文字

❽ 使用T.（文字工具）在页面中分别输入其他文字，通过“字符”面板分别设置文字的字体及字号，通过“颜色”面板设置文字的颜色，如图8-36所示。

图8-36 最终效果

提 示

对于那些不是很清晰的文字，需要为它们制作上描边效果，以使文字在页面中更加突出。

❾ 选择 （选择工具），拖曳鼠标选择所有图形对象，按Ctrl+G快捷键将图形编组，完成本实例的制作。

实例156 大众传播类——时尚新娘杂志封面广告

本实例主要讲解时尚新娘杂志封面广告的设计制作。通过该实例的制作，使读者掌握渐变工具、矩形工具和文字工具的使用方法，以及如何设置图形和文字的填充属性等。

案例设计分析

设计思路

本例制作的杂志封面，整体色调看起来比较统一、协调，给人一种比较宁静、安谧的感觉。本例先使用渐变工具制作出封面的背景，再置入需要的素材，最后使用文字工具输入合适的文字，完成本实例的制作。

案例效果剖析

本例制作的时尚新娘杂志封面广告包括了多个步骤，如图8-37所示为部分效果展示。

图8-37 效果展示

案例技术要点

本例中主要用到的功能及技术要点如下。

- 选择工具：使用选择工具可以自由选择图形，调整图形的位置。
- 文字工具：使用文字工具创建需要的文字。

案例制作步骤

源文件路径	效果文件\第8章\实例156.ai		
调用路径	素材文件\第8章\实例156.ai		
视频路径	视频\第8章\实例156. avi		
难易程度	★	学习时间	2分47秒

❶ 启动Illustrator，新建一个“宽度”为210mm、“高度”为285mm的文档。使用（矩形工具）在页面内绘制一个同样大小的矩形。

❷ 选择（渐变工具），在“渐变”面板和“颜色”面板中设置渐变属性，如图8-38所示。

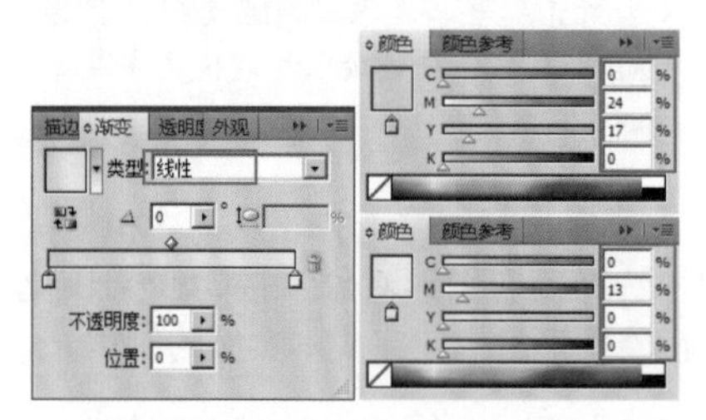

图8-38 渐变设置

❸ 设置好后，制作的渐变背景效果如图8-39所示。

❹ 选择菜单栏中的“文件”|“打开”命令，打开随书光盘“素材文件\第8章\实例156.ai”文件，将其中的素材复制到当前文档中，并将它们调整到合适的位置，如图8-40所示。

图8-39 渐变背景

图8-40 置入素材

❺ 使用T（文字工具）在页面中输入“时尚新娘”文字，填充颜色为桔色（C：15%、M：90%、Y：100%），通过“字符”面板设置文字的字体及字号，如图8-41所示。

图8-41 设置文字

❻ 使用（选择工具）选择文字，调整其位置，并将其移动到新娘的下方，如图8-42所示。

图8-42 调整文字的位置

❼ 使用T（文字工具）在页面中分别输入其他文字，通过“字符”面板分别设置文字的字体及字号，通过“颜色”面板设置文字的颜色，如图8-43所示。

图8-43 最终效果

> **提 示**
>
> 在添加这些文字时，要注意文字的大小和排列顺序。

❽ 选择（选择工具），拖曳鼠标选择所有图形对象，按Ctrl+G快捷键将图形编组，完成本实例的制作。

实例157 大众传播类——婚纱杂志内页广告

本实例主要讲解婚纱杂志内页广告的设计制作。通过该实例的制作，使读者掌握钢笔工具、椭圆工具、文字工具的使用方法，以及如何设置图形和文字的填充属性等。

案例设计分析

设计思路

杂志内页广告设计是不容忽视的一方面，虽然封面很重要，但是内容的设计一样决定着杂志的受欢迎程度。杂志内页广告一方面也是在培养着人们对画面的欣赏，可以提高人们的审美情趣。在制作本实例时，先置入广告需要的素材，再使用椭圆工具和文字工具绘制出杂志标志，最后使用文字工具输入合适的文字，完成本实例的制作。

案例效果剖析

本例制作的婚纱杂志内页广告包括了多个步骤，如图8-44所示为部分效果展示。

图8-44 效果展示

案例技术要点

本例中主要用到的功能及技术要点如下。

- 钢笔工具：使用钢笔工具绘制路径形态。
- 椭圆工具：使用椭圆工具绘制出杂志的标志。
- 文字工具：使用文字工具创建需要的文字。

源文件路径	效果文件\第8章\实例157.ai		
调用路径	素材文件\第8章\实例157.ai		
视频路径	视频\第8章\实例157. avi		
难易程度	★★	学习时间	3分29秒

实例158 大众传播类——手机杂志内页广告

本实例主要讲解手机杂志内页广告的设计制作。通过该实例的制作，使读者掌握钢笔工具、文字工具的使用方法，以及如何设置图形和文字的填充属性等。

案例设计分析

设计思路

本例手机的杂志内页广告突出的是手机品牌代言人的形象，这样做的目的是利用代言人明星的身份，来带动手机产品本身的销量。在制作本实例时，先置入广告需要的素材，再使用文字工具输入合适的文字，完成本实例的制作。

案例效果剖析

本例制作的手机杂志内页广告包括了多个步骤，如图8-45所示为部分效果展示。

置入素材

输入广告所需文字

为手机制作倒影效果

图8-45 效果展示

案例技术要点

本例中主要用到的功能及技术要点如下。

- 钢笔工具：使用钢笔工具绘制路径形态。
- 文字工具：使用文字工具创建需要的文字。

案例制作步骤

源文件路径	效果文件\第8章\实例158.ai
调用路径	素材文件\第8章\实例158.ai
视频路径	视频\第8章\实例158. avi
难易程度	★★
学习时间	6分35秒

❶ 启动Illustrator，新建一个“宽度”为210mm、“高度”为285mm的文档。选择菜单栏中的“文件”|“打开”命令，打开随书光盘“素材文件\第8章\实例158.ai”文件，将其中的素材复制到当前文档中，并分别将它们调整到合适的位置，如图8-46所示。

图8-46　置入素材

❷ 使用▭（矩形工具）、▢（圆角矩形工具）和✒（钢笔工具）在页面中绘制图形，如图8-47所示。

图8-47　绘制路径

提　示

这里既可以使用这些工具结合着绘制这个标志，也可以直接使用钢笔工具进行绘制。

❸ 通过“颜色”面板将图形的填充颜色设置为蓝色（C：100%、M：80%），描边属性设置为“无”，然后将其移到画面的左上角位置，如图8-48所示。

图8-48　绘制标志

❹ 使用T（文字工具）在页面中合适的位置输入文字，填充黑色，通过“字符”面板设置文字的字体及字号，如图8-49所示。

图8-49　设置文字

❺ 使用T（文字工具）在页面中输入文字，通过“字符”面板设置文字的字体及字号，如图8-50所示。

图8-50　设置文字

❻ 选择菜单栏中的“窗口”|“符号库”|“移动”命令，弹出“移动”面板，选择符号，如图8-51所示。

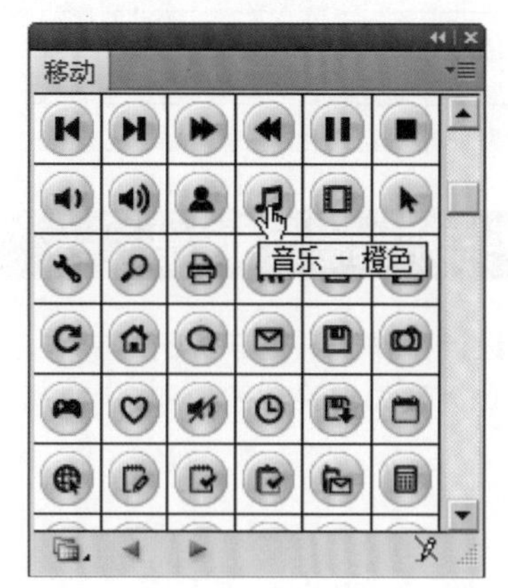

图8-51　选择符号

❼ 使用↖（选择工具）选择符号，将其拖曳到合适的位置，然后调整它的大小，如图8-52所示。

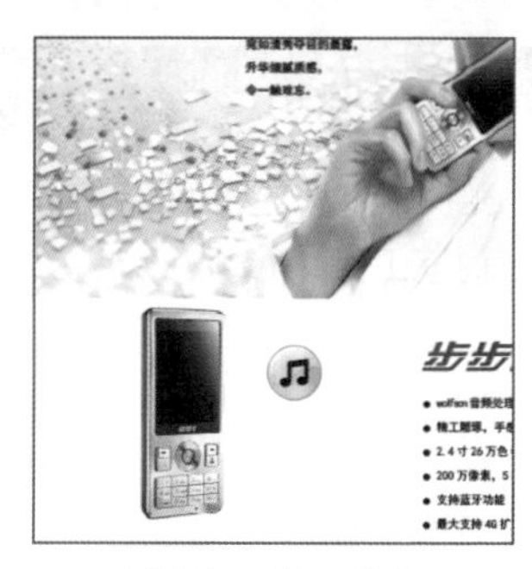

图8-52　输入符号

❽ 使用T（文字工具）在页面中合适的位置输入文字，填充黑色，通过“字符”面板设置文字的字体及字号，如图8-53所示。

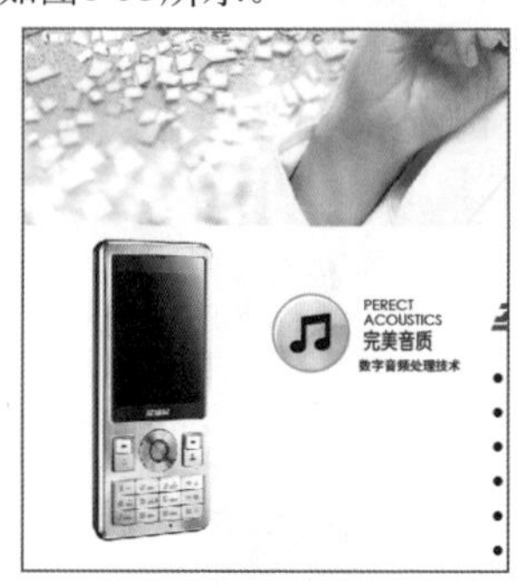

图8-53　输入文字

❾ 使用T（文字工具）在页面的下方合适位置输入文字，通过“字符”面板设置文字的填充属性，如图8-54所示。

图8-54　输入文字

❿ 使用↖（选择工具）选择手机图形，单击（镜像工具）按钮，按住Alt键将镜像中心点移动到手机最低端的中心点位置，松手弹出“镜像”对话框，设置如图8-55所示。

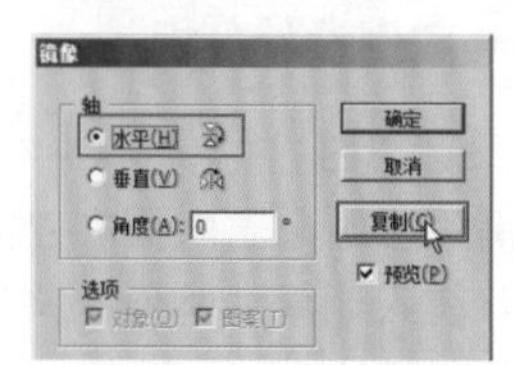

图8-55　对话框设置

提 示

在这里注意，最后关闭对话框时单击的是按钮，不是按钮。

⑪ 镜像复制后的图形效果如图8-56所示。

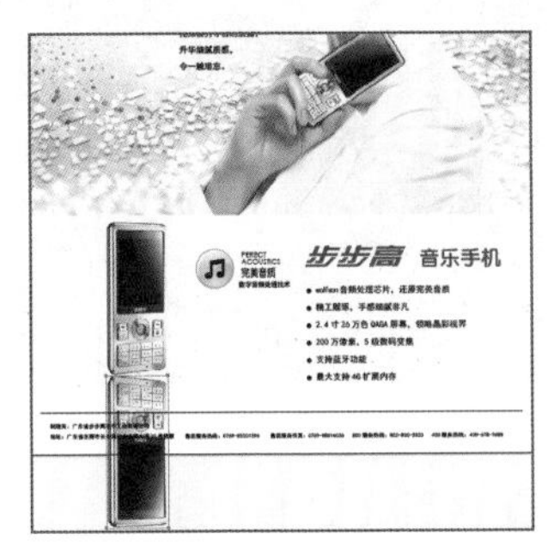

图8-56 复制图形

⑫ 使用（选择工具）选择镜像复制后的手机图形，在“透明度”面板中，设置手机图形的“不透明度”为28%，然后将手机图形再旋转角度，如图8-57所示。

图8-57 调整复制手机形态

⑬ 使用（钢笔工具）在页面中合适的位置绘制一条闭合路径，如图8-58所示。

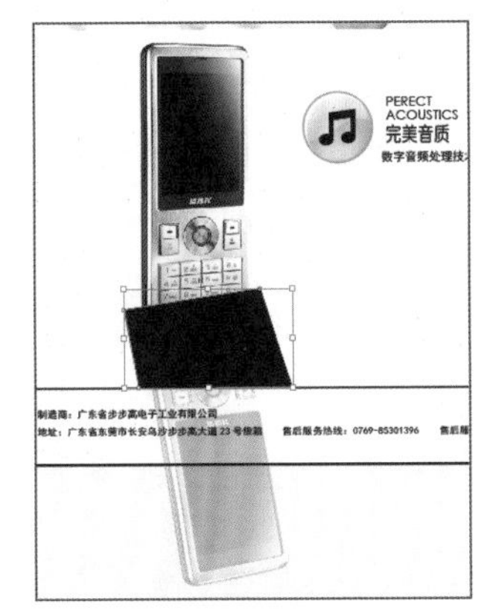

图8-58 绘制路径

提 示

闭合路径的形态随便画，只要把保留的图形部分遮挡起来就可以。

⑭ 同时选择手机图片和路径，为手机图片建立剪切蒙版，如图8-59所示。

图8-59 建立蒙版效果

⑮ 选择（选择工具），拖曳鼠标选择所有图形对象，按Ctrl+G快捷键将图形编组，完成本实例的制作，如图8-60所示。

图8-60 最终效果

实例159 大众传播类——电压力锅杂志内页广告

本实例主要讲解电压力锅杂志内页广告的设计制作。通过该实例的制作，使读者掌握钢笔工具、文字工具的使用方法，以及如何设置图形和文字的填充属性等。

案例设计分析

设计思路

本例制作的电压力锅杂志内页广告，采用了一个比较鲜艳的背景作为广告的底色，这样既可以很好地吸引观者的视线，又可以更好地衬托产品，一举两得。本例先使用钢笔工具制作出广告的背景，再根据需要置入合适的广告素材，最后使用文字工具输入合适的文字，完成本实例的制作。

案例效果剖析

本例制作的电压力锅杂志内页广告包括了多个步骤，如图8-61所示为部分效果展示。

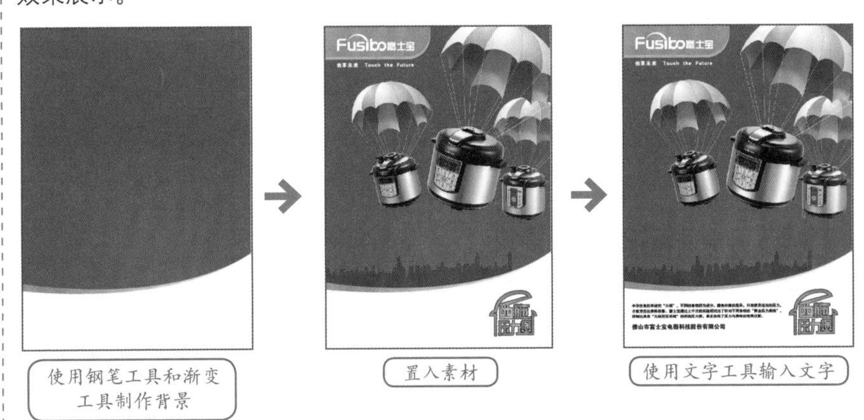

图8-61 效果展示

案例技术要点

本例中主要用到的功能及技术要点如下。

- 钢笔工具：使用钢笔工具绘制路径形态。

● 文字工具：使用文字工具创建需要的文字。

源文件路径	效果文件\第8章\实例159.ai		
调用路径	素材文件\第8章\实例159.ai		
视频路径	视频\第8章\实例159. avi		
难易程度	★★★	学习时间	4分34秒

实例160 大众传播类——微波炉杂志内页广告

本实例主要讲解微波炉杂志内页广告的设计制作。通过该实例的制作，使读者掌握钢笔工具、文字工具的使用方法，以及如何设置图形和文字的填充属性等。

案例设计分析

设计思路

本例制作的是一个微波炉杂志内页广告，采用的是大红色比较喜庆的背景颜色，与产品本身的颜色相统一，广告中跳舞的模特身穿红舞裙，与产品和底色遥相呼应，是产品与形象的完美结合。在制作本实例时，先置入广告需要的素材，再使用钢笔工具绘制出辅助图形，最后使用文字工具输入合适的文字，完成本实例的制作。

案例效果剖析

本例制作的微波炉杂志内页广告包括了多个步骤，如图8-62所示为部分效果展示。

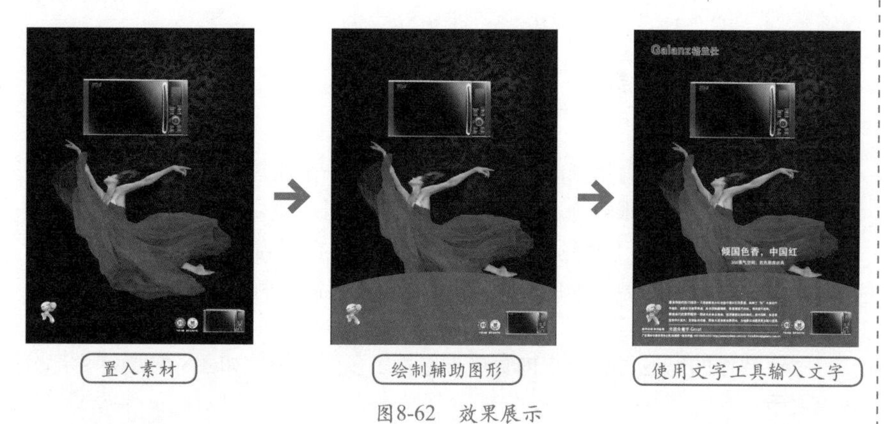

图8-62 效果展示

案例技术要点

本例中主要用到的功能及技术要点如下。

● 钢笔工具：使用钢笔工具绘制路径形态。
● 文字工具：使用文字工具创建需要的文字。

案例制作步骤

源文件路径	效果文件\第8章\实例160.ai		
调用路径	素材文件\第8章\实例160.ai		
视频路径	视频\第8章\实例160. avi		
难易程度	★★★	学习时间	3分29秒

❶ 启动Illustrator，新建一个“宽度”为210mm、“高度”为285mm的文档。选择菜单栏中的“文件”|“打开”命令，打开随书光盘“素材文件\第8章\实例160.ai”文件，将其中的素材复制到当前文档中，并分别将它们调整到合适的位置，如图8-63所示。

图8-63 置入素材

❷ 使用（钢笔工具）在页面中绘制如图8-64所示的图形。

图8-64 绘制图形

❸ 使用（选择工具）选择绘制好的图形，通过“颜色”面板设置图形的填充属性为枚红色（C：10%、M：98%、Y：45%），描边属性设置为“无”，效果如图8-65所示。

图8-65 填充效果

❹ 按Ctrl+［快捷键和Ctrl+］快捷键，调整图形的图层顺序，如图8-66所示。

图8-66 调整图层顺序

❺ 使用T（文字工具）在页面中输入文字，通过“字符”面板设置文字的字体及字号，如图8-67所示。

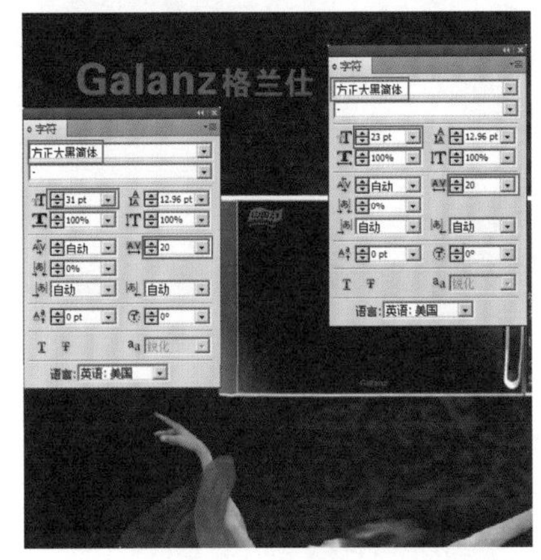

图8-67 设置文字

❻ 使用（选择工具）选择文字，将其原位复制一个，贴在后面。通过“颜色”面板设置文字的描边属性为白色，描边粗细为2pt，如图8-68所示。

图8-68 描边效果

❼ 使用T（文字工具）在页面中输入文字，填充白色，通过“字符”面板设置文字的字体及字号，如图8-69所示。

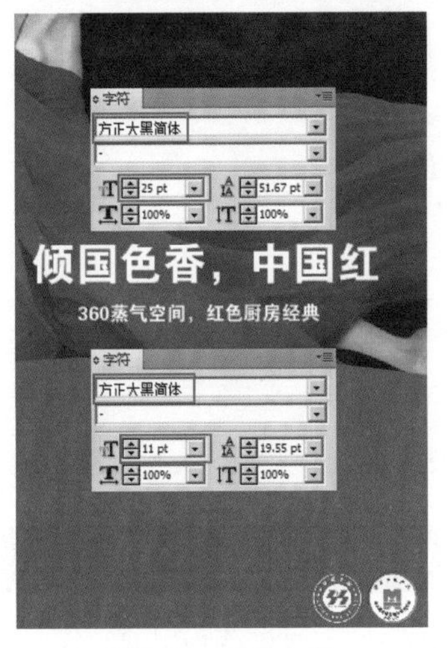

图8-69 设置文字

❽ 使用T（文字工具）在页面中输入文字，填充白色，通过“字符”面板设置文字的字体及字号，如图8-70所示。

❾ 选择（选择工具），拖曳鼠标选择所有图形对象，按Ctrl+G快捷键将图形编组，完成本实例的制作，如图8-71所示。

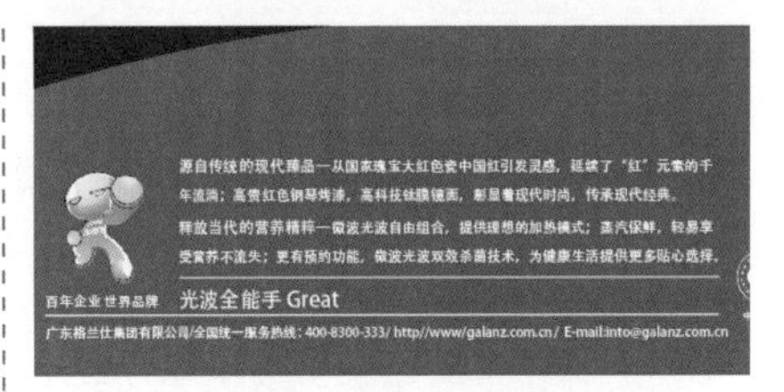

图8-70 输入文字

图8-71 最终效果

实例161 大众传播类——房地产杂志内页广告

本实例主要讲解房地产杂志内页广告的设计制作。通过该实例的制作，使读者掌握矩形工具、渐变工具、文字工具的使用方法，以及如何设置文字的填充属性等。

案例设计分析

设计思路

本例制作的是一个房地产杂志内页广告，占的篇幅是一个页面，整体以城市建筑楼体为主体形象，配上颜色单纯、醒目的粗重文字，以此来增加画面的力量。本例先置入广告需要的素材，再使用文字工具输入合适的文字，完成本实例的制作。

案例效果剖析

本例制作的房地产杂志内页广告包括了多个步骤，如图8-72所示为部分效果展示。

图8-72 效果展示

案例技术要点

本例中主要用到的功能及技术要点如下。

- 渐变工具：使用渐变工具制作画面的背景。
- 矩形工具：使用矩形工具绘制合适的图形底色。
- 文字工具：使用文字工具创建需要的文字。

源文件路径	效果文件\第8章\实例161.ai		
调用路径	素材文件\第8章\实例161.ai		
视频路径	视频\第8章\实例161. avi		
难易程度	★	学习时间	5分07秒

实例162　大众传播类——电信杂志内页广告

本实例主要讲解电信杂志内页广告的设计制作。通过该实例的制作，使读者掌握选择工具、文字工具的使用方法，以及如何设置文字的填充属性等。

案例设计分析

设计思路

本例制作的是一个电信杂志内页广告，制作比较简单，需要注意的是文字间大小的搭配。在制作本实例时，先置入广告需要的素材，然后使用文字工具输入合适的文字，完成本实例的制作。

案例效果剖析

本例制作的电信杂志内页广告包括了多个步骤，如图8-73所示为部分效果展示。

图8-73　效果展示

案例技术要点

本例中主要用到的功能及技术要点如下。

- 选择工具：使用选择工具可以选择图形，对图形进行位置和大小的调整。
- 文字工具：使用文字工具创建需要的文字。

案例制作步骤

源文件路径	效果文件\第8章\实例162.ai		
调用路径	素材文件\第8章\实例162.ai		
视频路径	视频\第8章\实例162. avi		
难易程度	★	学习时间	2分32秒

❶ 启动Illustrator，新建一个“宽度”为285mm、“高度”为210mm的文档。选择菜单栏中的“文件”|“打开”命令，打开随书光盘“素材文件\第8章\实例162.ai”文件，将其中的素材复制到当前文档中，并分别将它们调整到合适的位置，如图8-74所示。

提　示

在置入素材时，要注意调整各素材的位置，它们的倒影要和场景表现的光线一致。

图8-74　置入素材

❷ 使用T（文字工具）在页面中输入文字，填充黑色，通过“字符”面板设置文字的字体及字号，如图8-75所示。

图8-75　文字设置

❸ 将文字全选并原位复制一组，贴在后面，设置描边颜色为白色，描边粗细为4pt，如图8-76所示。

图8-76　描边文字

❹ 使用T（文字工具）在页面中输入文字，填充黑色，通过“字符”面板设置文字的字体及字号，如图8-77所示。

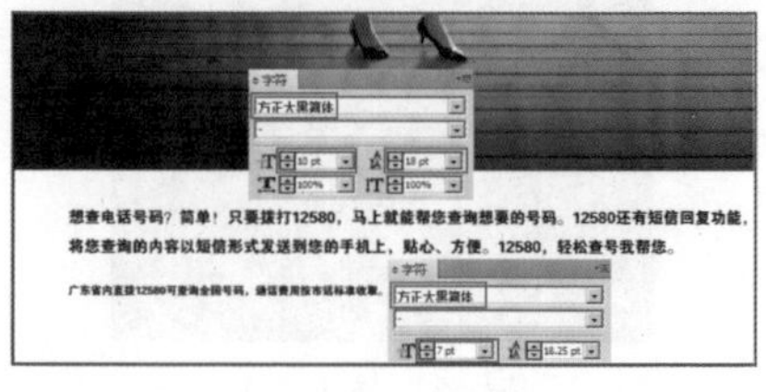

图8-77　文字设置

❺ 使用T（文字工具）在页面中输入文字，填充黑色，通过“字符”面板设置文字的字体及字号，如图8-78所示。

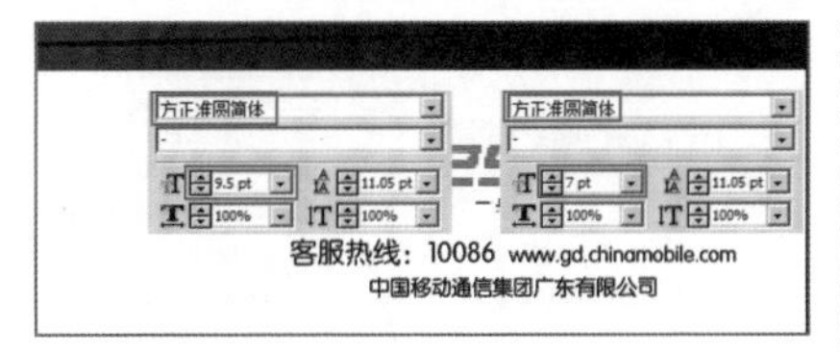

图8-78 文字设置

❻ 选择（选择工具），拖曳鼠标选择所有图形对象，按Ctrl+G快捷键将图形编组，完成本实例的制作。如图8-79所示。

图8-79 最终效果

实例163 大众传播类——家具杂志内页广告

本实例主要讲解家具杂志内页广告的设计制作。通过该实例的制作，使读者掌握矩形工具、钢笔工具、直接选择工具、文字工具的使用方法，以及如何设置文字的填充属性等。

案例设计分析

设计思路

本例制作的是一个家具杂志内页广告，难点是主题文字形状的编辑，还需要注意广告气氛的表现，因为这是一个万人团购的广告，一定要营造出一种非常热烈、渴望的积极氛围。本例先置入广告需要的素材，再使用文字工具和直接选择工具调整出主题文字的形状，再使用矩形工具和圆角矩形工具制作出辅助图形，最后使用文字工具输入合适的文字，完成本实例的制作。

案例效果剖析

本例制作的家具杂志内页广告包括了多个步骤，如图8-80所示为部分效果展示。

图8-80 效果展示

案例技术要点

本例中主要用到的功能及技术要点如下。

- 直接选择工具：使用直接选择工具对文字进行变形处理。
- 钢笔工具：使用钢笔工具绘制路径形态。
- 矩形工具：使用矩形工具绘制矩形图形，制作辅助图形。
- 文字工具：使用文字工具创建需要的文字。

案例制作步骤

源文件路径	效果文件\第8章\实例163.ai		
调用路径	素材文件\第8章\实例163.ai		
视频路径	视频\第8章\实例163. avi		
难易程度	★★★★	学习时间	6分10秒

❶ 启动Illustrator，新建一个“宽度”为210mm、“高度”为285mm的文档。选择菜单栏中的“文件”|“打开”命令，打开随书光盘“素材文件\第8章\实例163.ai”文件，将其中的部分素材复制到当前文档中，并分别将它们调整到合适的位置，如图8-81所示。

图8-81 置入素材

❷ 使用（矩形工具）在页面内绘制一个“宽度”为33mm、“高度”为33mm的正方形，填充红色（C：20%、M：96%、Y：90%），然后再使用T（文字工具）在页面中输入文字，如图8-82所示。

图8-82 制作文字

❸ 使用T（文字工具）在页面中输入“万人砍价曲亿”文字，然后将文字创建为轮廓，通过（直接选择工具）将“万”和“亿”字的锚点进行编辑，效果如图8-83所示。

图8-83　编辑主题文字效果

提　示

这里既可以使用直接选择工具更改锚点的位置，也可以直接使用钢笔工具绘制图形，然后将它们和原图形连接在一起。

❹ 使用T（文字工具）在页面中输入相应的文字，然后将随书光盘“素材文件\第8章\实例163.ai”文件中的“团”字图形复制到当前文档中，调整它的位置，如图8-84所示。

图8-84　置入素材

❺ 使用T（文字工具）在页面中输入合适的文字，通过“字符”面板设置文字的字体及字号，如图8-85所示。

图8-85　文字设置

❻ 使用（矩形工具）在页面内绘制一个“宽度”为210mm、“高度”为8mm的矩形，填充红色（C：50%、M：100%、Y：90%、K：30%）。再使用“圆角矩形工具”在页面内绘制一个“宽度”为97mm、“高度”为16mm、“圆角半径”为5mm的圆角矩形，然后使用（直接选择工具）调整下面锚点的位置，填充红色（C：50%、M：100%、Y：90%、K：30%），如图8-86所示。

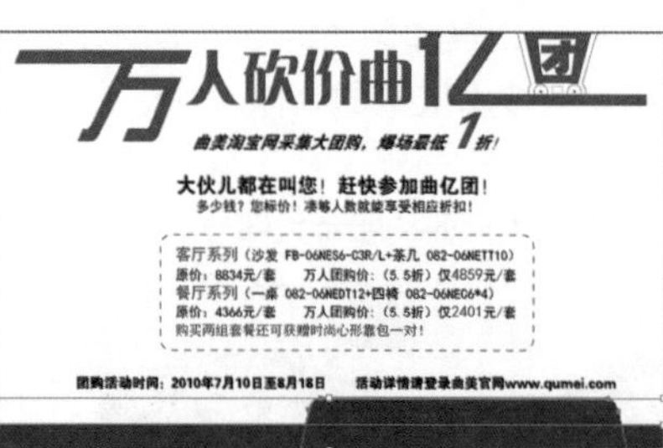

图8-86　绘制图形

提　示

这个图形可以根据自己的习惯绘制，方法越简单越好。

❼ 将圆角矩形图形复制一个，贴在前面并略微缩小，选择（渐变工具），通过“渐变”面板和“颜色”面板设置渐变属性，如图8-87所示。

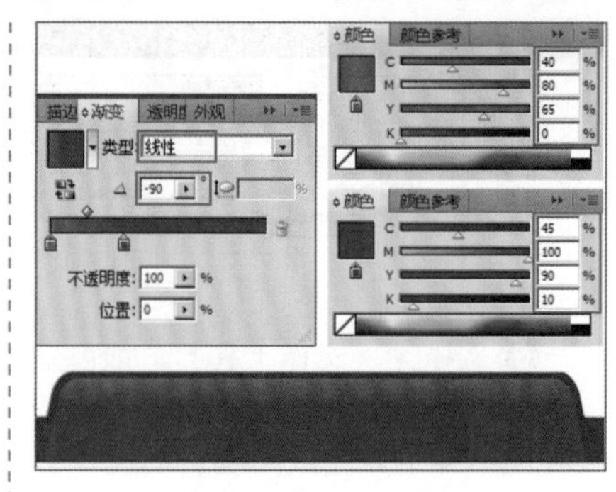

图8-87　渐变属性设置

❽ 使用（矩形工具）和T（文字工具）在页面中绘制矩形并输入文字，通过“字符”面板设置文字的字体及字号，通过“颜色”面板设置文字及矩形的颜色，如图8-88所示。

图8-88　输入文字

❾ 选择（选择工具），拖曳鼠标选择所有图形对象，按Ctrl+G快捷键将图形编组，完成本实例的制作，如图8-89所示。

图8-89　最终效果

第9章 报纸广告设计

报纸广告是指刊登在报纸上的广告。报纸是一种印刷媒介，它的特点是发行频率高、发行量大、信息传递快，因此报纸广告可及时广泛发布。报纸广告以文字和图画为主要视觉刺激，而且报纸可以反复阅读，便于保存。

实例164 大众传播类——联想电脑报纸广告

本例制作的是一个半版广告。半版与整版和跨版广告，均被称之为大版面广告，是广告主雄厚的经济实力的体现。

案例设计分析

设计思路

制作报纸广告的目的，首先是要吸引住观者的眼球，从而引起观者的购买欲望。在制作本例时，先置入广告需要的素材，再使用钢笔工具绘制出辅助图形，为图片建立剪切蒙版，最后使用文字工具输入合适的文字，完成本实例的制作。

案例效果剖析

本例制作的联想电脑报纸广告包括了多个步骤，如图9-1所示为部分效果展示。

图9-1 效果展示

案例技术要点

本例中主要用到的功能及技术要点如下。

- 钢笔工具：使用钢笔工具绘制路径形态。
- 文字工具：使用文字工具创建需要的文字。

案例制作步骤

源文件路径	效果文件\第9章\实例164.ai		
调用路径	素材文件\第9章\实例164.ai		
视频路径	视频\第9章\实例164. avi		
难易程度	★★★★	学习时间	3分11秒

❶ 启动Illustrator，新建一个“宽度”为235mm、“高度”为170mm的文档。选择菜单栏中的“文件”|“打开”命令，打开随书光盘“素材文件\第9章\实例164.ai”文件，将其中的素材复制到当前文档中，并分别将它们调整到合适的位置，如图9-2所示。

图9-2 置入素材

❷ 使用（钢笔工具）在页面内绘制一条闭合路径，填充红色，如图9-3所示。

图9-3 绘制路径

❸ 使用（钢笔工具）在页面内再绘制上其他3条闭合路径，分别填充上绿色（C：100%、Y：100%）、黄色（Y：100%）和蓝色（C：85%、Y：50%），如图9-4所示。

图9-4 绘制其他路径

提 示

在绘制路径时，一定要尽量使路径圆滑些，这样图形才漂亮。

❹ 使用（钢笔工具）在画面上绘制一条闭合路径，将左边的人物图片包围起来，并保证路径在最上方，如图9-5所示。

图9-5 绘制路径

❺ 同时选择刚绘制的路径和人物图片，单击鼠标右键，选择“建立剪切蒙版”命令，为图片建立剪切蒙版，将其调整到图层的最下方，如图9-6所示。

图9-6 为图片建立剪切蒙版效果

提 示

在为图片建立剪切蒙版时，一定要让路径位于图片的上方才可以完成操作。

❻ 使用T（文字工具）在页面中输入文字，填充黑色，通过“字符”面板设置文字的字体及字号，如图9-7所示。

图9-7 输入文字

❼ 使用T（文字工具）在页面中输入文字，填充黑色，通过“字符”面板设置文字的字体及字号，如图9-8所示。

❽ 使用T（文字工具）在页面中输入其他文字，通过“字符”面板设置文字的字体及字号，通过“颜色”面板设置文字的颜色，如图9-9所示。

❾ 选择（选择工具），拖曳鼠标选择所有图形对象，按Ctrl+G快捷键将图形编组，完成本实例的制作。

图9-8 输入文字

图9-9 最终效果

实例165 大众传播类——汽车报纸广告

本实例主要讲解汽车报纸广告的设计制作。通过该实例的制作，使读者掌握直线工具、文字工具的使用方法，以及如何设置文字的填充属性和载入素材等。

案例设计分析

设计思路

做广告是企业向广大消费者宣传其产品用途、产品质量，展示企业形象的商业手段。在这种商业手段的运营中，企业和消费者都将受益。企业靠广告推销产品，消费者靠广告指导自己的购买行为。因为报纸能够详细介绍车辆的油耗、发动机排量和相关配置，备受企业的青睐。在制作该实例时，先置入合适的素材，然后根据需要输入相应的文字，完成本实例的制作。

案例效果剖析

本例制作的汽车报纸广告包括了多个步骤，如图9-10所示为部分效果展示。

图9-10 效果展示

案例技术要点

本例中主要用到的功能及技术要点如下。

- 直线工具：使用直线工具绘制线条。
- 文字工具：使用文字工具创建需要的文字。

案例制作步骤

源文件路径	效果文件\第9章\实例165.ai
调用路径	素材文件\第9章\实例165.ai
视频路径	视频\第9章\实例165. avi
难易程度	★★★
学习时间	2分52秒

❶ 启动Illustrator，新建一个“宽度”为235mm、“高度”为170mm的文档。选择菜单栏中的“文件”|“打开”命令，打开随书光盘“素材文件\第9章\实例165.ai”文件，将其中的素材复制到当前文档中，并分别将它们调整到合适的位置，如图9-11所示。

图9-11 置入素材

❷ 使用T（文字工具）在页面中输入文字，通过“字符”面板设置文字的字体及字号，通过“颜色”面板设置文字的颜色，如图9-12所示。

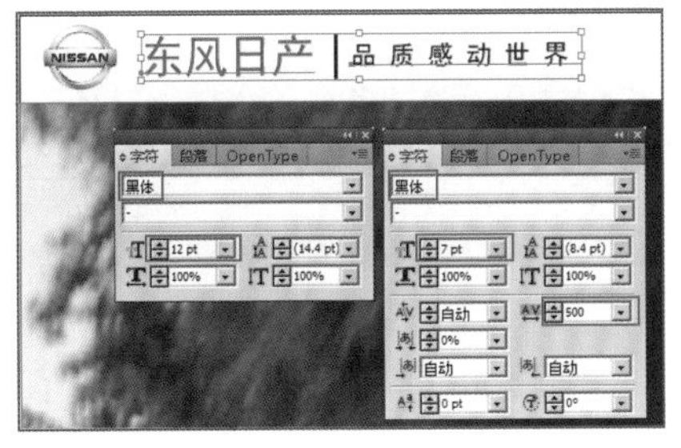

图9-12 输入文字

❸ 使用T（文字工具）在页面中输入文字，填充黑色，通过“字符”面板设置文字的字体及字号，如图9-13所示。

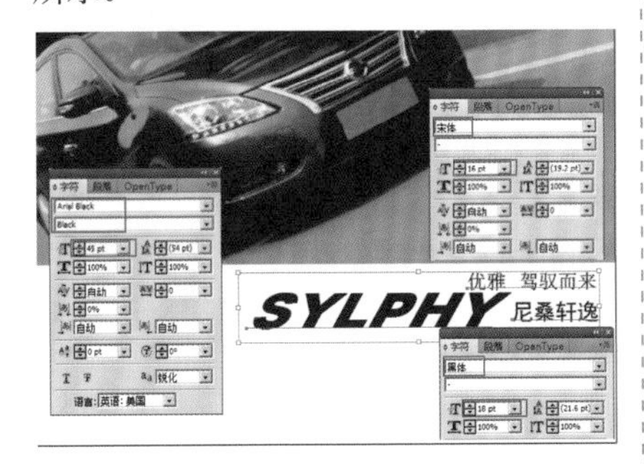

图9-13 设置文字

❹ 使用T（文字工具）在页面中输入文字，填充黑色，通过“字符”面板设置文字的字体及字号，通过“颜色”面板将部分文字设置为红色，如图9-14所示。

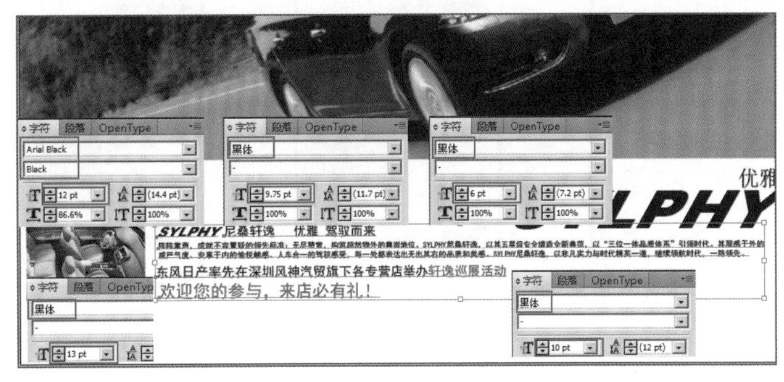

图9-14 设置文字

❺ 使用T（文字工具）在页面中输入文字，通过“字符”面板设置文字的字体及字号，通过“颜色”面板将部分文字设置为红色，如图9-15所示。

图9-15 输入文字

❻ 选择（选择工具），拖曳鼠标选择所有图形对象，按Ctrl+G快捷键将图形编组，完成本实例的制作，如图9-16所示。

图9-16 最终效果

实例166 大众传播类——房地产报纸广告

本实例主要讲解房地产报纸广告的设计制作。通过该实例的制作，使读者掌握矩形工具、渐变工具、文字工具的使用方法，以及如何设置文字的填充属性和载入素材等。

案例设计分析

设计思路

本例制作的是一个整版广告，是我国单版广告中最大的版面，给人以视野开阔、气势恢宏的感觉。本例先用渐变工具绘制出广告的渐变背景，再置入所用的素材，最后使用文字工具输入合适的文字，完成本实例的制作。

案例效果剖析

本例制作的房地产报纸广告包括了多个步骤，如图9-17所示为部分效果展示。

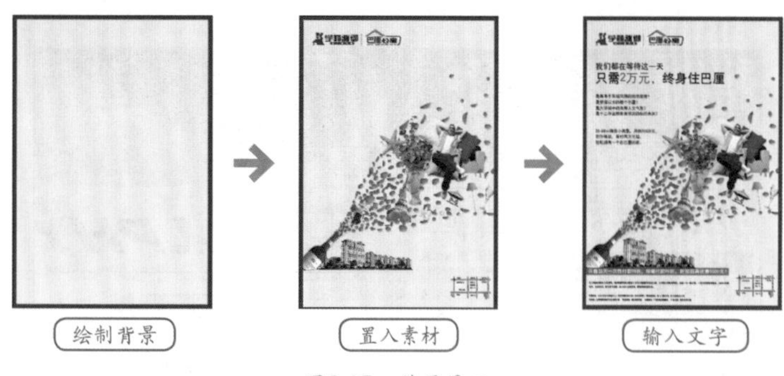

图9-17 效果展示

案例技术要点

本例中主要用到的功能及技术要点如下。

- 矩形工具：使用矩形工具制作出广告的尺寸。
- 文字工具：使用文字工具创建需要的文字。
- 渐变工具：使用渐变工具制作出渐变背景。

源文件路径	效果文件\第9章\实例166.ai		
调用路径	素材文件\第9章\实例166.ai		
视频路径	视频\第9章\实例166. avi		
难易程度	★★★	学习时间	4分10秒

实例167 大众传播类——新加坡旅游广告

本实例主要讲解新加坡旅游报纸广告的设计制作，通过该实例的制作，使读者掌握钢笔工具、矩形工具、椭圆工具、文字工具的使用方法，以及如何设置文字的填充属性和载入素材等。

案例设计分析

设计思路

本例采用的是65mm×235mm的尺寸，是一个单通栏广告，是广告中最常见的一种版面，符合人们的正常视觉，因此版面自身有一定的说服力。本例先用钢笔工具绘制出广告的底纹，再使用混合工具和椭圆工具绘制邮票的锯齿边框，然后置入素材，最后使用文字工具输入合适的文字，完成本实例的制作。

案例效果剖析

本例制作的新加坡旅游报纸广告包括了多个步骤，如图9-18所示为部分效果展示。

图9-18 效果展示

案例技术要点

本例中主要用到的功能及技术要点如下。

- 钢笔工具：使用钢笔工具调整路径形态。
- 矩形工具：使用矩形工具制作出广告的尺寸。
- 椭圆工具：使用椭圆工具绘制图形。
- 文字工具：使用文字工具创建需要的文字。

案例制作步骤

源文件路径	效果文件\第9章\实例167.ai
调用路径	素材文件\第9章\实例167.ai
视频路径	视频\第9章\实例167. avi
难易程度	★★★★
学习时间	6分01秒

❶ 启动Illustrator，新建一个“宽度”为235mm、“高度”为65mm的空白文档。使用（矩形工具）在页面内绘制一个同样大小的矩形，以绿色（C：85%、M：10%、Y：100%、K：10%）填充。

❷ 使用（钢笔工具）绘制几条闭合路径，以绿色（C：85%、M：10%、Y：100%、K：10%）填充，并将它们的混合模式全部调整为“正片叠底”，如图9-19所示。

图9-19 绘制图形

❸ 使用（矩形工具）在页面内绘制一个“宽度”为110mm、“高度”为60mm的矩形，以白色填充，如图9-20所示。

图9-20 绘制矩形

❹ 使用（椭圆工具）在页面内绘制一个“宽度”为4mm、“高度”为4mm的正圆，以黑色填充。然后将圆形的中心点与矩形的边角对齐，如图9-21所示。

❺ 按住Alt键，使用（选择工具）将圆形移动，可以复制得到新的

圆形，并将圆形对齐到其他的参考线边角，结果如图9-22所示。

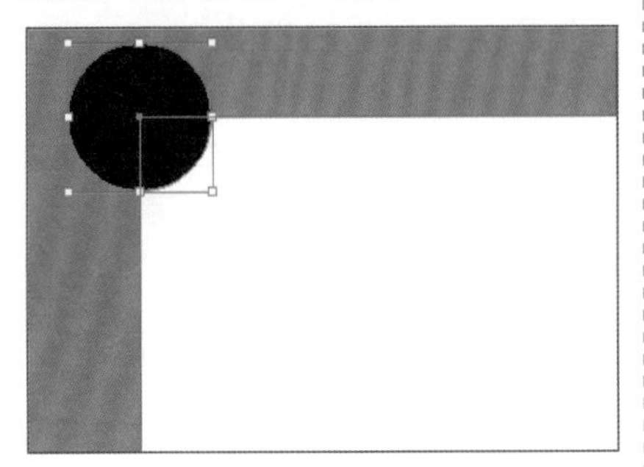

图9-21 圆形的位置

图9-22 复制图形

❻ 使用（选择工具）选择上面两端的两个圆形，选择菜单栏中的“对象”|“混合”|“建立”命令，将两个圆形进行混合，如图9-23所示。

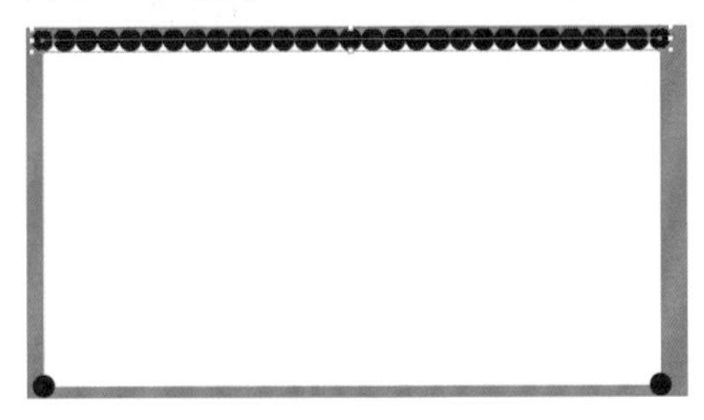

图9-23 混合效果

❼ 双击工具箱中的（混合工具）按钮，弹出“混合选项”对话框，参数设置如图9-24所示。

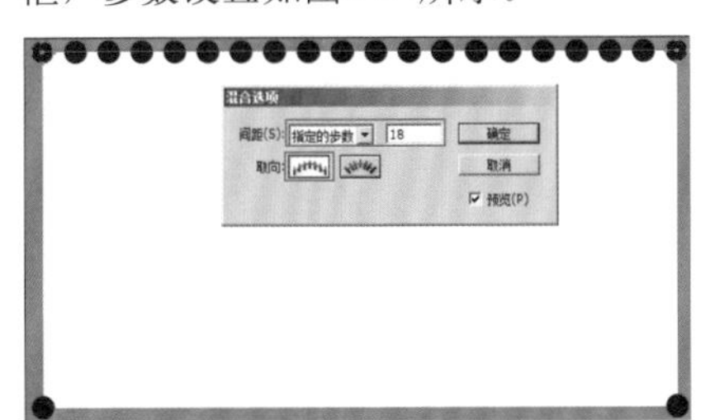

图9-24 混合选项设置

提 示

指定间距的步数和圆形的大小以及距离有关，只要目测看着合适即可。

❽ 将下端的两个圆形也用此方法混合。然后将圆形全选，选择菜单栏中的“对象”|“扩展”命令，弹出“扩展”对话框，单击 确定 按钮后，混合的图形被扩展开，再将图形取消编组，将所有圆形都分散开，如图9-25所示。

图9-25 将图形解组

提 示

这里将圆形解组，是为了下面制作两个侧面的混合效果做准备。

❾ 使用（选择工具）选择最左端的两个圆形，选择菜单栏中的“对象”|“混合”|“建立”命令，将两个圆形进行混合，如图9-26所示。

图9-26 混合图形

❿ 双击工具箱中的（混合工具）按钮，弹出“混合选项”对话框，参数设置如图9-27所示。

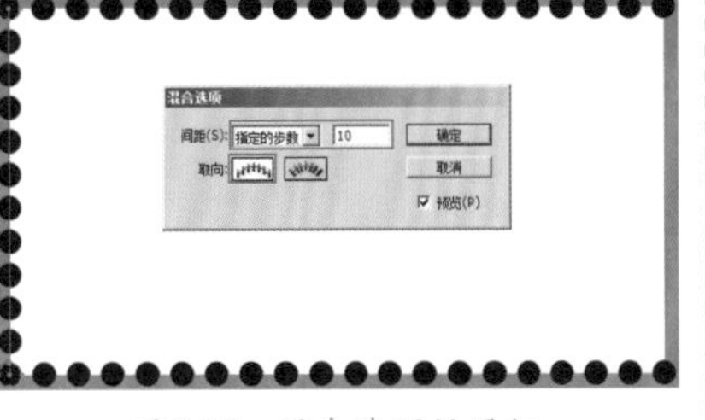

图9-27 混合选项设置组

⓫ 将右端的两个圆形也建立混合。选择两个混合后的图形，选择菜单栏中的“对象”|“扩展”命令，弹出“扩展”对话框，单击 确定 按钮后，混合的图形被扩展开，如图9-28所示。

图9-28 将图形展开

⓬ 选择白色矩形和所有黑色圆形，打开“路径查找器”面板，单击（减去顶层）按钮，得到如图9-29所示的图形。

图9-29 减去顶层效果

⓭ 选择菜单栏中的“文件”|“打开”命令，打开随书光盘“素材文件\第9章\实例167.ai”文件，将其中的素材复制到当前文档中，如图9-30所示。

图9-30 置入素材

⓮ 使用（直线工具）绘制两条“长度”为110mm的直线，描边颜色为白色，粗细为1pt，如图9-31所示。

图9-31 绘制直线图形

⓯ 使用T（文字工具）在页面中输入文字，通过“字符”面板设置文字的字体及字号，通过“颜色”面板设置文字的颜色，从而完成本实例的制作，如图9-32所示。

图9-32 最终效果

实例168 大众传播类——鼓浪屿三日游广告

本实例主要讲解鼓浪屿三日游报纸广告的设计制作。通过该实例的制作，使读者掌握钢笔工具、矩形工具、椭圆工具、文字工具的使用方法，以及如何设置文字的填充属性和载入素材等。

案例设计分析

设计思路

制作这种旅游广告的目的，是为了发展潜在的客户，为公司提高销售业绩。本例先用渐变工具绘制出广告的渐变背景，再使用椭圆工具和钢笔工具工具绘制出广告用的辅助图形，然后使用文字工具输入合适的文字，完成本实例的制作。

案例效果剖析

本例制作的鼓浪屿三日游报纸广告包括了多个步骤，如图9-33所示为部分效果展示。

使用钢笔工具、椭圆工具和渐变工具绘制背景

使用文字工具输入相关文字

图9-33 效果展示

案例技术要点

本例中主要用到的功能及技术要点如下。

- 钢笔工具：使用钢笔工具调整路径形态。
- 矩形工具：使用矩形工具制作出广告的尺寸。
- 椭圆工具：使用椭圆工具绘制图形。
- 文字工具：使用文字工具创建需要的文字。
- 渐变工具：使用渐变工具制作出渐变背景。

源文件路径	效果文件\第9章\实例168.ai		
视频路径	视频\第9章\实例168. avi		
难易程度	★★★	学习时间	5分42秒

实例169 大众传播类——天上王城二日游广告

本实例主要讲解天上王城二日游报纸广告的设计制作。通过该实例的制作，使读者掌握网格工具、矩形工具、椭圆工具、文字工具的使用方法，以及如何设置文字的填充属性和载入素材等。

案例设计分析

设计思路

制作这种广告，主要是依靠优美的旅游风景图片和合适的价格来打动观者的心，因此色彩的搭配一定要和谐。制作该例时，先用网格工具和直接选择工具制作出广告的梦幻背景，再输入相应的文字，并调整文字的大小和颜色，然后置入素材，最后再输入合适的文字，完成本实例的制作。

案例效果剖析

本例制作的二日游报纸广告包括了多个步骤，如图9-34所示为部分效果展示。

使用网格工具和直接选择工具绘制背景

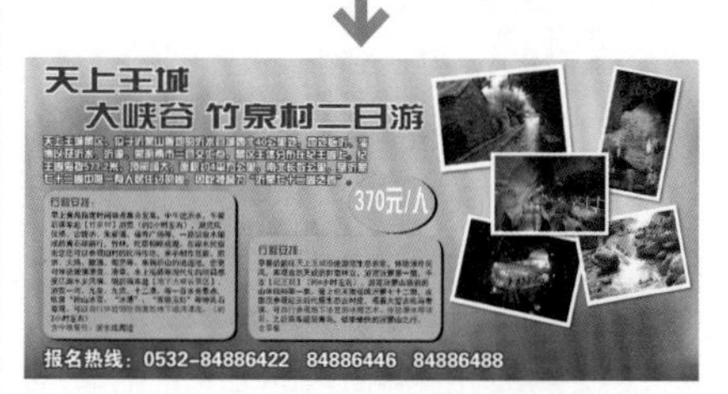

绘制版块、置入素材，并输入相关文字

图9-34 效果展示

案例技术要点

本例中主要用到的功能及技术要点如下。

- 网格工具：使用网格工具制作出梦幻背景。
- 矩形工具：使用矩形工具制作出广告的尺寸。
- 椭圆工具：使用椭圆工具绘制图形。
- 文字工具：使用文字工具创建需要的文字。

案例制作步骤

源文件路径	效果文件\第9章\实例169.ai
调用路径	素材文件\第9章\实例169.ai
视频路径	视频\第9章\实例169. avi
难易程度	★★★★
学习时间	4分47秒

❶ 启动Illustrator，新建一个“宽度”为235mm、“高度”为110mm的空白文档。使用（矩形工具）在页面内绘制一个同样大小的矩形。

❷ 选择▦（网格工具），在页面内创建网格，如图9-35所示。

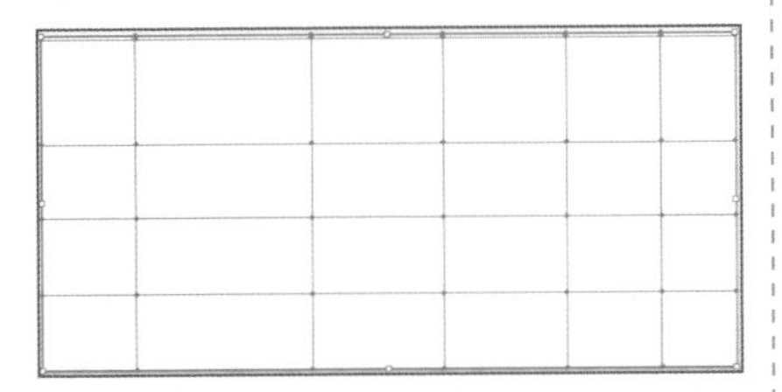

图9-35 创建网格

提 示

创建网格的数量和疏密可以根据自己的需要设置，不必一定和本例一样。

❸ 使用▸（直接选择工具）调整网格的形态，选择各个锚点后更改不同的颜色制作背景，如图9-36所示。

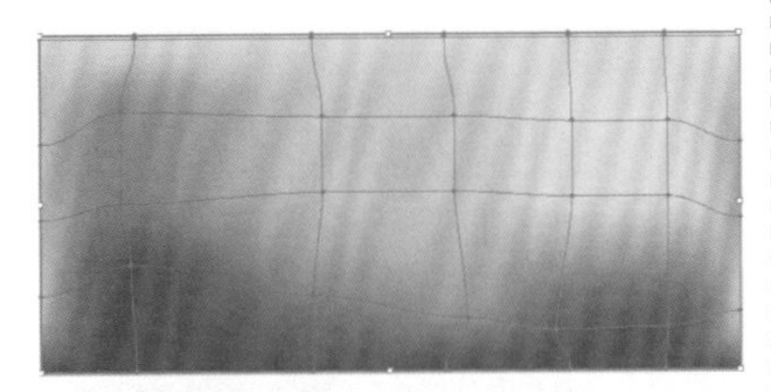

图9-36 制作背景

提 示

为网格更改颜色时，可以单击网格的空白区域，然后更改颜色。这样更改颜色的区域大，不用挨个选择单个锚点去更改颜色。

❹ 使用T.（文字工具）在页面中输入文字，以蓝色（C：95%、M：100%）填充，通过“字符”面板设置文字的字体及字号，如图9-37所示。

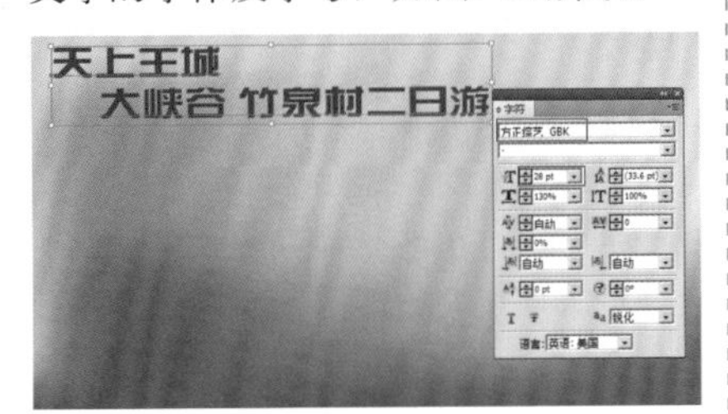

图9-37 文字设置

❺ 将文字原位复制一个，放在后面，设置描边颜色为白色，粗细为3pt，如图9-38所示。

天上王城
大峡谷 竹泉村二日游

图9-38 文字描边效果

❻ 使用T.（文字工具）在页面中输入文字，通过“字符”面板设置文字的字体及字号，然后将文字原位复制一个，放在后面，设置描边颜色为蓝色（C：95%、M：100%），粗细为2pt，如图9-39所示。

图9-39 文字设置

❼ 使用▢（圆角矩形工具）在页面中创建两个圆角矩形，以绿色（C：40%、Y：100%）填充，然后再将它们原位复制一个，放在后面，填充黑色，稍微向右和向左移动位置，制作出阴影效果，如图9-40所示。

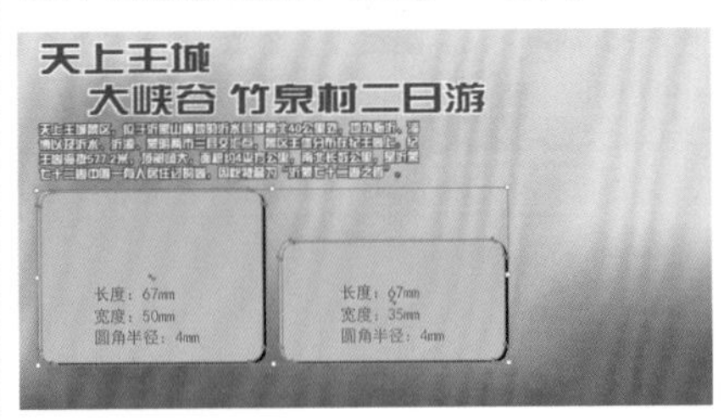

图9-40 绘制矩形

❽ 使用T.（文字工具）在页面中输入文字，通过“字符”面板设置文字的字体及字号，通过“颜色”面板设置文字的颜色，如图9-41所示。

❾ 使用◯（椭圆工具）绘制一个“宽度”为30mm、“高度”为20mm的椭圆，以绿色（C：40%、Y：100%）填充，然后再将它们原位复制一个，放在后面，填充黑色，稍微向右和向左移动位置，制作出阴影效果，如图9-42所示。

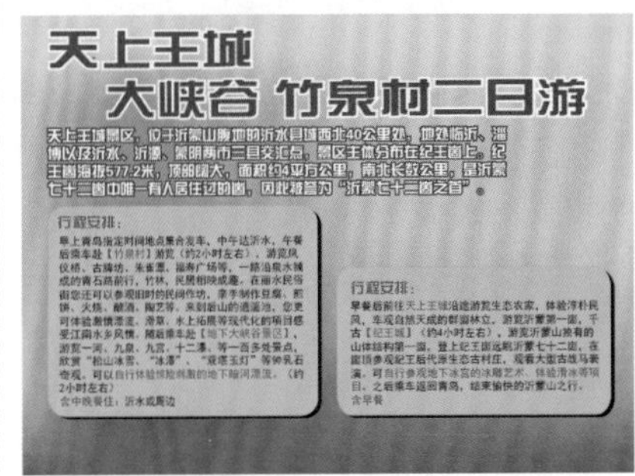

图9-41 文字设置

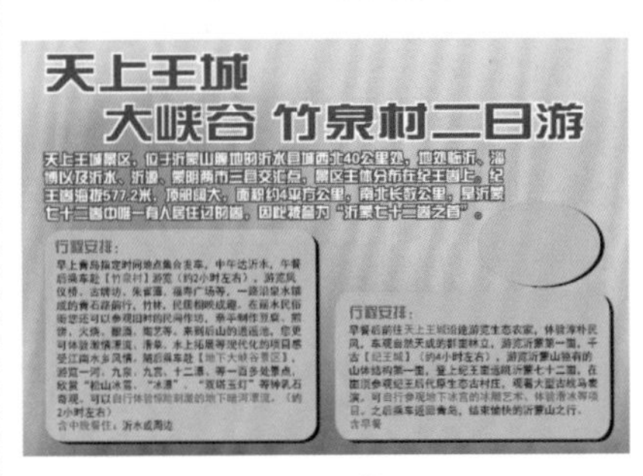

图9-42 绘制矩形

❿ 选择菜单栏中的“文件”|“打开”命令，打开随书光盘“素材文件\第9章\实例169.ai”文件，将其中的素材复制到当前文档中，如图9-43所示。

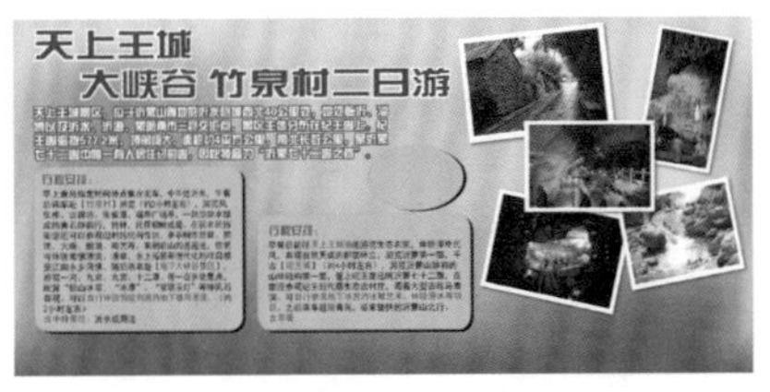

图9-43 置入素材

⓫ 使用T.（文字工具）在页面中输入其他文字，通过“字符”面板设置文字的字体及字号，从而完成本实例的制作，如图9-44所示。

图9-44 最终效果

实例170 大众传播类——汽车入户汽贸城广告

本实例主要讲解汽车入户汽贸城报纸广告的设计制作。通过该实例的制作，使读者掌握矩形工具、文字工具的使用方法，以及如何设置文字的填充属性和载入素材等。

案例设计分析

设计思路

本例制作的报纸广告因其尺寸偏小，因此在设计上要使用图片和文字把广告的气场做出来，这样才能抓住观者的视线，起到广告的目的。本例先置入素材制作出背景，再使用文字工具输入相应的文字，完成本实例的制作。

案例效果剖析

本例制作的汽车入住汽贸城报纸广告包括了多个步骤，如图9-45所示为部分效果展示。

置入素材

使用文字工具输入相关文字

图9-45 效果展示

案例技术要点

本例中主要用到的功能及技术要点如下。

- 矩形工具：使用矩形工具制作出广告的尺寸。
- 文字工具：使用文字工具创建需要的文字。

案例制作步骤

源文件路径	效果文件\第9章\实例170.ai		
调用路径	素材文件\第9章\实例170.ai		
视频路径	视频\第9章\实例170. avi		
难易程度	★★★	学习时间	1分56秒

❶ 启动Illustrator，新建一个“宽度”为115mm、“高度”为65mm的空白文档。选择菜单栏中的“文件”|“打开”命令，打开随书光盘“素材文件\第9章\实例170.ai”文件，将其中的素材复制到当前文档中，如图9-46所示。

图9-46 置入素材

❷ 使用（矩形工具）绘制一个“宽度”为115mm、“高度”为13mm的矩形，以灰色（K：70%）填充，放在页面的最下方，如图9-47所示。

图9-47 绘制矩形

提 示

在置入汽车素材时，要注意汽车的透视关系要和画面相协调。

❸ 使用T（文字工具）在页面中输入文字，以红色填充，通过“字符”面板设置文字的字体及字号，如图9-48所示。

图9-48 文字设置

❹ 将文字在原位复制一个，放在后面，设置描边颜色为白色，粗细为4pt，如图9-49所示。

图9-49 制作描边文字效果

❺ 使用T（文字工具）在页面中输入其他文字，通过“字符”面板设置文字的字体及字号，通过“颜色”面板设置文字的颜色，如图9-50所示。

图9-50 文字设置

❻ 选择（选择工具），拖曳鼠标选择所有图形对象，按Ctrl+G快捷键将图形编组，完成本实例的制作，如图9-51所示。

图9-51 最终效果

实例171 大众传播类——葡萄酒报纸广告

本实例主要讲解葡萄酒报纸广告的设计制作。通过该实例的制作，使读者掌握渐变工具、矩形工具、椭圆工具、文字工具的使用方法，以及如何设置文字的填充属性和载入素材等。

案例设计分析

设计思路

葡萄酒属于快速消费品，在进行报纸广告的创意时，突出的是产品和标题，图片要漂亮、要大，标题要诱人，以此来劝诱消费者购买，而文字不宜过多。本例先用渐变工具绘制出广告的渐变背景，再置入需要的素材，最后使用文字工具输入合适的文字，完成本实例的制作。

案例效果剖析

本例制作的葡萄酒报纸广告包括了多个步骤，如图9-52所示为部分效果展示。

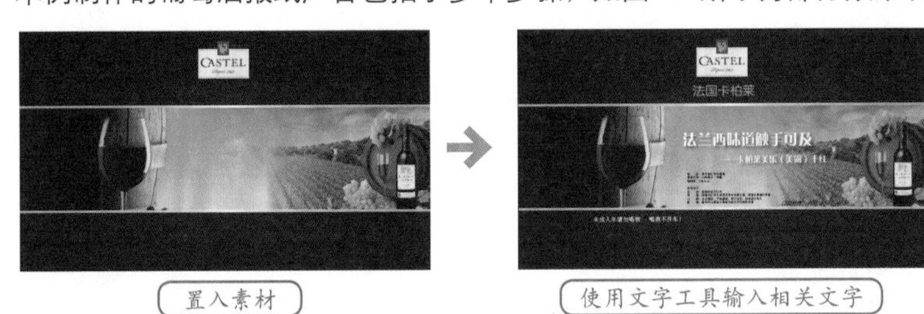

图9-52 效果展示

案例技术要点

本例中主要用到的功能及技术要点如下。

- 矩形工具：使用矩形工具制作出广告的尺寸。
- 椭圆工具：使用椭圆工具绘制图形。
- 文字工具：使用文字工具创建需要的文字。
- 渐变工具：使用渐变工具制作出渐变效果。

案例制作步骤

源文件路径	效果文件\第9章\实例171.ai		
调用路径	素材文件\第9章\实例171.ai		
视频路径	视频\第9章\实例171. avi		
难易程度	★★★★	学习时间	6分05秒

❶ 启动Illustrator，新建一个“宽度”为350mm、“高度”为200mm的空白文档。使用▭（矩形工具）在页面内绘制一个同样大小的矩形。

❷ 通过“渐变”面板和“颜色”面板设置对象的填充属性，描边属性设置为“无”，如图9-53所示。

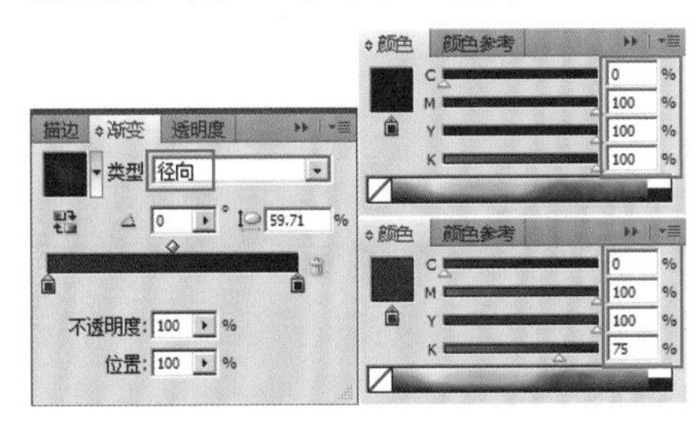

图9-53 设置渐变属性

❸ 设置完渐变属性后，再将渐变的光圈调整高度和宽度，如图9-54所示。

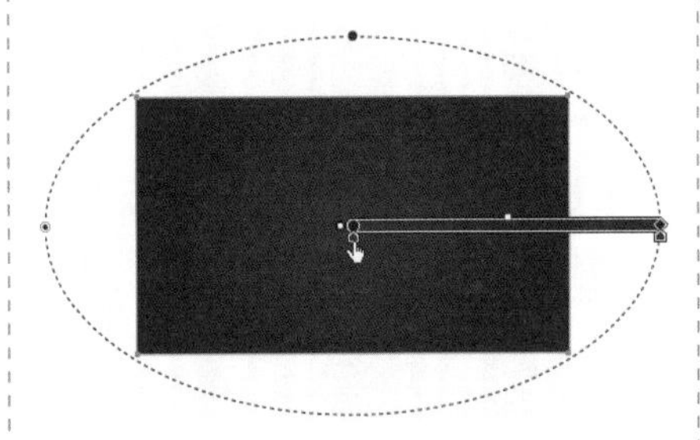

图9-54 制作渐变效果

提 示

把光标放到渐变外框的节点上，可以上下、左右自由调整渐变框的形态，这样制作出的效果会更加柔和。

❹ 选择菜单栏中的“文件”|“打开”命令，打开随书光盘“素材文件\第9章\实例171.ai”文件，将其中的灰色底纹素材复制到当前文档中，然后在“透明度”面板中将混合属性设置为“正片叠底”，如图9-55所示。

图9-55 设置图形混合模式

提 示

图9-55为局部放大效果。

❺ 使用▭（矩形工具）绘制两个“宽度”为350mm、“高度”为2mm的矩形，通过“渐变”面板和“颜色”面板设置对象的填充属性，描边属性设置为“无”，如图9-56所示。

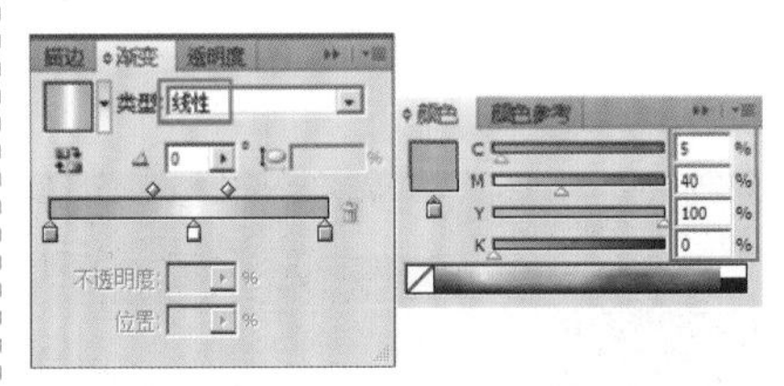

图9-56 渐变属性设置

❻ 设置完渐变属性后，将两个矩形调整到合适的位置，如图9-57所示。

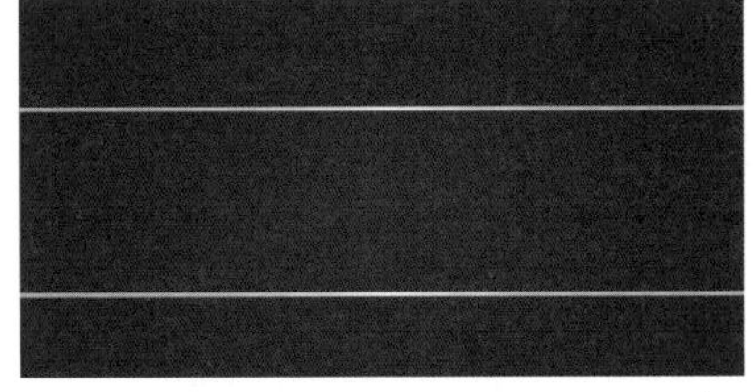

图9-57 编辑图形效果

❼ 将随书光盘“素材文件\第9章\实例171.ai”文件中的其他素材一一复制到当前文档中，分别调整它们的位置和图层顺序，如图9-58所示。

图9-58 置入素材效果

⑧ 使用▣（矩形工具）在右侧的图片上绘制一个矩形，如图9-59所示。

图9-59　矩形的位置

⑨ 通过“渐变”面板设置对象的填充属性，描边属性设置为“无”，如图9-60所示。

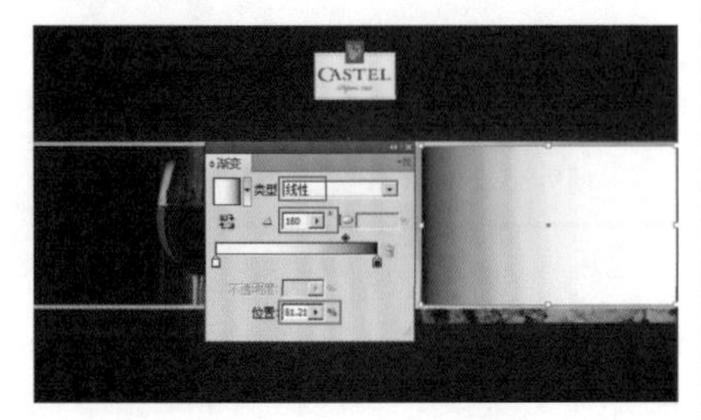

图9-60　渐变属性设置

⑩ 同时选择矩形和素材图片，在“透明度”面板中选择“建立不透明度蒙版”命令，图形效果如图9-61所示。

图9-61　制作蒙版效果

⑪ 使用T（文字工具）在页面中输入文字，通过“字符”面板设置文字的字体及字号，通过“颜色”面板设置文字的颜色为黄色（C：5%、M：40%、Y：100%），如图9-62所示。

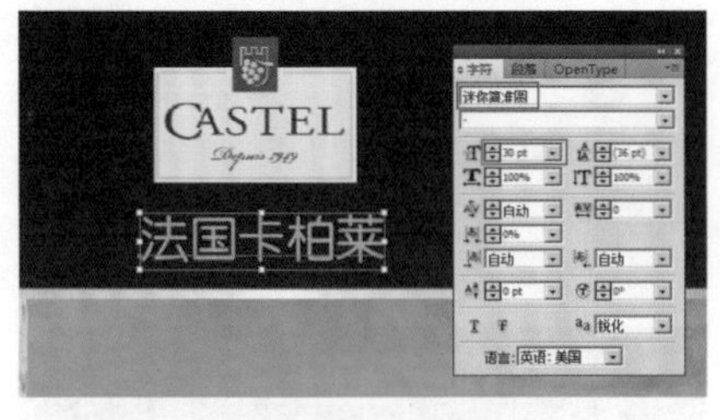

图9-62　文字设置

⑫ 使用T（文字工具）在页面中输入文字，通过“字符”面板设置文字的字体及字号。然后选择菜单栏中的“效果”|“风格化”|“投影”命令，为文字制作投影效果，如图9-63所示。

图9-63　文字设置

⑬ 使用T（文字工具）在页面中输入其他文字，通过“字符”面板设置文字的字体及字号，通过“颜色”面板设置文字的颜色，从而完成本实例的制作，如图9-64所示。

图9-64　最终效果

实例172　大众传播类——商场宣传广告

本实例主要讲解商场宣传报纸广告的设计制作。通过该实例的制作，使读者掌握矩形工具、文字工具的使用方法，以及如何设置文字、图形的填充属性和载入素材等。

案例设计分析

设计思路

本例制作的是一个半版广告，由于比较容易显示大商场雄厚的经济实力，因此商场报纸广告一般做的都是这个版面大小。本例先置入合适的素材，然后使用文字工具输入相应的文字，完成本实例的制作。

案例效果剖析

本例制作的商场宣传报纸广告包括了多个步骤，如图9-65所示为部分效果展示。

图9-65　效果展示

案例技术要点

本例中主要用到的功能及技术要点如下。

- 矩形工具：使用矩形工具制作出广告的尺寸。
- 文字工具：使用文字工具创建需要的文字。

源文件路径	效果文件\第9章\实例172.ai		
调用路径	素材文件\第9章\实例172.ai		
视频路径	视频\第9章\实例172. avi		
难易程度	★★	学习时间	2分35秒

实例173　大众传播类——车险询价广告

本实例主要讲解车险询价报纸广告的设计制作。通过该实例的制作，使读者掌握钢笔工具、矩形工具、渐变工具、椭圆工具、文字工具的使用方法，以及如何设置文字、图形的填充属性和载入素材等。

案例设计分析

设计思路

制作这个广告的目的，是为了发展潜在的客户，吸引更多的客户来公司为爱车投保，从而为公司带来看得见的效益。因此，该类广告一般把赠品放大，好引起客户的注意力。在制作该实例时，先用渐变工具绘制出广告的渐变背景，再使用椭圆工具和矩形工具绘制出广告用的辅助图形，然后置入素材，最后使用文字工具输入合适的文字，完成本实例的制作。

案例效果剖析

本例制作的车险询价报纸广告包括了多个步骤，如图9-66所示为部分效果展示。

绘制背景　　置入素材

使用文字工具输入相关文字

图9-66　效果展示

案例技术要点

本例中主要用到的功能及技术要点如下。

- 钢笔工具：使用钢笔工具调整路径形态。
- 矩形工具：使用矩形工具制作出广告的尺寸。
- 椭圆工具：使用椭圆工具绘制图形。
- 文字工具：使用文字工具创建需要的文字。
- 渐变工具：使用渐变工具制作出渐变背景。

源文件路径	效果文件\第9章\实例173.ai		
调用路径	素材文件\第9章\实例173.ai		
视频路径	视频\第9章\实例173. avi		
难易程度	★★	学习时间	4分36秒

实例174　大众传播类——企业招聘广告一

本实例主要讲解企业招聘报纸广告的设计制作。通过该实例的制作，使读者掌握椭圆工具、文字工具的使用方法，以及如何设置文字、图形的填充属性和载入素材等。

案例设计分析

设计思路

因报纸发行量大、受众面广，公司能轻松地收到很多求职信，可以借此建立人才库，并树立起发展迅速、机会众多的形象。因此，在报纸上登招聘广告是很多企业的首选。在制作本实例时，先置入合适的素材，然后使用文字工具输入相应的文字，完成本实例的制作。

案例效果剖析

本例制作的企业招聘报纸广告包括了多个步骤，如图9-67所示为部分效果展示。

置入素材

使用矩形工具制作底色，使用文字工具输入文字

图9-67　效果展示

案例技术要点

本例中主要用到的功能及技术要点如下。

- 椭圆工具：使用椭圆工具绘制图形。
- 文字工具：使用文字工具创建需要的文字。

案例制作步骤

源文件路径	效果文件\第9章\实例174.ai
调用路径	素材文件\第9章\实例174.ai
视频路径	视频\第9章\实例174. avi
难易程度	★★
学习时间	3分37秒

❶ 启动Illustrator，新建一个“宽度”为350mm、“高度”为170mm的空白文档。选择菜单栏中的“文件”|“打开”命令，打开随书光盘“素材文件\第9章\实例174.ai”文件，将其中的素材复制到当前文档中，如图9-68所示。

图9-68　置入素材

❷ 使用T.（文字工具）在页面中输入“诚聘英才　虚位以待”文字，通过“字符”面板设置文字的字体及字号，通过“颜色”面板设置文字的颜色为土黄色（C：30%、M：50%、

Y：90%），如图9-69所示。

图9-69 文字设置

❸ 使用T（文字工具）在页面中输入公司名，通过“字符”面板设置文字的字体及字号，然后将文字沿水平方向倾斜25°，如图9-70所示。

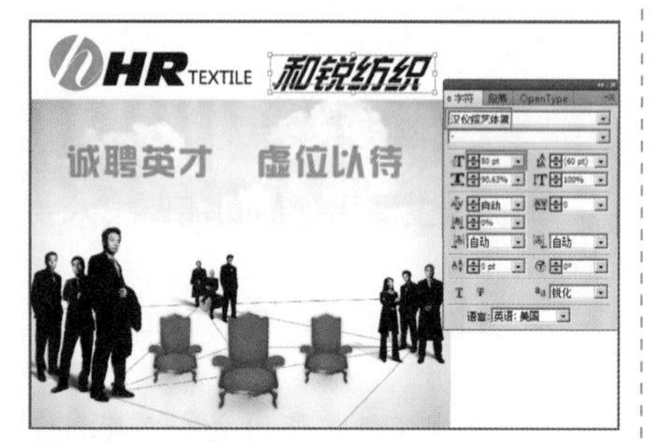

图9-70 文字设置

❹ 使用◎（椭圆工具）在页面内绘制一个“宽度”为55mm、“高度”为55mm的正圆图形，以红色（M：100%、Y：100%）填充，如图9-71所示。

图9-71 绘制正圆

❺ 使用T（文字工具）在红色正圆图形内输入“聘”文字，通过“字符”面板设置文字的字体及字号，如图9-72所示。

图9-72 文字设置

提 示

在这里，为了做出好的效果，“聘”字字号要设置的大些。

❻ 使用T（文字工具）在页面中输入其他文字，通过“字符”面板设置文字的字体及字号，通过“颜色”面板设置文字的颜色，从而完成本实例的制作，如图9-73所示。

图9-73 最终效果

实例175 大众传播类——企业招聘广告二

本实例主要讲解企业招聘报纸广告的设计制作。通过该实例的制作，使读者掌握矩形工具、渐变工具、文字工具的使用方法，以及如何设置文字、图形的填充属性和载入素材等。

案例设计分析

设计思路

企业招聘是指企业为了发展的需要，根据人力资源规划和工作分析的要求，寻找、吸引那些有能力又有兴趣到该企业任职的人员，并从中选出适宜人员予以录用的过程。招聘的最直接目的就是为了企业能够长期生存，人员更新，企业血液替换。制作该例时，先用渐变工具绘制出广告的背景，再置入相关的素材，最后输入相关的文字，并为主要的文字制作描边效果，完成本实例的制作。

案例效果剖析

本例制作的企业招聘广告包括了多个步骤，如图9-74所示为部分效果展示。

图9-74 效果展示

案例技术要点

本例中主要用到的功能及技术要点如下。

- 渐变工具：使用渐变工具制作出渐变背景。
- 矩形工具：使用矩形工具制作出广告的尺寸。
- 文字工具：使用文字工具创建需要的文字。

源文件路径	效果文件\第9章\实例175.ai		
调用路径	素材文件\第9章\实例175.ai		
视频路径	视频\第9章\实例175. avi		
难易程度	★★	学习时间	3分30秒

实例176 大众传播类——楼房开盘广告

本实例主要讲解楼盘开盘报纸广告的设计制作。通过该实例的制作，使读者掌握矩形工具、文字工具的使用方法，以及如何设置文字、图形的填充属性和载入素材等。

案例设计分析

设计思路

楼房开盘是指楼盘建设中取得了“销售许可证”，可以合法对外宣传预销售，为正式推向市场所进行的一个盛大的活动，就像某酒店开张营业一样。制作该实例时，先使用渐变工具制作出背景，再置入合适的素材，最后根据需要输入合适的文字，完成本例的制作。

案例效果剖析

本例制作的楼房开盘报纸广告包括了多个步骤，如图9-75所示为部分效果展示。

图9-75 效果展示

案例技术要点

本例中主要用到的功能及技术要点如下。

- 矩形工具：使用矩形工具绘制楼体建筑，制作城市建筑。
- 文字工具：使用文字工具创建需要的文字。

案例制作步骤

源文件路径	效果文件\第9章\实例176.ai		
调用路径	素材文件\第9章\实例176.ai		
视频路径	视频\第9章\实例176. avi		
难易程度	★★★	学习时间	2分50秒

❶ 启动Illustrator，新建一个“宽度”为230mm、“高度”为350mm的文档。使用“矩形工具”，在页面内绘制一个和画布一样大的矩形。

❷ 通过“渐变”面板和“颜色”面板设置对象的填充属性，描边属性设置为“无”，如图9-76所示。

❸ 设置完渐变属性后，图像效果如图9-77所示。

> **提 示**
>
> 在设置渐变属性时，注意中间渐变滑块的位置。

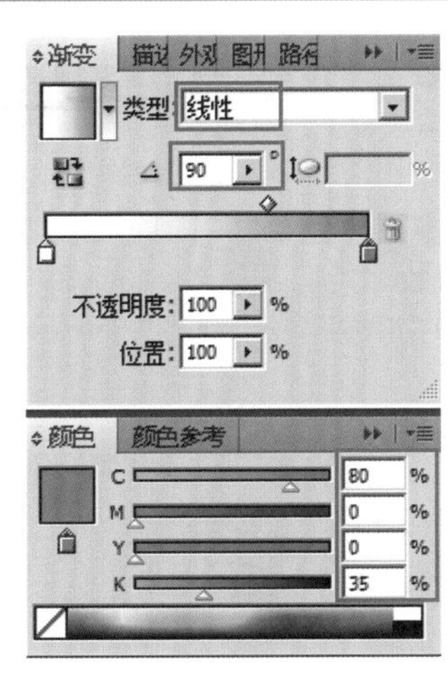

图9-76 设置颜色

图9-77 制作的渐变背景

❹ 使用（矩形工具）绘制一个“宽度”为230mm、“高度”为67mm的矩形，以红色填充，如图9-78所示。

图9-78 绘制矩形

❺ 选择菜单栏中的“文件”|“打开”命令，打开随书光盘“素材文件\第9章\实例176.ai”文件，将其中的素材复制到当前文档中，并分别将它们调整到合适的位置，如图9-79所示。

图9-79 置入素材

⑥ 使用▭（矩形工具）绘制一个“宽度”为230mm、“高度”为1.5mm的矩形，以白色填充，如图9-80所示。

图9-80　绘制矩形

⑦ 单击T（文字工具）按钮，在页面中输入文字“百合花园，六月六日”，填充黄色，通过“字符”面板设置文字的字体及字号，如图9-81所示。

图9-81　设置文字

⑧ 单击T（文字工具）按钮，在页面中输入文字“荣耀开盘”，填充红色，通过“字符”面板设置文字的字体及字号，如图9-82所示。

图9-82　设置文字

⑨ 将“荣耀开盘”文字复制一个，放在后面，通过“颜色”面板设置粘贴后文字的描边属性为白色，通过“描边”面板设置描边的粗细，如图9-83所示。

图9-83　设置文字

⑩ 选择T（文字工具）工具，在页面中输入文字，通过“字符”面板设置文字的字体及字号，如图9-84所示。

⑪ 选择T（文字工具）工具，在页面中输入文字，通过“字符”面板设置文字的字体及字号，如图9-85所示。

图9-84　输入文字

图9-85　输入文字

⑫ 选择▶（选择工具），拖曳鼠标选择所有图形对象，按Ctrl+G快捷键将图形编组，完成本实例的制作，如图9-86所示。

图9-86　最终效果

第10章 名片设计

名片不像其他艺术作品那样具有很高的审美价值，可以去欣赏，去玩味。它在大多情况下不会引起人的专注和追求，而是便于记忆，具有更强的识别性，让人在最短的时间内获得所需要的情报。因此名片设计必须做到文字简明扼要，字体层次分明，强调设计意识，艺术风格要新颖。

实例177 证件类——美容院名片设计一

本实例通过美容院名片的设计制作，主要使读者掌握矩形工具、文字工具及“字符”面板等的使用。

案例设计分析

设计思路

在名片的左下角配上一个花朵，让人一看就知道持名片的人从事的行业与女性有关，再配上简洁的文字，即可完成名片的设计制作。在制作该实例时，先绘制出名片的尺寸，再置入合适的素材，然后输入合适的文字，完成本实例的制作。

案例效果剖析

如图10-1所示为美容院名片设计一部分效果展示。

图10-1 效果展示

案例技术要点

本例中主要用到的功能及技术要点如下。

- 矩形工具：使用矩形工具绘制出名片的尺寸。
- 文字工具：使用文字工具创建需要的文字。

案例制作步骤

源文件路径	效果文件\第10章\实例177.ai		
调用路径	素材文件\第10章\实例177.ai		
视频路径	视频\第10章\实例177. avi		
难易程度	★★★	学习时间	3分45秒

❶ 启动Illustrator，新建一个空白文档。使用（矩形工具）绘制一个“宽度”为90mm、“高度”为54mm的矩形，以黄色（Y：15%）填充，以黑色描边，描边粗细为0.2pt。

❷ 选择菜单栏中的“文件”|“打开”命令，打开配套光盘“素材文件\第10章\实例177.ai”文件，将里面的素材复制到当前文档中，并调整它们的位置，如图10-2所示。

图10-2 置入素材

❸ 使用（文字工具）在页面内输入文字，通过“颜色”面板设置文字的颜色，通过“字符”面板设置文字的字体和字号等，如图10-3所示。

图10-3 文字设置

❹ 将文字选中，再将它们原位复制一个，贴在后面，以白色描边，描边粗细为3pt。最后将这几组文字选择并编组，选择菜单栏中的“效

果”|“风格化”|“投影”命令，在弹出的对话框中设置参数，如图10-4所示。

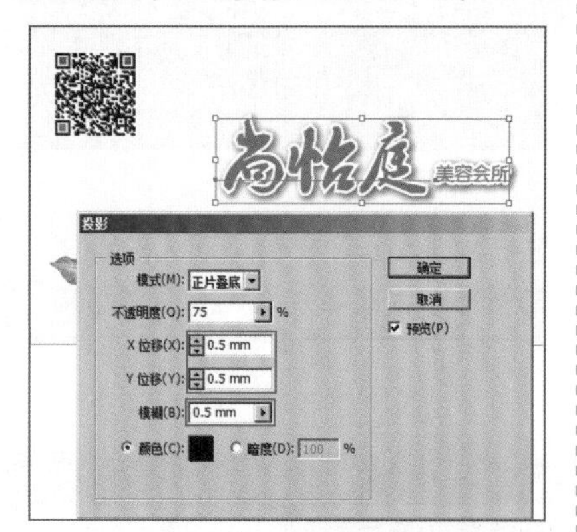

图10-4　投影设置

> **提　示**
>
> 在为图形制作投影效果时，投影的参数设置可以根据图形的大小自行调整。

❺ 使用T（文字工具）在页面内输入文字，通过“字符”面板设置文字的字体和字号，如图10-5所示。

图10-5　文字设置

❻ 再次绘制一个“宽度”为90mm、“高度”为54mm的矩形作为名片的背面，以黄色（Y：15%）填充，以黑色描边，描边粗细为0.2pt。

❼ 使用T（文字工具）在页面内输入文字，通过“颜色”面板设置文字的颜色，通过“字符”面板设置文字的字体和字号，如图10-6所示。

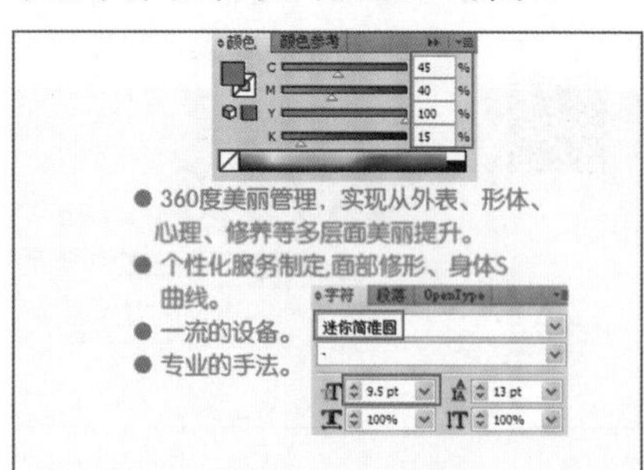

图10-6　参数设置

❽ 全选所有图形。按Ctrl+G快捷键将它们编组，完成本例的制作，如图10-7所示。

图10-7　最终效果

实例178　证件类——美容院名片设计二

本实例通过美容院名片的设计制作，主要使读者掌握矩形工具、钢笔工具、文字工具及“字符”面板等的使用。

案例设计分析

设计思路

本例制作的是一个竖版的名片，在内容上和其他版式的名片没什么区别，区别就是该类型的名片更加别具一格，更能引起人们的注意。制作本实例时，先绘制名片的尺寸，然后使用钢笔工具绘制图形，最后输入合适的文字，完成本实例的制作。

案例效果剖析

如图10-8所示为美容院名片设计部分效果展示。

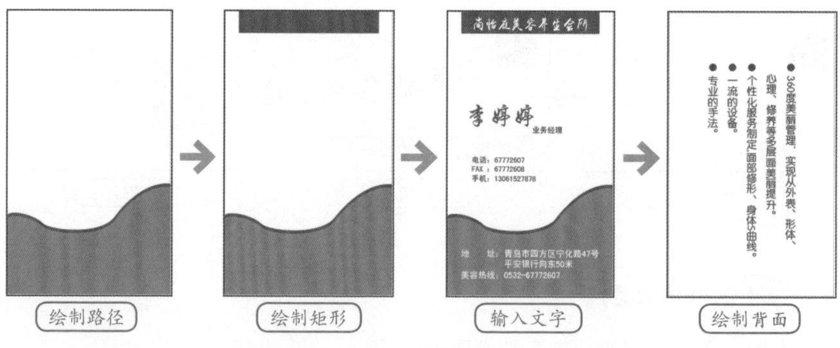

图10-8　效果展示

案例技术要点

本例中主要用到的功能及技术要点如下。

- 钢笔工具：使用钢笔工具绘制出异形图形。
- 矩形工具：使用矩形工具绘制出名片的尺寸。
- 文字工具：使用文字工具创建需要的文字。

源文件路径	效果文件\第10章\实例178.ai		
视频路径	视频\第10章\实例178. avi		
难易程度	★★	学习时间	3分00秒

实例179 证件类——保洁公司名片设计

本实例通过保洁公司名片的设计制作，主要使读者掌握矩形工具、文字工具及“字符”面板等的使用。

案例设计分析

设计思路

选用蓝天、白云、绿草地、水桶、刷子以及干净的窗户作为该类名片的背景，比较符合保洁公司的性质。制作该实例时，先绘制出名片的尺寸，再置入合适的素材，然后输入合适的文字，完成本实例的制作。

案例效果剖析

如图10-9所示为保洁公司名片设计部分效果展示。

置入素材绘制正面背景

输入并编辑文字完成正面效果

置入素材编辑文字完成背面效果

图10-9 效果展示

案例技术要点

本例中主要用到的功能及技术要点如下。

- 矩形工具：使用矩形工具绘制出名片的尺寸。
- 文字工具：使用文字工具创建需要的文字。

案例制作步骤

源文件路径	效果文件\第10章\实例179.ai		
调用路径	素材文件\第10章\实例179.ai		
视频路径	视频\第10章\实例179. avi		
难易程度	★★★	学习时间	4分26秒

❶ 启动Illustrator，新建一个空白文档。使用▣（矩形工具）绘制一个“宽度”为90mm、“高度”为54mm的矩形。

❷ 选择菜单栏中的“文件”|“打开”命令，打开配套光盘“素材文件\第10章\实例179.ai”文件，将里面的背景素材复制到当前文档中。使用▣（矩形工具）绘制一个“宽度”为90mm、“高度”为54mm的矩形，将矩形和背景图片一起选中，为图片建立剪切蒙版，效果如图10-10所示。

图10-10 置入素材

❸ 使用▣（矩形工具）绘制一个“宽度”为90mm、“高度”为11mm的矩形，以蓝色（C：100%、M：30%）填充，放在底部，如图10-11所示。

图10-11 绘制矩形

❹ 使用T（文字工具）在页面内输入文字，设置文字颜色为红色（M：100%、Y：100%），通过“字符”面板设置文字的字体和字号，如图10-12所示。

图10-12 文字设置

❺ 将文字选中，再将它们原位复制一个，贴在后面，以黄色描边，描边粗细为3pt，如图10-13所示。

图10-13 描边效果

❻ 使用T（文字工具）在页面内输入文字，通过“字符”面板设置文字的字体和字号，如图10-14所示。

图10-14 文字设置

❼ 再次绘制一个“宽度”为90mm、“高度”为54mm的矩形作为名片的背面，以黑色描边，描边粗细为0.2pt。使用T（文字工具）在页面内输入文字，通过“颜色”面板设置文字的颜色，通过“字符”面板设置文字的字体和字号等，如图10-15所示。

图10-15 文字设置

❽ 全选所有图形，按Ctrl+G快捷键将它们编组，完成本例的制作。

实例180 证件类——珠宝鉴定师名片设计

本实例通过珠宝鉴定师名片的设计制作，主要使读者掌握矩形工具、文字工具及“字符”面板等的使用。

案例设计分析

设计思路

在中国古典纹样中，祥云代表了富贵、吉祥、大吉大利。本例名片以祥云为底纹，比较符合珠宝鉴定师的身份。在制作该实例时，先绘制出名片的尺寸，再置入合适的素材，然后输入合适的文字，完成本实例的制作。

案例效果剖析

如图10-16所示为珠宝鉴定师名片设计部分效果展示。

图10-16 效果展示

案例技术要点

本例中主要用到的功能及技术要点如下。

- 矩形工具：使用矩形工具绘制出名片的尺寸。
- 文字工具：使用文字工具创建需要的文字。

案例制作步骤

源文件路径	效果文件\第10章\实例180.ai		
调用路径	素材文件\第10章\实例180.ai		
视频路径	视频\第10章\实例180. avi		
难易程度	★★★	学习时间	3分01秒

❶ 启动Illustrator，新建一个空白文档。使用▭（矩形工具）绘制一个“宽度”为90mm、“高度”为54mm的矩形，以土黄色（C：22%、M：23%、Y：43%）填充。

❷ 选择菜单栏中的“文件”|“打开”命令，打开配套光盘“素材文件\第10章\实例180.ai”文件，将里面的云纹图形复制到当前文档中，并调整它的位置，如图10-17所示。

图10-17 置入素材

❸ 使用▭（矩形工具）绘制一个“宽度”为90mm、“高度”为54mm的矩形，将其与云纹图形同时选中，为其建立剪切蒙版，如图10-18所示。

图10-18 剪切蒙版效果

> **提 示**
>
> 在为图片建立剪切蒙版时，一定要让路径位于图片的上方才可以完成操作。

❹ 使用T（文字工具）在输入文字，通过“字符”面板设置文字的字体和字号，如图10-19所示。

❺ 再次绘制一个“宽度”为90mm、“高度”为54mm的矩形作为名片的背面。将云纹复制一个，旋转方向，为其建立剪切蒙版，如图10-20所示。

图10-19 文字设置

图10-20 剪切蒙版效果

❻ 使用T（文字工具）输入文字，通过“字符”面板设置文字的字体和字号，如图10-21所示。

图10-21 最终效果

❼ 全选所有图形，按Ctrl+G快捷键将它们编组，完成本例的制作。

实例181 证件类——出租车名片设计

本实例通过出租车名片的设计制作，主要使读者掌握矩形工具、文字工具及“字符”面板等的使用。

案例设计分析

设计思路

在设计出租车名片时，一定要把握住行业的特点，文字要大，字要清楚、醒目，颜色要干净。在制作该实例时，先绘制出名片的尺寸，再置入合适的素材，然后输入合适的文字，完成本实例的制作。

案例效果剖析

如图10-22所示为出租车名片设计部分效果展示。

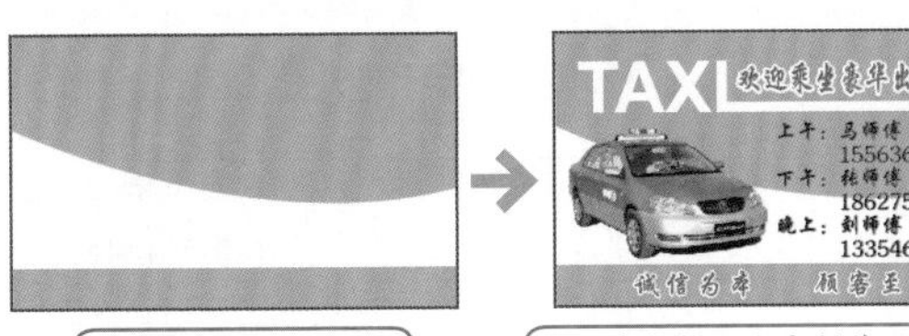

图10-22 效果展示

案例技术要点

本例中主要用到的功能及技术要点如下。

- 矩形工具：使用矩形工具绘制出名片的尺寸。
- 文字工具：使用文字工具创建需要的文字。

案例制作步骤

源文件路径	效果文件\第10章\实例181.ai		
调用路径	素材文件\第10章\实例181.ai		
视频路径	视频\第10章\实例181. avi		
难易程度	★★★	学习时间	4分14秒

❶ 启动Illustrator，新建一个空白文档。使用（矩形工具）绘制一个“宽度”为90mm、“高度”为54mm的矩形，以黑色描边，描边粗细为0.2pt。

❷ 使用（钢笔工具）在矩形内绘制一个图形，放在顶部，再使用（矩形工具）绘制一个“宽度”为90mm、“高度”为8mm的矩形，放在底部，两个图形均填充上蓝色（C：70%），如图10-23所示。

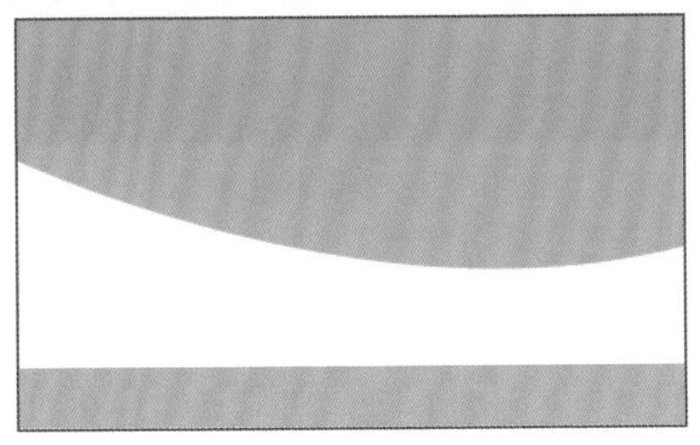

图10-23 绘制图形

❸ 选择菜单栏中的“文件”|“打开”命令，打开配套光盘“素材文件\第10章\实例181.ai”文件，将里面的汽车素材复制到当前文档中，并调整它的位置，如图10-24所示。

图10-24 置入素材

❹ 使用（文字工具）输入文字，通过“字符”面板设置文字的字体和字号，如图10-25所示。

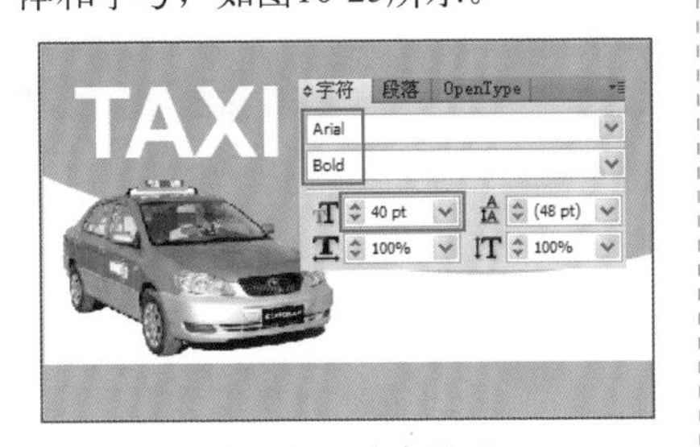

图10-25 文字设置

❺ 使用（文字工具）输入文字，填充红色，通过“字符”面板设置文字的字体和字号。然后将文字原位复制一个，贴在后面，以白色描边，描边粗细为3pt，放在如图10-26所示的位置。

图10-26 文字设置

提 示

复制文字的快捷键是Ctrl+C，贴在后面的快捷键是Ctrl+B。

❻ 使用（矩形工具）绘制一个“宽度”为50mm、“高度”为2mm的矩形，以白色填充，放在如图10-27所示的位置。

图10-27 绘制矩形

❼ 使用（文字工具）在页面内输入文字，通过“字符”面板设置文字的字体和字号，如图10-28所示。

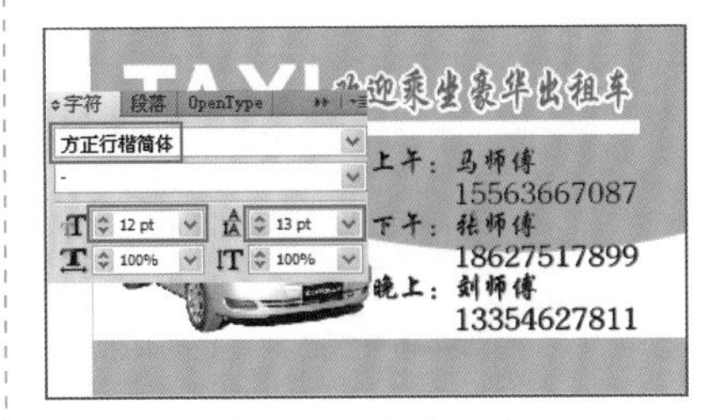

图10-28 文字设置

❽ 使用（文字工具）输入文字，填充红色，通过“字符”面板设置文字的字体和字号。然后将文字原位复制一个，贴在后面，以白色描边，描边粗细为3pt，放在如图10-29所示的位置。

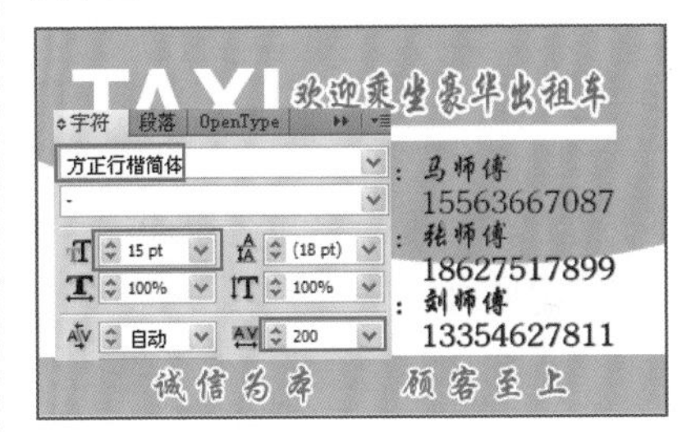

图10-29 文字设置

❾ 绘制一个“宽度”为90mm、“高度”为54mm的矩形作为名片的背面。绘制一个“宽度”为90mm、“高度”为5mm的矩形，以蓝色（C：70%）填充，放在底部，如图10-30所示。

图10-30 背面底纹

❿ 将配套光盘“素材文件\第10章\实例181.ai”文件中的握手图片素材复制到当前文档中，并调整它的位置。

置，如图10-31所示。

图10-31　置入素材

⑪ 使用T（文字工具）在页面内输入文字，以红色填充，通过“字符”面板设置文字的字体和字号，如图10-32所示。

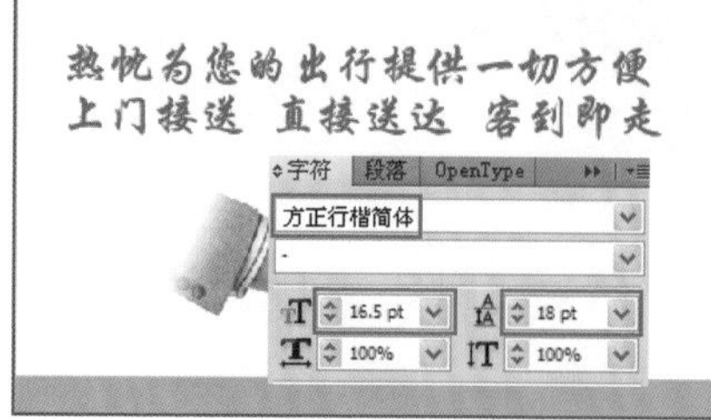

图10-32　文字设置

⑫ 全选所有图形，按Ctrl+G快捷键将它们编组，完成本例的制作，如图10-33所示。

图10-33　最终效果

实例182　证件类——美发名片设计

本实例通过美发名片的设计制作，主要使读者掌握矩形工具、钢笔工具、渐变工具、直接选择工具、文字工具及“字符”面板等的使用。

案例设计分析

设计思路

美发名片是美发店宣传过程中的一个重要举措，现在的美发师有很多等级，进门的顾客想要知道你是几等级美发师，只有通过美发师的名片展现出来；也只有有个性、一目了然的名片才能更好地宣传自己。在制作该实例时，先绘制出名片的尺寸，然后置入素材，并为其建立剪切蒙版，再输入文字并为文字变形，最后输入合适的文字，完成本实例的制作。

案例效果剖析

如图10-34所示为美发名片设计部分效果展示。

图10-34　效果展示

案例技术要点

本例中主要用到的功能及技术要点如下。

- 矩形工具：使用矩形工具绘制出名片的尺寸。
- 渐变工具：使用渐变工具制作名片的渐变背景。
- 钢笔工具：使用钢笔工具绘制异形路径。
- 直接选择工具：使用直接选择工具更改锚点的位置。
- 文字工具：使用文字工具创建需要的文字。

案例制作步骤

源文件路径	效果文件\第10章\实例182.ai
调用路径	素材文件\第10章\实例182.ai
视频路径	视频\第10章\实例182. avi
难易程度	★★★
学习时间	7分40秒

① 启动Illustrator，新建一个空白文档。使用（矩形工具）绘制一个“宽度”为90mm、“高度”为54mm的矩形。

② 选择（渐变工具），在“颜色”面板和“渐变”面板中设置渐变属性，如图10-35所示。

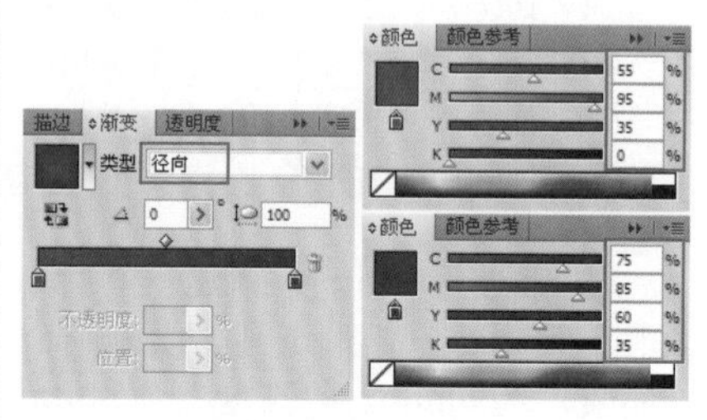

图10-35　渐变属性设置

③ 设置好渐变属性后，图形的填充效果如图10-36所示。

图10-36　渐变填充效果

④ 使用（矩形工具）绘制两个矩形，尺寸分别为90mm×6mm、90mm×1mm，然后将它们以紫色（C：55%、M：85%、Y：20%）和浅紫色（C：25%、M：40%、Y：10%）填充，如图10-37所示。

图10-37　绘制矩形

⑤ 选择菜单栏中的“文件”|“打开”命令，打开配套光盘“素材文件\第10章\实例182.ai”文件，将里面的

人物素材复制到当前文档中，并调整它的位置，如图10-38所示。

图10-38 置入素材

❻ 将渐变背景图形原位复制一个，贴在最上方，然后将其与美女一起选中，为美女建立剪切蒙版，效果如图10-39所示。

图10-39 建立剪切蒙版

提 示

为美女建立好剪切蒙版后，要注意调整图层的顺序。

❼ 使用▭（矩形工具）绘制3个矩形色带，分别以紫色（C：70%、M：90%、Y：20%）、浅紫色（C：30%、M：85%、Y：15%）、玫红（M：100%）填充，放在如图10-40所示的位置。

图10-40 绘制图形

❽ 使用T（文字工具）输入文字，通过“颜色”面板设置文字的颜色，通过“字符”面板设置文字的字体和字号，如图10-41所示。

❾ 按Ctrl+Shift+O快捷键将文字转曲，调整两个字之间的距离，再使用↖（直接选择工具）和✒（钢笔工具）对文字进行变形，效果如图10-42所示。

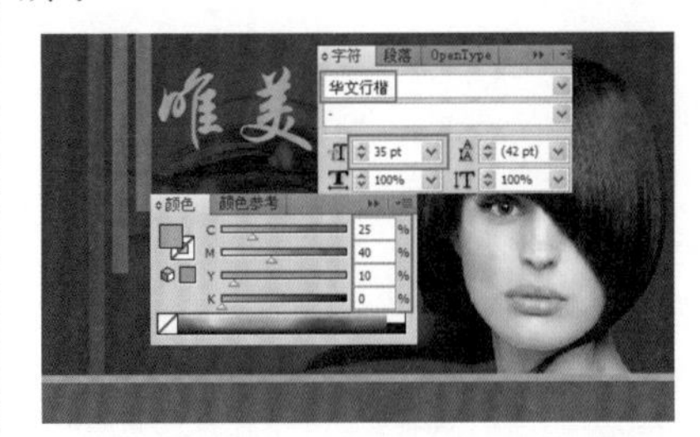

图10-41 文字设置

图10-42 文字变形

❿ 使用T（文字工具）输入文字，通过“字符”面板设置文字的字体和字号等，如图10-43所示。

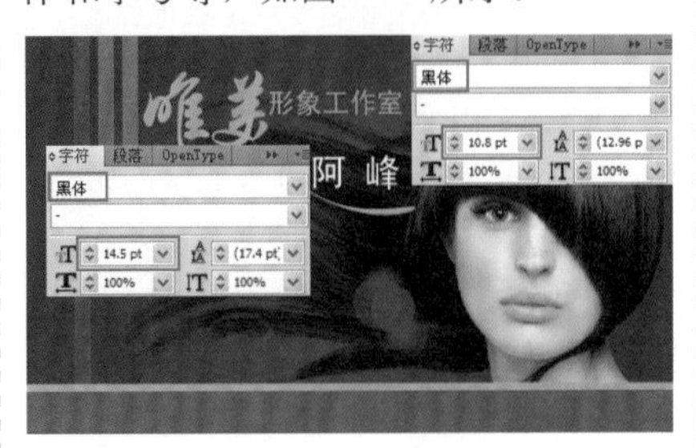

图10-43 文字设置

⓫ 使用T（文字工具）在页面内输入文字，通过“字符”面板设置文字的字体和字号，如图10-44所示。

⓬ 绘制一个“宽度”为90mm、“高度”为54mm的矩形作为名片的背面。将标志和色带一起复制并放在名片的背面，然后调整它们的位置，如图10-45所示。

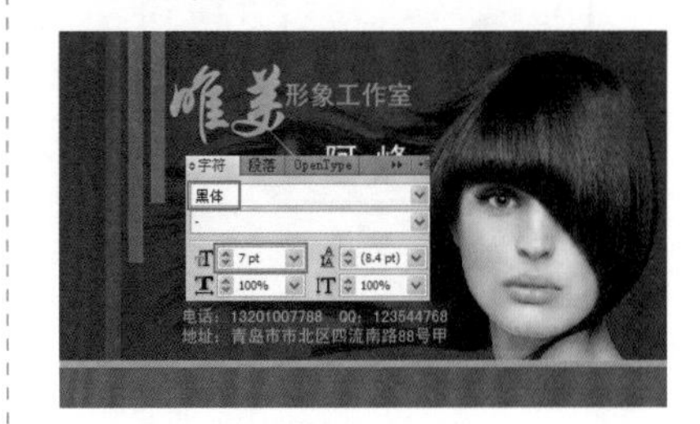

图10-44 文字设置

图10-45 背面效果

⓭ 全选所有图形，按Ctrl+G快捷键将它们编组，完成本例的制作，如图10-46所示。

图10-46 最终效果

实例183 证件类——茶之韵茶业名片设计

本实例通过茶之韵茶业名片的设计制作，主要使读者掌握矩形工具、文字工具及字符面板的使用等。

案例设计分析

设计思路

在设计茶叶名片时，要体现出茶叶是绿色、健康的食品，还要体现出中国的茶文化。本例使用了冒着热气的茶壶素材，似乎闻到了茶叶的清香。在制作该实例时，先绘制出名片的尺寸，再置入素材，并为其建立剪切蒙版，最后输入合适的文字，完成本实例的制作。

案例效果剖析

如图10-47所示为茶之韵茶业名片设计部分效果展示。

置入素材

输入文字制作正面效果

输入文字制作背面效果

图10-47 效果展示

案例技术要点

本例中主要用到的功能及技术要点如下。

- 矩形工具：使用矩形工具绘制出名片的尺寸。
- 文字工具：使用文字工具创建需要的文字。

案例制作步骤

源文件路径	效果文件\第10章\实例183.ai
调用路径	素材文件\第10章\实例183.ai
视频路径	视频\第10章\实例183. avi
难易程度	★★★
学习时间	3分26秒

❶ 启动Illustrator，新建一个空白文档。使用▭（矩形工具）绘制一个“宽度”为90mm、“高度”为54mm的矩形，以黑色描边，描边粗细为0.2pt。

❷ 选择菜单栏中的“文件”|“打开”命令，打开配套光盘“素材文件\第10章\实例183.ai”文件，将素材复制到当前文档中，并调整它的位置，如图10-48所示。

❸ 使用▭（矩形工具）绘制一个“宽度”为90mm、“高度”为54mm的矩形，放在最上方，将其与背景图形同时选中，为其建立剪切蒙版，如图10-49所示。

图10-48 置入素材

图10-49 建立剪切蒙版

提 示

在为图片建立剪切蒙版时，一定要让路径位于图片的上方才可以完成操作。

❹ 使用T（文字工具）输入文字，通过“颜色”面板设置文字的颜色，通过“字符”面板设置文字的字体和字号，如图10-50所示。

❺ 使用T（文字工具）输入文字，通过“字符”面板设置文字的字体和字号，如图10-51所示。

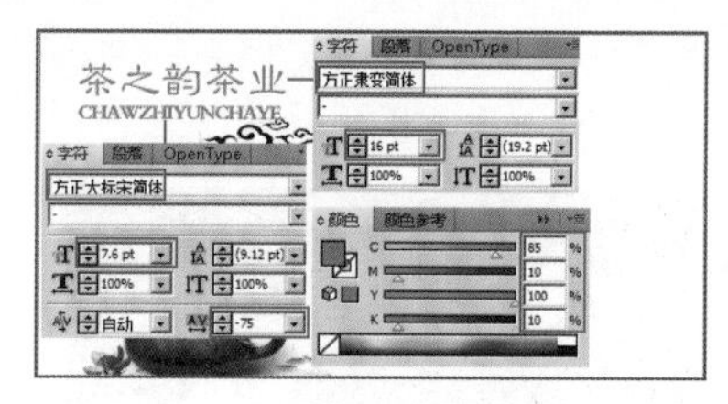

图10-50 文字设置

图10-51 输入文字

❻ 绘制一个“宽度”为90mm、“高度”为54mm的矩形作为名片的背面。使用T（文字工具）输入文字，通过“颜色”面板设置文字的颜色，通过“字符”面板设置文字的字体和字号，如图10-52所示。

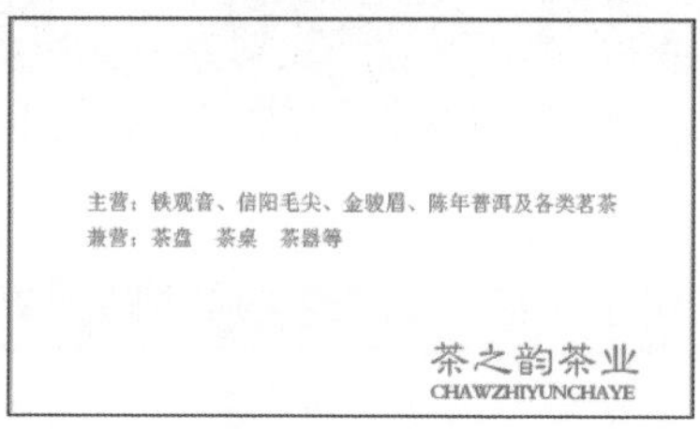

图10-52 背面效果

❼ 全选所有图形，按Ctrl+G快捷键将它们编组，完成本例的制作。

实例184 证件类——韵缘茶业名片设计

本实例通过韵缘茶业名片的设计制作，主要使读者掌握矩形工具、文字工具及“字符”面板的使用。

案例设计分析

设计思路

在设计茶叶名片时，要体现出茶叶是绿色、健康的食品，还要体现出中国的茶文化。本例使用了淡绿色作底色，象征着茶叶绿色产品，无毒、无污染。选用茶壶作为配景素材，和名片要体现的茶叶更加吻合。在制作该实例时，先绘制出名片的尺寸，再置入素材，最后输入合适的文字，完成本实例的制作。

案例效果剖析

如图10-53所示为韵缘茶业名片设计部分效果展示。

图10-53 效果展示

案例技术要点

本例中主要用到的功能及技术要点如下。

- 矩形工具：使用矩形工具绘制出名片的尺寸。
- 文字工具：使用文字工具创建需要的文字。

案例制作步骤

源文件路径	效果文件\第10章\实例184.ai
调用路径	素材文件\第10章\实例184.ai
视频路径	视频\第10章\实例184. avi
难易程度	★★★
学习时间	2分29秒

❶ 启动Illustrator，新建一个空白文档。使用▭（矩形工具）绘制一个"宽度"为90mm、"高度"为54mm的矩形，以绿色（C：20%、Y：45%）填充，如图10-54所示。

图10-54　置入素材

❷ 使用▭（矩形工具）绘制一个"宽度"为90mm、"高度"为6mm的矩形，放在名片的上方；再绘制一个"宽度"为90mm、"高度"为3mm的矩形，放在名片的下方，两者均以深绿色（C：75%、M：30%、Y：95%、K：30%）填充，如图10-55所示。

图10-55　建立剪切蒙版

❸ 选择菜单栏中的"文件"|"打开"命令，打开配套光盘"素材文件\第10章\实例184.ai"文件，将素材复制到当前文档中，并调整其位置，如图10-56所示。

图10-56　文字设置

❹ 使用T（文字工具）输入文字，通过"颜色"面板设置文字的颜色，通过"字符"面板设置文字的字体和字号，如图10-57所示。

图10-57　输入文字

❺ 绘制一个"宽度"为90mm、"高度"为54mm的矩形作为名片的背面。打开配套光盘"素材文件\第10章\实例184.ai"文件，将素材复制到当前文档中，并调整其位置，如图10-58所示。

图10-58　置入素材

❻ 使用T（文字工具）输入文字，通过"颜色"面板设置文字的颜色，通过"字符"面板设置文字的字体和字号，如图10-59所示。

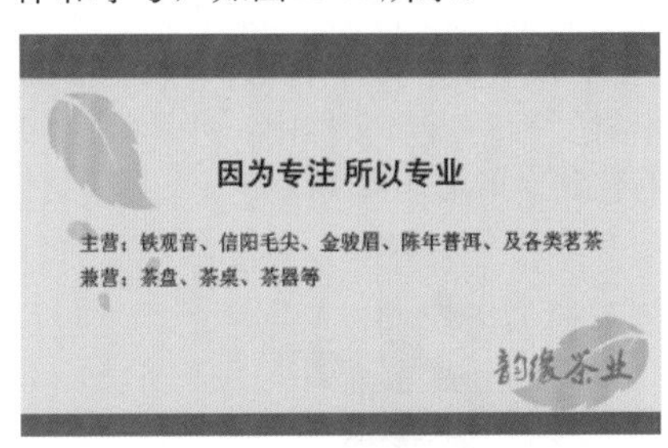

图10-59　背面效果

❼ 全选所有图形，按Ctrl+G快捷键将它们编组，完成本例的制作。

实例185　证件类——美甲师名片设计

本实例通过美甲师名片的设计制作，主要使读者掌握矩形工具、文字工具及"字符"面板的使用。

案例设计分析

设计思路

美甲师的名片一般都会有一些美甲的图片，这样喜欢美甲的女生会因为背面的图案而保留它，但美甲图片一定要是在店里才能做出来的，颜色一般以粉色为主。在制作该实例时，先绘制出名片的尺寸，再置入素材，最后输入合适的文字，完成本实例的制作。

案例效果剖析

如图10-60所示为美甲师名片设计部分效果展示。

图10-60　效果展示

案例技术要点

本例中主要用到的功能及技术要点如下。

- 矩形工具：使用矩形工具绘制出名片的尺寸。

● 文字工具：使用文字工具创建需要的文字。

案例制作步骤

源文件路径	效果文件\第10章\实例185.ai
调用路径	素材文件\第10章\实例185.ai
视频路径	视频\第10章\实例185. avi
难易程度	★★★
学习时间	2分24秒

❶ 启动Illustrator，新建一个空白文档。使用▭（矩形工具）绘制一个“宽度”为90mm、“高度”为54mm的矩形，以粉色（M：15%）填充。

❷ 选择菜单栏中的“文件”|“打开”命令，打开配套光盘“素材文件\第10章\实例185.ai”文件，将里面的素材复制到当前文档中，并调整它们的位置，如图10-61所示。

图10-61　置入素材

❸ 选择蝴蝶节丝带图形，选择菜单栏中的“效果”|“风格化”|“投影”命令，在弹出的对话框中设置参数，如图10-62所示。

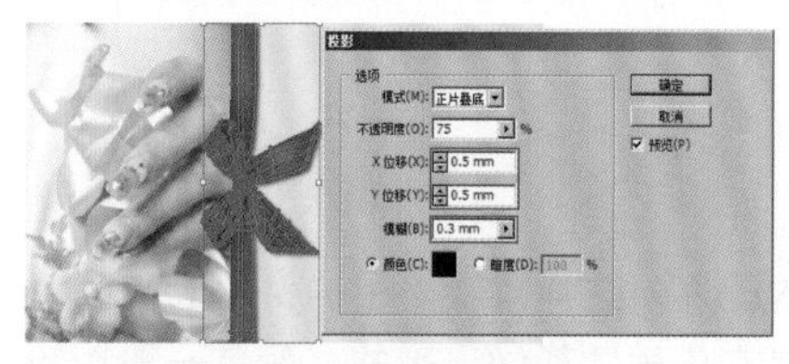

图10-62　参数设置

提　示

在为图形制作投影效果时，投影的参数设置可以根据自己建立图形的大小自行调整。

❹ 使用T（文字工具）在页面内输入文字，通过“颜色”面板设置文字的颜色，通过“字符”面板设置文字的字体和字号，如图10-63所示。

❺ 绘制一个“宽度”为90mm、“高度”为54mm的矩形作为名片的背面，以粉色（M：15%）填充，然后将配套光盘“素材文件\第10章\实例185.ai”文件中的美甲素材复制到当前文档中，调整它的位置，如图10-64所示。

图10-63　文字设置

图10-64　置入素材

❻ 使用T（文字工具）在页面内输入文字，通过“字符”面板设置文字的字体和字号，如图10-65所示。

图10-65　背面效果

❼ 全选所有图形，按Ctrl+G快捷键将它们编组，完成本例的制作。

实例186　证件类——纺织企业名片设计

本实例通过纺织企业名片的设计制作，主要使读者掌握矩形工具、文字工具及“字符”面板的使用。

案例设计分析

设计思路

本例要制作的是一个企业名片，企业名片的作用就是宣传企业。名片除标注清楚个人信息资料外，还要标注明白企业资料，如企业的名称、地址及企业的业务领域等。这种类型的名片企业信息最重要，个人信息是次要的。在名片中同样要求企业的标志、标准色、标准字等，使其成为企业整体形象的一部分。在制作该实例时，先绘制出名片的尺寸，再置入素材，最后输入合适的文字，完成本实例的制作。

案例效果剖析

如图10-66所示为纺织企业名片设计部分效果展示。

图10-66　效果展示

案例技术要点

本例中主要用到的功能及技术要点如下。

● 矩形工具：使用矩形工具绘制出名片的尺寸。

● 文字工具：使用文字工具创建需要的文字。

源文件路径	效果文件\第10章\实例186.ai		
调用路径	素材文件\第10章\实例186.ai		
视频路径	视频\第10章\实例186. avi		
难易程度	★	学习时间	1分20秒

第11章 企业宣传类设计

对于企业来说，宣传就是第一生产力，宣传出效益。宣传工作的好坏，直接关系到企业良好形象的树立，关系到企业社会知名度的提高。因此，随着时代的发展，更多的企业越来越重视企业宣传工作在商业战争中所起到的作用。

实例187 证件类——车辆通行证制作

本实例主要讲解车辆通行证的设计制作。通过该实例的制作，使读者掌握钢笔工具、矩形工具、文字工具的使用方法，以及如何设置文字、图形的填充属性和载入素材等。

案例设计分析

设计思路

为了便于企业出入人口及车辆的管理，现在越来越多的企业都为本企业的车辆配发了车辆通行证，这样可以更好地监控外来可疑人员的进入，保护企业内部人员和财产的安全。制作车辆通行证，首先要为其制作一个合适的底色和底纹，然后再根据需要输入得体的文字。

案例效果剖析

本例制作的车辆通行证很简单，如图11-1所示为效果展示。

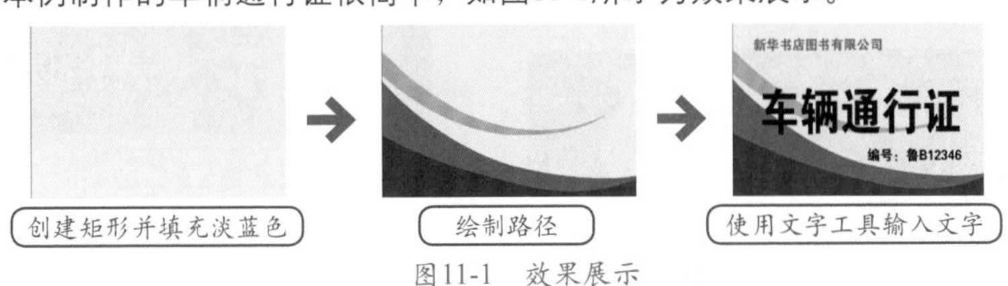

图11-1 效果展示

案例技术要点

本例中主要用到的功能及技术要点如下。

- 矩形工具：使用矩形工具创建一个矩形，以淡蓝色填充。
- 钢笔工具：使用钢笔工具绘制三条路径，分别以不同颜色填充。
- 文字工具：使用文字工具输入合适的文字，并分别调整字体、大小和颜色，完成车辆通行证的制作。

源文件路径	效果文件\第11章\实例187.ai		
视频路径	视频\第11章\实例187. avi		
难易程度	★★	学习时间	3分49秒

实例188 宣传类——套餐券设计

本实例主要讲解套餐券的设计制作。通过该实例的制作，使读者掌握钢笔工具、矩形工具、文字工具的使用方法，以及如何设置文字、图形的填充属性和载入素材等。

案例设计分析

设计思路

套餐券类似于优惠券，有人数和时间段的限制，它可以很好地吸引一些喜欢精打细算的人们的眼球；可以更好地促进消费者更大方的消费。本例先调入一幅实物图片当底纹，然后绘制路径编辑出文字的区域，最后输入合适的文字完成正面的制作。背面制作简单，输入文字和Logo即可。

案例效果剖析

如11-2所示为套餐券部分效果展示。

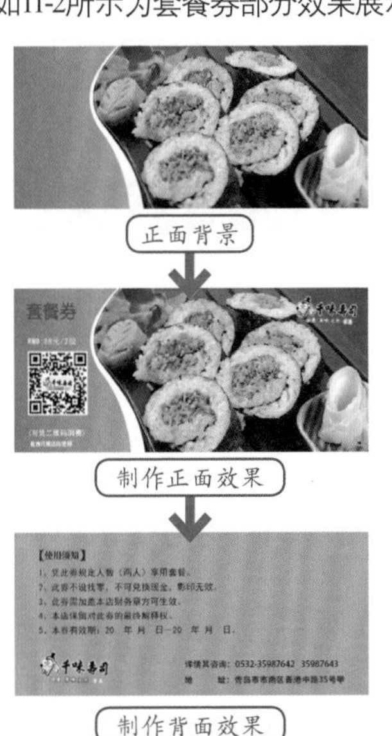

图11-2 效果展示

案例技术要点

本例中主要用到的功能及技术要点如下。

- 钢笔工具：使用钢笔工具绘制出路径。
- 矩形工具：使用矩形工具绘制出套餐券的尺寸。
- 文字工具：使用文字工具创建需要的文字。

案例制作步骤

源文件路径	效果文件\第11章\实例188.ai
调用路径	素材文件\第11章\实例188.ai
视频路径	视频\第11章\实例188. avi
难易程度	★★
学习时间	4分18秒

❶ 启动Illustrator，新建一个文档。使用（矩形工具）在画布中绘制一个“宽度”为180mm、“高度”为80mm的矩形。

❷ 打开配套光盘“素材文件\第11章\实例188.ai”文件，将其中的寿司图片复制到新建文档中，根据绘制的矩形调整图片的大小，如图11-3所示。

图11-3　调整图片的位置

❸ 同时选择矩形和图片，为图片建立剪切蒙版，将矩形外的图形遮挡起来。

> **提　示**
>
> 在为图片建立剪切蒙版时，一定要让路径位于图片的上方才可以完成操作。

❹ 使用（钢笔工具）在左侧绘制一条闭合路径。通过“渐变”面板和“颜色”面板调整填充属性，设置描边属性为“无”，如图11-4所示。

❺ 使用（钢笔工具）绘制两条路径，一条用白色填充，一条用白色描边，如图11-5所示。

❻ 将“实例188.ai”中的二维码和Logo复制到套餐券文档中，将它们放置在如图11-6所示的位置。

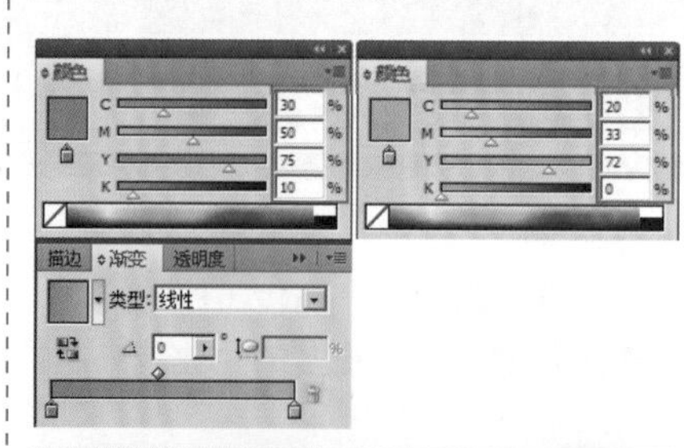

图11-4　设置填充属性

图11-5　绘制路径效果

图11-6　Logo和二维码的位置

❼ 使用（文字工具）在左侧输入相应的文字，如图11-7所示。

图11-7　正面效果

❽ 创建一个同样大小的矩形作为背面，以黄色填充（C：25%、M：30%、Y：60%），然后将Logo添加上，并输入相应的文字，完成本实例的制作，如图11-8所示。

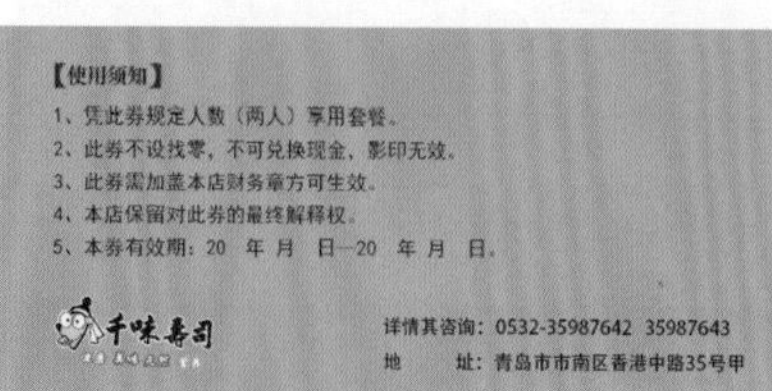

图11-8　背面效果

实例189　宣传类——代金券设计

本实例主要讲解代金券的设计制作。通过该实例的制作，使读者掌握矩形工具、椭圆工具、文字工具的使用方法，以及如何设置文字、图形的填充属性和载入素材等。

案例设计分析

设计思路

代金券不同于优惠券，优惠券是在满一定金额的同时可以优惠多少，而代金券是当做现金用，但一般会限制消费金额。制作代金券，首先要先制作一个合适的底色和底纹，然后再根据需要输入得体的文字。

案例效果剖析

本例制作的代金券很简单，如图11-9所示为效果展示。

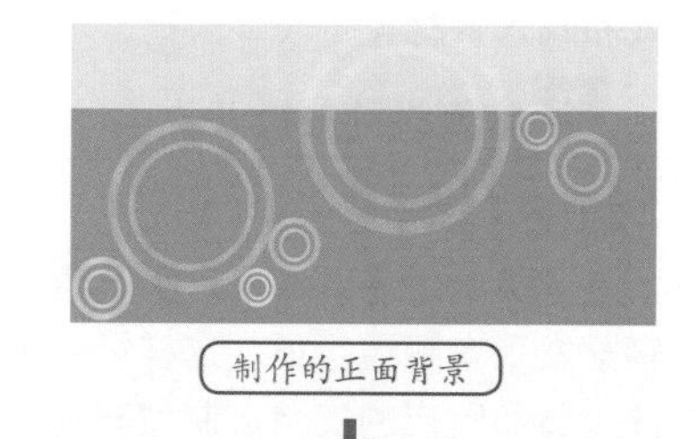

制作的正面背景

制作的正面效果

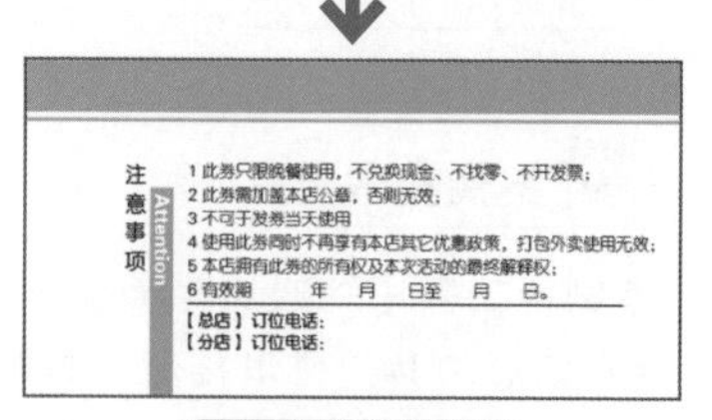

制作的背面效果

图11-9　效果展示

案例技术要点

本例中主要用到的功能及技术要点如下。

- 矩形工具：使用矩形工具创建代金券的大小。
- 椭圆工具：使用椭圆工具绘制

椭圆并描白色边，设置描边宽度，制作代金券的底纹部分。

- 文字工具：使用文字工具输入合适的文字，并分别调整字体、大小和颜色，完成代金券的制作。

源文件路径	效果文件\第11章\实例189.ai		
调用路径	素材文件\第11章\实例189.ai		
视频路径	视频\第11章\实例189. avi		
难易程度	★★	学习时间	3分54秒

实例190 礼品类——美容预约卡

本实例主要讲解美容预约卡的设计制作。通过该实例的制作，使读者掌握矩形工具、文字工具的使用方法，以及如何设置文字、图形的填充属性和载入素材等。

案例设计分析

设计思路

预约卡的作用是可以帮助顾客提前把做美容的时间与美容师约好，这样既可以节约顾客等待的时间，也可以让美容师针对顾客所做的美容项目提前做好准备。本例先调入素材，然后绘制路径，最后输入合适的文字，完成本例的制作。

案例效果剖析

如图11-10所示为美容预约卡部分效果展示。

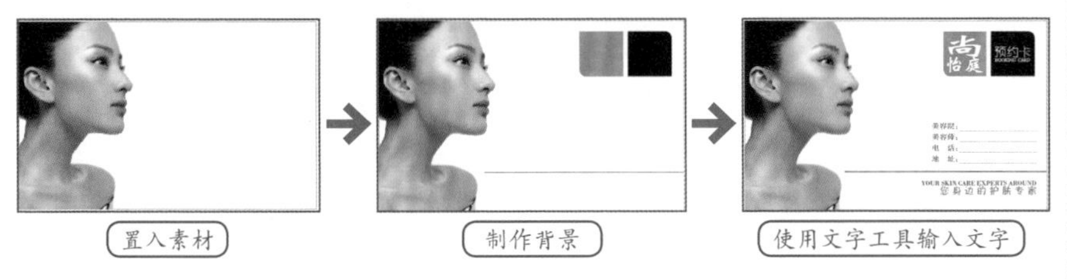

图11-10 效果展示

案例技术要点

本例中主要用到的功能及技术要点如下。

- 矩形工具：使用矩形工具绘制出大小合适的色块。
- 文字工具：使用文字工具输入合适的文字。

案例制作步骤

源文件路径	效果文件\第11章\实例190.ai		
调用路径	素材文件\第11章\实例190.ai		
视频路径	视频\第11章\实例190. avi		
难易程度	★	学习时间	3分40秒

❶ 启动Illustrator，新建一个空白文档。使用（矩形工具）绘制一个“宽度”为90mm、“高度”为55mm的矩形，设置描边颜色为黑色。

❷ 打开随书光盘“素材文件\第11章\实例190.ai”文件，并将图片复制到当前文档中，调整图片的位置，如图11-11所示。

❸ 使用（矩形工具）在画布中绘制一个“宽度”为13mm、“高度”为13mm的矩形，再使用（圆角矩形工具）绘制一个同样大小、“圆角半径”为2mm的圆角矩形，并将两个图形对齐。

图11-11 调整图片的位置

❹ 选中两个图形，在“路径查找器”中单击（分割）按钮，将图形全部割开，然后删除左下角的多余部分，最后再将所有的图形合并为一个图形，效果如图11-12所示。

图11-12 绘制图形

❺ 将图形以粉色（M：65%）填充，再将其复制一个，以黑色填充，调整它们的位置，如图11-13所示。

图11-13 绘制图形效果

❻ 使用（矩形工具）在画布中绘制一个“宽度”为60mm、“高度”为0.5mm的矩形，以粉色（M：65%）填充，放置在如图11-14所示的位置。

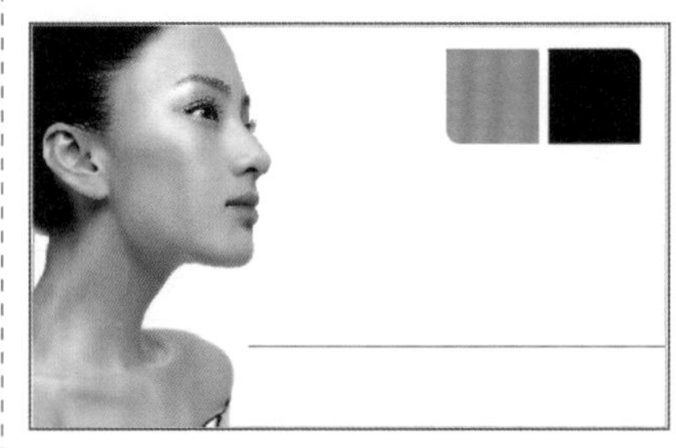

图11-14 绘制矩形

❼ 使用T（文字工具）输入文字，设置文字的字体、字号及颜色，完成本实例的制作，如图11-15所示。

图11-15 最终效果

实例191 请柬类——生日卡片设计

本实例主要讲解生日卡片的设计制作。通过该实例的制作，使读者掌握钢笔工具、矩形工具、文字工具的使用方法，以及如何设置文字、图形的填充属性和载入素材等。

案例设计分析

设计思路

生日卡片是为了邀请宾客参加生日宴会而设计的，它通常比较简单大方，让人一目了然。本例先调入素材当做底纹，然后输入合适的文字，完成本例的制作。

案例效果剖析

如图11-16所示为生日卡片部分效果展示。

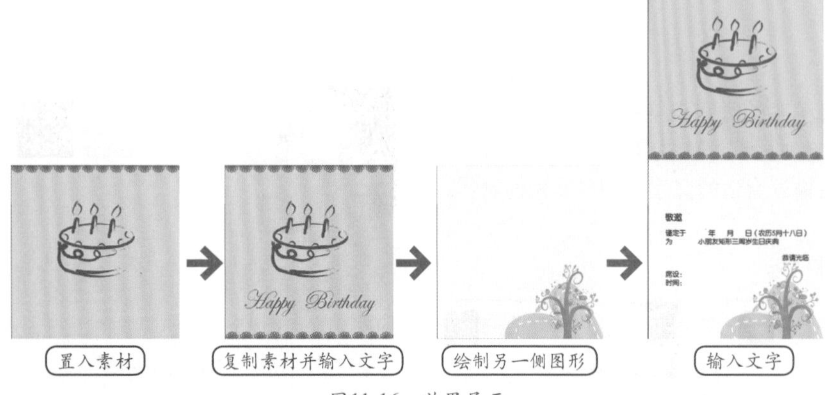

图11-16 效果展示

案例技术要点

本例中主要用到的功能及技术要点如下。

- 钢笔工具：使用钢笔工具绘制出文字路径。
- 矩形工具：使用矩形工具绘制出大小合适的色块。
- 文字工具：使用文字工具输入合适的文字。

源文件路径	效果文件\第11章\实例191.ai		
调用路径	素材文件\第11章\实例191.ai		
视频路径	视频\第11章\实例191. avi		
难易程度	★	学习时间	4分17秒

实例192 请柬类——邀请函设计

本实例主要讲解邀请函的设计制作。通过该实例的制作，使读者掌握钢笔工具、矩形工具、文字工具的使用方法，以及如何设置文字、图形的填充属性和载入素材等。

案例设计分析

设计思路

邀请函是邀请亲朋好友或知名人士、专家等参加某项活动时所发的请约性书信，它是现实生活中常用的一种日常应用写作文种。但注意要简洁明了，看得懂就行，不要有太多文字。本例先调入素材当做底纹，然后绘制路径，最后输入合适的文字，完成本例的制作。

案例效果剖析

如图11-17所示为邀请函部分效果展示。

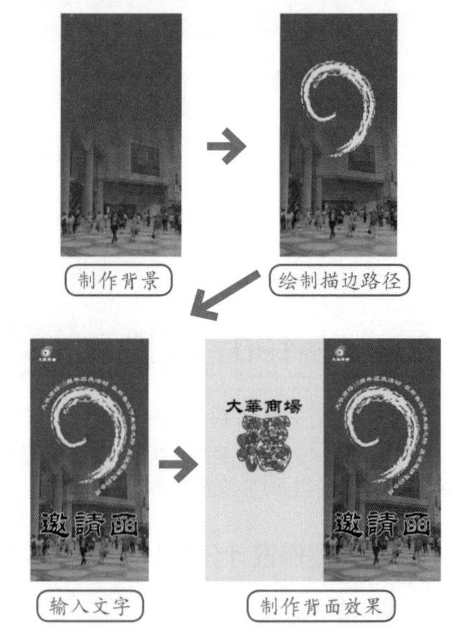

图11-17 效果展示

案例技术要点

本例中主要用到的功能及技术要点如下。

- 钢笔工具：使用钢笔工具绘制出文字路径。
- 矩形工具：使用矩形工具绘制出邀请函的大小。
- 文字工具：使用文字工具输入合适的文字。

源文件路径	效果文件\第11章\实例192.ai
调用路径	素材文件\第11章\实例192.ai
视频路径	视频\第11章\实例192. avi
难易程度	★★★
学习时间	5分33秒

实例193 宣传类——健康单页设计

本实例主要讲解健康单页的设计制作。通过该实例的制作，使读者掌握矩形工具、直接选择工具、文字工具的使用方法，以及如何设置文字、图形的填充属性和载入素材等。

案例设计分析

设计思路

宣传单页一般为单张双面印刷或单面印刷、单色或多色印刷。健康单页是为了指导人们怎样健康饮食而设计制作的。本例先制作底纹，然后置入素材，最后输入合适的文字，完成本例的制作。

案例效果剖析

如图11-18所示为单页部分效果展示。

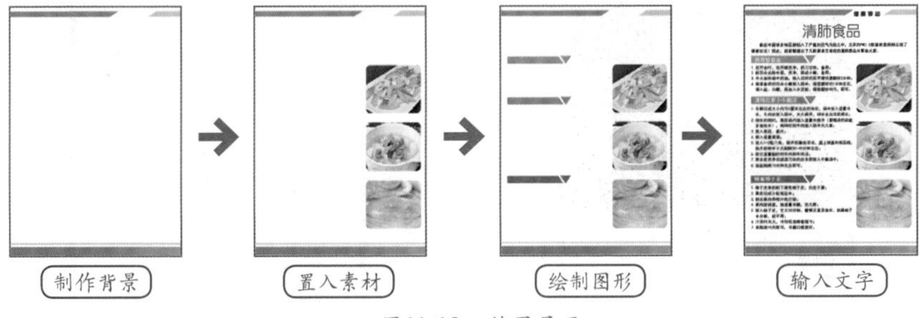

图11-18 效果展示

案例技术要点

本例中主要用到的功能及技术要点如下。

- 矩形工具：使用矩形工具绘制出单页的大小。
- 文字工具：使用文字工具输入合适的文字。

源文件路径	效果文件\第11章\实例193.ai		
调用路径	素材文件\第11章\实例193.ai		
视频路径	视频\第11章\实例193. avi		
难易程度	★★★	学习时间	3分45秒

实例194 礼品类——情人节卡片设计

本实例主要讲解情人节卡片的设计制作。通过该实例的制作，使读者掌握钢笔工具、矩形工具、文字工具的使用方法，以及如何设置文字、图形的填充属性和载入素材等。

案例设计分析

设计思路

情人节卡片是男女朋友之间用来传递爱情的一种媒介，有时它可以起到意想不到的效果。本例先将文字进行变形设计，然后调入素材，从而完成本例的制作。

案例效果剖析

如图11-19所示为情人节卡片部分效果展示。

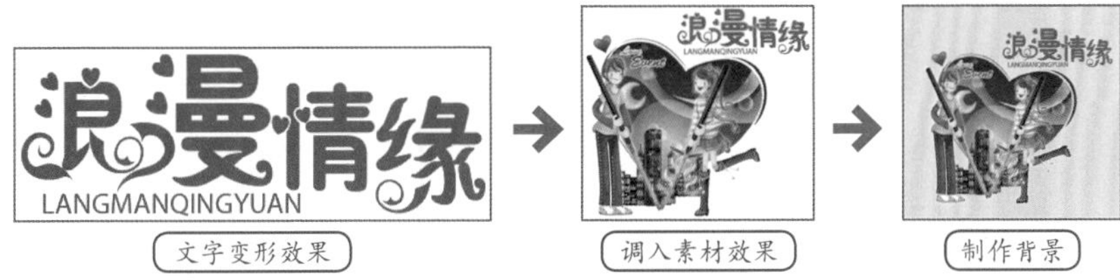

图11-19 效果展示

案例技术要点

本例中主要用到的功能及技术要点如下。

- 钢笔工具：使用钢笔工具绘制出路径，将文字进行变形。
- 矩形工具：使用矩形工具绘制出卡片的尺寸。

源文件路径	效果文件\第11章\实例194.ai		
调用路径	素材文件\第11章\实例194.ai		
视频路径	视频\第11章\实例194. avi		
难易程度	★★	学习时间	6分17秒

实例195 礼品类——书签设计

本实例主要讲解书签的设计制作。通过该实例的制作，使读者掌握钢笔工具、矩形工具、椭圆工具的使用方法，以及如何设置文字、图形的填充属性和载入素材等。

案例设计分析

设计思路

书签为标记阅读到什么地方、记录阅读进度而夹在书里的小薄片儿。书签画面随意，取材广泛，除图面内容外，艺术化的书签也常在材料和造型上有所创新。书签比折书等记页码方式更方便，对书的损坏度更低，是一种很好的记页码方式。本例先绘制出书签的外观路径，然后调入素材，从而完成本例的制作。

案例效果剖析

如图11-20所示为书签部分效果展示。

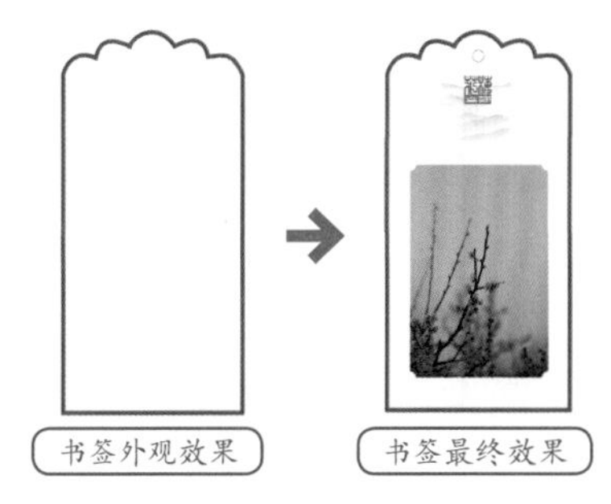

图11-20 效果展示

案例技术要点

本例中主要用到的功能及技术要点如下。

- 钢笔工具：使用钢笔工具绘制出路径，将文字进行变形。
- 矩形工具：使用矩形工具绘制出卡片的尺寸。
- 椭圆工具：使用椭圆工具绘制书签的孔。

案例制作步骤

源文件路径	效果文件\第11章\实例195.ai
调用路径	素材文件\第11章\实例195.ai
视频路径	视频\第11章\实例195. avi
难易程度	★★
学习时间	4分31秒

❶ 启动Illustrator，新建一个空白文档。使用（钢笔工具）在页面中绘制一个“宽度”为80mm、“高度”为160mm的路径，如图11-21所示。

图11-21　绘制路径

❷ 为路径设置描边颜色为黄色（C：60%、M：65%、Y：100%、K：25%），描边粗细为5pt，如图11-22所示。

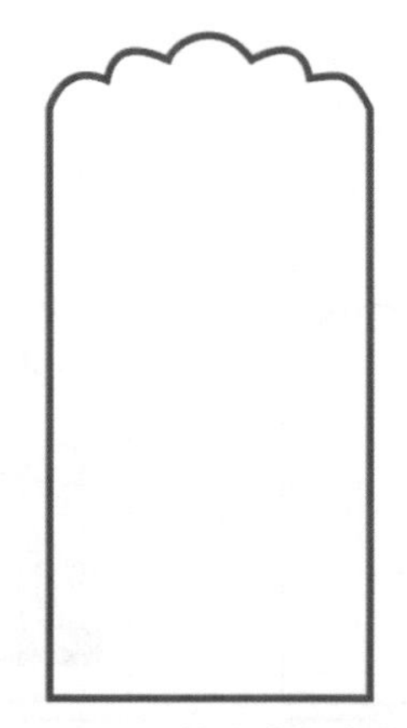

图11-22　描边路径效果

❸ 打开随书光盘“素材文件\第11章\实例195.ai”文件，将风景照复制到当前文档中，将其放置在如图11-23所示的位置。

图11-23　置入图片位置

❹ 使用（矩形工具）绘制一个和图片一样大小的矩形，为其制作渐变填充属性，如图11-24所示。

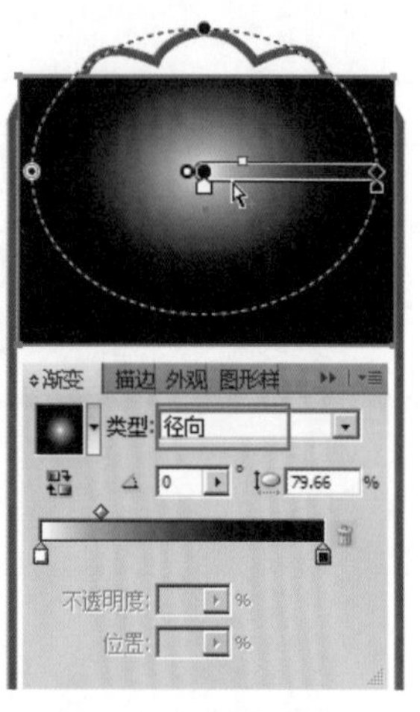

图11-24　设置渐变属性

提　示

这里要注意渐变图标的大小和渐变滑块的位置。

❺ 将矩形和照片同时选中，为它们建立不透明蒙版，效果如图11-25所示。

图11-25　建立蒙版效果

❻ 将素材文件“实例195.ai”里面的国画复制到当前文件中，放在如图11-26所示的位置。

图11-26　调入素材效果

❼ 使用（椭圆工具）绘制4个小圆形，放在国画的4个角上，如图11-27所示。

图11-27　图形的位置

❽ 将素材文件“实例195.ai”里面的两个印章复制到当前文件中，并调整它们的位置，如图11-28所示。

图11-28　调入素材

❾ 使用（椭圆工具）绘制一个圆形，放在书签的上方，完成本例的制作，如图11-29所示。

图11-29　最终效果

实例196 礼品类——结婚请柬设计

本实例主要讲解结婚请柬的设计制作。通过该实例的制作，使读者掌握钢笔工具、矩形工具、文字工具的使用方法，以及如何设置文字、图形的填充属性和载入素材等。

案例设计分析

设计思路

结婚请柬，是即将结婚的新人所印制的邀请函，通常印有结婚日期和典礼、婚宴举行时间等。本例先置入素材，然后使用钢笔工具绘制出底纹，最后再次置入素材，输入文字，从而完成本例的制作。

案例效果剖析

如图11-30所示为结婚请柬部分效果展示。

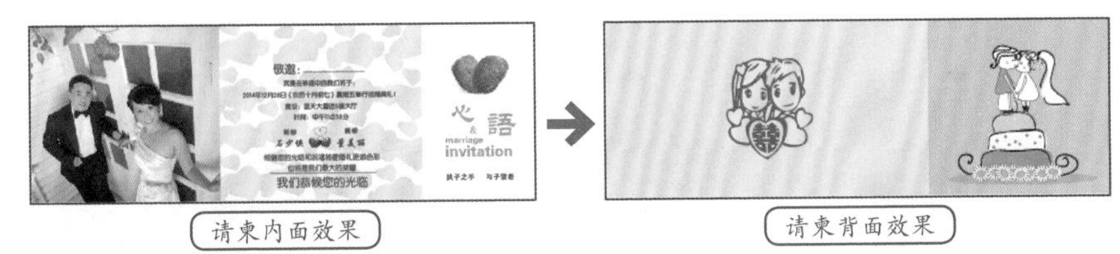

图11-30 效果展示

案例技术要点

本例中主要用到的功能及技术要点如下。

- 钢笔工具：使用钢笔工具绘制出路径。
- 文字工具：使用文字工具为请柬输入合适的文字。

源文件路径	效果文件\第11章\实例196.ai		
调用路径	素材文件\第11章\实例196.ai		
视频路径	视频\第11章\实例196. avi		
难易程度	★★	学习时间	3分47秒

实例197 宣传类——果汁价目表设计

本实例主要讲解果汁价目表的设计制作。通过该实例的制作，使读者掌握钢笔工具、矩形工具、直接选择工具、文字工具的使用方法，以及如何设置文字、图形的填充属性和载入素材等。

案例设计分析

设计思路

价目表是商家将自己提供的具有各种不同口味的食品、饮料按一定的方式组合排列于专门的纸上，供顾客从中进行选择，内容主要包括食品，饮料的品种和价格。本例先置入素材制作出背景，然后输入文字并将文字进行变形设计，最后输入文字，从而完成本例的制作。

案例效果剖析

如图11-31所示为果汁价目表部分效果展示。

图11-31 效果展示

案例技术要点

本例中主要用到的功能及技术要点如下。

- 钢笔工具：使用钢笔工具绘制出路径，将文字进行变形。
- 矩形工具：使用矩形工具绘制出卡片的尺寸。
- 直接选择工具：使用直接选择工具对字体进行变形设计。
- 文字工具：使用文字工具输入合适的文字。

案例制作步骤

源文件路径	效果文件\第11章\实例197.ai
调用路径	素材文件\第11章\实例197.ai
视频路径	视频\第11章\实例197. avi
难易程度	★★★
学习时间	3分43秒

❶ 启动Illustrator，新建一个横版的空白文档。打开随书光盘“素材文件\第11章\实例197.ai”文件，将素材复制到当前文档中，如图11-32所示。

图11-32 置入素材

❷ 使用 (矩形工具) 在水果素材的位置绘制一个矩形，然后将矩形和照片同时选中，单击鼠标右键，选择“建立剪切蒙版”命令，如图11-33所示。

图11-33 建立蒙版效果

❸ 使用T (文字工具) 输入文字，设置文字的字体、字号，如图11-34所示。

图11-34　输入文字

❹ 选择文字，按Ctrl+Shift+O快捷键将文字创建为轮廓。然后取消编组，使用（直接选择工具）选择节点，将“果”字调整成如图11-35所示的形态。

图11-35　输入文字

❺ 使用（直接选择工具）将“汁”字的节点选中并删除，置入“实例197.ai”里面的小草莓素材，然后通过“颜色”面板设置图形的填充属性。

❻ 将所有的字选中，将其原位复制一组，放在后面，设置描边属性为绿色（C：100%、Y：100%），粗细为18pt，如图11-36所示。

图11-36　删除节点

❼ 使用T（文字工具）输入文字，设置文字的字体、字号及颜色，如图11-37所示，完成本实例的制作。

图11-37　最终效果

实例198　宣传类——二折页封底封面设计

本实例主要讲解二折页封底封面的设计制作。通过该实例的制作，使读者掌握钢笔工具、矩形工具、文字工具的使用方法，以及如何设置文字、图形的填充属性等。

案例设计分析

设计思路

折页就是将印刷单页按照客户的要求折叠成一定的大小，用于进行广告促销、宣传等，这样的封底封面要简洁大方。本例先制作出背景，然后置入素材，最后输入合适的文字，从而完成本例的制作。

案例效果剖析

如图11-38所示为二折页封底封面部分效果展示。

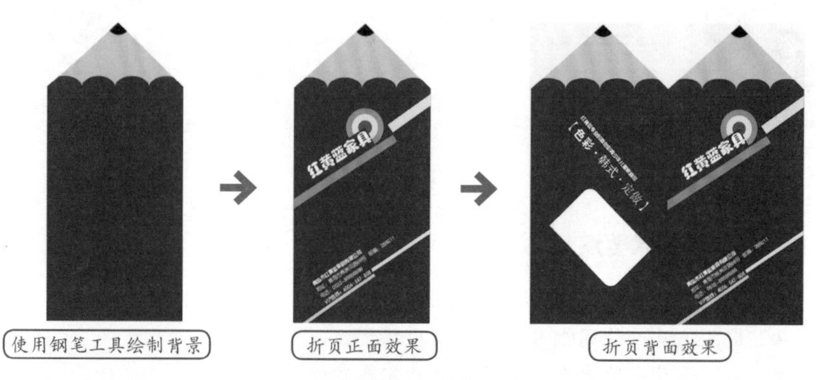

图11-38　效果展示

案例技术要点

本例中主要用到的功能及技术要点如下。

- 钢笔工具：使用钢笔工具绘制出路径，将文字进行变形。
- 矩形工具：使用矩形工具绘制出卡片的尺寸。
- 文字工具：使用文字工具输入合适的文字。

源文件路径	效果文件\第11章\实例198.ai		
调用路径	素材文件\第11章\实例198.ai		
视频路径	视频\第11章\实例198. avi		
难易程度	★★★★	学习时间	5分36秒

实例199　宣传类——二折页内页设计

本实例主要讲解二折页内页的设计制作。通过该实例的制作，使读者掌握直线段工具、矩形工具、文字工具的使用方法，以及如何设置文字、图形的填充属性和载入素材等。

案例设计分析

设计思路

折页内页的主要功能是企业介绍和产品介绍等。本例先使用封底封面制作出背景，然后置入素材，最后输入文字，从而完成本例的制作。

案例效果剖析

如图11-39所示为二折页内页部分效果展示。

图11-39 效果展示

案例技术要点

本例中主要用到的功能及技术要点如下。

- 直线段工具：使用直线段工具绘制出线段。
- 矩形工具：使用矩形工具绘制出卡片的尺寸。
- 文字工具：使用文字工具输入合适的文字。

案例制作步骤

源文件路径	效果文件\第11章\实例199.ai		
调用路径	素材文件\第11章\实例199.ai		
视频路径	视频\第11章\实例199. avi		
难易程度	★★★	学习时间	3分03秒

❶ 启动Illustrator，打开配套光盘“效果文件\第11章\实例199.ai”文件，将除了背景外的图形删除掉。使用（矩形工具）在页面内绘制一个矩形，以灰色（K：90%）填充，放在背景的下方，如图11-40所示。

图11-40 编辑图形效果

❷ 单个选中图形，使用“颜色”面板依次设置填充属性，如图11-41所示。

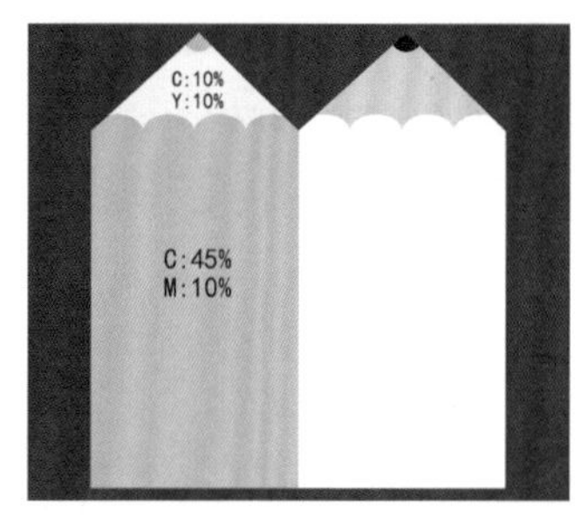

图11-41 更改填充属性效果

❸ 将左侧的图形全部选中，按Ctrl+C快捷键将其复制，再按Ctrl+F快捷键使其粘贴到前面，并稍微缩小一些。然后将位于后面的图形以白色填充，如图11-42所示。

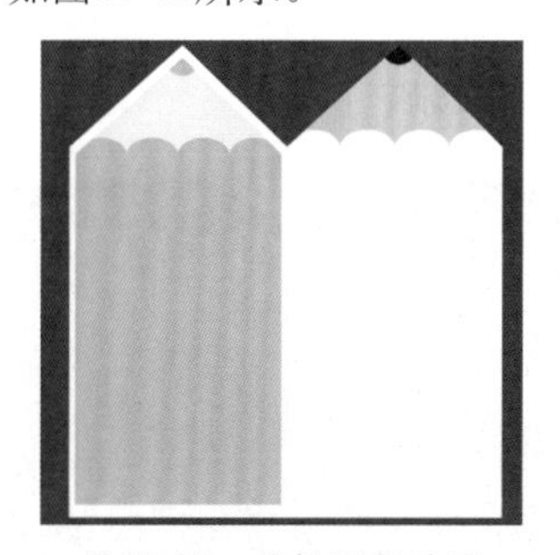

图11-42 编辑图形效果

提 示

也可以直接用钢笔工具绘制一个闭合图形的方法制作白边。

❹ 打开配套光盘“素材文件\第11章\实例199.ai”文件，将图形复制到当前文档中，并调整它的位置，如图11-43所示。

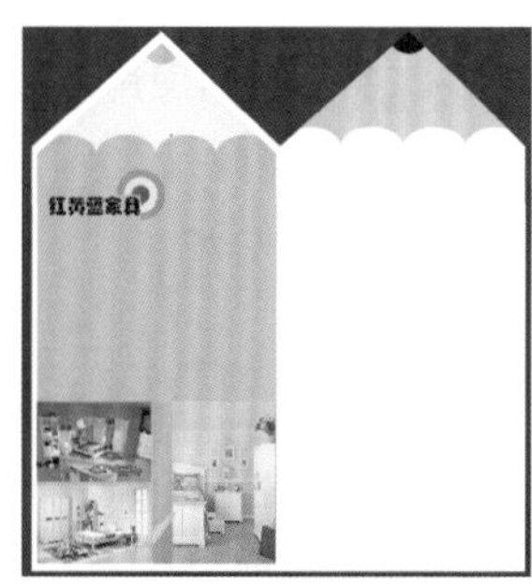

图11-43 置入素材

❺ 使用（矩形工具）和（直线段工具）在背景上绘制上需要的矩形和线段，如图11-44所示。

图11-44 绘制图形

❻ 使用T（文字工具）输入文字，设置文字的字体、字号及颜色，如图11-45所示，完成本实例的制作。

图11-45 最终效果

实例200 宣传类——三折页正面设计

本实例主要讲解三折页正面的设计制作。通过该实例的制作，使读者掌握钢笔工具、选择工具、文字工具的使用方法，以及如何设置文字、图形的填充属性和载入素材等。

案例设计分析

设计思路

三折页也是企业为了宣传、促销而印制的宣传品，它比二折页的工序稍微复杂些。本例先绘制出折页的外观，然后置入素材，最后输入合适的文字完成本例的制作。

案例效果剖析

如图11-46所示为三折页部分效果展示。

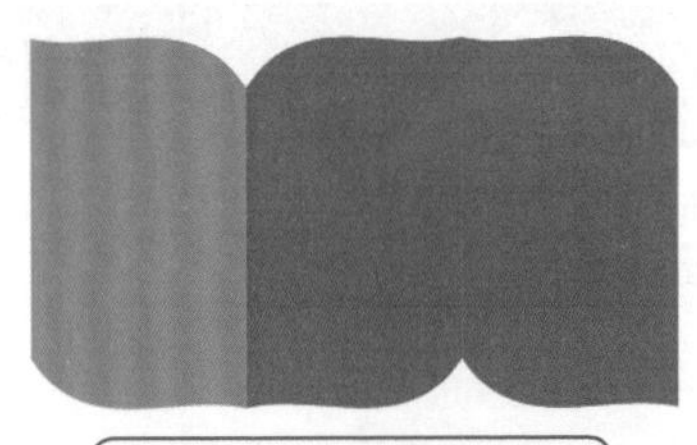

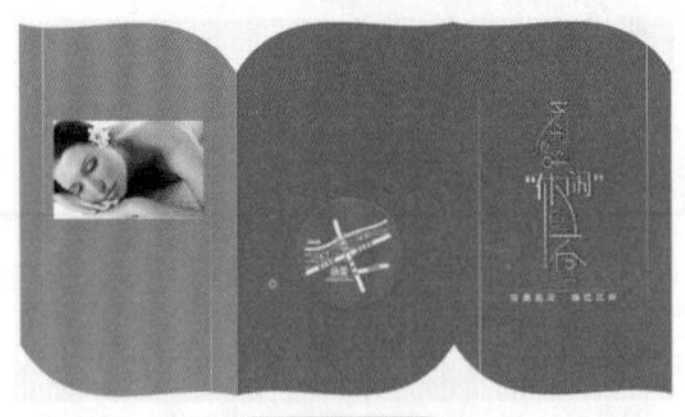

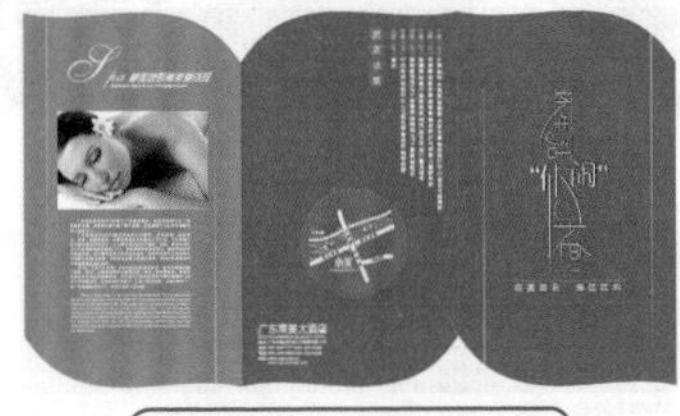

图11-46 效果展示

案例技术要点

本例中主要用到的功能及技术要点如下。

- 钢笔工具：使用钢笔工具绘制出文字路径。
- 选择工具：使用选择工具选择对象。
- 文字工具：使用文字工具输入合适的文字。

案例制作步骤

源文件路径	效果文件\第11章\实例200.ai
调用路径	素材文件\第11章\实例200.ai
视频路径	视频\第11章\实例200. avi
难易程度	★★★★
学习时间	3分37秒

❶ 启动Illustrator，单击（钢笔工具）按钮，在页面中绘制一个“宽度”为140mm、“高度”为235mm的图形，如图11-47所示。

❷ 选中图形，将图形以绿色（C：100%、Y：100%）填充，描边属性设置为“无”，如图11-48所示。

图11-47 绘制的路径

图11-48 设置填充属性

❸ 将绘制的图形镜像复制一个，以红色（M：100%、Y：100%）填充，并调整它的位置，如图11-49所示。

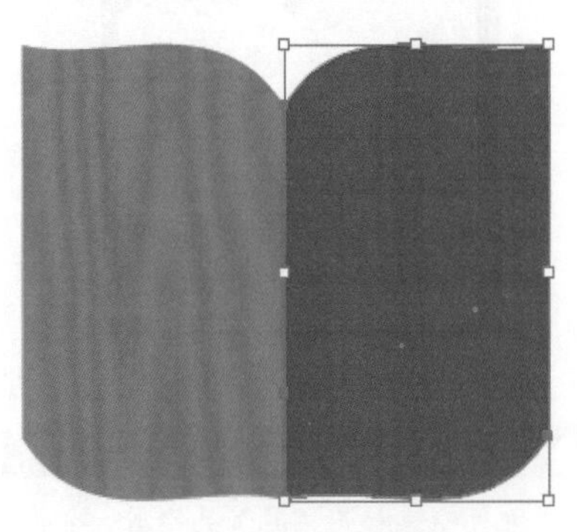

图11-49 复制图形效果

❹ 单击（选择工具）按钮，选择图形，将红色的图形再复制一个，放置于右侧，如图11-50所示。

图11-50 复制路径

❺ 打开配套光盘“素材文件\第11章\实例200.ai”文件，将图形复制到当前文档中，并调整它们的位置，如图11-51所示。

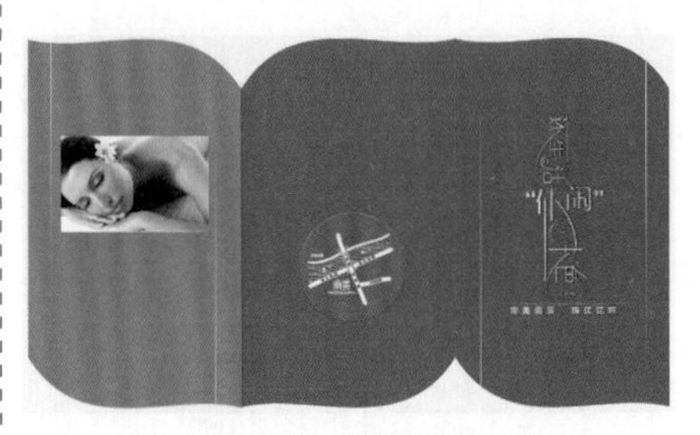

图11-51 调入素材

❻ 使用T（文字工具）输入文字，设置文字的字体、字号及颜色，完成本例的制作，如图11-52所示。

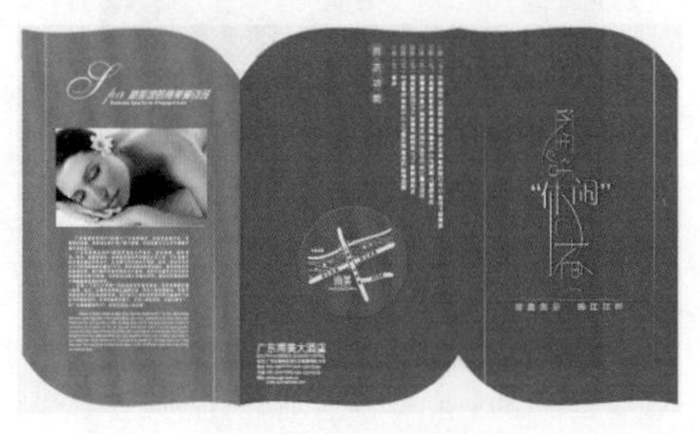

图11-52 最终效果

实例201 宣传类——三折页反面设计

本实例主要讲解三折页反面的设计制作。通过该实例的制作，使读者掌握矩形工具、文字工具的使用方法，以及如何设置文字、图形的填充属性和载入素材等。

案例设计分析

设计思路

本例制作的是三折页内页部分，以产品介绍为主。本例先调入素材当做底纹，然后绘制路径编辑出文字的区域，最后输入合适的文字，完成本例的制作。

案例效果剖析

如图11-53所示为三折页反面设计部分效果展示。

置入素材

使用文字工具输入文字

图11-53 效果展示

案例技术要点

本例中主要用到的功能及技术要点如下。

- 矩形工具：使用矩形工具绘制出大小合适的图形。
- 文字工具：使用文字工具输入合适的文字。

案例制作步骤

源文件路径	效果文件\第11章\实例201.ai
调用路径	素材文件\第11章\实例201.ai
视频路径	视频\第11章\实例201. avi
难易程度	★★★★
学习时间	3分00秒

❶ 启动Illustrator，新建一个空白文档。打开“效果文件\第11章\实例200.ai”文件，将除了背景外的其他图形全部删掉，只留下背景。然后将左侧的图形移动到右侧，并从左到右以蓝色（C：100%、M：20%）、黄色（C：10%、M：25%、Y：95%）和玫红色（C：40%、M：100%）填充。

提 示

在这里也可以重新绘制折页的外观路径。

❷ 打开配套光盘“素材文件\第11章\实例201.ai”文件，将其中的素材置入到当前文件中，如图11-54所示。

图11-54 置入素材

❸ 使用T（文字工具）输入文字，设置文字的字体、字号及颜色，如图11-55所示。

❹ 使用▭（矩形工具）绘制图形，通过“颜色”面板设置所选图形的填充属性，完成本实例的制作，如图11-56所示。

图11-55 输入文字

图11-56 最终效果

实例202 宣传类——优惠券设计

本实例主要讲解优惠券的设计制作。通过该实例的制作，使读者掌握矩形工具、文字工具的使用方法，以及如何设置文字、图形的填充属性和载入素材等。

案例设计分析

设计思路

优惠券有金额和时间段的限制，它可以很好地吸引一些喜欢精打细算的人们的眼球，可以更好地促进消费者更大方地消费。本例先置入图片当底纹，然后输入合适的文字完成正面的制作。背面制作简单，输入文字和Logo即可。

案例效果剖析

如图11-57所示为优惠券部分效果展示。

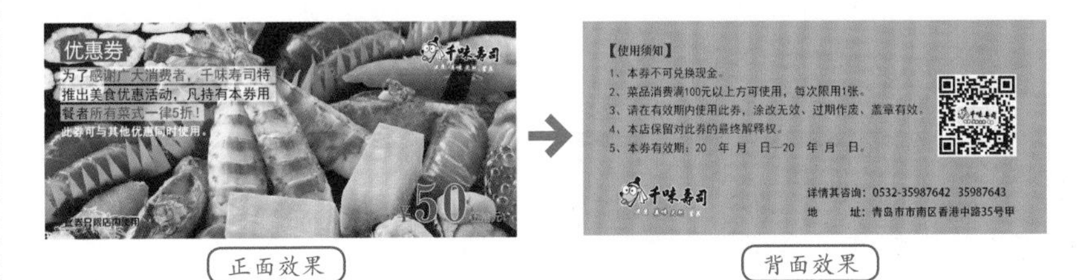

图11-57 效果展示

案例技术要点

本例中主要用到的功能及技术要点如下。

- 矩形工具：使用矩形工具绘制出优惠券的尺寸。
- 文字工具：使用文字工具创建需要的文字。

案例制作步骤

源文件路径	效果文件\第11章\实例202.ai		
调用路径	素材文件\第11章\实例202.ai		
视频路径	视频\第11章\实例202. avi		
难易程度	★★★★	学习时间	2分06秒

❶ 启动Illustrator，新建一个文档。打开配套光盘“素材文件\第11章\实例202.ai”文件，将其中的寿司图片复制到新建文档中，然后使用▭（矩形工

具）在画布中绘制一个“宽度”为180mm、“高度”为80mm的矩形，并调整矩形的位置，如图11-58所示。

图11-58　绘制矩形的位置

❷ 同时选中矩形和图片，为图片建立剪切蒙版，将矩形外的图形遮挡起来。

❸ 将“实例202.ai”中的Logo复制到套餐券文档中，将它放置如图11-59所示的位置。

图11-59　置入logo效果

❹ 使用T（文字工具）在相应的位置输入文字，并调整文字的填充属性。然后再使用▭（矩形工具）为文字制作底色，根据实际情况调整矩形的填充属性，效果如图11-60所示。

图11-60　输入文字

❺ 创建一个同样大小的矩形作为背面，以黄色填充（C：25%、M：30%、Y：60%），然后将Logo和二维码添加上，并输入相应的文字，如图11-61所示。

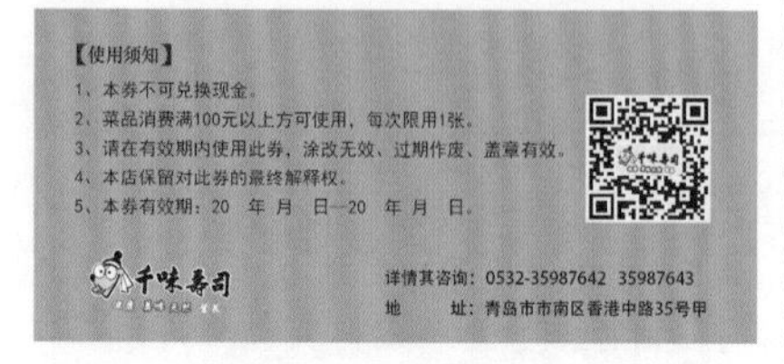

图11-61　背面效果

实例203　包装类——产品插卡

本实例主要讲解产品插卡的设计制作。通过该实例的制作，使读者掌握钢笔工具、矩形工具、文字工具的使用方法，以及如何设置文字、图形的填充属性和载入素材等。

案例设计分析

设计思路

插卡是指将纸卡与折过三边的透明泡壳插在一起的包装形式，包装时需要工人将产品、泡壳和纸卡安放到位。本例先绘制出路径制作背景，然后置入素材，最后输入合适的文字，完成本例的制作。

案例效果剖析

如图11-62所示为插卡部分效果展示。

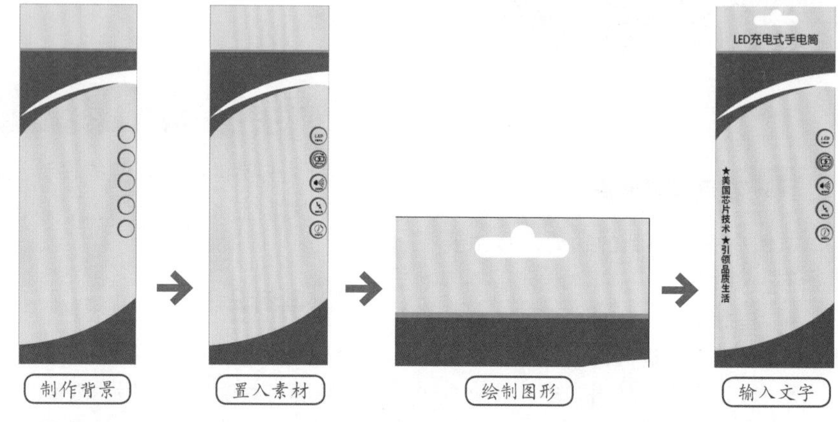

图11-62　效果展示

案例技术要点

本例中主要用到的功能及技术要点如下。

- 钢笔工具：使用钢笔工具绘制出文字路径。
- 矩形工具：使用矩形工具绘制出图形。
- 文字工具：使用文字工具输入合适的文字。

源文件路径	效果文件\第11章\实例203.ai		
调用路径	素材文件\第11章\实例203.ai		
视频路径	视频\第11章\实例203. avi		
难易程度	★★★	学习时间	6分51秒

实例204　礼品类——美容体验卡

本实例主要讲解美容体验卡的设计制作。通过该实例的制作，使读者掌握钢笔工具、矩形工具、文字工具的使用方法，以及如何设置文字、图形的填充属性和载入素材等。

案例设计分析

设计思路

体验卡是从消费者本身出发，让消费者就产品体验提意见、提建议，保证公司的产品开发紧紧围绕以用户为中心，产品设计完全符合用户体验。本例先调入素材当做底纹，然后输入合适的文字，完成本例的制作。

案例效果剖析

如图11-63所示为体验卡部分效果展示。

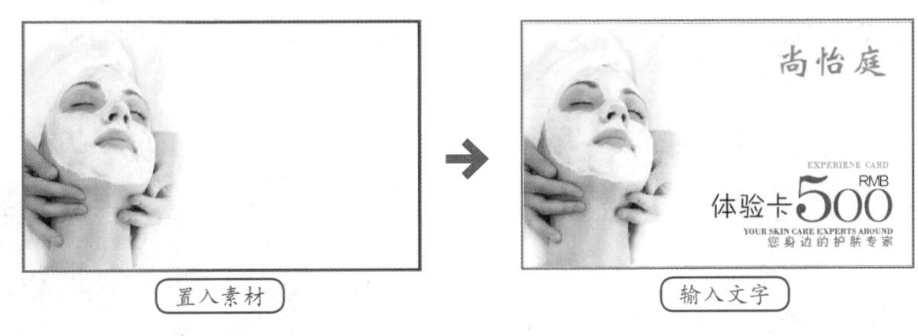

图11-63　效果展示

案例技术要点

本例中主要用到的功能及技术要点如下。

- 钢笔工具：使用钢笔工具绘制出文字路径。
- 矩形工具：使用矩形工具绘制出卡片的大小。
- 文字工具：使用文字工具输入合适的文字。

案例制作步骤

源文件路径	效果文件\第11章\实例204.ai		
调用路径	素材文件\第11章\实例204.ai		
视频路径	视频\第11章\实例204. avi		
难易程度	★★	学习时间	0分54秒

❶ 启动Illustrator，新建一个空白文档。使用▭（矩形工具）绘制一个“宽度”为90mm、“高度”为55mm的矩形，设置描边颜色为黑色。

❷ 打开随书光盘“素材文件\第11章\实例204.ai”文件，并将图片复制到当前文档中，调整图片的位置，如图11-64所示。

❸ 使用T（文字工具）输入文字，设置文字的字体、字号及颜色，完成本实例的制作，如图11-65所示。

图11-64　调整图片的位置

图11-65　最终效果

实例205　宣传类——鲁菜简介

本实例主要讲解鲁菜简介的设计制作。通过该实例的制作，使读者掌握钢笔工具、矩形工具、文字工具的使用方法，以及如何设置文字、图形的填充属性和载入素材等。

案例设计分析

设计思路

鲁菜是四大菜系之一，其庖厨烹技全面，巧于用料，注重调味，适应面广，其中尤以“爆、炒、烧、塌”等最有特色。本例先调入素材当做底纹，然后绘制路径编辑出文字的区域，最后输入合适的文字，完成本例的制作。

案例效果剖析

如图11-66所示为鲁菜简介部分效果展示。

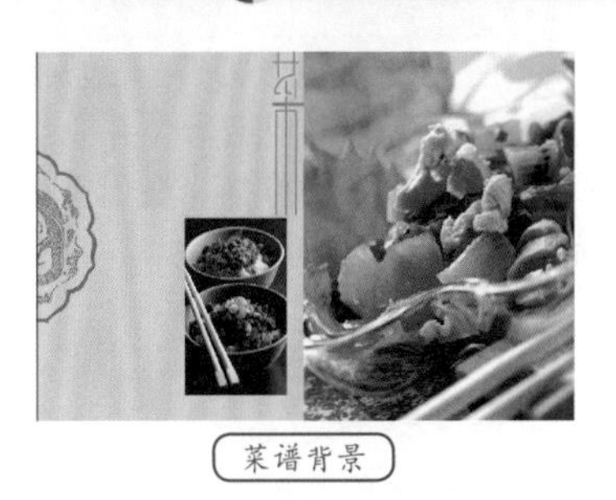

图11-66　效果展示

案例技术要点

本例中主要用到的功能及技术要点如下。

- 钢笔工具：使用钢笔工具绘制出文字路径。
- 矩形工具：使用矩形工具绘制出菜单的大小。
- 文字工具：使用文字工具输入合适的文字。

案例制作步骤

源文件路径	效果文件\第11章\实例205.ai
调用路径	素材文件\第11章\实例205.ai
视频路径	视频\第11章\实例205. avi
难易程度	★★★★
学习时间	3分40秒

❶ 启动Illustrator，新建一个“宽度”为420mm，“高度”285mm的空白文档。打开随书光盘“素材文件\第11章\实例205.ai”文件，并将其复制到当前文档中，分别调整图片的位置，如图11-67所示。

图11-67　调整图片的位置

❷ 使用（矩形工具）在页面中合适的位置分别绘制矩形，并以红色（C：25%、M：100%、Y：100%）填充，效果如图11-68所示。

图11-68 设置填充属性

❸ 使用T（文字工具）在上面的矩形中输入文字，通过"字符"面板设置文字的字体及字号，如图11-69所示。

图11-69 输入文字

提 示

这里字体可以根据自己的习惯设置，不必要和本例一致。

❹ 使用（钢笔工具）在页面中绘制如图11-70所示的路径。

图11-70 绘制路径

❺ 使用（区域文字工具）在图形内定位输入文字，通过"字符"面板设置文字的字体及字号，如图11-71所示。

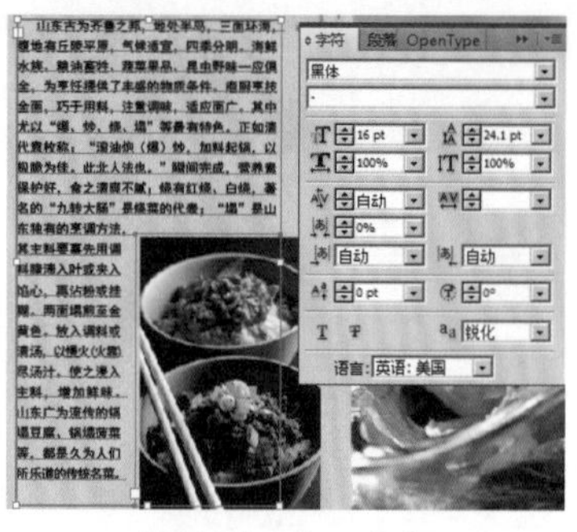

图11-71 输入文字

❻ 选择所有图形对象，按Ctrl+G快捷键编组，完成本实例的制作，如图11-72所示。

图11-72 最终效果

实例206 宣传类——企业文化墙设计

本实例主要讲解企业文化墙的设计制作。通过该实例的制作，使读者掌握钢笔工具、矩形工具、文字工具的使用方法，以及如何设置文字、图形的填充属性和载入素材等。

案例设计分析

设计思路

企业文化墙是以倡导文明、宣传公益、健康运动、绿色环保、宣传企业新形象、推动企业品牌建设以及帮助企业提升品牌形象为己任，把墙景美化，可作为支持企业精神文明创建工作的一项行之有效的载体。本例先调入素材当做底纹，然后绘制路径编辑出文字的区域，最后输入合适的文字，完成本例的制作。

案例效果剖析

如图11-73所示为企业文化墙部分效果展示。

图11-73 效果展示

案例技术要点

本例中主要用到的功能及技术要点如下。

- 钢笔工具：使用钢笔工具绘制出文字路径。
- 矩形工具：使用矩形工具绘制出图形。
- 文字工具：使用文字工具输入合适文字。

源文件路径	效果文件\第11章\实例206.ai		
调用路径	素材文件\第11章\实例206.ai		
视频路径	视频\第11章\实例206. avi		
难易程度	★★★	学习时间	2分51秒

实例207 宣传类——愿望展板设计

本实例主要讲解愿望展板的设计制作。通过该实例的制作，使读者掌握网格工具、矩形工具、直接选择工具、文字工具的使用方法，以及如何设置文字、图形的填充属性和载入素材等。

案例设计分析

设计思路

愿望展板是用来表达个人心愿的宣传栏，通常根据情况在展板上配以优美的画面，再写上几句祝愿就可以。本例先使用网格工具制作出背景，再置入素材，输入文字并进行变形，最后输入合适的文字，完成本例的制作。

案例效果剖析

如图11-74所示为愿望展板部分效果展示。

使用网格工具和矩形工具制作出展板背景

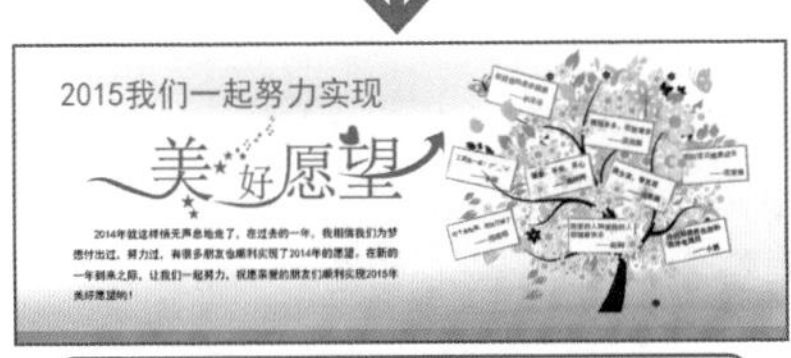

输入文字并对部分文字进行变形处理

图11-74 效果展示

案例技术要点

本例中主要用到的功能及技术要点如下。

- 网格工具：使用网格工具编辑出展板的背景。
- 矩形工具：使用矩形工具绘制出展板大小。
- 直接选择工具：使用直接选择工具可以对单个锚点进行调整。

案例制作步骤

源文件路径	效果文件\第11章\实例207.ai
调用路径	素材文件\第11章\实例207.ai
视频路径	视频\第11章\实例207. avi
难易程度	★★★★
学习时间	7分12秒

❶ 启动Illustrator，新建一个“宽度”为400mm、“高度”为150mm的空白文档。使用▭（矩形工具）绘制一个同样大小的矩形，然后使用▦（网格工具）垂直创建3条、水平创建4条网格，如图11-75所示。

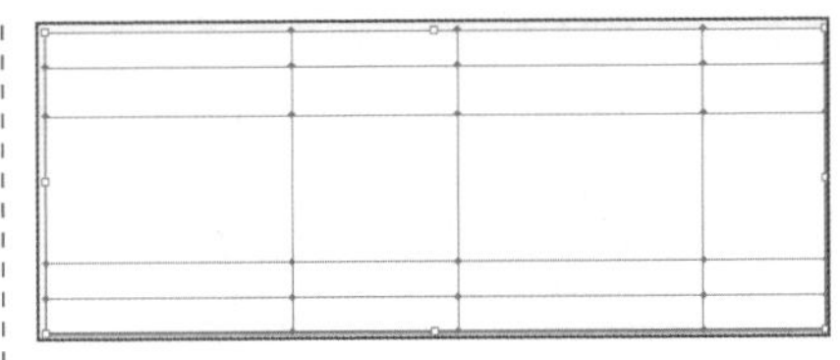

图11-75 创建的网格

❷ 建立好网格后，使用▶（直接选择工具）调整网格的形态，并使用▶（直接选择工具）依次选择各个锚点后更改不同的颜色背景，如图11-76所示。

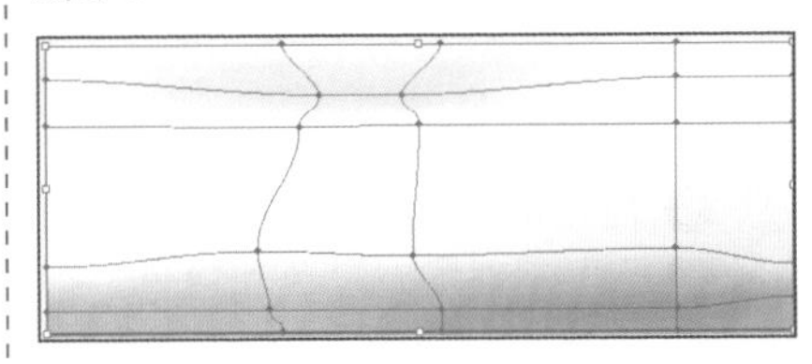

图11-76 编辑网格效果

❸ 使用▭（矩形工具）在页面的下方合适的位置绘制一个“宽度”为400mm、“高度”为5mm的矩形，并以蓝色（C：100%）填充，如图11-77所示。

图11-77 矩形的位置

❹ 打开配套光盘“素材文件\第11章\实例207.ai”文件，将素材复制到当前文档中，如图11-78所示。

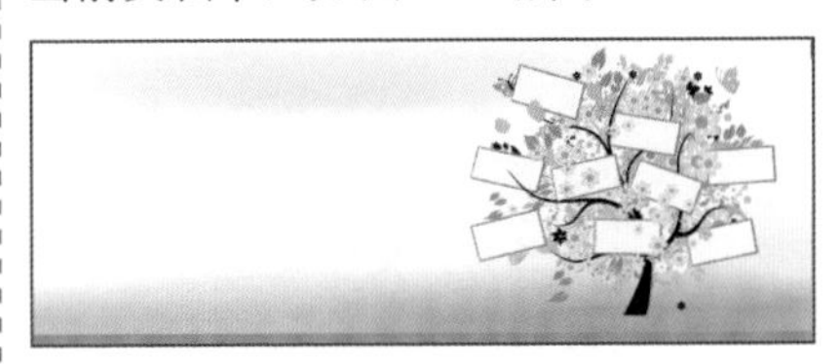

图11-78 置入素材

❺ 使用T（文字工具）在页面中输入“美好愿望”文字，通过“字符”面板设置文字的字体、字号，然后将文字进行变形处理，如图11-79所示。

图11-79 编辑文字效果

❻ 使用T（文字工具）在页面中输入其他文字，通过“字符”面板设置文字的字体、字号，如图11-80所示，完成本例的制作。

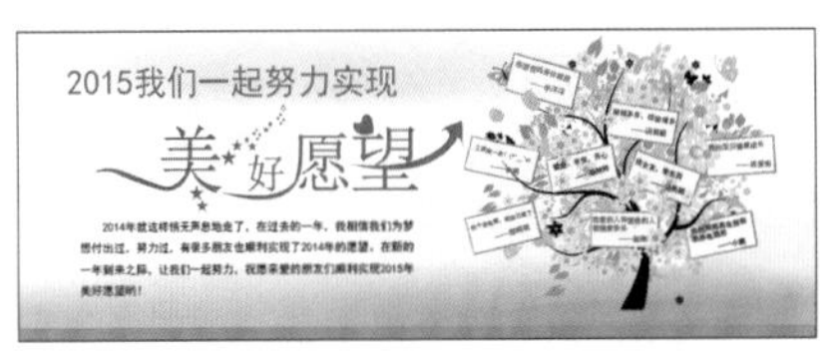

图11-80 最终效果

实例208 宣传类——鞋类单页正面设计

本实例主要讲解鞋类单页正面的设计制作。通过该实例的制作，使读者掌握钢笔工具、矩形工具、文字工具的使用方法，以及如何设置文字、图形的填充属性和载入素材等。

案例设计分析

设计思路

本例制作的鞋类单页正面属于DM单，在设计上要新颖，配图要能有效地刺激记忆，引起消费者的购买欲望。本例先置入素材当做底纹，然后输入合适的文字，完成本例的制作。

案例效果剖析

如图11-81所示为鞋类单页部分效果展示。

单页背景 → 置入素材 → 输入文字

图11-81 效果展示

案例技术要点

本例中主要用到的功能及技术要点如下。

- 钢笔工具：使用钢笔工具绘制出文字路径。
- 文字工具：使用文字工具输入合适的文字。

案例制作步骤

源文件路径	效果文件\第11章\实例208.ai
调用路径	素材文件\第11章\实例208.ai
视频路径	视频\第11章\实例208. avi
难易程度	★★
学习时间	5分24秒

❶ 启动Illustrator，新建一个空白文档。使用（矩形工具）在页面中绘制一个“宽度”为216mm、“高度”为291mm的矩形，并将矩形以黄色（Y：60%）填充。

❷ 打开配套光盘“素材文件\第11章\实例208.ai”文件，将背景素材复制到当前文档中，如图11-82所示。

图11-82　调整素材的位置

❸ 使用（钢笔工具）在人物图像的周围绘制一个如图11-83所示的闭合路径，然后为人物建立剪切蒙版。

图11-83　绘制图形效果

❹ 使用（钢笔工具）在页面内绘制一个闭合路径，为其填充上玫红色（M：100%），如图11-84所示。

图11-84　设置填充属性

❺ 使用同样的方法，再绘制3条闭合路径，分别填充黑色和白色，如图11-85所示。

图11-85　绘制路径

❻ 使用（钢笔工具）在页面中绘制一条闭合路径，以白色填充，设置描边颜色为70%的灰，如图11-86所示。

图11-86　编辑路径效果

提　示

在这里路径的形态可以根据自己的喜好绘制。

❼ 将路径原位复制一个，适当缩小，将描边设置为虚线，如图11-87所示。

❽ 使用T（文字工具）在绘画框内输入文字，通过“字符”面板设置文字的字体、字号，如图11-88所示。

图11-87　描边效果

图11-88　输入文字

❾ 将“实例208.ai”中的鞋子图片和二维码复制到当前文件中，分别调整它们的位置，如图11-89所示。

图11-89　置入素材

❿ 使用T（文字工具）在绘画框内输入文字，通过“字符”面板设置文字的字体、字号，如图11-90所示，完成本例的制作。

图11-90　最终效果

实例209 宣传类——鞋类单页反面设计

本实例主要讲解鞋类单页反面的设计制作。通过该实例的制作，使读者掌握矩形工具、渐变工具、文字工具的使用方法，以及如何设置文字、图形的填充属性和载入素材等。

案例设计分析

设计思路

一般单页的背面比较简单，加一个简单的背景，然后把产品摆上就可以。本例先调入素材制作出整体背景，然后置入产品图，最后输入合适的文字，完成本例的制作。

案例效果剖析

如图11-91所示为鞋类单页背面部分效果展示。

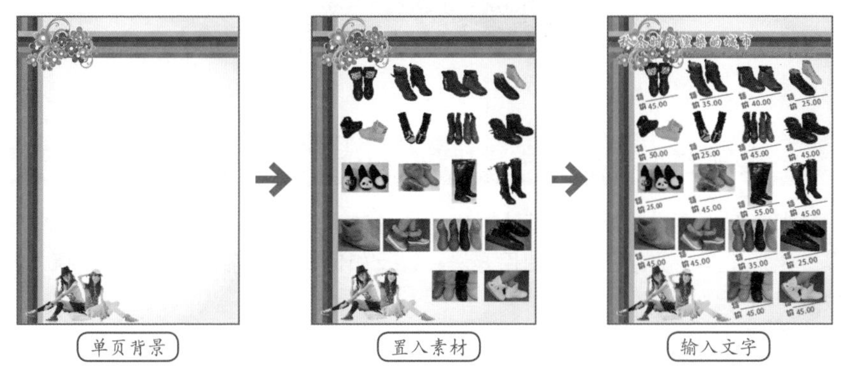

图11-91 效果展示

案例技术要点

本例中主要用到的功能及技术要点如下。

- 渐变工具：使用渐变工具制作出单页的渐变色背景。
- 矩形工具：使用矩形工具绘制出单页的大小。
- 文字工具：使用文字工具输入合适的文字。

源文件路径	效果文件\第11章\实例209.ai		
调用路径	素材文件\第11章\实例209.ai		
视频路径	视频\第11章\实例209. avi		
难易程度	★★★★	学习时间	4分11秒

实例210 宣传类——试听卡设计

本实例主要讲解试听卡的设计制作。通过该实例的制作，使读者掌握钢笔工具、矩形工具、圆角矩形工具、文字工具的使用方法，以及如何设置文字、图形的填充属性等。

案例设计分析

设计思路

试听卡的作用有点类似于代金券，凭借此卡可以免费试听一定金额的课程，这是培训机构在课程正式收费前为了吸引客户而设计的一种营销手段。制作本实例时，先调入素材当做底纹，然后绘制路径编辑出文字的区域，最后输入合适的文字，完成本例的制作。

案例效果剖析

如图11-92所示为试听卡部分效果展示。

制作试听卡背景

绘制圆角矩形

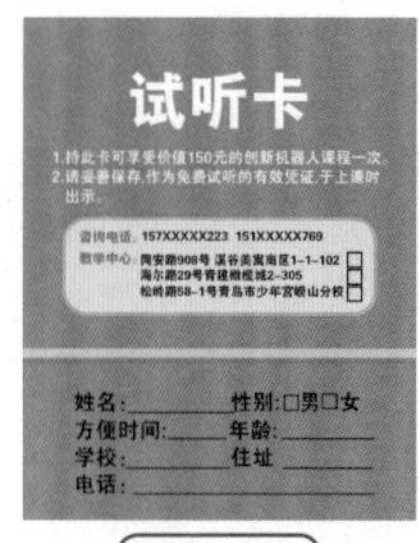

输入文字

图11-92 效果展示

案例技术要点

本例中主要用到的功能及技术要点如下。

- 钢笔工具：使用钢笔工具绘制出文字路径。
- 矩形工具/圆角矩形工具：使用矩形工具/圆角矩形工具绘制出大小合适的图形。
- 文字工具：使用文字工具输入合适的文字。

案例制作步骤

源文件路径	效果文件\第11章\实例210.ai
视频路径	视频\第11章\实例210. avi
难易程度	★★
学习时间	3分14秒

❶ 启动Illustrator，新建一个空白文档。使用（矩形工具）绘制一个“宽度”为90mm、“高度”110mm的矩形，并以绿色（C：65%、M：20%、Y：100%）填充。

❷ 使用 （矩形工具）绘制2个矩形，并分别填充深绿（C：85%、M：10%、Y：100%、K：10%）和黄绿色（C：20%、Y：100%），如图11-93所示。

图11-93 制作背景

❸ 使用 （圆角矩形工具）在页面中合适的位置绘制一个圆角矩形，并以土黄色（M：35%、Y：85%）描边，设置描边宽度为2pt，效果如图11-94所示。

图11-94 绘制圆角矩形

提 示

在绘制圆角矩形时，要注意圆角数值的大小要设置得合适，否则效果出不来。

❹ 将圆角矩形再原位复制一个，填充黄色（C：10%、Y：60%），并使其位于描边圆角矩形的下方，如图11-95所示。

图11-95 复制圆角矩形

❺ 使用T（文字工具）在试听卡上输入合适的文字，并设置文字的字体、字号以及颜色，如图11-96所示。

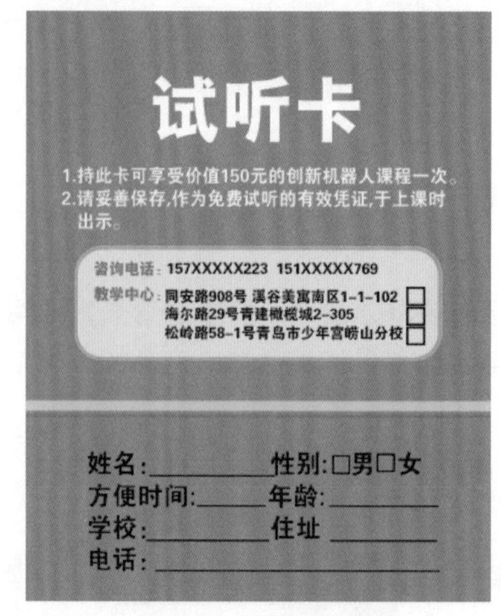

图11-96 最终效果

实例211 宣传类——展板设计

本实例主要讲解展板的设计制作。通过该实例的制作，使读者掌握钢笔工具、矩形工具、文字工具的使用方法，以及如何设置文字、图形的填充属性和载入素材等。

案例设计分析

设计思路

展板，指用于发布、展示信息时使用的板状介质，有纸质、新材料、金属材质等。优秀的展板设计是吸引观众、推介产品、促进消费的重要载体，而公益性的展板也能给人深思的感觉。本例先置入素材当做底纹，然后绘制路径，最后输入合适的文字，完成本例的制作。

案例效果剖析

如图11-97所示为展板部分效果展示。

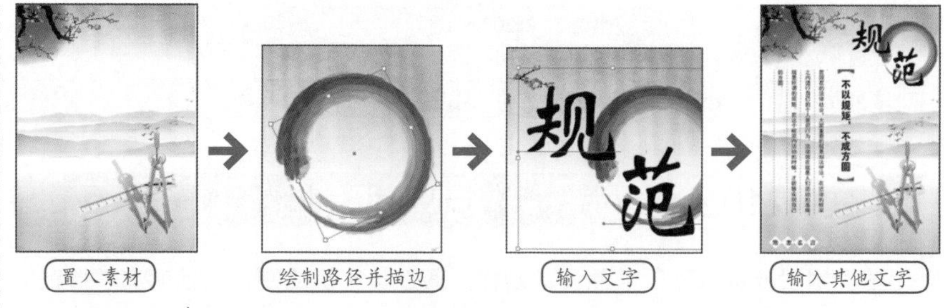

图11-97 效果展示

案例技术要点

本例中主要用到的功能及技术要点如下。

- 钢笔工具：使用钢笔工具绘制出路径。
- 矩形工具：使用矩形工具绘制出展板的尺寸。
- 文字工具：使用文字工具创建需要的文字。

源文件路径	效果文件\第11章\实例211.ai		
调用路径	素材文件\第11章\实例211.ai		
视频路径	视频\第11章\实例211. avi		
难易程度	★★	学习时间	4分47秒

实例212 宣传类——春天吊旗制作

本实例主要讲解春天吊旗的设计制作。通过该实例的制作，使读者掌握创建轮廓命令、凸出和斜角效果命令、文字工具的使用方法等。

案例设计分析

设计思路

吊旗是旗帜的一种，是指悬挂在室内、室外、路边、广场，商场、店面门口、大楼等场所，用于展示企业文化或用于广告宣传的旗帜画面。商场或超市里面使用吊旗，可以最大限度地扩大广告面积；而且吊旗悬挂得比较高，在琳琅满目的物品和高耸的货物架面前，可以迅速抓住顾客的眼球。本例制作的吊旗立体字，可以使用凸出和斜角效果命令，通过挤压平面对象的方法，为平面对象增加厚度来创建立体对象。

案例效果剖析

本例制作的春天吊旗包括了多个步骤，如图11-98所示为部分效果展示。

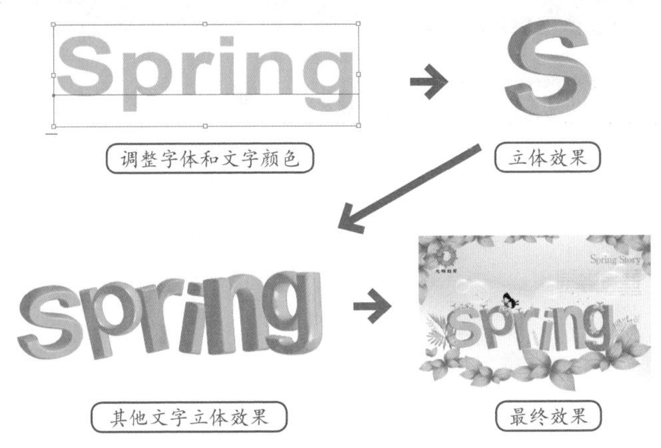

图11-98 效果展示

案例技术要点

先做好想要的文字或图形，字体最好饱满一点，再用凸出和斜角效果命令制作出逼真的立体效果。本例中主要用到的功能及技术要点如下。

- 文字工具：使用文字工具创建需要的文字。
- 创建轮廓命令：使用创建轮廓命令将文字转曲，使其利于编辑立体效果。
- 凸出和斜角效果：通过挤压平面对象的方法，为平面对象增加厚度来创建立体对象。
- 凸出和斜角效果：通过设置位置、透视、凸出厚度、端点、斜角/高度等选项，来创建具有凸出和斜角效果的逼真立体图形。
- 场景创建：把做好的立体字放进一个设置好的场景中，使其效果更加明显。

源文件路径	效果文件\第11章\实例212.ai
调用路径	素材文件\第11章\实例212.ai
视频路径	视频\第11章\实例212. avi
难易程度	★★★
学习时间	3分52秒

第12章 企业宣传画册设计

企业宣传册一般是以纸质材料为直接载体，以企业文化、企业产品为传播内容，是企业对外最直接、最形象、最有效的宣传形式。企业宣传册包括封面、环衬、扉页、前言、目录、内页、封底几部分。

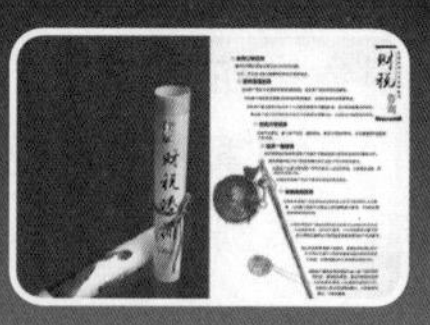

实例213 企业宣传类——企业宣传画册内页一

本实例通过企业宣传画册内页的设计制作，主要使读者掌握文字工具及“字符”面板等的使用。

案例设计分析

设计思路

企业画册设计应该应用恰当的创意和表现形式来展示企业的魅力，这样画册才能给消费者留下深刻的印象，加深对企业的了解。大企业的宣传册内容不宜过多，否则会显得小气。本例以长城为背景，象征着企业文化像长城一样源远流长。制作该实例，先置入素材，再输入合适的文字。

案例效果剖析

如图12-1所示为企业宣传画册内页设计部分效果展示。

置入背景　　使用文字工具输入文字

图12-1　效果展示

案例技术要点

本例中主要用到的功能及技术要点如下。

- 文字工具：使用文字工具创建需要的文字。
- “字符”面板：使用“字符”面板调整文字的字号、字体、字的间距等。

案例制作步骤

源文件路径	效果文件\第12章\实例213.ai		
调用路径	素材文件\第12章\实例213.ai		
视频路径	视频\第12章\实例213. avi		
难易程度	★★★	学习时间	2分42秒

❶ 启动Illustrator，新建一个“宽度”为426mm、“高度”为291mm的空白文档。选择菜单栏中的“文件”|“打开”命令，打开配套光盘“素材文件\第12章\实例213.ai”文件，将素材复制到新建文档中，调整图片的大小，如图12-2所示。

图12-2　置入素材

❷ 使用T（文字工具）在页面中输入文字，通过“颜色”面板设置文字的颜色，通过“字符”面板设置文字的字体及字号，如图12-3所示。

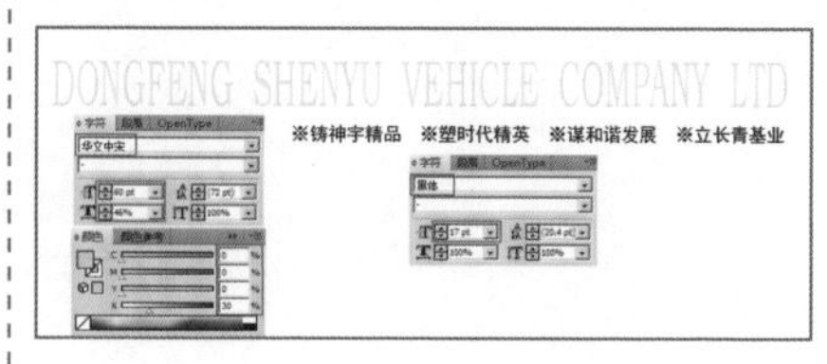

图12-3　文字设置

❸ 使用T（文字工具）在页面中输入文字，通过“字符”面板设置文字的字体及字号，如图12-4所示。

❹ 使用T（文字工具）在页面中输入文字，通过“字符”面板设置文字的字体及字号，如图12-5所示。

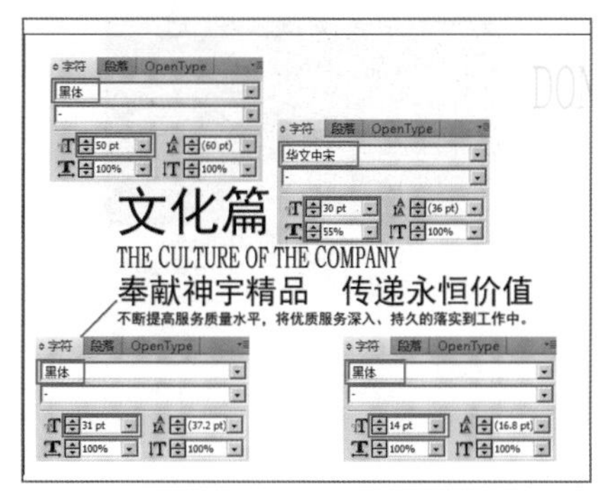

图12-4 文字设置

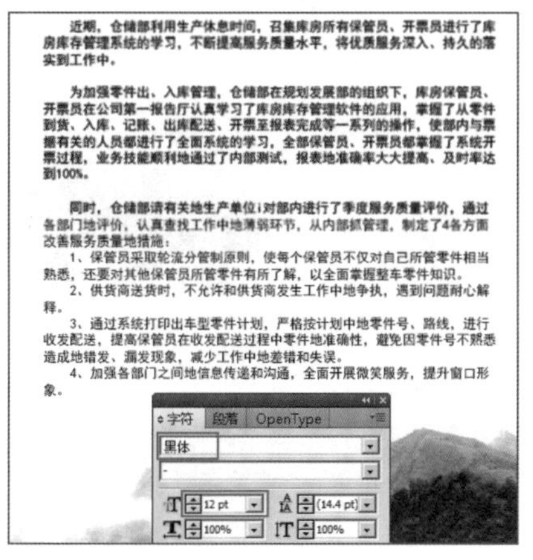

图12-5 文字设置

❺ 使用T（文字工具）在页面中输入文字，通过“字符”面板设置文字的字体及字号，放在页面的右下角，如图12-6所示。

图12-6 最终效果

❻ 将右下角文字原位复制一个，贴在后面，以白色描边，描边粗细为3pt，如图12-7所示。

图12-7 描边效果

提 示

复制文字的快捷键是Ctrl+C，贴在后面的快捷键是Ctrl+B。

❼ 选中所有的图形和文字，按Ctrl+G快捷键将它们编组，完成本实例的制作，如图12-8所示。

图12-8 最终效果

实例214 企业宣传类——企业宣传画册内页二

本实例通过企业宣传画册内页的设计制作，主要使读者掌握文字工具及“字符”面板的使用。

案例设计分析

设计思路

使用地球仪作为配景，象征着企业生产的产品走向全世界；跑在岩石上的汽车，象征着企业生产的汽车能适应艰难路况，产品质量过硬。在制作该实例时，先置入素材，再输入合适的文字，完成本实例的制作。

案例效果剖析

如图12-9所示为企业宣传画册内页设计部分效果展示。

图12-9 效果展示

案例技术要点

本例中主要用到的功能及技术要点如下。

- 文字工具：使用文字工具创建需要的文字。
- “字符”面板：使用“字符”面板调整文字的字号、字体、字的间距等。

案例制作步骤

源文件路径	效果文件\第12章\实例214.ai		
调用路径	素材文件\第12章\实例214.ai		
视频路径	视频\第12章\实例214. avi		
难易程度	★★★	学习时间	2分17秒

❶ 启动Illustrator，新建一个“宽度”为426mm、“高度”为291mm的空白文档。选择菜单栏中的“文件”|“打开”命令，打开配套光盘“素材文件\第12章\实例214.ai”文件，将背景和汽车素材复制到新建文档中，将它们调整到画面的右侧，如图12-10所示。

图12-10 置入素材

❷ 再将配套光盘“素材文件\第12章\实例214.ai”文件中的地球素材复制到场景中，调整它的大小和位置，如图12-11所示。

图12-11 置入素材

❸ 使用T（文字工具）在页面中输入文字，以红色填充，通过“字符”面板设置文字的字体及字号，如图12-12所示。

图12-12 文字设置

❹ 将文字原位复制一个，贴在后面，以白色描边，描边粗细为5pt，如图12-13所示。

图12-13 描边效果

提 示

复制文字的快捷键是Ctrl+C，贴在后面的快捷键是Ctrl+B。

❺ 使用T（文字工具）在页面中输入文字，通过“字符”面板设置文字的字体及字号，如图12-14所示。

图12-14 文字设置

❻ 使用T（文字工具）在页面中输入文字，通过“字符”面板设置文字的字体及字号，如图12-15所示。

❼ 选择所有的图形和文字，按Ctrl+G快捷键将它们编组，完成本实例的制作，如图12-16所示。

图12-15 文字设置

图12-16 最终效果

实例215 企业宣传类——企业宣传画册内页三

本实例通过企业宣传画册内页的设计制作，主要使读者掌握矩形工具、文字工具及“字符”面板的使用。

案例设计分析

设计思路

使用齿轮作为配景，象征着企业的产品质量精密，产品质量和其他方面是环环相扣的。在制作该实例时，先置入素材，再使用矩形工具制作出文字输入的背景，最后输入合适的文字，完成本实例的制作。

案例效果剖析

如图12-17所示为企业宣传画册内页设计部分效果展示。

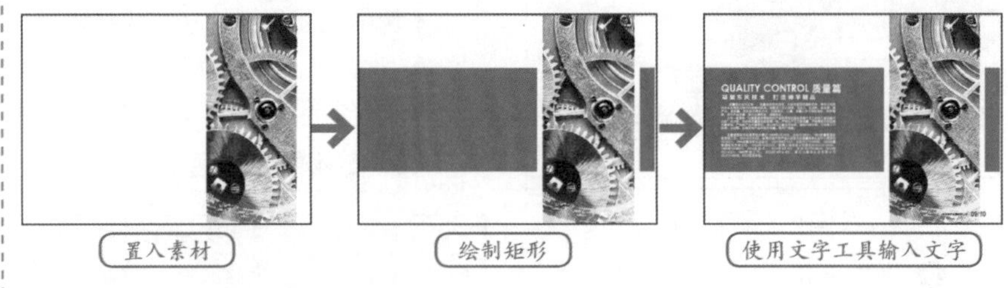

图12-17 效果展示

案例技术要点

本例中主要用到的功能及技术要点如下。

- 矩形工具：使用矩形工具绘制出填充区域。
- 文字工具：使用文字工具创建需要的文字。

案例制作步骤

源文件路径	效果文件\第12章\实例215.ai		
调用路径	素材文件\第12章\实例215.ai		
视频路径	视频\第12章\实例215. avi		
难易程度	★★	学习时间	2分03秒

❶ 启动Illustrator，新建一个“宽度”为426mm、“高度”为291mm的空白文档。选择菜单栏中的“文件”|“打开”命令，打开配套光盘“素材文件\第12章\实例215.ai”文件，将素材复制到新建文档中，将它调整到如图12-18所示的位置。

图12-18 置入素材

❷ 使用▭（矩形工具）在页面内绘制2个矩形，尺寸分别为258mm×145mm和22mm×145mm，以灰色（K：70%）填充，描边属性设置为“无”，然后将它们在页面内水平居中，如图12-19所示。

图12-19 绘制矩形

❸ 使用T（文字工具）在页面中输入文字，以白色填充，通过“字符”面板设置文字的字体及字号，如图12-20所示。

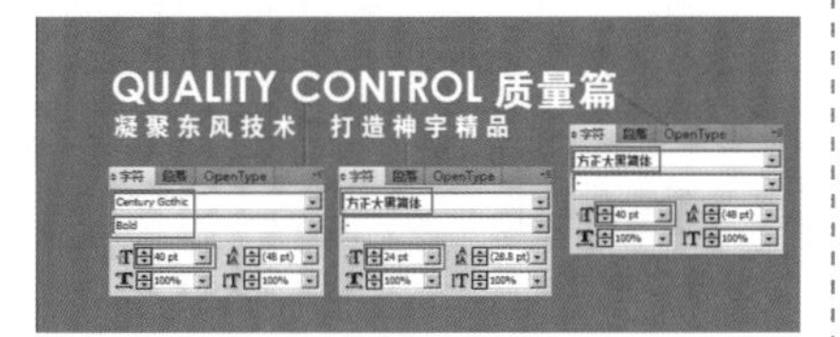

图12-20 文字设置

❹ 使用T（文字工具）在页面中输入文字，以白色填充，通过“字符”面板设置文字的字体及字号，如图12-21所示。

❺ 使用T（文字工具）在页面中输入文字，以黑色填充，通过“字符”面板设置文字的字体及字号。然后将文字原位复制一个，贴在后面，以白色描边，描边粗细为3pt，放在画面的右下角的位置，如图12-22所示。

图12-21 文字设置

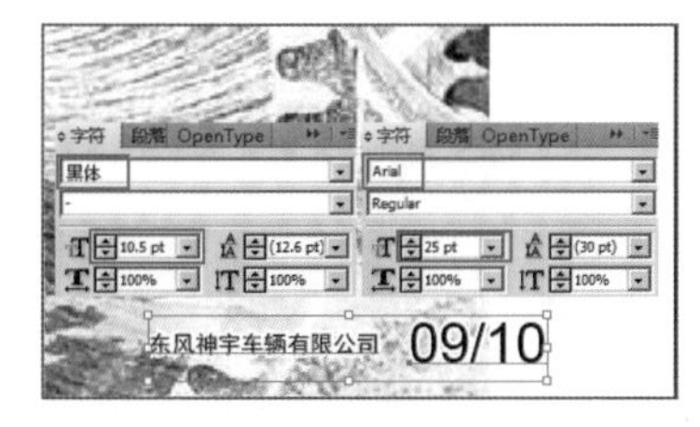

图12-22 文字设置

提 示

复制文字的快捷键是Ctrl+C，贴在后面的快捷键是Ctrl+B。

❻ 选择所有的图形和文字，按Ctrl+G快捷键将它们编组，完成本实例的制作，如图12-23所示。

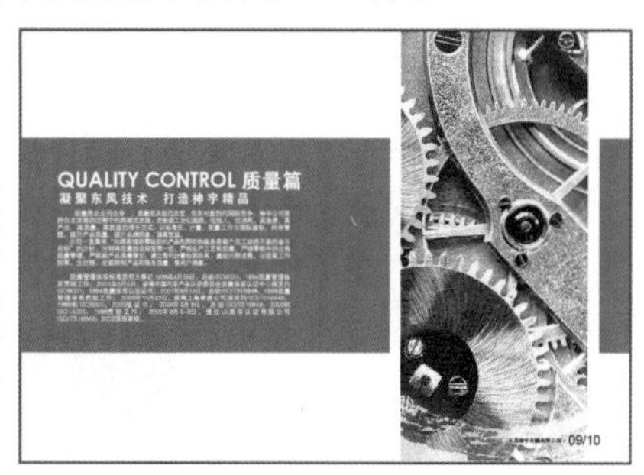

图12-23 最终效果

实例216 企业宣传类——企业宣传画册内页四

本实例通过企业宣传画册内页的设计制作，主要使读者掌握文字工具及“字符”面板的使用。

案例设计分析

设计思路

企业画册是企业形象和企业产品的宣传窗口，对企业的宣传起着直接的作用。高质量的设计，可以提升公司形象，提高产品销售。本例以一张满版图片作为一个单面，非常有震撼力。在制作该实例时，先置入素材制作出画册的背景，然后输入文字，完成本例的制作。

案例效果剖析

如图12-24所示为企业宣传画册内页设计部分效果展示。

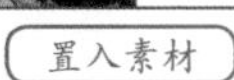

最终效果

图12-24 效果展示

案例技术要点

本例中主要用到的功能及技术要点如下。

- 矩形工具：使用矩形工具绘制出画册的尺寸。
- 文字工具：使用文字工具创建需要的文字。

源文件路径	效果文件\第12章\实例216.ai		
调用路径	素材文件\第12章\实例216.ai		
视频路径	视频\第12章\实例216. avi		
难易程度	★★	学习时间	0分58秒

实例217 企业宣传类——高尔夫会员手册封底封面

本实例通过高尔夫会员手册封底封面的设计制作，主要使读者掌握圆角矩形工具、直线工具、文字工具及“字符”面板的使用。

案例设计分析

设计思路

绿色草地作为背景，让人一看，就联想到了高尔夫球场绿油油的草地，令人心生向往。背面的高尔夫球，让人一目了然。在制作该实例时，先绘制出手册的辅助线，再置入背景素材制作背景，最后输入合适的文字，完成本例的制作。

案例效果剖析

如图12-25所示为高尔夫会员手册封底封面设计部分效果展示。

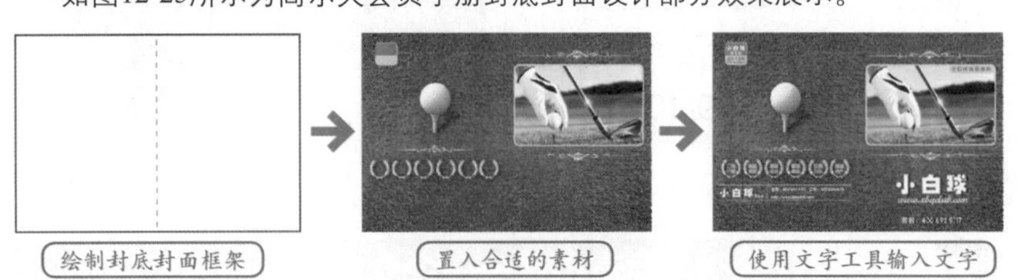

图12-25　效果展示

案例技术要点

本例中主要用到的功能及技术要点如下。

- 圆角矩形工具：使用圆角矩形工具制作出带有圆角的矩形。
- 直线工具：使用直线工具绘制任意直线。
- 文字工具：使用文字工具创建需要的文字。

案例制作步骤

源文件路径	效果文件\第12章\实例217.ai		
调用路径	素材文件\第12章\实例217.ai		
视频路径	视频\第12章\实例217. avi		
难易程度	★★	学习时间	5分29秒

❶ 启动Illustrator，新建一个“宽度”为210mm、“高度”为140mm的空白文档。使用（直线工具）绘制一条垂直的直线，将其设置成虚线，放在页面的中间，作为封底封面的分割线，如图12-26所示。

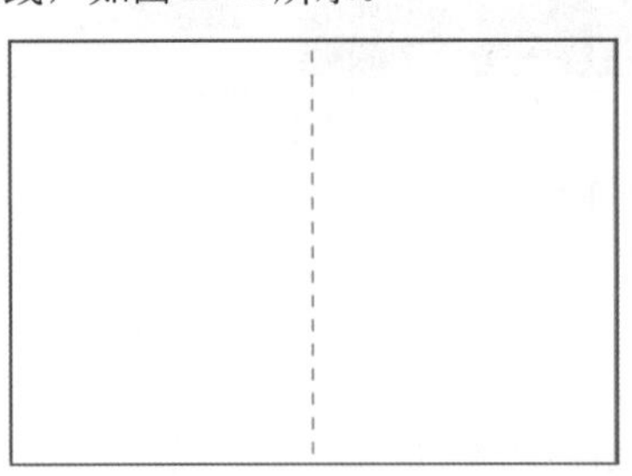

图12-26　绘制辅助线

❷ 选择菜单栏中的“文件”|“打开”命令，打开配套光盘“素材文件\第12章\实例217.ai”文件，将草地背景复制到新建文档中，并调整它的位置，如图12-27所示。

图12-27　置入素材

❸ 再次将配套光盘“素材文件\第12章\实例217.ai”文件中的素材调入到场景中，并调整它的位置，如图12-28所示。

❹ 使用（圆角矩形工具）绘制一个“宽度”为93mm、“高度”为56mm、“圆角半径”为3mm的圆角矩形，放在球场图片上，然后为它们两个建立剪切蒙版。再按住Ctrl键单击圆角矩形，将其选中并以绿色（C：25%、Y：100%）描边，描边粗细为3pt，如图12-29所示。

图12-28　置入素材

图12-29　建立剪切蒙版

> **提　示**
>
> 在为图片建立剪切蒙版时，一定要让路径位于图片的上方才可以完成操作。

❺ 再次将配套光盘“素材文件\第12章\实例217.ai”文件中的其余素材一一调入到场景中，并分别调整它们的位置，如图12-30所示。

图12-30　置入素材

❻ 使用（文字工具）在页面中输入文字，通过“颜色”面板设置文字的颜色，通过“字符”面板设置文字的字体及字号，如图12-31所示。

图12-31　文字设置

⑦ 将“小白球”和客服电话一起选中，并原位复制一个，贴在后面，以黑色填充，然后将它们向右、向下移动，如图12-32所示。

图12-32 制作投影效果

提 示

复制文字的快捷键是Ctrl+C，贴在后面的快捷键是Ctrl+B。

⑧ 使用▢（圆角矩形工具）绘制一个“宽度”为32mm、“高度”为6mm、“圆角半径”为3mm的圆角矩形，以绿色（C：25%、Y：100%）填充。再使用T（文字工具）在圆角矩形内输入文字，通过“颜色”面板设置文字的颜色，通过“字符”面板设置文字的字体及字号，如图12-33所示。

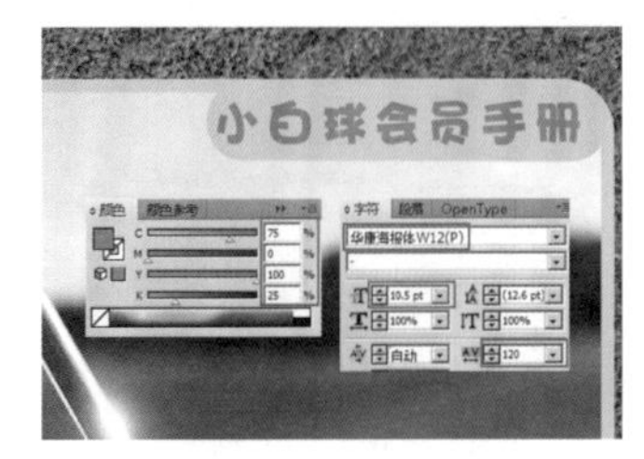

图12-33 文字设置

⑨ 使用T（文字工具）在页面内输入文字，通过“颜色”面板设置文字的颜色，通过“字符”面板设置文字的字体及字号，如图12-34所示。

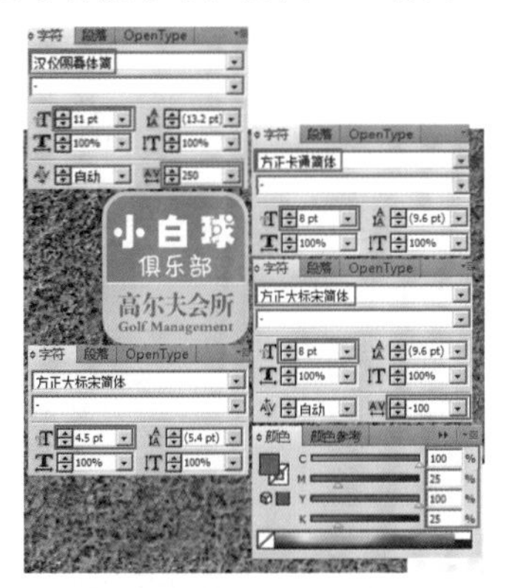

图12-34 文字设置

⑩ 使用╲（直线工具）绘制直线，在“颜色”面板中设置颜色属性为绿色（C：25%、Y：100%），如图12-35所示。

图12-35 绘制线形

⑪ 使用T（文字工具）在页面中输入文字，通过“颜色”面板设置文字的颜色，通过“字符”面板设置文字的字体及字号，如图12-36所示。

⑫ 将最初绘制的虚线删除，选择所有的图形和文字，按Ctrl+G快捷键将它们编组，完成本实例的制作，如图12-37所示。

图12-36 输入文字

图12-37 最终效果

实例218 企业宣传类——高尔夫会员手册内页一

本实例通过高尔夫会员手册内页设计的制作，使读者掌握直线工具、椭圆工具、圆角矩形工具及文字工具等的使用。

案例设计分析

设计思路

内页使用通版的草地素材作为背景，这样制作的画册非常大气，再配上半个高尔夫球，画册的功能不言而喻。在制作该实例时，先绘制出手册的辅助线，再置入背景素材制作背景，然后使用圆角矩形工具绘制出其他图块，最后输入合适的文字。

案例效果剖析

如图12-38所示为高尔夫会员手册内页部分效果展示。

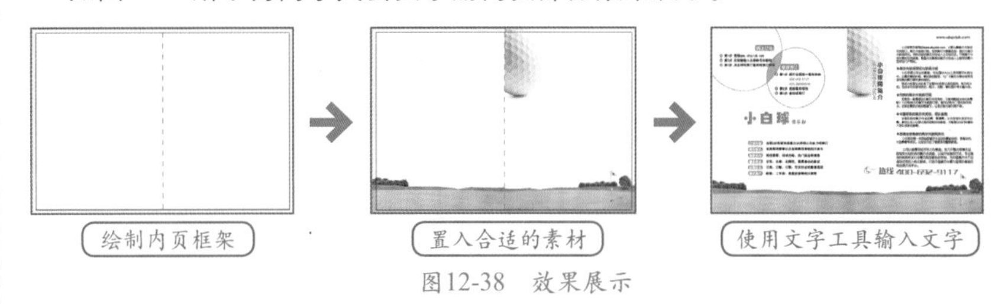

图12-38 效果展示

案例技术要点

本例中主要用到的功能及技术要点如下。

- 圆角矩形工具：使用圆角矩形工具制作出带有圆角的矩形。
- 椭圆工具：使用椭圆工具绘制出圆形图形。
- 直线工具：使用直线工具绘制任意直线。
- 文字工具：使用文字工具创建需要的文字。

案例制作步骤

源文件路径	效果文件\第12章\实例218.ai		
调用路径	素材文件\第12章\实例218.ai		
视频路径	视频\第12章\实例218. avi		
难易程度	★★	学习时间	4分44秒

❶ 启动Illustrator，新建一个"宽度"为210mm、"高度"为140mm的空白文档。使用▭（矩形工具）绘制一个"宽度"为216mm、"高度"为146mm的矩形，使其在页面居中放置，作为画面的出血范围。再使用╲（直线工具）绘制一条垂直的直线，设置成虚线，放在页面的中间，作为页面的分割线，如图12-39所示。

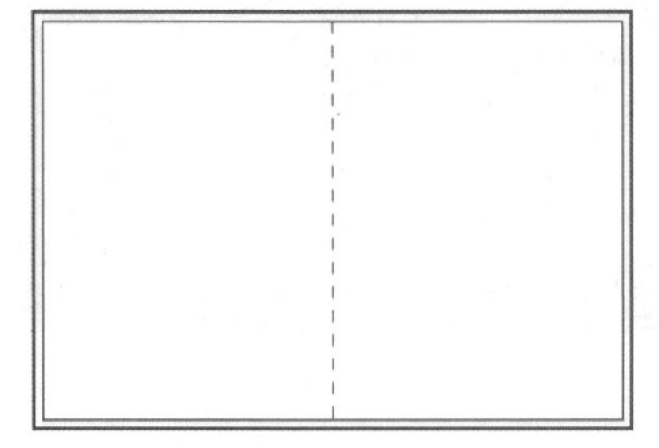

图12-39　绘制辅助线

❷ 选择菜单栏中的"文件"|"打开"命令，打开配套光盘"素材文件\第12章\实例218.ai"文件，将素材复制到新建文档中，并调整它的位置，如图12-40所示。

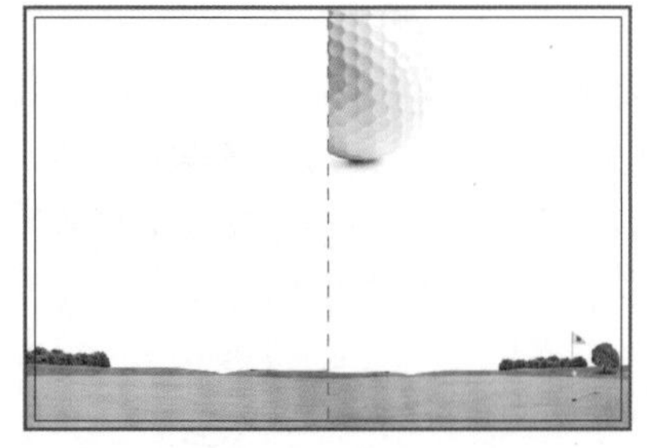

图12-40　置入素材

❸ 使用◯（椭圆工具）绘制一个"宽度"、"高度"均为60mm的正圆和一个"宽度"、"高度"均为45mm的正圆，都以绿色（C：75%、Y：100%、K：25%）描边，然后将它们两个交叉放置，放在左上角，如图12-41所示。

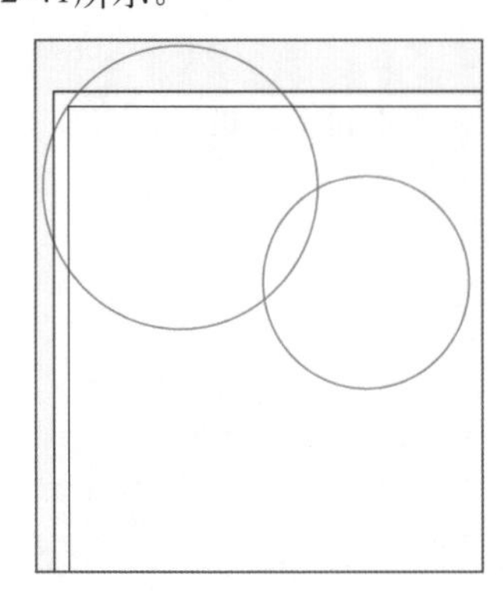

图12-41　绘制圆形

❹ 将这两个圆形全部选中原位复制一个，贴在后面。打开"路径查找器"面板，单击▣（交集）按钮，只剩下交集部分，然后以绿色（C：60%、Y：100%）填充，如图12-42所示。

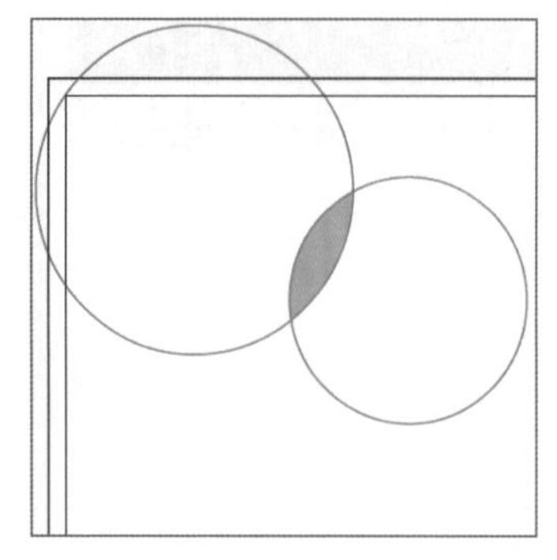

图12-42　编辑图形

❺ 使用T（文字工具）在页面中输入文字，通过"颜色"面板设置文字的颜色，通过"字符"面板设置文字的字体及字号。再使用▢（圆角矩形工具）在文字底下绘制圆角矩形，以绿色（C：75%、Y：100%、K：25%）填充，如图12-43所示。

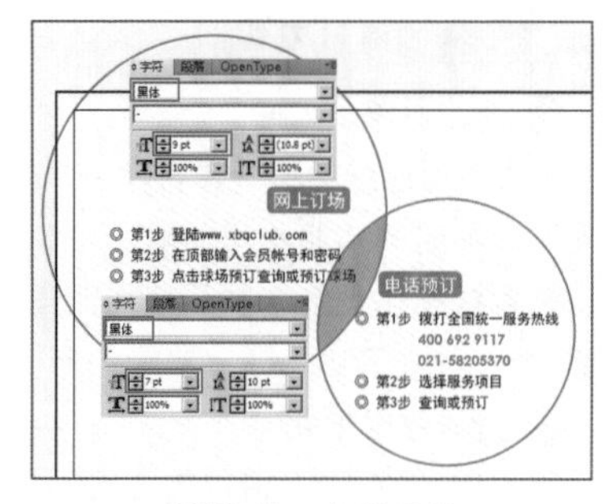

图12-43　文字设置

❻ 使用T（文字工具）在页面中输入文字，通过"颜色"面板设置文字的颜色，通过"字符"面板设置文字的字体及字号，如图12-44所示。

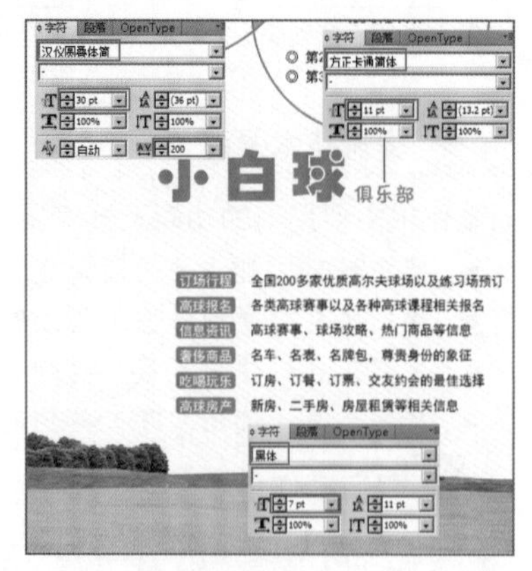

图12-44　文字设置

❼ 使用T（文字工具）在页面中输入文字，通过"颜色"面板设置文字的颜色，通过"字符"面板设置文字的字体及字号，如图12-45所示。

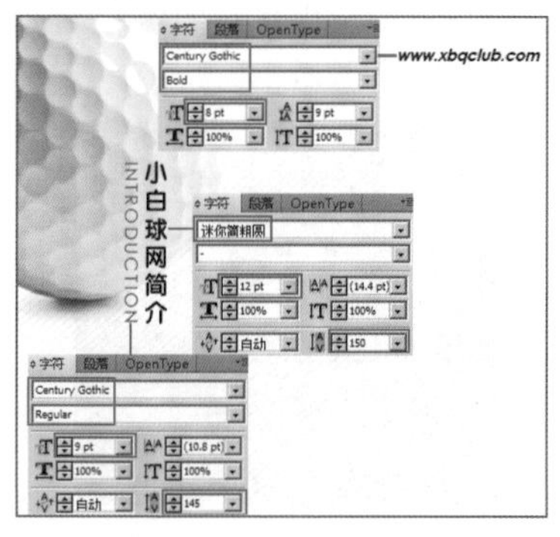

图12-45　文字设置

❽ 将配套光盘"素材文件\第12章\实例218.ai"文件中的电话素材复制到新建文档中，并调整它的位置。使用T（文字工具）在页面内输入文字，通过"颜色"面板设置文字的颜色，通过"字符"面板设置文字的字体及字号，如图12-46所示。

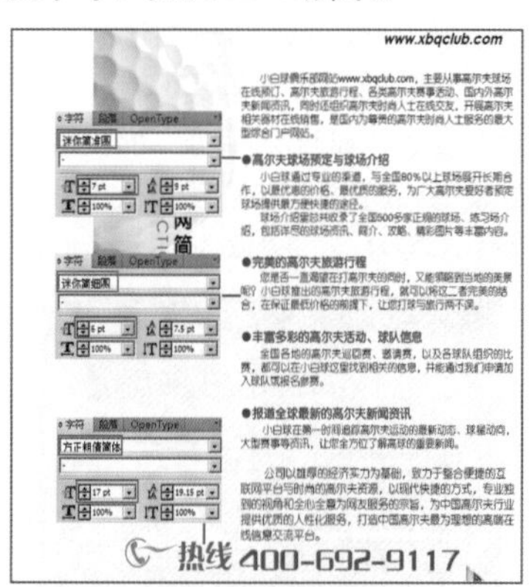

图12-46　文字设置

❾ 将中间的虚线删除，再全选图形并编组。使用▭（矩形工具）绘制一个"宽度"为210mm、"高度"为140mm的矩形，将其与内页图形建立剪切蒙版，完成本实例的制作，如图12-47所示。

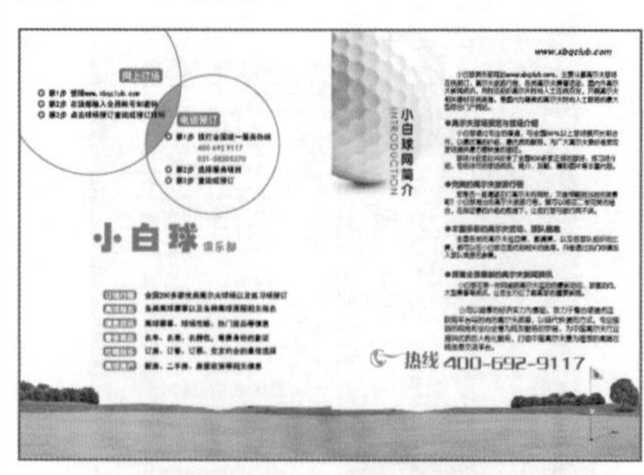

图12-47　最终效果

提　示

在为图片建立剪切蒙版时，一定要让路径位于图片的上方才可以完成操作。

实例219 企业宣传类——高尔夫会员手册内页二

本实例通过高尔夫会员手册内页设计的制作，使读者掌握圆角矩形工具、直线工具、椭圆工具及文字工具等的使用。

案例设计分析

设计思路

因为高尔夫是一个高消费的项目，因此在制作该类册子时，画面内容不宜过满，要学会“留白”，这样设计出来的册子才显得高端、大气、上档次。在制作该实例时，先绘制出手册的辅助线，再置入背景素材制作背景，然后使用圆角矩形工具和椭圆工具为背景图片制作剪切蒙版，最后输入合适的文字，完成本例的制作。

案例效果剖析

如图12-48所示为高尔夫会员手册内页部分效果展示。

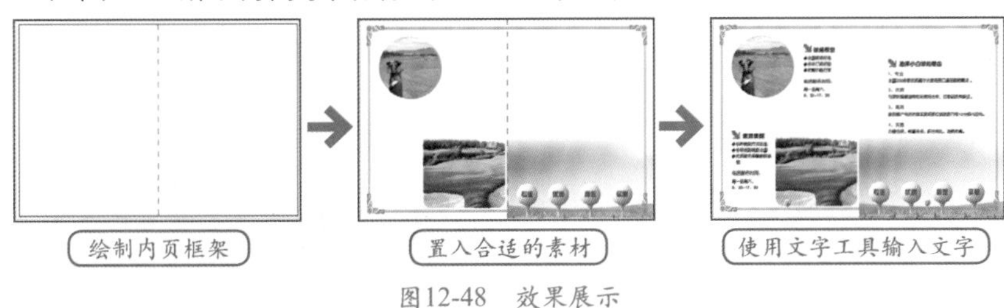

图12-48 效果展示

案例技术要点

本例中主要用到的功能及技术要点如下。

- 圆角矩形工具：使用圆角矩形工具制作出带有圆角的矩形。
- 椭圆工具：使用椭圆工具绘制出正圆或椭圆图形。
- 直线工具：使用直线工具绘制出任意直线。
- 文字工具：使用文字工具创建需要的文字。

案例制作步骤

源文件路径	效果文件\第12章\实例219.ai		
调用路径	素材文件\第12章\实例219.ai		
视频路径	视频\第12章\实例219. avi		
难易程度	★★	学习时间	4分51秒

❶ 启动Illustrator，新建一个“宽度”为210mm、“高度”为140mm的空白文档。使用（矩形工具）绘制一个“宽度”为216mm、“高度”为146mm的矩形，使其在页面居中放置，作为画面的出血范围。再使用（直线工具）绘制一条垂直的直线，设置成虚线，放在页面的中间，作为页面的分割线，如图12-49所示。

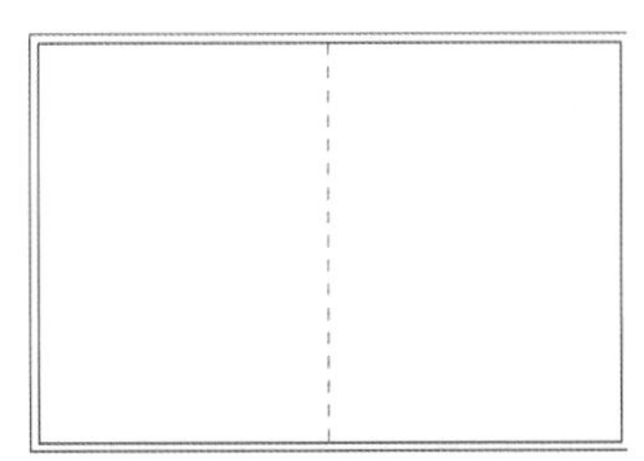

图12-49 绘制辅助线

❷ 选择菜单栏中的“文件”|“打开”命令，打开配套光盘“素材文件\第12章\实例219.ai”文件，将部分素材复制到新建文档中，并调整它们的位置，如图12-50所示。

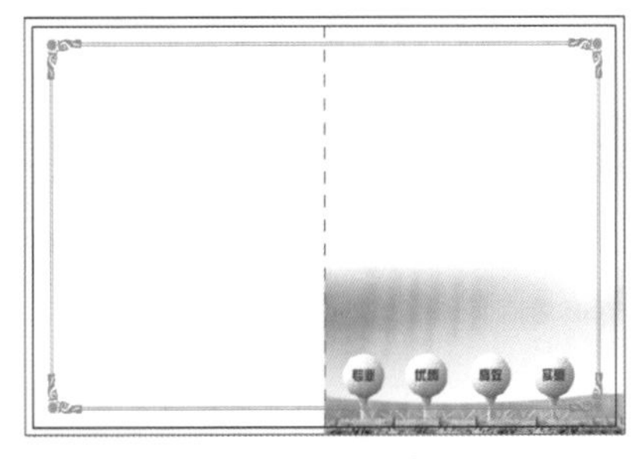

图12-50 置入素材

❸ 将配套光盘“素材文件\第12章\实例219.ai”文件中的风景图片复制到当前文档中，并调整它们的位置，如图12-51所示。

图12-51 置入素材

❹ 使用（椭圆工具）绘制一个“宽度”、“高度”均为43mm的正圆，使其为左上角的风景图片建立剪切蒙版；然后再绘制一个同样大小的正圆，以桔色（M：50%、Y：100%）填充，并将其向右、向下移动位置。使用（圆角矩形工具）绘制一个“宽度”为58mm、“高度”为50mm、“圆角半径”为3mm的圆角矩形，使其为左下角的风景图片建立剪切蒙版，如图12-52所示。

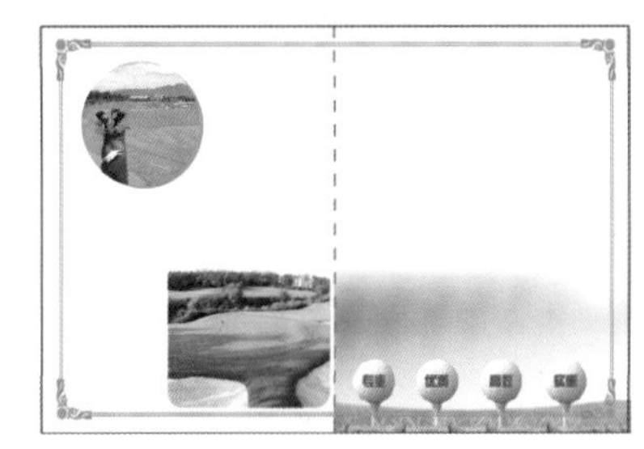

图12-52 建立剪切蒙版

❺ 将配套光盘“素材文件\第12章\实例219.ai”文件中的箭头图形和页码复制到当前文档中，并调整它们的位置。然后使用（文字工具）在页面中输入文字，通过“颜色”面板设置文字的颜色，通过“字符”面板设置文字的字体及字号，如图12-53所示。

图12-53 文字设置

❻ 使用（文字工具）在页面中输入文字，通过“颜色”面板设置文

字的颜色，通过“字符”面板设置文字的字体及字号，如图12-54所示。

图12-54　文字设置

❼ 将中间的虚线删除，再全选图形并编组，完成本实例的制作，如图12-55所示。

图12-55　最终效果

实例220　企业宣传类——高尔夫会员手册内页三

本实例通过高尔夫会员手册内页设计的制作，使读者掌握直线工具及文字工具等的使用。

案例设计分析

设计思路

该例没多少需要特别设计的地方，画面中置入一个礼品盒，然后把细则放在旁边，画面显得干净、利索。在制作该实例时，先绘制出手册的辅助线，再置入背景素材制作背景，然后输入合适的文字，完成本例的制作。

案例效果剖析

如图12-56所示为高尔夫会员手册内页部分效果展示。

图12-56　效果展示

案例技术要点

本例中主要用到的功能及技术要点如下。

- 直线工具：使用直线工具绘制直线。
- 文字工具：使用文字工具创建需要的文字。

源文件路径	效果文件\第12章\实例220.ai		
调用路径	素材文件\第12章\实例220.ai		
视频路径	视频\第12章\实例220. avi		
难易程度	★★	学习时间	1分32秒

实例221　企业宣传类——机械公司宣传画册封底封面设计

本实例通过机械公司宣传画册封底封面设计的制作，使读者掌握矩形工具、渐变工具及文字工具等的使用。

案例设计分析

设计思路

本例要制作的是机械类画册的封底封面。机械企业属于重工业，在制作该类画册时，应选用比较厚重的蓝色、黑色、灰色等颜色。在制作该实例时，先置入背景素材制作背景，再使用矩形工具、渐变工具绘制出图块，最后再输入合适的文字。

案例效果剖析

如图12-57所示为机械公司宣传画册封底封面设计部分效果展示。

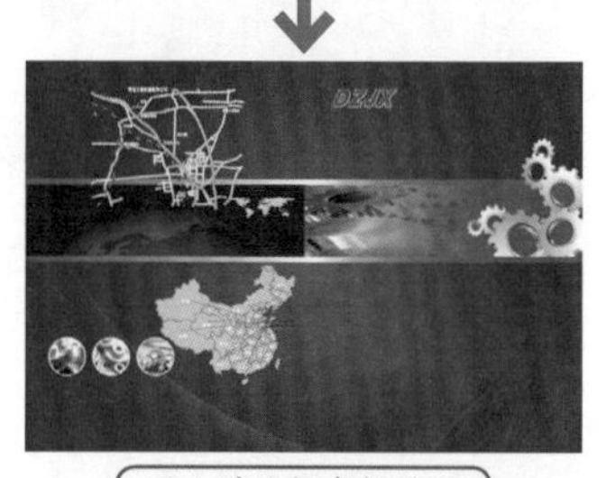

图12-57　效果展示

案例技术要点

本例中主要用到的功能及技术要点如下。

- 矩形工具：使用矩形工具绘制出画册的尺寸。
- 渐变工具：使用渐变工具制作渐变效果。
- 文字工具：使用文字工具创建需要的文字。

案例制作步骤

源文件路径	效果文件\第12章\实例221.ai
调用路径	素材文件\第12章\实例221.ai
视频路径	视频\第12章\实例221. avi
难易程度	★★
学习时间	7分23秒

❶ 启动Illustrator，新建一个“宽度”为426mm、“高度”为291mm的空白文档。再使用▭（矩形工具）在页面中绘制一个和文档同样大小的矩形，选择▣（渐变工具），通过“渐变”面板和“颜色”面板设置渐变属性，如图12-58所示。

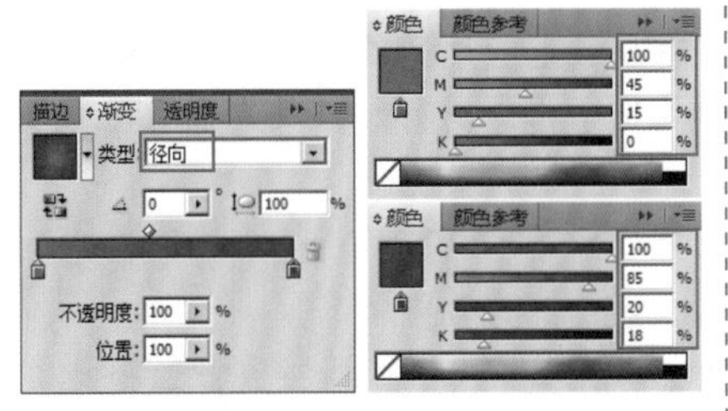

图12-58　渐变属性设置

❷ 设置好渐变属性后，图形效果如图12-59所示。

图12-59　渐变效果

❸ 选择菜单栏中的“文件”|“打开”命令，打开配套光盘“素材文件\第12章\实例221.ai”文件，将背景素材复制到新建文档中，调整图片的大小，如图12-60所示。

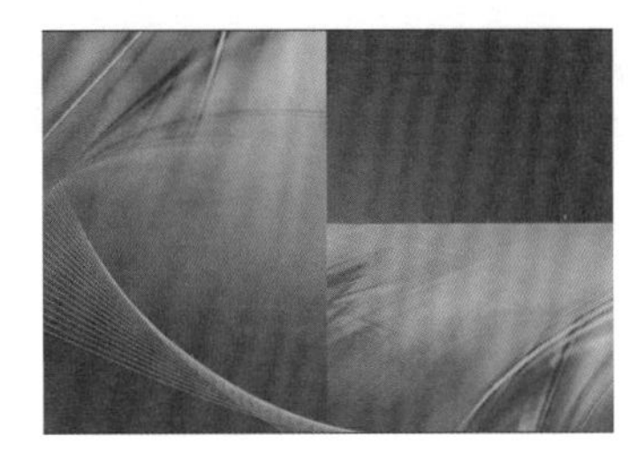

图12-60　置入素材

❹ 在“透明度”面板中，将左上角图片的混合模式更改为“正片叠底”，左下角的混合模式更改为“柔光”，并为其建立剪切蒙版，将页面外的图形隐藏起来。如图12-61所示。

图12-61　更改混合模式

提　示

在为图片建立剪切蒙版时，一定要让路径位于图片的上方才可以完成操作。

❺ 使用▭（矩形工具）绘制一个和右下角图片一样大的矩形，置于其上方，然后为该矩形制作黑色到白色的渐变效果，如图12-62所示。

图12-62　渐变效果

❻ 将矩形和右下角图片同时选中，在“透明度”面板中选择“建立不透明蒙版”命令，然后将其混合模式更改为“叠加”，图形效果如图12-63所示。

图12-63　更改混合模式

❼ 将配套光盘“素材文件\第12章\实例221.ai”文件中的部分素材复制到当前文档中，调整图片的大小和位置，如图12-64所示。

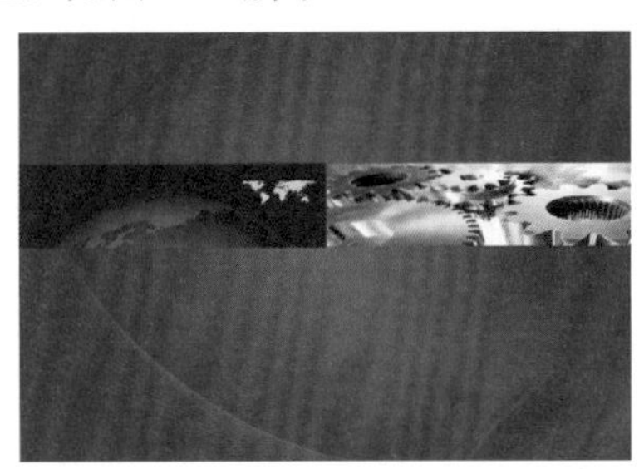

图12-64　置入素材

❽ 使用▭（矩形工具）绘制一个和右侧齿轮图片一样大的矩形，置于其上方。然后选择▣（渐变工具），通过“渐变”面板和“颜色”面板设置渐变属性，如图12-65所示。

❾ 设置好渐变属性后，图形效果如图12-66所示。

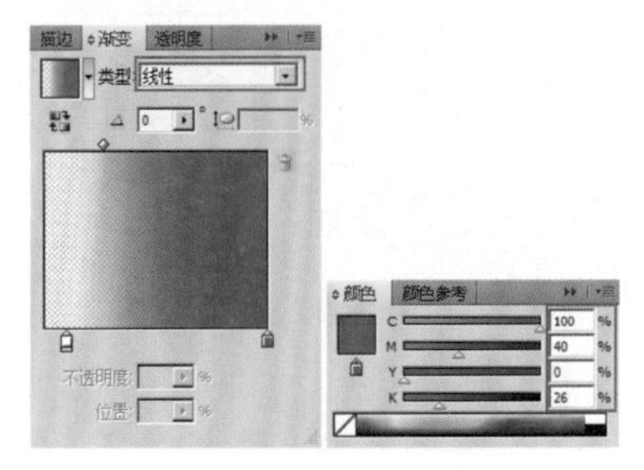

图12-65　渐变属性设置

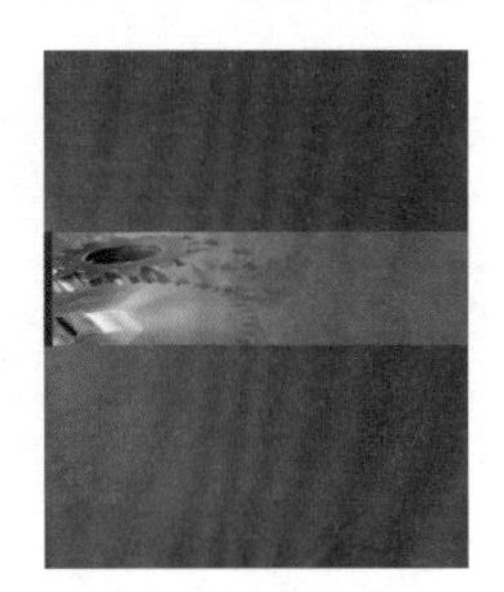

图12-66　渐变效果

❿ 使用▭（矩形工具）绘制一个“宽度”为426mm、“高度”为4mm的矩形。选择▣（渐变工具），通过“渐变”面板和“颜色”面板设置渐变属性，如图12-67所示。

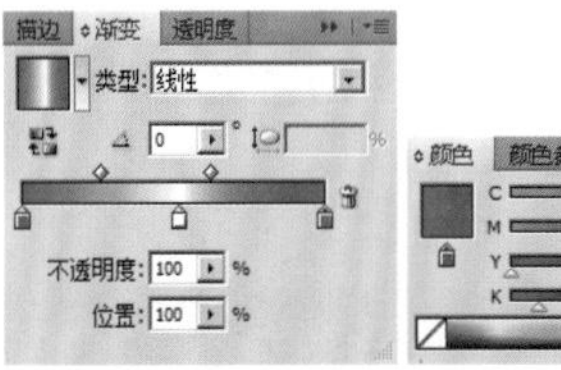

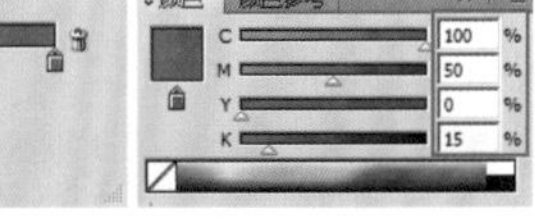

图12-67　渐变属性设置

⓫ 设置好渐变属性后，将矩形再移动复制一次，调整它们的位置，如图12-68所示。

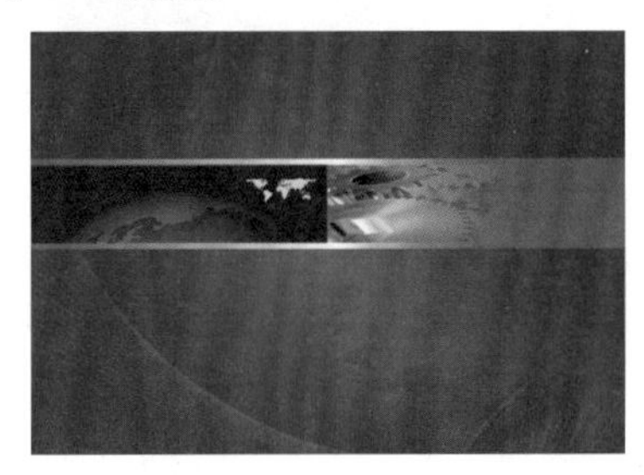

图12-68　矩形效果

⓬ 将配套光盘“素材文件\第12章\实例221.ai”文件中的剩余素材全部复制到当前文档中，调整图片的大小和位置，如图12-69所示。

⓭ 使用T（文字工具）在页面中输入文字，通过“字符”面板设置文字的字体及字号。然后将公司名字原位复制一个，贴在后面，填充黑色，再将其向右、向下分别移动距离，如图12-70所示。

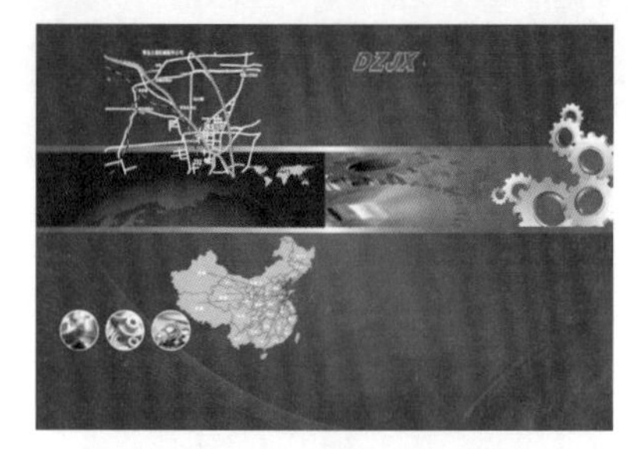
图12-69　置入素材

图12-70　文字设置

⑭ 使用T（文字工具）在页面中输入文字，通过“字符”面板设置文字的字体及字号。然后将文字原位复制一个，贴在后面，以白色描边，描边粗细为3pt，如图12-71所示。

图12-71　文字设置

⑮ 使用T（文字工具）在页面中输入文字，通过“字符”面板设置文字的字体及字号，如图12-72所示。

图12-72　最终效果

实例222　企业宣传类——机械公司宣传画册内页设计

本实例通过机械公司宣传画册内页设计的制作，使读者掌握矩形工具及文字工具等的使用。

案例设计分析

设计思路

该内页内容制作的是企业简介，一般就是放上图片，并配上相关的文字即可。在制作该实例时，先使用矩形工具制作出边框，再置入素材充实画面，最后输入合适的文字，完成本例的制作。

案例效果剖析

如图12-73所示为机械公司宣传画册内页设计部分效果展示。

图12-73　效果展示

案例技术要点

本例中主要用到的功能及技术要点如下。

- 矩形工具：使用矩形工具绘制出边框。
- 文字工具：使用文字工具创建需要的文字。

源文件路径	效果文件\第12章\实例222.ai		
调用路径	素材文件\第12章\实例222.ai		
视频路径	视频\第12章\实例222. avi		
难易程度	★★	学习时间	4分50秒

实例223　企业宣传类——经济公司传播画册内页一

本实例通过经济公司传播画册的设计制作，主要使读者掌握直线工具、文字工具及“字符”面板等的使用。

案例设计分析

设计思路

该类内页的设计制作很简单，置入大幅图片，然后配上相关的文字即可。在制作该实例时，先置入背景素材制作背景，再输入合适的文字，完成本例的制作。

案例效果剖析

如图12-74所示为经济公司传播画册内页设计部分效果展示。

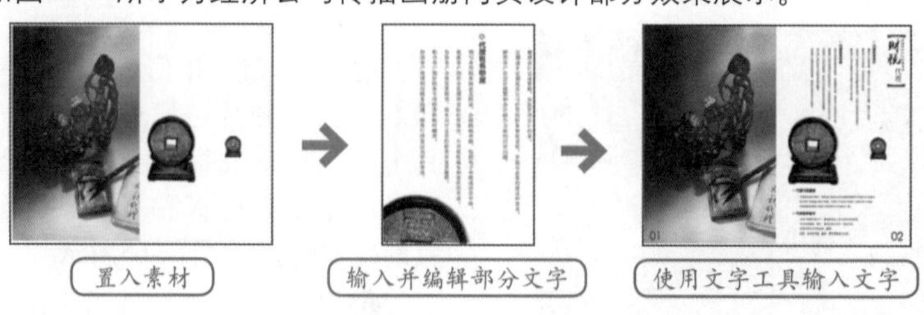

图12-74　效果展示

案例技术要点

本例中主要用到的功能及技术要点如下。

- 直线工具：使用直线工具绘制直线。
- 文字工具：使用文字工具创建需要的文字。

案例制作步骤

源文件路径	效果文件\第12章\实例223.ai
调用路径	素材文件\第12章\实例223.ai
视频路径	视频\第12章\实例223. avi
难易程度	★★
学习时间	3分41秒

❶ 启动Illustrator，新建一个“宽度”为356mm、“高度”为286mm的空白文档。选择菜单栏中的“文件”|“打开”命令，打开配套光盘“素材文件\第12章\实例223.ai”文件，将素材复制到新建文档中，调整图片的大小，如图12-75所示。

图12-75 置入素材

❷ 通过(直线工具)和T(文字工具)在页面中分别绘制直线和输入文字，放在页面的右上角，如图12-76所示。

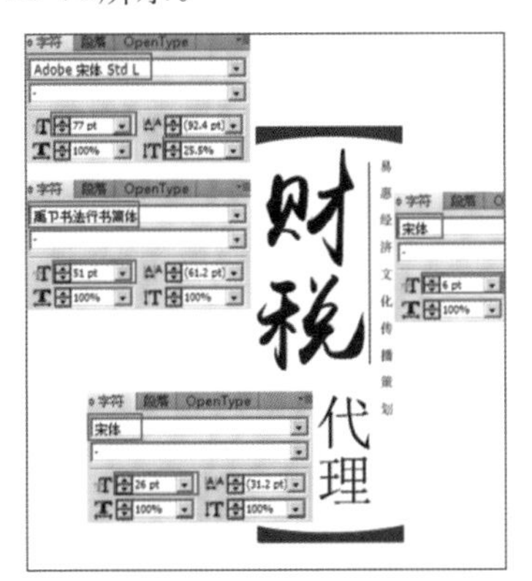

图12-76 文字设置

❸ 使用T(文字工具)在页面中输入文字，通过“字符”面板设置文字的字体及字号，如图12-77所示。

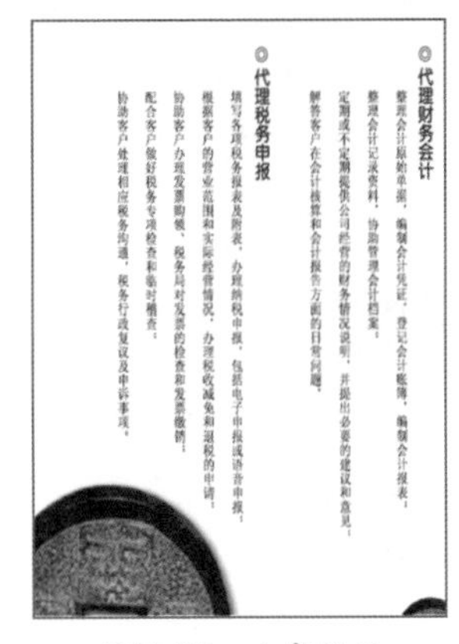

图12-77 文字设置

❹ 使用T(文字工具)在页面中输入文字，通过“字符”面板设置文字的字体及字号，如图12-78所示。

❺ 使用T(文字工具)为内页输入页码，通过“字符”面板设置文字的字体及字号，如图12-79所示。

❻ 全选所有图形，按Ctrl+G快捷键编组图形，完成本实例的制作。

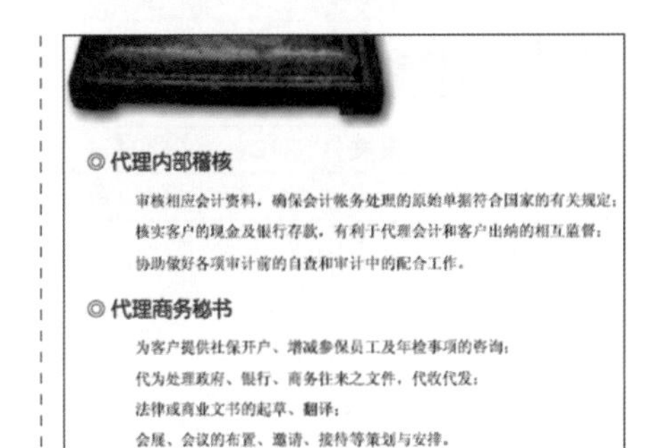

图12-78 文字设置

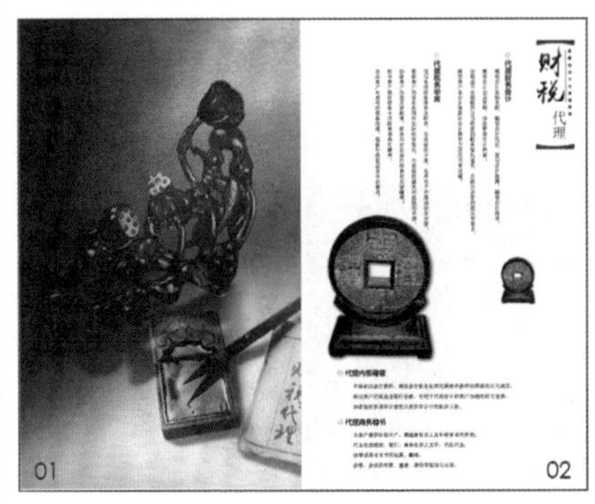

图12-79 最终效果

实例224 企业宣传类——经济公司传播画册内页二

本实例通过经济公司传播画册的设计制作，主要使读者掌握直线工具、文字工具及“字符”面板等的使用。

案例设计分析

设计思路

该类内页的设计制作很简单，置入大幅图片，然后配上相关的文字即可。在制作该实例时，先置入背景素材制作背景，再输入合适的文字，完成本例的制作。

案例效果剖析

如图12-80所示为经济公司传播画册内页设计部分效果展示。

图12-80 效果展示

案例技术要点

本例中主要用到的功能及技术要点如下。

- 直线工具：使用直线工具绘制直线。
- 文字工具：使用文字工具创建需要的文字。

案例制作步骤

源文件路径	效果文件\第12章\实例224.ai
调用路径	素材文件\第12章\实例224.ai
视频路径	视频\第12章\实例224. avi
难易程度	★★
学习时间	3分20秒

❶ 启动Illustrator，新建一个“宽度”为356mm、“高度”为286mm的空白文档。选择菜单栏中的“文件”|“打开”命令，打开配套光盘“素材文件\第12章\实例224.ai”文件，将素材复制到新建文档中，调整图片的大小，如图12-81所示。

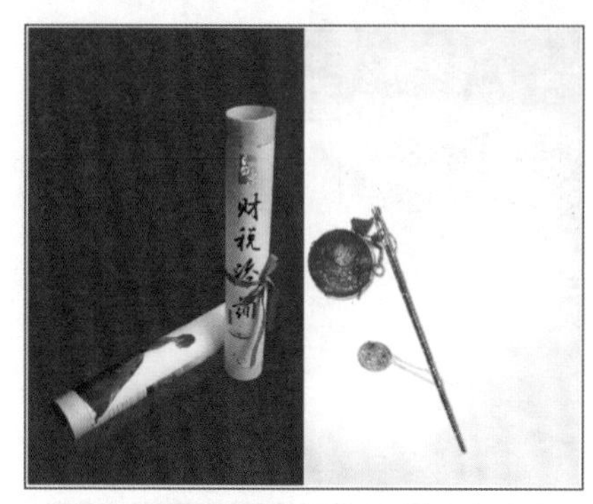

图12-81 置入素材

❷ 通过 （直线工具）和 （文字工具）在页面中分别绘制直线和输入文字，放在页面的右上角，如图12-82所示。

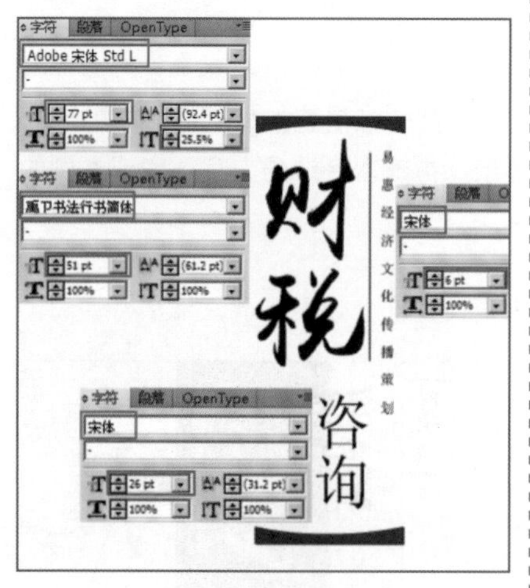

图12-82 文字设置

❸ 使用 （文字工具）在页面中输入文字，通过“字符”面板设置文字的字体及字号，如图12-83所示。

❹ 使用 （文字工具）在页面中输入文字，通过“字符”面板设置文字的字体及字号，如图12-84所示。

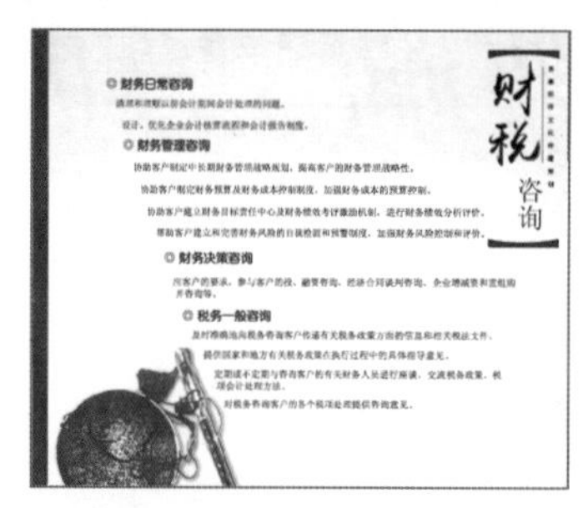

图12-83 文字设置

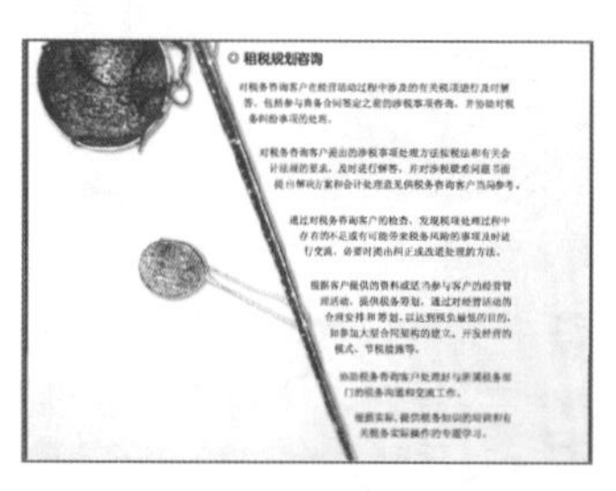

图12-84 文字设置

❺ 使用 （文字工具）为内页输入页码，通过“字符”面板设置文字的字体及字号，如图12-85所示。

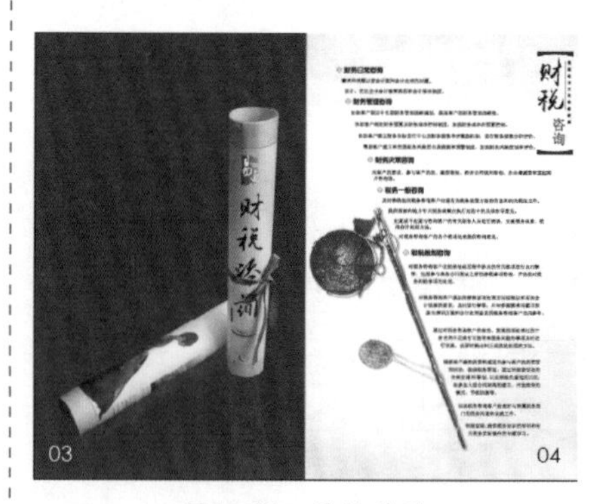

图12-85 最终效果

❻ 全选所有图形，按Ctrl+G快捷键编组图形，完成本实例的制作。

实例225 企业宣传类——经济公司传播画册内页三

本实例通过经济公司传播画册的设计制作，主要使读者掌握直线工具、文字工具及“字符”面板等的使用。

案例设计分析

设计思路

该类内页的设计制作很简单，置入大幅图片，然后配上相关的文字即可。在制作该实例时，先置入背景素材制作背景，再输入合适的文字，完成本例的制作。

案例效果剖析

如图12-86所示为经济公司传播画册内页设计部分效果展示。

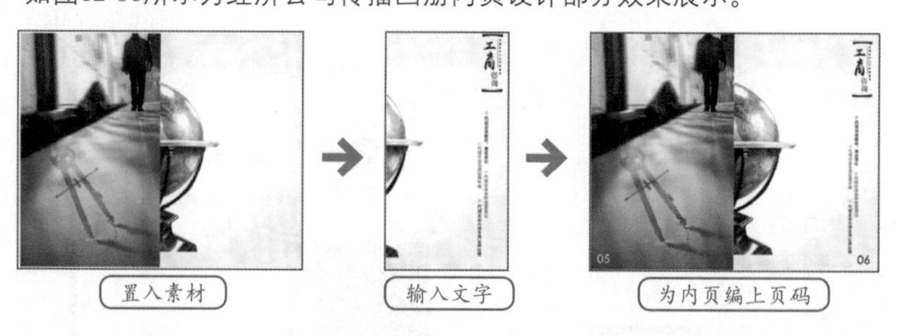

图12-86 效果展示

案例技术要点

本例中主要用到的功能及技术要点如下。

- 直线工具：使用直线工具绘制直线。
- 文字工具：使用文字工具创建需要的文字。

源文件路径	效果文件\第12章\实例225.ai		
调用路径	素材文件\第12章\实例225.ai		
视频路径	视频\第12章\实例225. avi		
难易程度	★★	学习时间	3分08秒

第13章 商业海报设计

海报是一种信息传递的艺术，是一种大众化的宣传工具。海报又称招贴画，是贴在街头墙上、挂在橱窗里的大幅画作，以其醒目的画面吸引路人的注意。海报设计必须有相当强的号召力与艺术感染力，要调动形象、色彩、构图、形式感等因素形成强烈的视觉效果；它的画面应有较强的视觉中心，应力求新颖、单纯，还必须具有独特的艺术风格和设计特点。按其应用不同，海报大致可以分为商业海报、文化海报、电影海报、游戏海报、创意海报和公益海报等，本章介绍的是商业海报。商业海报是指宣传商品或商业服务的商业广告性海报。商业海报的设计，要恰当地配合产品的格调和受众对象。

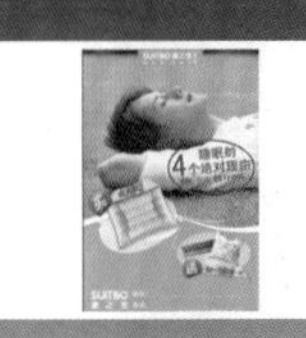

实例226 商业宣传类——联合招聘网招聘海报

本实例通过联合招聘网招聘海报设计的制作，主要使读者掌握钢笔工具、渐变工具、自由变换工具及文字工具等的使用。

案例设计分析

设计思路

本例要制作的海报属于招商海报，这类海报通常以商业宣传为目的，以引人注目的视觉效果达到宣传某种商品或服务的目的。招商海报的设计应明确其商业主题，同时在文案上要注意突出重点，不宜太花哨。在制作该实例时，先使用渐变工具制作出背景，再置入素材，最后输入合适的文字，完成本实例的制作。

案例效果剖析

如图13-1所示为联合招聘网招聘海报部分效果展示。

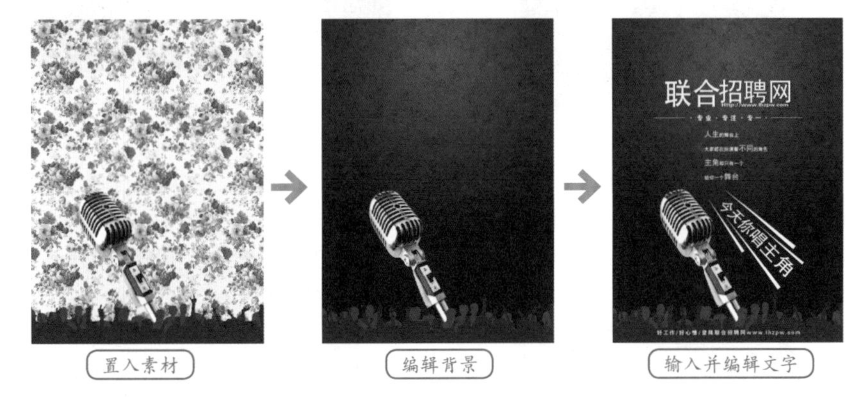

图13-1 效果展示

案例技术要点

本例中主要用到的功能及技术要点如下。

- 钢笔工具：使用钢笔工具绘制个性的图形。
- 渐变工具：使用渐变工具制作背景的渐变效果。
- 自由变换工具：使用自由变换工具对文字进行变形操作。
- 文字工具：使用文字工具创建需要的文字。

案例制作步骤

源文件路径	效果文件\第13章\实例226.ai
调用路径	素材文件\第13章\实例226.ai
视频路径	视频\第13章\实例226. avi
难易程度	★★★
学习时间	7分09秒

❶ 启动Illustrator，新建一个“宽度”为210mm、“高度”为285mm的空白文档。使用“矩形工具”在页面内绘制一个同样大小的矩形。单击（渐变工具）按钮，在“颜色”面板和“渐变”面板中设置渐变属性，如图13-2所示。

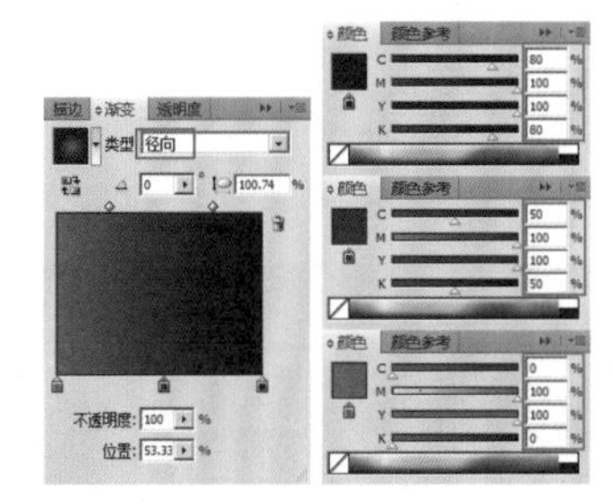

图13-2 渐变属性设置

❷ 设置好渐变属性后，矩形的渐变效果如图13-3所示。

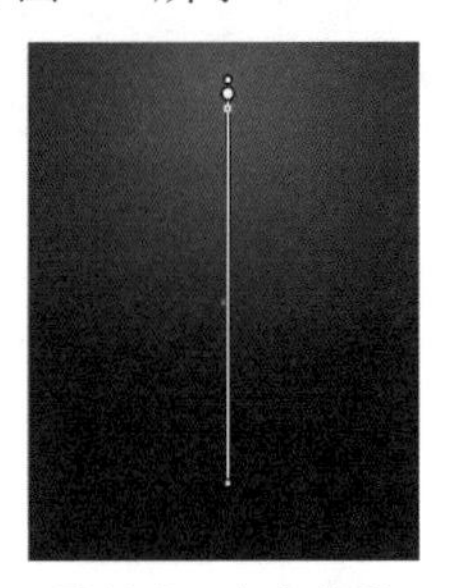

图13-3 渐变效果

❸ 选择菜单栏中的“文件”|“打开”命令，打开配套光盘“素材文件\第13章\实例226.ai”文件，将素材复制到新建文档中，调整图片的大小，如图13-4所示。

图13-4　置入素材

❹ 使用（选择工具）选择背景花纹，在“透明度”面板中设置底纹的混合模式为“正片叠底”、不透明度数值为50%，图形效果如图13-5所示。

图13-5　背景效果

❺ 通过（文字工具）在页面中输入文字，通过“字符”面板设置文字的字体及字号，如图13-6所示。

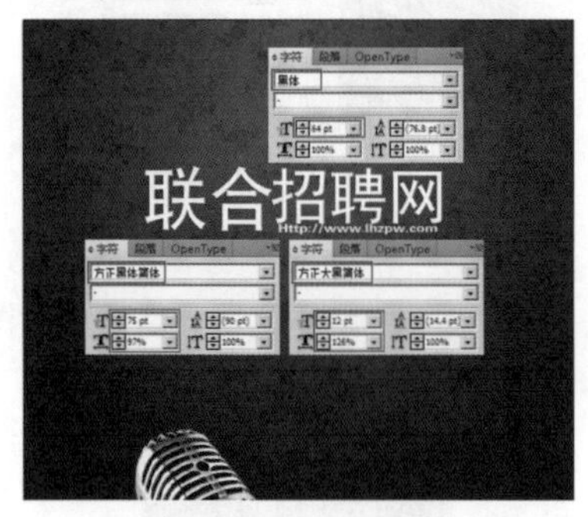

图13-6　文字设置

❻ 通过（文字工具）和（直线工具）在页面中输入文字和绘制图形，如图13-7所示。

❼ 使用（文字工具）在页面中输入文字，通过“字符”面板设置文字的字体及字号，通过“颜色”面板调整文字的颜色，如图13-8所示。

图13-7　文字设置

图13-8　文字设置

❽ 使用（钢笔工具）在页面中绘制如图13-9所示的图形。

图13-9　绘制图形

❾ 使用（文字工具）在页面中输入文字，通过“字符”面板设置文字的字体及字号，通过范围框将其旋转一定的角度，如图13-10所示。

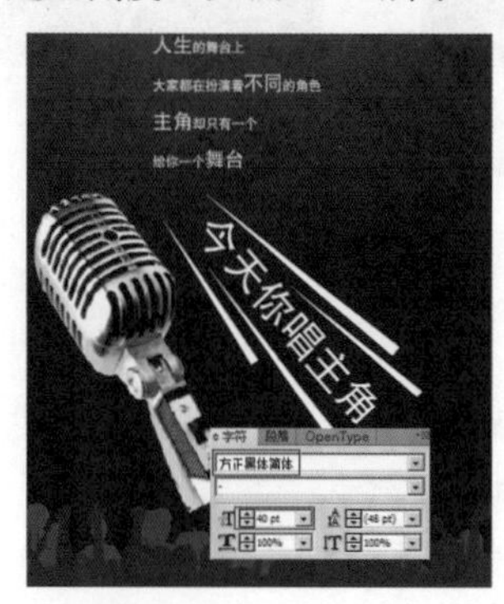

图13-10　文字设置

❿ 按Ctrl+Shift+O快捷键为文字创建轮廓。单击（自由变换工具）按钮，将鼠标指向范围框的一个角点，先按住鼠标左键，再按住Ctrl+Alt+Shift键拖曳鼠标，可以做透视效果，如图13-11所示。

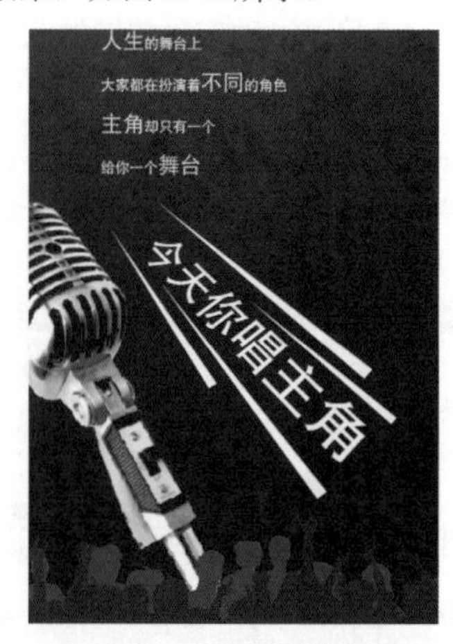

图13-11　文字透视效果

提　示

在制作文字的透视效果时，可以根据实际情况拖动鼠标，合理即可。

⓫ 使用（文字工具）在页面中输入文字，通过“字符”面板设置文字的字体及字号，如图13-12所示。

图13-12　文字设置

⓬ 全选所有图形，按Ctrl+G快捷键编组图形，完成本实例的制作，如图13-13所示。

图13-13　最终效果

实例227 商业宣传类——高尔夫俱乐部招聘展架

本实例通过高尔夫俱乐部招聘展架海报设计的制作，主要使读者掌握矩形工具、剪刀工具、椭圆工具及文字工具等的使用。

案例设计分析

设计思路

X展架是一种用做广告宣传的、背部具有X型支架的展览展示用品，又叫产品展示架、促销架、便携式展具和资料架等。X展架是根据产品的特点，设计与之匹配的产品促销展架，再加上具有创意的Logo标牌，使产品醒目地展现在公众面前，从而加大对产品的宣传广告作用。在制作该实例时，先置入合适的素材制作出背景，再输入合适的文字，完成本实例的制作。

案例效果剖析

如图13-14所示为高尔夫俱乐部招聘海报部分效果展示。

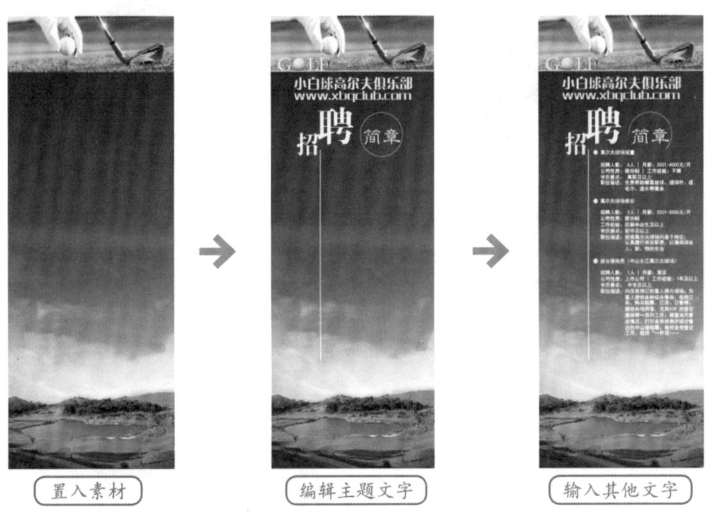

图13-14 效果展示

案例技术要点

本例中主要用到的功能及技术要点如下。

- 矩形工具：使用矩形工具绘制出填充区域。
- 剪刀工具：使用剪刀工具将路径剪开，然后编辑路径的形态。
- 椭圆工具：使用椭圆工具绘制出正圆图形和椭圆图形。
- 文字工具：使用文字工具创建需要的文字。

源文件路径	效果文件\第13章\实例227.ai		
调用路径	素材文件\第13章\实例227.ai		
视频路径	视频\第13章\实例227. avi		
难易程度	★★★	学习时间	4分06秒

实例228 商业宣传类——蓝牙耳机海报

本实例通过蓝牙耳机海报设计的制作，主要使读者掌握矩形工具及文字工具等的使用。

案例设计分析

设计思路

本例海报属于展览海报，主要用于展览会的宣传，具有传播信息的作用，涉及内容广泛、艺术表现力丰富、远视效果强。在制作该实例时，先置入素材，并为素材制作剪切蒙版效果，从而制作出海报的背景，再输入合适的文字，完成本实例的制作。

案例效果剖析

如图13-15所示为蓝牙耳机海报部分效果展示。

置入素材

绘制图形

置入素材输入文字

图13-15 效果展示

案例技术要点

本例中主要用到的功能及技术要点如下。

- 矩形工具：使用矩形工具绘制出填充区域。
- 文字工具：使用文字工具创建需要的文字。

案例制作步骤

源文件路径	效果文件\第13章\实例228.ai
调用路径	素材文件\第13章\实例228.ai
视频路径	视频\第13章\实例228. avi
难易程度	★★
学习时间	3分08秒

❶ 启动Illustrator，新建一个“宽度”为208mm、“高度”为285mm的空白文档。选择菜单栏中的“文件”|“打开”命令，打开配套光盘“素材文件\第13章\实例228.ai”文件，将人物背景图片复制到新建文档中，调整图片的大小，如图13-16所示。

图13-16　置入素材

❷ 使用▭（矩形工具）在页面中绘制一个“宽度”为208mm、“高度”为285mm的矩形，使其位于图片的上方，然后选中矩形和图片，为图片建立剪切蒙版，效果如图13-17所示。

图13-17　建立剪切蒙版效果

提　示

在为图片建立剪切蒙版时，一定要让路径位于图片的上方才可以完成操作。

❸ 使用▭（矩形工具）在页面中绘制一个“宽度”为50mm、“高度”为35mm的矩形，以绿色（C：50%、Y：100%）填充，放置在如图13-18所示的位置。

❹ 使用▭（矩形工具）在页面中绘制一个“宽度”为158mm、“高度”为35mm的矩形，以黑色填充。在“透明度”面板中修改其不透明度数值为20%，然后将其放置在如图13-19所示的位置。

图13-18　绘制矩形

图13-19　复制矩形

❺ 使用T（文字工具）在页面中输入文字，分别以绿色（C：90%、M：10%、Y：100%）和黑色填充，通过“字符”面板设置文字的字体及字号，如图13-20所示。

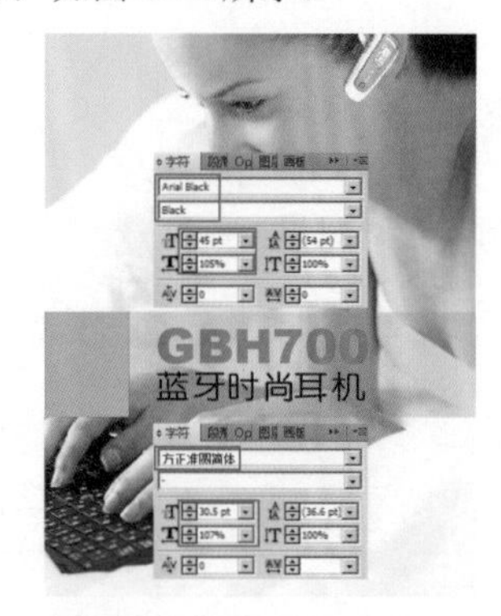

图13-20　文字设置

❻ 将耳机型号文字原位复制一个，贴在后面，设置描边颜色为白色，描边粗细为3pt，效果如图13-21所示。

❼ 使用T（文字工具）在页面中输入文字，通过“字符”面板设置文字的字体及字号，通过“颜色”面板调整文字的颜色，如图13-22所示。

图13-21　描边效果

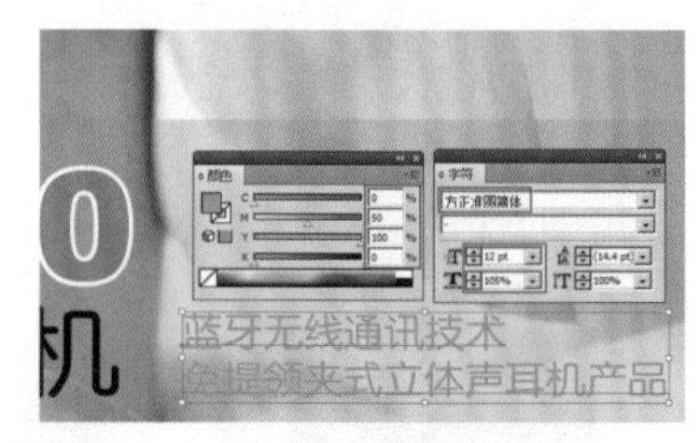

图13-22　文字设置

❽ 使用T（文字工具）在页面中输入文字，设置填充颜色为绿色（C：90%、M：10%、Y：100%），通过“字符”面板设置文字的字体及字号，如图13-23所示。

图13-23　文字设置

❾ 打开配套光盘“素材文件\第13章\实例228.ai”文件，将其余素材复制到耳机海报中，并分别调整各个素材的大小和位置，如图13-24所示。

图13-24　最终效果

❿ 全选所有图形，按Ctrl+G快捷键编组图形，完成本实例的制作。

实例229 商业宣传类——父亲节活动海报设计一

本实例通过父亲节海报的设计制作，主要使读者掌握矩形工具、选择及文字工具等的使用。

案例设计分析

设计思路

本例要制作的海报属于店内海报，它通常应用于营业店面内，做店内装饰和宣传用途。店内海报的设计需要考虑到店内的整体风格、色调及营业的内容，力求与环境相融。在制作本实例时，先置入素材制作出海报的背景，然后输入文字，并对文字进行变形处理，最后输入其他合适的文字，完成本例的制作。

案例效果剖析

如图13-25所示为父亲节活动海报部分效果展示。

图13-25 效果展示

案例技术要点

本例中主要用到的功能及技术要点如下。

- 矩形工具：使用矩形工具绘制出海报的尺寸。
- 文字工具：使用文字工具创建需要的文字。

案例制作步骤

源文件路径	效果文件\第13章\实例229.ai		
调用路径	素材文件\第13章\实例229.ai		
视频路径	视频\第13章\实例229. avi		
难易程度	★★	学习时间	4分51秒

❶ 启动Illustrator，新建一个“宽度”为800mm、“高度”为1200mm的空白文档。选择菜单栏中的“文件”|“打开”命令，打开配套光盘“素材文件\第13章\实例229.ai”文件，将部分素材复制到新建文档中，调整图片的大小，如图13-26所示。

图13-26 置入素材

❷ 将粽叶和粽子编组，再使用（矩形工具）在页面中绘制一个矩形，使其位于图片的上方并遮盖住这两个素材。选中矩形和粽叶、粽子素材，为图片建立剪切蒙版，效果如图13-27所示。

图13-27 建立剪切蒙版效果

> **提 示**
>
> 在为图片建立剪切蒙版时，一定要让路径位于图片的上方才可以完成操作。

❸ 使用（矩形工具）在页面中绘制一个“宽度”为800mm、“高度”为120mm的矩形，以绿色（C：50%、Y：70%）、K：35%）填充，放置在如图13-28所示的位置。

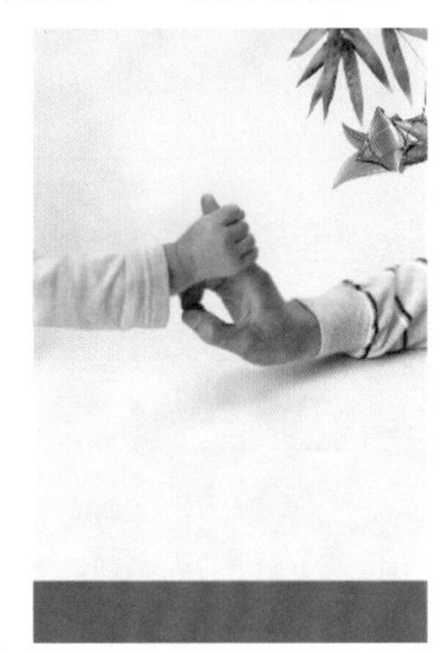

图13-28 绘制矩形

❹ 使用T（文字工具）在页面中输入文字，以绿色（C：50%、Y：100%）填充，通过“字符”面板设置文字的字体及字号，如图13-29所示。

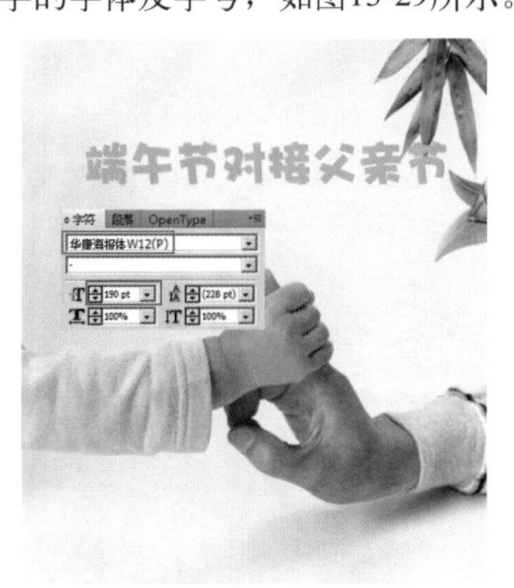

图13-29 文字设置

❺ 将文字原位复制一个，贴在后面，以白色描边，描边粗细为20pt。然后将这两组文字编组，再选择菜单栏中的“效果”|“风格化”|“投影”命令，在弹出的对话框中设置参数，制作投影效果，如图13-30所示。

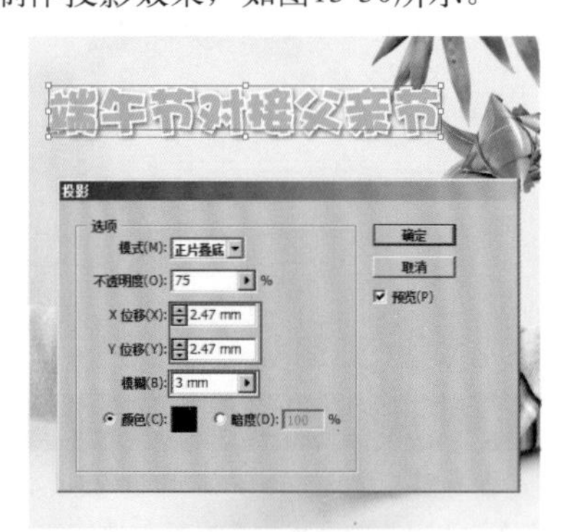

图13-30　投影设置

提　示

复制文字的快捷键是Ctrl+C，贴在后面的快捷键是Ctrl+B。

❻ 选择菜单栏中的“效果”|“变形”|“弧形”命令，在弹出的对话框中设置参数，制作弧形效果，如图13-31所示。

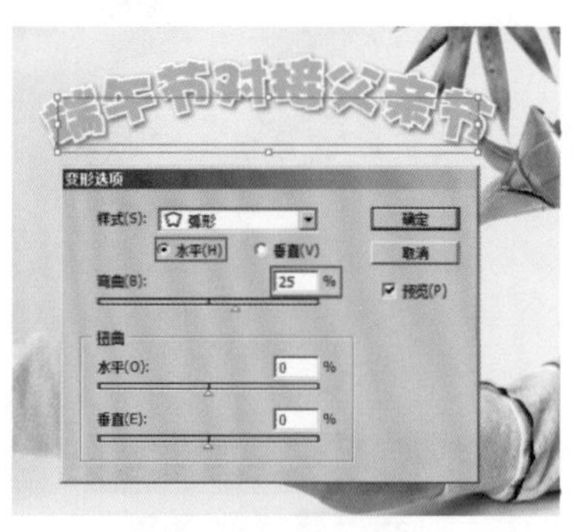

图13-31　弧形设置

❼ 使用T（文字工具）在页面中输入文字，通过“字符”面板设置文字的字体及字号，通过“颜色”面板调整文字的颜色，然后复制一个并描边，最后为其制作“投影”和“弧形”效果，如图13-32所示。

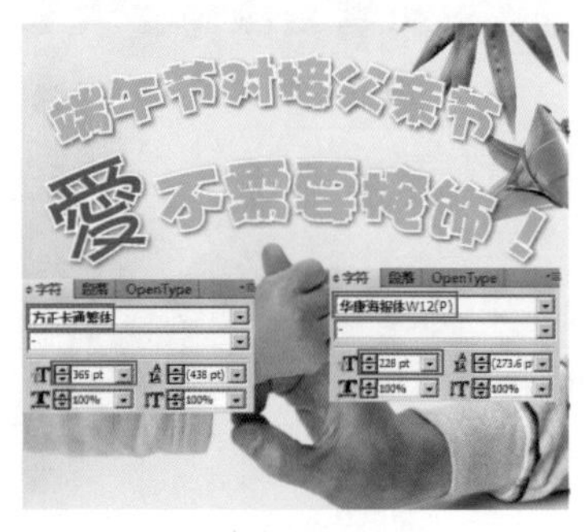

图13-32　文字设置

❽ 将文字选中并旋转角度，然后打开配套光盘“素材文件\第13章\实例229.ai”文件，将小粽子素材复制到海报中，并将其移动复制2个，如图13-33所示。

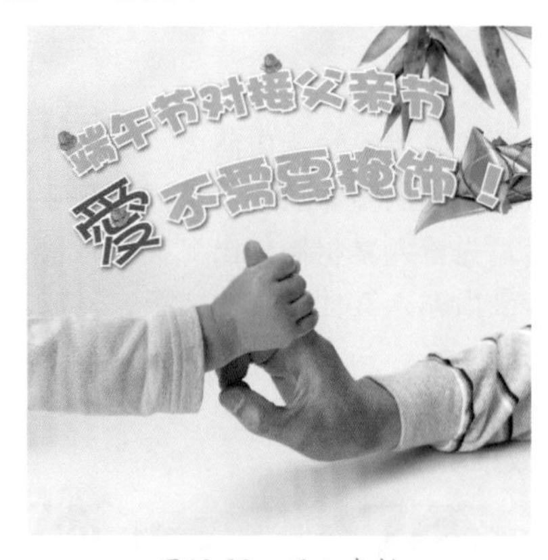

图13-33　置入素材

提　示

对文字进行旋转，将光标放到控制点上，当光标变成旋转符号时，就可以进行旋转了。

❾ 打开配套光盘“素材文件\第13章\实例229.ai”文件，将标志复制到海报中。然后使用▢（圆角矩形工具）绘制圆角矩形，以绿色虚线（C：90%、M：10%、Y：100%）描边，描边粗细为5pt。再使用T（文字工具）在页面中输入文字，通过“字符”面板设置文字的字体及字号，通过“颜色”面板设置文字的颜色，如图13-34所示。

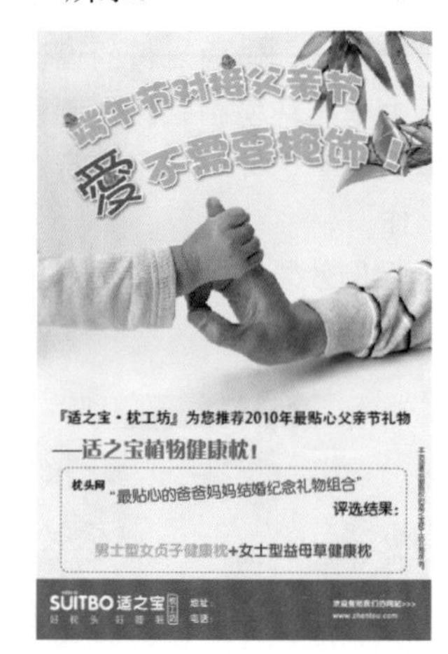

图13-34　最终效果

❿ 全选所有图形，按Ctrl+G快捷键编组图形，完成本实例的制作。

实例230　商业宣传类——父亲节活动海报设计二

本实例通过父亲节海报设计的制作，重点使读者掌握矩形工具及文字工具等的使用。

案例设计分析

设计思路

本例也属于店内海报，是商家配合节日搞活动而设计制作的，通常贴在橱窗上，用于对外展示。在制作本实例时，先置入一幅图片当做背景，然后置入素材，最后输入合适的文字，完成本例的制作。

案例效果剖析

如图13-35所示为父亲节活动海报部分效果展示。

图13-35　效果展示

案例技术要点

本例中主要用到的功能及技术要点如下。

- 矩形工具：使用矩形工具绘制出图形。
- 文字工具：使用文字工具创建需要的文字。

源文件路径	效果文件\第13章\实例230.ai		
调用路径	素材文件\第13章\实例230.ai		
视频路径	视频\第13章\实例230. avi		
难易程度	★	学习时间	1分54秒

实例231 商品宣传类——枕头活动海报设计一

本实例通过枕头活动海报设计的制作，主要使读者掌握矩形工具、钢笔工具、圆角矩形工具、椭圆工具及文字工具等的使用。

案例设计分析

设计思路

活动海报一般都是贴在店家的橱窗上，这样来来往往的人就可以看到并进店购买商品。因此，在制作该类海报时，画面要漂亮，能第一时间抓住路人的眼球，才能形成购买行为。在制作该例时，先置入背景素材制作背景，再使用钢笔工具、矩形工具以及圆角矩形工具绘制出图形，然后再将其他素材置入到海报中，最后输入合适的文字。

案例效果剖析

如图13-36所示为枕头活动海报部分效果展示。

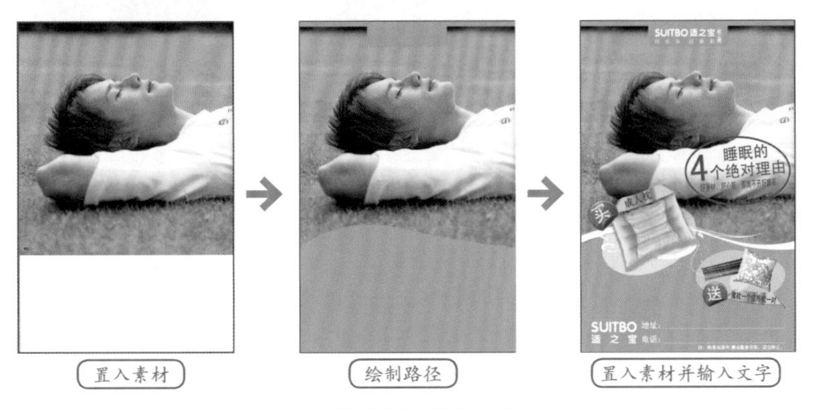

图13-36 效果展示

案例技术要点

本例中主要用到的功能及技术要点如下。

- 矩形工具：使用矩形工具绘制出矩形图块。
- 圆角矩形工具：使用圆角矩形工具制作出带有圆角的矩形。
- 钢笔工具：使用钢笔工具绘制出异形图形。
- 文字工具：使用文字工具创建需要的文字。

案例制作步骤

源文件路径	效果文件\第13章\实例231.ai		
调用路径	素材文件\第13章\实例231.ai		
视频路径	视频\第13章\实例231. avi		
难易程度	★★	学习时间	4分24秒

❶ 启动Illustrator，新建一个“宽度”为800mm、“高度”为1200mm的空白文档。选择菜单栏中的“文件”|“打开”命令，打开配套光盘“素材文件\第13章\实例231.ai”文件，将人物素材复制到新建文档中，调整图片的大小，如图13-37所示。

图13-37 置入素材

❷ 使用（钢笔工具）在页面中绘制如图13-38所示的图形，填充蓝色（C：65%、Y：25%）。

图13-38 绘制图形

❸ 使用（矩形工具）在页面中绘制一个“宽度”为800mm、“高度”为20mm的矩形，再使用（圆角矩形工具）在页面内绘制一个“宽度”为295mm、“高度”为95mm、“圆角半径”为20mm的圆角矩形，都以蓝色（C：65%、Y：25%）填充，如图13-39所示。

图13-39 绘制图形

❹ 打开配套光盘“素材文件\第13章\实例231.ai”文件，将其余的素材

复制到海报中，并分别调整它们的位置，如图13-40所示。

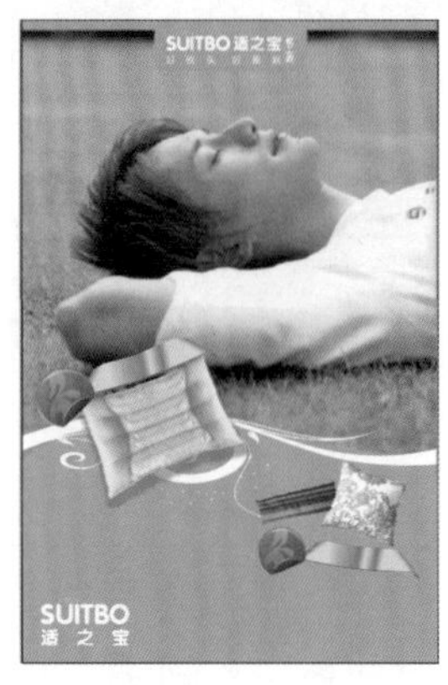

图13-40 置入素材

❺ 使用（椭圆工具）在页面中绘制一个椭圆图形，以玫红色（M：100%）描边，描边粗细为20pt。再绘制3个椭圆图形，以白色填充，分别调整它们的"不透明度"数值，放在枕头的下方，如图13-41所示。

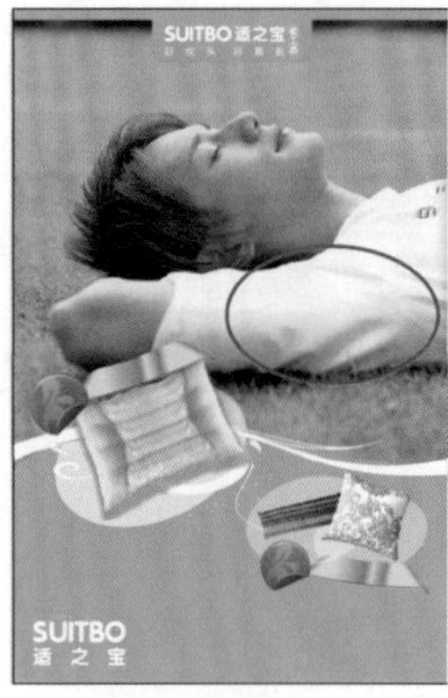

图13-41 绘制图形

❻ 使用T（文字工具）在页面中输入文字，通过"字符"面板设置文字的字体及字号，通过"颜色"面板设置文字的颜色，如图13-42所示。

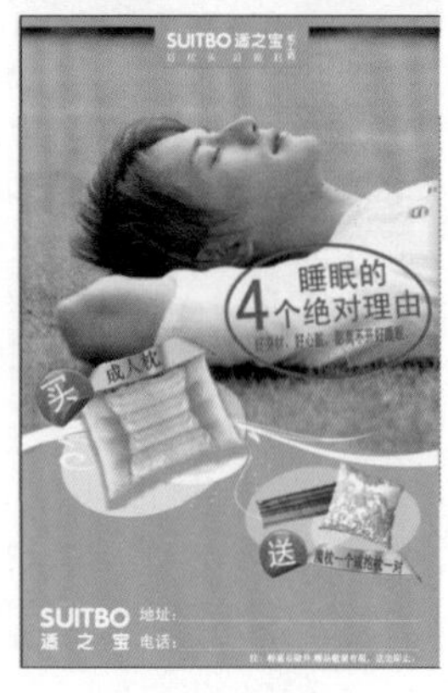

图13-42 最终效果

❼ 全选所有图形，按Ctrl+G快捷键编组图形，完成本实例的制作。

实例232 商品宣传类——枕头海报设计二

本实例通过枕头活动海报设计的制作，主要使读者掌握矩形工具、钢笔工具、圆角矩形工具及文字工具等的使用。

案例设计分析

设计思路

本例制作的海报是用来介绍产品的，一般放在营业店面内，做店内装饰和宣传用途，属于店内海报。在制作该实例时，先置入背景素材制作背景，再使用钢笔工具、矩形工具以及圆角矩形工具绘制出其他图块，然后再将其他素材置入到海报中，最后输入合适的文字，完成本例的制作。

案例效果剖析

如图13-43所示为枕头活动海报部分效果展示。

图13-43 效果展示

案例技术要点

本例中主要用到的功能及技术要点如下。

- 矩形工具：使用矩形工具绘制出矩形图块。
- 圆角矩形工具：使用圆角矩形工具制作出带有圆角的矩形。
- 钢笔工具：使用钢笔工具绘制出路径。
- 文字工具：使用文字工具创建需要的文字。

源文件路径	效果文件\第13章\实例232.ai		
调用路径	素材文件\第13章\实例232.ai		
视频路径	视频\第13章\实例232. avi		
难易程度	★★	学习时间	2分55秒

实例233 商业宣传类——空调线毯促销海报

本实例通过空调线毯促销海报设计的制作，主要使读者掌握钢笔工具及文字工具等的使用。

案例设计分析

设计思路

商家在生产出新品后，为了让人们知道而来购买，一般会为该产品专门设计一款新品上市海报，既可以放在店内当做装饰用，又可以张贴在橱窗上面向户外，让过路的行人知晓新品上市的消息。制作该实例，先置入素材当底纹，然后输入合适的文字，完成本例的制作。

案例效果剖析

如图13-44所示为空调线毯促销海报部分效果展示。

置入素材

输入并编辑主题文字

输入并编辑其他文字

图13-44 效果展示

案例技术要点

本例中主要用到的功能及技术要点如下。

- 钢笔工具：使用钢笔工具绘制出异形图形效果。
- 文字工具：使用文字工具创建需要的文字。

案例制作步骤

源文件路径	效果文件\第13章\实例233.ai		
调用路径	素材文件\第13章\实例233.ai		
视频路径	视频\第13章\实例233. avi		
难易程度	★★	学习时间	4分49秒

❶ 启动Illustrator，新建一个“宽度”为700mm、“高度”为1000mm的空白文档。选择菜单栏中的“文件”|“打开”命令，打开配套光盘“素材文件\第13章\实例233.ai”文件，将素材复制到新建文档中，调整图片的大小，如图13-45所示。

图13-45 置入素材

❷ 使用T（文字工具）在页面中输入文字，以蓝色（C：100%）和白色填充，通过“字符”面板设置文字的字体及字号，如图13-46所示。

图13-46 绘制图形

❸ 选择所有文字，将它们原位复制一个贴在后面，设置描边颜色分别为蓝色和白色，描边粗细均为20pt，效果如图13-47所示。

图13-47 绘制图形

提 示

复制文字的快捷键是Ctrl+C，贴在后面的快捷键是Ctrl+B。

❹ 使用（钢笔工具）在文字的下方绘制一个如图13-48所示的图形，以白色填充。

图13-48 置入素材

❺ 使用T（文字工具）在页面中输入文字，通过“字符”面板设置文字的字体及字号，如图13-49所示。

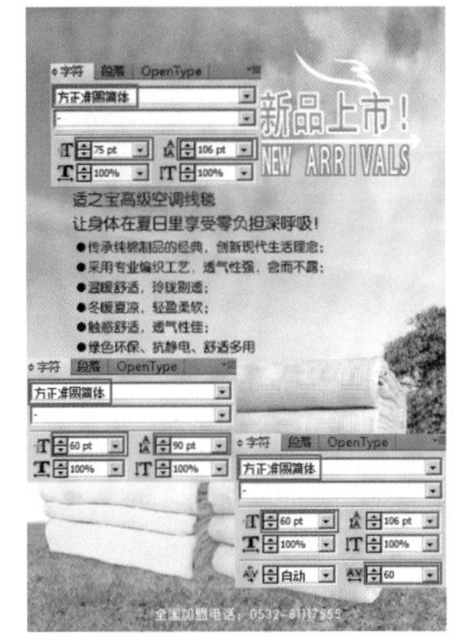

图13-49 绘制图形

❻ 打开配套光盘“素材文件\第13章\实例233.ai”文件，将其余的素材复制到海报中，并分别调整它们的位置，如图13-50所示。

图13-50 最终效果

❼ 全选所有图形，按Ctrl+G快捷键编组图形，完成本实例的制作。

实例234 商业宣传类——手机大卖场宣传海报

本实例通过手机大卖场宣传海报设计的制作，主要使读者掌握矩形工具、钢笔工具、渐变工具、椭圆工具及文字工具等的使用。

案例设计分析

设计思路

本例制作的是商场设计的手机宣传海报，是为了促进手机销量而设计的一种海报。在设计这类海报时，画面要有冲击力，宣传语要有鼓动性，才能带动产品的销售。在制作该实例时，先置入素材图片当底纹，然后输入文字并对文字进行变形处理，最后输入合适的文字，完成本例的制作。

案例效果剖析

如图13-51所示为手机大卖场宣传海报部分效果展示。

图13-51 效果展示

案例技术要点

本例中主要用到的功能及技术要点如下。

- 钢笔工具：使用钢笔工具绘制出带有动感的文字底纹。
- 矩形工具：使用矩形工具绘制出矩形区域。
- 渐变工具：使用渐变工具制作出渐变背景
- 文字工具：使用文字工具创建需要的文字。

源文件路径	效果文件\第13章\实例234.ai		
调用路径	素材文件\第13章\实例234.ai		
视频路径	视频\第13章\实例234. avi		
难易程度	★★★	学习时间	9分06秒

实例235 商业宣传类——冰洗节海报

本实例通过冰洗节活动海报设计的制作，主要使读者掌握矩形工具、钢笔工具、椭圆工具、载入命令及文字工具等的使用。

案例设计分析

设计思路

本例制作的是商场内部的一个电器促销海报，背景使用带有爆炸感的螺旋底纹，显得比较有动感。在制作该实例时，先使用钢笔工具绘制出图形，使用旋转复制制作出背景，然后置入素材，最后输入合适的文字，完成本例的制作。

案例效果剖析

如图13-52所示为冰洗节活动海报部分效果展示。

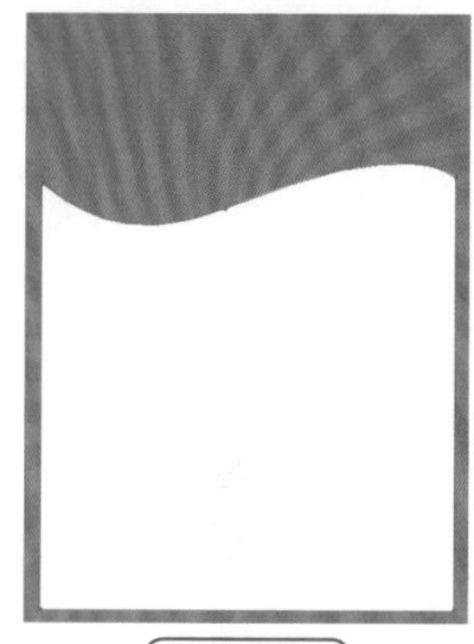

绘制的背景

置入素材

使用文字工具输入文字

图13-52 效果展示

案例技术要点

本例中主要用到的功能及技术要点如下。

- 矩形工具：使用矩形工具绘制出海报的尺寸。
- 钢笔工具：使用钢笔工具绘制出异形图形。
- 椭圆工具：使用椭圆工具绘制出圆形图形。
- 旋转工具：使用旋转工具对图形进行旋转复制。
- 文字工具：使用文字工具创建需要的文字。

案例制作步骤

源文件路径	效果文件\第13章\实例235.ai
调用路径	素材文件\第13章\实例235.ai
视频路径	视频\第13章\实例235. avi
难易程度	★★
学习时间	7分24秒

❶ 启动Illustrator，新建一个“宽度”为600mm、“高度”为800mm的空白文档。使用（矩形工具）在画布中绘制同样大小的矩形，以蓝色（C：100%、M：15%）填充。

❷ 选择（钢笔工具），在画布中绘制一条闭合路径，以白色填充，如图13-53所示。

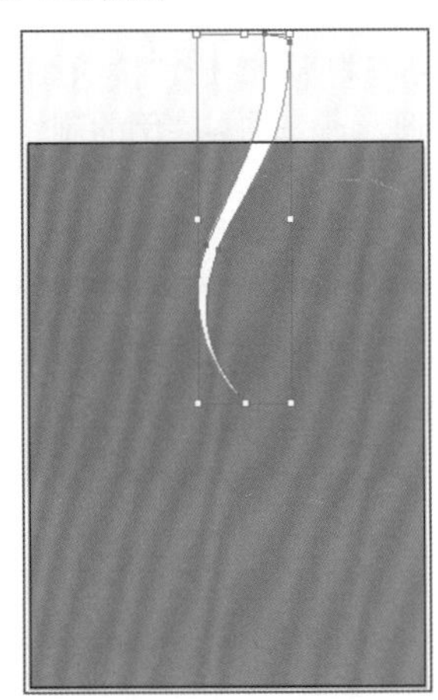

图13-53 绘制路径

❸ 选择（选择工具），选择绘制的闭合路径，然后选择（旋转工具），按住Alt键单击顶点，定下旋转点，如图13-54所示。

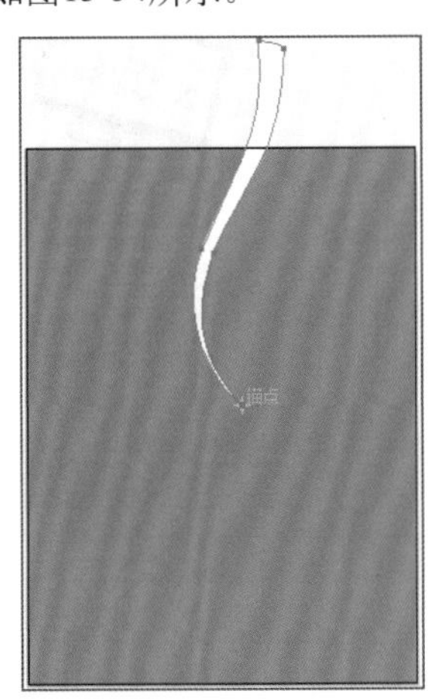

图13-54 确认旋转顶点

提 示

在定旋转的顶点时，必须按住Alt键，否则旋转就不是围绕着一个顶点复制。

❹ 同时弹出“旋转”对话框，设置“角度”为10°，然后单击“旋转”对话框中的 复制(C) 按钮，复制后的效果如图13-55所示。

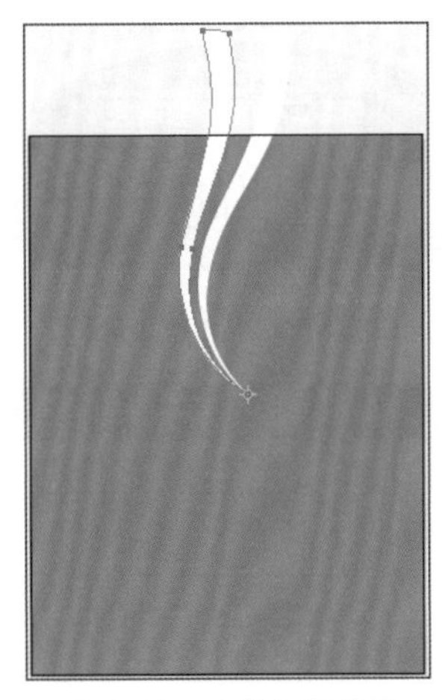

图13-55 旋转复制效果

❺ 按Ctrl+D快捷键，将图形对象多次复制，效果如图13-56所示。

图13-56 旋转复制效果

提 示

按Ctrl+D快捷键，可以将图形按照前面设定好的距离或角度无限次复制。

❻ 选择所有的闭合路径，单击鼠标右键，选择“建立复合路径”命令。使用（矩形工具）在画布中再绘制一个和页面同样大小的矩形，然后按住Shift键将其和刚才绘制的图形一起选中，单击鼠标右键，选择“建立剪切蒙版”命令，只保留蒙版内部的图形。打开“透明度”面板，设置不透明度为15%，图形效果如图13-57所示。

❼ 使用（钢笔工具）在画布中绘制一个图形，以白色填充，如图13-58所示。

图13-57 编辑图形效果

图13-58 绘制图形

❽ 使用（椭圆工具）在页面的左上角绘制一个“宽度”、“高度”均为105mm的正圆，以蓝色（C：100%、M：15%）填充，描边颜色为白色，描边粗细为5pt。然后选择菜单栏中的“效果”|“风格化”|“投影”命令，在弹出的对话框中设置参数，效果如图13-59所示。

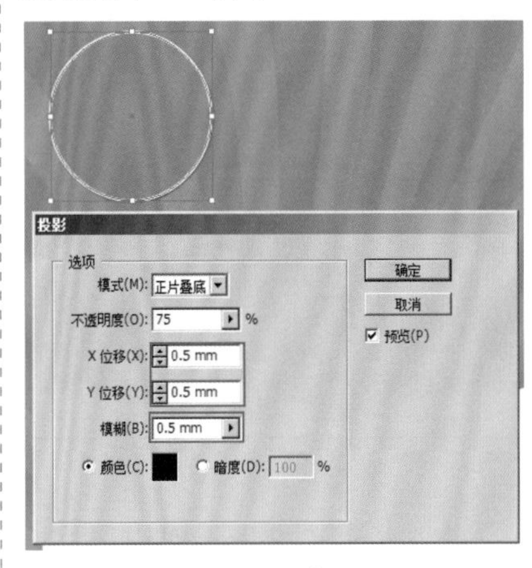

图13-59 绘制圆形

❾ 使用（文字工具）在页面内输入文字，并设置文字的字号、填充颜色以及字体等，如图13-60所示。

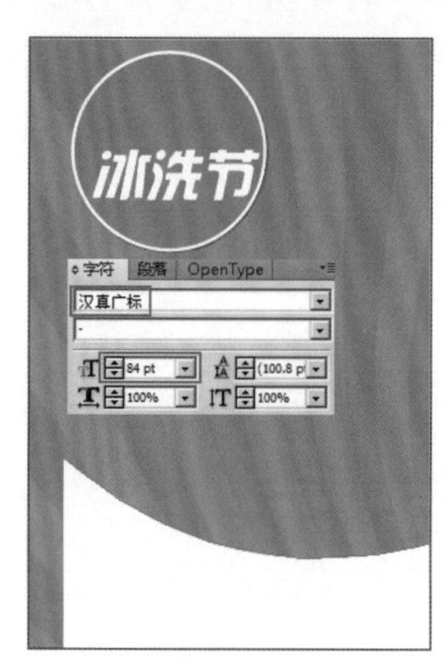

图13-60　文字设置

⑩ 打开配套光盘“素材文件\第13章\实例235.ai”文件，将素材复制到新建文档中，调整它们的大小，如图13-61所示。

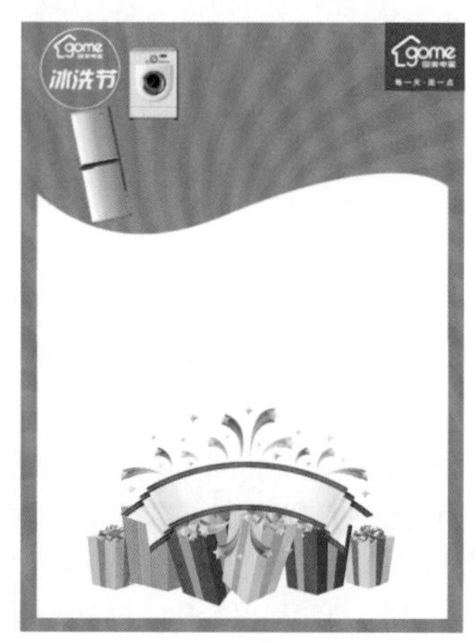

图13-61　置入素材

⑪ 使用（钢笔工具）在页面中绘制如图13-62所示的路径。

图13-62　绘制路径

⑫ 使用T（文字工具）在路径上单击左键，输入“冰洗节好礼无限”文字，填充颜色为玫红（C：20%、M：100%），通过“字符”面板设置文字的字号以及字体，如图13-63所示。

图13-63　文字设置

提　示

如果文字输入后在路径上不是很合适，可以通过调整路径形态的方法进行控制。

⑬ 使用T（文字工具）在页面内输入文字，并设置文字的字号、填充颜色以及字体等，如图13-64所示。

图13-64　最终效果

⑭ 全选所有图形，按Ctrl+G快捷键编组图形，完成本实例的制作。

实例236　商业宣传类——彩电节宣传海报

本实例通过彩电节活动海报设计的制作，主要使读者掌握矩形工具、钢笔工具、椭圆工具、旋转工具及文字工具等的使用。

案例设计分析

设计思路

本例制作的是商场内部的一个彩电促销海报，背景使用的是带有爆炸感的螺旋底纹，显得画面比较有动感。在活动说明上，使用罗列的形式，使得画面更有冲击力。在制作该实例时，先使用钢笔工具绘制出图形，使用旋转复制制作出背景，然后置入素材，最后输入合适的文字，完成本例的制作。

案例效果剖析

如图13-65所示为彩电节宣传海报部分效果展示。

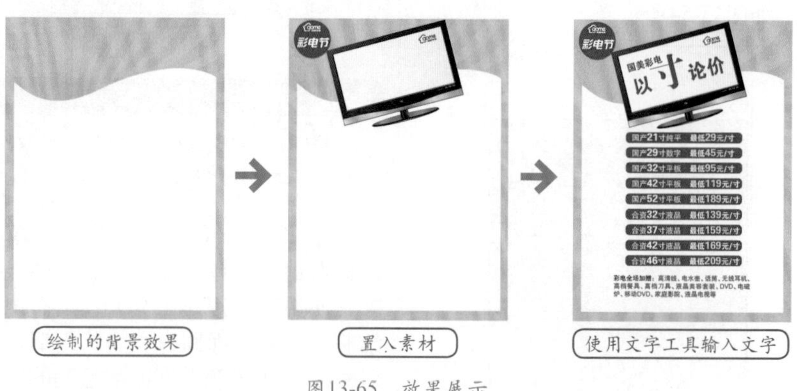

图13-65　效果展示

案例技术要点

本例中主要用到的功能及技术要点如下。

- 矩形工具：使用矩形工具绘制出海报的尺寸。
- 钢笔工具：使用钢笔工具绘制出异形图形。
- 椭圆工具：使用椭圆工具绘制出圆形图形。
- 旋转工具：使用旋转工具对图形进行旋转复制。
- 文字工具：使用文字工具创建需要的文字。

源文件路径	效果文件\第13章\实例236.ai		
调用路径	素材文件\第13章\实例236.ai		
视频路径	视频\第13章\实例236. avi		
难易程度	★★	学习时间	8分21秒

实例237 商业宣传类——雪地靴宣传海报

本实例通过雪地靴活动海报设计的制作，主要使读者掌握矩形工具、圆角矩形工具及文字工具等的使用。

案例设计分析

设计思路

本例制作的是一款淘宝店铺宣传海报。对于淘宝卖家来说，新品上市时，制作一款漂亮的海报是一个非常不错的主意。因为海报是一种比较吸引眼球的广告形式，一张好的海报可以吸引受众买家走进店铺，可以生动地传达产品信息和各类促销活动情况。在制作该实例时，先置入素材制作出海报的背景，然后输入合适的文字，完成本例的制作。

案例效果剖析

如图13-66所示为雪地靴宣传海报部分效果展示。

图13-66 效果展示

案例技术要点

本例中主要用到的功能及技术要点如下。

- 圆角矩形工具：使用圆角矩形工具绘制出带有圆角的矩形。
- 矩形工具：使用矩形工具绘制出图形。
- 文字工具：使用文字工具创建需要的文字。

案例制作步骤

源文件路径	效果文件\第13章\实例237.ai		
调用路径	素材文件\第13章\实例237.ai		
视频路径	视频\第13章\实例237. avi		
难易程度	★	学习时间	4分57秒

❶ 启动Illustrator，新建一个“宽度”为330mm、“高度”为140mm的空白文档。选择菜单栏中的“文件”|“打开”命令，打开配套光盘“素材文件\第13章\实例237.ai”文件，将其中的素材图片复制到新建文档中，调整图片的大小，如图13-67所示。

图13-67 置入素材

❷ 使用T（文字工具）在页面内输入文字，通过“颜色”面板设置文字的颜色，通过“字符”面板设置文字的字号以及字体等，如图13-68所示。

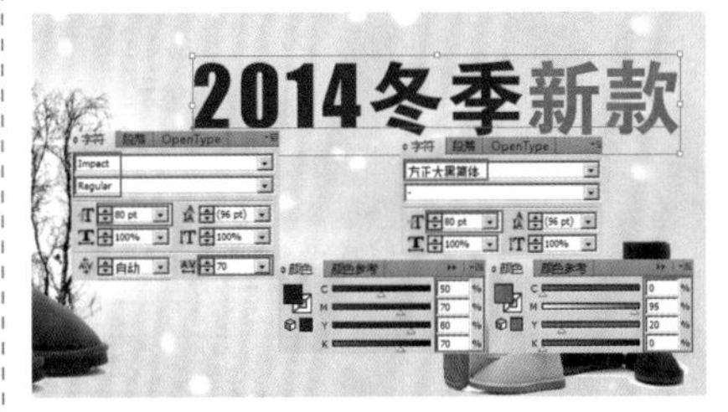

图13-68 文字设置

❸ 使用▭（矩形工具）在“2014”文字上绘制一个“宽度”为60mm、“高度”为7mm的矩形，以画面背景的颜色（C：10%、M：10%、Y：10%）填充，如图13-69所示。

图13-69 绘制矩形

提 示

这里的颜色使用的是背景颜色，直接用吸管工具吸取背景颜色即可。

❹ 使用T（文字工具）在页面内输入文字，通过“颜色”面板设置文字的颜色，通过“字符”面板设置文字的字号以及字体等，如图13-70所示。

图13-70 文字设置

❺ 使用T（文字工具）在页面内输入文字，通过“颜色”面板设置文字的颜色，通过“字符”面板设置文字的字号以及字体等，如图13-71所示。

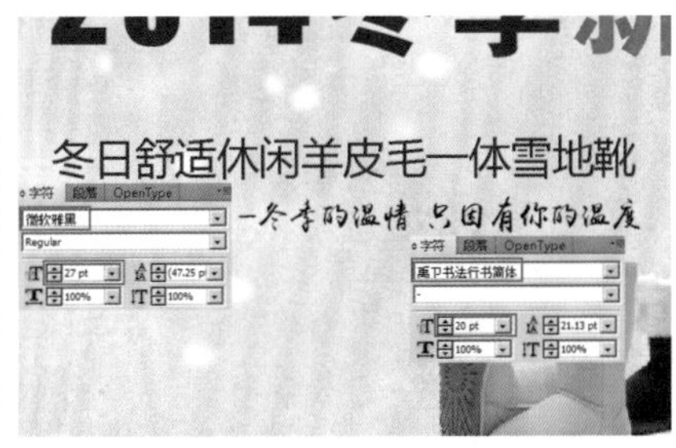

图13-71 文章设置

❻ 使用▢（圆角矩形工具）在页面内绘制一个“宽度”为38mm、“高度”为14mm、“圆角半径”为5mm的圆角矩形，以红色填充，放在如图13-72所示的位置。

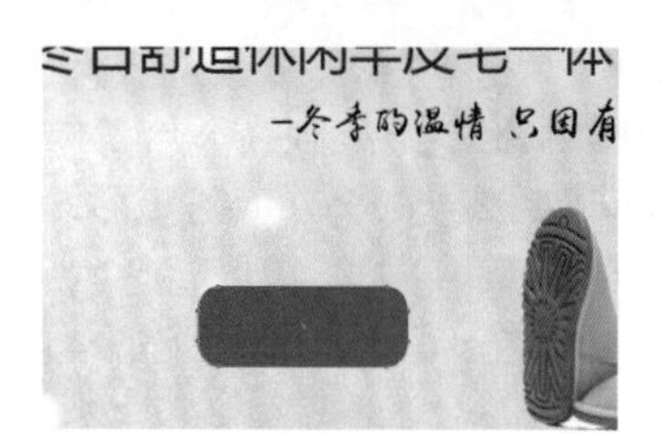

图13-72 绘制图形

❼ 使用T（文字工具）在页面内输入文字，通过“颜色”面板设置文字的颜色，通过“字符”面板设置文字的字号以及字体等，如图13-73所示。

❽ 全选所有图形，按Ctrl+G快捷键编组图形，完成本实例的制作，如图13-74所示。

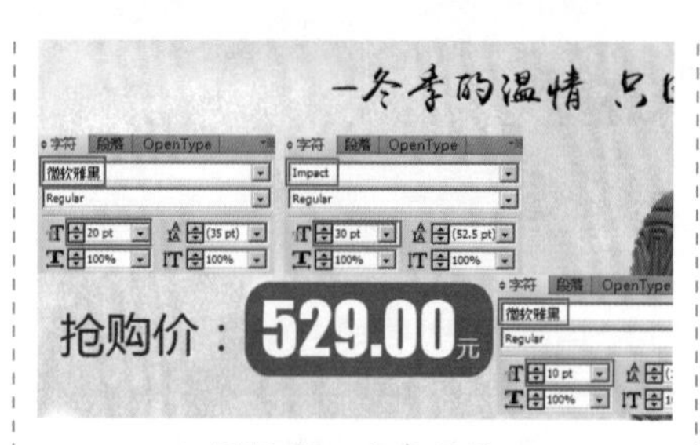

图13-73 文字设置

图13-74 最终效果

实例238 商业宣传类——咖啡厅开业海报

本实例通过咖啡厅开业海报设计的制作，主要使读者掌握椭圆工具、钢笔工具及文字工具等的使用。

案例设计分析

设计思路

本例要制作一个咖啡馆开业海报。红色的基调，寓意生意红红火火；心形图案，表示这里是能让你身心放松的地方。在制作该实例时，先使用钢笔工具和矩形工具制作出海报的背景，然后置入素材，最后输入合适的文字，完成本例的制作。

案例效果剖析

如图13-75所示为咖啡厅开业海报部分效果展示。

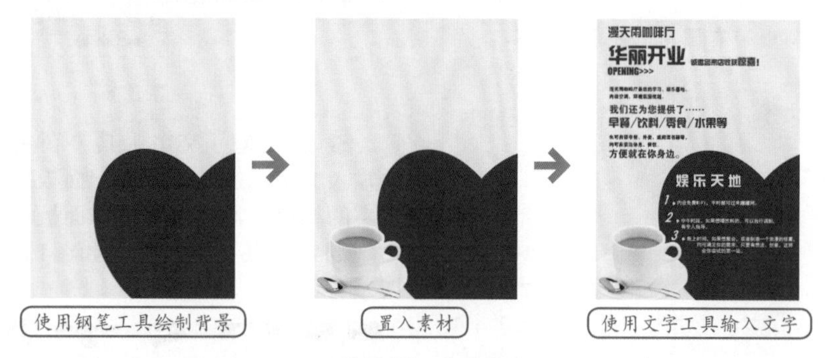

图13-75 效果展示

案例技术要点

本例中主要用到的功能及技术要点如下。

- 钢笔工具：使用钢笔工具制作出心形图案。
- 椭圆工具：使用椭圆工具绘制出海报的尺寸。
- 文字工具：使用文字工具创建需要的文字。

案例制作步骤

源文件路径	效果文件\第13章\实例238.ai		
调用路径	素材文件\第13章\实例238.ai		
视频路径	视频\第13章\实例238. avi		
难易程度	★★	学习时间	3分04秒

❶ 启动Illustrator，新建一个“宽度”为600mm、“高度”为800mm的空白文档。使用▭（矩形工具）绘制一个同样大小的矩形，以黄色（C：5%、M：5%、Y：20%）填充，如图13-76所示。

图13-76 填充矩形

❷ 使用◯（椭圆工具）在页面内绘制一个“宽度”为400mm、“高度”为485mm的椭圆，以红色（C：40%、M：100%、Y：100%、K：10%）填充，将其旋转角度，然后再镜像复制一个，如图13-77所示。

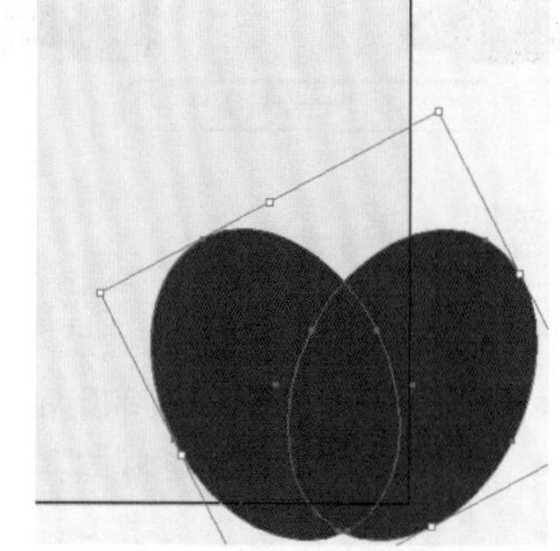

图13-77 绘制椭圆图形

❸ 选中2个椭圆图形，打开“路径查找器”面板，单击◰（集联）按钮，将这两个图形合并为一个图形，如图13-78所示。

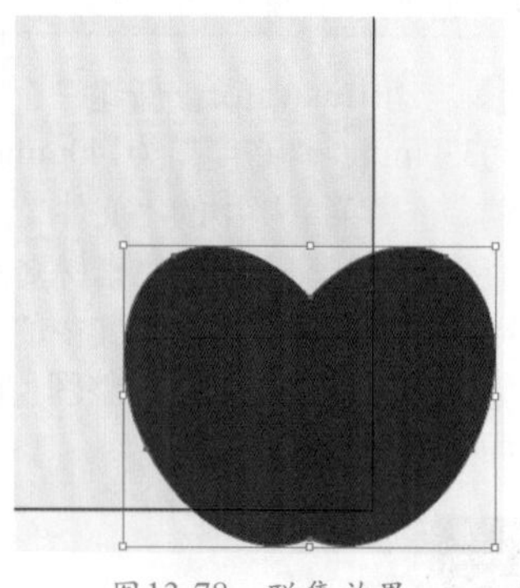

图13-78 联集效果

❹ 使用▭（矩形工具）绘制一个矩形，然后为刚才绘制的心形建立剪切蒙版，如图13-79所示。

图13-79 建立蒙版效果

提 示

在为图片建立剪切蒙版时，一定要让路径位于图片的上方才可以完成操作。

❺ 选择菜单栏中的“文件”|“打开”命令，打开配套光盘“素材文件\第13章\实例238.ai”文件，将其中的素材图片复制到新建文档中，并为其制作剪切蒙版，如图13-80所示。

图13-80 置入素材

❻ 使用T（文字工具）在页面内输入文字，通过“颜色”面板设置文字的颜色，通过“字符”面板设置文字的字号以及字体等，如图13-81所示。

图13-81 最终效果

❼ 全选所有图形，按Ctrl+G快捷键编组图形，完成本实例的制作。

实例239 商业宣传类——美容养生会所宣传海报

本实例通过美容养生会所宣传海报设计的制作，主要使读者掌握矩形工具、钢笔工具及文字工具等的使用。

案例设计分析

设计思路

本例要制作的是一个美容养生会所的宣传海报。因为美容院接触的客户大都是女性，因此在制作该类海报时，不管是颜色还是搭配的图片，都应女性化一些，这样才能引起顾客的兴趣。在制作该实例时，先使用钢笔工具和矩形工具制作出海报的背景，然后置入素材，最后输入合适的文字，完成本例的制作。

案例效果剖析

如图13-82所示为美容养生会所宣传海报部分效果展示。

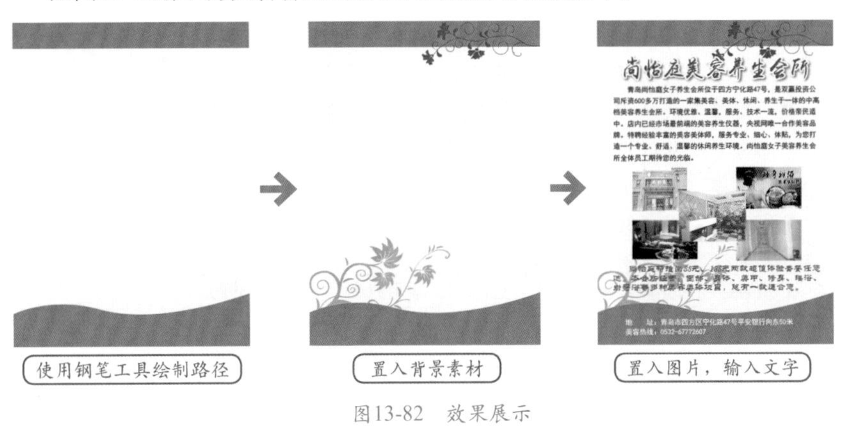

图13-82 效果展示

案例技术要点

本例中主要用到的功能及技术要点如下。

- 钢笔工具：使用钢笔工具制作出心形图案。
- 矩形工具：使用矩形工具绘制出海报的尺寸。
- 文字工具：使用文字工具创建需要的文字。

源文件路径	效果文件\第13章\实例239.ai		
调用路径	素材文件\第13章\实例239.ai		
视频路径	视频\第13章\实例239. avi		
难易程度	★★★	学习时间	3分50秒

实例240 商业宣传类——美容会所X展架

本实例通过美容会所X展架设计的制作，主要使读者掌握矩形工具、渐变工具、椭圆工具及文字工具等的使用。

案例设计分析

设计思路

该例主要介绍的是身体调理方面的内容，因此该展架的基调以绿色为主，倡导绿色调理。画面配上一个美女，无声地告诉观者这是一个什么内容的海报。在制作该实例时，先使用渐变工具制作出海报的背景，然后置入一幅实物素材，最后输入合适的文字，完成本例的制作。

案例效果剖析

如图13-83所示为美容会所X展架部分效果展示。

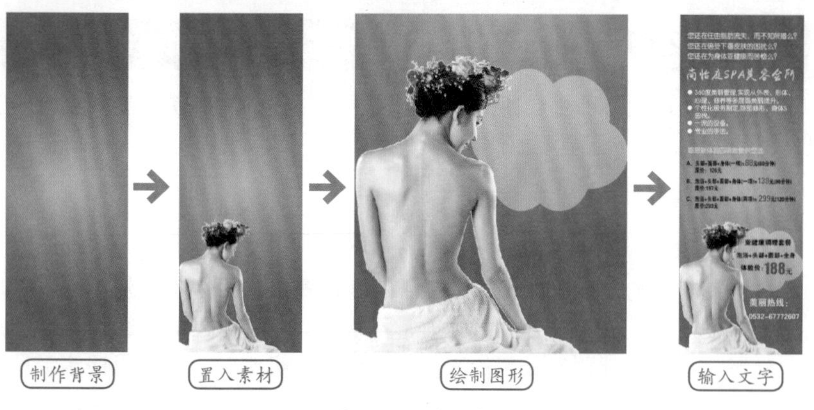

图13-83　效果展示

案例技术要点

本例中主要用到的功能及技术要点如下。

- 渐变工具：使用渐变工具制作出海报的背景。
- 矩形工具：使用矩形工具绘制出海报的尺寸。
- 椭圆工具：使用椭圆工具和联集命令制作出云形图块。
- 文字工具：使用文字工具创建需要的文字。

源文件路径	效果文件\第13章\实例240.ai		
调用路径	素材文件\第13章\实例240.ai		
视频路径	视频\第13章\实例240. avi		
难易程度	★★★	学习时间	2分39秒

实例241　商业宣传类——团购网宣传海报

本实例通过团购网宣传海报的制作，主要使读者掌握钢笔工具、矩形工具及文字工具等的使用。

案例设计分析

设计思路

本例制作的是一个团购网宣传海报。海报用表情夸张的人和抱着团购商品的人物，体现了团购更划算、更方便、更酷的特点。而带有爆炸感的色条，使海报干净简单、色彩鲜明，更加具有吸引力。在制作该实例时，先使用钢笔工具制作出海报的背景，然后置入素材，使用矩形工具绘制矩形条，最后输入合适的文字，完成本例的制作。

案例效果剖析

如图13-84所示为团购网宣传海报部分效果展示。

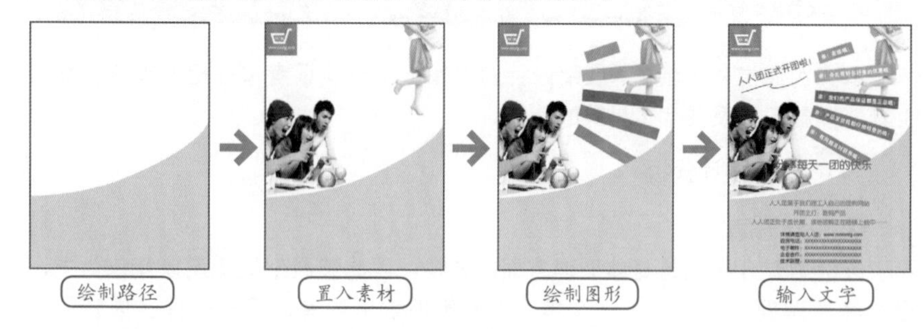

图13-84　效果展示

案例技术要点

本例中主要用到的功能及技术要点如下。

- 钢笔工具：使用钢笔工具制作出路径。
- 矩形工具：使用矩形工具绘制出矩形条。
- 文字工具：使用文字工具创建需要的文字。

案例制作步骤

源文件路径	效果文件\第13章\实例241.ai
调用路径	素材文件\第13章\实例241.ai
视频路径	视频\第13章\实例241. avi
难易程度	★★★★
学习时间	3分12秒

❶ 启动Illustrator，新建一个“宽度”为600mm、“高度”为800mm的空白文档。使用（钢笔工具）在画布中绘制一个图形，以蓝色（C：35%、M：5%）填充，如图13-85所示。

图13-85　绘制图形

❷ 选择菜单栏中的“文件”|“打开”命令，打开配套光盘“素材文件\第13章\实例241.ai”文件，将其中的素材图片复制到新建文档中，调整图片的大小和位置，如图13-86所示。

图13-86　置入素材

❸ 使用▢（矩形工具）绘制多个矩形，通过“颜色”面板设置颜色属性，然后将它们旋转角度，如图13-87所示。

图13-87 绘制图形

提 示

在绘制矩形并为其填充颜色时，可以根据需要自行调整。

❹ 使用T（文字工具）在页面内输入文字，通过“颜色”面板设置文字的颜色，通过“字符”面板设置文字的字号以及字体等，如图13-88所示。

图13-88 文字设置

❺ 使用✎（钢笔工具）绘制一条路径，以玫红色（M：100%）描边，描边粗细为5pt，如图13-89所示。

❻ 使用T（文字工具）在页面内输入文字，通过“颜色”面板设置文字的颜色，通过“字符”面板设置文字的字号以及字体等，如图13-90所示。

❼ 全选所有图形，按Ctrl+G快捷键编组图形，完成本实例的制作。

图13-89 线形绘制

图13-90 最终效果

实例242 商业宣传类——房车宣传海报

本实例通过房车宣传海报的制作，主要使读者掌握圆角矩形工具及文字工具等的使用。

案例设计分析

设计思路

本例以蓝天草地为背景，象征所宣传房车在广阔天地间自由驰骋。配上房车图片，使得海报更加有说服力。制作该实例时，先置入素材制作出海报的背景，然后使用圆角矩形工具绘制出文字底色，最后输入合适的文字，完成本例的制作。

案例效果剖析

如图13-91所示为房车宣传海报部分效果展示。

图13-91 效果展示

案例技术要点

本例中主要用到的功能及技术要点如下。

- 圆角矩形工具：使用圆角矩形工具绘制出文字的底色。
- 文字工具：使用文字工具创建需要的文字。

源文件路径	效果文件\第13章\实例242.ai		
调用路径	素材文件\第13章\实例242.ai		
视频路径	视频\第13章\实例242. avi		
难易程度	★★	学习时间	1分22秒

实例243 商业宣传类——美容院秀身宣传海报

本实例通过美容院秀身宣传海报的制作，主要使读者掌握椭圆工具、载入命令及文字工具等的使用。

案例设计分析

设计思路

海报是广告的一种，大部分是张贴于人们易于见到的地方，像本例的海报就是张贴在店内橱窗玻璃上的，以供路过的行人观看，其广告性色彩极其浓厚。以花作为底纹，再配以身材火辣的美女，让人产生也想进去一试的念头。在制作该实例时，先置入素材制作出海报的背景，然后使用椭圆工具绘制出圆形图形，最后输入合适的文字，完成本例的制作。

案例效果剖析

如图13-92所示为美容院秀身宣传海报部分效果展示。

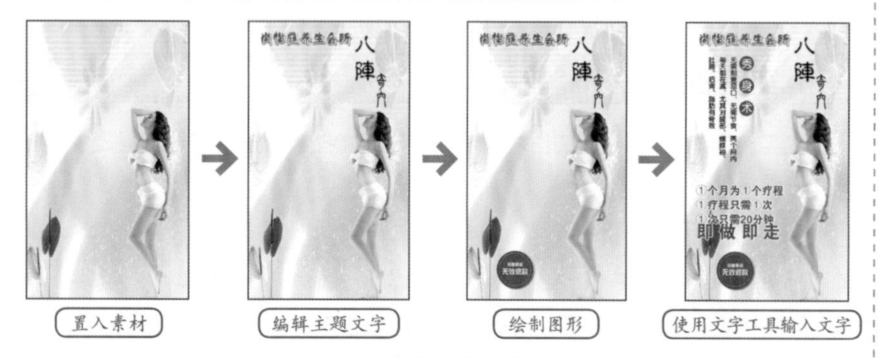

图13-92 效果展示

案例技术要点

本例中主要用到的功能及技术要点如下。

- 椭圆工具：使用椭圆工具绘制出圆形图形，使其重点突出。
- 文字工具：使用文字工具创建需要的文字。

案例制作步骤

源文件路径	效果文件\第13章\实例243.ai		
调用路径	素材文件\第13章\实例243.ai		
视频路径	视频\第13章\实例243. avi		
难易程度	★★★	学习时间	4分16秒

❶ 启动Illustrator，新建一个“宽度”为900mm、“高度”为1500mm的空白文档。选择菜单栏中的“文件”|“打开”命令，打开配套光盘“素材文件\第13章\实例243.ai”文件，将其中的素材图片复制到新建文档中，调整图片的大小，如图13-93所示。

图13-93 置入素材

❷ 使用T（文字工具）在页面内输入文字，放在画面的左上角的位置，通过“颜色”面板设置文字的颜色，通过“字符”面板设置文字的字号以及字体等，如图13-94所示。

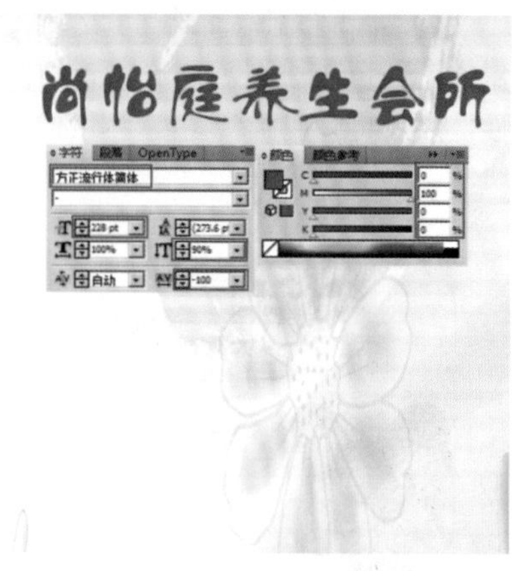

图13-94 文字设置

❸ 将文字原位复制一个，贴在后面，以白色描边，设置描边粗细为20pt。选择菜单栏中的“效果”|“风格化”|“投影”命令，在弹出的对话框中设置参数，如图13-95所示。

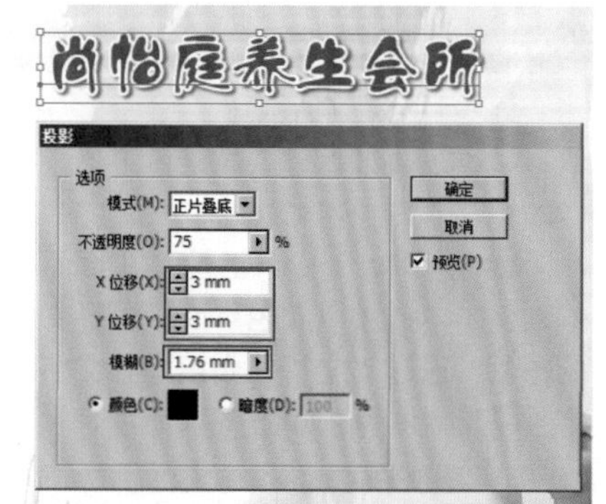

图13-95 投影设置

> **提 示**
>
> 复制文字的快捷键是Ctrl+C，贴在后面的快捷键是Ctrl+B。

❹ 使用T（文字工具）在页面内输入文字，通过“字符”面板设置文字的字号以及字体等，如图13-96所示。

图13-96 文字设置

❺ 使用（椭圆工具）在页面内绘制一个“宽度”、“高度”均为200mm的正圆，以红色填充。选择菜单栏中的“效果”|“风格化”|“投影”命令，在弹出的对话框中设置参数，如图13-97所示。

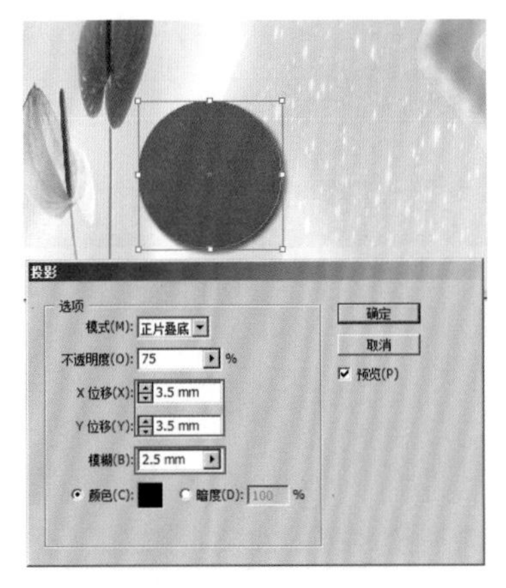

图13-97 投影设置

❻ 将圆形原位复制一个，贴在前面，并缩小一些，设置填充色为“无”，以黄色（Y：100%）描边，如图13-98所示。

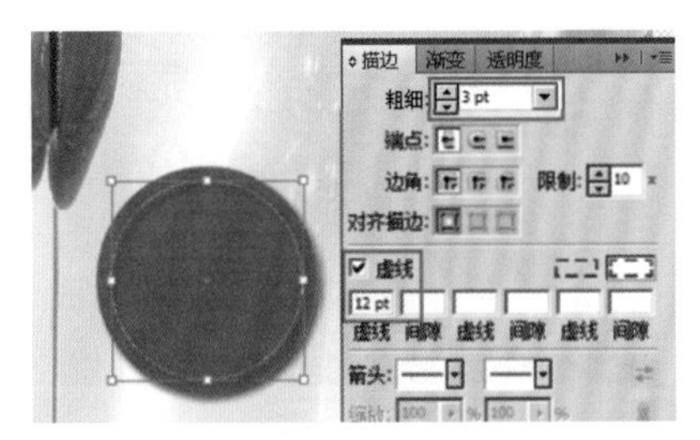

图13-98 描边设置

提 示

复制文字的快捷键是Ctrl+C，贴在前面的快捷键是Ctrl+F。

❼ 使用（文字工具）在页面内输入文字，以黄色（Y：100%）填充，通过“字符”面板设置文字的字号以及字体等，如图13-99所示。

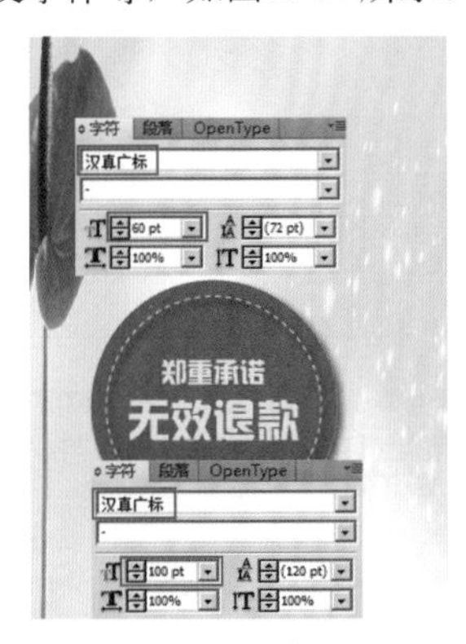

图13-99 文字设置

❽ 使用（文字工具）在页面内输入文字，通过“字符”面板设置文字的字号以及字体等。然后再为主题文字制作玫红（M：100%）的底衬，如图13-100所示。

图13-100 文字设置

❾ 使用（文字工具）在页面内输入文字，以红色填充，通过“字符”面板设置文字的字号以及字体等。然后将文字原位复制一个，贴在后面，以白色描边，描边粗细为20pt，如图13-101所示。

❿ 全选所有图形，按Ctrl+G快捷键编组图形，完成本实例的制作，如图13-102所示。

图13-101 文字设置

图13-102 最终效果

实例244 商业宣传类——蓝牙时尚耳机宣传海报

本实例通过蓝牙时尚耳机宣传海报的制作，主要使读者掌握矩形工具及文字工具等的使用。

案例设计分析

设计思路

该实例属于展览海报。该类海报主要用于展览会的宣传，常分布于街道、影剧院、展览会、商业闹区、车站、码头、公园等公共场所；具有传播信息的作用，涉及内容广泛、艺术表现力丰富、远视效果强。在制作该实例时，先置入素材，并为素材制作剪切蒙版效果，从而制作出海报的背景，再输入合适的文字，完成本实例的制作。

案例效果剖析

如图13-103所示为蓝牙时尚耳机宣传海报部分效果展示。

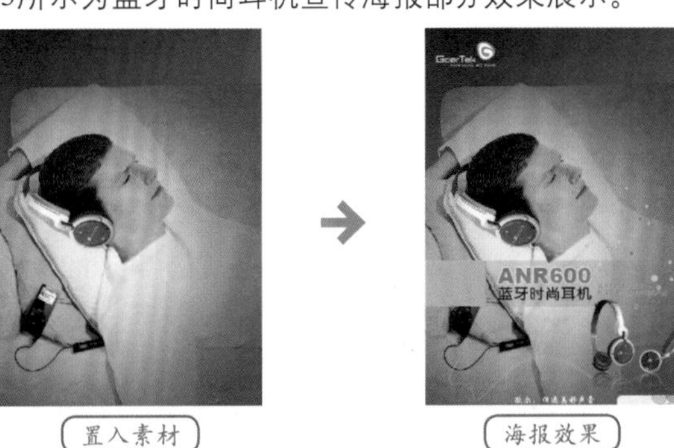

图13-103 效果展示

案例技术要点

本例中主要用到的功能及技术要点如下。

- 矩形工具：使用矩形工具绘制出填充区域。
- 文字工具：使用文字工具创建需要的文字。

源文件路径	效果文件\第13章\实例244.ai
调用路径	素材文件\第13章\实例244.ai
视频路径	视频\第13章\实例244. avi
难易程度	★★
学习时间	3分20秒

实例245 商业宣传类——枕头X展架

本实例通过枕头X展架的制作，主要使读者掌握矩形工具及文字工具等的使用。

案例设计分析

设计思路

X展架是用来支撑广告画面的一种形似英文字母X的架子，画面一般是相纸、PVC写真画面，表面复膜，常应用于展览广告、巡回展示、商业促销、会议演示。它具有绿色环保、方便运输、组装迅速等优点，摆放在销售场所中，能起到展示商品、传达信息、促进销售的作用。在制作该实例时，先置入素材制作出海报的背景，然后输入合适的文字，完成本例的制作。

案例效果剖析

如图13-104所示为枕头X展架部分效果展示。

图13-104　效果展示

案例技术要点

本例中主要用到的功能及技术要点如下。

- 矩形工具：使用矩形工具绘制出长方形。
- 文字工具：使用文字工具创建需要的文字。

源文件路径	效果文件\第13章\实例245.ai		
调用路径	素材文件\第13章\实例245.ai		
视频路径	视频\第13章\实例245. avi		
难易程度	★★	学习时间	3分25秒

实例246 商业宣传类——减肥总动员活动海报

本实例通过减肥总动员活动海报的制作，主要使读者掌握矩形工具、钢笔工具、椭圆工具及文字工具等的使用。

案例设计分析

设计思路

该例整体以比较明快的颜色为主，配以带有流线感的线条，营造了一种比较柔和的氛围。制作该实例时，先使用矩形工具、椭圆工具和钢笔工具制作出海报的背景，然后置入一幅素材，最后输入合适的文字，并为部分文字制作出动感效果，从而完成本例的制作。

案例效果剖析

如图13-105所示为减肥总动员活动海报部分效果展示。

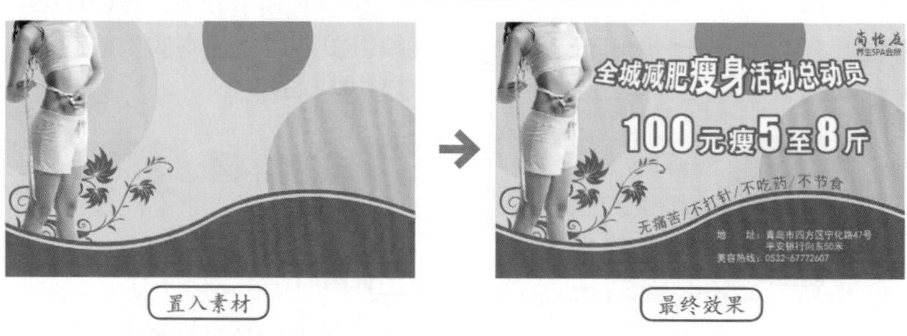

图13-105　效果展示

案例技术要点

本例中主要用到的功能及技术要点如下。

- 椭圆工具：使用椭圆工具制作出海报的背景底纹。
- 矩形工具：使用矩形工具绘制出海报的尺寸。
- 钢笔工具：使用钢笔工具绘制出异形图形。
- 文字工具：使用文字工具创建需要的文字。

案例制作步骤

源文件路径	效果文件\第13章\实例246.ai		
调用路径	素材文件\第13章\实例246.ai		
视频路径	视频\第13章\实例246. avi		
难易程度	★★★★	学习时间	6分14秒

❶ 启动Illustrator，新建一个“宽度”为900mm、“高度”为550mm的空白文档。使用（矩形工具）在页面中绘制一个同样大小的矩形，以黄色（Y：100%）填充。

❷ 使用（钢笔工具）在页面的底部绘制一个图形，以绿色（C：70%、M：25%、Y：100%、K：20%）填充，如图13-106所示。

图13-106 绘制图形

❸ 将绿色图形向上移动复制两个，分别以黄色（Y：100%）和绿色（C：70%、M：25%、Y：100%、K：20%）填充，然后调整它们的图层顺序和位置，如图13-107所示。

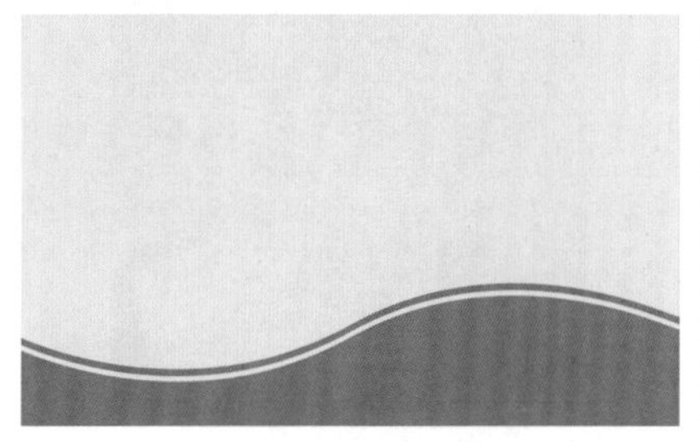

图13-107 复制图形

提 示

这样制作便于控制图形的形态。

❹ 使用（椭圆工具）在绘制3个圆形，将它们分别以绿色（C：20%、Y：70%）、红色（M：100%、Y：100%）和黄色（M：30%、Y：100%）填充，然后在“透明度”面板中将它们的不透明度数值都更改为50%，如图13-108所示。

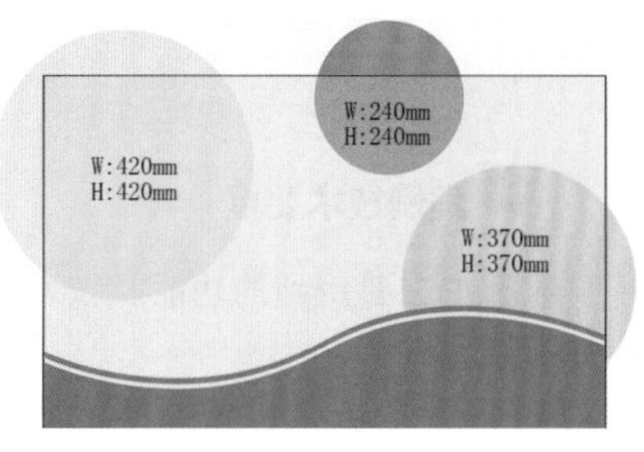

图13-108 绘制圆形

❺ 选择菜单栏中的“文件”|“打开”命令，打开配套光盘“素材文件\第13章\实例246.ai”文件，将素材复制到新建文档中，调整它们的位置，如图13-109所示。

❻ 绘制一个和页面同样大小的矩形，使其位于最上方。然后选择所有图形，并建立剪切蒙版，如图13-110所示。

图13-109 置入素材

图13-110 建立剪切蒙版效果

❼ 使用T（文字工具）在页面中输入文字，通过“字符”面板设置文字的字体及字号，如图13-111所示。

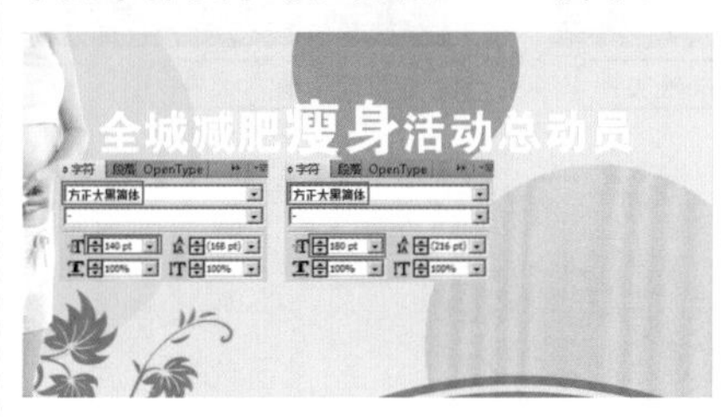

图13-111 文字设置

❽ 将文字原位复制一个，以绿色（C：70%、M：25%、Y：100%、K：20%）描边，描边粗细为30pt。然后将这两组文字编组，选择菜单栏中的“效果”|“变形”|“凹壳”命令，在弹出的对话框中设置参数，如图13-112所示。

❾ 使用T（文字工具）在页面中输入文字，通过“字符”面板设置文字的字体及字号。然后将文字原位复制一个，以绿色（C：70%、M：25%、Y：100%、K：20%）描边，描边粗细为30pt，如图13-113所示。

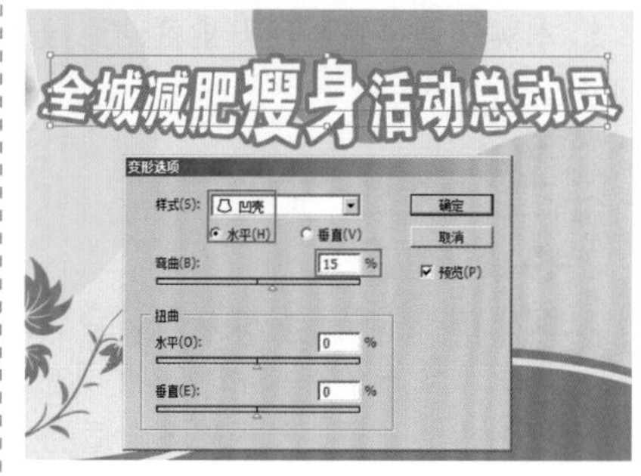

图13-112 凹壳设置

图13-113 文字设置

❿ 使用（钢笔工具）绘制一条弧线，然后在其上输入文字，以绿色（C：70%、M：25%、Y：100%、K：20%）填充，通过“字符”面板设置文字的字体及字号，如图13-114所示。

图13-114 输入文字

⓫ 使用T（文字工具）在页面中输入文字，通过“颜色”面板设置文字的颜色，通过“字符”面板设置文字的字体及字号，如图13-115所示。

⓬ 全选所有图形，按Ctrl+G快捷键编组图形，完成本实例的制作。

图13-115 最终效果

实例247 商业宣传类——咖啡店开业活动海报

本实例通过咖啡店开业活动海报的制作，主要使读者掌握矩形工具及文字工具等的使用。

案例设计分析

设计思路

海报招贴张贴于公共场所，会受到周围环境和各种因素的干扰，所以必须以大画面及突出的形象和色彩展现在人们面前。在制作该实例时，先置入素材制作出海报的背景，然后输入合适的文字，完成本例的制作。

案例效果剖析

如图13-116所示为咖啡店开业活动海报部分效果展示。

图13-116 效果展示

案例技术要点

本例中主要用到的功能及技术要点如下。

- 矩形工具：使用矩形工具绘制出海报的尺寸。
- 文字工具：使用文字工具创建需要的文字。

源文件路径	效果文件\第13章\实例247.ai		
调用路径	素材文件\第13章\实例247.ai		
视频路径	视频\第13章\实例247. avi		
难易程度	★	学习时间	1分12秒

实例248 商业宣传类——金秋收获新枕头活动海报

本实例通过金秋收获新枕头活动海报的制作，主要使读者掌握圆角矩形工具及文字工具等的使用。

案例设计分析

设计思路

为了使来去匆忙的人们留下视觉印象，除了尺寸大之外，海报设计还要充分体现定位设计的原理，以突出的商标、标志、标题、图形，或对比强烈的色彩，或大面积的空白，或简练的视觉流程，使海报招贴成为视觉焦点。在制作该实例时，先置入素材制作出海报的背景，然后输入文字，并对文字进行变形操作，从而完成本例的制作。

案例效果剖析

如图13-117所示为金秋收获新枕头活动海报部分效果展示。

输入文字

图13-117 效果展示

案例技术要点

本例中主要用到的功能及技术要点如下。

- 圆角矩形工具：使用圆角矩形工具绘制出带有圆角的矩形。
- 文字工具：使用文字工具创建需要的文字。

案例制作步骤

源文件路径	效果文件\第13章\实例248.ai
调用路径	素材文件\第13章\实例248.ai
视频路径	视频\第13章\实例248. avi
难易程度	★★
学习时间	3分12秒

❶ 启动Illustrator，新建一个“宽度”为850mm、“高度”为1200mm的空白文档。使用▭（矩形工具）在页面中绘制一个同样大小的矩形，以浅蓝色（C：10%）填充。

❷ 选择菜单栏中的“文件”|“打开”命令，打开配套光盘“素材文件\第13章\实例248.ai”文件，将素材复制到新建文档中，调整它的位置，如图13-118所示。

图13-118 置入素材

❸ 使用T（文字工具）在页面中输入文字，通过“颜色”面板设置文字的颜色，通过“字符”面板设置文字的字体及字号，如图13-119所示。

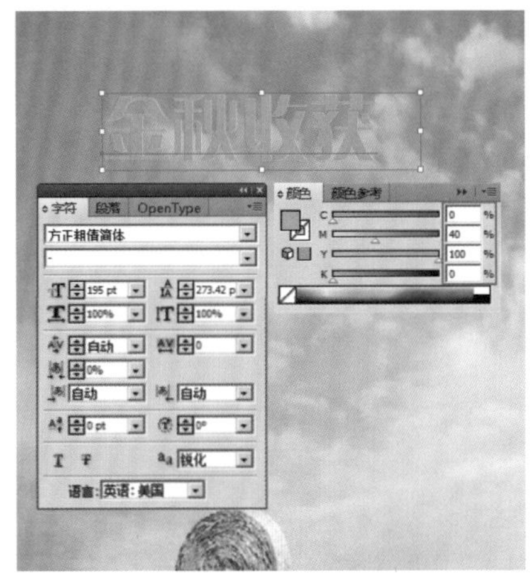

图13-119 文字设置

❹ 将文字原位复制一个，贴在后面，以白色描边，描边粗细为25pt。然后将这两组文字编组，选择菜单栏中的“效果”|“风格化”|“投影”命令，在弹出的对话框中设置参数，如图13-120所示。

提 示

复制文字的快捷键是Ctrl+C，贴在后面的快捷键是Ctrl+B。

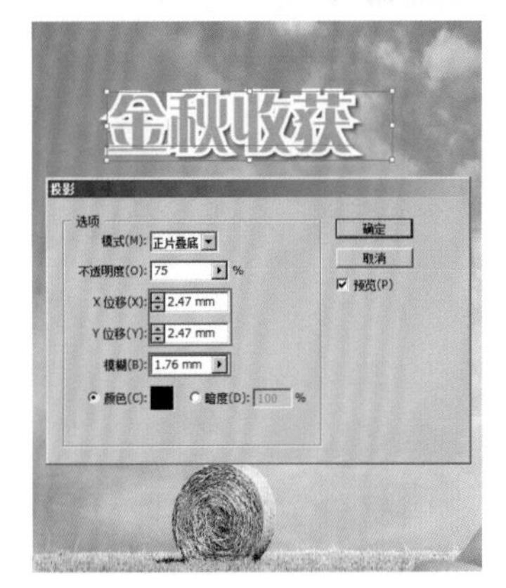

图13-120 投影设置

❺ 使用T（文字工具）在页面中输入“我的新枕头”文字，通过“颜色”面板设置文字的颜色，通过“字符”面板设置文字的字体及字号，如图13-121所示。

图13-121 文字设置

❻ 将文字转曲后解组，将它们逐个旋转角度。调整好角度后，将文字选中并编组，再将其原位复制一组，贴在后面，以白色描边，描边粗细为25pt。同时选中这两组文字并编组，然后选择菜单栏中的“效果”|“风格化”|“投影”命令，在弹出的对话框中设置参数，如图13-122所示。

图13-122 投影设置

❼ 使用T（文字工具）在页面中输入文字，通过“颜色”面板设置文字的颜色，通过“字符”面板设置文字的字体及字号，如图13-123所示，完成本实例的制作。

图13-123 最终效果

实例249 商业宣传类——品牌介绍X展架

本实例通过品牌介绍X展架的制作，主要使读者掌握矩形工具、圆角矩形工具及文字工具等的使用。

案例设计分析

设计思路

X展架用途和易拉宝相同，是公共场所、活动集会或商家店铺的一种广告宣传品，也可以是婚礼庆典的展示品，小巧精致方便携带，可拆装，可更换画面，可长时间反复使用。在制作该实例时，先置入素材制作出海报的背景，然后输入合适的文字，完成本例的制作。

案例效果剖析

如图13-124所示为品牌介绍X展架部分效果展示。

图13-124　效果展示

案例技术要点

本例中主要用到的功能及技术要点如下。

- 矩形工具：使用矩形工具绘制出海报的尺寸。
- 圆角矩形工具：使用圆角矩形工具制作出带有圆角的矩形。
- 文字工具：使用文字工具创建需要的文字。

源文件路径	效果文件\第13章\实例249.ai		
调用路径	素材文件\第13章\实例249.ai		
视频路径	视频\第13章\实例249. avi		
难易程度	★★	学习时间	2分37秒

第14章 公益海报设计

作为现代艺术设计中的平面公益海报，反映人类精神深层结构的价值观、道德观、审美观、生活观所构成的意识形态，并对群体行为模式予以引导，推销时代新观念，引发公众的公共意识和公益行为，这种满足人们精神功能需求的艺术作品必然赋有深刻的文化特质。传播明确观念和思想的主题是公益海报设计过程的核心及灵魂，其本身就蕴含着深刻的文化内涵和哲理。

实例250 公益宣传类——节约用水公益海报

本实例主要讲解节约用水公益海报的设计制作。通过该实例的制作，使读者掌握矩形工具、渐变工具、文字工具的使用方法，以及如何设置文字、图形的填充属性和载入素材等。

案例设计分析

设计思路

水，并不是取之不尽、用之不竭的。要节约水，我们就要从身边的每一件事做起，从生活的点点滴滴做起。制作该实例时，先使用渐变工具制作出背景，再置入素材，最后输入合适的文字，完成本实例的制作。

案例效果剖析

如图14-1所示为节约用水公益海报部分效果展示。

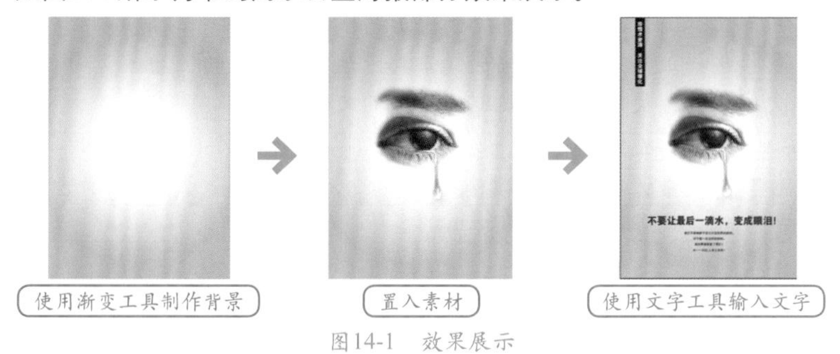

图14-1 效果展示

案例技术要点

本例中主要用到的功能及技术要点如下。

- 矩形工具：使用矩形工具绘制出填充区域。
- 渐变工具：使用渐变工具制作背景的渐变效果。
- 文字工具：使用文字工具创建需要的文字。

案例制作步骤

源文件路径	效果文件\第14章\实例250.ai		
调用路径	素材文件\第14章\实例250.ai		
视频路径	视频\第14章\实例250. avi		
难易程度	★★	学习时间	3分04秒

❶ 启动Illustrator，新建一个“宽度”为420mm、“高度”为590mm的空白文档。使用▢（矩形工具）在画布中绘制同样大小的矩形。

❷ 通过“渐变”面板和“颜色”面板设置填充颜色，描边属性设置为“无”，如图14-2所示。

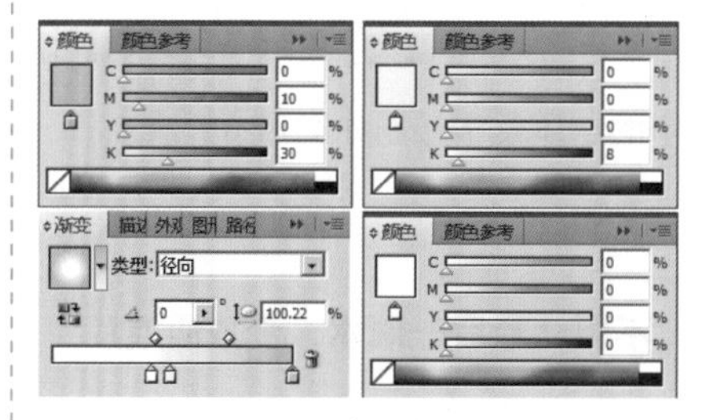

图14-2 渐变色设置

❸ 设置好渐变色后，矩形填充效果如图14-3所示。

图14-3 渐变效果

❹ 打开配套光盘“素材文件\第14章\实例250.ai”文件，将眼睛图片复制到新建文档中，调整图片的大小，如图14-4所示。

图14-4　置入图片位置

❺ 选择▢（矩形工具），在页面中拖曳鼠标绘制一个矩形，使用T（文字工具）在矩形中输入文字，通过“字符”面板设置文字的字体及字号，如图14-5所示。

图14-5　输入文字

❻ 使用T（文字工具）在页面中输入文字，通过“字符”面板设置文字的字体及字号，如图14-6所示。

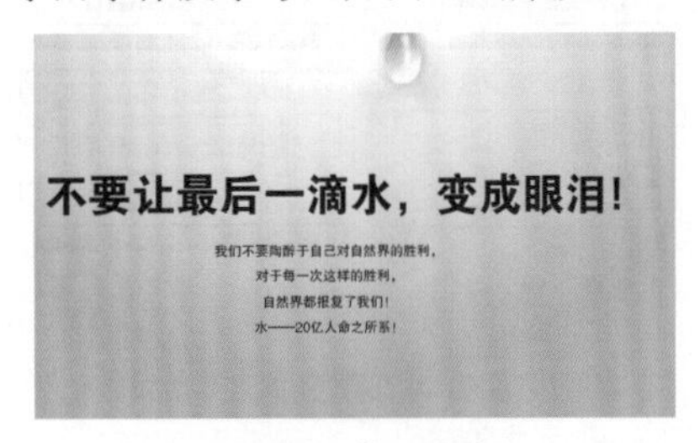

图14-6　输入文字

❼ 选择▶（选择工具），拖曳鼠标选择所有图形，按Ctrl+G快捷键将图形编组，完成本实例的制作，如图14-7所示。

图14-7　最终效果

实例251　公益宣传类——文明出行公益海报

本实例主要讲解文明出行公益海报的设计制作。通过该实例的制作，使读者掌握矩形工具、直接选择工具、文字工具的使用方法，以及如何设置文字、图形的填充属性和载入素材等。

案例设计分析

设计思路

城市街道人行横道上的一条条白线，又叫斑马线，它能引导行人安全地过马路。制作本实例时，先使用矩形工具制作出背景，然后调入素材，最后输入合适的文字，完成本例的制作。

案例效果剖析

如图14-8所示为文明出行公益海报部分效果展示。

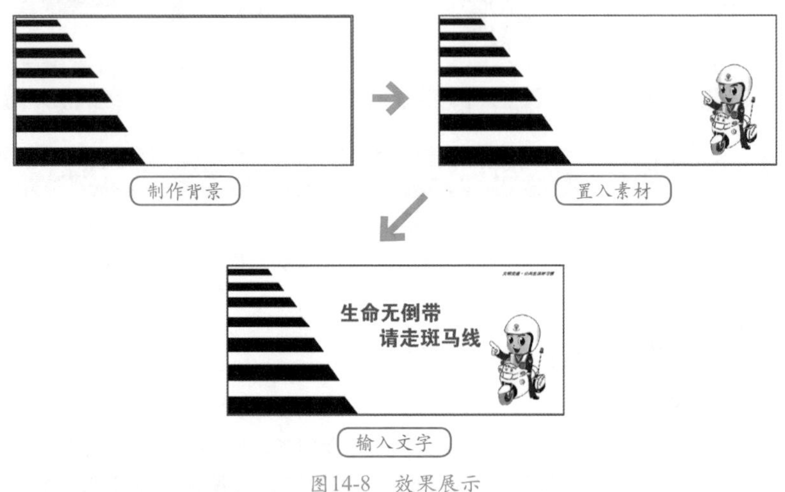

图14-8　效果展示

案例技术要点

本例中主要用到的功能及技术要点如下。

- 矩形工具：使用矩形工具绘制出斑马线。
- 直接选择工具：使用直接选择工具修改单个锚点的位置。
- 文字工具：使用文字工具创建需要的文字。

源文件路径	效果文件\第14章\实例251.ai		
调用路径	素材文件\第14章\实例251.ai		
视频路径	视频\第14章\实例251. avi		
难易程度	★★★	学习时间	3分32秒

实例252　公益宣传类——尊老敬老公益海报

本实例主要讲解尊老敬老公益海报的设计制作。通过该实例的制作，使读者掌握文字工具的使用方法，以及如何设置文字的填充属性和载入素材等。

案例设计分析

设计思路

尊老敬老是我们中华民族的优良传统。在人们进入老龄阶段，病残、丧偶、丧失劳动能力、超过退休年龄而无法工作或生活无法自理的老人，能够得到家庭、社会的赡养：老有所养、老有所医、老有所乐、老有所为、老有所教、老有所学、老有所依、老有所终。在制作本例时，先置入一幅图片当做背景，然后置入素材，最后输入合适的文字，完成本例的制作。

案例效果剖析

如图14-9所示为尊老敬老公益海报部分效果展示。

图14-9 效果展示

案例技术要点

本例中主要用到的功能及技术要点如下。

- 文字工具：使用文字工具创建需要的文字。

案例制作步骤

源文件路径	效果文件\第14章\实例252.ai		
调用路径	素材文件\第14章\实例252.ai		
视频路径	视频\第14章\实例252. avi		
难易程度	★	学习时间	2分31秒

❶ 启动Illustrator，新建一个“宽度”为420mm、“高度”为590mm的空白文档。打开配套光盘“素材文件\第14章\实例252.ai”文件，将天空背景图片复制到当前文档中，调整图片铺满画面，如图14-10所示。

图14-10 置入背景

❷ 再将“实例252.ai”文件中的人物图片复制到当前文档中，调整图片的大小和位置，如图14-11所示。

提 示

为了节约时间，“实例252.ai”中的人物素材是笔者一张张排列起来的。读者如果自己制作的话，可以尝试着找些类似的图片自己排列，也可以按照自己的喜好排列任意形状。

图14-11 置入人物

❸ 使用T（文字工具）在页面内输入文字，在“字符”面板和“颜色”面板中设置文字的字体、字号和颜色，如图14-12所示。

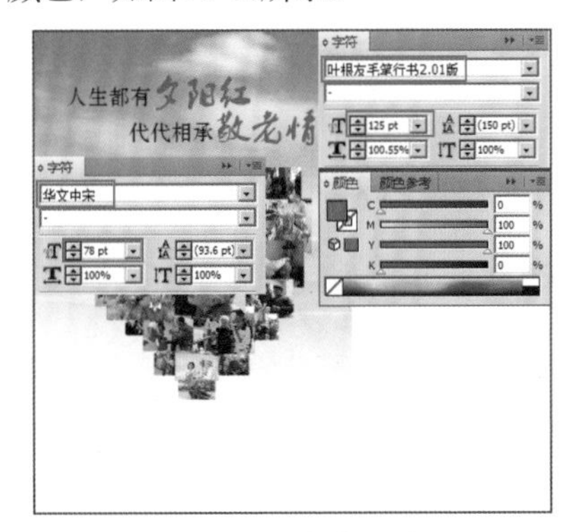

图14-12 文字设置

❹ 选择全部文字，按Ctrl+C快捷键将其复制，再按Ctrl+B快捷键使其移至下一层，设置描边颜色为白色，粗细为10pt，效果如图14-13所示。

图14-13 编辑文字

❺ 使用T（文字工具）在页面内输入其他文字，在“字符”面板和“颜色”面板中设置文字的字体、字号和颜色，如图14-14所示。

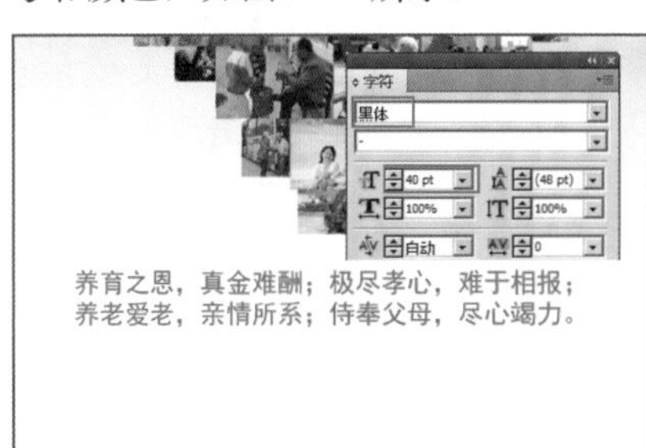

图14-14 字体设置

❻ 全选所有图形，按Ctrl+G快捷键编组图形，完成本实例的制作，如图14-15所示。

图14-15 最后效果

实例253 公益宣传类——食品安全公益海报

本实例主要讲解食品安全公益海报的设计制作。通过该实例的制作，使读者掌握钢笔工具、矩形工具、渐变工具、文字工具的使用方法，以及如何设置文字的填充属性和载入素材等。

案例设计分析

设计思路

食品安全指食品无毒、无害，符合应当有的营养要求，对人体健康不造成任何危害。该类海报无论是在色彩、图片，还是宣传语言上，一定要引起观者的共鸣。在制作本实例时，先调入实物图片当底纹，然后输入合适的文字，完成本例的制作。

案例效果剖析

如图14-16所示为食品安全公益海报部分效果展示。

图14-16 效果展示

案例技术要点

本例中主要用到的功能及技术要点如下。

- 矩形工具：使用矩形工具绘制出广告的尺寸。
- 渐变工具：使用渐变工具制作渐变背景。
- 钢笔工具：使用钢笔工具绘制制作蒙版的区域。
- 文字工具：使用文字工具创建需要的文字。

案例制作步骤

源文件路径	效果文件\第14章\实例253.ai		
调用路径	素材文件\第14章\实例253.ai		
视频路径	视频\第14章\实例253. avi		
难易程度	★	学习时间	5分08秒

❶ 启动Illustrator，新建一个“宽度”为590mm、“高度”为180mm的空白文档。（矩形工具）在画布中绘制一个和画布一样大的矩形。

❷ 通过“渐变”面板和“颜色”面板设置填充属性，描边属性设置为“无”，如图14-17所示。

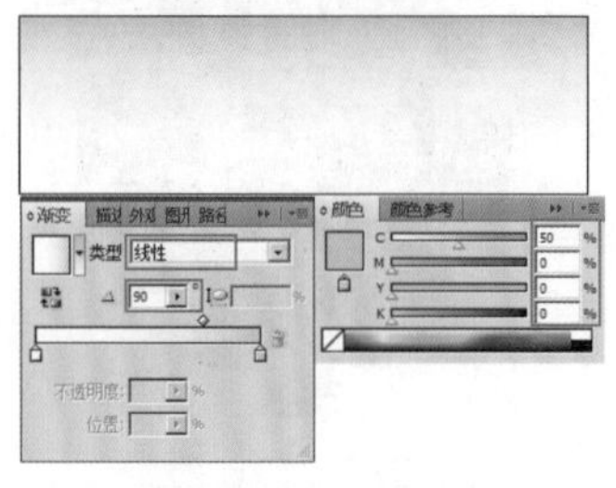

图14-17 背景设置

❸ 打开配套光盘“素材文件\第14章\实例253.ai”文件，将草地背景图片复制到当前文档中，调整图片的位置，如图14-18所示。

图14-18 置入素材

❹ 将“实例252.ai”文件中的手图片复制到当前文档中，调整图片的大小和位置，如图14-19所示。

图14-19 置入素材

❺ 将“实例252.ai”文件中的蔬菜图片复制到当前文档中，调整图片的大小和位置，如图14-20所示。

图14-20 置入素材

❻ 使用（钢笔工具）在手的内部绘制一个路径，然后将其与蔬菜图片一起选中，为图片建立剪切蒙版，如图14-21所示。

图14-21 置入素材

> **提 示**
>
> 这里绘制的路径必须位于图片的上方，才能为图片建立剪切蒙版。

❼ 使用T（文字工具）在页面内输入文字，在“字符”面板和“颜色”面板中设置文字的字体、字号和颜色，如图14-22所示。

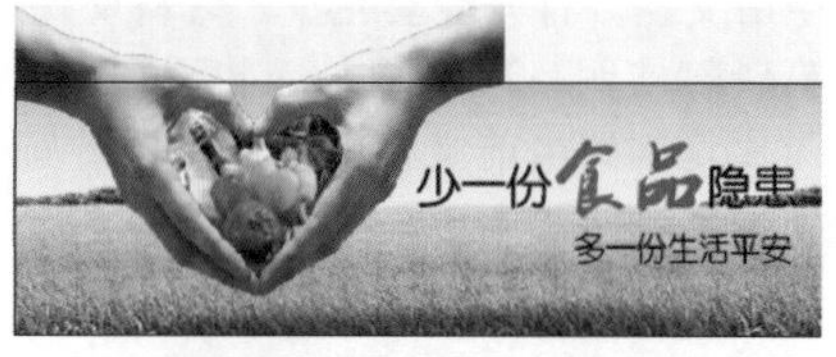

图14-22 置入素材

❽ 选择全部文字，按Ctrl+C快捷键将其复制，再按Ctrl+B快捷键使其移至下一层，设置描边颜色为白色，粗细为10pt，效果如图14-23所示。

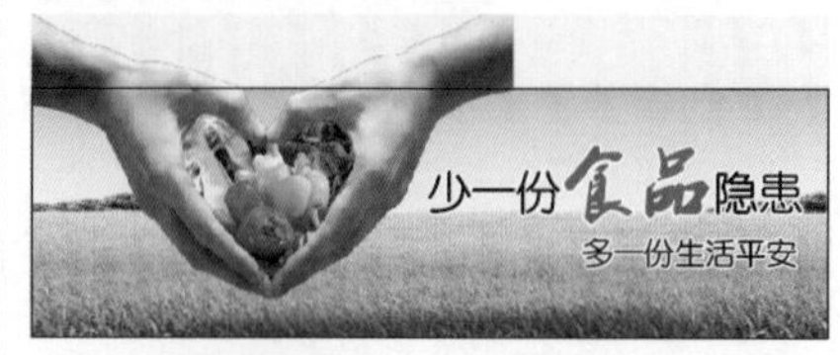

图14-23 编辑文字

❾ 全选所有图形，按Ctrl+G快捷键编组图形。使用（矩形工具）绘制一个和画布一样大的矩形，使其位于最上方。选择所有图形，建立剪切蒙版，完成本实例的制作，如图14-24所示。

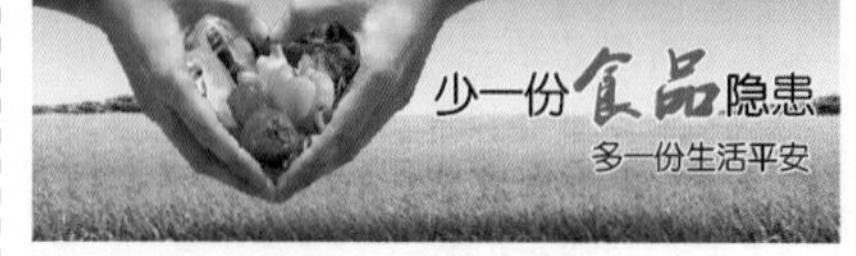

图14-24 最终效果

实例254 公益宣传类——保护森林公益海报

本实例主要讲解保护森林公益海报的设计制作。通过该实例的制作，使读者掌握矩形工具、文字工具的使用方法，以及如何设置文字、图形的填充属性和载入素材等。

案例设计分析

设计思路

保护森林，即保护森林资源，是国内外常见的一种宣传口号。森林是由树木为主体所组成的地表生物群落，具有丰富的物种、复杂的结构、多种多样的功能。在制作该实例时，先置入一幅实物图片当做底纹，然后置入合适的素材，最后输入合适的文字，完成本例的制作。

案例效果剖析

如图14-25所示为保护森林公益海报部分效果展示。

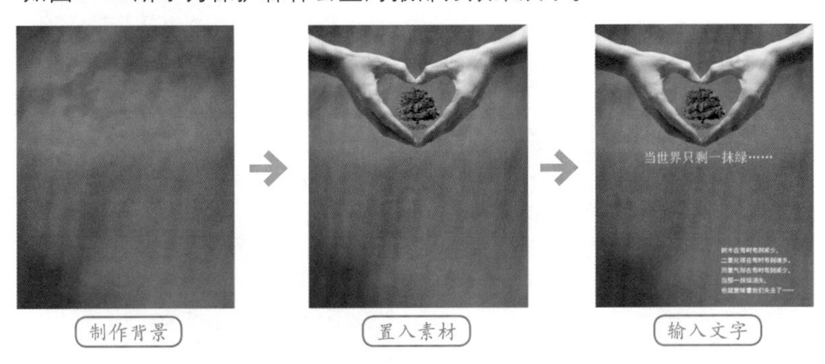

图14-25 效果展示

案例技术要点

本例中主要用到的功能及技术要点如下。

- 矩形工具：使用矩形工具绘制出海报的尺寸。
- 文字工具：使用文字工具创建需要的文字。

源文件路径	效果文件\第14章\实例254.ai		
调用路径	素材文件\第14章\实例254.ai		
视频路径	视频\第14章\实例254. avi		
难易程度	★	学习时间	2分02秒

实例255 公益宣传类——关爱动物公益海报

本实例主要讲解关爱动物公益海报的设计制作。通过该实例的制作，使读者掌握矩形工具、渐变工具、文字工具的使用方法，以及如何设置文字、图形的填充属性和载入素材等。

案例设计分析

设计思路

关爱动物的宗旨是通过减少对动物的商业剥削和贸易、保护野生动物的栖息地以及救助危难中的动物来提高野生动物和伴侣动物的福利；积极倡导人与动物和谐共处的爱护动物理念，推广人与动物共同受益的动物福利和保护政策。在制作该实例时，先置入素材当底纹，然后输入合适的文字，完成本例的制作。

案例效果剖析

如图14-26所示为关爱动物海报部分效果展示。

背景效果

建立不透明蒙版

图14-26 效果展示

案例技术要点

本例中主要用到的功能及技术要点如下。

- 渐变工具：使用渐变工具制作出海报的背景。
- 矩形工具：使用矩形工具绘制出海报的尺寸。
- 文字工具：使用文字工具创建需要的文字。

案例制作步骤

源文件路径	效果文件\第14章\实例255.ai
调用路径	素材文件\第14章\实例255.ai
视频路径	视频\第14章\实例255. avi
难易程度	★★
学习时间	2分49秒

❶ 启动Illustrator，新建一个“宽度”为420mm、“高度”为590mm的空白文档。使用▣（矩形工具）在画布中绘制同样大小的矩形。

❷ 选择▣（渐变工具），打开“渐变”面板，设置颜色及各项参数，如图14-27所示。

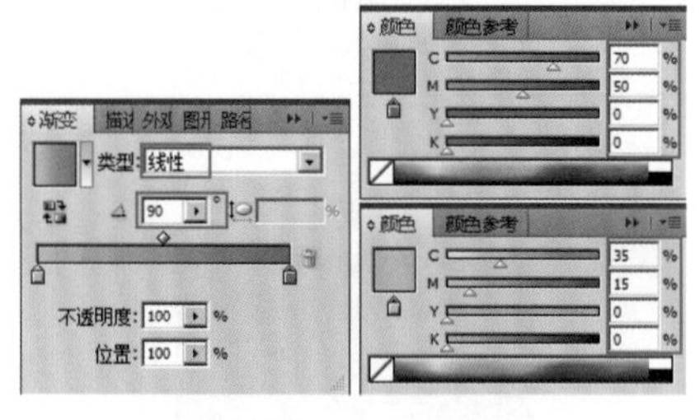

图14-27　渐变色设置

❸ 设置好渐变参数后，图形效果如图14-28所示。

图14-28　渐变色

❹ 打开配套光盘“素材文件\第14章\实例255.ai”文件，将其中的海豹图片复制到新建文档中，调整图片的大小，如图14-29所示。

图14-29　调整图片的位置

❺ 使用▣（矩形工具）在页面内绘制一个“宽度”为350mm、“高度”为45mm的矩形，设置填充属性为（M：90%、Y：85%），如图14-30所示。

图14-30　绘制矩形

❻ 将矩形原位复制一个，放在红色矩形的上方，以黑色到白色的渐变色填充，如图14-31所示。

图14-31　制作渐变效果

❼ 同时选中这两个矩形，打开“透明度”面板，单击右上角的▣按钮，在弹出的下拉菜单中选择“建立不透明蒙版”命令，效果如图14-32所示。

图14-32　制作不透明蒙版

提　示

上一步也可以直接使用渐变工具里的“渐黑”类型来制作，具体制作方法在后面会有所讲述。

❽ 使用T（文字工具）在不透明蒙版框内输入相应的文字，如图14-33所示。

图14-33　输入文字

❾ 使用T（文字工具）在页面内输入文字，并设置文字的字号、填充颜色以及字体等，如图14-34所示。

图14-34　设置字体和字号

❿ 全选所有图形，按Ctrl+G快捷键编组图形，完成本实例的制作，如图14-35所示。

图14-35　最终效果

实例256 公益宣传类——关注自闭症儿童公益海报

本实例主要讲解关注自闭症儿童公益海报的设计制作。通过该实例的制作，使读者掌握钢笔工具、矩形工具、渐变工具、星形工具、文字工具的使用方法，以及如何设置文字、图形的填充属性和载入素材等。

案例设计分析

设计思路

自闭症，一般指儿童孤独症，是广泛性发育障碍的一种，以男性多见，主要表现为不同程度的言语发育障碍、人际交往障碍、兴趣狭窄和行为方式刻板等；约有3/4的患者伴有明显的精神发育迟滞，部分患儿在一般性智力落后的背景下某方面具有较好的能力。制作该类海报的目的，是为了让大家都来关心自闭症儿童的身心健康。在制作该实例时，先调入实物图片当做底纹，然后绘制路径，最后输入合适的文字，完成本例的制作。

案例效果剖析

如图14-36所示为关注自闭症儿童公益海报部分效果展示。

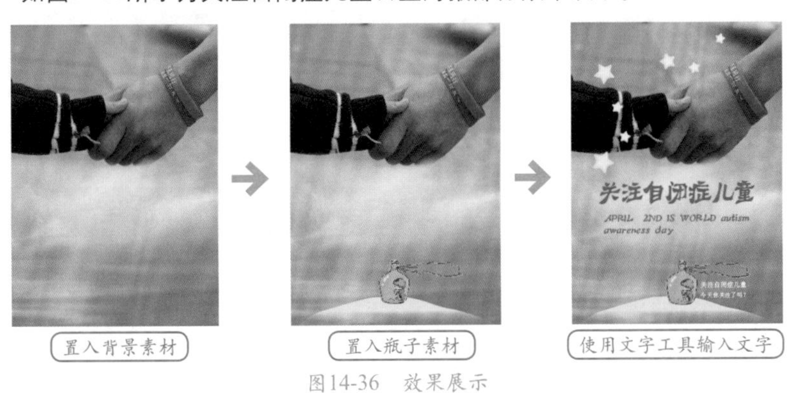

图14-36 效果展示

案例技术要点

本例中主要用到的功能及技术要点如下。

- 钢笔工具：使用钢笔工具绘制出孤岛路径。
- 矩形工具：使用矩形工具绘制出海报的尺寸。
- 渐变工具：使用渐变工具制作出渐变图形
- 星形工具：使用星形工具绘制出星形图形。
- 文字工具：使用文字工具创建需要的文字。

案例制作步骤

源文件路径	效果文件\第14章\实例256.ai		
调用路径	素材文件\第14章\实例256.ai		
视频路径	视频\第14章\实例256. avi		
难易程度	★★	学习时间	4分52秒

❶ 启动Illustrator，新建一个“宽度”为420mm、“高度”为590mm的空白文档。打开配套光盘“素材文件\第14章\实例256.ai”文件，将拉手和背景图片复制到新建文档中，调整图片的大小，如图14-37所示。

图14-37 置入素材

❷ 使用（钢笔工具）在画面下方绘制一条路径，如图14-38所示。

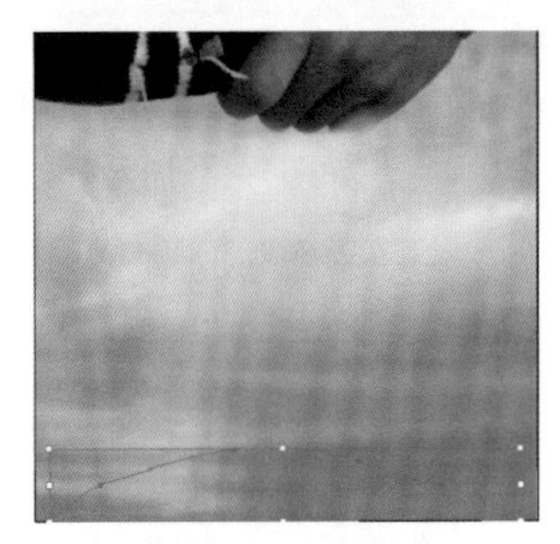
图14-38 绘制路径

提 示

绘制路径的形态可以根据自己的需要进行绘制，不必要和本例完全一致。

❸ 选择（渐变工具），打开“渐变”面板，选择“渐黑”选项，如图14-39所示。

图14-39 选择渐变

❹ 在“渐变”面板中设置渐变颜色及各项参数，如图14-40所示。

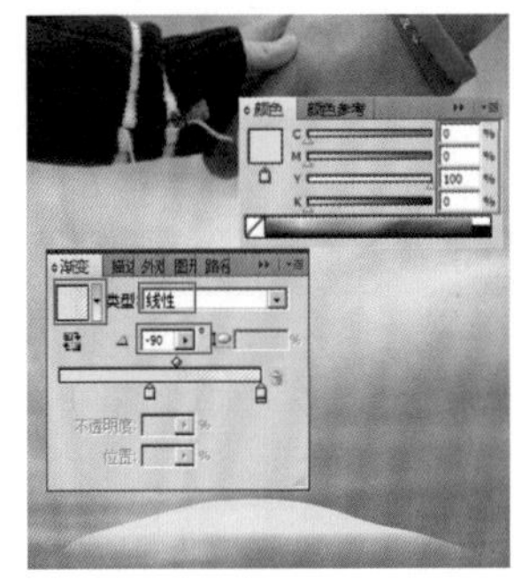

图14-40 绘制矩形

❺ 将配套光盘“素材文件\第14章\实例256.ai”文件中的瓶子素材复制到当前文档中，调整图片的大小，如图14-41所示。

图14-41 置入素材

❻ 选择☆（星形工具），在页面内创建一个星形，设置填充属性为（Y：70%），如图14-42所示。

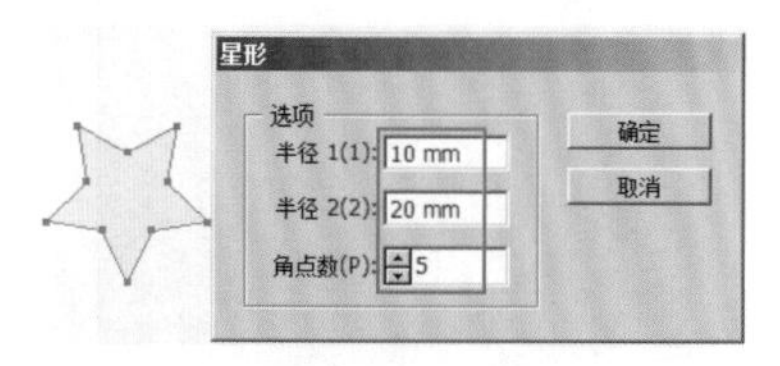

图14-42　制作星形

❼ 使用▷（直接选择工具）将所有的锚点转换为平滑。将星形原位复制一个，填充白色，然后将其缩小，放于最上方，如图14-43所示。

图14-43　制作星形

❽ 选择菜单栏中的“效果”|“模糊”|“高斯模糊”命令，在弹出的对话框中设置参数，如图14-44所示。

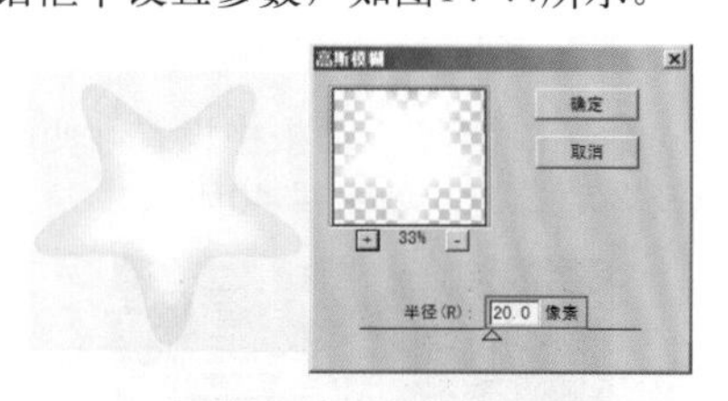

图14-44　参数设置

提　示

星形图形效果使用“效果”|“风格化”|“羽化”命令也可以制作出来，大家可以自己尝试一下。

❾ 将星形编组，然后移动复制多个，如图14-45所示。

图14-45　复制星形

❿ 使用T（文字工具）在页面内输入文字，并设置文字的字号、填充颜色以及字体等，如图14-46所示。

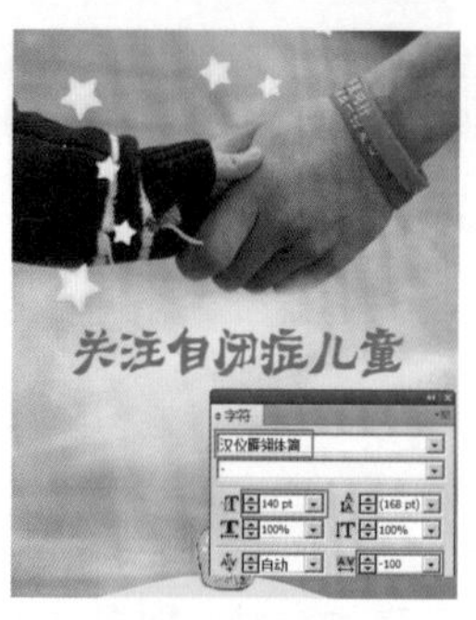

图14-46　设置文字

⓫ 使用T（文字工具）输入英文和中文文字，并设置文字的字号、填充颜色以及字体等，如图14-47所示。

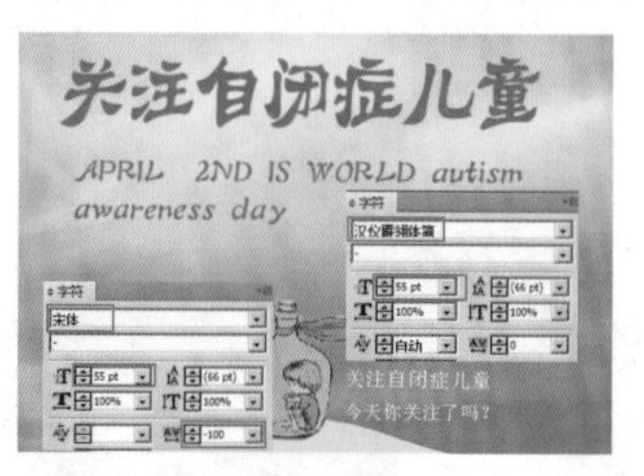

图14-47　设置文字

⓬ 全选所有图形，按Ctrl+G快捷键编组图形，完成本实例的制作，如图14-48所示。

图14-48　最终效果

实例257　公益宣传类——垃圾分类公益广告

本实例主要讲解垃圾分类公益海报的设计制作。通过该实例的制作，使读者掌握矩形工具、渐变工具、文字工具的使用方法，以及如何设置文字、图形的填充属性和载入素材等。

案例设计分析

设计思路

垃圾分类，指按一定规定或标准将垃圾分类储存、分类投放和分类搬运，从而转变成公共资源的一系列活动的总称。分类的目的是提高垃圾的资源价值和经济价值，力争物尽其用。在制作该实例时，先使用渐变工具制作出背景，然后置入素材，最后输入合适的文字，完成本例的制作。

案例效果剖析

如图14-49所示为垃圾分类公益广告部分效果展示。

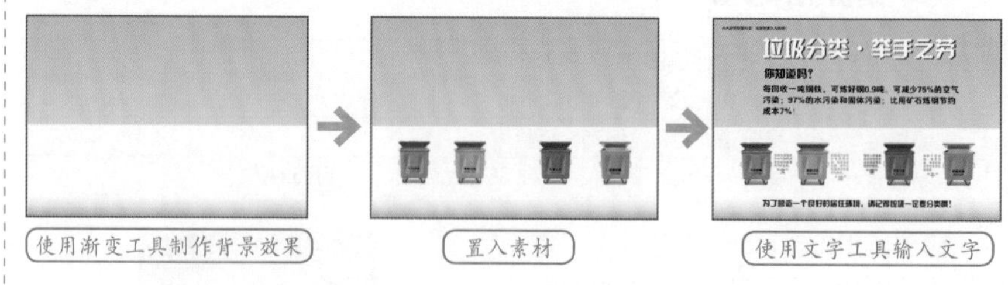

图14-49　效果展示

案例技术要点

本例中主要用到的功能及技术要点如下。

- 矩形工具：使用矩形工具绘制出海报的尺寸。
- 渐变工具：使用渐变工具制作出海报的背景。
- 文字工具：使用文字工具创建需要的文字。

源文件路径	效果文件\第14章\实例257.ai		
调用路径	素材文件\第14章\实例257.ai		
视频路径	视频\第14章\实例257. avi		
难易程度	★★	学习时间	3分49秒

实例258 公益宣传类——节约粮食公益海报

本实例主要讲解节约粮食公益海报的设计制作。通过该实例的制作，使读者掌握矩形工具、渐变工具、文字工具的使用方法，以及如何设置文字、图形的填充属性和载入素材等。

案例设计分析

设计思路

节约粮食，是我们每个公民应尽的义务，而不是说你的生活好了，你浪费得起就可以浪费。浪费是一种可耻的行为。吃饭时吃多少盛多少，不扔剩饭菜；在餐馆用餐时点菜要适量，而不应该乱点一气。记住：节约粮食从我做起。在制作该实例时，先使用渐变工具制作出背景，然后调入实物图片当做底纹，最后输入合适的文字，完成本例的制作。

案例效果剖析

如图14-50所示为节约粮食公益海报部分效果展示。

图14-50 效果展示

案例技术要点

本例中主要用到的功能及技术要点如下。

- 矩形工具：使用矩形工具绘制出海报的尺寸。
- 渐变工具：使用渐变工具制作出海报的背景
- 文字工具：使用文字工具创建需要的文字。

案例制作步骤

源文件路径	效果文件\第14章\实例258.ai		
调用路径	素材文件\第14章\实例258.ai		
视频路径	视频\第14章\实例258. avi		
难易程度	★★	学习时间	1分40秒

❶ 启动Illustrator，新建一个“宽度”为550mm、“高度”为850mm的空白文档。使用（矩形工具）在画布中绘制同样大小的矩形。

❷ 选择（渐变工具），打开“渐变”面板，设置颜色及各项参数，如图14-51所示。

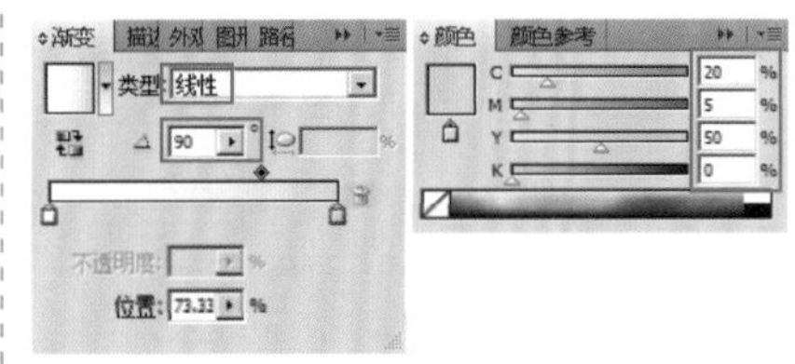

图14-51 渐变色设置

❸ 打开配套光盘“素材文件\第14章\实例258.ai”文件，将素材图片复制到新建文档中，调整图片的大小，如图14-52所示。

图14-52 置入素材

❹ 使用T（文字工具）在页面内输入文字，并设置文字的字号、填充颜色以及字体等，如图14-53所示。

图14-53 最终效果

❺ 全选所有图形，按Ctrl+G快捷键编组图形，完成本实例的制作。

实例259 公益宣传类——安全驾驶公益海报

本实例主要讲解安全驾驶公益海报的设计制作。通过该实例的制作，使读者掌握矩形工具、渐变工具、文字工具的使用方法，以及如何设置文字、图形的填充属性和载入素材等。

案例设计分析

设计思路

“安全性”已成为驾驶员和乘员

首要考虑的问题，也是汽车最重要的性能之一。发生意外事故时，救命的工具可能就是安全带，任何车辆都有这种装置，所以要养成扣安全带的习惯。在制作该实例时，先使用渐变工具制作出海报的背景，然后置入一幅实物素材，最后输入合适的文字，完成本例的制作。

案例效果剖析

如图14-54所示为安全驾驶公益海报部分效果展示。

图14-54　效果展示

案例技术要点

本例中主要用到的功能及技术要点如下。

- 渐变工具：使用渐变工具制作出海报的背景。
- 矩形工具：使用矩形工具绘制出海报的尺寸。
- 文字工具：使用文字工具创建需要的文字。

案例制作步骤

源文件路径	效果文件\第14章\实例259.ai		
调用路径	素材文件\第14章\实例259.ai		
视频路径	视频\第14章\实例259. avi		
难易程度	★★	学习时间	4分27秒

❶ 启动Illustrator，新建一个“宽度”为420mm、“高度”为590mm的空白文档。使用▭（矩形工具）在画布中绘制同样大小的矩形。

❷ 选择▭（渐变工具），打开“渐变”面板，设置颜色及各项参数，如图14-55所示。

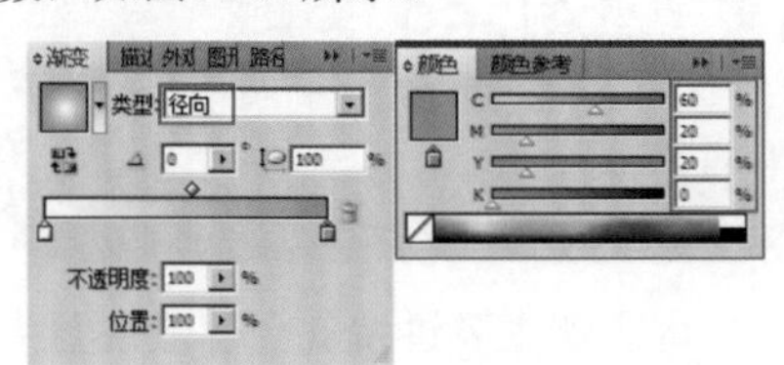

图14-55　渐变色设置

❸ 设置好渐变参数后，图形效果如图14-56所示。

图14-56　渐变色

❹ 使用▭（矩形工具）在画布中绘制一个“宽度”为420mm、“高度”为110mm的矩形，选择▭（渐变工具），打开“渐变”面板，设置颜色及各项参数，如图14-57所示。

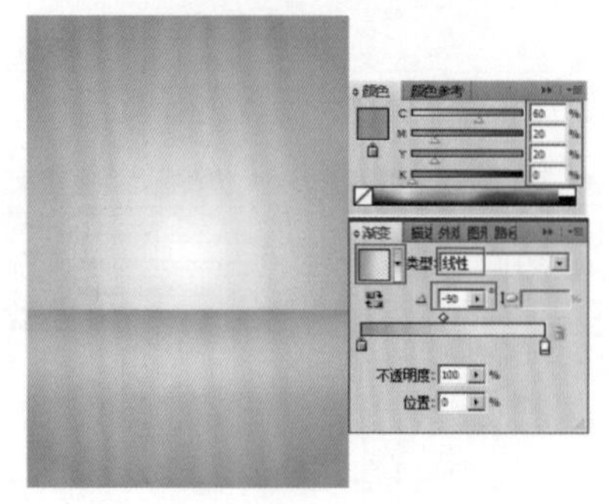

图14-57　调整图片的位置

> **提　示**
>
> 在这里注意渐变类型的设置，它选用的是黑色到透明的渐黑类型。

❺ 打开配套光盘“素材文件\第14章\实例259.ai”文件，将其中的素材图片复制到新建文档中，调整图片的大小，如图14-58所示。

图14-58　置入素材

❻ 使用T（文字工具）在页面内输入文字，并设置文字的字号、填充颜色以及字体等，如图14-59所示。

图14-59　设置文字

❼ 全选所有图形，按Ctrl+G快捷键编组图形，完成本实例的制作，如图14-60所示。

图14-60　最终效果

第15章 电脑美术绘画

电脑美术绘画不同于一般的纸上绘画，它是用电脑的手段和技巧进行创作的。设计者如果有一定的绘画基础，无疑是有助于创作出更好的电脑美术绘画作品。

电脑绘画首先要有好的创意和构思。创作电脑绘画要有积极向上的创意，来表现丰富多彩的生活，如身边的事物、事件、活动，我们的向往和想象等。在表现手法上，要努力捕捉最感人、最美的镜头，充分发挥大胆的想象，尽量让画面充实、感人、鲜艳。

其次，电脑绘画要通过不同的软件进行制作。最常用的软件有画图板（Windows中）、Photoshop、Painter、Illustrator，等等。电脑美术绘画最大的优点是颜色处理真实、细腻、可控，其次是修改、变形、变色十分方便；再次是复制方便，放大缩小方便；制作速度快捷、保存持久；运输方便、画面效果奇特。

实例260 写意绘画类——绘制梅花

本实例主要讲解写意梅花的绘制过程。通过该实例的制作，使读者掌握钢笔工具、网格工具、直接选择工具、渐变工具、矩形工具以及文字工具的使用方法，以及如何通过“颜色”面板设置图形的填充属性等。

案例设计分析

设计思路

中国画理中有“密不通风，疏可走马”的法则。构图时应疏密有致，若没有疏密变化则刻板平淡、观之乏味。画梅花，主要是处理好枝干、花朵等点、线、面的排列交叉关系。花朵的分布必须有聚集在一起的，有疏落分散的，聚散之间要互相联系，做到聚而不塞、散而不散，才能富有韵律、引人入胜。切忌平均分布、散点布局。在制作该实例时，先绘制出梅花的树干造型，再绘制出单个梅花造型，然后使用移动复制的方法，复制出全部梅花，并随时更改梅花的形态和大小以及位置，最后输出相应的文字来充实画面，从而完成本实例的制作。

案例效果剖析

本例制作的写意梅花图画包括了多个步骤，如图15-1所示为部分效果展示。

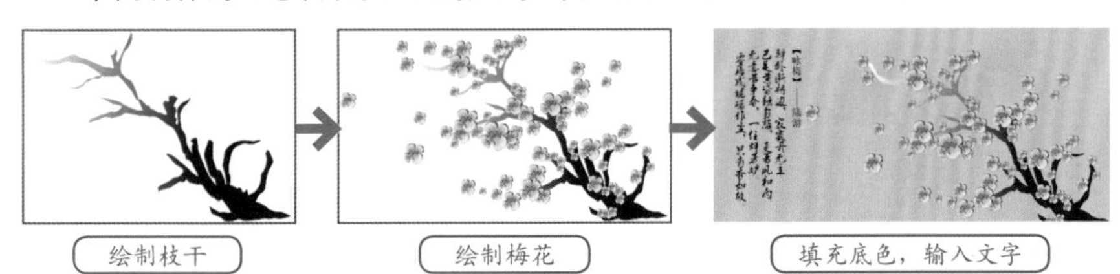

图15-1 效果展示

案例技术要点

本例中主要用到的功能及技术要点如下。

- 钢笔工具：使用钢笔工具绘制路径。
- 矩形工具：使用矩形工具绘制画面背景。
- 渐变工具：使用渐变工具制作图形的明暗变化。
- 文字工具：使用文字工具创建需要的文字。

案例制作步骤

源文件路径	效果文件\第15章\实例260.ai
视频路径	视频\第15章\实例260. avi
难易程度	★★★★
学习时间	7分19秒

❶ 启动Illustrator，新建一个空白文档。使用（钢笔工具）绘制树干的形状，可以使用（直接选择工具）调整锚点的位置，然后封闭路径，如图15-2所示。

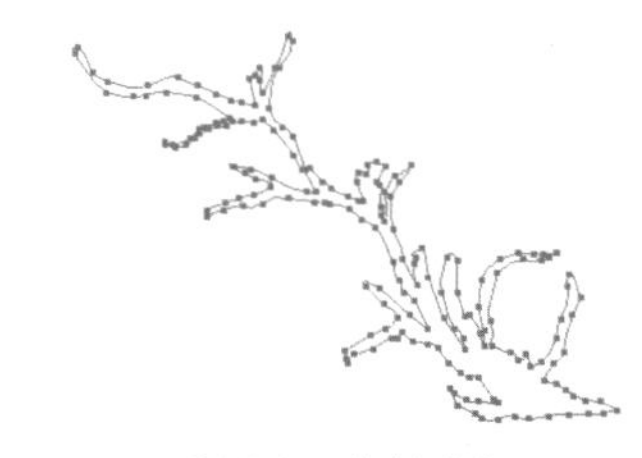

图15-2 绘制路径

> **提 示**
>
> 在绘制梅花的树干路径时，可以绘制自己喜欢的形状，不必一定和本实例一致。

❷ 通过“颜色”面板和“渐变”面板设置路径的填充属性为黑色到白色的渐变，如图15-3所示。

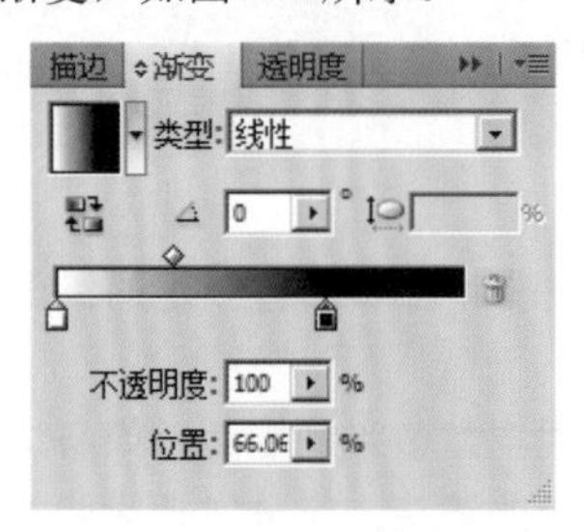

图15-3　渐变属性设置

❸ 填充上黑白渐变后，图形的填充效果如图15-4所示。

图15-4　渐变填充效果

❹ 使用（钢笔工具）绘制花朵的形状，可以使用（直接选择工具）调整锚点的位置，如图15-5所示。

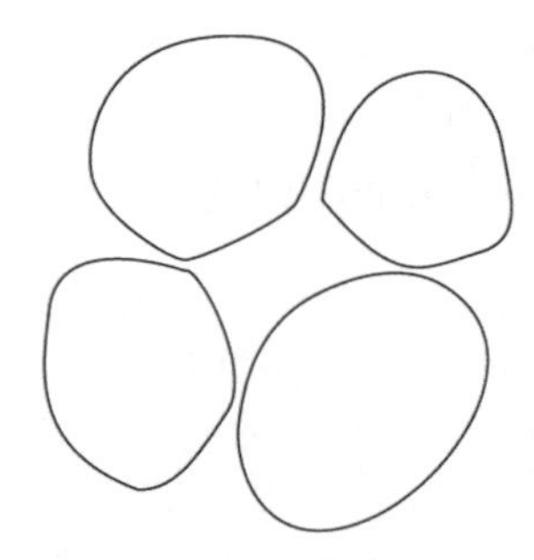

图15-5　绘制图形

❺ 通过“颜色”面板和“渐变”面板设置花朵的渐变属性，如图15-6所示。

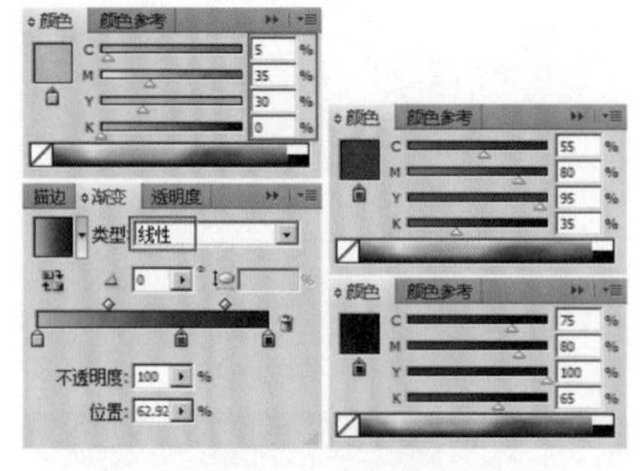

图15-6　渐变属性设置

❻ 渐变填充后，图形的填充效果如图15-7所示。

图15-7　渐变填充效果

❼ 将花朵原位复制一个，贴在前面，然后使用（直接选择工具）调整锚点的位置，如图15-8所示。

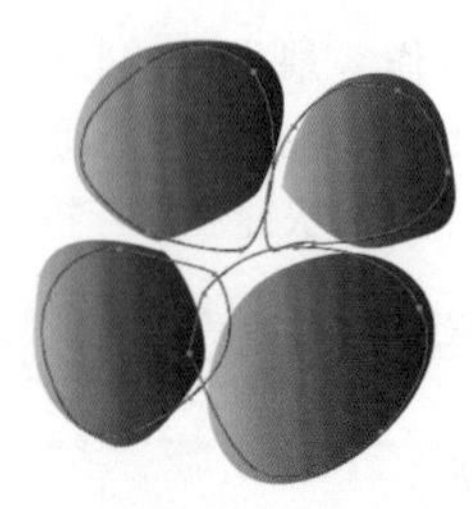

图15-8　复制图形效果

❽ 使用（网格工具）为每个花瓣添加网格，并使用（直接选择工具）选择锚点设置网格的颜色，如图15-9所示。

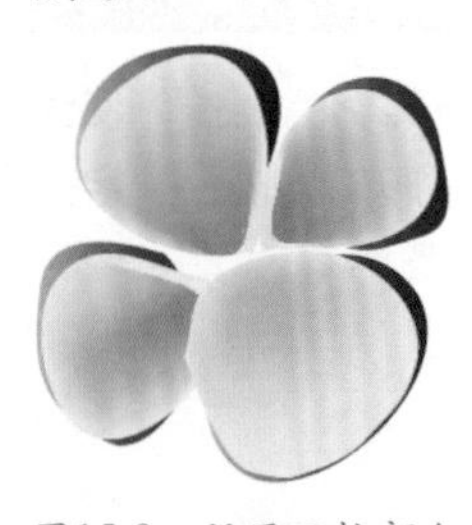

图15-9　设置网格颜色

提　示

也可以使用菜单栏中的“对象”|“建立渐变网格”命令来添加网格。使用菜单栏命令更好控制网格的数量。

❾ 使用同样的方法，绘制上梅花的花蕊部分图形，并通过“颜色”面板和“渐变”面板设置上它们的填充颜色，如图15-10所示。

图15-10　绘制花蕊部分

❿ 将绘制的花朵选中，按Ctrl+G快捷键编组，然后按住Alt键复制花朵，并分别调整和缩放花朵的位置及大小，如图15-11所示。

图15-11　复制梅花效果

⓫ 使用（矩形工具）绘制一个矩形作为底色，设置填充属性为（C：5%、M：25%、Y：45%），并为梅花超出底色的部分建立剪切蒙版，如图15-12所示。

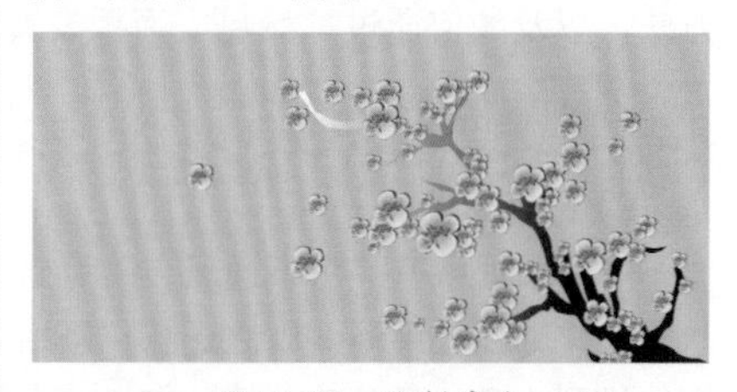

图15-12　绘制底色

⓬ 使用（文字工具）输入上陆游的《咏梅》诗句，通过“字符”面板调整诗句的字体、字号等，最后调整它的位置，完成本实例的制作，如图15-13所示。

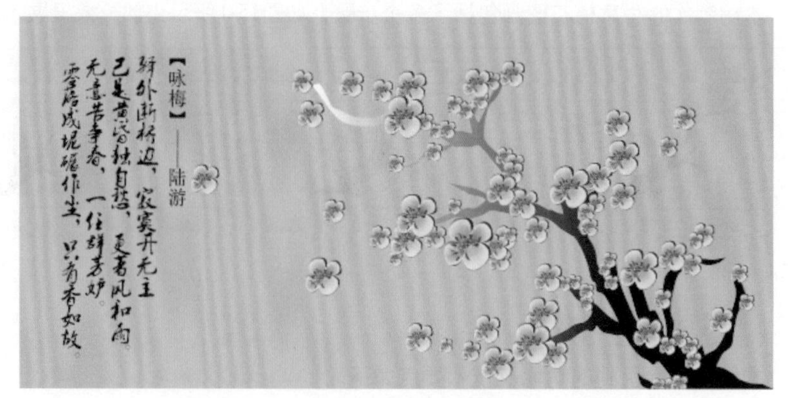

图15-13　最终效果

实例261 写意绘画类——绘制兰花

本实例主要讲解写意兰花的绘制过程。通过该实例的制作，使读者掌握钢笔工具以及渐变工具的使用方法，以及如何通过“颜色”面板设置图形的填充属性等。

案例设计分析

设计思路

本实例兰叶瘦劲，浓墨突出，交迭穿插，仿佛散发出幽香。粗细长短的笔踪、枯湿浓淡的墨形，经过疏密聚散的组合，使整幅画显得轻松明快，充满了生机，给人以清峻挺拔、浑厚华滋之感。在制作该实例时，先使用钢笔工具绘制出兰花的叶子造型，再使用钢笔工具和渐变工具绘制出兰花花朵造型，最后复制出2个花朵，完成本实例的制作。

案例效果剖析

本例制作的写意兰花图画包含了多个步骤，如图15-14所示为部分效果展示。

图15-14 效果展示

案例技术要点

本例中主要用到的功能及技术要点如下。

- 渐变工具：使用渐变工具绘制出图形的明暗效果。
- 钢笔工具：使用钢笔工具绘制路径。

案例制作步骤

源文件路径	效果文件\第15章\实例261.ai		
视频路径	视频\第15章\实例261. avi		
难易程度	★★★	学习时间	6分28秒

❶ 启动Illustrator，新建一个空白文档。使用（钢笔工具）绘制兰花叶子的路径，可以通过（直接选择工具）调整锚点的位置，以黑色填充，如图15-15所示。

图15-15 绘制图形

❷ 使用（钢笔工具）绘制兰花花朵的花瓣路径，可以通过（直接选择工具）调整锚点的位置，为其添加白色到灰色（C：50%、M：45%、Y：40%）的线性渐变，设置描边属性为“无”，如图15-16所示。

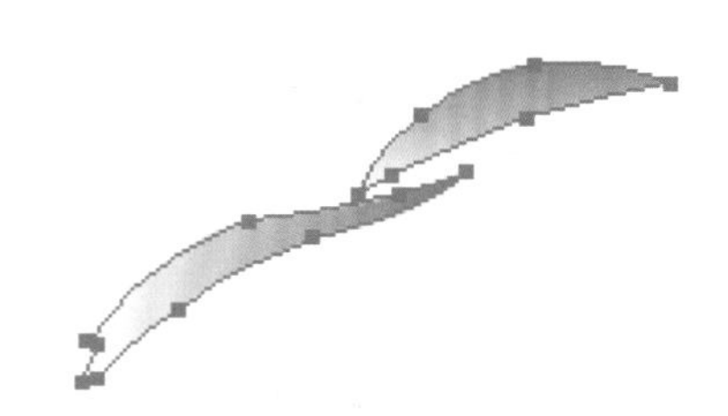

图15-16 绘制路径

❸ 再次使用（钢笔工具）绘制兰花花朵的花瓣路径，可以通过（直接选择工具）调整锚点的位置，设置填充属性为（C：15%、M：100%、Y：75%），设置描边属性为“无”，如图15-17所示。

图15-17 绘制路径

❹ 再次使用（钢笔工具）绘制兰花花朵的花瓣路径，可以通过（直接选择工具）调整锚点的位置，以黑色填充，设置描边属性为“无”，如图15-18所示。

图15-18 绘制的花朵效果

❺ 全选绘制的花卉图形，按Ctrl+G快捷键编组，放在如图15-19所示的位置。

图15-19 花朵的位置

提 示

这里将花朵编组，是为了方便后面复制时好操作。

❻ 按住Alt键将花卉复制2个，并分别调整它们的大小、角度以及位置等，从而完成本实例的制作，如图15-20所示。

图15-20 最终效果

实例262 写意绘画类——绘制竹子

本实例主要讲解写意竹子的绘制过程。通过该实例的制作，使读者掌握钢笔工具和直接选择工具的使用方法，以及如何通过“颜色”面板设置图形的填充属性等。

案例设计分析

设计思路

在中国的文化中，竹是有骨气、有气节、坚贞的象征，同样也象征着生命的弹性、精神的真理，历代仁人志士常赞美竹、咏竹、画竹、写竹。竹子有着虚心亮节、潇洒挺拔的君子风度，世人常用竹来寄托自己的情感或以竹的品质作为自己品格的发展方向。在制作该实例时，先绘制出竹竿图形，然后逐个绘制出竹叶造型，从而完成本实例的制作。

案例效果剖析

本例制作的写意竹子包括了多个步骤，如图15-21所示为部分效果展示。

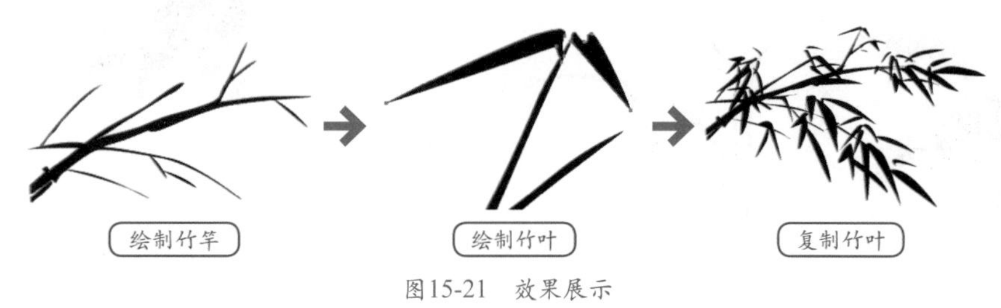

图15-21　效果展示

案例技术要点

本例中主要用到的功能及技术要点如下。

- 钢笔工具：使用钢笔工具绘制图形路径。
- 直接选择工具：使用直接选择工具，可以单独调整单个锚点的位置和形态，自由控制图形的形态。

案例制作步骤

源文件路径	效果文件\第15章\实例262.ai		
视频路径	视频\第15章\实例262. avi		
难易程度	★★★	学习时间	3分51秒

❶ 启动Illustrator，创建一个空白文档。使用（钢笔工具）绘制竹子枝干的形状，可以使用（直接选择工具）调整锚点的位置，然后封闭路径，以黑色填充，如图15-22所示。

图15-22　绘制竹竿路径

❷ 再次使用（钢笔工具）绘制上竹子的其他小分支，以黑色填充，如图15-23所示。

❸ 使用（钢笔工具）绘制出竹叶形状，可以使用（直接选择工具）调整锚点的位置，以黑色填充，如图15-24所示。

图15-23　绘制竹子竹竿分支

图15-24　绘制竹叶

❹ 使用（钢笔工具）绘制出其他竹叶造型，使用（直接选择工具）调整锚点的位置，以黑色填充，完成本实例的制作，如图15-25所示。

图15-25　最终效果

实例263 水墨画类——绘制菊花

本实例主要讲解水墨菊花的绘制过程。通过该实例的制作，使读者掌握钢笔工具、直接选择工具和渐变工具的使用方法，以及如何通过“颜色”面板设置图形的填充属性等。

案例设计分析

设计思路

菊花清雅高洁，花形优美，色彩绚丽，自古以来被视为高风亮节、清雅洁身的象征，也是我国栽培历史最悠久的传统名花。在制作该实例时，首先使用钢笔工具和渐变工具绘制出菊花的枝叶效果，然后就是简单的绘制路径填充渐变色、多次复制的工作了。

案例效果剖析

本例制作的水墨菊花包括了多个步骤，如图15-26所示为部分效果展示。

图15-26　效果展示

案例技术要点

本例中主要用到的功能及技术要点如下。

- 渐变工具：使用渐变工具绘制图形的明暗变化。
- 直接选择工具：使用直接选择工具调整各个锚点的形态和位置。
- 钢笔工具：使用钢笔工具绘制路径。

案例制作步骤

源文件路径	素材文件\第15章\实例263.ai
视频路径	视频\第15章\实例263. avi
难易程度	★★★
学习时间	7分33秒

❶ 启动Illustrator，新建一个空白文档。使用（钢笔工具）绘制出菊花茎的路径，可以通过（直接选择工具）调整锚点的位置，设置填充属性为（C：55%、M：50%、Y：45%），如图15-27所示。

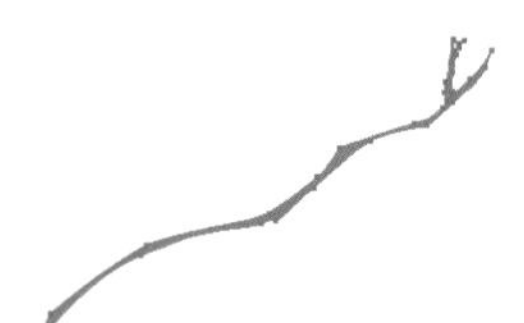

图15-27　绘制菊花茎

❷ 使用（钢笔工具）绘制出菊花的一个叶子路径，并使用（直接选择工具）调整锚点的形态和位置，如图15-28所示。

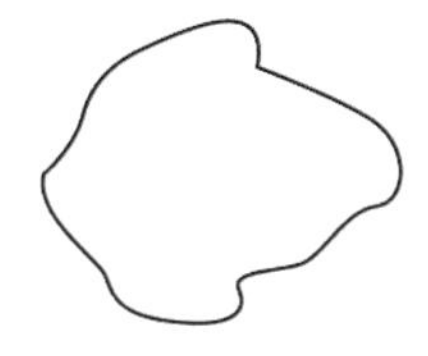

图15-28　绘制叶子路径

❸ 通过“颜色”面板和“渐变”面板为路径填充一个（C：67%、M：70%、Y：57%、K：15%）到（C：15%、M：10%、Y：10%）的线性渐变，设置描边属性为“无”，如图15-29所示。

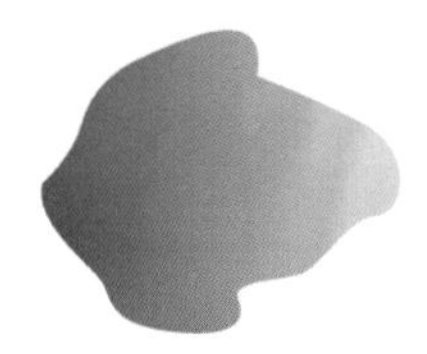

图15-29　绘制叶子效果

提　示

在这里为图形进行渐变填充时，要调整渐变滑块的位置。

❹ 使用（钢笔工具）绘制出菊花叶子的叶脉路径，并使用（直接选择工具）调整锚点的形态和位置，如图15-30所示。

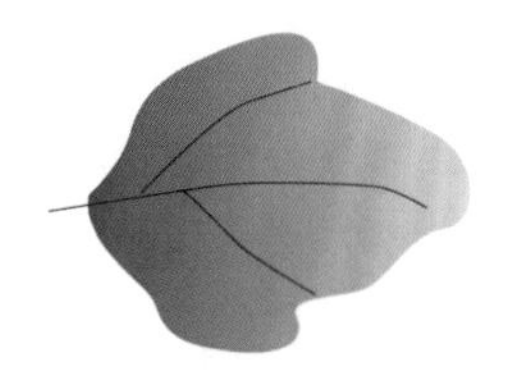

图15-30　绘制叶脉

❺ 选择绘制的叶脉路径线条，选择菜单栏中的“窗口”|“画笔”命令，打开“画笔”面板，单击面板中的笔刷，设置描边粗细为0.1pt，如图15-31所示。

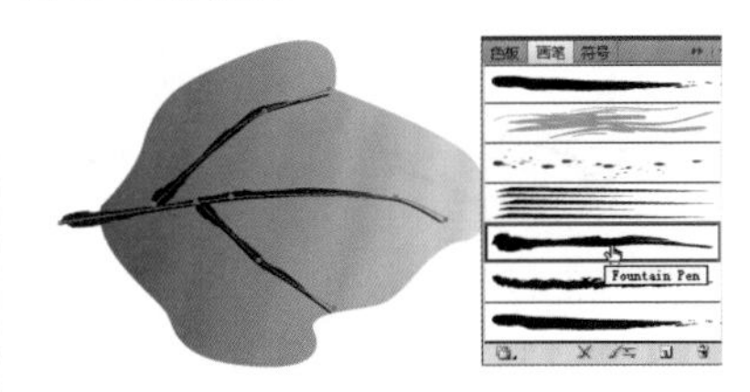

图15-31　绘制叶脉效果

提　示

类似的笔刷很多，根据需要选择合适的就可以。

❻ 将绘制的叶子全选并编组，调整它的大小，放在如图15-32所示的位置。

图15-32　叶子的位置

❼ 选择绘制的叶子，按住Alt键移动复制多个，使用（直接选择工具）分别调整每个叶子的形态，通过“渐变”面板和“颜色”面板设置所选图形的填充属性，如图15-33所示。

图15-33　复制叶子效果

❽ 使用（钢笔工具）绘制一个花瓣路径，然后将其原位复制一个，贴在前面，并将它缩小。调整花瓣的位置，如图15-34所示。

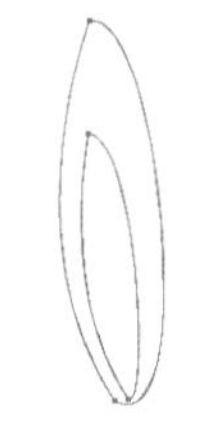

图15-34　花瓣路径

提　示

复制的快捷键是Ctrl+C，贴在前面的快捷键是Ctrl+F。

❾ 选择花瓣造型，使用“路径查找器”面板中的（减去顶层）功能将上方的小图形减掉，然后设置填充属性为（C：40%、M：45%、Y：35%），设置描边路径为“无”，如图15-35所示。

图15-35　单个花瓣效果

❿ 使用同样的方法绘制其他花瓣的形状，设置填充属性为（C：40%、M：45%、Y：35%），设置描边路径为“无”，如图15-36所示。

图15-36　绘制花朵效果

⓫ 使用（钢笔工具）绘制花蕊部分的路径，然后使用（网格工具）添加上网格，并设置中间锚点的填充属性为（C：70%、M：65%、Y：55%、K：5%），如图15-37所示。

图15-37　绘制花心

⑫ 使用 （钢笔工具）绘制多个不规则圆圈，通过“颜色”面板为其设置不同的填充属性和描边属性，调整它们的位置，如图15-38所示。

图15-38 绘制花心效果

⑬ 全选花朵造型，按Ctrl+G快捷键编组，然后将其移动到如图15-39所示的位置。

图15-39 花朵的位置

⑭ 使用 （钢笔工具）绘制一个长条花茎，设置填充属性为（C：55%、M：50%、Y：45%），描边属性设置为“无”，放在如图15-40所示的位置。

图15-40 绘制长花茎

⑮ 将菊花花朵复制一朵，缩小并移动位置。然后全选图形，按Ctrl+G快捷键编组，完成本实例的制作，如图15-41所示。

图15-41 最终效果

实例264 水墨画类——松鹤延年

本实例主要讲解松鹤延年图画的绘制过程。通过该实例的制作，使读者掌握钢笔工具、直接选择工具和渐变工具的使用方法，以及如何通过“颜色”面板设置图形的填充属性等。

案例设计分析

设计思路

松树自古就有“君子”之称。中国人爱松，因为松树具有一种“在自然中昂扬向上、在宁静中奋发图强”的朴实精神。松属于大自然，只有在大自然中才能坦然地显示出苍松的真实性、和谐性。本例绘制的松树笔墨沉稳刚健、豪迈奔放，笔法恣肆而皆在法度之中，气韵连贯，浑然一体，荡气回肠。在制作该实例时，先绘制出松树的树干造型，然后绘制松针图形，最后置入素材，完成本实例的制作。

案例效果剖析

本例制作的松鹤延年水墨画包括了多个步骤，如图15-42所示为部分效果展示。

图15-42 效果展示

案例技术要点

本例中主要用到的功能及技术要点如下。

- 钢笔工具：使用钢笔工具绘制路径。
- 渐变工具：使用渐变工具绘制图形的明暗变化。

案例制作步骤

源文件路径	效果文件\第15章\实例264.ai		
调用路径	素材文件\第15章\实例264.ai		
视频路径	视频\第15章\实例264. avi		
难易程度	★★★	学习时间	8分30秒

❶ 启动Illustrator，新建一个空白文档。使用 （钢笔工具）绘制松树树干路径，如图15-43所示。

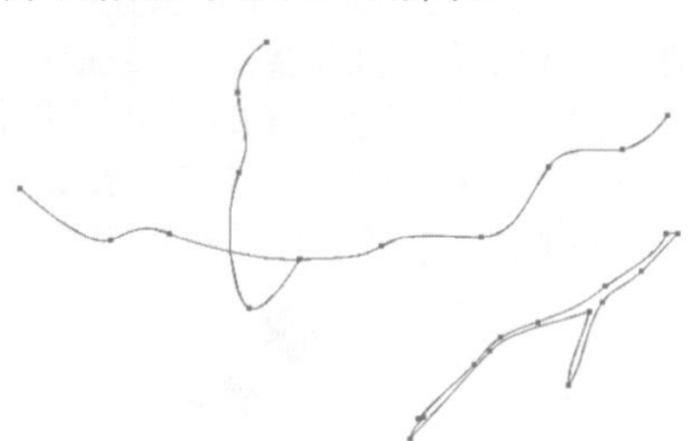

图15-43 绘制路径

❷ 选择绘制的线形，选择菜单栏中的“窗口”|“画笔”命令，打开“画笔”面板，单击面板中的笔刷，设置描边粗细为0.25pt，设置描边颜色为黑色，如图15-44所示。

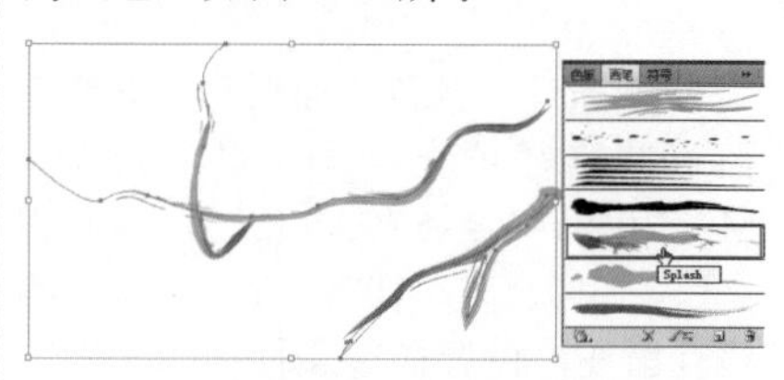

图15-44 选择笔刷

提 示

类似笔刷很多，根据需要选择自己认为合适的即可。

❸ 使用同样的方法，再次绘制出松树的树干路径，设置填充属性为黑

色，描边属性也为黑色，如图15-45所示。

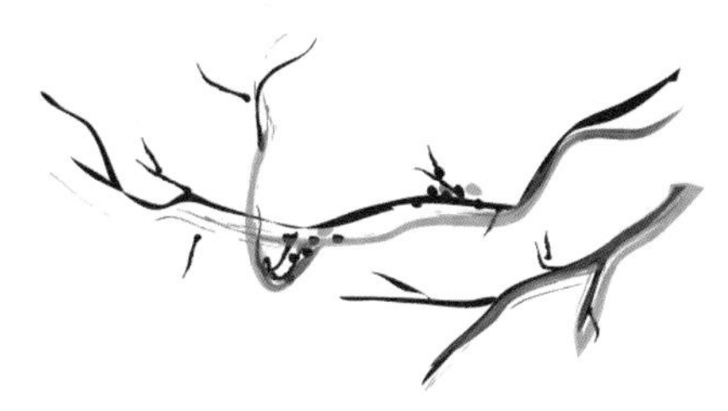

图15-45 绘制路径

❹ 使用（钢笔工具）绘制松针路径，如图15-46所示。

图15-46 绘制路径

❺ 通过“渐变”面板和“颜色”面板设置所选图形的填充属性，描边属性设置为“无”，如图15-47所示。

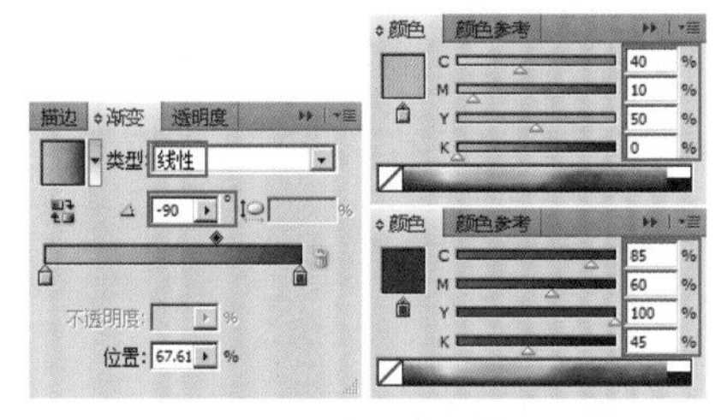

图15-47 渐变属性设置

❻ 设置好填充属性后，图形的填充效果如图15-48所示。

图15-48 渐变填充效果

❼ 使用（钢笔工具）绘制松针内部的线条，并以黑色描边，如图15-49所示。

图15-49 绘制线条

❽ 将松针图形全选并编组，然后按住Alt键复制多个，分别调整和缩放它们的位置和大小，如图15-50所示。

图15-50 复制松针效果

❾ 将松针复制一个，更改它的填充属性为红色（C：30%、M：60%、Y：60%）至粉绿（C：20%、M：10%、Y：50%）至深绿（C：75%、M：65%、Y：100%、K：45%），如图15-51所示。

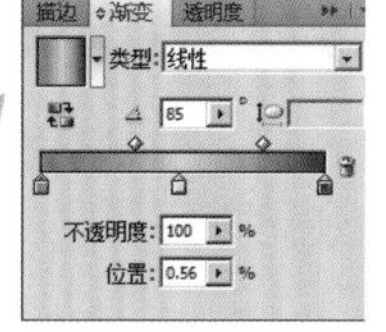

图15-51 设置渐变属性

❿ 按住Alt键将调整好渐变填充属性后的松针复制多个，分别调整和缩放它们的位置和大小，如图15-52所示。

图15-52 复制松针效果

⓫ 使用同样的方法，复制一个松针，更改它的填充属性为浅绿（C：20%、M：10%、Y：50%）至深绿（C：80%、M：60%、Y：100%、K：45%）。按住Alt键，将调整好渐变填充属性后的松针复制多个，分别调整和缩放它们的位置和大小，如图15-53所示。

图15-53 复制松针效果

⓬ 使用（矩形工具）绘制一个矩形，设置填充属性为（M：15%、Y：45%），放在图层的最下方。然后打开随书光盘“素材文件\第15章\实例264.ai”文件，将素材调入到场景中，调整它们的位置。最后再使用（文字工具）输入“松鹤延年”字样，通过“字符”面板设置文字的字体、字号等，完成本实例的制作，如图15-54所示。

图15-54 最终效果

实例265 水墨画类——绘制荷花

本实例主要讲解水墨荷花的绘制过程。通过该实例的制作，使读者掌握钢笔工具、直接选择工具和渐变工具的使用方法，以及如何通过“颜色”面板设置图形的填充属性等。

案例设计分析

设计思路

国画中的荷花有很多的不同寓意象征，如“一品清廉”，“莲”通“廉”，荷花寓意公正廉洁，是对清官的赞扬。从画家笔墨下写意大气的墨荷或是形象逼真、色彩鲜亮的工笔荷，都能从中读出荷的美丽与纯洁。在制作该实例时，先绘制出荷花的外轮廓路径，然后使用渐变填充制作出效果，再使用钢笔工具和渐变工具绘制出荷叶图形，最后为荷叶绘制上叶脉，完成本实例的制作。

案例效果剖析

本例制作的水墨荷花包括了多个步骤，如图15-55所示为部分效果展示。

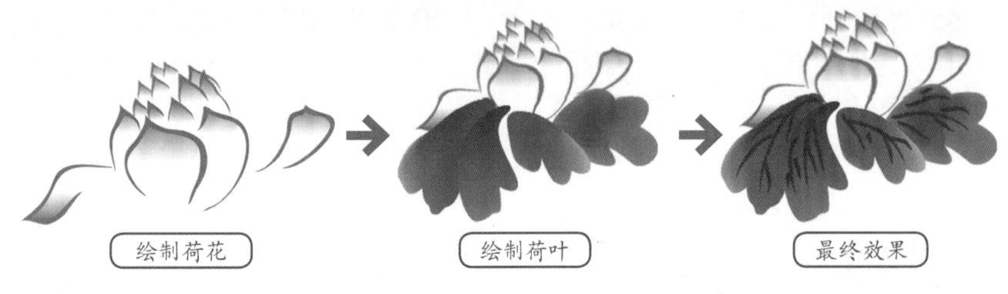

图15-55　效果展示

案例技术要点

本例中主要用到的功能及技术要点如下。

- 钢笔工具：使用钢笔工具绘制路径。
- 渐变工具：使用渐变工具绘制图形的明暗变化。

源文件路径	效果文件\第15章\实例265.ai		
视频路径	视频\第15章\实例265. avi		
难易程度	★★★	学习时间	3分57秒

实例266　水墨画类——绘制荷叶

本实例主要讲解水墨荷叶的绘制过程。通过该实例的制作，使读者掌握钢笔工具、直接选择工具和渐变网格工具的使用方法，以及如何通过“颜色”面板设置图形的填充属性等。

案例设计分析

设计思路

荷花又名为莲花、水芙蓉，生于池泽之中。在画荷花花鸟画时，荷叶的表现尤为重要。荷叶如盖，自然地舒展于池塘之上，婷婷玉立、婀娜多姿，给人一种潇洒圣洁的感受。荷叶的基本形态，像一把倒翻的伞，边缘多曲折，画的时候要注意荷叶的外部轮廓的丰富变化，还要注意荷叶叶脉的转折透视的关系，更要注意叶脉的向心性和透视关系。在制作该实例时，先使用渐变网格工具绘制出大的背景，然后绘制出荷叶路径，并使用渐变网格工具、钢笔工具等制作出荷叶的明暗效果，再绘制出荷叶周围的配景以及含苞待放的荷花图形，最后输入文字，完成本实例的制作。

案例效果剖析

本例制作的水墨荷叶包括了多个步骤，如图15-56所示为部分效果展示。

图15-56　效果展示

案例技术要点

本例中主要用到的功能及技术要点如下。

- 钢笔工具：使用钢笔工具绘制图形路径。
- 网格工具：使用网格工具为图形创建网格，便于进一步对图形进行操作。
- 文字工具：使用文字工具输入合适的文字，使画面更丰满。

案例制作步骤

源文件路径	效果文件\第15章\实例266.ai
视频路径	视频\第15章\实例266. avi
难易程度	★
学习时间	13分27秒

❶ 启动Illustrator，创建一个新文档。使用（矩形工具）绘制一个“宽带”为160mm、“高度”为120mm的矩形，选择菜单栏中的“对象”|“创建渐变网格”命令，在弹出的对话框中设置各项参数，如图15-57所示。

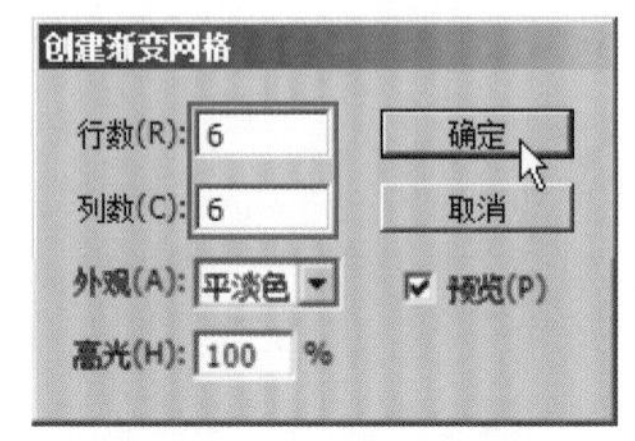

图15-57　参数设置

❷ 单击 确定 按钮，在矩形内创建了网格。然后使用（直接选择工具）依次选择单个锚点，通过“颜色”面板设置锚点的填充属性，铺大色块画出背景，如图15-58所示。

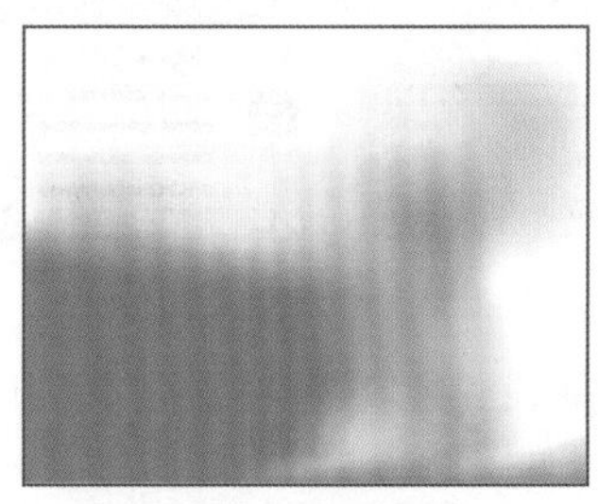

图15-58　背景效果

❸ 选中矩形，选择菜单栏中的“效果”|“纹理”|“纹理化”命令，在弹出的对话框中设置各项参数，如图15-59所示。

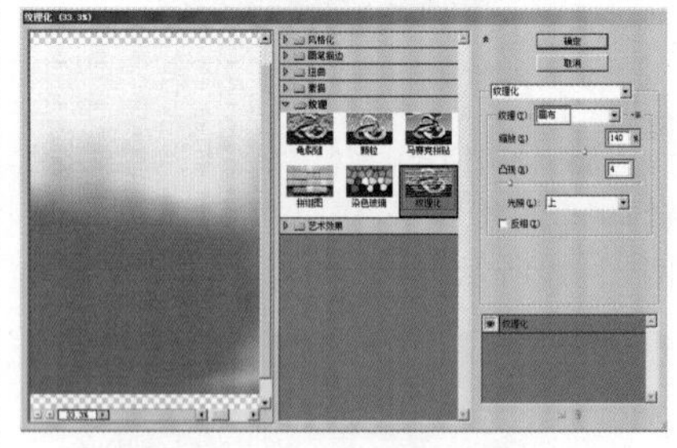

图15-59　参数设置

❹ 使用（钢笔工具）绘制出荷叶路径，可以通过（直接选择工具）调整锚点的位置。选择菜单栏中的“对象”|“创建渐变网格”命令，

在弹出的对话框中设置网格的“列数”和“行数”都是4，添加的网格效果如图15-60所示。

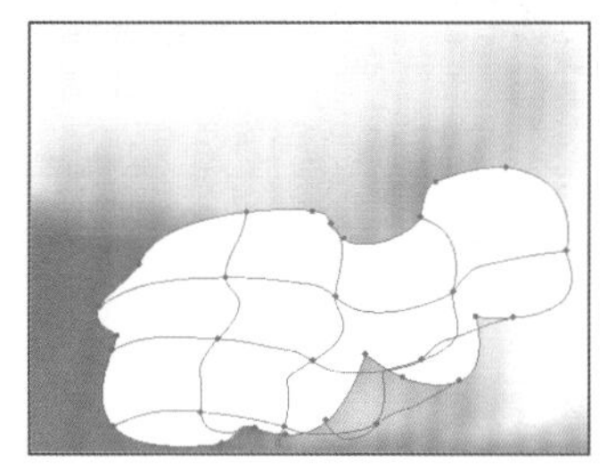

图15-60 建立网格效果

❺ 使用（直接选择工具）依次选择单个锚点，通过“颜色”面板设置锚点的填充属性，调整荷叶的效果如图15-61所示。

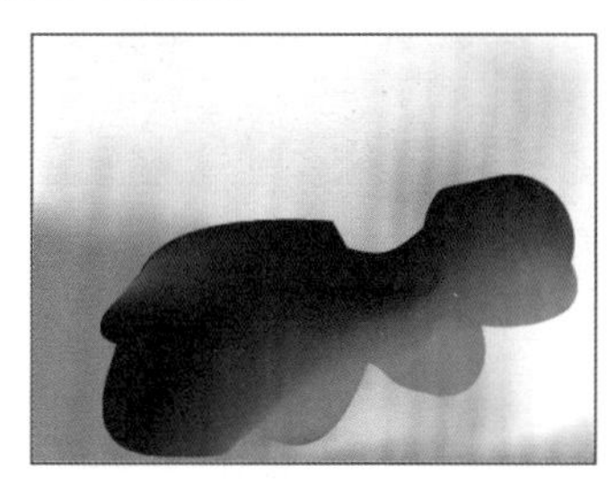

图15-61 调整荷叶填充效果

❻ 选中荷叶，选择菜单栏中的“效果”|“纹理”|“颗粒”命令，在弹出的对话框中设置各项参数，如图15-62所示。

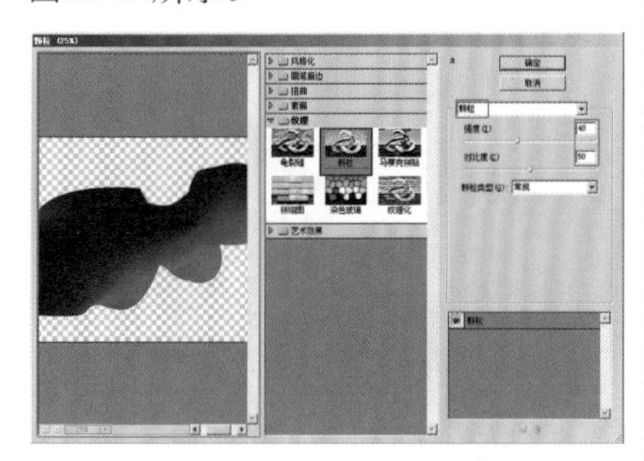

图15-62 参数设置

❼ 执行上述操作后，荷叶效果如图15-63所示。

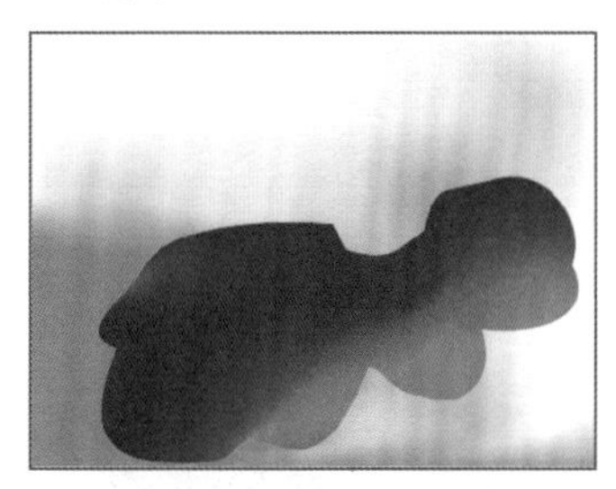

图15-63 制作颗粒效果

❽ 选中荷叶，选择菜单栏中的“效果”|“风格化”|“羽化”命令，在弹出的对话框中设置“羽化半径”为3mm，荷叶效果如图15-64所示。

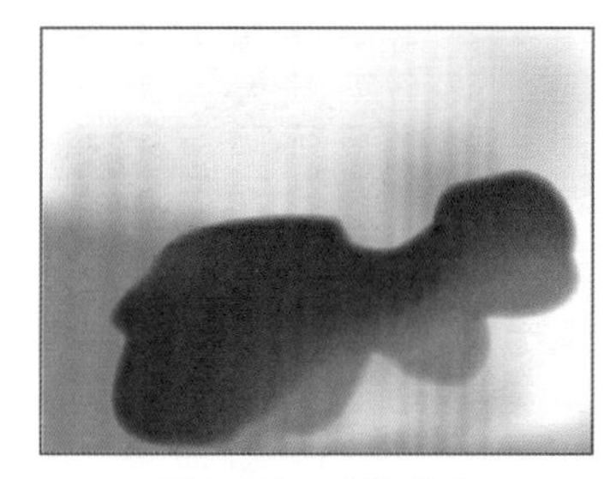

图15-64 羽化效果

❾ 使用（钢笔工具）绘制荷叶的叶脉线形，设置填充属性为（C：80%、M：65%、Y：100%、K：65%），如图15-65所示。

图15-65 绘制图形

❿ 选择绘制的线形，选择菜单栏中的“效果”|“模糊”|“高斯模糊”命令，在弹出的对话框中设置“半径”为25像素，效果如图15-66所示。

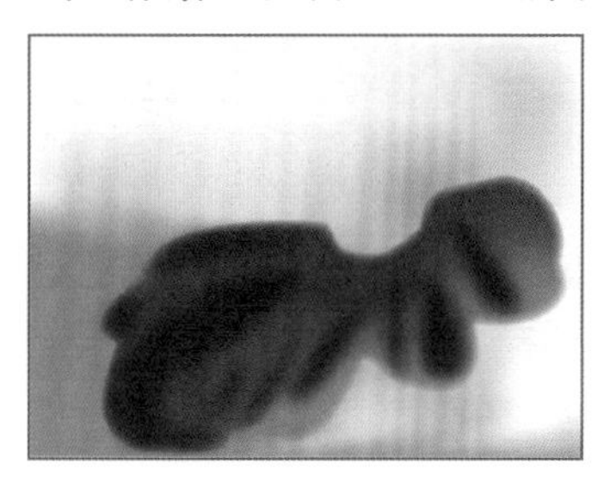

图15-66 模糊图形效果

提 示

将图形模糊处理，是为了使图形之间融合得更加自然。

⓫ 同样的方法，使用（钢笔工具）绘制出区域，填充上深色，制作出荷叶叶脉的层次感，如图15-67所示。

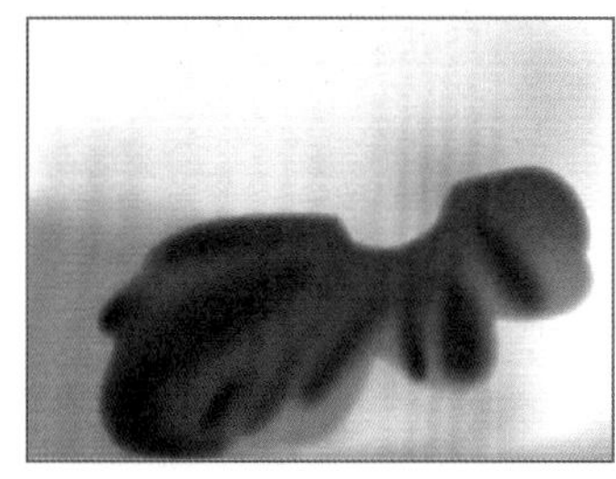

图15-67 绘制荷叶层次

⓬ 使用（钢笔工具）绘制荷叶的叶脉线形，如图15-68所示。

图15-68 绘制叶脉线形

⓭ 选中绘制的线形，选择菜单栏中的“窗口”|“画笔”命令，打开“画笔”面板，单击面板中的笔刷，设置描边属性为黑色，如图15-69所示。

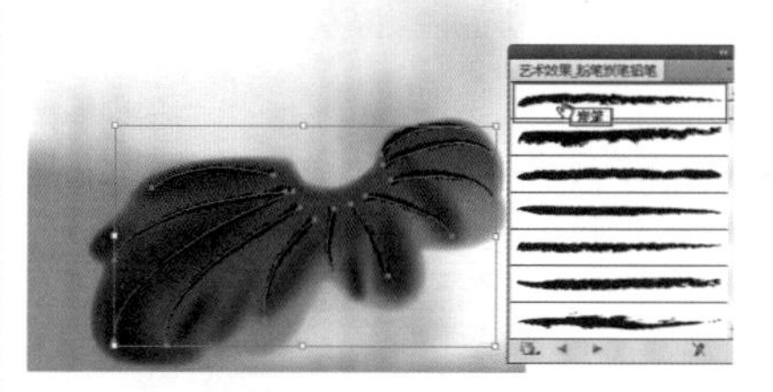

图15-69 选择画笔

提 示

类似的笔刷很多，根据自己的需要选择认为合适的即可。

⓮ 选中绘制的线形，选择菜单栏中的“效果”|“模糊”|“高斯模糊”命令，在弹出的对话框中设置“半径”为6像素，效果如图15-70所示。

图15-70 模糊叶脉效果

⓯ 使用（钢笔工具）绘制出荷叶的茎，填充上绿色（C：35%、M：25%、Y：45%、K：35%）。选择菜单栏中的“效果”|“模糊”|“高斯模糊”命令，在弹出的对话框中设置“半径”为10像素，效果如图15-71所示。

⓰ 使用（钢笔工具）和（椭圆工具）绘制出花草和斑点，如图15-72所示。

图15-71　绘制荷花茎效果

图15-72　绘制花草和斑点

⑰ 使用同样的方法，绘制出含苞待放的荷花造型，如图15-73所示。

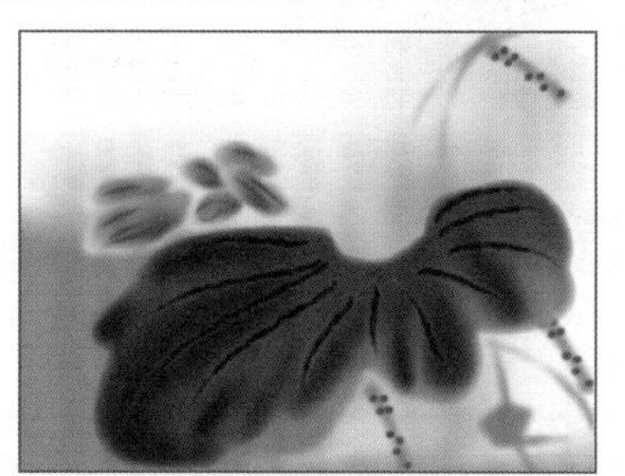
图15-73　绘制荷花效果

提　示

在这里荷花图形没必要刻意刻画，简单交代下就可以。

⑱ 使用（钢笔工具）绘制另一侧荷叶的路径，设置填充属性为（C：35%、M：20%、Y：45%、K：40%），如图15-74所示。

图15-74　绘制荷叶路径

⑲ 选中绘制的线形，选择菜单栏中的“效果”|“模糊”|“高斯模糊”命令，在弹出的对话框中设置“半径”为20像素，效果如图15-75所示。

图15-75　模糊图形效果

⑳ 选择菜单栏中的“效果”|“纹理”|“颗粒”命令，在弹出对话框中设置的各项参数如图15-62所示，图形效果如图15-76所示。

图15-76　制作颗粒效果

㉑ 使用同样的方法，为另一侧的荷叶绘制上叶脉效果，如图15-77所示。

图15-77　绘制叶脉效果

㉒ 使用（钢笔工具）绘制右上角的长条叶片路径，设置填充属性为（C：75%、M：50%、Y：85%、K：70%），描边属性设置为“无”，如图15-78所示。

图15-78　绘制长条叶片路径

㉓ 选择菜单栏中的“效果”|“纹理”|“颗粒”命令，在弹出的对话框中设置各项参数，如图15-79所示。

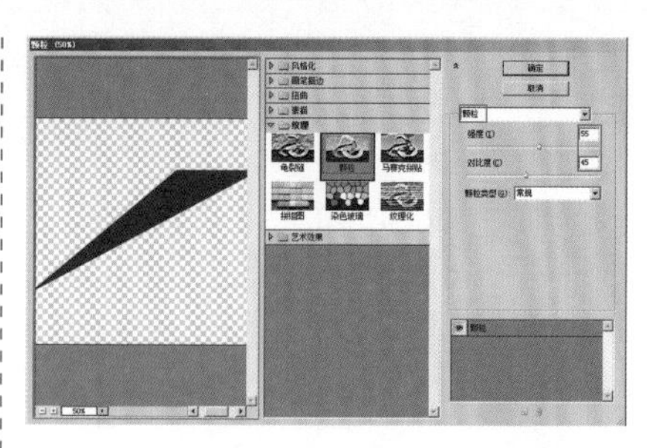
图15-79　参数设置

㉔ 选择菜单栏中的“效果”|“模糊”|“高斯模糊”命令，在弹出的对话框中设置模糊“半径”为6像素，图形效果如图15-80所示。

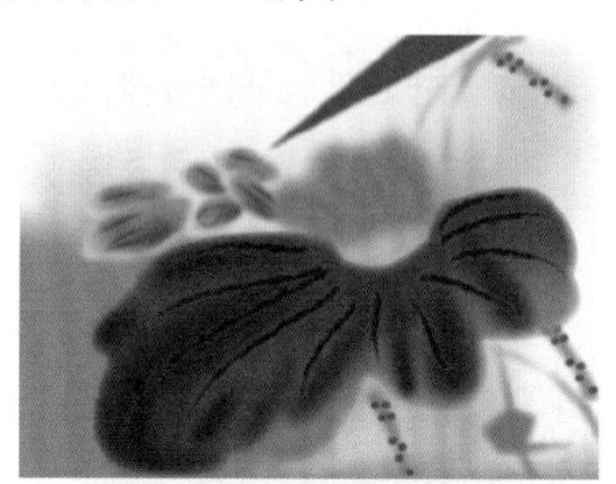
图15-80　高斯模糊效果

㉕ 使用（钢笔工具）绘制长条叶片周围的小三角路径，设置填充属性为（C：75%、M：50%、Y：80%、K：70%），描边属性设置为“无”。然后选择菜单栏中的“效果”|“模糊”|“高斯模糊”命令，在弹出的对话框中设置模糊“半径”为6像素，图形效果如图15-81所示。

图15-81　绘制小三角形效果

㉖ 使用（文字工具）输入合适的文字，通过“字符”面板设置文字的字体、字号等，完成本实例的制作，如图15-82所示。

图15-82　最终效果

第16章 照片装饰设计

照片装饰设计，顾名思义，就是为拍摄的照片进行装饰制作，可以为照片加上高质量的相框和点缀性贴纸，也可以为照片进行各种风格的转换。

实例267 装饰类——为照片装饰边框

本实例通过为照片装饰边框的设计制作，主要使读者掌握矩形工具、边框_新奇命令和边框_装饰命令的使用。

案例设计分析

设计思路

边框可以加强照片的效果，使其更有吸引力。在制作该实例时，先打开要制作边框的照片素材，再使用边框_新奇命令和边框_装饰命令为照片加上边框，完成本实例的制作。

案例效果剖析

为照片装饰边框部分效果展示如图16-1所示。

素材效果

添加新奇边框效果

添加装饰边框效果

图16-1　效果展示

案例技术要点

本例中主要用到的功能及技术要点如下。

- 矩形工具：使用矩形工具绘制出填充区域。
- 边框_新奇命令：使用该命令可以为图片加边框。
- 边框_装饰命令：使用该命令可以为图片加边框。

案例制作步骤

源文件路径	效果文件\第16章\实例267.ai		
调用路径	素材文件\第16章\实例267.ai		
视频路径	视频\第16章\实例267. avi		
难易程度	★★	学习时间	1分31秒

❶ 启动Illustrator，打开配套光盘“素材文件\第16章\实例267.ai”文件，如图16-2所示。

图16-2　素材图片

❷ 使用（矩形工具）绘制一个和图片同样大小的矩形，选择菜单栏中的“窗口”|“画笔库”|“边框”|“边框_新奇”命令，打开面板，选择一种图案，如图16-3所示。

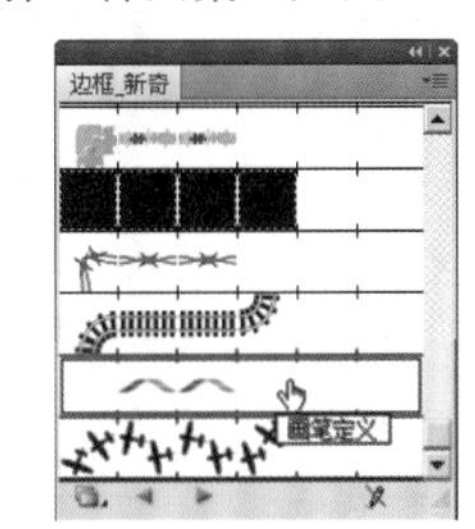

图16-3　选择图案

❸ 选择画笔图案后，在照片周围绘制装饰图案，效果如图16-4所示。

图16-4　绘制边框效果

❹ 将加了装饰图案的矩形复制一个，贴在后面。再次选择菜单栏中的“窗口”|“画笔库”|“边框”|“边框_装饰”命令，打开面板，选择一种图案，如图16-5所示。

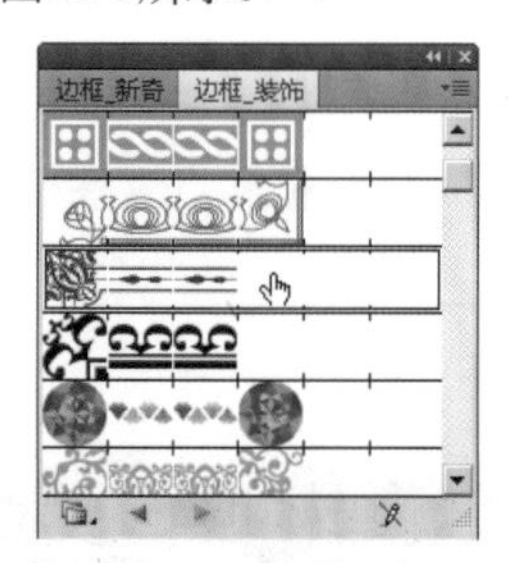

图16-5 选择图案

❺ 选择画笔图案后，在照片周围绘制装饰图案，在“描边”面板中设置描边粗细为2pt，如图16-6所示。

图16-6 设置描边

❻ 执行完上述操作后，图像效果如图16-7所示。

图16-7 最终效果

实例268 装饰类——为照片装饰古典相框

本实例通过为照片装饰古典相框的设计制作，主要使读者掌握椭圆工具及剪切蒙版的使用。

案例设计分析

设计思路

照一张古装照片，再配上一个带有古典风格的相框，别有一番风味。在制作该实例时，先打开要制作相框的照片和相框，再使用椭圆工具为图片建立剪切蒙版，然后将图片放到相框内，完成本实例的制作。

案例效果剖析

为照片装饰古典相框部分效果展示如图16-8所示。

图16-8 效果展示

案例技术要点

本例中主要用到的功能及技术要点如下。

- 椭圆工具：使用椭圆工具可以绘制椭圆图形。
- 剪切蒙版：为图片建立剪切蒙版，可以把不需要显示的区域遮挡起来。

案例制作步骤

源文件路径	效果文件\第16章\实例268.ai		
调用路径	素材文件\第16章\实例268.ai		
视频路径	视频\第16章\实例268. avi		
难易程度	★★	学习时间	0分59秒

❶ 启动Illustrator，打开配套光盘“素材文件\第16章\实例268.ai”文件。使用（椭圆工具）在照片上绘制一个“宽度”为190mm、“高度”为260mm的椭圆图形，填充任意颜色，放在照片的中间，如图16-9所示。

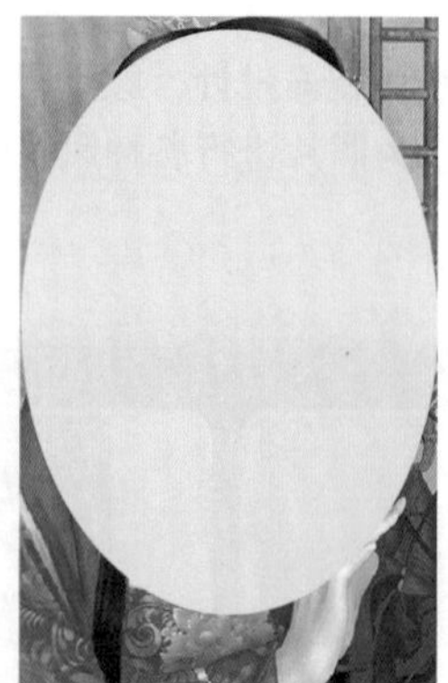

图16-9 素材图片

❷ 将照片和椭圆图形同时选中，单击鼠标右键，选择“建立剪切蒙版”命令，为图片建立剪切蒙版，效果如图16-10所示。

图16-10 选择图案

❸ 将照片移动到相框上，调整图片的大小和图层顺序，完成本实例的制作，效果如图16-11所示。

图16-11 绘制边框效果

实例269 装饰类——为照片制作邮票效果

本实例通过为照片制作邮票效果的设计制作，主要使读者掌握圆角矩形工具、矩形工具、椭圆工具、混合工具以及文字工具等的使用。

案例设计分析

设计思路

邮票效果在照片装饰中用得很多。试想一下，如果将自己的照片制作成邮票效果，是不是一件既有趣又有纪念意义的事情？在制作该实例时，先使用圆角矩形工具、矩形工具、椭圆工具以及混合工具制作出邮票的锯齿效果，再置入素材，最后输入合适的文字，并设置文字的字体、字号以及颜色等，完成本实例的制作。

案例效果剖析

为照片制作邮票效果部分展示如图16-12所示。

图16-12 效果展示

案例技术要点

本例中主要用到的功能及技术要点如下。

- 矩形工具：使用矩形工具绘制邮票的尺寸。
- 圆角矩形工具：使用圆角矩形工具绘制带有圆角的矩形。
- 椭圆工具：使用椭圆工具绘制正圆和椭圆图形。
- 文字工具：使用文字工具创建需要的文字。

案例制作步骤

源文件路径	效果文件\第16章\实例269.ai		
调用路径	素材文件\第16章\实例269.ai		
视频路径	视频\第16章\实例269. avi		
难易程度	★	学习时间	3分58秒

❶ 启动Illustrator，新建一个空白文档。使用（圆角矩形工具）在页面内绘制一个“宽度”为120mm、“高度”为70mm、“圆角半径”为3mm的圆角矩形，以黑色填充，如图16-13所示。

图16-13 绘制图形

❷ 使用（矩形工具）在页面内绘制一个“宽度”为110mm、“高度”为60mm的矩形，以白色填充，如图16-14所示。

图16-14 绘制矩形

❸ 使用（椭圆工具）在页面内绘制一个“宽度”为4mm、“高度”为4mm的正圆，以黄色填充。然后将圆形的中心点与矩形的边角对齐，如图16-15所示。

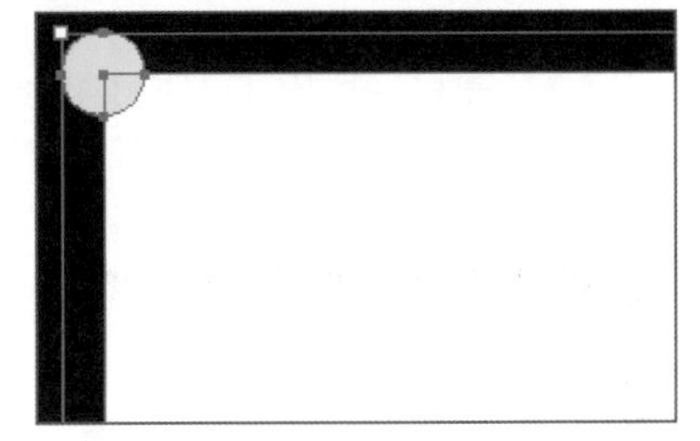

图16-15 绘制圆形

❹ 按住Alt键，使用（选择工具）将圆形移动，可以复制得到新的圆形，并将圆形对齐到其他的参考线边角，结果如图16-16所示。

图16-16 复制图形

❺ 使用（选择工具）选择上面两端的两个圆形，选择菜单栏中的“对象”|“混合”|“建立”命令，将两个圆形进行混合，如图16-17所示。

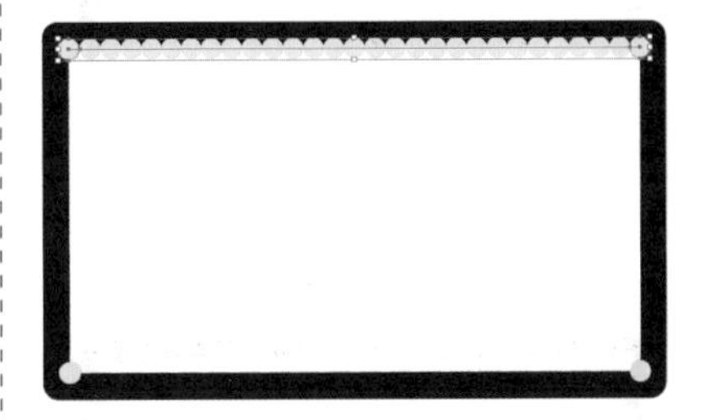

图16-17 混合效果

❻ 双击工具箱中的（混合工具）按钮，弹出“混合选项”对话框，参数如图16-18所示。

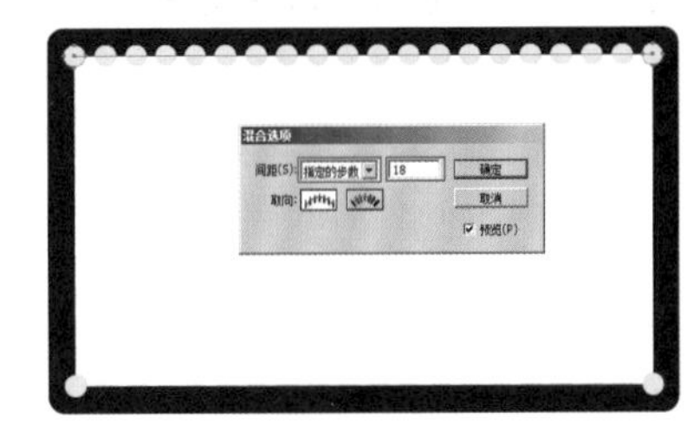

图16-18 混合选项设置

> **提 示**
>
> 指定间距的步数和圆形的大小以及距离有关，只要目测看着合适即可。

❼ 将下端的两个圆形也用此方法混合。然后将圆形全选，选择菜单栏中的“对象”|“扩展”命令，弹出

"扩展"对话框，单击 确定 按钮后，混合的图形被扩展开。再将图形取消编组，将所有圆形都分散开，如图16-19所示。

图16-19　将图形解组

提　示

这里将圆形解组，是为制作两个侧面的混合效果做准备。

❽ 使用（选择工具）选择最左端的两个圆形，选择菜单栏中的"对象"|"混合"|"建立"命令，将两个圆形进行混合，如图16-20所示。

图16-20　混合图形

❾ 双击工具箱中的（混合工具）按钮，弹出"混合选项"对话框，如图16-21所示。

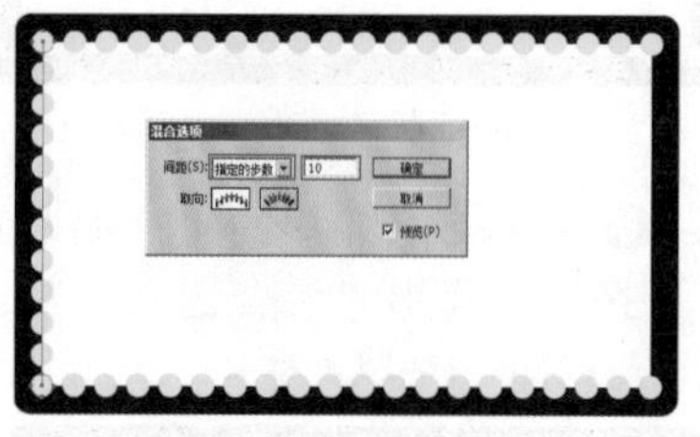
图16-21　混合选项设置

❿ 将右端的两个圆形也建立混合。选择两个混合后的图形，选择菜单栏中的"对象"|"扩展"命令，弹出"扩展"对话框，单击 确定 按钮后，混合的图形被扩展开，如图16-22所示。

图16-22　将图形展开

⓫ 选择白色矩形和所有黄色圆形，打开"路径查找器"面板，单击（减去顶层）按钮，得到如图16-23所示的图形。

图16-23　减去上层效果

⓬ 选择菜单栏中的"文件"|"打开"命令，打开随书光盘"素材文件\第16章\实例269.ai"文件，将其中的素材复制到当前文档中，如图16-24所示。

图16-24　置入素材效果

⓭ 使用（矩形工具）在页面内绘制一个"宽度"为102mm、"高度"为8mm的矩形，以橄榄绿色（C：60%、M：30%、Y：75%）填充，放在图片的下方，如图16-25所示。

⓮ 使用（文字工具）在页面内输入文字，在"字符"面板和"颜色"面板中设置文字的字体、字号和颜色，如图16-26所示。

图16-25　绘制矩形的位置

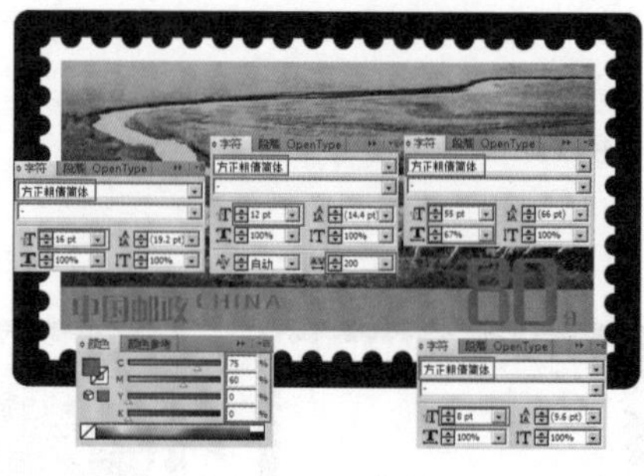

图16-26　文字设置

⓯ 使用（文字工具）在页面内输入文字，以黑色填充，在"字符"面板中设置文字的字体、字号等，如图16-27所示。

图16-27　最终效果

⓰ 将所有图形选择并编组，完成本实例的制作。

实例270　装饰类——为照片制作胶卷效果

本实例通过为照片制作胶卷效果的设计制作，主要使读者掌握圆角矩形工具、矩形工具、直线工具以及混合工具等的使用。

案例设计分析

设计思路

回忆美好的过去总让人心动，日志可以记录着昨天的点点滴滴，而相册里的图片则珍藏着从前的美好时光。本例将制作电影胶卷效果，让那些美好的时光在翻阅相册时更加回味悠长。在制作该效果时，先使用圆角矩形工具、矩形工具以及混合工具制作出胶卷的图案，然后将图形制作成画笔，最后使用"画笔"面板和"变形"命令制作出胶卷效果，完成本实例的制作。

案例效果剖析

为照片制作胶卷效果部分展示如图16-28所示。

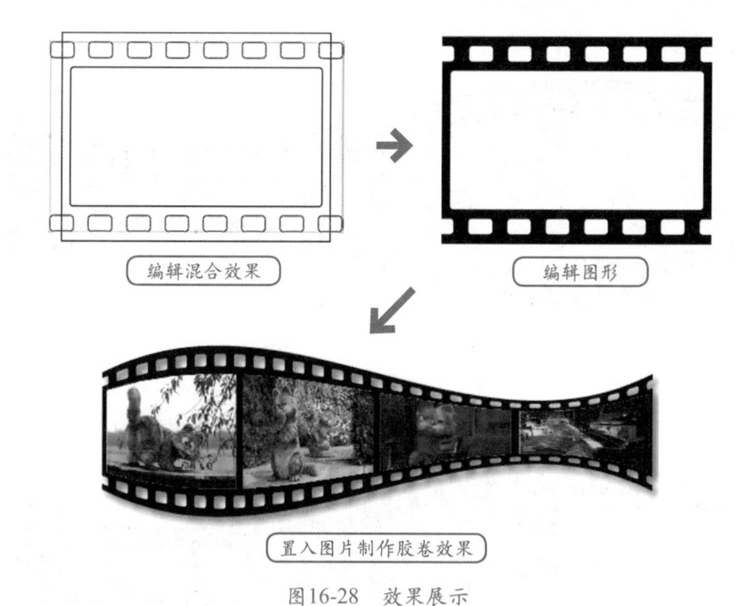

图16-28 效果展示

案例技术要点

本例中主要用到的功能及技术要点如下。

- 矩形工具：使用矩形工具绘制邮票的尺寸。
- 圆角矩形工具：使用圆角矩形工具绘制带有圆角的矩形。

案例制作步骤

源文件路径	效果文件\第16章\实例270.ai		
调用路径	素材文件\第16章\实例270.ai		
视频路径	视频\第16章\实例270. avi		
难易程度	★★★★	学习时间	5分31秒

❶ 启动Illustrator，新建一个空白文档。使用（矩形工具）在页面内绘制一个“宽度”为80mm、“高度”为60mm的矩形，以黑色描边。再使用（圆角矩形工具）在页面内绘制一个“宽度”为75mm、“高度”为40mm、“圆角半径”为1mm的圆角矩形，以黑色描边，和矩形一起居中放置，如图16-29所示。

图16-29 绘制图形

❷ 使用（圆角矩形工具）在页面内绘制一个“宽度”为7mm、“高度”为4.5mm、“圆角半径”为1mm的圆角矩形，以黑色描边，放在如图16-30所示的位置，使其中心点与矩形的边对齐。

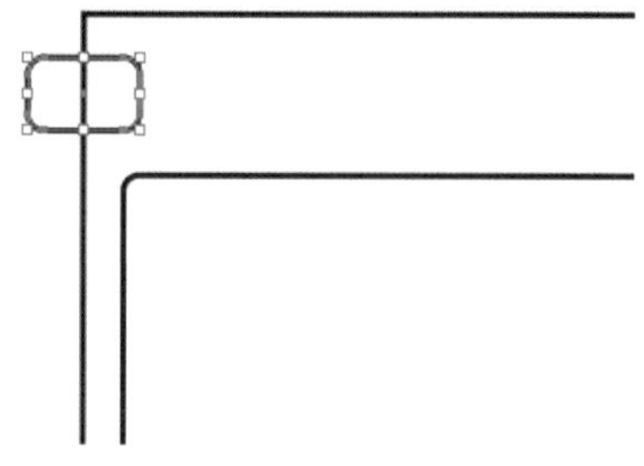
图16-30 绘制图形

❸ 按住Alt键，使用（选择工具）将圆角矩形移动，可以复制得到新的圆角矩形，并将圆角矩形对齐到其他的参考线边角，结果如图16-31所示。

图16-31 复制圆形

❹ 使用（选择工具）选择上面两端的两个图形，选择菜单栏中的“对象”|“混合”|“建立”命令，将两个图形进行混合，如图16-32所示。

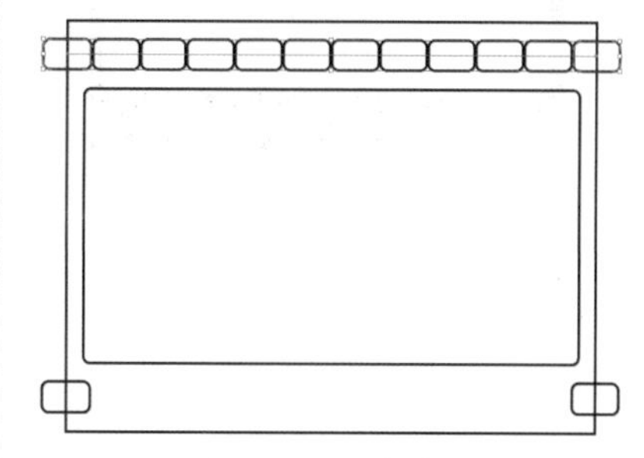
图16-32 混合效果

❺ 双击工具箱中的（混合工具）按钮，弹出“混合选项”对话框，参数如图16-33所示。

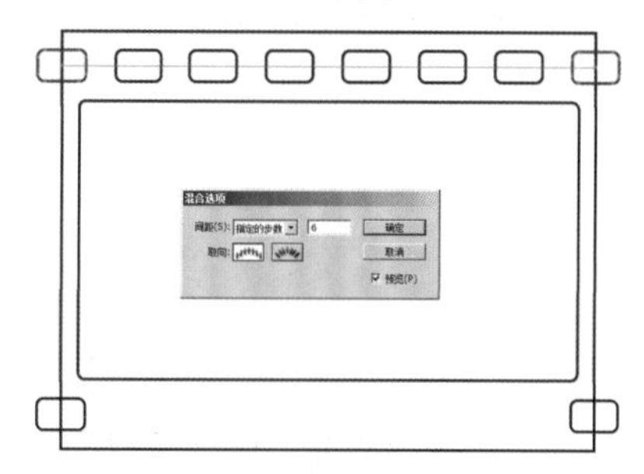
图16-33 混合选项设置

提 示

指定间距的步数和圆形的大小以及距离有关，只要目测看着合适即可。

❻ 将下端的两个圆形也用此方法混合。然后将圆形全选，选择菜单栏中的“对象”|“扩展”命令，弹出“扩展”对话框，单击确定按钮后，混合的图形被扩展开，如图16-34所示。

图16-34 混合效果

❼ 选择最外边的大矩形和所有的小圆角矩形，打开“路径查找器”面板，单击（分割）按钮，将图形分割。然后全选图形将其解散编组，将多余的图形删除，并填充黑色，得到如图16-35所示的图形。

图16-35 编辑图形

❽ 按F5键打开“画笔”面板，将图形全选拖到“画笔”面板中，新建一个图案画笔，参数取默认值即可，如图16-36所示。

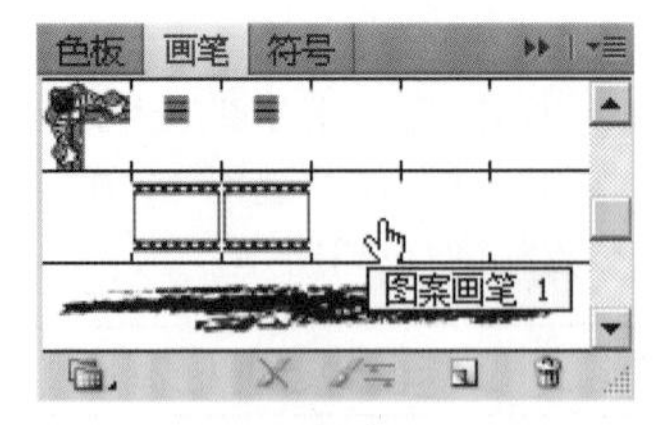

图16-36 新建画笔图案

❾ 使用（直线段工具）由左至右绘制一条“宽度”为290mm的直线。然后选择直线，并单击新建的图案画笔，效果如图16-37所示。

图16-37 画笔绘制

❿ 选择菜单栏中的“文件”|“打开”命令，打开随书光盘“素材文件\第16章\实例270.ai”文件，将其中的素材复制到当前文档中，如图16-38所示。

图16-38 置入素材

⓫ 全选所有图形，按Ctrl+G快捷键将它们编组。然后选择菜单栏中的“效果”|“变形”|“鱼形”命令，在弹出的对话框中设置参数，如图16-39所示。

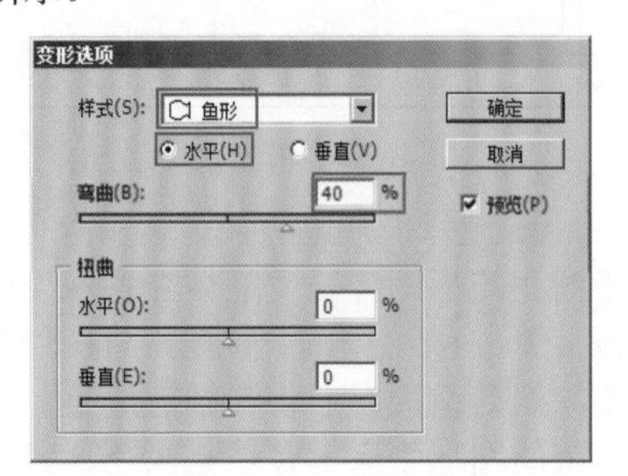

图16-39 参数设置

⓬ 执行“鱼形”变形命令后的图形效果如图16-40所示。

图16-40 鱼形变形效果

⓭ 选择菜单栏中的“效果”|“风格化”|“投影”命令，在弹出的对话框中将不透明度数值更改为50%，其他取默认值即可，效果如图16-41所示。

图16-41 最终效果

⓮ 将所有图形选中并编组，完成本实例的制作。

实例271 装饰类——为照片制作卷边效果

本实例通过为照片制作卷边效果的设计制作，主要使读者掌握钢笔工具、渐变工具以及高斯模糊命令的使用等。

案例设计分析

设计思路

照片也穿越，找出一张泛黄的老照片，将它的一角处理成卷边效果，更能唤起人们对往事的追忆，从而增加照片的表现力和艺术感染力。在制作该效果时，先使用钢笔工具绘制出一个图形，为图片建立剪切蒙版，再使用钢笔工具绘制出卷边部分，制作渐变效果，最后制作出卷边的投影效果，完成本实例的制作。

案例效果剖析

为照片制作卷边效果部分展示如图16-42所示。

图16-42 效果展示

案例技术要点

本例中主要用到的功能及技术要点如下。

- 钢笔工具：使用钢笔工具可以绘制出任意形状的图形。
- 高斯模糊命令：使用该命令可以对图形进行模糊处理，使图形效果变得更加柔和。

案例制作步骤

源文件路径	效果文件\第16章\实例271.ai
调用路径	素材文件\第16章\实例271.ai
视频路径	视频\第16章\实例271. avi
难易程度	★
学习时间	4分33秒

❶ 启动Illustrator，选择菜单栏中的“文件”|“打开”命令，打开随书光盘“素材文件\第16章\实例271.ai”文件。使用（钢笔工具）在图片上绘制如图16-43所示的闭合图形。

图16-43 绘制图形

❷ 选择全部图形，单击鼠标右键，选择“建立剪切蒙版”命令，为图片建立剪切蒙版，效果如图16-44所示。

图16-44 建立蒙版效果

❸ 使用（钢笔工具）再次绘制如图16-45所示的路径。

图16-45 绘制图形

❹ 选择（渐变工具），在“渐变”面板中设置渐变属性，如图16-46所示。

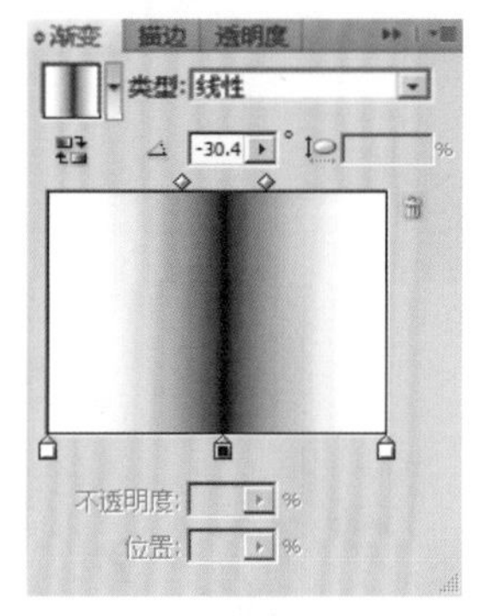

图16-46 渐变属性设置

❺ 将渐变框旋转角度，效果如图16-47所示。

图16-47 渐变效果

❻ 再次使用（钢笔工具）绘制阴影部分的路径，以深灰色（K：95%）填充，然后将其调整到图层的最下方，如图16-48所示。

图16-48 绘制图形

❼ 选择菜单栏中的“效果”|“模糊”|“高斯模糊”命令，在弹出的对话框中设置参数，如图16-49所示。

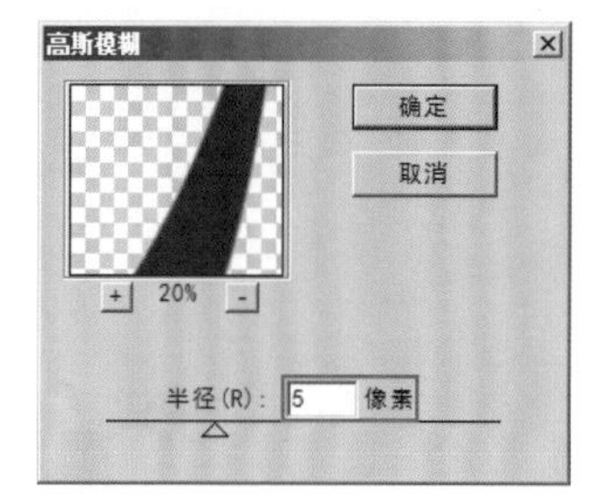

图16-49 参数设置

❽ 执行上述操作后，投影效果如图16-50所示。

图16-50 投影效果

❾ 在“透明度”面板中，将投影部分的“不透明度”数值更改为85%，效果如图16-51所示。

图16-51 最终效果

❿ 全选所有图形，按Ctrl+G快捷键将它们编组，完成本实例的制作。

实例272 装饰类——为照片制作产品说明书封面

本实例通过为照片制作产品说明书封面的设计制作，主要使读者掌握钢笔工具以及文字工具的使用等。

案例设计分析

设计思路

产品说明书是以文体的方式对某产品进行详细的表述，使人认识、了解到某产品。产品说明书制作要实事求是，同时它也是一种常见的说明文，是生产者向消费者全面、明确地介绍产品名称、用途、性质、规格、使用方法、保养维护等内容而写的准确、简明的文字材料。在制作该实例时，先使用钢笔工具绘制出两个图形，并填充上颜色，再置入合适的素材，最后输入合适的文字，完成本实例的制作。

案例效果剖析

为照片制作产品说明书效果部分展示如图16-52所示。

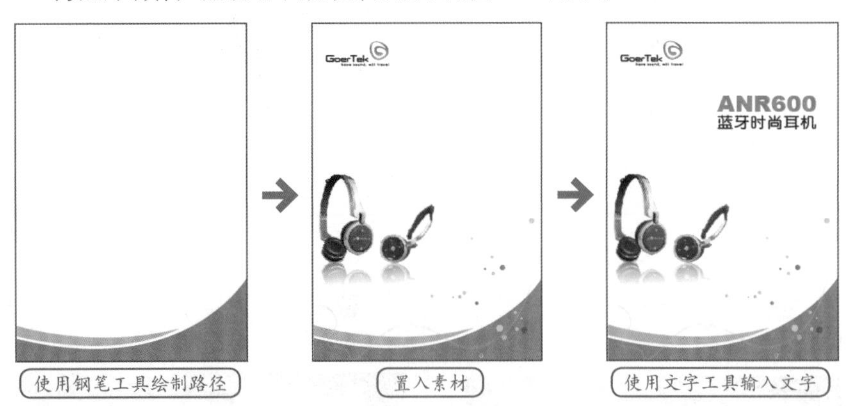

图16-52　效果展示

案例技术要点

本例中主要用到的功能及技术要点如下。

- 钢笔工具：使用钢笔工具可以绘制出任意形状的图形。
- 文字工具：使用文字工具创建需要的文字。

源文件路径	效果文件\第16章\实例272.ai		
调用路径	素材文件\第16章\实例272.ai		
视频路径	视频\第16章\实例272. avi		
难易程度	★★	学习时间	2分24秒

实例273　装饰类——为照片制作挂历效果

本实例通过为照片制作挂历效果的设计制作，主要使读者掌握矩形工具以及文字工具的使用等。

案例设计分析

设计思路

拿起相机，拍张环境优美的风景照片，然后加上年月日，制作成一张挂历，既可以保存自己的摄影作品，还可以查看日期，一举两得。制作该实例时，先使用矩形工具绘制出挂历的背景，再置入合适的素材，最后输入合适的文字，完成本实例的制作。

案例效果剖析

为照片制作挂历效果部分展示如图16-53所示。

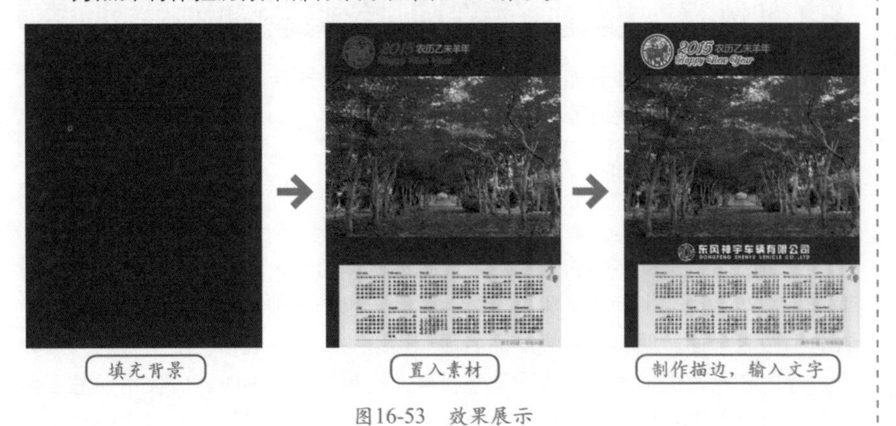

图16-53　效果展示

案例技术要点

本例中主要用到的功能及技术要点如下。

- 矩形工具：使用矩形工具绘制出挂历的尺寸。
- 文字工具：使用文字工具创建需要的文字。

案例制作步骤

源文件路径	效果文件\第16章\实例273.ai
调用路径	素材文件\第16章\实例273.ai
视频路径	视频\第16章\实例273. avi
难易程度	★★
学习时间	1分45秒

❶ 启动Illustrator，新建一个“宽度”为430mm、“高度”为570mm的空白文档。使用（矩形工具）在页面内绘制一个同样大小的矩形，以红色（C：50%、M：100%、Y：85%、K：30%）填充，如图16-54所示。

图16-54　填充背景

❷ 选择菜单栏中的“文件”|“打开”命令，打开随书光盘“素材文件\第16章\实例273.ai”文件，将标志外的所有素材复制到当前文档中，如图16-55所示。

图16-55　置入素材

❸ 将左上角的红色图形选中并原位复制一个，贴在后面，以白色描边，描边粗细为10pt，如图16-56所示。

图16-56 描边效果

❹ 将随书光盘“素材文件\第16章\实例273.ai”文件中的标志复制到当前文档中，放置到如图16-57所示的位置。

图16-57 置入素材

❺ 使用T（文字工具）在页面内输入文字，以白色填充，通过“字符”面板设置文字的字体、字号等，如图16-58所示。

图16-58 文字设置

❻ 全选所有图形，按Ctrl+G快捷键编组图形，完成本实例的制作，如图16-59所示。

图16-59 最终效果

实例274 装饰类——为照片制作时尚杂志封面

本实例通过为照片制作时尚杂志封面效果的设计制作，主要使读者掌握矩形工具以及文字工具等的使用。

案例设计分析

设计思路

找一张自己满意的照片，只要通过几个简单的步骤，就可以把自己的照片放到杂志的封面上，让你也体验一回封面人物的感觉。在制作该实例时，先置入素材，然后使用矩形工具为素材制作剪切蒙版效果，最后输入合适的文字，完成本实例的制作。

案例效果剖析

为照片制作时尚杂志封面效果部分展示如图16-60所示。

图16-60 效果展示

案例技术要点

本例中主要用到的功能及技术要点如下。

- 矩形工具：使用矩形工具绘制出海报的尺寸。
- 文字工具：使用文字工具创建需要的文字。

源文件路径	效果文件\第16章\实例274.ai		
调用路径	素材文件\第16章\实例274.ai		
视频路径	视频\第16章\实例274.avi		
难易程度	★★	学习时间	1分16秒

第17章 包装设计

包装是品牌理念、产品特性、消费心理的综合反映，它直接影响到消费者的购买欲，是建立产品与消费者亲和力的有力手段。经济全球化的今天，包装与商品已融为一体。包装作为实现商品价值和使用价值的手段，在生产、流通、销售和消费领域中，发挥着极其重要的作用。包装的功能是保护商品、传达商品信息、方便使用、方便运输、促进销售、提高产品附加值。

实例275 包装设计类——澳毛床垫包装展开图

本实例通过包装展开图的设计制作，主要使读者掌握矩形工具、文字工具、“字符”面板及自由变换等命令的使用。

案例设计分析

设计思路

色彩在包装设计中占据重要的位置，是美化和突出产品的重要因素。家纺类包装的色彩要柔和、温暖，有较强的吸引力和竞争力，以唤起消费者的购买欲望，促进销售。在制作该实例时，先设计出包装的刀版模切图，再调入所需要的素材，最后输入文字，完成本实例的制作。

案例效果剖析

本例制作的澳毛床垫包装展开图包括了多个步骤，如图17-1所示为部分效果展示。

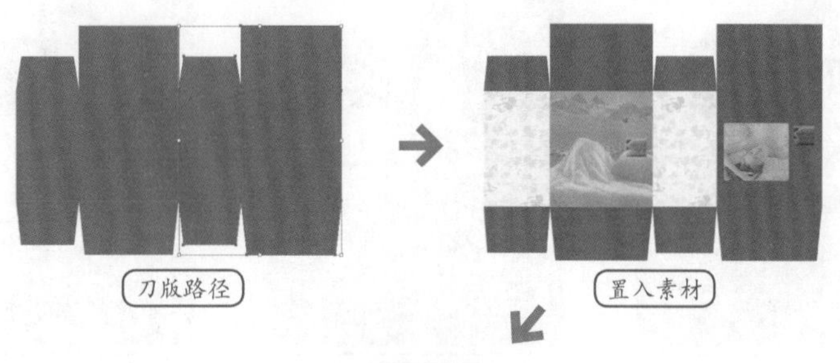

图17-1　效果展示

案例技术要点

本例中主要用到的功能及技术要点如下。

- 矩形工具：使用矩形工具绘制填充区域。
- 钢笔工具：使用钢笔工具绘制图形。
- 圆角矩形工具：使用圆角矩形工具绘制出带有圆角的矩形。
- 文字工具：使用文字工具输入需要的文字。

案例制作步骤

源文件路径	效果文件\第17章\实例275.ai
调用路径	素材文件\第17章\实例275.ai
视频路径	视频\第17章\实例275. avi
难易程度	★★★
学习时间	7分27秒

❶ 启动Illustrator，新建一个“宽度”为2500mm、“高度”为1500的文档。使用（矩形工具）绘制一个“宽度”为480mm、“高度”为515mm的矩形，设置填充属性为（C：48%、M：60%、Y：80%），设置描边属性为“无”。然后再次绘制一个“宽度”为480mm、“高度”为300mm的矩形，设置填充属性为（C：48%、M：60%、Y：80%），设置描边属性为“无”。调整它们的位置，如图17-2所示。

❷ 使用（矩形工具）绘制一个“宽度”为480mm、“高度”为250mm的矩形，设置填充属性为（C：48%、M：60%、Y：80%），设置描边属性为“无”。然后使用（直接选择工具）选择下方的两个

锚点，再单击（自由变换工具）按钮，指向范围框的一角，按住Alt键不放对矩形进行透视变形，效果如图17-3所示。

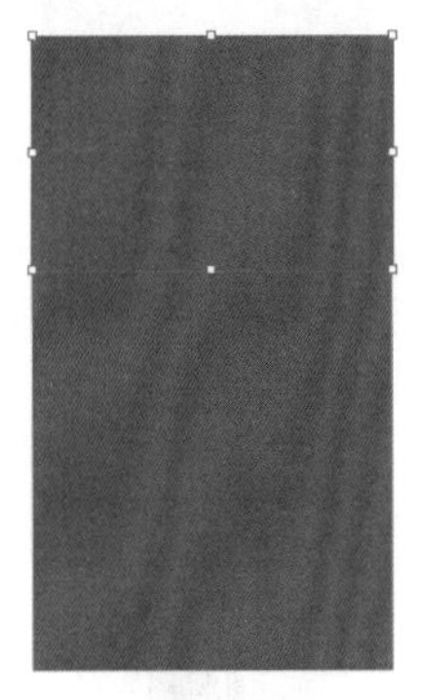

图17-2 绘制矩形

图17-3 编辑图形

❸ 选择中间的大矩形，按住Alt+Shift键将其向左侧移动复制一个，修改它的“宽度”为300mm，其他不变，调整它的位置，如图17-4所示。

图17-4 复制图形

提 示

在复制时按住Shift键可以进行垂直或水平移动复制。

❹ 选择下方变形后的矩形，按住Alt+Shift键将其向左侧移动复制一个，修改它的“宽度”为300mm、“高度”为205mm，调整它的位置，如图17-5所示。

图17-5 编辑图形

❺ 选择复制后的图形并镜像复制一个，修改它的“高度”为157mm，调整它的位置，如图17-6所示。

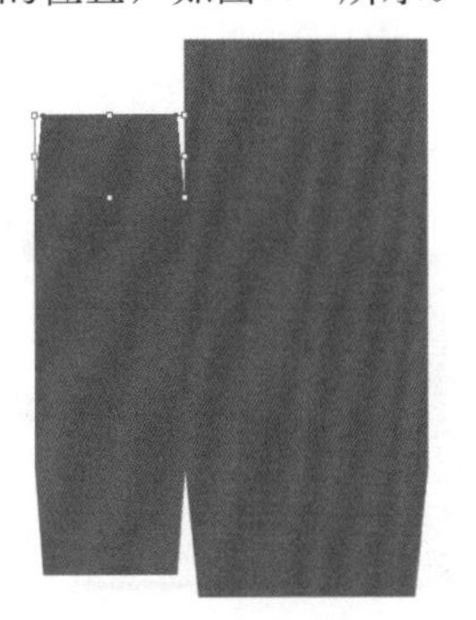

图17-6 复制图形

❻ 全部选择图形，按住Alt+Shift键将其向右侧移动复制一组，调整它们的位置，如图17-7所示。

图17-7 镜像复制图形

❼ 选择菜单栏中的“文件”|“打开”命令，打开随书光盘“素材文件\第17章\实例275.ai”文件，将其中的素材文件一一复制到当前文件中，调整它们的位置，如图17-8所示。

图17-8 置入素材

❽ 使用（钢笔工具）和（圆角矩形工具）绘制图形，并分别设置它们的填充属性，如图17-9所示。

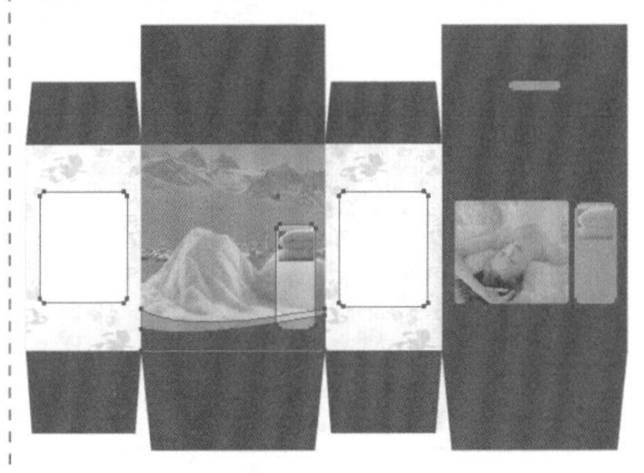

图17-9 绘制图形

❾ 使用（文字工具）在页面中输入合适的文字，完成本实例的制作，如图17-10所示。

图17-10 最终效果

实例276 包装设计类——香水瓶子包装

本实例通过香水瓶子的设计制作，主要使读者掌握圆角矩形工具、渐变工具以及钢笔工具的使用。

案例设计分析

设计思路

香水瓶子包装所使用的包装材料是玻璃材质和塑料材质结合的，在制作时要都表现出玻璃和塑料晶莹剔透的肌理效果。在制作该实例时，先制作出瓶身效果，再制作出瓶盖效果，完成本实例的制作。

案例效果剖析

本例制作的香水瓶子包装包括了多个步骤，如图17-11所示为部分效果展示。

图17-11 效果展示

案例技术要点

本例中主要用到的功能及技术要点如下。

- 圆角矩形工具：使用圆角矩形工具绘制出带有圆角的矩形。
- 钢笔工具：使用钢笔工具绘制出想要的图形。
- 渐变工具：使用渐变工具绘制出图形的明暗变化。

案例制作步骤

源文件路径	效果文件\第17章\实例276.ai
视频路径	视频\第17章\实例276. avi
难易程度	★★
学习时间	8分59秒

❶ 启动Illustrator，使用（圆角矩形工具）绘制一个“宽度”为84mm、“高度”为73mm、“圆角半径”为1mm的圆角矩形，通过“颜色”面板和“渐变”面板设置图形的填充属性为黑（K：100%）→深灰（K：90%）→黑（K：100%）→浅灰（K：20%）→黑（K：100%）→黑（K：100%）的线性渐变，如图17-12所示。

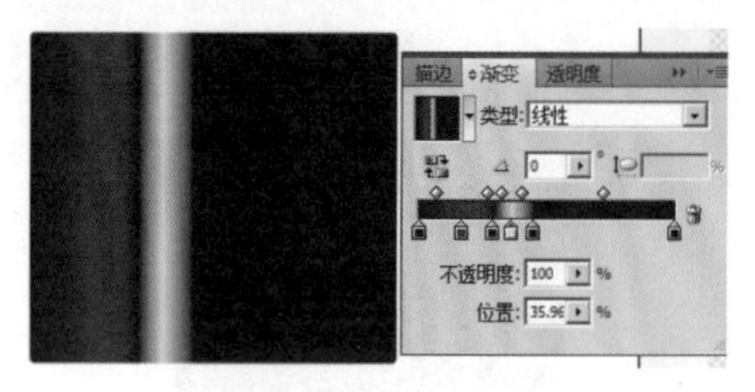

图17-12 渐变填充

❷ 使用（圆角矩形工具）绘制一个“宽度”为24mm、“高度”为21mm、“圆角半径”为1mm的圆角矩形，通过“颜色”面板和“渐变”面板设置图形的填充属性为黑（K：100%）→灰（K：30%）→灰（K：50%）→黑（K：100%）→黑（K：100%）→灰（K：73%）→黑（K：100%）的线性渐变，如图17-13所示。

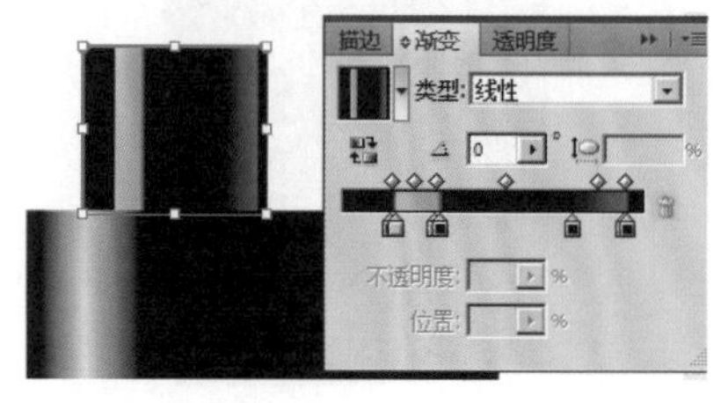

图17-13 渐变填充

❸ 使用（圆角矩形工具）绘制一个“宽度”为45mm、“高度”为20mm、“圆角半径”为1mm的圆角矩形，设置它的填充属性和图17-13所示相同。然后将其再原位复制一个，贴在前面，设置填充属性为“无”，描边属性为（C：75%、M：70%、Y：65%、K：35%），如图17-14所示。

图17-14 瓶盖效果

提 示

复制的快捷键是Ctrl+C，贴在前面的快捷键是Ctrl+F。

❹ 使用（钢笔工具）绘制3个图形，设置它们的填充属性均为黄绿（C：20%、M：5%、Y：90%）→浅黄（C：10%、Y：40%）→黄（C：20%、Y：60%）的线性渐变，如图17-15所示。

图17-15 绘制图形

❺ 使用（钢笔工具）绘制3个图形，设置填充属性均为（C：50%、M：25%、Y：100%），如图17-16所示。

图17-16 绘制图形

❻ 使用（钢笔工具）绘制3个图形，设置它们的填充属性均为白色，如图17-17所示。

图17-17 最终效果

❼ 全选图形，按Ctrl+G快捷键编组，完成本实例的制作。

实例277 包装设计类——卸妆油瓶子

本实例通过卸妆油瓶子的设计制作，主要使读者掌握圆角矩形工具、矩形工具、椭圆工具、渐变工具以及文字工具等的使用。

案例设计分析

设计思路

包装设计是为消费者服务的，从消费者使用、喜好的角度考虑是包装设计最基本的出发点。本例因为面对的使用对象是女性，所以无论是颜色还是图案，都要考虑女性的需求。在制作该实例时，先制作出空白瓶身效果，再置入合适的素材，最后输入相应的文字，完成本实例的制作。

案例效果剖析

本例制作的卸妆油瓶子包装包括了多个步骤，如图17-18所示为部分效果展示。

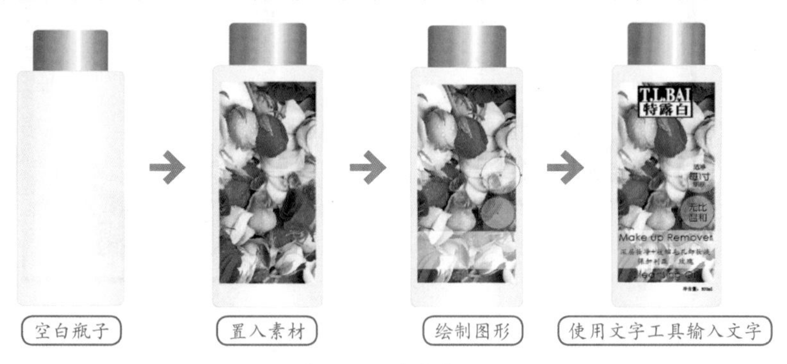

图17-18 效果展示

案例技术要点

本例中主要用到的功能及技术要点如下。

- 矩形工具：使用矩形工具绘制矩形图形。
- 圆角矩形工具：使用圆角矩形工具绘制带有圆角的矩形。
- 椭圆工具：使用椭圆工具绘制正圆和椭圆图形。
- 文字工具：使用文字工具创建需要的文字。

源文件路径	效果文件\第17章\实例277.ai		
调用路径	素材文件\第17章\实例277.ai		
视频路径	视频\第17章\实例277. avi		
难易程度	★★★	学习时间	3分39秒

实例278 包装设计类——面粉包装设计

本实例通过面粉包装的设计制作，主要使读者掌握钢笔工具、矩形工具、椭圆工具以及文字工具等的使用。

案例设计分析

设计思路

包装设计除了要吸引消费者的注意之外，更要满足人们的审美情趣的心理需要。本例制作的面粉包装袋，整体上给人一种一目了然的感觉，画面干净整洁，符合消费者的审美要求。制作该实例时，先使用钢笔工具绘制出面粉包装袋的外轮廓，然后制作出明暗变化，再绘制出辅助图形，并置入合适的素材，最后输入相应的文字，完成本实例的制作。

案例效果剖析

本例制作的面粉包装设计包括了多个步骤，如图17-19所示为部分效果展示。

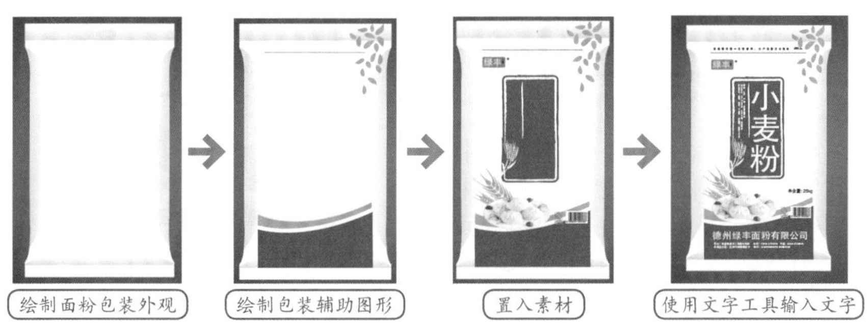

图17-19 效果展示

案例技术要点

本例中主要用到的功能及技术要点如下。

- 矩形工具：使用矩形工具绘制面粉包装的尺寸。
- 文字工具：使用文字工具创建需要的文字。

案例制作步骤

源文件路径	效果文件\第17章\实例278.ai
调用路径	素材文件\第17章\实例278.ai
视频路径	视频\第17章\实例278. avi
难易程度	★★★★
学习时间	8分52秒

❶ 启动Illustrator，新建一个空白文档。使用（矩形工具）在页面内绘制一个矩形，为它填充上一个灰色径向渐变，然后将它锁定。

❷ 使用（矩形工具）绘制一个“宽度”为83mm、“高度”为137mm的矩形作为参考，然后使用（钢笔工具）在矩形内绘制线形，以白色填充，如图17-20所示。

图17-20 绘制图形

❸ 使用（矩形工具）绘制一个“宽度”为83mm、“高度”为9mm的矩形，为其添加灰（K：20%）到白色的线性渐变，如图17-21所示。

图17-21 绘制矩形

提 示

在绘制这个渐变时，要注意渐变的方向。

❹ 使用（钢笔工具）在包装的左侧绘制线形，为其添加灰（K：20%）到白色的线性渐变，如图17-22所示。

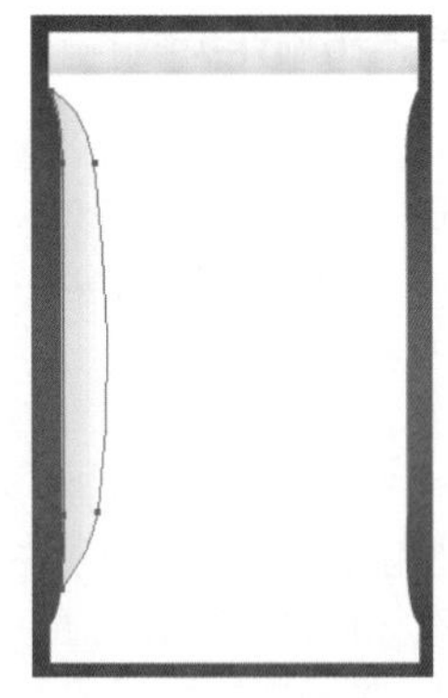

图17-22 绘制线形

❺ 选择图形，将其镜像复制一个，放在右侧如图17-23所示的位置。

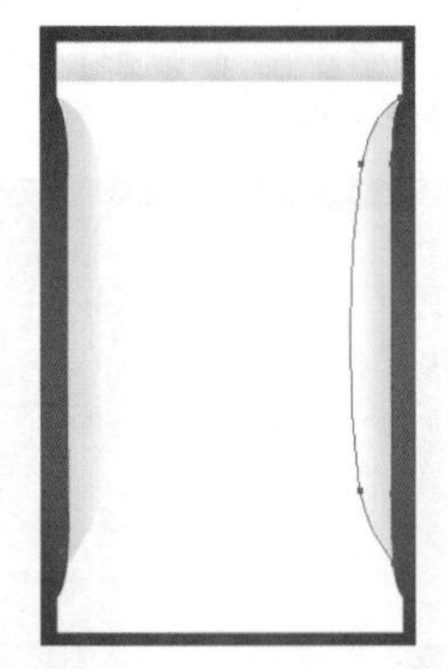

图17-23 复制图形

❻ 同样的方法，在包装的底端也绘制线形，然后为其添加灰（K：20%）到白色的线性渐变，如图17-24所示。

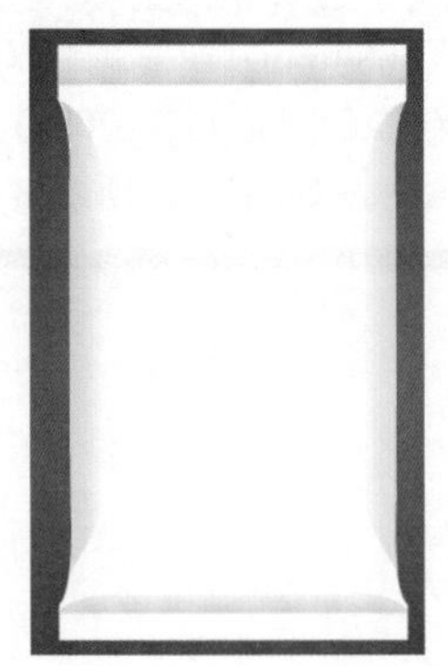

图17-24 绘制图形

❼ 使用（钢笔工具）绘制线形，设置填充属性为（M：100%、Y：100%），如图17-25所示。

图17-25 绘制线形

❽ 使用（钢笔工具）绘制线形，设置填充属性为（C：30%、M：20%、Y：100%），如图17-26所示。

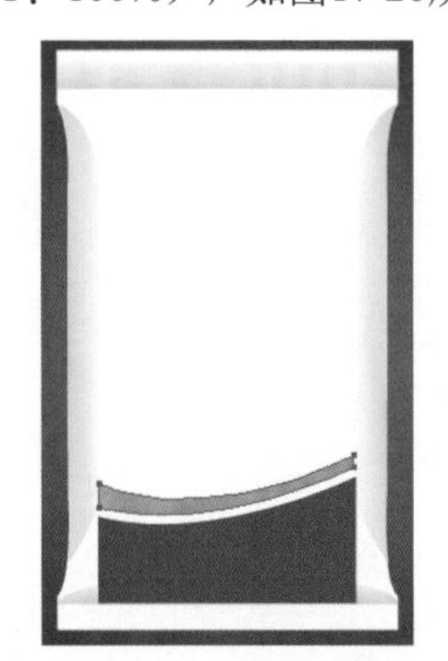

图17-26 绘制线形

❾ 使用（矩形工具）绘制一个“宽度”为55mm、“高度”为0.5mm的矩形，设置填充属性为（K：50%）。然后再使用（钢笔工具）在包装的右上角绘制叶子线形，设置它们的填充属性为（C：30%、M：20%、Y：100%），如图17-27所示。

图17-27 绘制图形

❿ 选择菜单栏中的“文件”|“打开”命令，打开随书光盘“素材文件\第17章\实例278.ai”文件，将其中的面食素材复制到当前文档中，并使用（椭圆工具）绘制一个椭圆，为图片建立剪切蒙版，效果如图17-28所示。

图17-28 置入素材

提 示

为图形建立剪切蒙版时，路径一定要位于图片的上方才能完成蒙版操作。

⓫ 将其他素材全部复制到当前文件中，并分别调整它们的位置，效果如图17-29所示。

图17-29 置入素材

⓬ 使用（文字工具）在页面内输入文字，在“字符”面板和“颜色”面板中设置文字的字体、字号和颜色，如图17-30所示。

图17-30 最终效果

⓭ 全选所有图形，按Ctrl+G快捷键编组，完成本实例的制作。

实例279 包装设计类——白酒包装设计

本实例通过白酒包装设计的制作，主要使读者掌握“凸出和斜角”命令、自由变换工具以及文字工具等的使用。

案例设计分析

设计思路

白酒一般适用于宴会、婚庆等热闹的场景，白酒的包装设计多采用浓烈的色彩和较高的对比度来烘托这种氛围。中国人崇尚红色，对黄色、橙色等暖色也颇多偏爱，所以其包装设计常以红、黄、金为主色调，体现烈性感。本例包装使用红色的底色，搭配黑色的竹子和黄色的文字，给人一种既典雅又浓烈的视觉效果。在制作该实例时，先使用“凸出和斜角”命令为矩形制作出立体效果，然后置入素材，再输入合适的文字，并对文字进行变形处理，完成本实例的制作。

案例效果剖析

本例制作的白酒包装设计包括了多个步骤，如图17-31所示为部分效果展示。

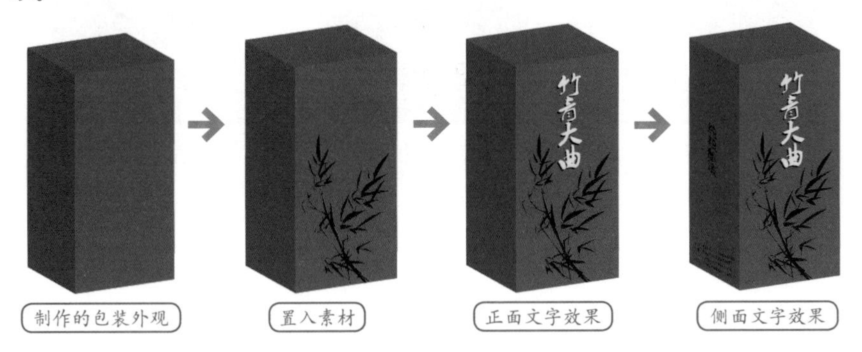

图17-31 效果展示

案例技术要点

本例中主要用到的功能及技术要点如下。

- 自由变换工具：使用该工具可以对图形进行变形处理。
- “凸出和斜角”命令：通过该命令可以制作出图形的立体效果。
- 文字工具：使用该工具可以为场景输入合适的文字。

案例制作步骤

源文件路径	效果文件\第17章\实例279.ai		
视频路径	视频\第17章\实例279. avi		
难易程度	★	学习时间	2分59秒

❶ 启动Illustrator，使用（矩形工具）绘制一个“宽度”为50mm、“高度”为100mm的矩形，以红色填充。选择菜单栏中的“效果”|“3D”|“凸出和斜角”命令，在弹出的对话框中设置参数，如图17-32所示。

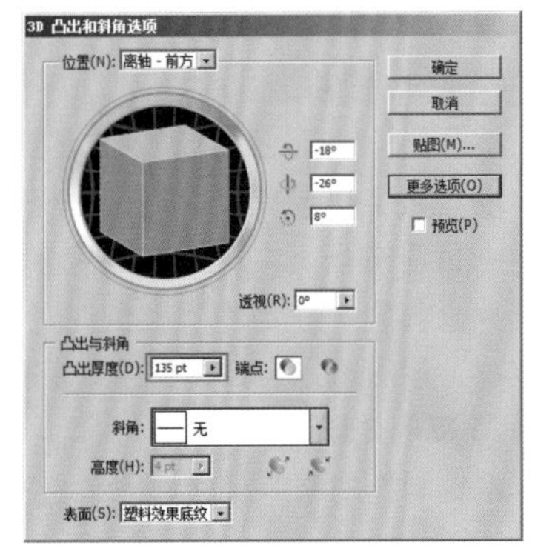

图17-32 参数设置

❷ 单击“凸出和斜角”对话框中的 确定 按钮，图形效果如图17-33所示。

图17-33 制作的立体效果

❸ 选择菜单栏中的“文件”|“打开”命令，打开随书光盘“效果文件\第15章\实例262.ai”文件，将绘制的竹子复制到当前文件中，调整它的大小和角度，如图17-34所示。

图17-34 置入素材

❹ 使用（文字工具）输入“竹青大曲”字样，通过“字符”面板设置它的字体、字号等，通过“颜色”面板设置文字的填充属性为（Y：100%），调整它的位置，如图17-35所示。

图17-35 输入文字

❺ 将文字转曲，单击（自由变换工具）按钮，将鼠标指向范围框的一个角点，先按住鼠标左键，再按Ctrl+Alt键拖曳鼠标，对文字做透视效果，如图17-36所示。

图17-36 文字变形

提 示

在进行变换时，一定要先按住鼠标左键，否则图形无法进行变形。

❻ 将文字原位复制一个，贴在后面，以黑色填充，调整它的位置，如图17-37所示。

图17-37 投影效果

提 示

复制的快捷键是Ctrl+C，贴在后面的快捷键是Ctrl+B。

❼ 使用T（文字工具）输入其余文字，并对文字进行变形处理，如图17-38所示。

图17-38 最终效果

❽ 全选所有图形，按Ctrl+G快捷键将它们编组，完成本实例的制作。

实例280 包装设计类——大枣包装袋设计

本实例通过大枣包装袋设计制作，主要使读者掌握圆角矩形工具以及文字工具等的使用。

案例设计分析

设计思路

本例设计制作的大枣包装袋时尚、简洁、大气，不花哨，突出了商标，体现了健康养生、无污染的特色。在制作该实例时，先制作出包装袋的尺寸，再制作出主体图形，最后置入图形并输入合适的文字，完成本实例的制作。

案例效果剖析

本例制作的大枣包装袋包括了多个步骤，如图17-39所示为部分效果展示。

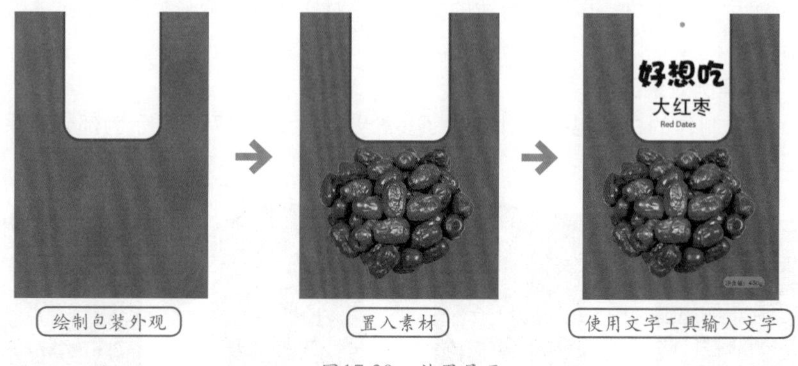

图17-39 效果展示

案例技术要点

本例中主要用到的功能及技术要点如下。

- 钢笔工具：使用钢笔工具可以绘制出任意形状的图形。
- 文字工具：使用文字工具创建需要的文字。

源文件路径	效果文件\第17章\实例280.ai		
调用路径	素材文件\第17章\实例280.ai		
视频路径	视频\第17章\实例280. avi		
难易程度	★★	学习时间	3分29秒

实例281 包装设计类——茶叶罐包装设计

本实例通过茶叶罐包装的设计制作，主要使读者掌握圆角矩形工具、钢笔工具以及文字工具等的使用。

案例设计分析

设计思路

茶叶是一种干品，极易吸湿受潮而产生质变，它对水分、异味的吸附很强，而香气又极易挥发。当茶叶保管不当时，容易变质，因此，茶叶罐就应运而生。目前市场上广泛应用的大多是铁制茶叶罐，因其印刷精美、款式新颖，深受大众喜爱。在制作本实例时，先制作出茶叶筒的筒盖和筒身效果，然后置入素材，最后输入合适的文字，完成本实例的制作。

案例效果剖析

本例制作的茶叶罐包装设计包括了多个步骤，如图17-40所示为部分效果展示。

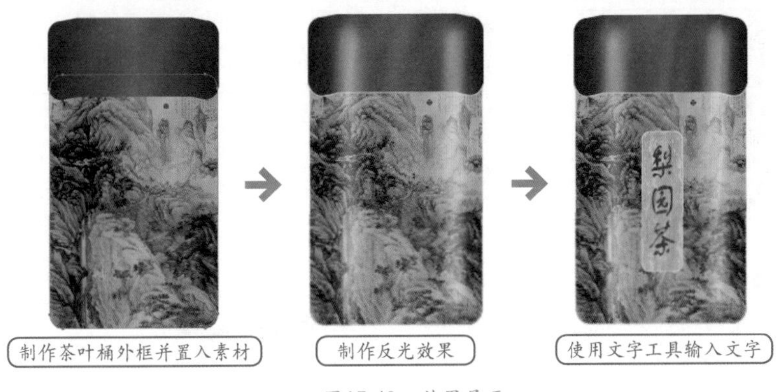

制作茶叶桶外框并置入素材　制作反光效果　使用文字工具输入文字

图17-40　效果展示

案例技术要点

本例中主要用到的功能及技术要点如下。

- 圆角矩形工具：使用矩形工具绘制出带有圆角的矩形。
- 钢笔工具：使用钢笔工具绘制线形。
- 文字工具：使用文字工具创建需要的文字。

源文件路径	效果文件\第17章\实例281.ai		
调用路径	素材文件\第17章\实例281.ai		
视频路径	视频\第17章\实例281. avi		
难易程度	★★★★	学习时间	5分32秒

实例282　包装设计类——车用硅藻纯包装设计

本实例通过车用硅藻纯包装设计的制作，主要使读者掌握矩形工具、自由变换工具以及文字工具等的使用。

案例设计分析

设计思路

包装设计的色彩要求醒目、对比强烈，有较强的吸引力和竞争力，以唤起消费者的购买欲望，促进销售。车用硅藻纯属于车用物品，在颜色方面宜选用蓝、黑等比较沉着的色块，以表示坚实、耐用的特点。在制作该实例时，先置入正面素材，然后输入文字，再制作出侧面和顶面效果，完成本实例的制作。

案例效果剖析

本例制作的车用硅藻纯包装设计包括了多个步骤，如图17-41所示为部分效果展示。

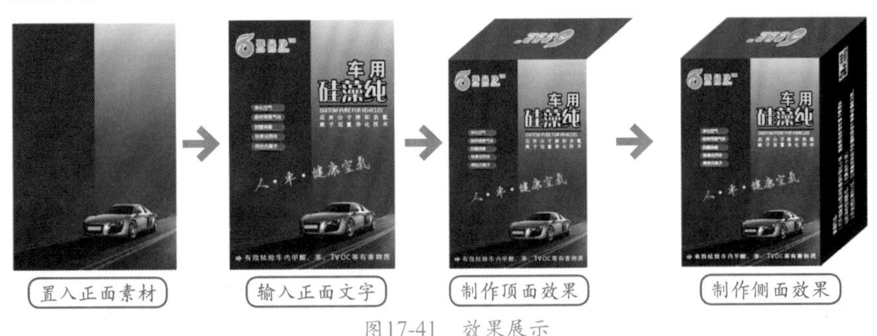

置入正面素材　输入正面文字　制作顶面效果　制作侧面效果

图17-41　效果展示

案例技术要点

本例中主要用到的功能及技术要点如下。

- 矩形工具：使用矩形工具绘制出包装的尺寸。
- 文字工具：使用文字工具创建需要的文字。

源文件路径	效果文件\第17章\实例282.ai
调用路径	素材文件\第17章\实例282.ai
视频路径	视频\第17章\实例282. avi
难易程度	★★★★
学习时间	9分56秒

实例283　包装设计类——甲醛自测盒包装设计

本实例通过甲醛自测盒包装的设计制作，主要使读者掌握矩形工具、钢笔工具、渐变工具以及文字工具的使用。

案例设计分析

设计思路

甲醛是用于净化空气、吸附有毒物质的，因此在制作该类产品的包装时，画面整体要简洁大方、色调明快、色彩协调，显得高档有品位，符合环保产品特色，给人印象深刻，整体感强。在制作该实例时，先制作出包装盒的展开效果，再置入合适的素材，最后输入相应的文字，完成本实例的制作。

案例效果剖析

本例制作的甲醛自测盒包装包括了多个步骤，如图17-42所示为部分效果展示。

制作刀版效果　置入素材并输入文字效果　制作立体效果

图17-42　效果展示

案例技术要点

本例中主要用到的功能及技术要点如下。

- 矩形工具：使用矩形工具绘制出填充区域。
- 钢笔工具：使用钢笔工具绘制需要的图形。
- 渐变工具：使用渐变工具绘制出图形的明暗变化。
- 文字工具：使用文字工具输入需要的文字。

案例制作步骤

源文件路径	效果文件\第17章\实例283.ai
调用路径	素材文件\第17章\实例283.ai
视频路径	视频\第17章\实例283. avi
难易程度	★★★
学习时间	4分52秒

❶ 启动Illustrator，新建一个横版的空白文档。使用▣（矩形工具）绘制一个“宽度”为100mm、“高度”为75mm的矩形，为其施加一个白色到灰色（K：10%）的径向渐变，如图17-43所示。

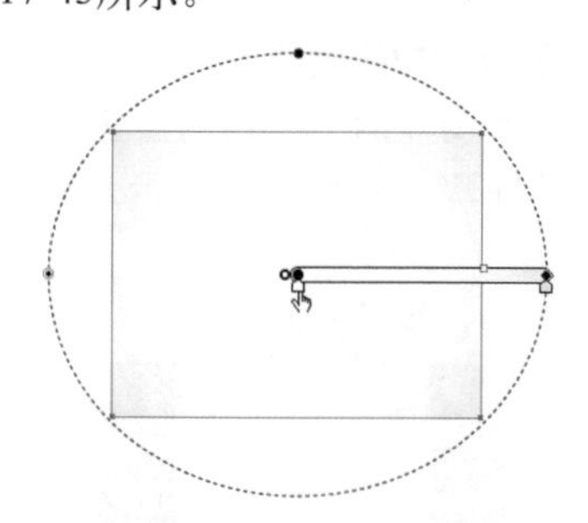

图17-43　渐变效果

❷ 使用▣（矩形工具）绘制一个“宽度”为30mm、“高度”为75mm的矩形，通过“颜色”面板和“渐变”面板设置图形的填充属性，如图17-44所示。

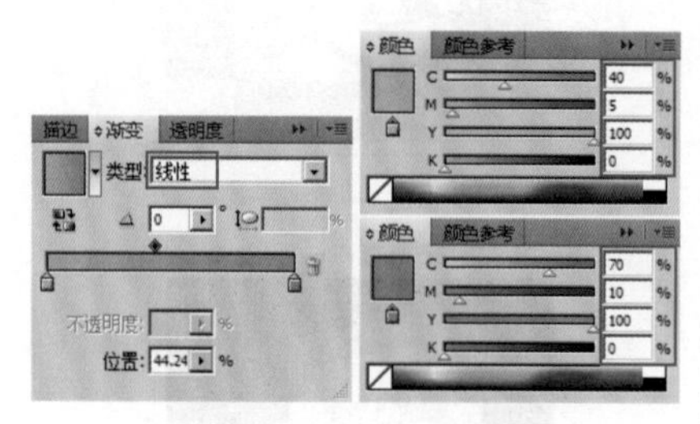

图17-44　渐变属性设置

❸ 设置好图形的填充属性后，将图形再镜像复制一个，放在另一侧，如图17-45所示。

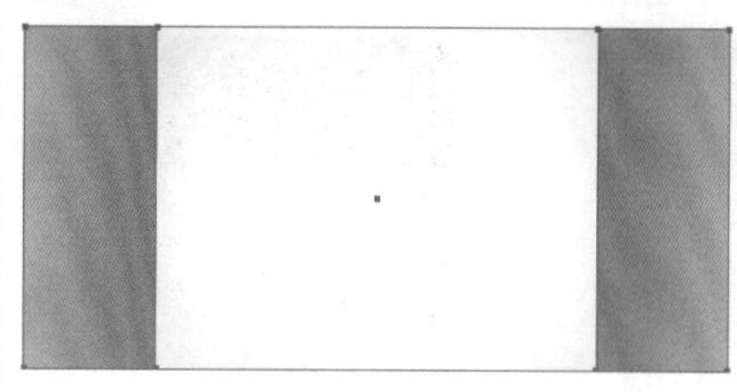

图17-45　绘制侧边

❹ 使用▣（矩形工具）绘制一个“宽度”为100mm、“高度”为25mm的矩形，为其施加如图17-44所示的渐变属性，然后将它复制一个，放在另一侧，如图17-46所示。

图17-46　绘制图形

❺ 使用✎（钢笔工具）绘制线形，为其施加如图17-44所示的渐变属性，在“不透明”面板中设置混合模式为“正片叠底”，图形效果如图17-47所示。

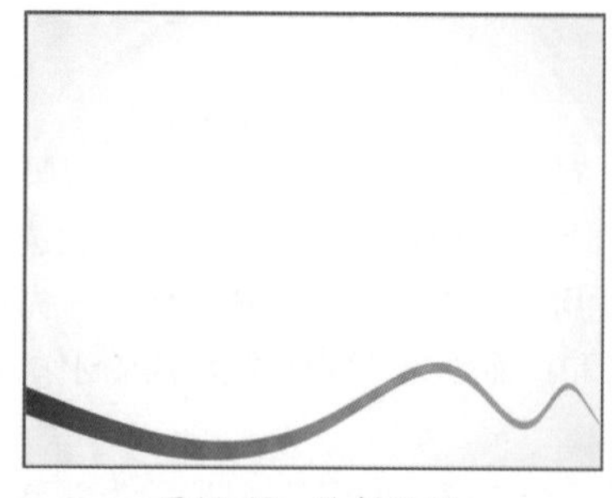

图17-47　绘制线形

❻ 将绘制的线形复制一个，贴在前面并向上移动，如图17-48所示。

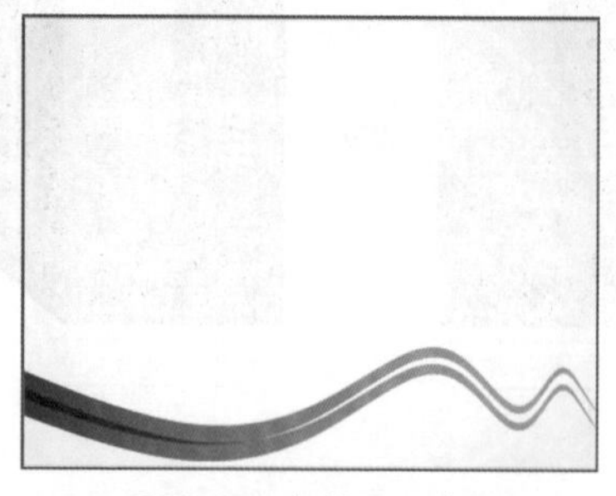

图17-48　复制图形效果

提　示

复制的快捷键是Ctrl+C，贴在前面的快捷键是Ctrl+F。

❼ 将绘制的线形再复制一个，放在中间的位置，如图17-49所示。

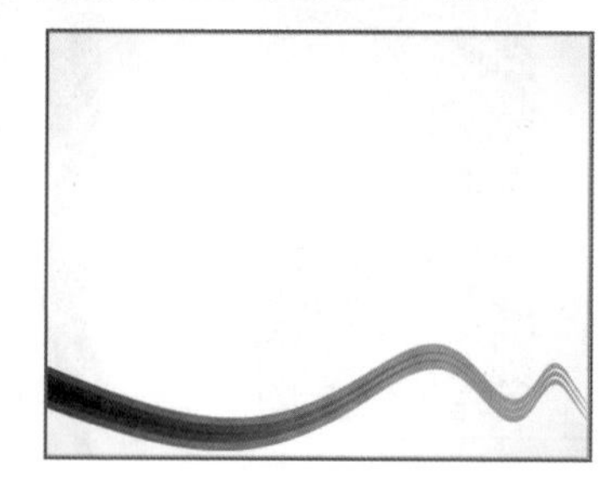

图17-49　复制图形效果

❽ 选择菜单栏中的“文件”|“打开”命令，打开随书光盘“素材文件\第17章\实例283.ai”文件，将其中的部分素材复制到当前文件中，调整它们的位置，如图17-50所示。

图17-50　置入素材

❾ 使用T（文字工具）在页面中输入产品名，通过“字符”面板设置文字的字体、字号等，如图17-51所示。

图17-51　输入文字

❿ 再将随书光盘“素材文件\第17章\实例283.ai”文件中的其余素材全部复制到当前文件中，分别调整它们的位置，如图17-52所示。

图17-52　置入素材

⑪ 使用T（文字工具）在正面中输入其他文字，通过“字符”面板设置文字的字体、字号等，如图17-53所示。

图17-53 输入文字

⑫ 为包装设计稿制作上立体效果，完成本实例的制作，如图17-54所示。

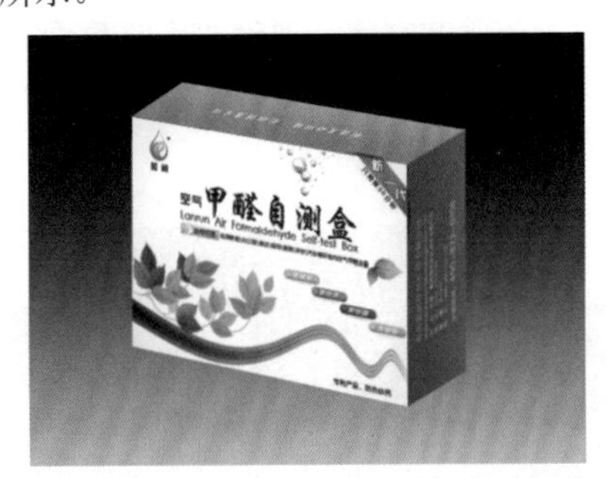

图17-54 最终效果

实例284 包装设计类——手提袋设计

本实例通过手提袋的设计制作，主要使读者掌握矩形工具、钢笔工具以及文字工具等的使用。

案例设计分析

设计思路

手提袋不但为购物者提供方便，也可以借机再次推销产品或品牌。设计精美的提袋会令人爱不释手，即使手提袋印刷有醒目的商标或广告，顾客也会乐于重复使用，所以这种手提袋已成为目前最有效率而又物美价廉的广告媒体之一。制作该实例时，先制作出手提袋的外观，然后绘制图形并置入素材，最后输入合适的文字，完成本实例的制作。

案例效果剖析

本例制作的手提袋设计包括了多个步骤，如图17-55所示为部分效果展示。

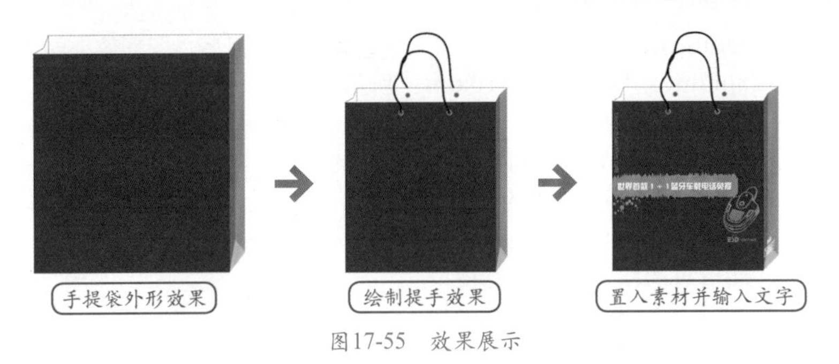

图17-55 效果展示

案例技术要点

本例中主要用到的功能及技术要点如下。

- 矩形工具：使用矩形工具绘制出手提袋的尺寸。
- 文字工具：使用文字工具创建需要的文字。

源文件路径	效果文件\第17章\实例284.ai		
调用路径	素材文件\第17章\实例284.ai		
视频路径	视频\第17章\实例284. avi		
难易程度	★★★★	学习时间	6分38秒

实例285 包装设计类——天地盖四件套包装设计

本实例通过天地盖四件套包装设计的制作，主要使读者掌握矩形工具以及文字工具的使用。

案例设计分析

设计思路

本例制作的四件套是婚庆用的，因此在包装设计上以喜庆、热闹为主。包装盒子设计独特、大方、时尚、高贵、高雅、新颖，包装精美，送人倍显高档。在制作该实例时，先制作出包装盒的展开效果，再置入合适的素材，最后输入相应的文字，完成本实例的制作。

案例效果剖析

本例制作的天地盖四件套包装设计包括了多个步骤，如图17-56所示为部分效果展示。

图17-56 效果展示

案例技术要点

本例中主要用到的功能及技术要点如下。

- 矩形工具：使用矩形工具绘制出包装盒的尺寸。
- 文字工具：使用文字工具创建需要的文字。

案例制作步骤

源文件路径	效果文件\第17章\实例285.ai		
调用路径	素材文件\第17章\实例285.ai		
视频路径	视频\第17章\实例285. avi		
难易程度	★★	学习时间	4分28秒

❶ 启动Illustrator，新建一个“宽度”为1280mm、“高度”为610mm的文档。使用（矩形工具）绘制一个“宽度”为514mm、“高度”为373mm的矩形，设置填充属性为（M：100%、Y：100%），设置描边属性为“无”。然后再次绘制一个“宽度”为90mm、“高度”为373mm的矩形，设置填充属性为（M：100%、Y：100%），设置描边属性为“无”。最后，再将小矩形复制一个，调整它们的位置，如图17-57所示。

图17-57　绘制图形

❷ 使用（矩形工具）绘制一个“宽度”为514mm、“高度”为90mm的矩形，设置填充属性为（M：100%、Y：100%），设置描边属性为“无”。然后将其复制一个，调整位置，如图17-58所示。

图17-58　绘制图形

❸ 使用（矩形工具）绘制一个“宽度”为112mm、“高度”为210mm的矩形，设置填充属性为（M：100%、Y：100%）。选择菜单栏中的“效果”|“风格化”|“投影”命令，在弹出的对话框中设置各项参数，如图17-59所示。

❹ 单击“投影”对话框中的确定按钮后，图形效果如图17-60所示。

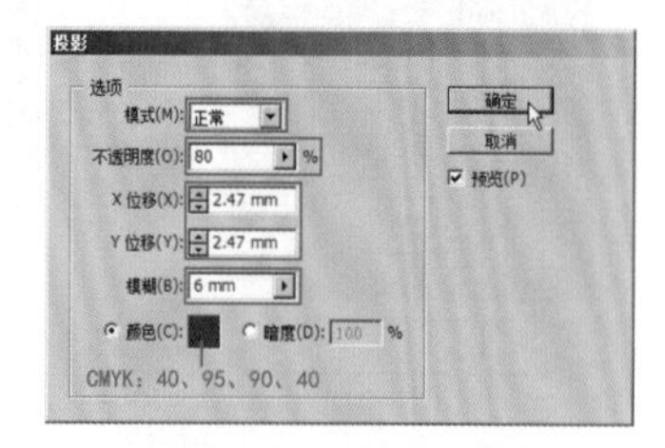

图17-59　参数设置

图17-60　制作投影效果

❺ 使用（钢笔工具）绘制线形，设置描边属性为（M：10%、Y：70%、K：10%），在“描边”面板中设置各项参数，如图17-61所示。

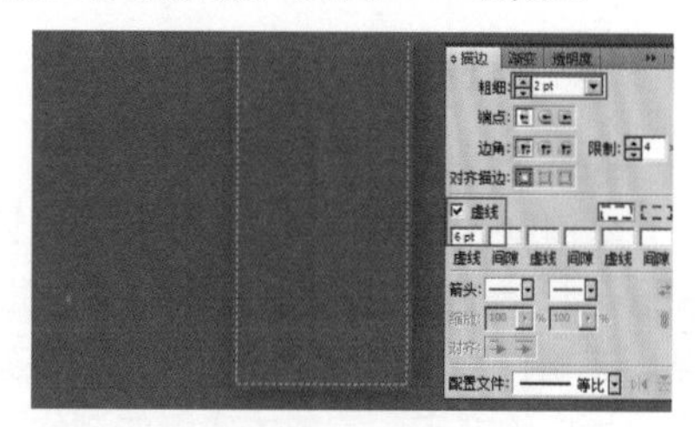

图17-61　设置描边

❻ 选择菜单栏中的“文件”|“打开”命令，打开随书光盘“素材文件\第17章\实例285.ai”文件，将其中的标志复制到当前文件中，调整它的位置，如图17-62所示。

图17-62　置入素材

❼ 将“素材文件\第17章\实例285.ai”文件中的其他素材复制到当前文件中，调整它们的位置，如图17-63所示。

图17-63　置入素材

❽ 使用（文字工具）在页面中输入合适的文字，通过“字符”面板设置文字的字体、字号等，如图17-64所示。

图17-64　输入文字

❾ 为四件套制作上立体效果，完成本实例的制作，如图17-65所示。

图17-65　最终效果

第18章 书籍装帧设计

书籍装帧包含3大部分：封面设计，包括封面、封底、书脊设计，精装书还有护封设计；版式设计，包括扉页、环衬、字体、开本、装订方式等；插图，包括题头、尾花和插图创作等。

实例286 书籍装帧类——秋天的树

本实例主要讲解秋天的树书籍装帧设计。通过该实例的制作，使读者掌握矩形工具以及文字工具的使用方法。

案例设计分析

设计思路

假如书籍装帧犹如一组建筑，那么书籍封面无疑是这些建筑的外观。有了好的封面设计，才能引起读者阅读的兴趣。在制作该实例时，先制作出图书的封面、书脊及封底的尺寸，然后置入素材，最后输入合适的文字，完成本实例的制作。

案例效果剖析

本例制作的秋天的树书籍装帧包括了多个步骤，如图18-1所示为部分效果展示。

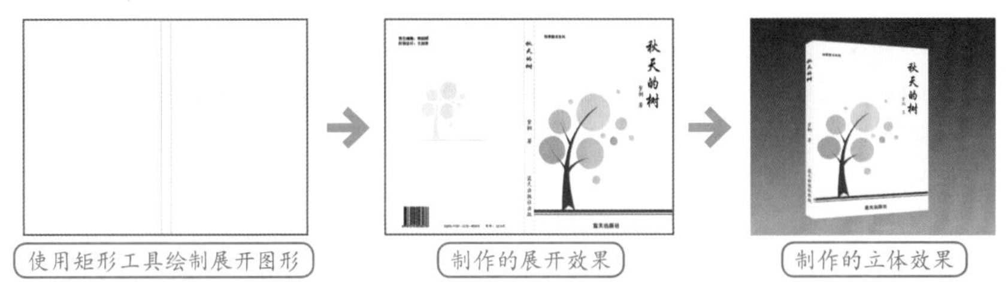

图18-1 效果展示

案例技术要点

本例中主要用到的功能及技术要点如下。

- 矩形工具：使用矩形工具绘制出填充区域。
- 文字工具：使用文字工具创建需要的文字。

案例制作步骤

源文件路径	效果文件\第18章\实例286.ai		
调用路径	效果文件\第4章\实例071.ai，素材文件\第18章\实例286.ai		
视频路径	视频\第18章\实例286.avi		
难易程度	★★	学习时间	2分25秒

❶ 启动Illustrator，新建一个“宽度”为510mm、“高度”为210mm的空白文档。使用（矩形工具）绘制一个“宽度”为140mm、“高度”为210mm的矩形，设置填充属性为（Y：15%），设置描边属性为黑色，描边粗细为0.1pt。再绘制一个“宽度”为10mm、“高度”为210mm的矩形，填充属性和描边属性都和大矩形一样。然后将大矩形移动复制一个，放在另一侧，图形效果如图18-2所示。

图18-2 绘制展开图形

❷ 打开随书光盘“效果文件\第4章\实例071.ai”文件，将其中的树和地面部分选中并复制到当前文件中，调整它的大小和位置，如图18-3所示。

图18-3 复制素材

❸ 将树再复制一组，设置它们的填充属性为（K：15%），并将它缩小，放在如图18-4所示的位置。

图18-4　复制素材位置

提　示

复制个素材放在背面，是为了丰富画面内容。

❹ 打开随书光盘“素材文件\第18章\实例286.ai”文件，将素材复制到当前文件中，调整它的大小和位置，如图18-5所示。

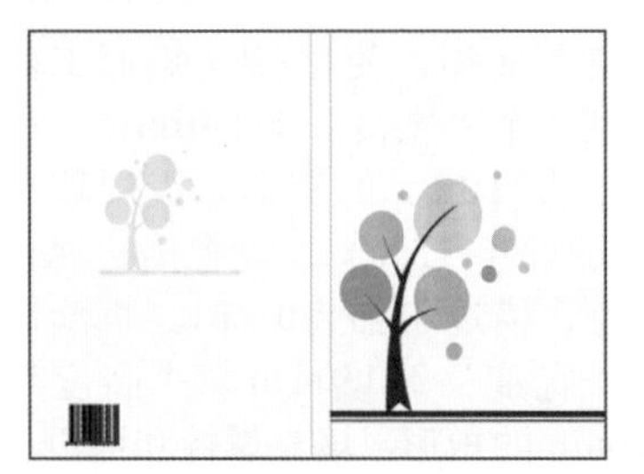
图18-5　置入素材

❺ 使用T（文字工具）在页面中输入文字，通过“字符”面板和“颜色”面板设置文字的字体、字号以及填充属性等，如图18-6所示。

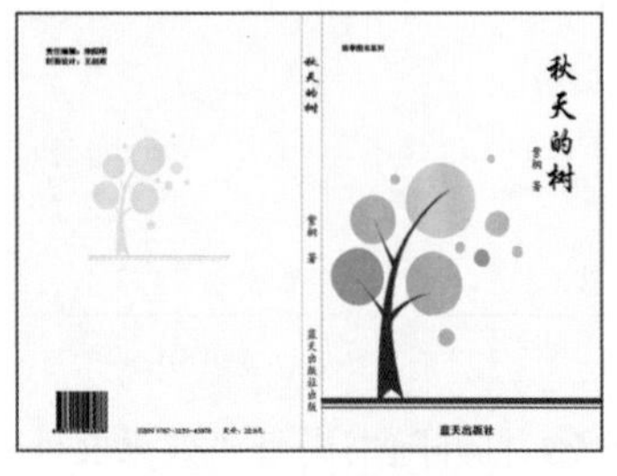

图18-6　输入文字

❻ 为书制作出立体效果图，完成本实例的制作，如图18-7所示。

图18-7　最终效果

实例287　书籍装帧类——竹韵

本实例主要讲解竹韵图书书籍装帧设计。通过该实例的制作，使读者掌握矩形工具、直线段工具以及文字工具等的使用方法。

案例设计分析

设计思路

书籍封面集中体现书籍的主题精神，是书籍装帧设计的一个重点。封面设计需要突出主体形象，封面上的文字要简练，主要有书名、作者名和出版社名。这些留在封面上的文字信息，在设计中起着举足轻重的作用。在制作该实例时，先制作出图书的封面、书脊及封底的尺寸，然后置入素材，最后输入合适的文字，完成本实例的制作。

案例效果剖析

本例制作的竹韵图书书籍装帧包括了多个步骤，如图18-8所示为部分效果展示。

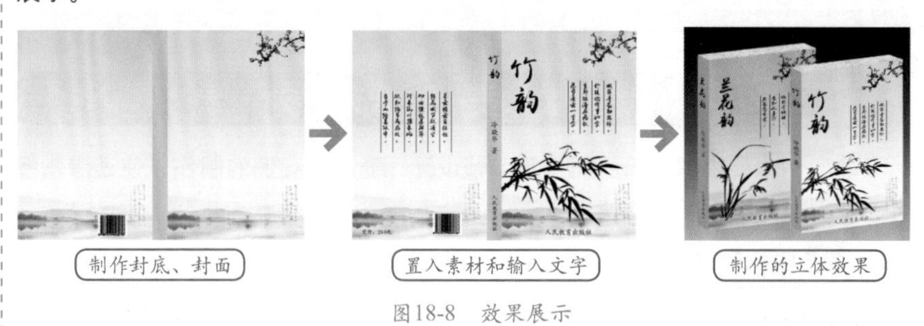

图18-8　效果展示

案例技术要点

本例中主要用到的功能及技术要点如下。

- 矩形工具：使用矩形工具绘制出填充区域。
- 直线段工具：使用该工具绘制出直线段。
- 文字工具：使用文字工具创建需要的文字。

案例制作步骤

源文件路径	效果文件\第18章\实例287.ai		
调用路径	素材文件\第18章\实例287.ai，效果文件\第15章\实例262.ai		
视频路径	视频\第18章\实例287. avi		
难易程度	★★★	学习时间	3分08秒

❶ 启动Illustrator，新建一个“宽度”为500mm、“高度”为210mm的空白文档。打开随书光盘“素材文件\第18章\实例287.ai”文件，将其中素材复制到当前文件中。然后使用（矩形工具）在中间绘制一个“宽度”为15mm、“高度”为210mm的矩形作为书脊部分，设置填充属性为（C：15%、M：18%、Y：23%），设置描边属性为“无”，如图18-9所示。

❷ 打开随书光盘“效果文件\第15章\实例262.ai”文件，将制作的竹子复制到当前文件中，调整它的大小和位置，如图18-10所示。

图18-9　展开图形

图18-10 置入素材

③ 使用（直线段工具）绘制直线段，设置描边属性为（C：100%、M：100%），描边粗细为2pt。然后将其复制多个，放在如图18-11所示的位置。

图18-11 绘制直线段

④ 使用T（文字工具）在页面中输入文字，通过“字符”面板和“颜色”面板设置文字的字体、字号以及填充属性等，如图18-12所示。

图18-12 输入文字

⑤ 制作出其他系列的图书，并为它们制作出立体效果图，完成本实例的制作，如图18-13所示。

图18-13 最终效果

实例288 书籍装帧类——家常饭菜谱

本实例主要讲解家常饭菜谱书籍装帧设计。通过该实例的制作，使读者掌握矩形工具、椭圆工具以及文字工具的使用方法。

案例设计分析

设计思路

菜谱类书籍装帧设计，突出的是菜品的色、香、味，使用的图片一定要鲜亮、诱人，在文字设计上要活泼些。在制作该实例时，先制作出图书的封面、书脊及封底的尺寸，然后置入素材，最后输入合适的文字，完成本实例的制作。

案例效果剖析

本例制作的家常饭菜谱书籍装帧包括了多个步骤，如图18-14所示为部分效果展示。

使用矩形工具绘制展开图形

制作书籍封底、封面效果

书籍立体效果

图18-14 效果展示

案例技术要点

本例中主要用到的功能及技术要点如下。

- 矩形工具：使用矩形工具绘制出填充区域。
- 椭圆工具：使用该工具绘制出圆形区域。
- 文字工具：使用文字工具创建需要的文字。

案例制作步骤

源文件路径	效果文件\第18章\实例288.ai		
调用路径	素材文件\第18章\实例288.ai		
视频路径	视频\第18章\实例288. avi		
难易程度	★★	学习时间	5分01秒

① 启动Illustrator，新建一个空白文档。使用（矩形工具）绘制两个“宽度”为140mm、“高度”为140mm的矩形，设置填充属性为（M：70%、Y：100%），以黑色描边，描边粗细为0.1pt。再使用（矩形工具）绘制一个“宽度”为8mm、“高度”为140mm的矩形作为书脊部分，设置填充属性为（M：70%、Y：100%），以黑色描边，描边粗细为0.1pt。调整它们的位置，如图18-15所示。

图18-15 展开图形

❷ 打开随书光盘“素材文件\第18章\实例288.ai”文件，将蔬菜背景复制到当前文件中，调整它的大小和位置，如图18-16所示。

图18-16　调入图片位置

❸ 将随书光盘“素材文件\第18章\实例288.ai”文件中的豆腐炒菜图片复制到当前文件中，调整它的大小和位置，如图18-17所示。

图18-17　置入素材

❹ 使用◎（椭圆工具）绘制一个小椭圆，将其为豆腐炒菜图片建立剪切蒙版，然后设置椭圆的描边属性为（C：25%、Y：100%），描边粗细为2pt，如图18-18所示。

图18-18　编辑图片

❺ 使用同样的方法，将其他两个炒菜图片素材复制到当前文件中，并将它们处理成如图18-19所示的效果。

图18-19　编辑图片效果

❻ 将随书光盘“素材文件\第18章\实例288.ai”文件中的其他素材全部复制到当前文件中，并调整它们的位置，如图18-20所示。使用文字工具在页面中输入“饭菜谱”文字，在“字符”面板中设置字体为华康海报体、字号为88pt，然后将文字转曲，设置填充属性为白色到黄色（M：15%、Y：100%）的线性渐变，如图18-21所示。

图18-20　置入素材

图18-21　文字效果

❼ 将文字原位复制一个，贴在后面，设置描边属性为（C：70%、M：90%、Y：100%、K：70%），描边粗细为5pt。然后选择菜单栏中的“效果”|“风格化”|“投影”命令，在弹出的对话框中设置各项参数，如图18-22所示。

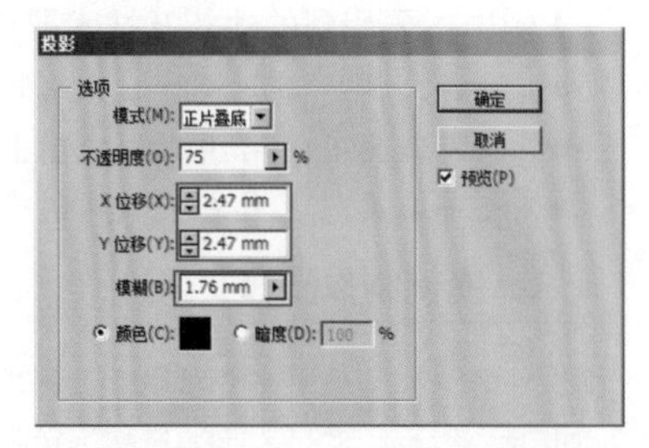

图18-22　参数设置

> **提　示**
>
> 复制的快捷键是Ctrl+C，贴在后面的快捷键是Ctrl+B。

❽ 设置好投影参数后，图形效果如图18-23所示。

图18-23　编辑文字效果

❾ 使用T（文字工具）在页面中输入其他文字，在“字符”面板和“颜色”面板中设置文字的字体、字号以及填充属性等，如图18-24所示。

图18-24　输入文字

❿ 制作出图书的立体效果图，完成本实例的制作，如图18-25所示。

图18-25　最终效果

实例289　书籍装帧类——石榴花开

本实例主要讲解石榴花开书籍装帧设计。通过该实例的制作，使读者掌握矩形工具以及文字工具的使用方法。

案例设计分析

设计思路

在书籍装帧中，最初引起人们注意的是封面上的图形，该类图形包括了摄影、插图和图案，有写实的、有抽象的，还有写意的，本书籍装帧所用的图形就是写意类的。在制作该实例时，先制作出图书的封面、书脊及封底的尺寸，然后置入素材，最后输入合适的文字，完成本实例的制作。

案例效果剖析

本例制作的石榴花开书籍装帧包括了多个步骤，如图18-26所示为部分效果展示。

图18-26 效果展示

案例技术要点

本例中主要用到的功能及技术要点如下。

- 矩形工具：使用矩形工具绘制出填充区域。
- 文字工具：使用文字工具创建需要的文字。

源文件路径	效果文件\第18章\实例289.ai		
调用路径	素材文件\第18章\实例289.ai		
视频路径	视频\第18章\实例289. avi		
难易程度	★★★	学习时间	5分13秒

实例290 书籍装帧类——中国茶文化

本实例主要讲解中国茶文化书籍装帧设计。通过该实例的制作，使读者掌握矩形工具、渐变工具以及文字工具的使用方法。

案例设计分析

设计思路

书籍的字体设计根据书籍的体裁、风格、特点而定，字体的排列同样视为点、线、面来进行设计，有机地融入画面结构中，参与各种排列组合和分割，产生趣味新颖的形式，让人感到言有尽而意无穷。在制作该实例时，先制作出图书的封面、书脊及封底的尺寸，然后置入素材，最后输入合适的文字，完成本实例的制作。

案例效果剖析

本例制作的中国茶文化书籍装帧包括了多个步骤，如图18-27所示为部分效果展示。

图18-27 效果展示

案例技术要点

本例中主要用到的功能及技术要点如下。

- 矩形工具：使用矩形工具绘制出图书的尺寸。
- 渐变工具：使用渐变工具制作出图形的明暗变化。
- 文字工具：使用文字工具创建需要的文字。

案例制作步骤

源文件路径	效果文件\第18章\实例290.ai
调用路径	素材文件\第18章\实例290.ai
视频路径	视频\第18章\实例290. avi
难易程度	★★★★
学习时间	7分29秒

❶ 启动Illustrator，新建一个空白文档。使用（矩形工具）绘制一个“宽度”为140mm、“高度”为210mm的矩形，通过“颜色”面板和“渐变”面板设置图形的填充属性，如图18-28所示。

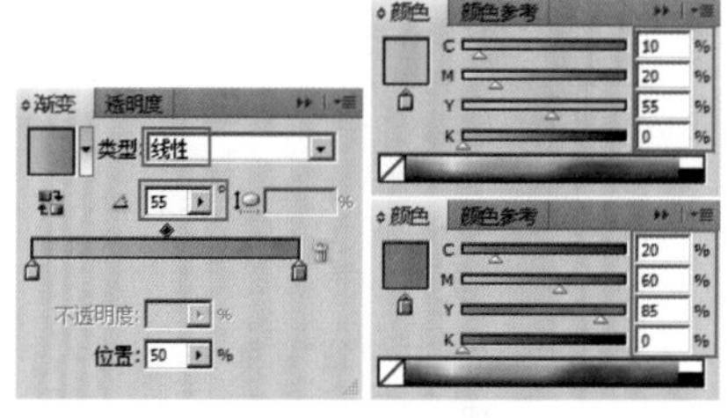

图18-28 渐变属性设置

❷ 设置好图形的填充属性后，设置描边属性为“无”，如图18-29所示。

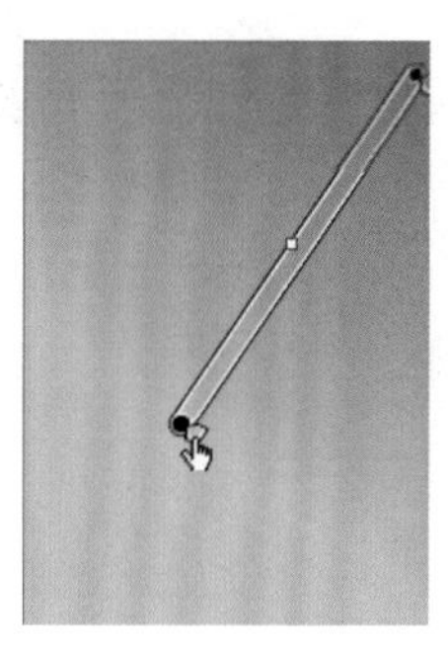

图18-29 渐变效果

❸ 再使用（矩形工具）绘制一个“宽度”为13mm、“高度”为210mm的矩形作为书脊部分，设置填充属性为（C：30%、M：100%、Y：100%、K：30%），设置描边属性为“无”。然后将大矩形复制一个，放在书脊的另一侧，更改渐变属性为浅黄（C：10%、M：20%、Y：55%）到深黄（C：10%、M：30%、Y：80%），渐变角度为-133°，如图18-30所示。

❹ 打开随书光盘“素材文件\第18章\实例290.ai”文件，将其中的图片素材复制到当前文件中，调整它的大小和位置，如图18-31所示。

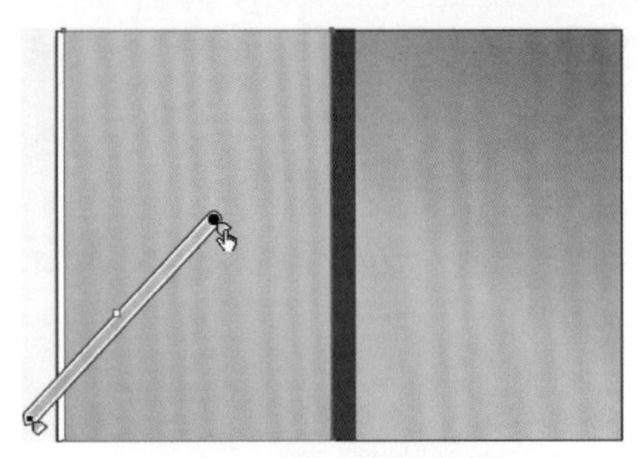
图18-30 渐变效果

图18-31 置入图片

5 使用（椭圆工具）绘制一个“宽度”为95mm、“高度”为76mm的椭圆，为其施加一个黑白色的径向渐变，如图18-32所示。

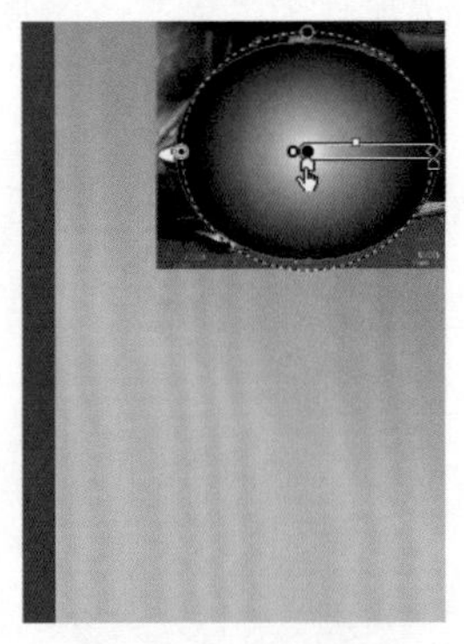
图18-32 绘制渐变椭圆

6 将椭圆和图片同时选择，在“透明度”面板中单击右上角的按钮，在弹出的菜单中选择“建立不透明蒙版”命令，图形效果如图18-33所示。

图18-33 建立蒙版

7 将随书光盘“素材文件\第18章\实例290.ai”文件中的其他素材全部复制到当前文件中，调整它们的位置，如图18-34所示。

图18-34 置入素材

8 使用T（文字工具）在页面中输入“茶”字，在“字符”面板中设置字体为华文新魏、字号为160pt。然后将文字转曲，设置填充属性为红色（C：20%、M：100%、Y：100%、K：10%）到深红（C：30%、M：100%、Y：100%、K：60%）的线性渐变，如图18-35所示。

图18-35 输入文字

9 将文字原位复制一个，贴在后面，设置描边属性为白色，描边粗细为7pt，在“透明度”面板中设置其“不透明度”数值为40%，如图18-36所示。

图18-36 复制文字

提 示

复制的快捷键是Ctrl+C，贴在后面的快捷键是Ctrl+B。

10 确定复制的文字还处于选中状态，选择菜单栏中的“效果”|“风格化”|“投影”命令，在弹出的对话框中设置各项参数，如图18-37所示。

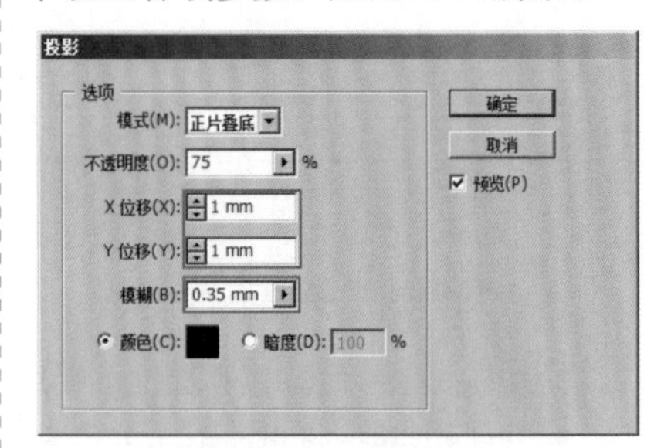

图18-37 参数设置

11 设置好投影参数后，图形效果如图18-38所示。

图18-38 投影效果

12 将“茶”字全选并编组，并将其复制一个，在“透明度”面板中更改它的混合模式为“叠加”、“不透明度”数值为20%，调整它的大小和位置。然后再将茶叶包装复制，调整它的大小和位置，如图18-39所示。

图18-39 复制图形

⑬ 使用T（文字工具）在页面中输入其他文字，在“字符”面板中设置文字的字体、字号等，如图18-40所示。

图18-40 输入文字

⑭ 制作出图书的立体效果图，完成本实例的制作，如图18-41所示。

图18-41 最终效果

实例291 书籍装帧类——小鱼丑丑

本实例主要讲解小鱼丑丑图书书籍装帧设计。通过该实例的制作，使读者掌握矩形工具以及文字工具的使用方法。

案例设计分析

设计思路

少儿读物封面上的图形一般使用具体的写实手法来表现，因为少年儿童读者对于具体的形象更容易理解。在字体设计上要符合儿童的眼光，生动活泼。在制作该实例时，先制作出图书的封面、书脊及封底的尺寸，然后置入素材，最后输入合适的文字，完成本实例的制作。

案例效果剖析

本例制作的小鱼丑丑图书书籍装帧包括了多个步骤，如图18-42所示为部分效果展示。

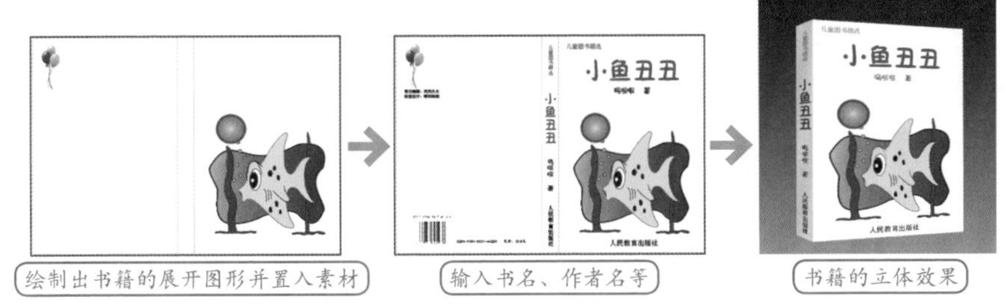

图18-42 效果展示

案例技术要点

本例中主要用到的功能及技术要点如下。

- 矩形工具：使用矩形工具绘制出图书的尺寸。
- 文字工具：使用文字工具创建需要的文字。

案例制作步骤

源文件路径	效果文件\第18章\实例291.ai		
调用路径	效果文件\第2章\实例025.ai，效果文件\第3章\实例030.ai，素材文件\第18章\实例291.ai		
视频路径	视频\第18章\实例291. avi		
难易程度	★★	学习时间	2分53秒

❶ 启动Illustrator，新建一个“宽度”为500mm、“高度”为210mm的空白文档。使用（矩形工具）绘制一个“宽度”为130mm、“高度”为185mm的矩形，以白色填充，以黑色描边，描边粗细为0.5pt。然后将其绘制一个，再在两个大矩形中间绘制一个“宽度”为15mm、“高度”为185mm的矩形作为书脊部分，如图18-43所示。

图18-43 展开图形

❷ 打开随书光盘“效果文件\第2章\实例025.ai”文件，将制作的小丑鱼图形全部选中并复制到当前文件中，然后调整它的大小和位置，如图18-44所示。

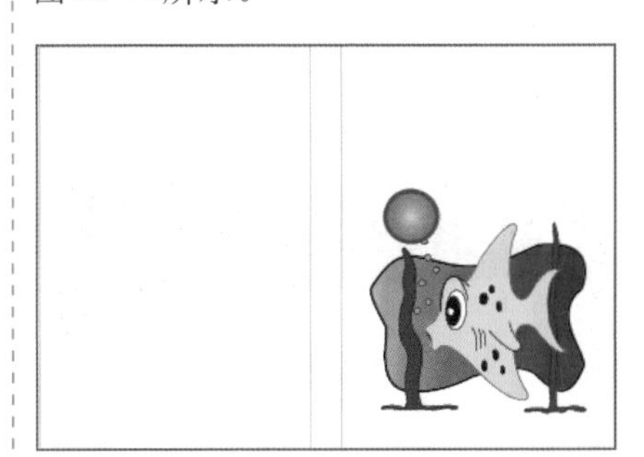

图18-44 置入素材

❸ 再打开随书光盘“效果文件\第3章\实例030.ai”文件，将制作的气球选中并复制到当前文件中，调整它的大小和位置，如图18-45所示。

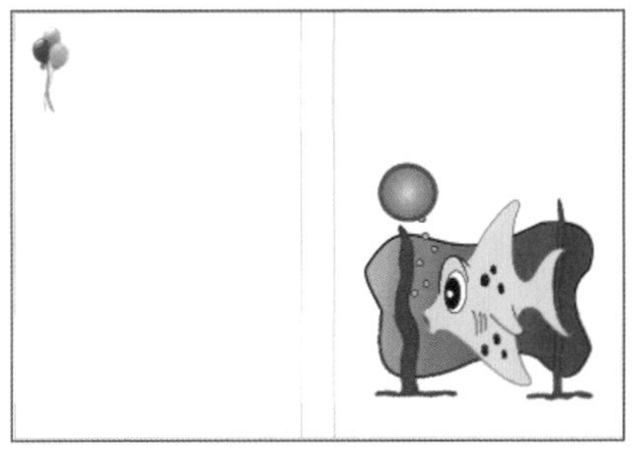

图18-45 置入素材

❹ 再打开随书光盘“素材文件\第18章\实例291.ai”文件，将条形码选中并复制到当前文件中，调整它的大小和位置，如图18-46所示。

图18-46 置入素材

❺ 使用T（文字工具）在页面中输入文字，通过“字符”面板和“颜色”面板设置文字的字体、字号以及填充属性等，如图18-47所示。

图18-47 输入文字

❻ 制作出图书的立体效果图，完成本实例的制作，如图18-48所示。

图18-48 最终效果

实例292 书籍装帧类——历史的记忆图书

本实例主要讲解历史的记忆图书书籍装帧设计。通过该实例的制作，使读者掌握矩形工具以及文字工具的使用方法。

案例设计分析

设计思路

本例是比较古典的书籍装帧，画面整体风格要典雅、古朴，从内到外透出一种历史的厚重感才能出效果。在制作该实例时，先制作出图书的封面、书脊及封底的尺寸，然后置入素材，最后输入合适的文字，完成本实例的制作。

案例效果剖析

本例制作的历史的记忆图书书籍装帧包括了多个步骤，如图18-49所示为部分效果展示。

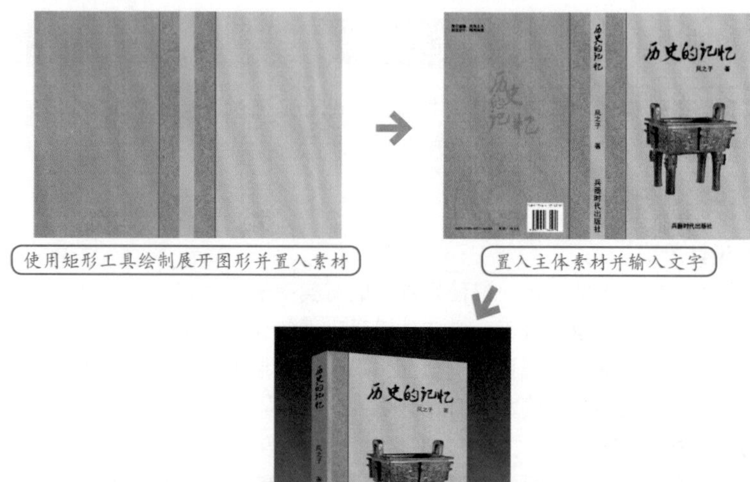

图18-49 效果展示

案例技术要点

本例中主要用到的功能及技术要点如下。

- 矩形工具：使用矩形工具绘制出图书的尺寸。
- 文字工具：使用文字工具创建需要的文字。

源文件路径	效果文件\第18章\实例292.ai		
调用路径	素材文件\第18章\实例292.ai		
视频路径	视频\第18章\实例292. avi		
难易程度	★★★★	学习时间	3分33秒

第19章 房地产广告设计

房地产广告是指房地产开发企业、房地产权利人、房地产中介机构发布的房地产项目预售、预租、出售、租、项目转让以及其他房地产项目介绍的广告。一幅优秀的广告作品由4个要素组成：图像、文字、颜色和版式。房地产广告在这一方面作了很好的诠释。本章通过8个房地产广告实例详细介绍了各种类型的房地产广告的创意思路及制作流程。

实例293 地产广告类——淘金花园地产广告

本实例通过淘金花园地产广告设计的制作，主要使读者掌握矩形工具、文字工具及画笔工具等的使用。

案例设计分析

设计思路

在传播时代，广告是最有力的传播工具，房地产广告能体现最基本的告知作用，好的创意能提升品牌，提高品牌美誉度。在制作该实例时，先置入广告需要的素材，再使用矩形工具、直线工具以及钢笔工具等绘制出辅助图形，最后使用文字工具输入合适的文字，完成本实例的制作。

案例效果剖析

本例制作的淘金花园地产广告包括了多个步骤，如图19-1所示为部分效果展示。

图19-1 效果展示

案例技术要点

本例中主要用到的功能及技术要点如下。

- 钢笔工具：使用钢笔工具绘制路径形态。
- 矩形工具：使用矩形工具绘制矩形图形。
- 画笔工具：使用画笔工具选择合适的笔刷，制作出比较有个性的效果。
- 椭圆工具：使用椭圆工具绘制地图上需要重点标注的位置。
- 直线工具：使用直线工具绘制辅助图形，使画面效果更加丰富。
- 文字工具：使用文字工具创建需要的文字。

案例制作步骤

源文件路径	效果文件\第19章\实例293.ai
调用路径	素材文件\第19章\实例293.ai
视频路径	视频\第19章\实例293. avi
难易程度	★★★
学习时间	4分51秒

❶ 启动Illustrator，新建一个“宽度”为285mm、“高度”为210mm的文档。选择菜单栏中的“文件”|“打开”命令，打开随书光盘“素材文件\第19章\实例293.ai”文件，将其中的素材复制到当前文档中，并分别将它们调整到合适的位置，如图19-2所示。

图19-2 置入素材

❷ 使用（选择工具）拖曳鼠标选择所有的图形对象，选择菜单栏中的“对象”|“锁定”|“所选对象”命令，将所有的对象锁定。

❸ 使用（矩形工具）在页面中绘制一个“宽度”为90mm、“高度”为35mm的矩形。通过“渐变”面板和“颜色”面板设置矩形的填充属性，描边属性设置为“无”，如图19-3所示。

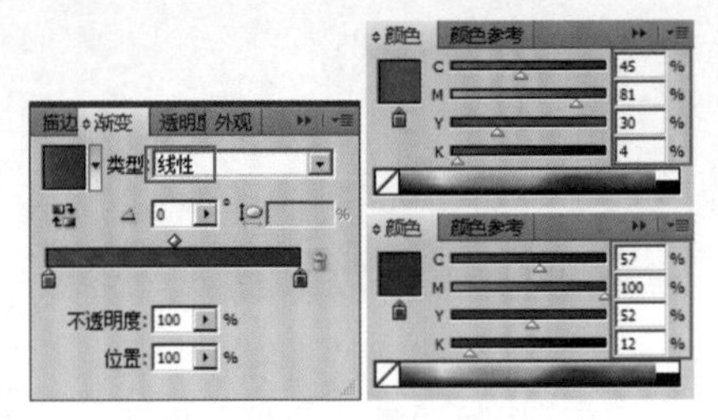

图19-3　渐变属性设置

❹ 设置好渐变属性后，矩形的填充效果如图19-4所示。

图19-4　渐变效果

❺ 使用T（文字工具）在页面中输入文字，通过“字符”面板设置文字的字体及字号，并将其移到合适的位置，如图19-5所示。

图19-5　设置文字

❻ 使用T（文字工具）在页面中单击文字“居淘金之上”，文字的颜色设置为暗红色（C：60%、M：90%、Y：70%、K：50%），通过“字符”面板设置文字的字体及字号。设置完后将其移动到合适的位置，如图19-6所示。

❼ 使用T（文字工具）在页面内输入文字，通过“字符”面板设置文字的大小、字体及行间距等，如图19-7所示。

图19-6　设置文字

图19-7　设置文字

❽ 使用T（文字工具）在页面中输入文字，文字的颜色设置为（C：60%、M：90%、Y：95%、K：55%），通过“字符”面板设置文字的字体及字号。设置完后将其移动到合适的位置。如图19-8所示。

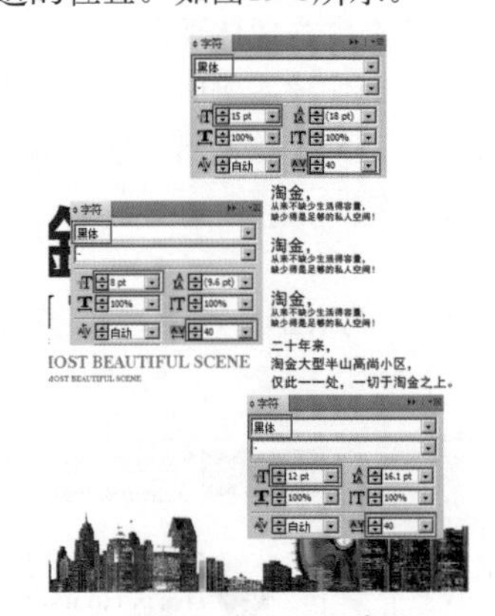

图19-8　设置文字

❾ 使用T（文字工具）在页面中输入文字，通过“字符”面板设置文字的大小、字体及行间距等，通过直线段工具绘制直线，如图19-9所示。

图19-9　输入文字和线形

❿ 使用（钢笔工具）在页面中合适的位置绘制出地图需要的线形，然后选择（画笔工具），在“画笔”面板中选择合适的笔刷，绘制的图形效果如图19-10所示。

图19-10　绘制线形

提　示

这里可以根据自己的喜好选择笔刷，不必完全和本例一致。

⓫ 使用T（文字工具）和（椭圆工具），分别输入道路名和标志性建筑的名称等文字，并将其移到合适的位置，如图19-11所示。

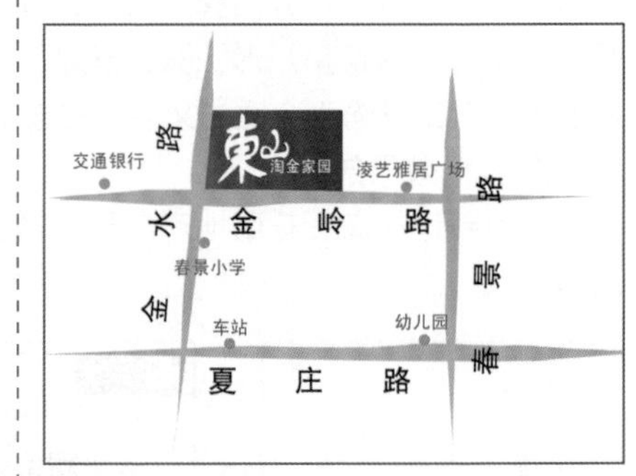

图19-11　输入文字

⓬ 使用（选择工具）选择所有图形对象，按Ctrl+G快捷键将图形编组，完成本实例的制作，如图19-12所示。

图19-12　最终效果

实例294 地产广告类——观奥森林馆地产广告

本实例通过房地产广告设计的制作，主要使读者掌握矩形工具、载入命令、“变换”面板、“渐变”面板和“颜色”面板设置填充对象的属性等。

案例设计分析

设计思路

本例的广告创意非常有特色，把楼盘放在一个礼品盒内，既提升了楼盘形象，又标榜了消费者的品味。在制作该实例时，先使用渐变工具制作出广告的渐变背景，再置入广告需要的素材，最后使用文字工具输入合适的文字，完成本实例的制作。

案例效果剖析

本例制作的观奥森林馆地产广告包括了多个步骤，如图19-13所示为部分效果展示。

使用渐变工具和矩形工具制作背景　置入素材　使用文字工具输入文字

图19-13　效果展示

案例技术要点

本例中主要用到的功能及技术要点如下。

- 矩形工具：使用矩形工具绘制广告的尺寸和边框背景。
- 渐变工具：使用渐变工具制作出广告需要的渐变背景。
- 文字工具：使用文字工具创建需要的文字。

源文件路径	效果文件\第19章\实例294.ai		
调用路径	素材文件\第19章\实例294.ai		
视频路径	视频\第19章\实例294. avi		
难易程度	★★	学习时间	2分45秒

实例295 地产广告类——山湖国际会馆地产广告

本实例通过房地产广告设计的制作，主要使读者掌握矩形工具、文字工具及“字符”面板等的使用。

案例设计分析

设计思路

一则好的食品、饮料的广告创意能直接引起无数欣赏者的争相抢购，甚至一个杰出的汽车广告创意也能掀起一阵市场狂澜，但房子则不然，再优秀再杰出的房地产广告也不会引发直接的消费行为发生。广告唯一的作用是吸引消费者的目光，仅此而已，至于能否形成购买行为，关键还在于产品自身的软硬件是否符合消费者的真正需求。所以在设计该类广告时，要做到图文并茂，并能通过画面引起消费者的购买欲望。在制作该实例时，先使用渐变工具制作出广告的渐变背景，再置入广告需要的素材，然后使用文字工具输入合适的文字，最后使用钢笔工具和直线工具绘制出辅助线形，完成本实例的制作。

案例效果剖析

本例制作的山湖国际会馆地产广告包括了多个步骤，如图19-14所示为部分效果展示。

使用渐变工具制作背景

置入素材

使用文字工具输入其他文字

图19-14　效果展示

案例技术要点

本例中主要用到的功能及技术要点如下。

- 钢笔工具：使用钢笔工具绘制路径形态。
- 矩形工具：使用矩形工具绘制广告的尺寸和边框背景。
- 渐变工具：使用渐变工具制作出广告需要的渐变背景。
- 直线工具：使用直线工具绘制辅助图形，使画面效果更加丰富。
- 选择工具：使用选择工具选择需要的图形，以便对图形进行操作。
- 文字工具：使用文字工具创建需要的文字。

案例制作步骤

源文件路径	效果文件\第19章\实例295.ai
调用路径	素材文件\第19章\实例295.ai
视频路径	视频\第19章\实例295. avi
难易程度	★★★
学习时间	4分33秒

❶ 启动Illustrator，新建一个“宽度”为300mm、“高度”为205mm的空白文档。使用▭（矩形工具）在页面内绘制一个同样大小的矩形。

❷ 选择▣（渐变工具），通过“渐变”面板和“颜色”面板分别设置对象的填充属性，描边属性设置为“无”，如图19-15所示。

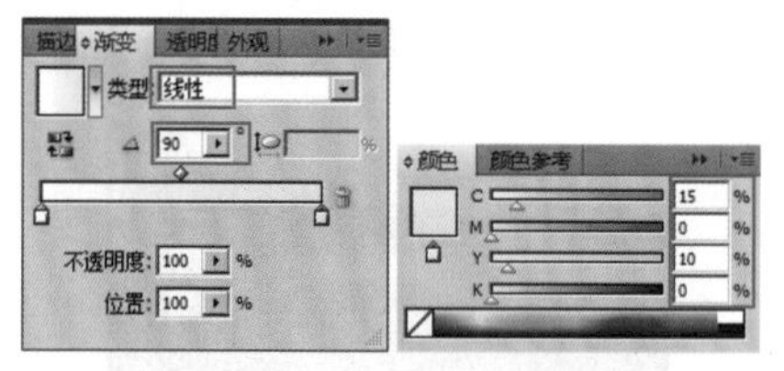

图19-15　渐变属性设置

❸ 设置好渐变属性后，矩形的填充效果如图19-16所示。

图19-16　渐变效果

❹ 选择菜单栏中的“文件”|“打开”命令，打开随书光盘“素材文件\第19章\实例295.ai”文件，将其中的部分素材复制到当前文档中，并分别将它们调整到合适的位置，如图19-17所示。

图19-17　置入素材

> **提　示**
>
> 这里要注意各图层的顺序。

❺ 使用T（文字工具）在页面中输入文字，设置文字颜色为红色（C：40%、M：90%、Y：80%、K：70%），通过“字符”面板设置文字的字体及字号，并将其移到合适的位置，如图19-18所示。

图19-18　文字设置

❻ 使用T（文字工具）在页面中输入文字，设置文字颜色为黑色，通过“字符”面板设置文字的字体及字号，并将其移到合适的位置，如图19-19所示。

图19-19　文字设置

❼ 将随书光盘“素材文件\第19章\实例295.ai”文件中的地图素材复制到当前文档中，并将它调整到合适的位置，如图19-20所示。

❽ 使用T（文字工具）在页面中输入文字，通过“字符”面板设置文字的字体及字号，通过“颜色”面板设置文字的颜色，并将它们移到合适的位置，如图19-21所示。

图19-20　置入素材

图19-21　输入文字

❾ 使用✒（钢笔工具）和╲（直线工具）绘制图形，如图19-22所示。

图19-22　绘制图形

❿ 使用↖（选择工具）选择所有图形对象，按Ctrl+G快捷键将图形编组，完成本实例的制作。如图19-23所示。

图19-23　最终效果

实例296　地产广告类——山水人家地产广告

本实例通过房地产广告设计的制作，主要使读者掌握文字工具及直线工具等的使用。

案例设计分析

设计思路

房地产广告的主要目的是传达所销售楼盘的有关信息，吸引客户前来购买。在制作该实例时，先置入广告需要的素材，再使用直线工具绘制出辅助图形，最后使用文字工具输入合适的文字，完成本实例的制作。

案例效果剖析

本例制作的山水人家地产广告包括了多个步骤，如图19-24所示为部分效果展示。

置入背景素材

置入素材并输入主题文字

使用文字工具输入其他文字

图19-24 效果展示

案例技术要点

本例中主要用到的功能及技术要点如下。

- 直线工具：使用直线工具绘制线形。
- 文字工具：使用文字工具创建需要的文字。

案例制作步骤

源文件路径	效果文件\第19章\实例296.ai		
调用路径	素材文件\第19章\实例296.ai		
视频路径	视频\第19章\实例296. avi		
难易程度	★★★★	学习时间	3分01秒

❶ 启动Illustrator，新建一个“宽度”为70mm、“高度”为50mm的空白文档。选择菜单栏中的“文件”|“打开”命令，打开随书光盘“素材文件\第19章\实例296.ai”文件，将其中的山水背景素材复制到当前文档中，并将它在页面中居中放置，如图19-25所示。

图19-25 置入素材

❷ 使用T（文字工具）在页面中输入文字，设置文字颜色为黑色，通过“字符”面板设置文字的字体及字号，并将其移到合适的位置，如图19-26所示。

图19-26 文字设置

提 示

这里要注意各个文字的排列方式，尽量使它们排列得有美感。

❸ 将随书光盘“素材文件\第19章\实例296.ai”文件中的印章素材复制到当前文档中，并将它调整到合适的位置，如图19-27所示。

图19-27 置入素材

❹ 使用T（文字工具）在页面中输入文字，通过“字符”面板设置文字的字体及字号，如图19-28所示。

图19-28 文字设置

❺ 使用（直线段工具）绘制线形，并将它们移到合适的位置，如图19-29所示。

图19-29 绘制线形

❻ 使用T（文字工具）在页面中输入文字，通过“字符”面板设置文字的字体及字号，从而完成本实例的制作。如图19-30所示。

图19-30 最终效果

实例297 地产广告类——水云居地产广告

本实例通过房地产广告设计的制作，主要使读者掌握矩形工具、文字工具及“字符”面板等的使用。

案例设计分析

设计思路

有的房地产广告不是直接呼吁消费者来买房子，而是以倡导全新生活方式和居住时尚为广告目的，以此来吸引消费者的眼球，引起消费者的共鸣，从而达到销售房子的目的。在制作该实例时，先置入广告需要的素材，再使用文字工具输入合适的文字，完成本实例的制作。

案例效果剖析

本例制作的水云居地产广告包括了多个步骤，如图19-31所示为部分效果展示。

图19-31　效果展示

案例技术要点

本例中主要用到的功能及技术要点如下。

- 矩形工具：使用矩形工具绘制广告的矩形图块。
- 文字工具：使用文字工具创建需要的文字。
- 选择工具：使用选择工具选择需要的图形，以便对图形进行操作。

源文件路径	效果文件\第19章\实例297.ai		
调用路径	素材文件\第19章\实例297.ai		
视频路径	视频\第19章\实例297. avi		
难易程度	★★★★	学习时间	2分08秒

实例298　地产广告类——兰溪堡地产广告

本实例通过房地产广告设计的制作，主要使读者掌握矩形工具、“透明度”面板、文字工具及“字符”面板的使用。

案例设计分析

设计思路

有的房地产广告以树立开发商、楼盘的品牌形象并期望给人留下整体、长久印象为广告目的所在。在制作本实例时，突出表现的就是楼盘的品牌形象，先置入广告需要的素材，制作出广告的背景，再使用文字工具和渐变工具制作出广告的主题文字，为其添加上投影效果。然后再次置入素材，使用文字工具输入合适的文字，完成本实例的制作。

案例效果剖析

本例制作的兰溪堡地产广告包括了多个步骤，如图19-32所示为部分效果展示。

图19-32　效果展示

案例技术要点

本例中主要用到的功能及技术要点如下。

- 钢笔工具：使用钢笔工具绘制路径形态。
- 矩形工具：使用矩形工具绘制矩形图块。
- 圆角矩形工具：使用圆角矩形工具绘制带有圆角的矩形。
- 文字工具：使用文字工具创建需要的文字。

案例制作步骤

源文件路径	效果文件\第19章\实例298.ai
调用路径	素材文件\第19章\实例298.ai
视频路径	视频\第19章\实例298. avi
难易程度	★★
学习时间	5分19秒

❶ 启动Illustrator，新建一个竖版的空白文档。选择菜单栏中的“文件”|“打开”命令，打开随书光盘“素材文件\第19章\实例298.ai”文件，将其中的草地背景素材复制到当前文档中，如图19-33所示。

图19-33　置入素材

❷ 使用（矩形工具）在页面内绘制一个“宽度”为186mm、“高度”为258mm的矩形，填充米色（M：8%、Y：25%），描边属性设置为“无”，将它调整到如图19-34所示的位置。

图19-34　绘制矩形

❸ 再将随书光盘“素材文件\第19章\实例298.ai”文件中的风景素材复制到当前文档中，并将它调整到合适的位置，如图19-35所示。

❹ 选择菜单栏中的“窗口”|“透明度”命令，打开“透明度”面板，设置风景图片的混合模式为“正片叠底”，效果如图19-36所示。

图19-35 置入素材

图19-36 修改混合模式

提 示

这里修改素材的混合模式，可以使素材更好地和背景相融合，看起来更自然。

❺ 将随书光盘“素材文件\第19章\实例298.ai”文件中的咖啡杯和枫叶素材复制到当前文档中，并将它们调整到合适的位置，如图19-37所示。

图19-37 置入素材

❻ 使用T（文字工具）在页面中输入文字，通过“字符”面板设置文字的字体及字号，并将其移到合适的位置，如图19-38所示。

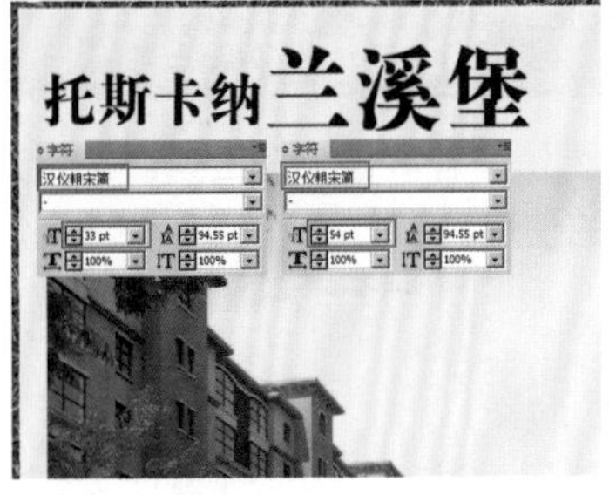

图19-38 文字设置

❼ 按Ctrl+Shift+O快捷键，为文字创建轮廓。选择（渐变工具），通过“渐变”面板和“颜色”面板设置渐变属性，如图19-39所示。

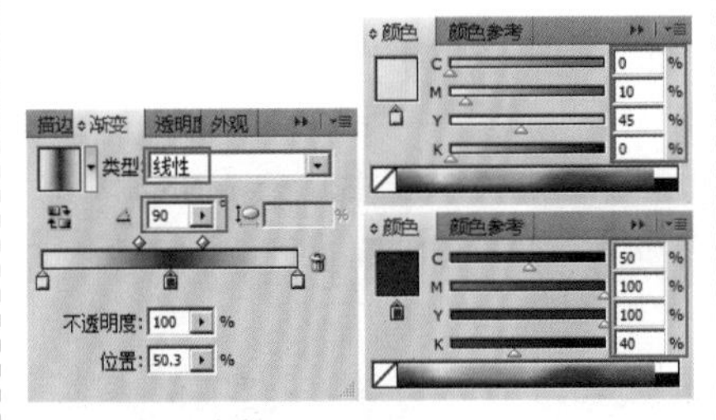
图19-39 渐变属性设置

❽ 为文字设置渐变后，将文字原位复制一个，贴在后面，设置描边颜色为红色（C：50%、M：100%、Y：100%、K：40%），如图19-40所示。

图19-40 文字效果

❾ 选择菜单栏中的“效果”|“风格化”|“投影”命令，在弹出的对话框中为文字制作投影效果，如图19-41所示。

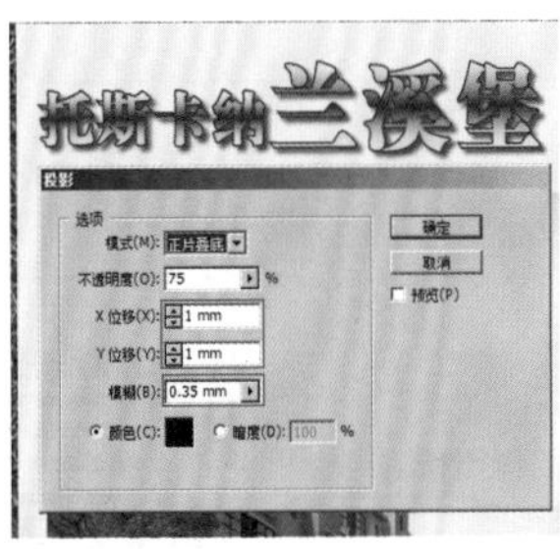

图19-41 投影效果

❿ 使用T（文字工具）在页面中输入文字，设置文字颜色为红色（C：50%、M：100%、Y：100%、K：40%），通过“字符”面板设置文字的字体及字号，如图19-42所示。

图19-42 文字设置

⓫ 再将随书光盘“素材文件\第19章\实例298.ai”文件中的地图素材复制到当前文档中，在“透明度”面板中将其混合模式设置为“正片叠底”，然后将它调整到合适的位置，如图19-43所示。

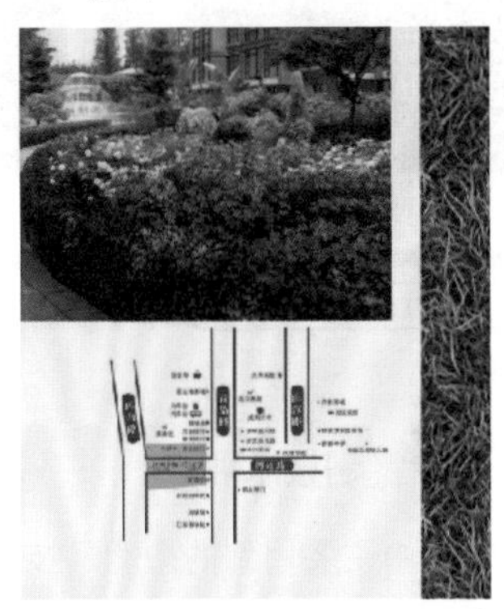
图19-43 置入素材

⓬ 使用T（文字工具）在页面中输入文字，通过“字符”面板设置文字的字体及字号。使用（圆角矩形工具）绘制圆角矩形，并将它们移到合适的位置，完成本例的制作，如图19-44所示。

图19-44 最终效果

实例299 地产广告类——莲花山城地产广告

本实例通过房地产广告设计的制作，主要使读者掌握矩形工具、文字工具及“字符”面板、钢笔工具和“画笔”面板的使用。

案例设计分析

设计思路

房地产广告的唯一作用是将消费者的目光吸引过来。因此在设计该类广告时，标题要醒目而富有力量，文案要简洁而务实，色彩要具备识别性和连贯性。在制作本实例时，先使用矩形工具和渐变工具制作出广告的背景，再置入广告需要的素材，然后使用钢笔工具、画笔工具和椭圆工具绘制出地图，最后使用文字工具输入合适的文字，完成本实例的制作。

案例效果剖析

本例制作的莲花山城地产广告包括了多个步骤，如图19-45所示为部分效果展示。

图19-45 效果展示

案例技术要点

本例中主要用到的功能及技术要点如下。

- 钢笔工具：使用钢笔工具绘制路径形态。
- 渐变工具：使用渐变工具制作出广告的渐变背景。
- 画笔工具：使用画笔工具绘制出比较有艺术感的线形。
- 椭圆工具：使用椭圆工具绘制地图的圆形底色。
- 文字工具：使用文字工具创建需要的文字。
- 选择工具：使用选择工具选择需要调整的图形，便于对其进行移动、旋转等操作。

案例制作步骤

源文件路径	效果文件\第19章\实例299.ai		
调用路径	素材文件\第19章\实例299.ai		
视频路径	视频\第19章\实例299. avi		
难易程度	★★★	学习时间	6分09秒

❶ 启动Illustrator，新建一个“宽度”为297mm、“高度”为420mm的文档。使用（矩形工具）在页面内绘制一个同样大小的矩形。选择（渐变工具），通过“渐变”面板和“颜色”面板设置渐变属性，如图19-46所示。

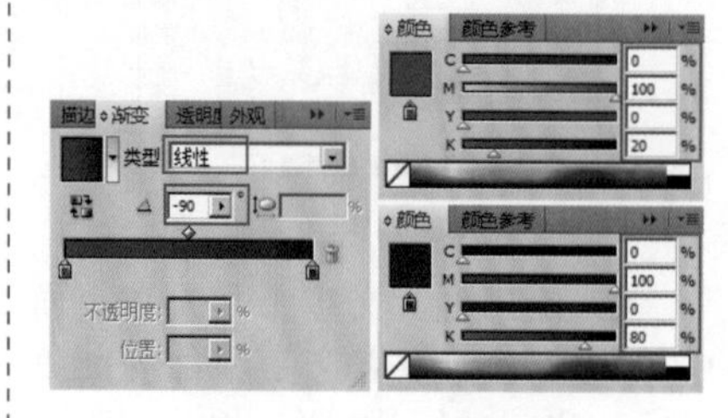

图19-46 渐变属性设置

❷ 设置好渐变属性后，矩形的填充效果如图19-47所示。

图19-47 渐变效果

❸ 将矩形原位复制一个，贴在前面，修改“宽度”为274mm、“高度”为394mm。然后将这两个矩形同时选中，在“路径查找器”中单击（减去顶层）按钮，将顶层的矩形删除，图形效果如图19-48所示。

图19-48 图形编辑效果

❹ 使用（矩形工具）在页面内绘制一个“宽度”为274mm、“高度”为332mm的矩形，选择（渐变工具），通过“渐变”面板和“颜色”面板设置渐变属性，如图19-49所示。

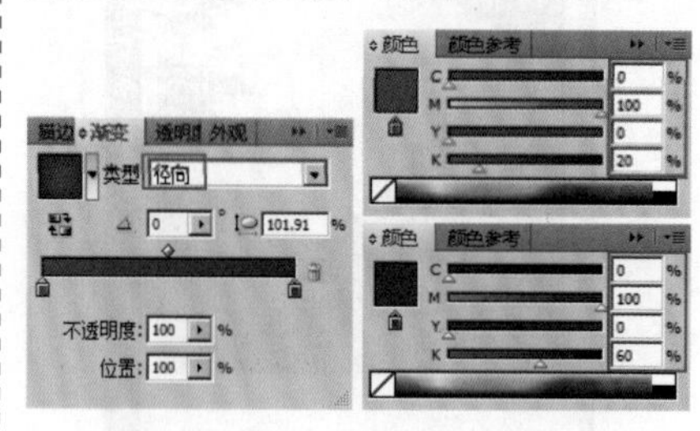

图19-49 渐变属性设置

❺ 设置好渐变属性后，矩形的填充效果如图19-50所示。

提 示

设置好渐变属性后，再使用选择工具将渐变的光圈进行调整，使得渐变效果更加自然。

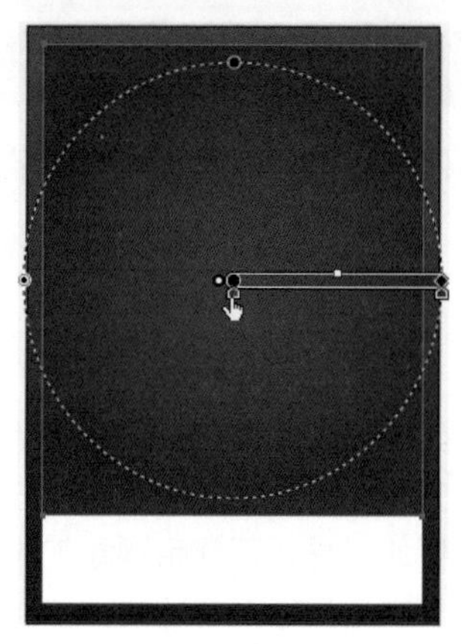

图19-50　渐变效果

❻ 选择菜单栏中的“文件”|“打开”命令，打开随书光盘“素材文件\第19章\实例299.ai”文件，将其中的花瓣和人物素材复制到当前文档中，如图19-51所示。

图19-51　置入素材

提　示

这里需要注意，花瓣素材所在的图层是在人物图层的上方。

❼ 使用T（文字工具）在页面中输入文字，设置文字颜色为白色，通过“字符”面板设置文字的字体及字号，并将其移到合适的位置，如图19-52所示。

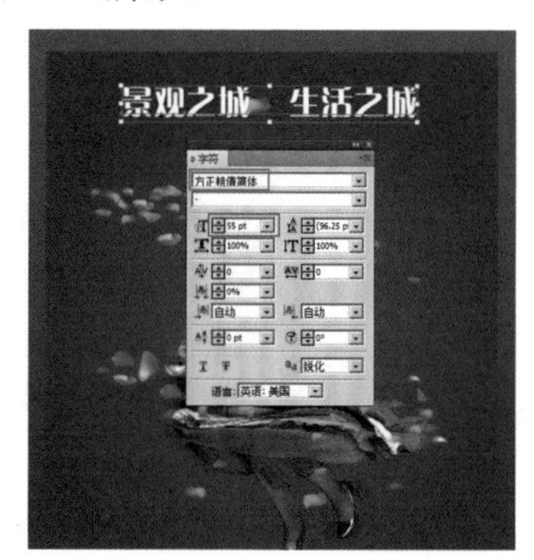

图19-52　文字设置

❽ 使用（椭圆工具）在页面中绘制一个“宽度”和“高度”均为70mm的正圆，填充白色，设置描边颜色为黑色，描边宽度为0.8pt，如图19-53所示。

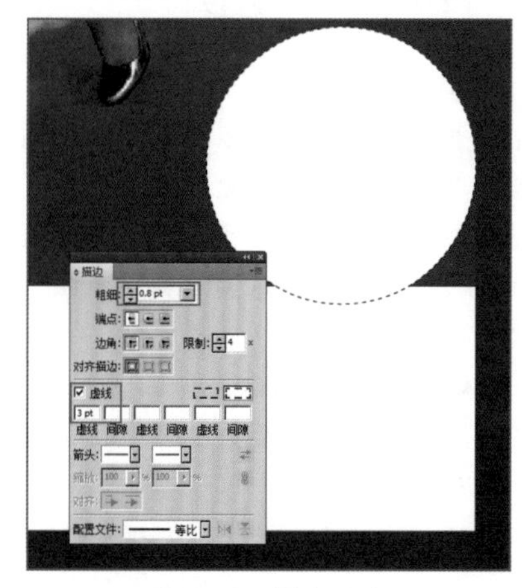

图19-53　描边设置

❾ 使用（钢笔工具）在正圆内绘制5条线形，如图19-54所示。

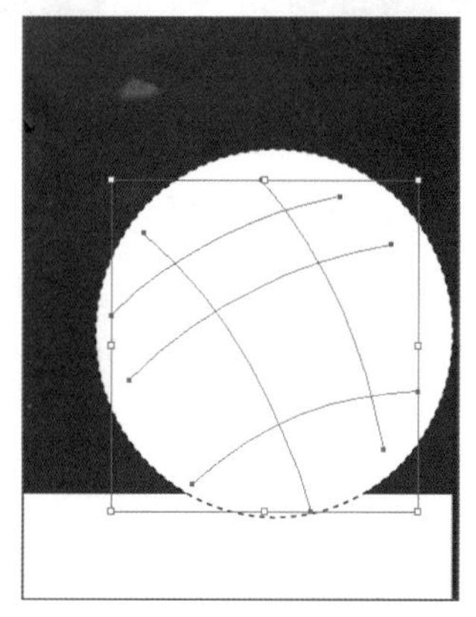

图19-54　绘制线形

❿ 选择（画笔工具），打开“画笔”面板，选择Fude 1笔刷，如图19-55所示。

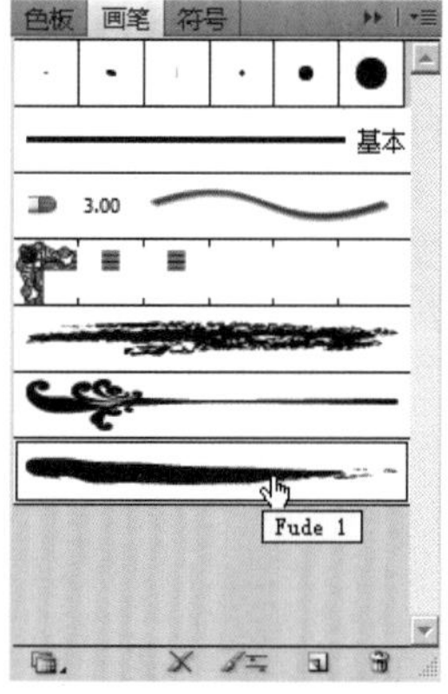

图19-55　选择笔刷

⓫ 设置线形描边颜色为黑色，描边粗细为0.35pt，如图19-56所示。

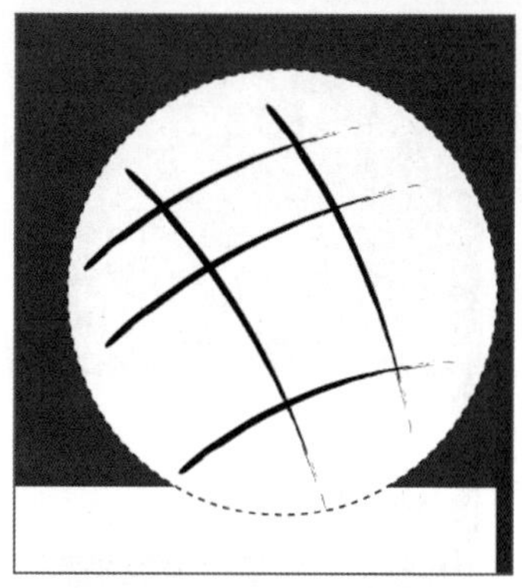

图19-56　绘制笔刷效果

⓬ 使用T（文字工具）在页面中输入文字，通过“字符”面板设置文字的字体及字号，通过“颜色”面板设置文字的颜色。使用（椭圆工具）绘制圆形作为标识，然后将它们移到合适的位置，如图19-57所示。

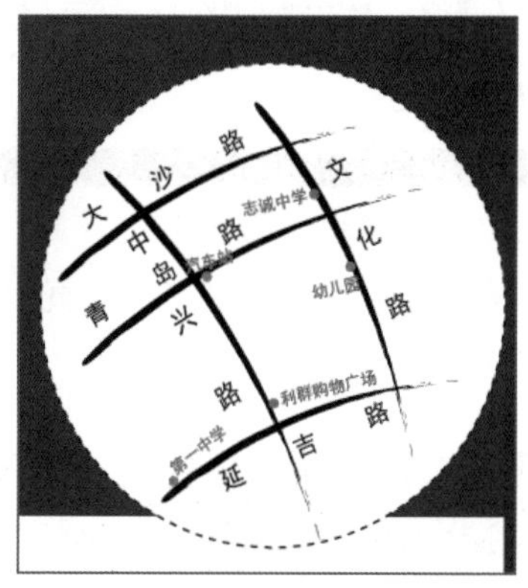

图19-57　绘制地图

⓭ 将随书光盘“素材文件\第19章\实例299.ai”文件中带有底色的小标识素材复制到当前文档中，并将它调整到合适的位置，如图19-58所示。

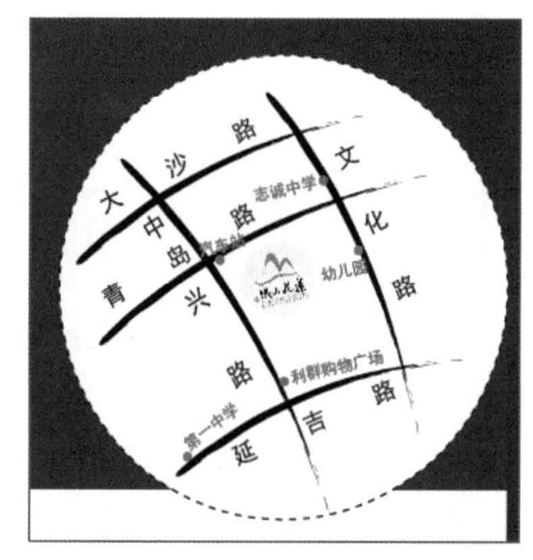

图19-58　置入素材

⓮ 将随书光盘“素材文件\第19章\实例299.ai”文件中不带底色的标识素材复制到当前文档中，并将它调整到画面的左下角的位置，如图19-59所示。

图19-59 置入素材

⑮ 使用T（文字工具）在页面中输入文字，通过“字符”面板设置文字的字体及字号，如图19-60所示。

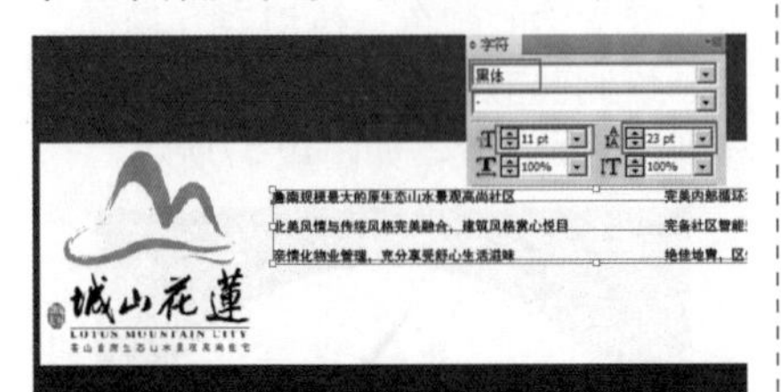

图19-60 文字设置

⑯ 使用T（文字工具）在页面中输入文字，通过“字符”面板设置文字的字体及字号。如图19-61所示。

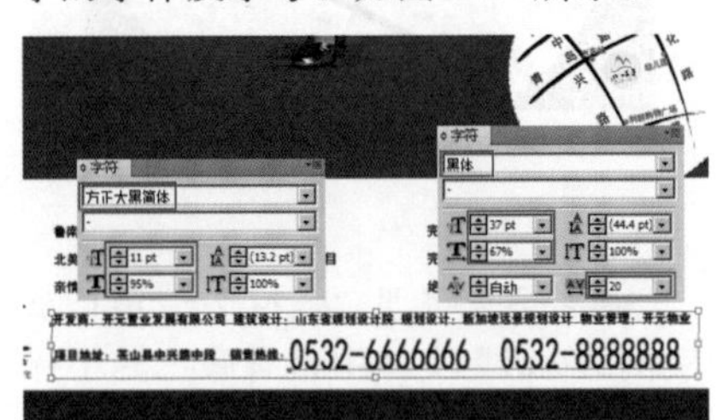

图19-61 文字设置

⑰ 使用（选择工具）选择所有图形对象，按Ctrl+G快捷键将图形编组，完成本实例的制作，如图19-62所示。

图19-62 最终效果

实例300 地产广告类——新塘新世界花园地产广告

本实例通过房地产广告设计的制作，主要使读者掌握矩形工具、文字工具及“字符”面板等的使用。

案例设计分析

设计思路

有的房地产广告以倡导全新生活方式和居住时尚为广告目的。本例的新塘新世界花园地产广告就是传播一种在繁忙紧张工作之余，去居所里享受轻松生活的新观念。在制作该实例时，先置入广告需要的素材，再使用钢笔工具绘制出辅助图形，为图片建立剪切蒙版，最后使用文字工具输入合适的文字，完成本实例的制作。

案例效果剖析

本例制作的新塘新世界花园地产广告包括了多个步骤，如图19-63所示为部分效果展示。

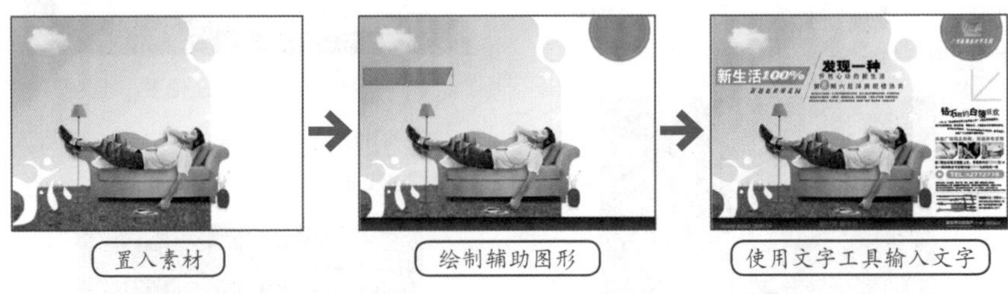

图19-63 效果展示

案例技术要点

本例中主要用到的功能及技术要点如下。

- 矩形工具：使用矩形工具绘制矩形图形。
- 多边形工具：使用多边形工具绘制三角形。
- 渐变工具：使用渐变工具绘制渐变色，丰富画面内容。
- 文字工具：使用文字工具创建需要的文字。

案例制作步骤

源文件路径	效果文件\第19章\实例300.ai		
调用路径	素材文件\第19章\实例300.ai		
视频路径	视频\第19章\实例300. avi		
难易程度	★★★	学习时间	5分25秒

❶ 启动Illustrator，新建一个横版的空白文档。选择菜单栏中的“文件”|“打开”命令，打开随书光盘“素材文件\第19章\实例300.ai”文件，将其中的人物背景素材复制到当前文档中，如图19-64所示。

图19-64 置入素材

❷ 使用（矩形工具）在页面内绘制一个“宽度”为297mm、“高度”为13mm的矩形。选择（渐变工具），通过“渐变”面板和“颜色”面板设置渐变属性，如图19-65所示。

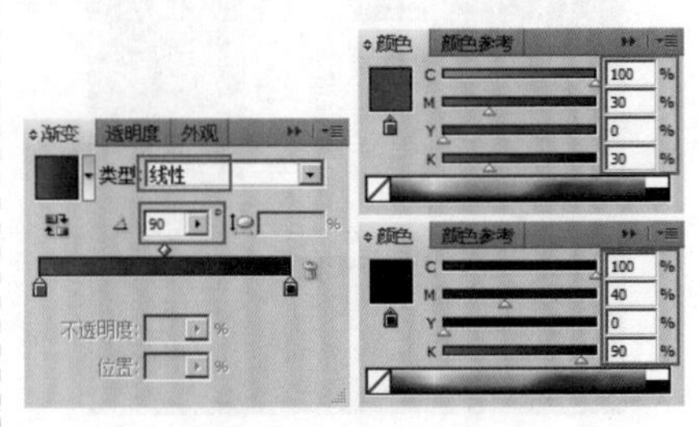

图19-65 渐变属性设置

❸ 设置好渐变属性后，矩形的填充效果如图19-66所示。

图19-66　渐变效果

❹ 使用（椭圆工具）在页面中绘制一个“宽度”和“高度”均为62mm的正圆，填充绿色（C：60%、M：10%、Y：100%），设置描边颜色为“无”，如图19-67所示。

图19-67　绘制圆形

❺ 将圆形原位复制一个，贴在前面，将它的“宽度”和“高度”均改为56mm，设置描边颜色为白色，描边粗细为1pt，如图19-68所示。

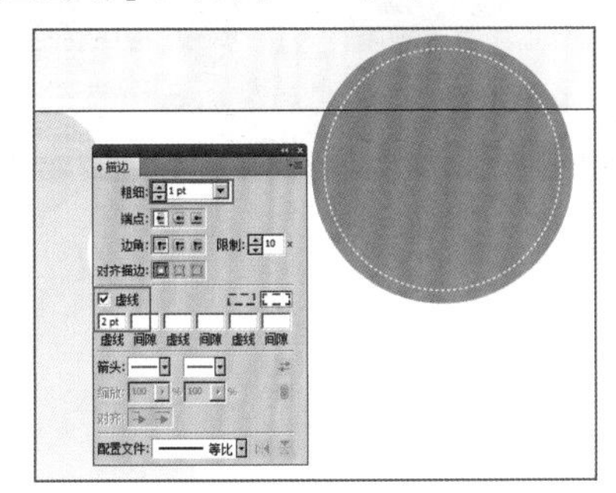

图19-68　设置虚线描边

❻ 使用（矩形工具）绘制一个矩形，然后同时选中矩形和两个圆形，为两个圆形建立剪切蒙版，效果如图19-69所示。

❼ 使用（矩形工具）在页面内绘制一个“宽度”为95mm、“高度”为17mm的矩形，并填充绿色（C：60%、M：10%、Y：100%），然后使用（直接选择工具）将右下角的锚点向左移动，如图19-70所示。

图19-69　建立剪切蒙版

图19-70　绘制矩形

❽ 使用（文字工具）在页面中输入文字，通过“字符”面板设置文字的字体及字号，并将其移到合适的位置，如图19-71所示。

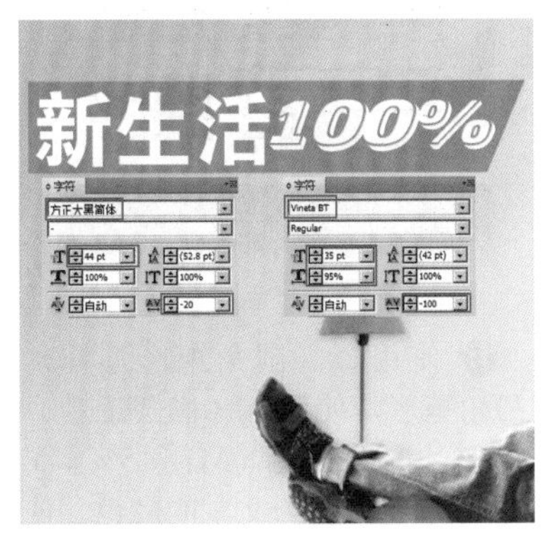

图19-71　文字设置

❾ 使用（文字工具）在页面中输入文字，通过“字符”面板设置文字的字体及字号，并将其移到合适的位置，如图19-72所示。

图19-72　文字设置

❿ 使用（文字工具）在页面中输入文字，通过“字符”面板设置文字的字体及字号。使用（直线工具）绘制线形，设置描边为虚线。使用（椭圆工具）绘制圆形，作为文字的底色。如图19-73所示。

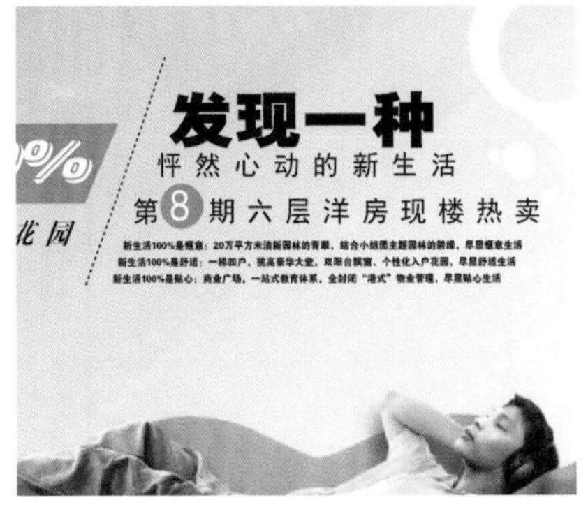

图19-73　输入文字

⓫ 将随书光盘“素材文件\第19章\实例300.ai”文件中的素材复制到当前文档中，并将它调整到合适的位置，如图19-74所示。

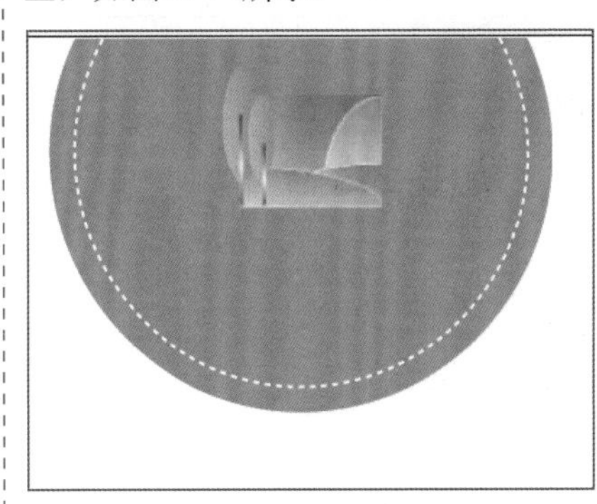

图19-74　置入素材

⓬ 使用（文字工具）在页面中输入文字，通过“字符”面板设置文字的字体及字号，并将其沿水平方向倾斜25°，然后移到合适的位置，如图19-75所示。

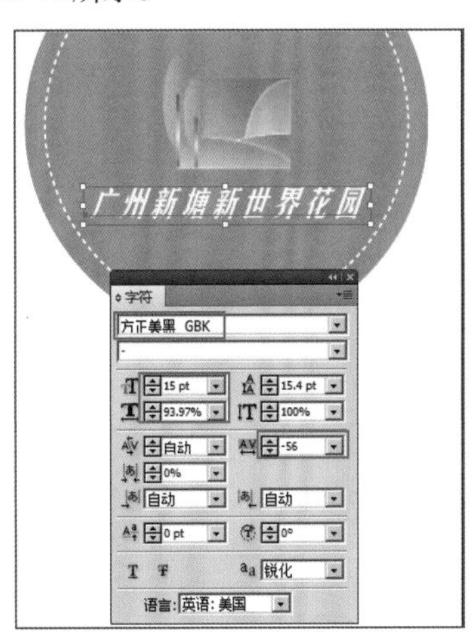

图19-75　文字设置

⑬ 使用（矩形工具）在页面内绘制3个矩形，填充淡绿色（C：20%、Y：25%），然后将它们调整成如图19-76所示的形态。

图19-76　绘制图形

⑭ 使用（文字工具）在页面中输入文字，通过“字符”面板设置文字的字体及字号，并将它们旋转，然后移到合适的位置，如图19-77所示。

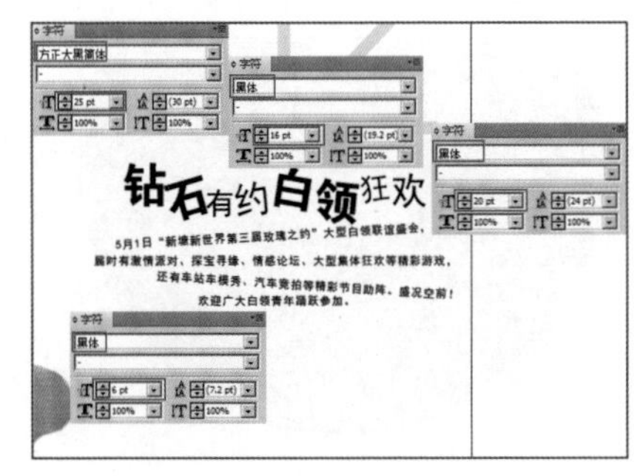

图19-77　文字设置

⑮ 将随书光盘“素材文件\第19章\实例300.ai”文件中的其他素材复制到当前文档中，并将它们分别调整到合适的位置，如图19-78所示。

图19-78　置入素材

⑯ 使用（文字工具）在页面中输入文字，通过“字符”面板设置文字的字体及字号，通过“颜色”面板设置文字的颜色，然后将它们调整到合适的位置，如图19-79所示。

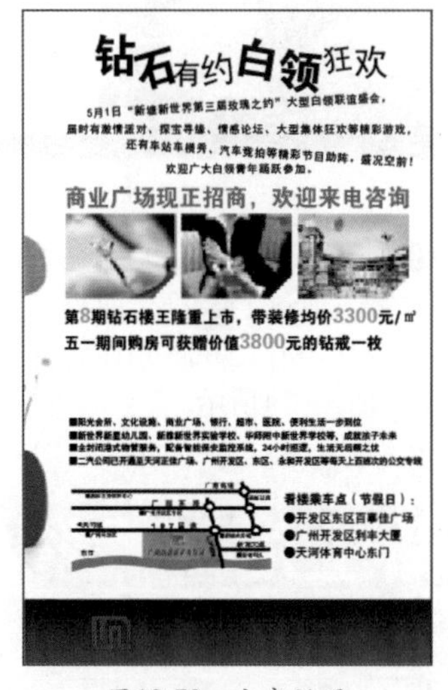

图19-79　文字设置

⑰ 使用（圆角矩形工具）绘制圆角矩形，使用（椭圆工具）绘制圆形，都以桔色（M：45%、Y：100%）填充，作为文字的底色。使用（多边形工具）绘制三角形，然后使用（文字工具）在页面中输入文字，通过“字符”面板设置文字的字体及字号。使用（直线工具）绘制线形，设置描边颜色为黑色，线形为虚线，如图19-80所示。

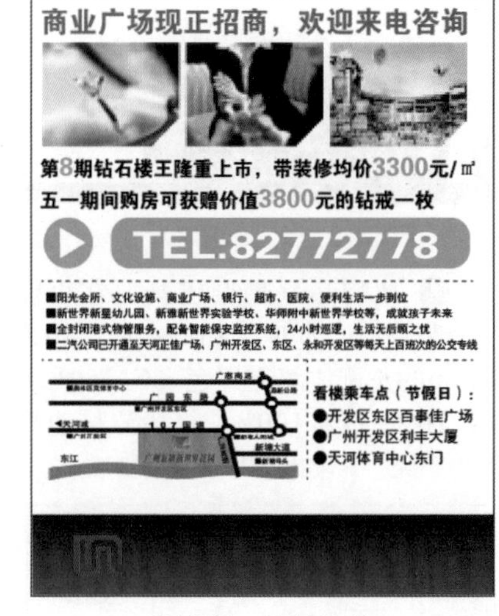

图19-80　绘制图形

⑱ 使用（文字工具）在页面中输入文字，通过“字符”面板设置文字的字体及字号，并将它们移到合适的位置，完成本例的制作，如图19-81所示。

图19-81　最终效果